21世纪高等院校教材

大学实验化学

（第二版）

周昕 罗虹 刘文娟 主编

科学出版社

北京

内 容 简 介

本书是在化学实验课程教学体系的改革、化学实验课程教学资源的整合、开放实验室的建设中，打破传统的化学实验课程教学体系，按照"重组基础，趋向前沿，反映现代，综合交叉"的原则编写而成。

全书共分为九部分：化学实验基本知识与技能，基本操作及基本技能实验，元素及其化合物的性质与鉴定实验，常数与物性测定实验，合成与制备实验，化学信息实验，综合性、设计性及研究创新性实验，绿色化学实验，附录。编写时，注重学生分析问题、解决问题能力及创新意识的培养，努力做到实验原理简明扼要，实验内容能反映专业及学科特点。

本书可作为高等学校和应用技术（独立）学院化学、应用化学、材料化学、医学类、医学检验类、药学类、环境工程、生物、冶金、地质、轻工、食品等专业化学类实验课程用书，也可供相关人员参考。

图书在版编目(CIP)数据

大学实验化学 / 周昕, 罗虹, 刘文娟主编. —2 版. —北京：科学出版社, 2012
21 世纪高等院校教材
ISBN 978-7-03-035192-0

Ⅰ.①大… Ⅱ.①周… ②罗… ③刘… Ⅲ.①化学实验-高等学校-教材 Ⅳ.①O6-3

中国版本图书馆 CIP 数据核字(2012)第 169624 号

责任编辑：赵晓霞 / 责任校对：包志虹
责任印制：徐晓晨 / 封面设计：华路天然工作室

科 学 出 版 社 出版
北京东黄城根北街 16 号
邮政编码：100717
http://www.sciencep.com

北京东华虎彩印刷有限公司 印刷
科学出版社发行 各地新华书店经销
*

2007 年 9 月第 一 版 开本：787×1092 1/16
2012 年 7 月第 二 版 印张：24
2018 年 1 月第十三次印刷 字数：610 000
定价：49.00 元
（如有印装质量问题，我社负责调换）

《大学实验化学》（第二版）编写委员会

主　编　周　昕　罗　虹　刘文娟
副主编　王　平　梁　俊　贾晓辉
编　委（以姓氏拼音为序）
　　　　何　博　贾晓辉　蒋军辉　匡　汀
　　　　匡云飞　李　辉　梁　俊　林英武
　　　　刘传湘　刘文娟　罗　虹　王　平
　　　　王晓娟　魏传晚　肖静水　周　昕
主　审　袁亚莉　聂长明

第二版前言

《大学实验化学》自 2007 年出版以来，在全国部分高校受到了较好的评价。近几年来，我们在示范实验室建设中，在化学实验课程教学体系的改革、化学实验课程教学资源的整合和开放实验室的建设方面积累了一些经验。为了能较好地、及时地反映这些成果，我们再次组织一批优秀的教师，编写了本书。

本书力图突破二级学科界限，将沿袭多年的传统的无机化学、分析化学、有机化学、物理化学、仪器分析五大化学实验教学体系进行整合与完善。按照"重组基础，趋向前沿，反映现代，综合交叉"的原则，建立与理论教学并行、既与理论教学相互联系又相对独立的实验教学体系。

本书分为化学实验基本知识与技能，基本操作及基本技能实验，元素及其化合物的性质与鉴定实验，常数与物性测定实验，合成与制备实验，化学信息实验，综合性、设计性及研究创新性实验，绿色化学实验，附录九部分，共 103 个实验。希望通过本书的出版，能够更好地达到以下目的：

1. 巩固并加深对化学基本概念和基本原理的理解。
2. 掌握大学实验化学的基本操作和技能。
3. 学会正确地使用常用基本仪器测量实验数据，能正确地处理数据和表达实验结果。
4. 掌握一些化学物质的制备、提纯和检验方法。
5. 培养学生运用综合化学知识的能力，认识到绿色化学实验的重要性。
6. 培养学生独立思考问题、分析问题、解决问题的能力，以及实践能力、科学思维与方法和创新意识；使学生能适应化学学科及化学学科与交叉学科的迅速发展。
7. 培养学生实事求是、严谨认真的科学态度，整洁、卫生的良好习惯。

本书由南华大学化学化工学院周昕、罗虹、刘文娟任主编，王平、梁俊、贾晓辉任副主编。参加本书编写的人员还有：王晓娟、林英武、魏传晚、匡云飞、匡汀、肖静水、李辉、蒋军辉、刘传湘、何博。

本书由南华大学化学化工学院袁亚莉教授和聂长明教授主审，他们对本书内容的修改、完善提供了宝贵的意见，在此表示衷心感谢。

在编写过程中，还得到了南华大学教务处、南华大学化学化工学院其他老师及科学出版社的许多帮助。本书参考了本校及兄弟学校已出版的教材和专著的相关内容，在此表示衷心感谢。

本书得到了湖南省教育厅教研课题（498，湘教通［2010］243 号）、中华医学会医学化学学会教研课题（20110405）、南华大学教研课题（07Y43）的资助，在此表示衷心感谢。

由于编者水平有限，书中的疏漏和不妥之处在所难免，敬请有关专家、同行和读者批评指正。

编 者
2012 年 5 月

第一版前言

本书面向教学内容与课程体系改革，力图突破二级学科界限，将沿袭多年的传统的无机化学、分析化学、有机化学、物理化学、仪器分析五大化学实验教学体系进行整合，按照"重组基础、趋向前沿、反映现代、综合交叉"的原则，使实验教学更具系统性、整体性和综合性，建立与理论教学并行的、既相互联系又相对独立的实验教学新体系。

整合后的大学实验化学实验教学体系分为化学实验基本知识与技能，基本操作及基本技能实验，元素及其化合物的性质与鉴定实验，常数与物性测定实验，合成与制备实验，化学信息实验，综合性、设计性及研究创新性实验，绿色化学实验，附录。共九部分，99个实验。希望通过新的化学实验教学体系的教学，能够更好地达到以下目的：

（1）使学生巩固并加深对化学基本概念和基本原理的理解。

（2）使学生掌握大学实验化学的基本操作知识和技能。

（3）使学生学会正确地使用常用基本仪器，能正确地处理数据和表达实验结果。

（4）使学生掌握一些化学物质的制备、提纯和检验方法。

（5）培养学生运用整体化学知识的能力，使其认识到绿色化学实验的重要性。

（6）培养学生独立思考问题、分析问题、解决问题的能力；培养学生科学思维与方法，创新意识与能力；培养学生适应化学科学及化学学科与交叉科学迅速发展的能力。

（7）培养学生实事求是、严谨认真的科学态度，整洁、卫生的良好习惯，为继续学好相关课程及今后参加实际工作和开展科学研究打下良好的基础。

本书由南华大学化学化工学院周昕、罗虹、刘文娟老师任主编，王平、梁俊、贾晓辉老师任副主编，参加编写的人员还有王晓娟、林英武、魏传晚、匡云飞、匡汀、肖静水、李辉、蒋军辉、刘传湘老师。

本书由南华大学化学化工学院袁亚莉教授和聂长明教授主审，他们对本书内容的修改、完善提出了宝贵的意见，在此表示感谢。

在编写过程中，还得到了南华大学教务处、南华大学化学化工学院其他老师及科学出版社赵晓霞编辑的许多帮助。本书部分内容参考了本校及兄弟学校已出版的教材和专著的相关内容，在此谨表示衷心的感谢。

由于编者水平有限，书中的缺点和错误在所难免，敬请有关专家、同行和读者批评指正。

编 者

2007年8月

目 录

第二版前言
第一版前言
第1部分 化学实验基本知识与技能 ··· 1
  1.1 绪论 ·· 1
    1.1.1 大学实验化学实验目的 ··· 1
    1.1.2 大学实验化学的学习方法 ·· 1
    1.1.3 实验报告格式示例 ·· 2
    1.1.4 微型化学实验简介 ·· 4
  1.2 实验室基本知识 ·· 5
    1.2.1 实验室规则 ·· 5
    1.2.2 实验室安全守则 ··· 6
    1.2.3 实验室事故的处理 ·· 6
    1.2.4 实验室的防火与灭火常识 ·· 9
    1.2.5 实验室"三废"的处理 ··· 10
  1.3 实验数据处理 ·· 11
    1.3.1 测量误差 ··· 11
    1.3.2 有效数字及其运算规则 ··· 13
    1.3.3 化学实验中的数据处理 ··· 16
  1.4 煤气灯的使用 ·· 17
  1.5 玻璃管（棒）的加工 ··· 18
    1.5.1 玻璃管的洗净 ··· 19
    1.5.2 玻璃管的切割 ··· 19
    1.5.3 拉玻璃管 ··· 19
    1.5.4 制备熔点管及沸点管 ·· 20
  1.6 常用玻璃仪器与材料 ·· 20
    1.6.1 常用玻璃仪器与材料的规格、作用及注意事项 ······················ 20
    1.6.2 常用玻璃仪器的洗涤与干燥 ·· 26
    1.6.3 常用玻璃仪器的使用方法 ·· 28
  1.7 实验常用合成仪器和装配 ·· 34
    1.7.1 常用玻璃仪器 ··· 34
    1.7.2 玻璃仪器的连接与装配 ··· 37
    1.7.3 常用装置图 ·· 39
  1.8 称量仪器 ·· 42
    1.8.1 台秤及其使用 ··· 42
    1.8.2 分析天平 ··· 43

1.9 加热、冷却与控温仪器 ·· 48
    1.9.1 加热 ··· 48
    1.9.2 冷却 ··· 50
    1.9.3 控温仪器 ··· 51
1.10 试纸、滤纸 ··· 52
    1.10.1 试纸 ·· 52
    1.10.2 滤纸 ·· 54

第 2 部分 基本操作及基本技能实验

实验 1   实验室常识、玻璃仪器的认识、玻璃仪器洗涤和干燥 ············· 55
实验 2   玻璃管（棒）加工 ··· 55
实验 3   天平称量练习 ··· 56
实验 4   常用定容玻璃仪器的操作练习 ··································· 58
实验 5   酸碱标准溶液的配制与浓度的标定 ······························· 59
实验 6   恒温槽的安装、灵敏度及黏度的测定 ······························· 62
实验 7   电极的制备及原电池电动势的测定 ······························· 66
实验 8   普通蒸馏和分馏 ··· 70
实验 9   熔点、沸点的测定及温度计的校正 ······························· 73
实验 10   萃取和重结晶 ·· 79
实验 11   纸层析 ·· 85
实验 12   从茶叶中提取咖啡因 ·· 87
实验 13   从槐米中提取芦丁 ·· 89
实验 14   卵磷脂的提取 ·· 91
实验 15   番茄红素的提取 ·· 93

第 3 部分 元素及其化合物的性质与鉴定实验

实验 16   解离平衡与沉淀反应 ·· 96
实验 17   混合离子的分离与定性分析 ···································· 99
实验 18   过氧化氢含量的测定（高锰酸钾法） ···························· 101
实验 19   有机化合物元素的定性分析 ··································· 103
实验 20   配合物的形成与配位平衡 ····································· 105
实验 21   氧化还原反应 ··· 108
实验 22   食醋（HAc）含量及铵盐中铵态氮的测定 ······················· 111
实验 23   EDTA 溶液的配制、标定及水的硬度测定 ······················· 112
实验 24   硫酸铜中铜含量的测定 ······································· 115
实验 25   沉淀滴定 ·· 117
实验 26   维生素 C 含量的测定（碘量法） ······························· 119
实验 27   碱液中 NaOH 及 Na_2CO_3 含量的测定 ····························· 120
实验 28   p 区元素（1） ··· 121
实验 29   p 区元素（2） ··· 125
实验 30   d 区元素 ·· 127
实验 31   ds 区元素 ··· 131

实验 32　同离子效应与缓冲溶液 …………………………………………………… 135
　　实验 33　溶胶 …………………………………………………………………………… 137
第 4 部分　常数与物性测定实验 ………………………………………………………… 142
　　实验 34　燃烧热的测定 ………………………………………………………………… 142
　　实验 35　液体的饱和蒸气压 …………………………………………………………… 147
　　实验 36　溶液的吸附作用和表面张力的测定 ………………………………………… 149
　　实验 37　二元液系相图 ………………………………………………………………… 153
　　实验 38　乙酸的解离平衡与解离常数的测定 ………………………………………… 155
　　实验 39　化学反应速率的影响因素及反应级数的测定 ……………………………… 157
　　实验 40　乙酸乙酯皂化反应速率常数的测定 ………………………………………… 160
　　实验 41　银氨配离子配位数及稳定常数的测定 ……………………………………… 162
第 5 部分　合成与制备实验 ……………………………………………………………… 165
　　实验 42　环己烯的制备 ………………………………………………………………… 165
　　实验 43　萘的精制 ……………………………………………………………………… 166
　　实验 44　1-溴丁烷的制备 ……………………………………………………………… 167
　　实验 45　叔丁氯的制备 ………………………………………………………………… 168
　　实验 46　2-甲基-2-己醇的制备 ………………………………………………………… 169
　　实验 47　间硝基苯酚的制备 …………………………………………………………… 170
　　实验 48　双酚 A 的制备 ………………………………………………………………… 172
　　实验 49　乙醚的制备 …………………………………………………………………… 173
　　实验 50　正丁醚的制备 ………………………………………………………………… 175
　　实验 51　环己酮的制备 ………………………………………………………………… 176
　　实验 52　苯甲醇和苯甲酸的制备 ……………………………………………………… 177
　　实验 53　己二酸的制备 ………………………………………………………………… 180
　　实验 54　肉桂酸的制备 ………………………………………………………………… 182
　　实验 55　乙酸乙酯的制备 ……………………………………………………………… 182
　　实验 56　8-羟基喹啉的制备 …………………………………………………………… 184
　　实验 57　α-苯乙胺的制备及拆分 …………………………………………………… 186
第 6 部分　化学信息实验 ………………………………………………………………… 189
　　实验 58　紫外光谱推测芳香族化合物结构 …………………………………………… 189
　　实验 59　红外光谱 ……………………………………………………………………… 191
　　实验 60　核磁共振 ……………………………………………………………………… 195
　　实验 61　利用气-固色谱法分析 O_2、N_2、CO 及 CH_4 混合气体 ……………… 200
　　实验 62　原子吸收分光光度法测定自来水中 Mg 的含量（标准曲线法） ………… 202
　　实验 63　原子吸收分光光度法测定人发中的锌（标准加入法） …………………… 205
　　实验 64　紫外吸收光谱法测双组分混合物 …………………………………………… 207
　　实验 65　分光光度法测水样中的 Fe^{3+} ……………………………………………… 208
　　实验 66　磷酸的电位滴定 ……………………………………………………………… 212
　　实验 67　吸光度的加和性试验及水中微量 Cr（Ⅵ）和 Mn（Ⅶ）的同时测定 …… 213
　　实验 68　水中微量氟的测定——离子选择电极法 …………………………………… 215

实验 69　苯系物的分析（苯系物的气相色谱法定性与定量分析） ……… 218
实验 70　高效液相色谱法测定可乐中的咖啡因 ……………………………… 221
实验 71　分子荧光光度法测定二氯荧光素 …………………………………… 224
实验 72　单扫描示波极谱法测定胱氨酸或半胱氨酸 ………………………… 225
实验 73　溶出伏安法测定水中微量铅和镉 …………………………………… 226
实验 74　差热分析 ……………………………………………………………… 228
实验 75　水样的化学需氧量的测定（重铬酸钾法） ………………………… 231

第 7 部分　综合性、设计性及研究创新性实验 …………………………………… 234
实验 76　电泳 …………………………………………………………………… 234
实验 77　水热法制备 SnO_2 纳米粉 …………………………………………… 236
实验 78　铁氧体法处理含铬废水 ……………………………………………… 237
实验 79　硫酸亚铁铵的制备及其纯度检验 …………………………………… 240
实验 80　乙酸异丁酯的合成及折射率的测定 ………………………………… 243
实验 81　过氧化钙的合成 ……………………………………………………… 245
实验 82　石灰石中钙含量的测定（高锰酸钾法） …………………………… 246
实验 83　碳酸钠的制备及产品纯度的测定 …………………………………… 248
实验 84　乙酰水杨酸的制备及有效成分的测定 ……………………………… 250
实验 85　离子交换树脂制备去离子水及水质分析 …………………………… 251
实验 86　从废定影液中回收银 ………………………………………………… 254
实验 87　无机离子的纸上色谱 ………………………………………………… 256
实验 88　差热分析法测定碳酸氢钾的分解热 ………………………………… 258
实验 89　亲核试剂在伯碳上的竞争反应 ……………………………………… 261
实验 90　水泥熟料 SiO_2、Fe_2O_3、Al_2O_3、CaO 和 MgO 含量的测定 ……… 264
实验 91　常见阴离子的分离与鉴定 …………………………………………… 267
实验 92　常见阳离子未知液的定性分析 ……………………………………… 269
实验 93　水质的化学评价 ……………………………………………………… 273
实验 94　沉淀溶解平衡与乙酸银的溶度积常数的测定 ……………………… 279
实验 95　硫酸铜的提纯及其质量鉴定 ………………………………………… 282
实验 96　从普洱茶中提取茶多酚及抗氧化性的研究 ………………………… 285
实验 97　用 HPLC 测定液体食品中的防腐剂（山梨酸和苯甲酸） ………… 287
实验 98　白酒总酸度和总酯含量的测定方法 ………………………………… 290
实验 99　食品中钙、镁、铁含量的测定 ……………………………………… 291

第 8 部分　绿色化学实验 …………………………………………………………… 294
实验 100　微波合成 ……………………………………………………………… 294
实验 101　分子力学模型 ………………………………………………………… 296
实验 102　仿生合成 ……………………………………………………………… 297
实验 103　计算机模拟化学实验技术 …………………………………………… 299

第 9 部分　附录 ……………………………………………………………………… 303
附录 1　化学实验常用仪器、装置及使用 …………………………………… 303
　　9.1.1　pH 计 ………………………………………………………………… 303

9.1.2　温度计与恒温槽 ………………………………………………………… 305
　　9.1.3　大气压力计 ……………………………………………………………… 315
　　9.1.4　磁天平 …………………………………………………………………… 316
　　9.1.5　表面张力测定仪 ………………………………………………………… 317
　　9.1.6　旋转黏度计与扭力天平 ………………………………………………… 319
　　9.1.7　阿贝折光仪与旋光仪 …………………………………………………… 320
　　9.1.8　电位差计 ………………………………………………………………… 325
　　9.1.9　电导率仪 ………………………………………………………………… 327
　　9.1.10　分光光度计 ……………………………………………………………… 329
　　9.1.11　原子吸收分光光度计 …………………………………………………… 332
　　9.1.12　气相色谱仪 ……………………………………………………………… 333
　　9.1.13　高效液相色谱仪 ………………………………………………………… 334
　　9.1.14　傅里叶变换红外光谱仪 ………………………………………………… 339
　　9.1.15　真空装置 ………………………………………………………………… 341
　　9.1.16　常用压缩气体钢瓶 ……………………………………………………… 342
附录 2　重要理化数据 ……………………………………………………………… 343
附录 3　常见阳离子的鉴定 ………………………………………………………… 359
附录 4　常见阴离子的鉴定 ………………………………………………………… 367
附录 5　常用化学信息网址资料 …………………………………………………… 369
参考文献 ……………………………………………………………………………… 371

第1部分　化学实验基本知识与技能

1.1　绪　论

1.1.1　大学实验化学实验目的

化学是一门以实验为基础的学科。大学实验化学是化学课程的重要组成部分，是学习化学的一个必需的重要环节，是高等院校化学工程与工艺、高分子材料、制药工程、应用化学、环境工程、生物工程、医学检验、临床检验、药学、基础医学、护理、麻醉、影像、给水排水工程及冶金、地质、轻工、食品等专业学生必修的重要的专业或专业基础课程。

近几年来，我们在示范实验室建设中，对化学实验课程教学体系的改革、化学实验课程教学资源的整合和开放实验室的建设方面，积累了一些经验。在"大学实验化学"的平台上，力图突破二级学科界限，将沿袭多年的传统的无机化学、有机化学、物理化学、分析化学、仪器分析五大化学基础课实验教学体系进行整合与完善，按照"重组基础，趋向前沿，反映现代，综合交叉"的原则，使实验教学更加具有系统性、整体性和综合性，建立与理论教学并行的、既相互联系又相对独立的实验教学新体系。

整合后的大学实验化学实验教学体系分为化学实验基本知识与技能，基本操作及基本技能实验，元素及化合物的性质与鉴定实验，常数与物性测定实验，合成与制备实验，化学信息实验，综合性、设计性、研究创新性实验，绿色化学性实验，附录，共九部分。希望通过采用新的实验化学教学体系的教学，能够更好地达到以下目的：

(1) 使学生巩固并加深对化学基本概念和基本原理的理解。
(2) 使学生掌握大学实验化学的基本知识、基本操作和技能。
(3) 使学生学会正确地使用基本仪器，能正确地处理数据、表达实验结果。
(4) 使学生掌握一些化学物质的制备、提纯和检验方法。
(5) 培养学生运用整体化学知识的能力，使其认识到绿色化学实验的重要性。
(6) 培养学生独立思考问题、分析问题、解决问题的能力，科学思维与方法，创新意识与能力。
(7) 培养学生实事求是、严谨认真的科学态度，整洁、卫生的良好习惯，为继续学好相关课程及今后参加实际工作和开展科学研究打下良好的基础。

1.1.2　大学实验化学的学习方法

学习并掌握好大学实验化学，首先要有明确的学习目的、端正的学习态度，同时还要有好的学习方法。大学实验化学的学习方法大致分以下三个方面：

1. 预习

(1) 认真阅读、钻研实验教材、教科书和有关参考书中的相关内容。
(2) 明确实验目的，弄清实验原理。

(3) 了解实验内容、方法、步骤、基本操作和实验过程中的注意事项，思考实验所附的注解及思考题。

(4) 写出实验预习报告（包括实验目的、实验原理、实验步骤、实验所附的思考题、实验注意事项等）。

2. 认真做好实验

(1) 认真听指导老师的要求，再按照实验教材上给出的方法、步骤、试剂用量和操作规程进行实验。要做到认真操作、仔细观察并如实记录实验现象。遇到问题要善于分析，力争自己解决，若自己解决不了，可请教指导老师或同学。如果发现实验现象与理论不相符，应认真查明原因，经指导老师同意后重做实验，直到得出正确的结果。

(2) 要严格遵守实验室规则（详见本书 1.2.1 小节）。严守纪律，保持肃静，严禁携带任何食品进入实验室内（包括水）。爱护国家财产，小心使用仪器和设备，节约药品、水、电和煤气。保持实验室整洁、卫生和安全。

(3) 实验完毕后，要认真清扫地面，检查台面是否整洁，注意关闭水、电、气、门窗，经指导教师允许后方可离开实验室。

3. 写好实验报告

实验报告是对每次实验的真实记录、概括和总结，是对实验者综合素质及能力的一种考核。每个学生在做完实验后都必须对实验过程、实验现象进行分析和解释，并及时、独立、认真完成实验报告，交指导教师批阅。

一份合格的实验报告应包含以下内容：

(1) 实验名称。实验题目。

(2) 实验目的。实验所要达到的目的及要求。

(3) 实验原理。介绍实验的基本原理和主要反应方程式或流程图。

(4) 实验所用的仪器、药品及装置。要写明实验所用仪器的型号、数量、规格和药品的名称、数量、规格。

(5) 实验内容及步骤。简明扼要，尽量用表格、流程图、符号表示，不要全盘抄书。

(6) 实验现象和数据的记录。如实记录，依据所用仪器的精密度，保留正确的有效数字。

(7) 解释、结论和数据处理。化学现象的解释最好用化学反应方程式。如还不完整，应另加文字简要叙述，结论要精炼、完整、正确，数据处理要有依据，计算要正确。

(8) 问题与讨论。对实验中遇到的疑难问题提出自己的见解。分析产生误差的原因，对实验方法、实验内容、实验装置等提出意见或建议。实验报告要求做到内容真实、文字工整、图表清晰、形式规范。

除此之外，还要记录实验时间、实验地点、实验气温、实验湿度、实验合作者、实验指导教师等。

1.1.3 实验报告格式示例

物质提纯实验报告格式示例

实验名称：氯化钠的提纯

20＿＿＿级＿＿＿＿＿＿＿专业＿＿＿班；学号＿＿＿；姓名＿＿＿＿＿＿；同组人＿＿＿＿＿＿

实验时间：20____年____月____日；星期_____；室温_____；湿度_____
第_____实验室_____教师，审批_____

一、实验目的
（略）

二、实验步骤

1. 提纯操作步骤

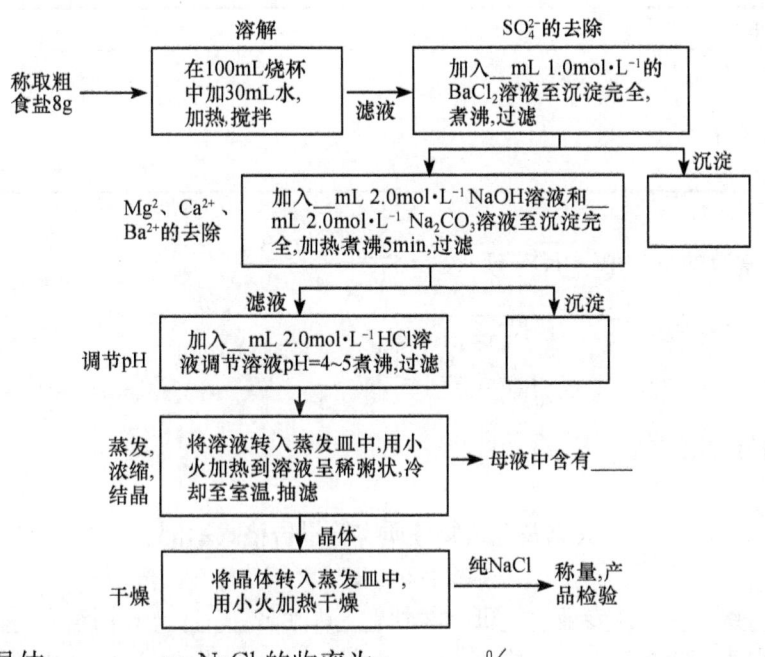

称取粗食盐8g → 溶解：在100mL烧杯中加30mL水，加热，搅拌 →滤液→ SO_4^{2-}的去除：加入___mL 1.0mol·L^{-1}的$BaCl_2$溶液至沉淀完全，煮沸，过滤 →沉淀

Mg^{2+}、Ca^{2+}、Ba^{2+}的去除：加入___mL 2.0mol·L^{-1} NaOH溶液和___mL 2.0mol·L^{-1} Na_2CO_3溶液至沉淀完全，加热煮沸5min，过滤 →滤液→沉淀

调节pH：加入___mL 2.0mol·L^{-1} HCl溶液调节溶液pH=4~5煮沸，过滤

蒸发、浓缩、结晶：将溶液转入蒸发皿中，用小火加热到溶液呈稀粥状，冷却至室温，抽滤 →母液中含有____
↓晶体
干燥：将晶体转入蒸发皿中，用小火加热干燥 →纯NaCl→称量，产品检验

得NaCl晶体_____g，NaCl的收率为_____%。

检验项目	检验方法	实验现象（粗食盐）	实验现象（精NaCl）
SO_4^{2-}	加入$BaCl_2$溶液		
Ca^{2+}	加入$(NH_4)_2C_2O_4$溶液		
Mg^{2+}	加入NaOH溶液和镁试剂		

2. 产品纯度检验

有关的离子反应方程式（略）。

三、问题与讨论
（略）

物理化学常数的测定实验报告格式示例

实验名称：乙酸解离解平衡与解离常数的测定

20____级_____专业____班；学号____；姓名_____；同组人_____
实验时间：20____年____月____日；星期_____；室温_____；湿度_____
第_____实验室_____教师，审批_____

一、实验目的
（略）

二、实验原理
（略）

三、实验步骤
（略）

四、实验记录和结果

室温_____℃　　pH 计编号_____　　乙酸标准溶液浓度_____ mol·L^{-1}

实验编号	1	2	3	4
$c(HAc)/(mol·L^{-1})$				
pH				
$c(H^+)/(mol·L^{-1})$				
$K_a^\ominus(HAc)$				

乙酸解离常数的平均值　　$\overline{K}_a^\ominus(HAc) = \dfrac{\sum K_{a_i}^\ominus(HAc)}{n}$

标准偏差　　$s = \sqrt{\dfrac{\sum_{i=1}^{n}[K_{a_i}^\ominus(HAc) - \overline{K}_a^\ominus(HAc)]^2}{n-1}}$

五、问题与讨论
（略）

元素及化合物性质实验报告格式示例

实验名称：s 区元素

20____级_____专业____班；学号____；姓名_____；同组人_____
实验时间：20____年____月____日；星期_____；室温_____；湿度_____
　　　　第_____实验室_____教师，审批_____

一、实验目的
（略）

二、实验步骤

实验步骤	实验现象	反应方程式	解释和结论
钠、钾、镁、钙与水反应			
（1）取绿豆大小金属钠，吸干煤油置于 30mL 水中			
（2）……			

三、问题与讨论
（略）

1.1.4 微型化学实验简介

微型化学实验（microscale chemical experiment 或 microscale laboratory，ML）是在微型化的仪器装置中进行的化学实验，是 20 世纪 80 年代初发展起来的一种化学实验新方法。其试剂用量比相应的常规实验节约 90%以上，是绿色化学的组成部分。近 20 年来，微型化学实验在国内外得到了迅速发展。自 1982 年起，美国的 Mayo 等从环境保护和实验室安全考虑，在基础有机化学实验中采用微型实验取得了成功，并相继出版了微型化学实验教材，掀起了研究和应用微型实验的浪潮。90 年代以来举行的历次国际化学教育大会（ICCE）和国际纯粹与应用化学联合会（IUPAC）学术大会都把微型化学实验列为会议议题。美国化学教育杂志（*J. Chem. Educ.*）从 1989 年 11 月起开辟了微型化学实验专栏。

1989 年，我国高等学校化学教育研究中心把微型化学实验课题列入科研计划，由华东师范大学和杭州师范学院牵头，成立了微型化学实验研究课题组，开始在无机化学实验、普通化学实验和中学化学实验中进行微型实验的系统研究和应用。1992 年，我国第一本《微型化学实验》出版。2000 年，由杭州师范学院、天津大学、大连理工大学主持编写的《微型无机化学实验》在科学出版社出版。迄今为止，已有 800 多所大学、中学开展微型化学实验研究，并在教学中应用。一些学校和仪器厂研究出了多套微型实验仪器。全国微型化学实验研讨会已召开五届。1999 年，全国微型化学实验研究中心在杭州师范学院成立。2003 年，微型化学实验研究中心网站在广西师范大学建立。

微型化学实验仪器微型化、试剂用量少，具有实验成本低、实验时间短、安全程度高、操作简便、污染少等优点，有助于培养学生勤俭节约、保护环境的意识。微型化学实验作为绿色化学的一项实验方法，是 21 世纪实验教学改革的方向之一，将会得到进一步推广和应用。

1.2 实验室基本知识

1.2.1 实验室规则

（1）实验前要根据教学进程表认真预习，明确实验目的和要求，弄清实验原理，了解实验方法，熟悉实验步骤，认真阅读有关仪器说明书，写出预习报告。

（2）严格遵守实验室各项规章制度。

（3）实验前要认真清点仪器和药品，如有缺损，应立即报告指导教师，按规定手续向实验室补领。实验时如有仪器损坏，应立即主动报告指导教师，进行登记，按规定价进行赔偿或再换，不得擅自拿别的位置上的仪器。

（4）实验过程中要严肃认真，规范操作，认真观察并及时记录实验现象与数据。实验室要保持肃静，不得大声喧哗。实验应在规定的位置上进行，未经允许，不得擅自挪动。

（5）实验使用仪器时，应严格按照操作规程进行，药品应按规定量取用，无规定量的，应本着节约的原则，尽量少用。

（6）爱护公物，节约药品、水、电、气。

（7）实验过程中的废纸、火柴梗等固体废物，要放入废物桶（或箱）中，不要丢在水池中或地面上，以免堵塞水池或弄脏地面。规定回收的废液要倒入废液缸（或瓶）中，以便统一处理。严禁将实验仪器、化学药品擅自带出实验室。保持实验室整洁、卫生和安全。

（8）实验中应注意安全，易燃药品应远离火源。发生意外事故时应立即报告教师，并及时进行正确处理。

（9）绝对禁止将食物带进实验室。

（10）实验结束前，不得擅自离开实验室。实验完毕，立即清洗仪器，整理药品、仪器，并用洗净的湿抹布擦洗实验台。认真做好实验室与天平室、仪器室的清洁。实验完毕后，应将双手洗净。由同学轮流值日，清扫地面和整理实验室，并把垃圾放入垃圾桶（箱），检查水、气、门、窗是否关好，电源是否切断。得到指导教师许可后方可离开实验室。

（11）根据原始记录，写出简明的实验报告，按规定时间交给教师。

1.2.2 实验室安全守则

1. 引言

在化学实验中，往往会接触到各种化学药品、电器设备、玻璃仪器及水、电、气。在这些化学药品中，有的有毒，有的是刺激性气体，有的有腐蚀性，有的易燃、易爆，还有的可能致病。使用不当，或违反操作章程、疏忽大意，都可能造成意外事故。因此，实验者必须认真学习并严格遵守实验室安全守则。

2. 化学实验室安全守则

（1）熟悉水、电、气的总开关，消防用品、急救箱的位置和使用方法。

（2）一切容易产生有毒性、刺激性的气体实验应在通风橱内进行。

（3）一切易燃、易爆物质的操作应在远离火源的地方进行。

（4）一切废气、废水、废渣都必须经处理后才能排放。

（5）加热过程中不能离开工作岗位。试管加热前，应将外壁的水滴擦干。加热时勿将试管口朝向他人或自己，不要俯视正在加热的液体，以免溅出的液体烫伤眼、脸。闻气体的气味时，鼻子不能直接对着瓶（管）口，而应用手把少量的气体扇向鼻孔。

（6）金属钠、钾应保存在煤油或液体石蜡油中，白磷（或黄磷）应保存在水中，取用时必须用镊子，绝不能用手拿。使用强腐蚀性试剂（如浓 H_2SO_4、浓 HNO_3、浓碱、浓溴、浓 H_2O_2、HF 等）时切勿溅在衣服和皮肤上及眼睛里，取用时要戴胶皮手套和防护眼镜。

（7）绝不允许将各种化学药品随意混合，以防发生意外。自行设计的实验需和老师论证后进行。

（8）加热器不能直接放在木质台面或地板上，应放在石棉板、绝缘砖或水泥地板上，加热期间要有人看管。大型贵重仪器应有安全保护装置。加热后的坩埚、蒸发皿应放在石棉网或石棉板上，不能直接放在木质台面上，以防烫坏台面，引起火灾，更不能与湿物接触，以防炸裂。

（9）实验室内严禁饮食、吸烟、游戏打闹、大声喧哗。

（10）使用有毒试剂应严防进入口内或伤口，实验过程中的废弃物，如废纸、火柴梗、碎试管等固体物应放入废物桶（箱）内，不要丢入水池内，以防堵塞。

（11）每次实验完毕，应将玻璃仪器擦洗干净，按原位摆放整齐，台面、水池、地面打扫干净，药品按序摆好，检查水、电、气、门、窗是否关好，最后将双手洗净。经老师同意后方可离开。

1.2.3 实验室事故的处理

1. 实验室应配备的药品及工具

1）药品

消毒酒精、碘酒、红药水、紫药水、创可贴、止血粉、消炎粉、烫伤油膏、鱼肝油、甘油、无水乙醇、硼酸溶液（1％～3％，饱和）、2％乙酸溶液、1％～5％碳酸氢钠溶液、20％硫代硫酸钠溶液、10％高锰酸钾溶液、20％硫酸镁溶液、1％柠檬酸溶液、5％硫酸铜溶液、1％硝酸银溶液、药膏（由20％硫酸镁、18％甘油、水、1.2％盐酸普鲁卡因配成）、可的松软膏、紫草油软膏及硫酸镁糊剂、蓖麻油等。

2) 工具

医用镊子、剪刀、纱布、药棉、棉签、绷带、医用胶布、担架等。

2. 中毒急救

1) 固体或液体毒物中毒

嘴里若还有毒物，应立即吐掉，并用大量水漱口。
碱中毒者先饮大量水，再喝牛奶。
误饮酸者先喝水，再服氢氧化镁乳剂，最后饮些牛奶。
重金属中毒者喝一杯含几克硫酸镁的溶液，立即就医。
汞及汞化合物中毒者立即就医。
用作重金属解毒剂的药物如表1-2-1所示。

表 1-2-1　金属解毒剂

有害金属元素	解毒剂
Pb、U、Co、Zn 等	乙二胺四乙酸合钙酸钠
Hg、Cd、As 等	2,3-二巯基丙醇
Cu	R-青霉胺
Ti、Zn 等	二苯硫腙
Ni	乙二氨基二硫代甲酸钠
Be	金黄素三羧酸

2) 气体或蒸气中毒

若不慎吸入煤气、溴蒸气、氯气、氯化氢、硫化氢等气体，应立即到室外呼吸新鲜空气，必要时做人工呼吸（但不要口对口）或送医院治疗。

3. 酸或碱灼伤

1) 酸灼伤

先用大量水冲洗，再用饱和碳酸氢钠溶液或稀氨水冲洗，然后浸泡在冰冷的饱和硫酸镁溶液中半小时，最后敷以由20％硫酸镁、18％甘油、水和1.2％盐酸普鲁卡因配成的药膏。伤势严重者，应立即送医院急救。

酸溅入眼睛时，先用大量水冲洗，再用1％碳酸氢钠溶液洗，最后用蒸馏水或去离子水洗。

氢氟酸能腐蚀指甲、骨头，溅在皮肤上会造成痛苦的难以治愈的烧伤。皮肤若被烧伤，应用大量水冲洗20min以上，再用冰冷的饱和硫酸镁溶液或70％乙醇清洗半小时以上。或用大量水冲洗后，再用肥皂水或2％～5％碳酸氢钠溶液冲洗，用5％碳酸氢钠溶液湿敷局部，再用可的松软膏或紫草油软膏及硫酸镁糊剂敷在伤口上。

2) 碱灼伤

先用大量水冲洗，再用1％柠檬酸或1％硼酸或2％乙酸溶液浸洗，后用水洗，再用饱和硼酸溶液洗,最后滴入蓖麻油。

4. 溴灼伤

溴灼伤一般不易愈合,必须严加防范。凡用溴时应预先配好适量20%硫代硫酸钠溶液备用。一旦被溴灼伤,应立即用酒精或硫代硫酸钠溶液冲洗伤口,再用水冲洗干净,并敷以甘油。若起泡,则不宜把水泡挑破。

5. 磷烧伤

用5%硫酸铜溶液、1%硝酸银溶液或10%高锰酸钾溶液冲洗伤口,并用浸过硫酸铜溶液的绷带包扎,或送医院治疗。

6. 其他意外事故处理

1) 割(划)伤

化学实验中要用到各种玻璃仪器,若不小心容易被碎玻璃划伤或刺伤。若伤口内有碎玻璃碴或其他异物,应先取出。轻伤可用生理盐水或硼酸溶液擦洗伤处,并用3%的H_2O_2溶液消毒,然后涂上红药水,撒上些消炎粉,并用纱布包扎。伤口较深,出血过多时,可用云南白药或扎止血带,并立即送医院急救。玻璃溅入眼内,千万不要揉擦,不要转动眼球,任其流泪,速送医院处理。

2) 烫伤

一旦被火焰、蒸气、红热玻璃、陶器、铁器等烫伤,轻者可用10%高锰酸钾溶液擦洗伤处,撒上消炎粉,或在伤处涂烫伤膏(如氧化锌药膏、獾油或鱼肝油药膏等),重者送医院救治。

3) 触电

人体若通过50Hz、25mA交流电时,会感到呼吸困难,100mA以上则会致死。因此,使用电器必须遵守严格的操作规程,以防触电。应注意以下几点:

(1) 已损坏的接头、插座、插头,或绝缘不良的电线,必须更换。

(2) 若电线有裸露的部分,必须绝缘。

(3) 不要用湿手接触或操作电器。

(4) 接好线路后再通电,用后先切断电源再拆线路。

(5) 一旦遇到有人触电,应立即切断电源,尽快用绝缘物(如竹竿、干木棒、绝缘塑料管等)将触电者与电源隔开,切不可用手去拉触电者。

实验室常见有毒物质如表1-2-2所示。

表1-2-2 常见有毒物质

致癌物质	剧毒试剂	有毒溶剂	腐蚀性化合物	毒性气体
对甲苯磺酸甲酯	硫酸二甲酯	苯	有机强酸	氟
亚硝基二甲胺	氰化物	甲苯	有机强碱	氯
偶氮乙烷	氰化钾	乙醚	硫酸	二氧化硫
二甲胺偶氮苯	氰化钠	氯仿	盐酸	一氧化碳
(α)β-萘胺	氰氢酸	苯胺	硝酸	光气
2-乙酰氨联苯	氯化汞		氢氧化钠	汞蒸气

续表

致癌物质	剧毒试剂	有毒溶剂	腐蚀性化合物	毒性气体
2-乙酰氨苯酚	砷化物		氢氧化钾	溴蒸气
2-乙酰氨芴	氟化氢		生物碱	
3,4-苯并蒽	溴化氢		苯酚	
1,2,4,5-二苯并蒽	氯化氢		硝基苯	
9,10-二甲苯-1,2-苯并蒽	硫化氢		黄磷	
N-亚硝基化合物				
石棉粉尘				

1.2.4 实验室的防火与灭火常识

1. 引起化学实验室火灾的主要原因

(1) 易燃物质离火源太近。
(2) 电线老化、插头接触不良或电器故障等。
(3) 下列物质彼此混合或接触后易着火，甚至酿成火灾：①活性炭与硝酸铵；②沾染了强氧化剂（如氯酸钾）的衣物；③抹布与浓硫酸；④可燃性物质（木材或纤维等）与浓硝酸；⑤有机物与液氧；⑥铝与有机氯化物；⑦磷化氢、硅烷、烷基金属及白磷等与空气接触。

实验室常见易爆化合物及其反应特性如表 1-2-3 所示。

表 1-2-3　常用易燃易爆化合物及其反应特性

名称	反应特性
过氧化苯甲酰	强氧化剂，与衣服、纸张、木材接触易燃
过氧化氢	强氧化剂，与还原物质反应激烈，易燃、易爆
浓硝酸	强氧化剂，与还原物质反应激烈，易燃、易爆
硝酸酯	可爆炸物，过热、撞击强压爆炸
多硝基化合物	可爆炸物，过热、撞击强压爆炸
叠氮化合物	可爆炸物，过热、撞击强压爆炸
重氮盐	可爆炸物，暴露空气中爆炸、燃烧
共轭多烯	易产生近氧化物
乙醚	易产生近氧化物
乙炔铜（银）	可爆炸物，暴露空气中爆炸、燃烧
氢化铝锂	强还原剂，遇水发生猛烈燃烧、爆炸
氯酸钾	强氧化剂，与还原物质反应激烈，易燃、易爆
金属钠（钾）	强还原剂，暴露空气中、遇水发生猛烈燃烧、爆炸

2. 灭火方法

化学实验室内一旦着火或发生火灾，切勿惊慌，应冷静果断地按表 1-2-4 所示方法，采取扑灭措施并及时报警。

表 1-2-4　燃烧物灭火方法说明

燃烧物	灭火方法	说　明
纸张、纺织品或木材	沙、水、灭火器	需降温和隔绝空气
油、苯等有机溶剂	CO_2、干粉灭火器、石棉布、干沙等	适用于贵重仪器上的灭火
醇、醚等	水	需冲淡、降温和隔绝空气
电表及仪器燃烧	CCl_4、CO_2 等灭火器	灭火材料不能导电，切勿用水和泡沫灭火器灭火
可燃性气体	关闭气源，使用灭火器	
活泼金属（如钾、钠等）及磷化物与水接触	干砂土、干粉灭火器	绝不能使用水或泡沫、CO_2 灭火器
身上的衣物	就地滚动，压灭火焰或脱掉衣服、用专用防火布覆盖着火处	切勿跑动，否则将加剧燃烧

1.2.5　实验室"三废"的处理

在化学实验室中，会经常遇到各种有毒的废气、废液和废渣（简称"三废"）。如不处理，随意排放，会对周围环境、水源和空气造成污染，形成公害，因此必须要处理后才可排放。有些还要回收利用，消除公害，变废为宝。综合利用，是实验室工作中经常遇到的也是重要的组成部分。

1. 有毒的废气处理

做有少量有毒气体产生的实验应在通风橱中进行。通过排风设备把有毒废气排到室外，利用室外的大量空气来稀释有毒废气。如果实验室产生大量有毒气体，应该安装气体吸收装置来吸收这些气体。例如，产生的二氧化硫气体可以用氢氧化钠水溶液吸收后排放。

2. 有毒的废渣处理

有毒的废渣应埋在指定的地点，但是溶解于地下水的废渣必须经过处理后才能深埋。

3. 有毒的废液处理

1) 含 Cr(Ⅵ) 化合物（致癌）

加入还原剂（$FeSO_4$、Na_2SO_4）使之还原为 Cr(Ⅲ) 后，再加入碱（NaOH 或 Na_2CO_3），pH 调至 6~8，使之形成氢氧化铬沉淀而被除去。

2) 含氰化物的废液

方法有二：一是加入沉淀剂，如硫酸亚铁，使之变为氰化亚铁沉淀除去；二是加入氧化剂，如次氯酸钠，使氰化物分解为二氧化碳和氮气而除去。

3) 含汞化物的废液

加入 Na_2S 使之生成难溶的 HgS 沉淀而除去。

4) 含砷化物的废液

加入 $FeSO_4$，并用 NaOH 调 pH 至 9，以便使砷化物生成亚砷酸或砷酸钠与氢氧化铁共沉淀而被除去。

5) 含铅等重金属的废液

加入 Na_2S 使之生成硫化物沉淀而被除去。

1.3 实验数据处理

1.3.1 测量误差

1. 误差的概念

误差是指测定值与真实值之间的偏离。误差在测量工作中是普遍存在的,即使采用最先进的测量方法,使用最先进的精密仪器,由技术最熟练的操作人员来测量,测定值与真实值也不可能完全符合。测量的误差越小,测定结果的准确度就越高。根据误差性质的不同,可把误差分为系统误差、偶然误差和过失误差三类。

1) 系统误差(可测误差)

系统误差是由某些比较确定的因素引起的,它对测定结果的影响比较确定,重复测量时,它会重复出现,所以又叫可测误差。它包括仪器误差、试剂误差、人员误差、方法误差。通过改进实验方法、校正仪器、提高试剂纯度、严格操作规程和实验条件等手段来减小这种误差。

2) 偶然误差(随机误差)

偶然误差是由某些难以预料的偶然因素引起的。它的数值的大小、正负都难以控制,所以又叫随机误差。如环境温度、湿度、气压、电压、仪器性能等的微小变化。它对实验结果的影响也无规律可循,一般只能通过增加平行测量次数来减小这种误差。多次测量结果的误差符合一定的规律,大的误差出现的概率小,小的误差出现的概率大。

3) 过失误差

过失误差是由于操作者失误造成的误差,如操作不正确、读错数据、加错药品、计算错误等。这种误差纯粹是人为造成的。只要严格按操作规程进行,加强责任心,是完全可以避免的。

2. 测量中误差的处理方法

1) 准确度与精密度

准确度是指测定值与真实值之间的偏离程度。

精密度是指测量结果相互接近的程度(再现性或重复性)。精密度高不一定准确度就好,但准确度高一定需要精密度高。精密度是保证准确度的先决条件。通常由于被测量的真实值无法知道,因此往往用多次测量结果的平均值来近似代替真实值。

表征准确度及精密度的好坏分别由误差和偏差来表示,表征误差和偏差的大小可用绝对误差或偏差及相对误差或偏差来表示。

2) 误差和偏差

误差是指测定值与真实值之间的偏离程度。误差越小说明测量的结果准确度越高。

绝对误差是指实验测得的值与真实值之间的差值。

$$绝对误差(E) = 测定值(x) - 真实值(\mu) \quad (二者单位相同)$$

当测定值大于真实值时,绝对误差是正的;测定值小于真实值时,绝对误差是负的。绝对误差只能显示出误差变化的范围,而不能确切地表示测量的精密度,所以一般用相对误差表示测量的误差。

$$相对误差 = \frac{绝对误差}{真实值} \times 100\%$$

绝对误差与被测量值的大小无关，而相对误差与被测量值的大小有关。例如，某酸的解离常数真实值为 1.76×10^{-5}，两次实验测得的平均值分别为 1.80×10^{-5} 和 1.70×10^{-5}，则测量的绝对误差分别为

$$(1.80 - 1.76) \times 10^{-5} = 4 \times 10^{-7}$$
$$(1.70 - 1.76) \times 10^{-5} = -6 \times 10^{-7}$$

测量的相对误差分别为

$$\frac{4 \times 10^{-7}}{1.76 \times 10^{-5}} \times 100\% = 2.27\%$$

$$\frac{-6 \times 10^{-7}}{1.76 \times 10^{-5}} \times 100\% = -3.41\%$$

显然，前一数值准确度较高。

偏差是指每次测量结果与平均值之差。由于被测量的真实值无法知道，因此一般用偏差来表示测量结果的好坏。偏差又分为绝对偏差、相对偏差、平均偏差、相对平均偏差、标准偏差等。

绝对偏差等于每次测量值减去平均值。绝对偏差为

$$d_i = x_i - \overline{x}$$

相对偏差等于绝对偏差与平均值之比的百分数。相对偏差为

$$\frac{d_i}{\overline{x}} \times 100\%$$

相对偏差的大小可以反映出测量结果的精密度。相对偏差越小，测量结果的重现性越好，即精密度高。为了说明测量结果的精密度，最好以多次测量结果的平均偏差来表示。平均偏差为

$$d = \frac{|d_1| + |d_2| + \cdots + |d_n|}{n}$$

式中：n 为测量次数；d_1 为第一次测量的绝对偏差；d_n 为第 n 次测量的绝对偏差。

另外，也常用标准偏差 s 说明测量结果的精密度。

$$s = \sqrt{\frac{d_1^2 + d_2^2 + \cdots + d_n^2}{n-1}}$$

用标准偏差比用平均偏差好，因为将每次测量的绝对偏差平方之后，较大的绝对偏差会更显著地显示出来，这样就能更好地说明数据的分散程度。

绝对偏差（d）和标准偏差（s）都是指个别测定值与算术平均值之间的关系。若要用测量的平均值来表示真实值，还必须了解真实值与算术平均值之间的标准偏差 $s_{\overline{x}}$，以及算术平均值的极限误差 $\delta_{\overline{x}}$。这两个值可分别由下面两个公式求出

$$s_{\overline{x}} = \frac{s}{\sqrt{n}} = \sqrt{\frac{\sum_{i=1}^{n}(d_i)^2}{n(n-1)}}$$

$$\delta_{\overline{x}} = 3s_{\overline{x}}$$

这样，准确测量的结果（真实值）就可以近似地表示为
$$x = \bar{x} + \delta_x$$

由以上可知，误差和偏差，准确度与精密度的含义是不同的。误差是以真实值为基准，而偏差则是以多次测量结果的平均值为标准。由于真实值在一般情况下是不知道的，所以在处理实际问题时，在尽可能减小系统误差的前提下，把多次重复测得的结果的算术平均值近似当做真实值，把偏差作为误差。

评价某一测量结果时，必须将系统误差和偶然误差的影响结合起来考虑，把准确度与精密度统一起来要求，才能确保测定结果的可靠性。

3. 提高测量结果的准确度

要提高测量结果的准确度，必须尽可能地减小系统误差、偶然误差和过失误差。通过多次实验，取其算术平均值作为测量结果，严格按照操作规程认真进行测量，就可以减小偶然误差和消除过失误差。在测量过程中，提高准确度的关键就在于减小系统误差。减小系统误差通常采用下列方法：

1) 校正测量方法和测量仪器

可用国标法与所选用的方法分别进行测量，将结果进行比较，校正测量方法带来的误差。对准确度要求高的测量，可对所用仪器进行校正，求出校正值，以校正测定值，提高测量结果的准确度。

2) 进行对照试验

用已知准确成分或含量的标准样品代替试验样品，在相同实验条件下，用同样方法进行测定，来检验所用的方法是否正确、仪器是否正常、试剂是否有效。

3) 进行空白试验

空白试验是在相同测定条件下，用蒸馏水（或去离子水）代替样品，用同样的方法、同样的仪器进行实验，以消除由水质不纯所造成的系统误差。

1.3.2 有效数字及其运算规则

1. 有效数字

有效数字是指实际能测量到的具有实际意义的数字，是由准确数字与一位可疑数字组成的。它除最后一位数字是不准确的之外，其他各数都是准确的。有效数字的有效位反映了测量的精度。有效位是从有效数字最左边第一个不为零的数字起到最后一个数字为止的数字个数。例如，用万分之一的天平称一块锌片为 0.5342g，这里 0.5342 就是一个 4 位有效数字，其中最后一个数字 2 是不确定的。它实际上是在 0.5341~0.5343g。又如，从滴定管读出某溶液消耗的体积为 25.32mL，它实际上是在 25.31~25.33mL 范围内。用某一测量仪器测定物质的某一物理量，其准确度都是有一定限度的。测量值的准确度取决于仪器的可靠性，也与测量者的判断力有关。测量的准确度是由仪器刻度标尺的最小刻度决定的。如上面这台天平的绝对误差为 0.0001g，称量这块锌片的相对误差为

$$\frac{0.0001}{0.5342} \times 100\% = 0.01872\%$$

在记录测量数据时，不能随意乱写，不然就会增大或缩小测量的准确度。如把上面的称量数字写成 0.53421，就把可疑数字 2 变成了确定数字 2，从而夸大了测量的准确度，这是

和实际情况不相符的。

在没有弄清有效数字含义之前,有人错误地认为,测量时小数点后的位数越多,精密度越高,或在计算中保留的位数越多,准确度就越高。其实二者之间无任何联系。小数点的位置只与单位有关,如 123mg,也可以写成 0.123g,也可以写成 1.23×10^{-4} kg,三者的精密度完全相同,都是 3 位有效数字。注意:首位数字≥8 的数据其有效数字的位数可多算 1 位,如 8.34 可作 4 位有效数字。常数、系数等有效数字的位数没有限制。

记录和计算测量结果都应与测量的精确度相适应,任何超出或低于仪器精确度的数字都是不妥当的。常见仪器的精确度见表 1-3-1。

表 1-3-1 常见仪器的精确度

仪器名称	仪器精确度	例 子	有效数字位数
台秤	0.1g	7.2g	2 位
电光天平	0.0001g	21.3456g	6 位
千分之一天平	0.001g	18.234g	5 位
100mL 量筒	1mL	45mL	2 位
滴定管	0.01mL	24.78mL	4 位
容量瓶	0.01mL	250.00mL	5 位
移液管(吸量管)	0.01mL	25.00mL	4 位
酸度计	0.01	4.00	2 位

对于有效数字的确定,还有几点需要特别指出:

(1) "0" 在数字中是否是有效数字,与 "0" 在数字中的位置有关。"0" 在数字后或在数字中间,都表示一定的数值,是有效数字;"0" 在数字之前,只表示小数点的位置(仅起定位作用)。如 2.008 是 4 位有效数字,3.020 也是 4 位有效数字,而 0.025 则是两位有效数字。

(2) 对于很大或很小的数字,如 53 000、0.000 46 采用指数表示法更简单合理,如写成 5.3×10^4、4.6×10^{-4}。"10" 不包含在有效数字中。这样记录均算两位有效数字。值得特别注意的是,若整数和零有效数字位数不能确定,可根据其他实验结果确定。

(3) 在化学中经常遇到的 pH、lgK 等对数数值,有效数字仅由小数部分数字位数决定,首数(整数部分)只起定位作用,不是有效数字。如 lgK=5.25 的有效数字为 2 位,而不是 3 位。5 是 "10" 的整数方次,即 10^5 中的 5。

(4) 在化学计算中,有时还遇到表示倍数或分数的数字,如 $\dfrac{KMnO_4 \text{的摩尔质量}}{10}$,式中的 10 是个固定数,不是测量所得,不应当看作 2 位有效数字,而应根据其他实验结果确定。

2. 有效数字的运算规则

1) 有效数字的修约

当各测定值和计算值的有效位数确定之后,要对它后面的多余的数字进行取舍,这一过程称为"修约"。通常按"四舍六入五留双"规则进行处理。

当可疑数字后面那一位数≤4 时,舍去。

当可疑数字后面那一位数≥6 时,进位。

当可疑数字等于 5 时,且其后为 "0" 时,若可疑数字 5 前面那一位数是偶数,则舍去;

若可疑数字 5 前面那一位数是奇数，则进位。可疑数字后面那一位数等于 5，其后有非"0"的数字时，则一律进位。如 0.123 74、0.456 26、22.4450、31.2350 和 11.2653 几个数字，均改为四位有效数字，则分别为 0.1237、0.4563、22.44、31.24 和 11.27。

2）有效数字的加减法运算规则

进行加法或减法运算时，所得的和或差的有效数字的位数，应与各个加、减数中的小数点后位数最少者相同。

例如，12.234＋0.002 24＋5.21＋8.4567＝25.903 04，应取 25.90。

以上是先运算后修约，也可以先修约，后运算。修约时也是以小数点后位数最少的数为准。

例如　　12.234→12.23

　　　　0.002 24→0

　　　　5.21→5.21

　　　　8.4567→8.46

　　　　12.23＋0＋5.21＋8.46＝25.90

3）有效数字的乘除法运算规则

进行乘除运算时，其积或商的有效数字的位数应与各数中有效数字位数最少的数相同，而与小数点后的位数无关。

例如　　3.25×2.442×4.567＝36.245 995 5

应取　　36.2

同加减法一样，也可以先以小数点后位数最少的数为准，"四舍六入五留双"后再进行运算。

例如　　3.25×2.44×4.57＝36.2401

应取　　36.2

当有效数字为 8 或 9 时，在乘除法运算中也可运用"四舍六入五留双"的原则，将此有效数字的位数多加 1 位。

4）有效数字的乘方或开方

有效数字在进行乘方或开方时，幂或根的有效数字的位数与原数相同。若乘方或开方后还要继续进行数学运算，则幂或根的有效数字的位数可多保留 1 位。

5）有效数字的对数运算

有效数字在对数运算中，所取对数的尾数应与真数有效数字位数相同。反之，尾数有几位，则真数就取几位。例如，溶液 pH 4.75，其 $c(H^+)=1.7\times10^{-5}$ mol·L^{-1}，而不是 1.73×10^{-5} mol·L^{-1}。

6）所有计算式中的有效数字

有效数字在所有计算式中，常数 π、e 的值及某些因子 $\sqrt{3}$、$1/2$ 的有效数字的位数，可认为是无限制的，在计算中需要几位就可以写几位。一些国际定义值，如摄氏温标的零度值为热力学温标的 273.15K、标准大气压 1atm＝1.013 25×10^{5}Pa、自由落体标准加速度 g＝9.806 65m·s^{-2}，R＝8.314J·K^{-1}·mol^{-1} 被认为是严密准确的数值。

7）误差的有效数字取法

误差一般只取 1 位有效数字，最多取 2 位有效数字。

使用计算器处理结果时，不必对每一步计算进行修约，只要注意对最后结果的有效数字进行取舍即可。其结果的有效数字的位数，则根据题目中所给出的有效数字的位数来确定。

1.3.3 化学实验中的数据处理

化学实验中测量一系列数据的目的是要找出一个合理的实验值，通过实验数据找出某种变化规律来，这就需要将实验数据进行归纳和处理。数据处理包括数据计算处理和根据数据进行作图处理和列表处理。

对要求不太高的定量实验，一般只要求重复两三次，所得数据比较平行，用平均值作为结果即可。对要求较高的实验，往往要进行多次重复实验，所得的一系列数据要经过较为严格的处理。

1. 数据的计算及处理的一般步骤

（1）整理数据，算出算术平均值 $\bar{x}$。

（2）算出各数与平均值的偏差 Δx_i。

（3）算出平均绝对偏差 $\overline{\Delta x}$，由此评价每次测量的数值，若每次测得的值都落在 $(\bar{x} \pm \overline{\Delta x})$ 区间（实验重复次数 $\geqslant 15$）内，则所得的实验值为合格值；若其中有某值落在上述区间之外，则实验值应予以剔除。

（4）求出剔除后剩下数的 $\bar{x}$ 和 $\overline{\Delta x}$，按上述方法检查，看还有没有要剔除的数。如果有还要剔除，直到剩下的数都落在相应的区间为止，然后求出剩下数据的标准偏差（s）。

（5）由标准偏差算出算术平均值的标准偏差 $s_{\bar{x}}$。

（6）算出算术平均值的极限误差 $\delta_{\bar{x}}$

$$\delta_{\bar{x}} = 3s_{\bar{x}}$$

（7）真实值可近似地表示为

$$x = \bar{x} \pm 3s_{\bar{x}}$$

2. 列表法

把实验数据按顺序、有规律地用表格表示出来，一目了然，既便于数据的处理、运算，又便于检查。一张完整的表格应包含表格的顺序号、名称、项目、说明及数据来源。表格的横排称为行，竖排称为列。列表时应注意以下几点：

（1）每张表要有含义明确的完整名称。

（2）每个变量占表格的一行或一列，一般先列自变量，后列因变量。每行或每列的第一栏要写明变量的名称、量纲和公用因子。

（3）表中的数据排列要整齐，有效数字的位数要一致，同一列数据的小数点要对齐，若为函数表，数据应按自变量递减的顺序排列，以显示出因变量的变化规律。

（4）处理方法和计算公式应在表下注明。

3. 作图法处理实验数据

利用图形来表达实验结果的好处是：①能直观显示数据的特点和数据变化的规律；②由图可求出斜率、截距、内插值、切线等；③由图形找出变量间的关系；④根据图形的变化规律，可以剔除偏差较大的实验数据。

作图的步骤简单介绍如下：

1) 作图纸和坐标的选择

一般常用直角坐标和半对数坐标纸。习惯上以横坐标作为自变量，纵坐标表示因变量。坐标轴比例尺的选择一般应遵循以下原则：

（1）坐标刻度要能表示出全部有效数字，从图中读出的精密度应与测量的精密度基本一致，通常采取读数的绝对误差在图纸上仍相当于 0.5～1 小格（最小分刻度），即 0.5～1mm。

（2）坐标标度应取容易读数的分度，通常每单位坐标格子应代表 1、2 或 5 的倍数，而不采用 3、6、7、9 的倍数，数字一般标示在逢 5 或逢 10 的粗线上。

（3）在满足上述两个原则的条件下，所选坐标纸的大小应能包容全部所需数而略有宽裕。如无特殊需要（如直线外推求截距等），就不一定要把变量的零点作为原点，可从略低于最小测量值的整数开始，以便于充分利用图纸，且有利于保证图的精密度，若为直线或近乎直线的曲线，则应安置在图纸对角线附近。

2) 点和线的描绘

（1）点的描绘。在直角坐标系中，代表某一读数的点常用 ○、⊙、×、△、• 等不同的符号表示，符号的重心所在即表示读数值，符号的大小应能粗略地显示出测量误差的范围。

（2）曲线的描绘。根据大多数点描绘出的线必须平滑，并使处于曲线两边的点的数目大致相等。

在曲线的极大、极小或折点处，应尽可能地多测量几个点，以保证曲线所示规律的可靠性。

对于个别远离曲线的点，如不能判断被测物理量在此区域会发生什么突变，就要分析一下测量过程中是否有偶然性的过失误差，如果属误差所致，描线时可不考虑这一点。否则就要重复实验；如仍有此点，说明曲线在此区间有新的变化规律。通过认真仔细测量，按上述原则描绘出此间曲线。

若同一图上需要绘制几条曲线，不同曲线上的数值点可以用不同的符号来表示，描绘出来的不同曲线，也可以用不同的线（虚线、实线、点线、粗线、细线、不同颜色的线）来表示，并在图上标明。

画线时，一般先用淡、软铅笔沿各数值点的变化趋势轻轻地手绘一条曲线，然后用曲线尺逐段吻合手绘线，做出光滑的曲线。

3) 图名和说明

图形作好后，应注上图名，标明坐标轴所代表的物理量、比例尺及主要测量条件（温度、压力、浓度等）。

当然，特别需要指出作图纸和坐标的选择、点和线的描绘、图名和说明可利用计算机技术。

1.4 煤气灯的使用

煤气由导管输送到实验台上，再用橡皮管将煤气龙头与煤气灯连接起来，煤气的主要可燃成分为甲烷、一氧化碳、氢气及不饱和烃等。燃烧产物为二氧化碳和水。煤气有毒，绝不可将其逸入室内。由于煤气本身无色、无臭、无味，不易觉察，使之更具危险性。为提高人们的警觉和对煤气的识别能力，通常在煤气中掺有少量有特殊臭味的三级丁硫醇。

煤气灯是化学实验室最常用的加热器具。它的样式虽多，但构造原理是相同的。它由灯管和灯座组成。灯管下部有螺旋与灯座相连。煤气灯的构造如图 1-4-1 所示。

点燃煤气灯时先关闭空气入口，再划燃火柴，然后打开煤气阀门（或龙头），将灯点燃，最后调节煤气阀门，使火焰高度适宜（一般高 4~5cm）。这时火焰呈黄色，逆时针旋转灯管，调节空气进入量，直到火焰正常为止。

煤气在空气中燃烧不完全时，部分分解产生碳质。火焰因碳粒发光而呈黄色，黄色火焰温度不高。可通过调配煤气和空气比例来改变火焰。如果进入煤气和空气比例调配不合适，点燃时会产生不正常火焰，如图 1-4-2 所示。当空气和煤气进入量都很大时，由于灯管出口处气压过大，容易造成以下两种后果：①用火柴难以点燃；②点燃时会产生"临空火焰"（火焰脱离灯管，临空燃烧），如图 1-4-2（a）所示。遇到这种情况，应适当减少煤气和空气的进入量。如果空气进入量过大，则会在灯管内燃烧，这时能听到一种特殊的嘶嘶声；有时在灯管的一侧有细长的火焰，形成"侵入焰"，如图 1-4-2（b）所示，它将燃烧灯管，一不小心就会烫伤手指。有时在煤气灯使用过程中，因某种原因煤气量会突然减小，这时就容易产生"侵入焰"，这种现象称为"回火"。产生"侵入焰"时，应当立即减少空气的进入量或增加煤气的进入量，当灯管已燃烧时，应立即关闭煤气灯，待灯管冷却后，再重新点燃和调节。如果进入煤气和空气比例调配合适，煤气完全燃烧产生正常火焰。正常火焰不发光且近无色，它由三部分组成（图 1-4-3）：内层（焰心）呈绿色，圆锥状，在这里煤气和空气仅仅混合，并未燃烧，所以温度不高，约 300℃；中层（还原焰）呈淡蓝色，由于空气不足，煤气燃烧不完全，并分解为含碳的产物，具有还原性，温度约为 1500℃；外层（氧化焰）呈淡紫色，这里空气充足，煤气完全燃烧，具有氧化性，温度高达 1500℃以上。通常都利用氧化焰来加热。在淡蓝色火焰上方与紫色火焰交界处为最高温度区。

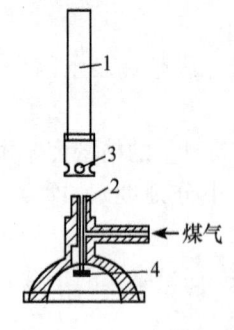

图 1-4-1 煤气灯的构造
1—灯管；2—煤气出口；3—空气入口；4—煤气调节阀

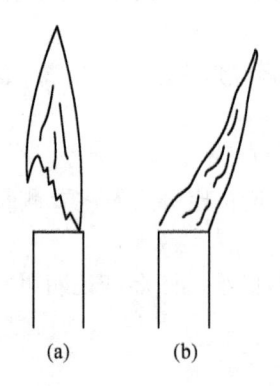

图 1-4-2 不正常火焰
(a) 临空火焰；(b) 侵入焰

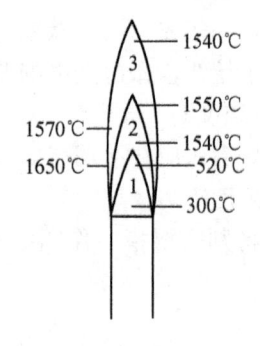

图 1-4-3 正常火焰及火焰各区域的温度

1.5 玻璃管（棒）的加工

在化学实验室中，经常要用到玻璃棒和各种形状的玻璃管、滴管和不同直径的毛细管，要求对玻璃管（棒）进行加工，以满足实验的需要。简单的玻璃加工，指的是玻璃管（棒）的截断、圆口、弯曲、拉伸等。

1.5.1 玻璃管的洗净

玻璃管在加工之前需要洗净。玻璃管内的灰尘用水来冲洗就可洗净。对于较粗的玻璃管，可以用两端缚有线绳的布条通过玻璃管，来回拉动，擦去管内的脏物。如果玻璃管保存得好，比较干净，也可以不洗，仅用布把玻璃管外面拭净就可以使用。如果管内附着油腻的东西，用水不能洗净，用布条也不能擦净时，可把长玻璃管适当地割短，浸在铬酸洗液里，泡一段时间，然后取出用水冲洗。

洗净的玻璃管必须干燥后才能加工，可在空气中晾干、用热空气吹干或在烘箱中烘干，但不宜用灯火直接烤干，以免炸裂。

1.5.2 玻璃管的切割

玻璃管的切割是用三角锉刀的边棱在需截断的地方垂直于玻璃管，向一个方向锉一稍深的凹痕，注意不要来回乱锉，否则不但锉痕多，且不易折断。然后用两手握住玻璃管，以大拇指顶住锉痕背面的两边，轻轻前推，同时朝两边拉，玻璃管即平整地断开（图1-5-1和图1-5-2）。为安全起见，用布包住玻璃管，同时尽可能远离眼睛，以免玻璃碎片伤人。注意玻璃管的断口锋利，容易划伤皮肤，应将玻璃管与火焰呈45°，使断口在氧化焰的边沿边烧边转动直至烧圆。

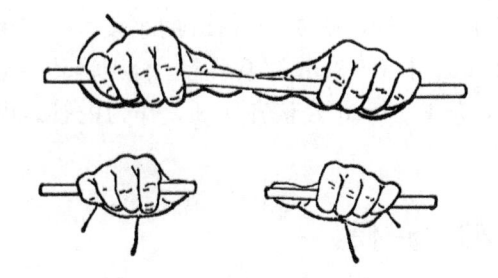

图 1-5-1　折断玻璃管（棒）

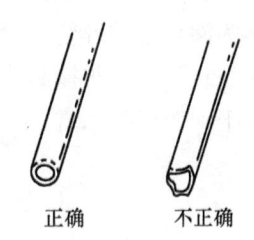

图 1-5-2　玻璃管截面比较

1.5.3 拉玻璃管

用干布将玻璃管外围擦净，先用小火烘，然后再加大火焰［为防止发生爆裂，每次加热玻璃管（棒）时都应如此］并不断转动，使玻璃管受热均匀。转动时玻璃管不要上下前后移动，两手转动速度要一致，以免玻璃管弯曲变形（图1-5-3）。

当玻璃管发黄变软后，即可从火焰中取出，两手平稳地沿水平方向向外拉伸，开始拉时要慢些，然后较快地拉长，直至拉成需要的细度。拉好后两手不能马上松开，仍要拉着两端成直线状，直到变硬后方可松手。拉出来的细管子要求和原来的玻璃管在同一轴上，不能歪斜，否则需要重拉。

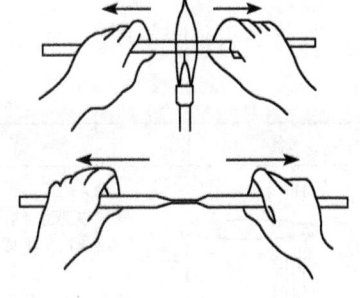

图 1-5-3　拉玻璃管

1.5.4 制备熔点管及沸点管

1. 制作熔点管

取一根干燥直径约为 1cm 的玻璃管,放在灯焰上加热。火焰由小到大,不断缓缓转动玻璃管,当烧至发黄变软后,从火中取出,两手立即水平地向两端拉伸。先慢拉,然后较快地拉长,最后稍用力拉成内径为 1mm 左右的毛细管(图 1-5-4)。如果烧得软、拉得均匀,就可截取一段所需内径的毛细管。然后将内径 1mm 左右的毛细管截成 15cm 左右的小段,两端都用小火熔封,熔封时将毛细管 45°角在小火的边沿处边转动边加热(图 1-5-5),至封口合拢为止,并做到管底薄、封严、不扭曲。冷却后放置在长试管内保存,供测熔点用。使用时只要将毛细管从中央割断,即得两根熔点管。

图 1-5-4 拉测熔点用的毛细管　　　　图 1-5-5 加热玻璃管的方法

2. 制作沸点管

按拉制熔点管的方法拉制内径 3～4mm 的较粗的毛细管,截成 7～8cm 的小段。一端用小火熔封,作为沸点管的外管。另取两根内径约 1mm、长 8～9cm 的毛细管,分别将其一端熔封,然后再将封口一端对接起来。在接头处离接头 4～5mm 处整齐切断,作为内管。由该管插入外管中即构成沸点管。

1.6 常用玻璃仪器与材料

1.6.1 常用玻璃仪器与材料的规格、作用及注意事项

化学实验中要用到很多玻璃仪器与材料。根据其用途大致可把玻璃仪器分为非定容玻璃仪器和定容玻璃仪器,其规格、作用、使用方法及常用玻璃仪器的洗涤与干燥方法如下:

1. 化学实验中常用的非定容玻璃仪器与材料

化学实验中常用的非定容玻璃仪器与材料如表 1-6-1 所示。

表 1-6-1 常用的非定容玻璃仪器与材料

名　称	规　格	作　用	注意事项
烧杯	玻璃质,有硬质、软质型,有刻度或无刻度 规格:常以容量表示,如 1mL、5mL、10mL(微型烧杯);25mL、50mL、100mL、200mL、250mL、400mL、500mL、1000mL、2000mL 等	用作容器:如反应容器、配制溶液时的容器或简便水浴的盛水器等	先放溶液后加热,加热时要放在石棉网上,外壁不能有水。加热后不可放在湿物上等

续表

名称	规格	作用	注意事项
试管（试管、离心管）	玻璃质，分硬质和软质 无刻度的普通试管以管口外径（mm）×管长（mm）表示 规格：有 12mm×150mm，15mm×100mm、30mm×200mm 等 离心试管以容积（mL）表示 规格：如 5mL、10mL、15mL 等	用于少量试剂的反应器，也可用于少量气体的收集 离心管常用于固体与液体的分离，如少量沉淀与溶液的分离	普通试管可直接加热，硬质试管可加热至高温。加热时要用试管夹夹持，而且要不停地摇荡，加热时试管口不能对着任何人，加热后不能骤冷 反应试液一般不超过容积的 1/2，加热时不能超过 1/3
锥形瓶	玻璃质 规格常以容积（mL）表示，如 125mL、250mL、500mL 等	可用作反应容器，振荡方便，适用于滴定操作	放在石棉网上加热，加热时外壁不能有水，加热后不要与湿物接触，不可干加热等
烧瓶（平底、圆底）	玻璃质，有普通、标准磨口型，有圆底、平底之分 规格：常以容量（mL）表示，磨口烧瓶口径大小以标号表示，如 10mm、14mm、19mm 等	用作反应容器，适用于反应物较多，需较长时间加热的反应	放在石棉网上加热，加热时外壁不能有水，加热后不要与湿物接触，不可干加热等 圆底烧瓶竖放桌上时，需垫以合适的器具，以防滚动打坏等
蒸馏烧瓶	玻璃质 规格：以容积（mL）表示	多用于液体蒸馏，也用作少量气体的发生装置	放在石棉网上加热，加热时外壁不能有水，加热后不要与湿物接触，不可干加热等 圆底烧瓶竖放桌上时，需垫以合适的器具，以防滚动打坏等
量筒（杯）（量筒、量杯）	玻璃质 规格：以所能量度的最大容积表示，如 5mL、10mL、25mL、50mL、100mL、200mL、500mL、1000mL、2000mL 等。上口大、下端小的称为量杯	用以度量一定体积的溶液，为量入式容器	不能加热，不能量热的液体，不能用做反应容器
漏斗（长颈漏斗、漏斗）	一般为玻璃或塑料质地 规格：以口径大小表示	用于过滤等操作，长颈漏斗特别适用于定量分析中的过滤操作	不能用火加热

续表

名　称	规　格	作　用	注意事项
分液漏斗 	玻璃质 规格：以容积（mL）大小或形状（球形、梨形、筒形、锥形）表示	多用于互不相溶溶液的液-液分离，也用于少量气体发生器装置中的加液器等	不能用火直接加热，漏斗塞子不能互换，活塞处不能漏液
微孔玻璃漏斗 	玻璃质，砂芯滤板为烧结陶瓷，又称烧结漏斗、细菌漏斗、微孔漏斗 规格：以砂芯板孔的平均孔径（μm）或漏斗的容积（mL）表示	用于细颗粒沉淀、细菌等的分离，也用于气体洗涤和扩散实验	不能用于含 HF、浓碱液或活性炭等物质的分离。不能直接用火加热，用后要及时洗净
表面皿 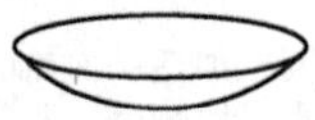	玻璃质 规格：以口径大小（mm）表示	盖在烧杯上，用于防止液体迸溅或其他用途	不能用火直接加热
蒸发皿 	多为瓷质，也有玻璃、石英、金属制成的 规格：以口径大小（mm）或容积（mL）表示	用于液体的蒸发、浓缩	随液体性质不同选用不同材质的蒸发皿。瓷质蒸发皿加热前要擦干外壁，加热后不能骤冷，溶液不能超过容积的2/3，可直接用火加热
称量瓶 	玻璃质，分"扁形"和"高形"两种 规格：以外径（mm）×高（mm）表示	用于准确称量一定量的固体样品	不能直接加热，瓶和塞要配套，不能互换使用
研钵 	有瓷、玻璃、玛瑙和金属等质 规格：以口径（mm）表示	用于研磨或混合固体物质	按物质性质和硬度选用研钵，不能直接加热，不能研磨易爆炸物质。研磨时只能碾压，不能捣碎
点滴板 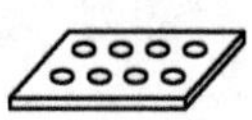	瓷或透明玻璃质，分白釉和黑釉两种 规格：按凹穴数目分4穴、6穴和12穴等	用于生成少量沉淀或有色物质反应的实验	根据生成物颜色选用点滴板，不能加热，不能用于含 HF 或浓碱的反应，用后要洗净

续表

名 称	规 格	作 用	注意事项
试剂瓶 细口瓶 广口瓶	玻璃质，带磨口塞或滴管，有无色或棕色瓶 规格：以容积（mL）表示	滴瓶、细口瓶用以存放液体药品，广口瓶用于存放固体药品	不能直接加热。瓶塞要配套，不能互换，存放碱液时要用橡皮塞，以防打不开
干燥器	玻璃质，分普通和真空型干燥器 规格：以外径（mm）表示	内放干燥剂（常为白色硅胶），保持试剂或样品等的干燥	灼热样品要稍冷后放入，并防止盖子滑落而打碎
玻璃仪器气流烘干箱		可快速干燥各种玻璃仪器，实验室用途很广	
玻璃棒	玻璃质	用于搅拌和导（引）流等	搅拌时防止折断
滴管	由玻璃尖管和胶皮帽组成	用于吸取少量溶液和准确定容	吸取溶液时不能吸入胶帽中，胶帽坏时要及时更换
吸（抽）滤瓶	玻璃质 规格：以磨口口径/容量表示，如 10mm/10mL	用于常压或减压过滤	
布氏漏斗	瓷质 规格：以容积（mL）和口径大小（mm）表示	和吸（抽）滤瓶配套使用，可用于沉淀的减压过滤（利用水泵或真空泵降低吸滤瓶中的压力而加速过滤）	滤纸要略小于漏斗的内径，这样才能贴紧。要先将滤瓶取出再停泵，以防滤液回流，不能用火直接加热
坩埚	有瓷、石英、铁、镍、铂及玛瑙等质 规格：以容积（mL）表示	用于灼烧固体	随固体性质不同选用不同的坩埚。可直接加热，加热后要放在石棉网上，不能骤冷

续表

名　称	规　格	作　用	注意事项
试管架	有木、铝、塑料等质 规格：有大小不同、形状各异的种类	盛放试管	加热后的试管应以试管夹夹好悬放在架上，以防烫坏
试管夹	由木料、钢丝或塑料等制成	夹持试管	防止烧损或锈蚀
毛刷	用动物毛、化学纤维或铁丝等制成 以大小和用途命名，如试管刷、滴定管刷等	洗刷玻璃仪器	顶端无毛者不能使用，小心刷子顶端的铁丝撞破玻璃仪器
药匙	用牛角、塑料或金属等制成	用来取粉体或小颗粒固体药品	用前擦净
漏斗架	木或塑料质	过滤时用于放置漏斗	
泥三角	用铁丝拧成，套以瓷管 规格：有大小之分	用于放置直接加热的坩埚或蒸发皿	灼烧后泥三角应放在石棉网上，铁丝断了不能再用
石棉网	由细铁丝编成，中间涂有石棉 规格：以铁网边长（cm）表示，如 16cm×16cm、23cm×23cm 等	放在受热仪器和热源之间，使受热均匀缓和	石棉脱落者不能用，不能和水接触，不能折叠
三角架	铁质 规格：有大小、高低之分	作石棉网及仪器的支承物或放置较大或较重的加热器	要放平稳
洗瓶	塑料质 规格：以容积（mL）表示，如 250mL、500mL 等	盛蒸馏水或去离子水，可挤出少量水用于定容、洗沉淀或洗仪器	不能漏气，远离火源

续表

名称	规格	作用	注意事项
水浴锅	铜、铝质 规格：有大小、高低之分	用于间接加热或控温实验	加热时，锅内水不可烧干，用完后将水倒掉，擦干，以防腐蚀
坩埚钳	铁质 规格：有大小之分	用于夹持热的坩埚、蒸发皿	防止与酸性溶液接触生锈而使轴不灵活
铁架台	铁质 规格：有大小之分	固定玻璃仪器用	
井穴板	塑料质 规格：有6、9、12、24孔等	用作微型实验中的反应器	不能直接加热，不能盛放可与之反应的物质

2. 化学实验中常用的定容玻璃仪器

化学实验中常用的定容玻璃仪器如表1-6-2所示。

表1-6-2 常用的定容玻璃仪器

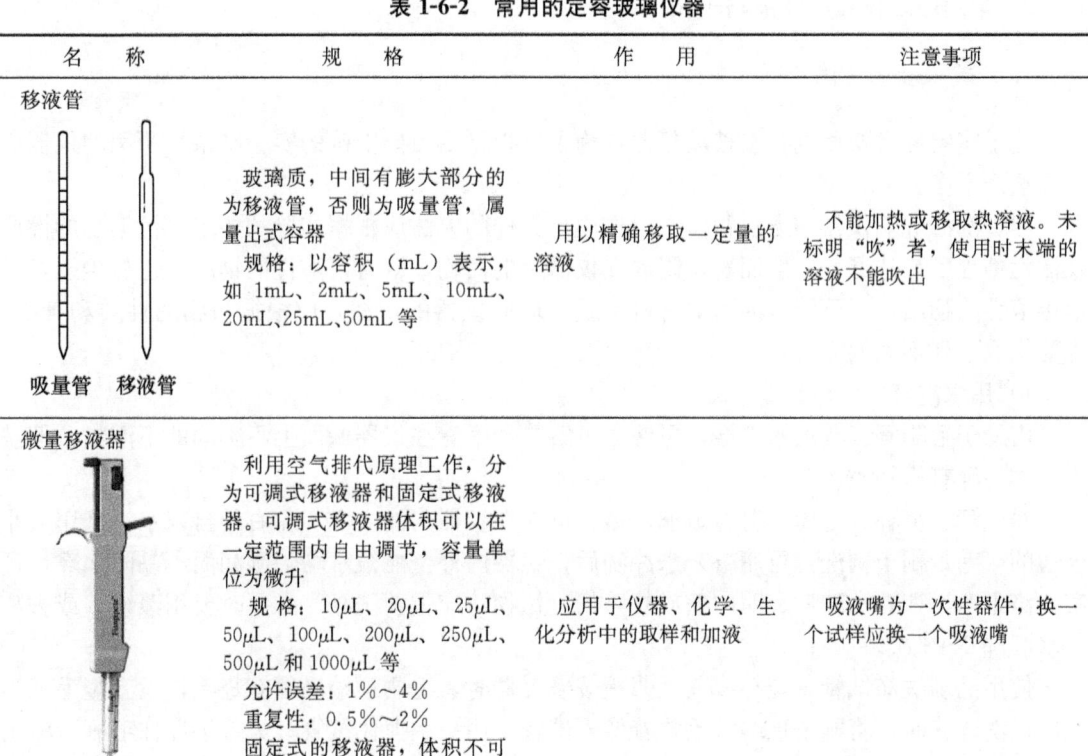

名称	规格	作用	注意事项
移液管 （吸量管 移液管）	玻璃质，中间有膨大部分的为移液管，否则为吸量管，属量出式容器 规格：以容积（mL）表示，如1mL、2mL、5mL、10mL、20mL、25mL、50mL等	用以精确移取一定量的溶液	不能加热或移取热溶液。未标明"吹"者，使用时末端的溶液不能吹出
微量移液器	利用空气排代原理工作，分为可调式移液器和固定式移液器。可调式移液器体积可以在一定范围内自由调节，容量单位为微升 规格：10μL、20μL、25μL、50μL、100μL、200μL、250μL、500μL和1000μL等 允许误差：1%～4% 重复性：0.5%～2% 固定式的移液器，体积不可调，但准确度高于可调式	应用于仪器、化学、生化分析中的取样和加液	吸液嘴为一次性器件，换一个试样应换一个吸液嘴

续表

名 称	规 格	作 用	注意事项
滴定管 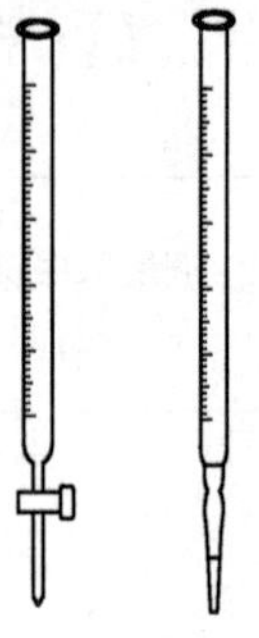 酸式　碱式	玻璃质，有酸式、碱式之分，有无色和棕色滴定管 酸式下端以玻璃旋塞控制流出液速度 碱式下端连接一里面装有玻璃球的乳胶管来控制流出液速度，属量出式容器 规格：以容积（mL）表示，如 5mL、10mL、25mL、50mL、100mL 等	用以精确计算滴定液体积	不能加热及量取较热的液体。使用前应排除其尖端气泡，并检漏，酸、碱式不可互换使用
容量瓶 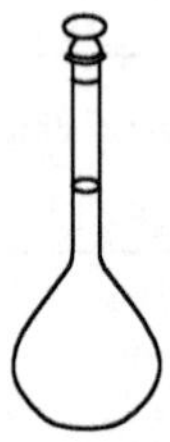	玻璃质，有磨口瓶塞和塑料瓶塞，属量入式容器 规格：瓶颈上刻有环形标线、容积（mL）和标定时的温度。常用容积有 10mL、25mL、50mL、100mL、250mL、500mL、1000mL 等	用以配制一定体积的准确浓度溶液	不能加热，不能用毛刷洗刷，瓶和塞是配套的，不能互换使用

1.6.2　常用玻璃仪器的洗涤与干燥

1. 玻璃仪器的洗涤

化学实验经常要用到很多玻璃仪器，为了能得到尽可能准确的实验结果，所用的仪器必须要洗涤干净。

尽管洗涤玻璃仪器的方法很多，但选用什么样的方法应根据实验的要求、污染物的性质及沾污的程度来选择。一般而言，附着在仪器上的污物，既有可溶性的物质，也有尘土及其他难溶性的物质，还可能有油污等有机物质。玻璃仪器的洗涤，应根据污物的性质和种类，主要采取下列不同的方法：

1）用水洗涤

借助于毛刷等工具用水洗涤，可洗去可溶物和附着在仪器壁面上不牢固的不溶物，但洗不掉油物等有机物质。

对试管、烧杯、量筒等普通玻璃仪器，可先在容器内注入 1/3 左右的自来水，选用大小合适的（毛）刷子刷洗，再用自来水冲洗后，容器内外壁能被水均匀湿润而不黏附水珠，证实洗涤干净。如有水珠，表明内壁或外壁仍有污物，应重新洗涤。必要时要用蒸馏水或去离子水润洗 2~3 次。

使用毛刷洗涤试管、烧杯或其他薄壁玻璃容器时，毛刷顶端必须有竖毛，没有竖毛的不能用。洗试管时，将刷子顶端竖毛顺着伸入试管，用一手捏住试管，另一手捏住毛刷，将毛刷来回擦或在管内壁旋转擦。注意不要用力过猛，以免铁丝刺穿试管底部。洗时应一支一支地洗，不要同时抓住几支试管一起洗。

2）用洗涤剂洗涤

常用的洗涤剂有去污剂、肥皂和合成洗涤剂等。在用洗涤剂之前，先用自来水洗，然后用毛刷蘸少许去污粉、肥皂或合成洗涤剂在湿润的仪器内外壁上擦洗，最后用自来水冲洗干净，必要时用去离子水（或蒸馏水）润冲。

3）用洗液洗涤

洗液是重铬酸钾在浓硫酸中的饱和溶液（将约 50g 铬酸钾加到 1 L 浓 H_2SO_4 中，搅拌或稍微加热溶解即可）。

洗液具有很强的氧化能力，能将油污及有机物洗去。使用时应注意以下几点：①使用洗液前，最好先用水或去污粉将仪器预洗一下。②使用洗液前，应尽量把容器内的水去掉，以防稀释洗液。③洗液具有很强的腐蚀性，会灼伤皮肤和损坏衣服，使用时要特别小心，尤其不要溅到眼睛内。使用时最好戴橡皮手套和防护眼镜，万一不慎溅到皮肤或衣服上，要立即用大量水冲洗。④洗液为深棕色，某些还原性污物能使洗液中的 Cr(Ⅵ) 还原为绿色的 Cr(Ⅲ)，变成绿色的洗液不能再使用，但要回收。未变色的洗液要倒回原瓶，继续使用。用洗液洗涤后的仪器先要用自来水冲洗干净，再用去离子水（或蒸馏水）润冲。⑤一般用洗液洗涤油污、有机物及用毛刷等洗涤不太方便的玻璃仪器（如滴定管、容量瓶等）。对于不太脏的玻璃仪器可润洗，若很脏的玻璃仪器，必须浸泡，有时需泡很长时间。⑥用洗液洗涤仪器应遵守少量多次的原则，这样既节约，又可提高洗涤效率。

4）特殊物质的去除

（1）由铁盐引起的黄色，可用盐酸或硝酸洗去。

（2）由锰盐、铅盐或铁盐引起的污物，可用浓 HCl 洗去。

（3）由金属硫化物沾污的颜色，可用硝酸（必要时可加热）除去。

（4）容器壁沾有硫磺，可与 NaOH 溶液一起加热，或加入少量苯胺加热，或用浓 HNO_3 加热溶解。

常见垢迹的处理方法见表 1-6-3。

对于比较精密的仪器，如容量瓶、移液管、滴定管，不宜用碱液、去污粉洗，不能用毛刷洗。

表 1-6-3　常见垢迹的处理方法

垢迹	处理方法
黏附在器壁上的 MnO_2、$Fe(OH)_3$	用盐酸处理，MnO_2 垢迹需用 $\geqslant 6\,mol \cdot L^{-1}$ HCl 洗去
碱土金属的碳酸盐等	用盐酸处理
沉积在器壁上的银或铜	用硝酸处理
沉积在器壁上的难溶性银盐	用 $Na_2S_2O_3$ 溶液洗涤。Ag_2S 垢迹用热、浓硝酸处理
黏附在器壁上的硫磺	用煮沸的石灰水处理
残留在容器内的 Na_2SO_4 或 $NaHSO_4$ 固体	加水煮沸使其溶解，趁热倒掉
不溶于水、酸或碱的有机物胶质等污迹	用有机溶剂洗涤。常用的有机溶剂有乙醇、丙酮、苯、四氯化碳等
煤焦油污迹	用浓碱浸泡一天左右，再用水冲洗
蒸发皿和坩埚内的污迹	用浓硝酸或王水洗涤
瓷研钵内的污迹	将少量食盐放在研钵内研洗，倒去食盐，用水洗净

上述处理后的仪器，均需用水淋洗干净。

2. 玻璃仪器的干燥

1）晾干

不急用的仪器，洗净后倒置于仪器架上，让其自然干燥，不能倒置的仪器可将水倒净后任其自然干燥。

2）烘干

洗净后仪器可放在电烘箱内烘干，温度控制在 105～110℃。仪器在放进烘箱之前，应尽可能把水甩净，放置时应使仪器口向上。木塞和橡皮塞不能与仪器一起干燥。玻璃塞应从仪器上取下，放在仪器的一旁，这样可防止仪器干后玻璃塞卡住拿不下来。

3）烤干

急用的仪器可置于石棉网上用小火烤干。试管可直接用火烤，但必须使试管口稍微向下倾斜，以防水珠倒流，引起试管炸裂。

4）吹干

用压缩空气机或电吹风机把洗净的仪器吹干。

5）有机溶剂挥干

带有刻度的仪器，既不易晾干或吹干，又不能用加热方法进行烘干或烤干，但可用与水相溶的且易挥发的有机溶剂（如乙醇、丙酮等）进行挥干。

方法是往仪器内倒入少量乙醇或乙醇与丙酮的混合溶剂（体积比 1∶1），将仪器倾斜、转动，使黏附在玻璃内壁上的少量的水与有机溶剂混溶。然后，尽量倒干混合液，再将仪器口向上，任有机溶剂挥发，或向仪器内吹入冷空气使其快些挥发。

1.6.3 常用玻璃仪器的使用方法

化学实验仪器多数是玻璃制品，要想得到准确的实验结果，必须掌握正确使用各种玻璃仪器的方法。

1. 量筒和量杯

量筒和量杯都是外壁有容积刻度的准确度不高的玻璃容器。

量液时，眼睛要与液面取平，即眼睛置于与液面最凹处（弯月面底部）处于同一水平面的位置进行观察，读取弯月面底部的刻度（图 1-6-1）。

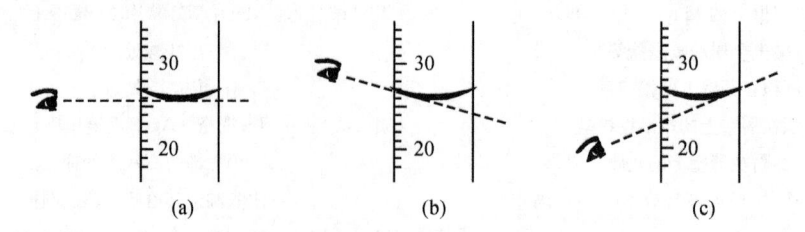

图 1-6-1 观看量筒内液体的量
(a) 正确读数；(b) 视线偏高；(c) 视线偏低

量筒（杯）不能放入高温液体，也不能用来稀释浓硫酸或溶解氢氧化钠（钾）。用量筒量取不润湿玻璃的液体（如水银）应读取液面最高部位。量筒（杯）易倾倒而被损坏，用时应放在桌面当中，用后应放在平稳之处。

2. 移液管和吸量管

移液管是用来准确移取一定量液体的量器。它是一细长而中部膨大的玻璃管，上端刻有环形标线，膨大部分标有容积和标定时的温度（图1-6-2）。

吸量管是具有分刻度的玻璃管（图1-6-3），用以吸取不同体积的液体。

图 1-6-2　移液管　　　　　　　图 1-6-3　吸量管

1) 洗涤和润冲

移液管和吸量管在使用前要洗至内壁不挂水珠。洗涤时，在烧杯中盛自来水，将移液管（或吸量管）下部伸入水中，右手拿住管颈上部，左手用洗耳球轻轻将水吸入至管内容积的一半左右，用右手食指按住管口，取出后把管横放，左右两手的拇指和食指分别拿住管的上、下两端，转动管子使水布满全管，然后直立，将水放出。如水洗不净，则用洗耳球吸取铬酸洗液洗涤，也可将移液管（或吸量管）放入盛有洗液的大量筒或高型玻璃筒内浸泡数分钟至数小时，取出后用自来水洗净，再用去离子水（或蒸馏水）润冲，方法同前。

吸取试液前，要用滤纸拭去管外水，并用少量试液润冲2~3次。方法同上述水洗操作。

2) 溶液的移取

用移液管移取溶液时，右手大拇指和食指拿住管颈标线上方，将管下部插入溶液中，左手拿洗耳球把溶液吸入，待液面上升到比标线稍高时，迅速用右手稍微润湿的食指压紧管口，大拇指和中指垂直拿住移液管；管尖离开液面，但仍靠在盛溶液器皿的内壁上。稍微放松食指使液面缓缓下降，至溶液弯月面与标线相切时（眼睛与标线处于同一水平线上观察），立即用食指压紧管口。然后将移液管移入预先准备好的器皿（如锥形瓶）中。移液管应垂直，锥形瓶稍倾斜，管尖靠在瓶内壁上，松开食指让溶液自然地沿器壁流出（图1-6-4）。待溶液流毕，15s后，取出移液管。残留在管尖的溶液切勿吹出，因校准移液管时已将此考虑在内。

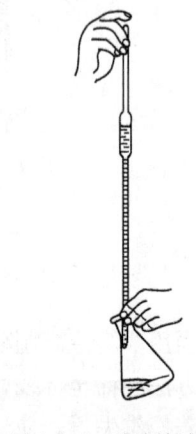

图 1-6-4　移取溶液姿势

吸量管的用法与移液管基本相同。

使用吸量管时，通常是使液面从它的最高刻度降至另一刻度，使两刻度间的体积恰为所需的体积。在同一实验中应尽可能使用同一吸量管的同一部位，且尽可能用上面部分。如果吸量管的分刻度一直刻到管尖，而且又要用到末端收缩部分时，则要把残留在管尖的溶液吹出。若用非吹入式的吸量管，则不能吹出管尖的残留液。

移液管和吸量管用毕，应立即用水洗净，放在管架上。

3. 容量瓶

容量瓶主要是用来把精确称量的物质准确地配成一定体积的溶液，或将浓溶液准确地稀释成一定体积的稀溶液。容量瓶的形状如图 1-6-5 所示，瓶颈上刻有环形标线，瓶上标有它的容积和标定时的温度。

容量瓶使用前同样应洗到不挂水珠。使用时，瓶塞与瓶口对号，不要弄错，为防止弄错引起漏水，可用橡皮筋或细绳将瓶塞系在瓶颈上。

当用固体配制一定体积的准确浓度的溶液时，通常将准确称量的固体放入小烧杯中，先用少量去离子水（或蒸馏水）溶解，然后定量地转移到容量瓶内。转移时，烧杯嘴紧靠玻璃棒，玻璃棒下端靠着瓶颈内壁，慢慢倾斜烧杯，使溶液沿玻璃棒顺瓶壁流下（图 1-6-6）。

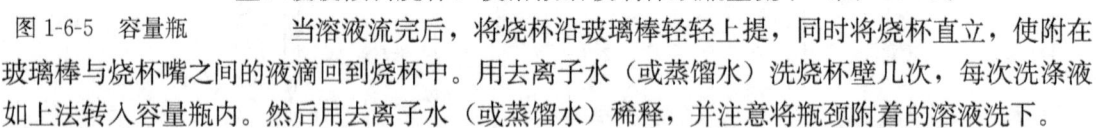

图 1-6-5 容量瓶

当溶液流完后，将烧杯沿玻璃棒轻轻上提，同时将烧杯直立，使附在玻璃棒与烧杯嘴之间的液滴回到烧杯中。用去离子水（或蒸馏水）洗烧杯壁几次，每次洗涤液如上法转入容量瓶内。然后用去离子水（或蒸馏水）稀释，并注意将瓶颈附着的溶液洗下。

当去离子水（或蒸馏水）加至容积的一半时，摇荡容量瓶使溶液均匀混合，但注意不要让溶液接触瓶塞及瓶颈磨口部分。继续加去离子水（或蒸馏水）至接近标线。稍停，待瓶颈上附着的液体流下后，用滴管仔细加去离子水（或蒸馏水）至弯月面下沿与环形标线相切。用一只手的食指压住瓶塞，另一只手的大、中、食三个指头顶住瓶底边缘（图 1-6-7），倒转容量瓶，使瓶内气泡上升到顶部，激烈振摇 5～10s，再倒转过来，如此重复 10 次以上，使溶液充分混匀。

图 1-6-6 向容量瓶中转移溶液　　　　　　　图 1-6-7 溶液的混匀

当用浓溶液配制稀溶液时，则用移液管或吸量管取准确体积的浓溶液放入容量瓶中，按上述方法冲稀至标线，摇匀。

若操作失误，使液面超过标线面仍欲使用该溶液时，可用透明胶布在瓶颈上另做一标记与弯月面相切。摇匀后把溶液转移。加水至刻度，再用滴定管加水至所做标记处。则此溶液的真实体积应为容量瓶容积与另加入的水的体积之和。这只是一种补救措施，在正常操作中应避免出现这种情况。

容量瓶不可在烘箱中烘烤，也不能用任何加热的办法来加速瓶中物料的溶解。长期使用的溶液不要放置于容量瓶内，而应转移到洁净干燥或经该溶液润冲过的储藏瓶中保存。

注意：

（1）容量器皿上常标有符号 E 或 A。E 表示"量入"容器，即溶液充满至标线后，量器内溶液的体积与量器上所标明的体积相等；A 表示"量出"容器，即溶液充满至刻度线后，将溶液自量器中倾出，体积正好与量器上标明的体积相等。有些容量瓶用符号"In"表示"量入"，"Ex"表示"量出"。

（2）量器按其容积的准确度分为 A、A_2、B 三个等级。A 级的准确度比 B 级高一倍，A_2 级介于 A 和 B 之间。过去量器的等级用"一等"、"二等"，"Ⅰ"、"Ⅱ"或（1）、（2）等表示，分别相当于 A、B 级。

4. 滴定管

滴定管是滴定分析时用以准确量度流出的操作溶液体积的量出式玻璃量器。常用的滴定管容积为 50mL 和 25mL，其最小刻度是 0.1mL，在最小刻度之间可估计读出 0.01mL，一般读数误差为 ±0.02mL。

根据控制溶液流速的装置不同，滴定管可分为酸式滴定管和碱式滴定管两种。酸式滴定管（图 1-6-8）下端有一玻璃旋塞。开启旋塞时，溶液即从管内流出。酸式滴定管用于装酸性或氧化性溶液。但不宜装碱液，因玻璃易被碱液腐蚀而粘住，以致无法转动。

碱式滴定管（图 1-6-9）下端用乳胶管连接一个带尖嘴的小玻璃管，乳胶管内有一玻璃珠用以控制溶液的流出。碱式滴定管用来装碱性溶液和无氧化性溶液，不能用来装对乳胶有腐蚀作用的酸性溶液和氧化性溶液。

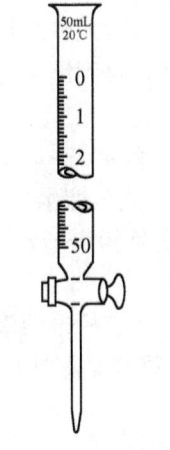

图 1-6-8　酸式滴定管　　　　　　　图 1-6-9　碱式滴定管

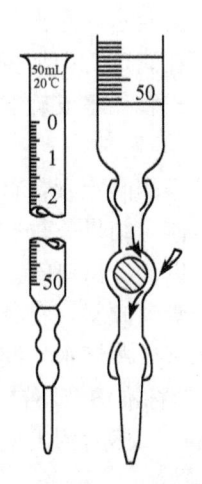

滴定管有无色和棕色两种。棕色的主要用来装见光易分解的溶液（如 $KMnO_4$、$AgNO_3$ 等溶液）。

酸式滴定管的使用包括洗涤、涂脂、检漏、润冲、装液、气泡的排除、读数、滴定等步骤。

1）洗涤

先用自来水冲洗，再用滴定管刷蘸肥皂水或合成洗涤剂刷洗。滴定管刷的刷毛要相当的软，刷头的铁丝不能露出，也不能向旁边弯曲，以防划伤滴定管内壁。洗净的滴定管内壁应完全被水润湿而不挂水珠。若管壁挂有水珠，则表示其仍附有油污，需用洗液装满滴定管浸泡 10~20min。回收洗液，再用自来水洗净。

2）涂脂与检漏

滴定管的旋塞必须涂脂，以防漏水，并保证转动灵活。其方法是，将滴定管平放于实验台上，取下旋塞，用清洁的布或滤纸将洗净的旋塞栓和栓管擦干（绝对不能有水，为什么？）。在旋塞栓粗端和栓管细端均匀地涂上一层凡士林。然后将旋塞小心地插入栓管中（注意不要转着插，以免将凡士林弄到栓孔使滴定管堵塞）。向同一方向转动旋塞（图 1-6-10）直到全部透明。

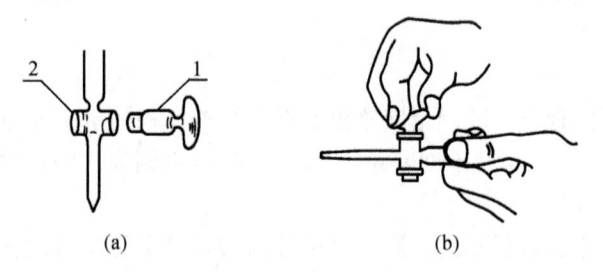

图 1-6-10　旋塞的涂脂
1—旋塞栓；2—旋塞栓管

为了防止旋塞栓从栓管中脱出，可用橡皮筋把旋塞栓系牢，或用橡皮筋套住旋塞末端。凡士林的涂量应适度，涂得太多，易使滴定管的细孔堵塞；涂得太少则润滑不够，旋塞栓转动不灵活，甚至会漏水。涂得好的旋塞应当透明、无纹络，旋转灵活。

涂脂完后，在滴定管中加少许水，检查是否堵塞或漏水。若碱式管漏水，可更换乳胶管或玻璃珠。若酸式管漏水或旋塞转动不灵，则应重新涂凡士林，直到满意为止。

3）润冲

用自来水洗净的滴定管，首先要用去离子水（或蒸馏水）润冲 2~3 次，以避免管内残存的自来水影响测定结果。每次润冲加入 5~10mL 去离子水（或蒸馏水），并打开旋塞使部分水由此流出，以冲洗出口管。然后关闭旋塞，两手平端滴定管慢慢转动，使水流遍全管。最后边转动边向管口倾斜，将其余的水从管口倒出。

用去离子水（或蒸馏水）润冲后，再按上述操作方法，用待装标准溶液润冲滴定管 2~3 次，以确保待装标准溶液不被残存的去离子水（或蒸馏水）稀释。每次取标准溶液前，要将瓶中的溶液摇匀，然后倒出使用。

4）装液

关好旋塞，左手拿滴定管，略微倾斜，右手拿住瓶子或烧杯等容器向滴定管中注入标准溶液。不要注入太快，以免产生气泡，待至液面到"0"刻度附近为止。用布擦净外壁。

5）气泡的排除

装入操作液的滴定管，应检查出口下端是否有气泡，如有应及时排除。若为酸式管，可用手迅速打开旋塞（反复多次），使溶液冲出带走气泡。若为碱式管，使滴定管倾斜成约 30°，将胶皮管向上弯曲，用两指挤压稍高于玻璃珠所在处，使溶液从管口喷出，气泡亦随之而排去（图 1-6-11）。

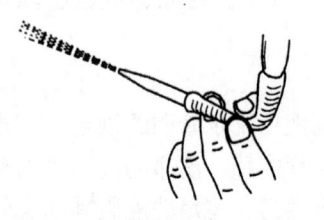

图 1-6-11　碱式滴定管排气泡法

排除气泡后，再把操作液加至"0"刻度处或稍下。滴定管下端如悬挂液滴也应当除去。

6）读数

读数前，滴定管应垂直静置1min。读数时，管内壁应无液珠，管出口的尖嘴内应无气泡，尖嘴外应不挂液滴，否则读数不准。读数方法是：取下滴定管用右手大拇指和食指捏住滴定管上部无刻度处，使滴定管保持垂直，并使自己的视线与所读的液面处于同一水平面上（图1-6-12），也可以把滴定管垂直地夹在滴定管架上进行读数。对无色或浅色溶液，读取弯月面下层最低点；对有色或深色溶液，则读取液面最上缘。读数要准确至小数点后第二位。为了帮助读数，可用带色纸条围在滴定管外弧形液面下的一格处，当眼睛恰好看到纸条前后边缘相重合时，在此位置上可较准确地读出弯月面所对应的液体体积刻度（图1-6-13）。也可以采用黑白纸板作辅助（图1-6-14），这样能更清晰地读出黑色弯月面所对应的滴定管读数。若滴定管带有白底蓝条，则调整眼睛和液面在同一水平后，读取两尖端相交处的读数（图1-6-15）。

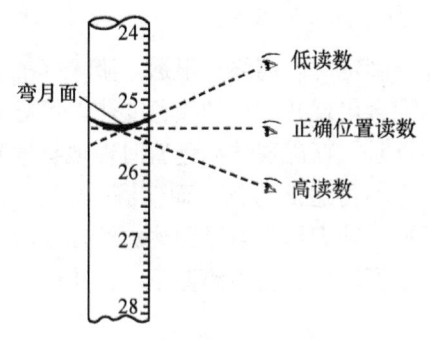

图1-6-12 滴定管的正确读数法

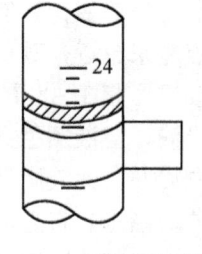

图1-6-13 用纸条帮助读数

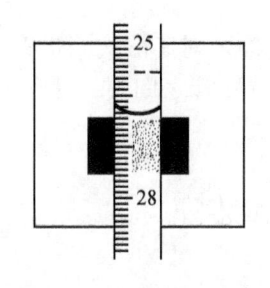

图1-6-14 使用黑白板读数

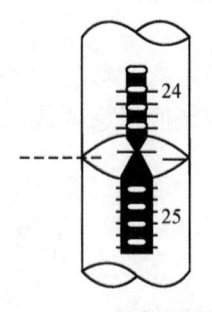

图1-6-15 用蓝条滴定管的读数

7）滴定操作

滴定过程的关键在于掌握滴定管的操作方法及溶液的混匀方法。

使用酸式滴定管滴定时，身体直立，以左手的拇指、食指和中指轻轻地拿住旋塞柄，无名指及小拇指抵住旋塞下部并使手心弯曲，食指和中指由下向上各顶住旋塞柄一端，拇指在上面配合转动（图1-6-16）。转动旋塞时应注意不要让手掌顶出旋塞而造成漏液。右手持锥形瓶使滴定管管尖伸入瓶内，边滴定边摇动锥形瓶（图1-6-17），瓶底应向同一方向（顺时针）做圆周运动，不可前后振荡以免溶液溅出。滴定和摇动溶液要同时进行，不能脱节。在整个滴定过程中，左手一直不能离开旋塞而任溶液自流。锥形瓶下面的桌面上可衬白纸，使终点易于观察。

图 1-6-16　旋塞转动的姿势　　　　　　　　　图 1-6-17　滴定

使用碱式滴定管时，左手拇指在前，食指在后，捏挤玻璃珠外面的橡皮管，溶液即可流出，但不可捏挤玻璃珠下方的橡皮管，否则会在管嘴出现气泡。滴定速度不可过快，要使溶液逐滴流出而不连成线。滴定速率一般为 10mL·min^{-1}，即 3～4 滴·s^{-1}。

滴定过程中，要注意观察标准溶液的滴落点。开始滴定时，离终点很远，滴入标准溶液时一般不会引起可见的变化，但滴到后来，滴落点周围会出现暂时性的颜色变化，但立即消失。随着离终点越来越近，颜色消失渐慢，在接近终点时，新出现的颜色暂时性地扩散到较大范围，但转动锥形瓶 1～2 圈后仍完全消失。此时应不再边滴边摇，而应滴一滴摇几下。通常最后滴入半滴，溶液颜色突然变化而半分钟内不褪，则表示终点已到达。滴加半滴溶液时，可慢慢控制旋塞，使液滴悬挂管尖而不滴落，用锥形瓶内壁将液滴擦下，再用洗瓶以少量去离子水（或蒸馏水）将之冲入锥形瓶中。

滴定过程中，尤其临近终点时，应用洗瓶将溅在瓶壁上的溶液洗下去，以免引起误差。

滴定也可在烧杯中进行，滴定时边滴边用玻璃棒搅拌烧杯中的溶液（也可使用电动搅拌器）。

滴定完毕，应将剩余的溶液从滴定管中倒出，用水洗净。对于酸式滴定管，若较长时间放置不用，还应将旋塞拔出，洗去润滑脂，在旋塞栓与柱管之间夹一小纸片，再系上橡皮筋。

1.7　实验常用合成仪器和装配

1.7.1　常用玻璃仪器

1. 烧瓶

烧瓶如图 1-7-1 所示。

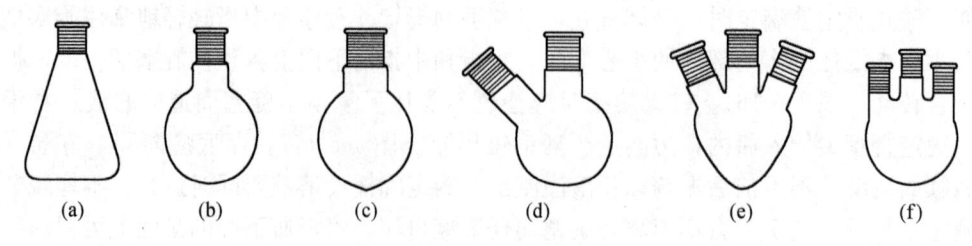

(a)　　(b)　　(c)　　(d)　　(e)　　(f)

图 1-7-1　烧瓶

规格：玻璃质标准磨口型。

种类：锥形（a）、圆底（b）、梨形（c）、二颈（d）、三颈［（e）梨形，（f）圆底］。

作用：

（1）锥形烧瓶（a）。常用于进行有机溶剂重结晶的操作，或有固体产物生成的合成实验中，因为生成的固体物容易从锥形瓶中取出来。通常也用作常压蒸馏实验的接收器。

（2）圆底烧瓶（b）。能耐热和承受反应物（或溶液）沸腾以后所发生的冲击震动。在有机化合物的合成和蒸馏实验中最常使用，也常用作减压蒸馏的接收器。

（3）梨形烧瓶（c）。性能和用途与圆底烧瓶相似。它的特点是在合成少量有机化合物时，在烧瓶内保持较高的液面，蒸馏时残留在烧瓶中的液体少。

（4）二颈（d）、三颈［（e）梨形，（f）圆底］。常用于需要进行搅拌的实验中，中间瓶口装搅拌器，侧口装回流冷凝管、滴液漏斗或温度计等。

2. 冷凝管、分馏柱

冷凝管、分馏柱如图 1-7-2 所示。

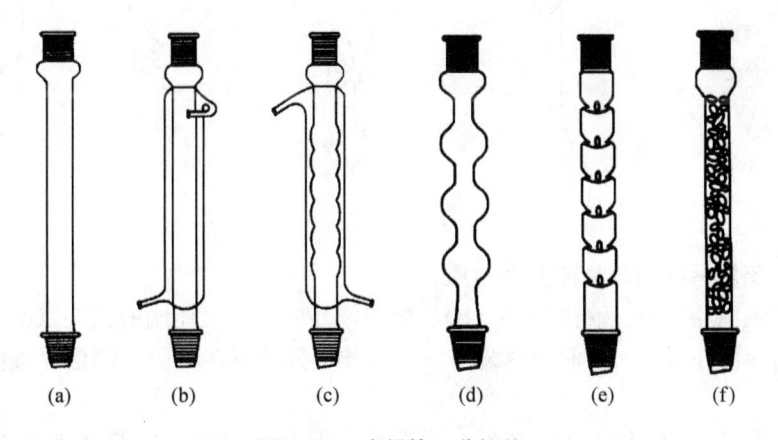

图 1-7-2　冷凝管、分馏柱

规格：玻璃质标准磨口型。

种类：空气冷凝管（a）、直形冷凝管（b）、球形冷凝管（c）、球形分馏柱（d）、刺形分馏柱（e）、赫姆帕分馏柱（f）。

作用：

（1）空气冷凝管（a）。当蒸馏物质的沸点高于140℃时，常用它代替通冷却水的直形冷凝管。

（2）直形冷凝管（b）。蒸馏物质的沸点在140℃以下时，要在夹套内通水冷却；但超过140℃时，冷凝管往往会在内管和外管的接合处炸裂。

（3）球形冷凝管（c）。其内管的冷却面积较大，对蒸气的冷凝有较好的效果，适用于加热回流的实验。

（4）球形分馏柱（d）、刺形分馏柱（又称维氏分馏柱）（e）。结构简单，黏附液体较少，分馏效率较低，适合分离少量且沸点差距较大的液体。

（5）赫姆帕分馏柱（f）。又称填充式分馏柱。在柱内填充上一种惰性材料，以增加表面积，分馏效率较高，适合于一些沸点差距较小的液体分离。分馏柱与冷凝管配套使用。

3. 漏斗

漏斗如图 1-7-3 所示。

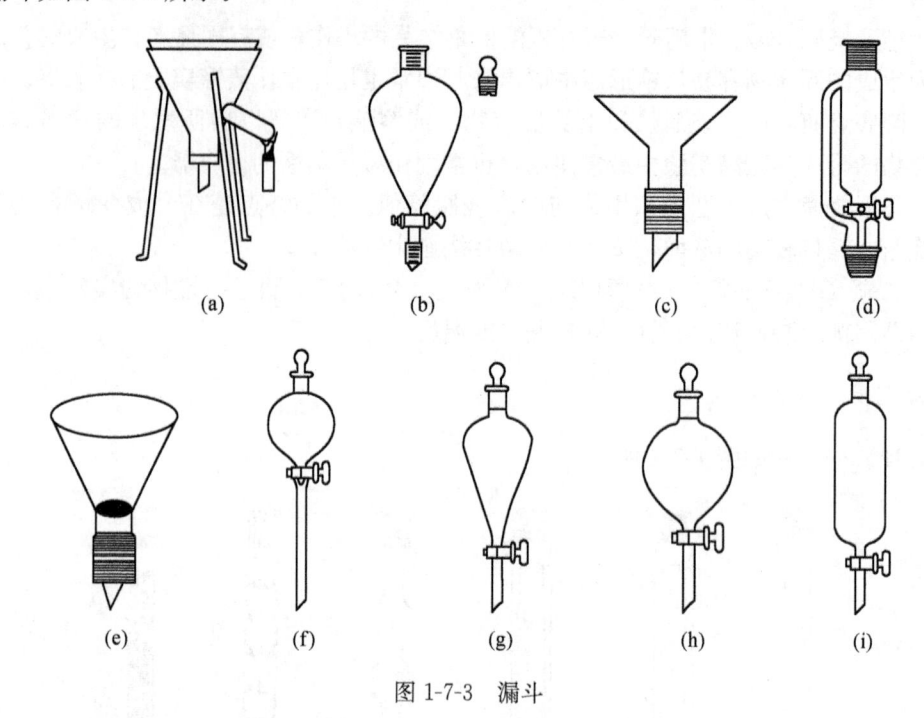

图 1-7-3　漏斗

规格：玻璃质标准磨口型或其他材质。

种类：保温漏斗（a）、滴液漏斗（b）、磨口漏斗（c）、恒压滴液漏斗（d）、小型多孔板漏斗（e）、滴液漏斗（f）、梨形分液漏斗（g）、球形分液漏斗（h）、筒形分液漏斗（i）。

作用：

（1）保温漏斗（a）也称热滤漏斗，用于需要保温的过滤。它是在普通漏斗的外面装上一个铜质的外壳，外壳与漏斗之间装水，用煤气灯加热侧面的支管，以保持所需要的温度。

（2）滴液漏斗（b）、（f）能把液体一滴一滴地加入反应器中。即使漏斗的下端浸没在液面下，也能够明显地看到滴加的快慢。

（3）磨口漏斗（c）用于过滤等操作。

（4）恒压滴液漏斗（d）用于合成反应实验的液体加料操作，也可用于简单的连续性萃取操作。

（5）小型多孔板漏斗（e）用于减压过滤少量物质。

（6）梨形分液漏斗（g）、球形分液漏斗（h）、筒形分液漏斗（i）用于液体的萃取、洗涤和分离，有时也可用于滴加物料。

4. 常用的配件

常用的配件如图 1-7-4 所示。

规格：玻璃质标准磨口型。

种类：接引管（a）、真空接引管（b）、双口接引管（c）、蒸馏头（d）、克氏蒸馏头（e）、

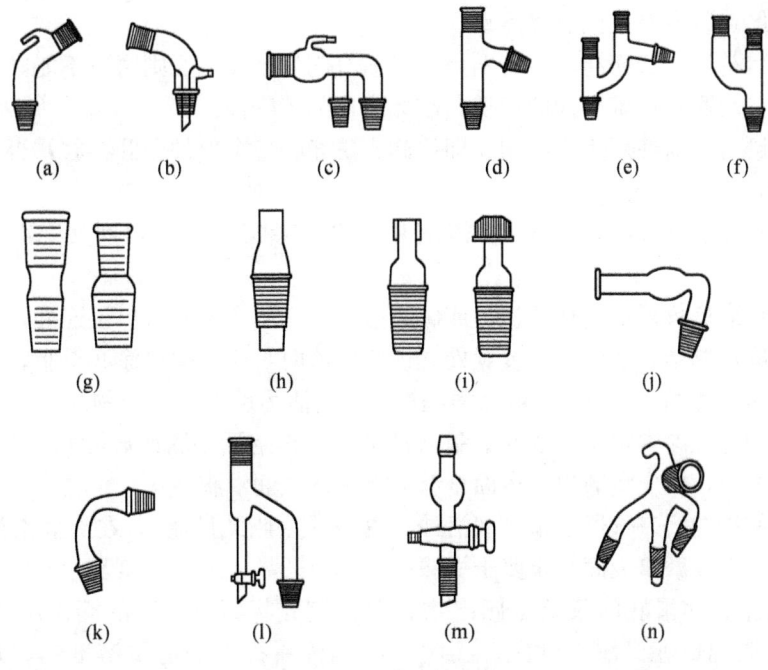

图 1-7-4 常用的配件

二口连接管（f）、接头（g）、搅拌器套管（h）、螺口接头（i）、弯形干燥管（j）、75°弯管（k）、分水器（l）、两通旋塞（m）、三叉燕尾管（n）。

作用：多用于各种仪器的连接。

1.7.2 玻璃仪器的连接与装配

1. 仪器的连接

有机化学实验中所用玻璃仪器间的连接一般采用塞子连接和仪器本身上的磨口连接两种形式。

1) 塞子连接

塞子有软木塞和橡皮塞两种。塞子应与连接两件玻璃仪器接口尺寸相匹配，一般以塞子的 1/2～2/3 插入仪器接口为宜。选择塞子材质取决于被处理物的性质（如腐蚀性、溶解性等）和仪器的应用范围（如在低温还是高温、在常压下还是在减压下操作）。塞子选定后，用适宜孔径的钻孔器钻孔，再将玻璃管等插入塞子孔中，即可把仪器等连接起来。

塞子连接缺点：钻孔费时间，连接处易漏，通常细窄流体阻力大，易被腐蚀，污染被处理物等。因此，塞子连接已被磨口连接所取代。

2) 标准磨口连接

除了少数玻璃仪器（如分液漏斗的旋塞和磨塞，其磨口部位是非标准磨口）外，大多数仪器上的磨口是标准磨口。我国标准磨口是采用国际通用技术标准，常用的是锥形标准磨口。常用的标准磨口系列尺寸见表 1-7-1。

表 1-7-1 常用标准磨口

编　　号	10	12	14	19	24	29	34
大端直径/mm	10.0	12.5	14.5	18.8	24.0	29.2	34.5

使用标准磨口仪器时应注意以下事项：

（1）必须保持磨口表面清洁，特别是不能沾有固体杂质，否则磨口不能紧密连接。硬质沙粒还会给磨口表面造成永久性的损伤，破坏磨口的严密性。

（2）标准磨口仪器使用完毕必须立即拆卸、洗净，各个部件分开存放，否则磨口的连接处会发生黏结，难以拆开。

不能分开存放非标准磨口部件（如滴液漏斗的旋塞），应在磨口间夹上纸条，以免日久黏结。

（3）不宜用磨口仪器长期存放盐类或碱类溶液，它们会渗入磨口接连处，蒸发后析出固体物质，易使磨口黏结。使用磨口装置处理这些溶液时，应在磨口涂润滑脂。

（4）在常压下使用时，磨口一般无需润滑，以免沾污反应物或产物。为防止黏结，也可在磨口靠大端的部位涂敷很少量的润滑脂（凡士林、真空活塞脂或硅脂）。如果要处理盐类溶液或强碱性物质，则应将磨口的表面全部涂上一薄层润滑脂。

减压蒸馏使用的磨口仪器必须涂润滑油（真空活塞脂或硅脂）。在涂润滑油脂之前，应先将仪器洗刷干净，磨口表面一定要干燥。

从内磨口涂有润滑脂的仪器中倾出物料前，应先将磨口表面的润滑脂用有机溶剂擦拭干净（用脱脂棉或滤纸蘸石油醚、乙醚、丙酮等易挥发的有机溶剂），以免物料受到污染。

（5）只要正确遵循使用规则，磨口很少打不开。一旦发生黏结，可采取以下措施：①将磨口竖立，往上面缝隙间滴几滴甘油。如果甘油能慢慢地渗入磨口，最终能在连接处松开。②用热风吹，用热毛巾包裹，或在教师指导下小心地用灯焰烘烤磨口的外部几秒钟（仅使外部受热膨胀，内部还未热起来），再试验能否将磨口打开。③将黏结的磨口仪器放在水中逐渐煮沸，常常也能使磨口打开。④用木板沿磨口轴线方向轻轻地敲外磨口的边缘，推动磨口也会松开。

如果磨口表面已被碱性物质腐蚀，黏结的磨口就很难打开。

2. 仪器的装配

使用同一型号（如10号）的标准磨口仪器，装配仪器非常方便，仪器的互换性强、利用率高，用较少的仪器即可组装成多种多样的实验装置。

一套磨口连接的实验装置，尤其像有机械搅拌动态操作的实验装置，每件仪器都要用夹子固定在同一个铁架台上，以防止各件仪器振动频率不协调而破损仪器。

现以滴加蒸出反应装置为例说明仪器装配过程及注意事项。首先选定三颈烧瓶的位置，它的高度由热源（如煤气灯或电炉）的高度决定。然后以三颈烧瓶的位置为基准，依次装配分馏柱、蒸馏头、直形冷凝管、接引管和接收瓶。调整两支温度计在螺口接头位置并固定好。将螺口接头装配到相应磨口上，再装上恒压滴液漏斗。除接引管这种小器件外，其他仪器每装配好一件都要求用铁架固定到铁架台上，然后再装另一件。在用铁夹子固定仪器时，既要保证磨口连接处严密不漏，又不要使上件仪器的重力全部压在下件仪器上，即顺其自然将每件仪器固定好，尽量做到各处不产生应力。夹子的双钳必须有软垫（软木塞、石棉绳、布条、橡皮等），绝不能让金属与玻璃直接接触。冷凝管与接引管、接引管与接收瓶间的连接最好用磨口接头连接专用的弹簧固定。接收瓶底用升降台垫牢。一台滴加蒸出反应装置的正确组装应该是，从正面看，分馏柱和桌面垂直，其他仪器顺其自然；从侧面看，所有仪器处在同一平面上。

拆卸装置时，按装配相反的顺序逐一拆除。在松开每一个夹子时，必须用手托住所夹的仪器，特别是像恒压滴液漏斗等倾斜安装的仪器，绝不能让仪器对磨口施加侧向压力，否则仪器就要损坏。在常压下进行操作的仪器装备必须有一处与大气相通。

1.7.3 常用装置图

1. 回流冷凝装置

回流冷凝装置如图 1-7-5 所示。

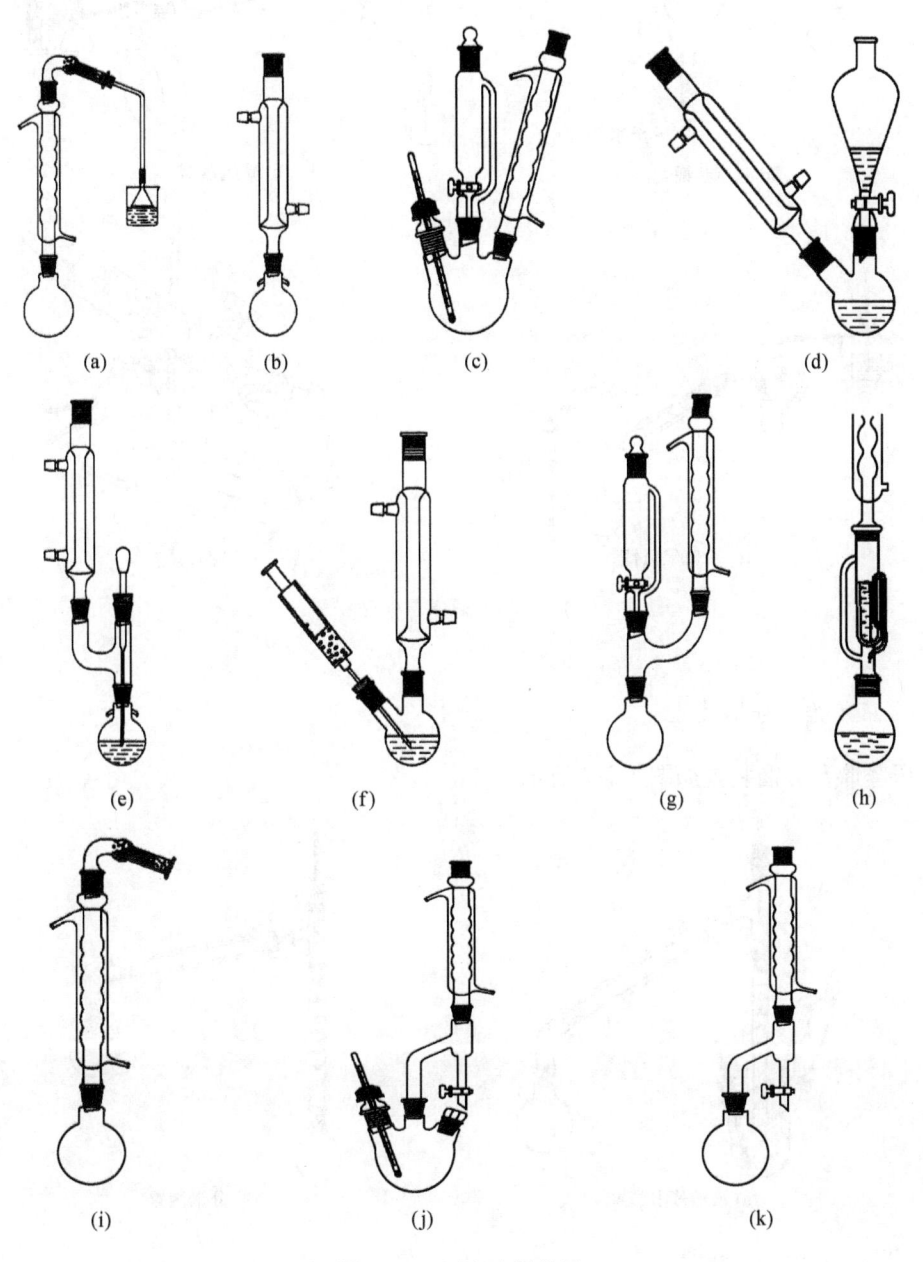

图 1-7-5 回流冷凝装置

2. 减压蒸馏装置

减压蒸馏装置如图 1-7-6 所示。

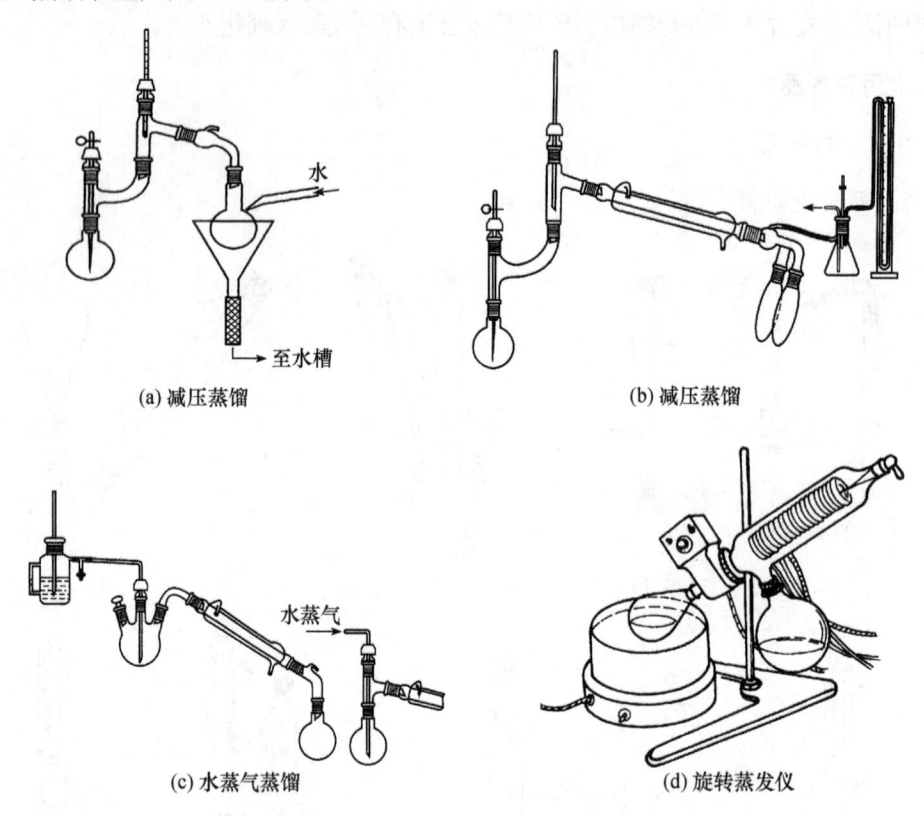

(a) 减压蒸馏

(b) 减压蒸馏

(c) 水蒸气蒸馏

(d) 旋转蒸发仪

图 1-7-6　减压蒸馏装置

3. 常压蒸馏及分馏装置

常压蒸馏及分馏装置如图 1-7-7 所示。

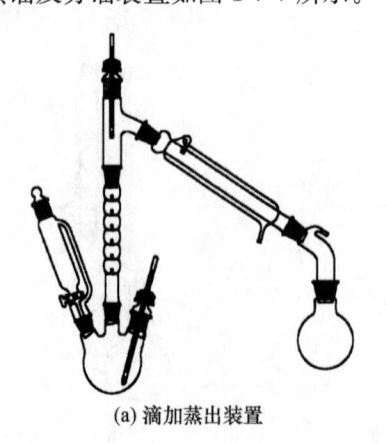

(a) 滴加蒸出装置

(b) 分馏装置

(c) 蒸馏装置　　　　　　　(d) 蒸馏装置

(e) 蒸馏装置　　　　　　　(f) 蒸馏装置

(g) 精密分馏装置

图 1-7-7　常压蒸馏装置

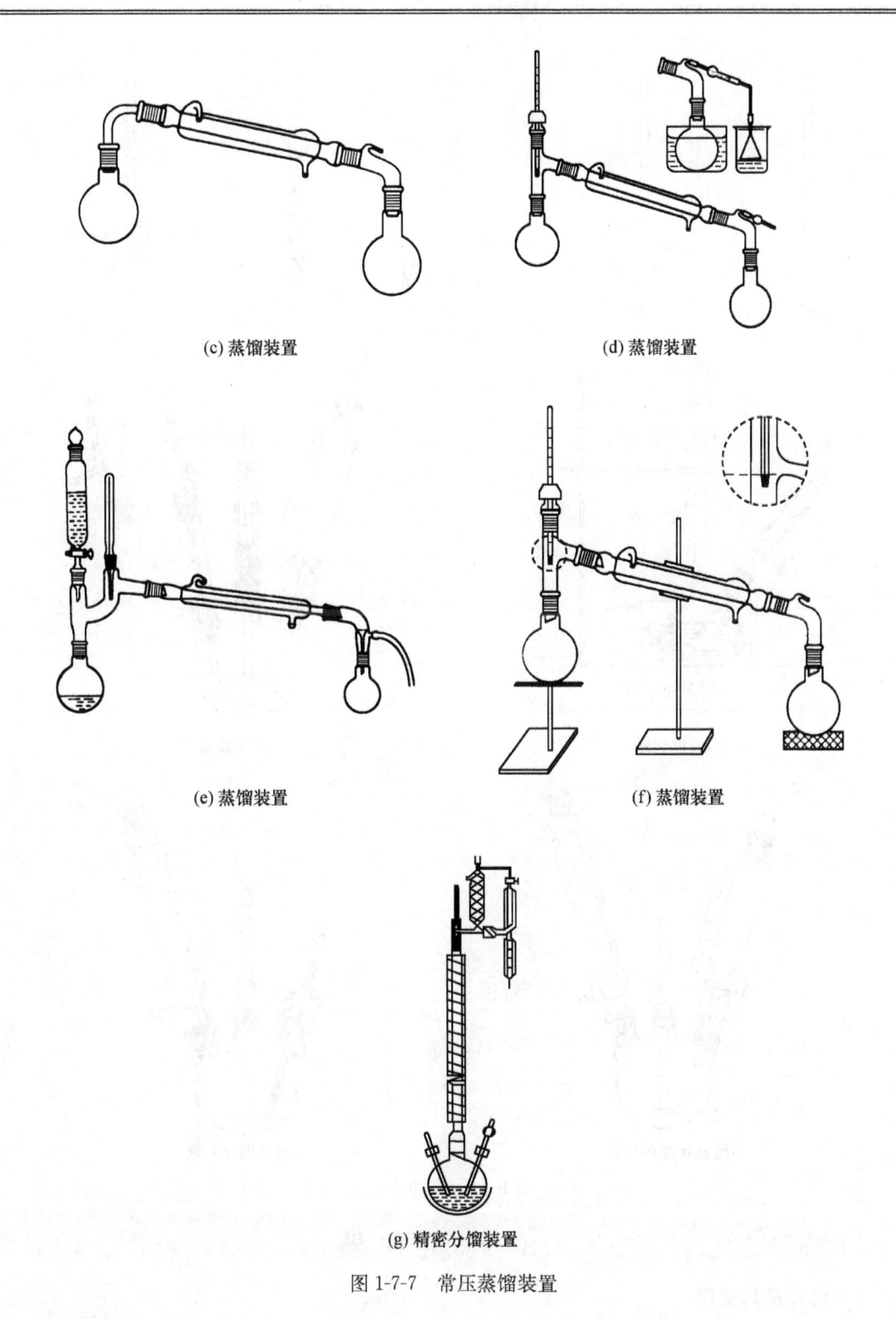

4. 搅拌装置

搅拌装置如图 1-7-8 所示。

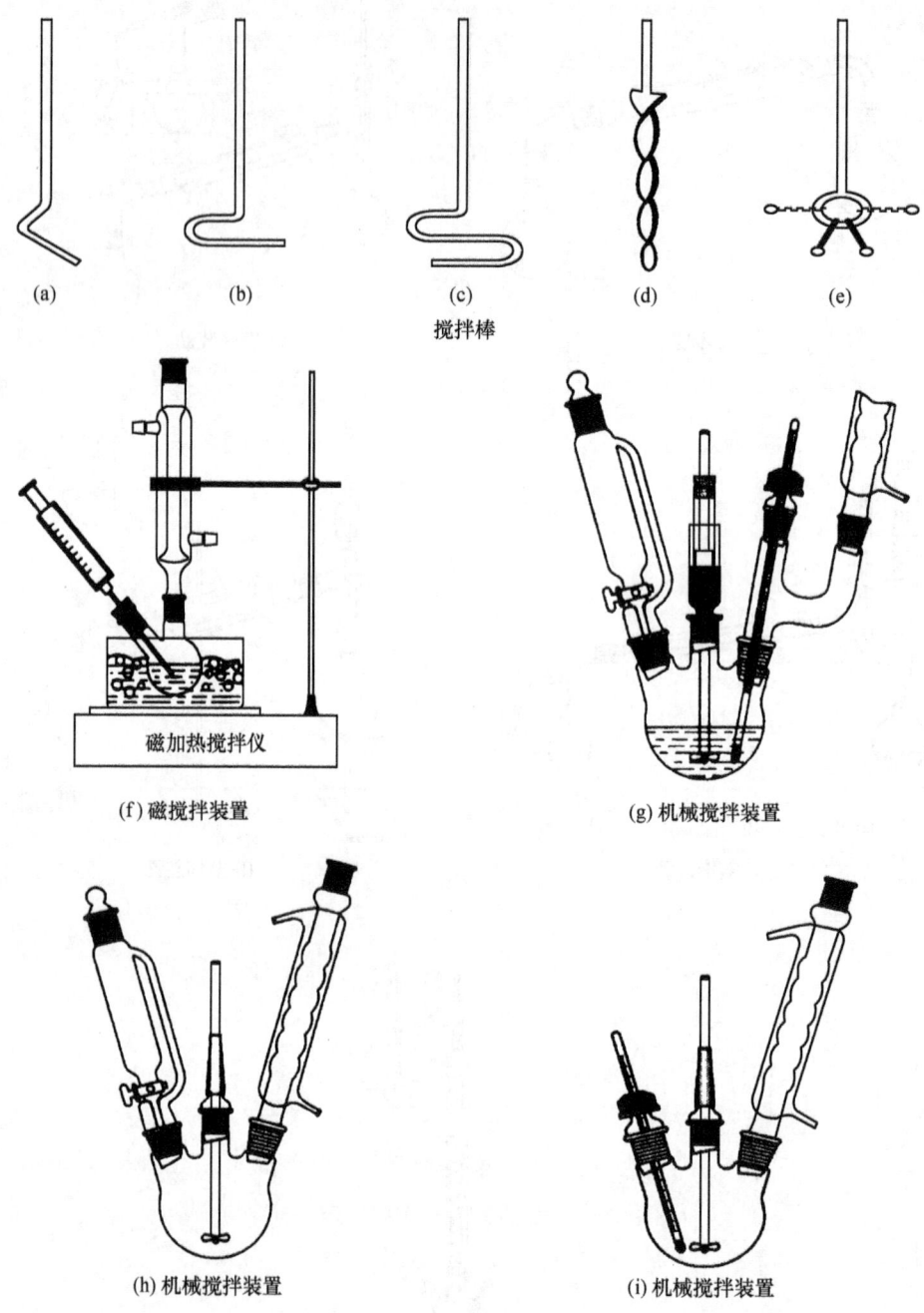

图 1-7-8 搅拌装置

1.8 称量仪器

1.8.1 台秤及其使用

样品的粗称一般用台秤（托盘天平），能准确称至 0.1g。通常台秤的分度值（感量）在 0.01～0.1g，它适用于粗略称量，能迅速称出物体的质量，但精度不高，仅用于配制大致浓度溶液时的称量。

台秤的构造原理分两类：一类是基于杠杆原理；另一类是基于电磁原理[电子台秤（上皿式电子天平）]。电子台秤的原理与特点见本节"电子天平"部分。这里仅介绍普通台秤。

台秤的构造如图 1-8-1 所示，台秤的横梁中间有一刀口，它支承物质的质量，刀口的质量直接影响台秤的感量。台秤的横梁架在台秤底座上，横梁两边有两个盘子，横梁中部的指针与刻度盘相对应，根据指针在刻度盘左右摆动情况，可以指示台秤的平衡状态。

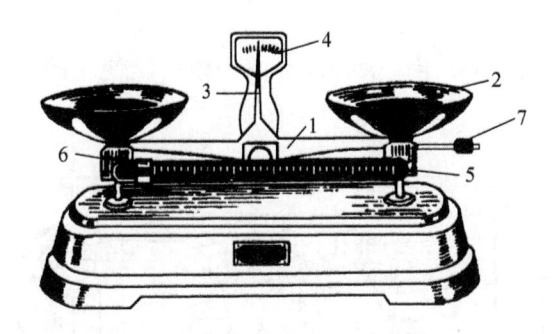

图 1-8-1 台秤

1—横梁；2—托盘；3—指针；4—刻度牌；5—游码标尺；6—游码；7—平衡螺丝

台秤的使用方法如下：

1. 调零

在称物品之前，先调整台秤的零点。将游码拨至标尺"0"刻度，若指针在中心线附近等距离摆动，停止摆动时，指针停止在刻度盘的中间位置（该位置称为台秤的零点），表示左右盘平衡，台秤可以使用。否则需调节平衡螺丝。零点调好后，即可称量物品。

2. 称量

遵循"左物右砝"的原则，即左盘放称量物、右盘放砝码。当添加砝码至台秤的指针停在刻度盘的中间位置时，台秤处于平衡状态，这时指针所停的位置称为停点。零点与停点二者之间相差在一小格以内时，砝码与游码所示总质量就是被称物的质量。5g（10g）以上的质量可由砝码直接读出，5g（10g）以下则用游码调节读出。

值得注意的是台秤要放平稳，不能称热的物体，被称量物需依其性质放在称量纸上、表面皿或其他容器里进行称量。砝码需用镊子夹取，要保持台秤清洁。称量完后，台秤和砝码要恢复原状。

1.8.2 分析天平

分析天平是化学实验室里最重要的称量仪器。常用的分析天平可分为阻尼电光分析天平和电子分析天平。

常用阻尼电光分析天平按结构可分为双盘和单盘两类。前者为等臂天平，后者有等臂和不等臂之分。目前常用的为半机械加码等臂天平和不等臂单盘天平。电子天平可分为顶部和底部承载式，后者少见。

按精度，天平可分为十级，一级天平精度最好，十级最差。在常量分析中常用最大载荷为 100～200g，感量为 0.0001g 的三、四级天平，微量分析时则选用最大载荷为 20～30g 的一至三级天平。

1. 半自动分析天平

1) 电光分析天平的结构

电光分析天平是依据杠杆原理设计的,尽管种类繁多,但结构却大体相同,都有底板、立柱、横梁、玛瑙刀、刀承、悬挂系统和读数系统等必备部件,还有制动器、阻尼器、机械加码装置等附属部件。

不同的天平其附属部件不一定配套。以目前国内广泛使用的 TG-328 B 型电光天平为例,其构造如图 1-8-2 所示。

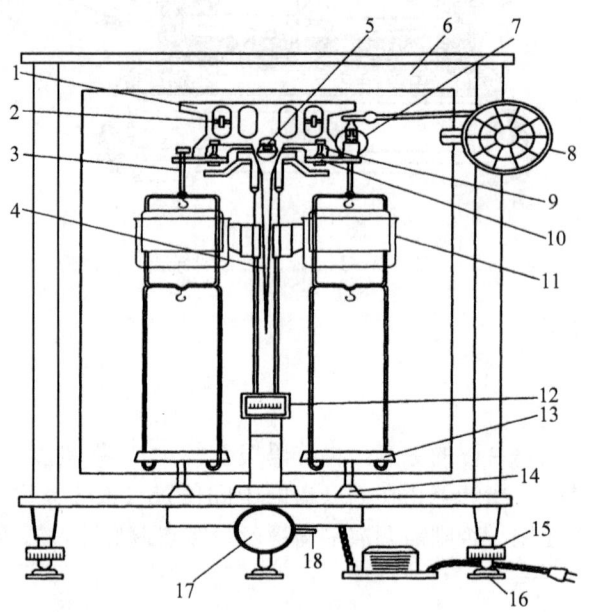

图 1-8-2 半自动电光分析天平结构示意图
1—天平梁;2—平衡螺丝;3—吊耳;4—指针;5—支点刀;6—框罩盒;7—圈码;8—圈码指数盘;9—支柱;10—托梁架;11—空气阻尼器;12—光屏;13—天平盘;14—盘托;15—螺旋脚;16—垫脚;17—升降枢旋钮;18—调屏拉杆

(1) 天平梁。它由横梁、刀子、刀盒、平衡砣、感量砣、指针组成,是天平的主要部件。横梁上有三个玛瑙刀,中刀口向下,为支点刀,边刀口向上,为承重刀。三个刀刃平行,垂直于刀刃中心的连线,且在一个水平线上,刀刃要求锋利,呈直线,无崩缺。为保持天平的灵敏度和稳定性,要特别注意保护天平的刀刃不受冲击而损坏。

(2) 平衡螺丝。平衡螺丝位于横梁的两边,用以调整横梁的平衡位置。

(3) 吊耳。其中心面向下,嵌有玛瑙平板,并与梁两端的玛瑙刀口接触,使吊耳及挂盘能自由摆动。两把边刀可通过吊耳承受秤盘和砝码或被称物品。吊耳的两端面向下有两个螺丝凹槽,天平不用时,凹槽与托梁架的托耳螺丝接触,将吊耳托起,使玛瑙平板与玛瑙刀口脱开,这样可保护玛瑙刀口。

(4) 指针。指针固定在天平梁的中央,下端装有缩微标尺。天平摆动时,指针也跟着摆动,光源通过光学系统将缩微标尺上的刻度放大,再反射到光屏上,从光屏上就可以看到标尺的投影,光屏的中央有一条垂直的刻线,标尺投影与刻线的重合处即为天平的平衡位置。

在天平未加砝码或物品时，打开升降枢旋钮，拨动调屏拉杆可将光屏左、右移动，使标尺的0.00与刻线重合，达到调整零点的目的。

（5）支点刀。它位于横梁中间，刀口向下，是承重刀。

（6）框罩盒。框罩盒是木制框架并镶有玻璃，用以防止污染和消除空气流动对称量所带来的影响。两边的门可以打开，用来取放砝码或物品，前面的门只在安装和修理时才打开。注意：读数时所有的门都要关好。

（7）圈码。1g以上砝码放在配套的专用砝码盒内，用时需用镊子夹取。1g以下的砝码做成环状就称圈码，有10mg、20mg、50mg、100mg、200mg、500mg等规格，可组合成10～990mg的任意数值。

（8）圈码指数盘。在其上刻有环砝码的质量值。转动指数盘使加码杆按数字盘上的数值把环砝码加到吊耳上的加码片上。天平达到平衡时，可由数字盘上读出环砝码的质量。

（9）支柱。支柱是一个空心柱体，垂直固定在底板上。天平制动器的升降拉杆穿过立柱空心孔，带动大小托翼上下运动。

（10）托梁架。升起托梁架，使玛瑙刀口离开相应的玛瑙平板。

（11）空气阻尼器。空气阻尼器是两个套在一起的铝制圆筒。外筒固定在天平柱上，内筒倒挂在蹬钩上，两筒间空隙均匀，不应有摩擦。内筒能自由地上下移动，由于筒内空气的阻力可产生阻尼作用，可使天平横梁较快地停摆而缩短达到平衡状态的时间。

（12）光屏。可读出天平的平衡位置。屏上显示的微分标尺中间为0，左负右正，标尺上的刻度直接表示质量。屏上有一条固定刻线，微分标尺的投影与刻线重合处即为天平的平衡位置。

（13）天平盘。天平盘挂在吊耳的挂钩上，天平左右各一个。称量时，左盘放被称物品，右盘上放砝码。

（14）盘托。装在天平底板上，位于天平盘的下面，天平不用时，盘托上升，把天平盘托住。

（15）螺旋脚。可以调整天平水平位置。

（16）垫脚。框罩盒下面有三只垫脚，前两只垫脚装有螺旋，可使垫脚升高或降低，从而调节天平的平衡位置。在天平柱的后上方装有气泡水平仪，可以判断天平的平衡位置。

（17）升降枢旋钮。它连接着托梁架、盘托和光源，也是天平的重要部件。当打开升降枢旋钮时，降下托梁架，使三个玛瑙刀口与相应的玛瑙平板接触，同时盘托下降，使天平能自由移动，如果此时打开光源，在光屏上可以看到缩微标尺的投影；当关闭升降枢旋钮时，则天平梁和天平盘被托住，刀口与平板脱离，光源切断。

（18）调屏拉杆。可将光屏左右移动位置。

2）电光分析天平的性能

分析天平的性能可以用灵敏度、准确性、稳定性和不变性等衡量。

（1）灵敏度。分析天平的灵敏度指在一侧秤盘上增加1mg质量时，天平指针平衡点移动的格数，即格·mg^{-1}。另一个表示灵敏度的概念是感量，又称分度值，它是灵敏度的倒数，指处于平衡位置的天平在标牌上产生一个分度的变化所需的质量，即mg·格$^{-1}$。实际中常用感量表示天平的灵敏性。一般分析天平的灵敏度为10小格·mg^{-1}，或感量为0.1 mg·格$^{-1}$。

天平的灵敏度（E）也可以这样表示：

$$E = \frac{L}{wh}$$

式中：w 为横梁重；h 为支点到横梁重心间的距离；L 为天平臂长。

因此，横梁越重，则灵敏度越低；臂越长，灵敏度越高。但是天平的臂太长时，横梁质量增加，又降低灵敏度。所以支点与横梁重心间距离越短，灵敏度就越高。

(2) 准确性。天平的准确性是指天平的等臂性。一般说来，对一台完好的等臂天平，其两臂长之差不得超过臂长的 1/40 000，否则将引起较大误差。两臂受热不均匀时引起臂长变化，也使称量误差增大。对新出厂的天平，要求它在最大载荷下由不等臂引起的指针偏移不超过标牌的 3 个最小分度值，这样在常规称量中由不等臂所引起的误差可被忽略。

(3) 稳定性。天平的稳定性是指天平平衡状态受到破坏后自动回到平衡位置的能力。一般情况下，天平的稳定性是通过改变天平的重心（移动感量砣）来调节的。重心离支点越远，稳定性越好，这与灵敏度的变化刚好相反。

(4) 天平的不变性。天平的不变性是指天平在载荷不变情况下多次开关天平时，各次平衡位置重合不变的性能。在同一台天平上使用同一组砝码多次称量同一重物，所得称量结果极差即为示值变动性。不变性用示值变动性来衡量。示值变动性越大，天平的不变性越差。

天平的稳定性和不变性有关，但不是同一概念：稳定性主要与横梁的重心有关，而不变性还与天平结构和称量时的环境条件等有关。

3) 分析天平的使用方法

(1) 直接称量法。常用于称量器皿以及在空气中性质稳定、不吸水的试样如金属、矿石等。称量时用一条干净的塑料薄膜或纸条套住被称物品，将物品轻放于天平左盘中央，然后去掉塑料条或纸条，右盘加砝码，按由重至轻的顺序试加。试加过程中，将升降枢旋钮旋至半开，从天平指针或屏幕标尺上观察天平横梁倾斜情况，直至多加 10mg 砝码显重和少加 10mg 砝码又显轻时再完全旋开升降枢旋钮，这时标尺将在投影上慢慢移动，最后停止在一点。称量物品的量应为所加砝码、圈码的质量和投影屏上所显示量之和。质量读数应读至 0.0001g。

(2) 减量称量法。常用于称取一定质量范围的试样或称取标定时所用的基准物质，此法适用于称取易吸水、易氧化或易与 CO_2 反应的物质。

在称量瓶中装入一定质量的固体试样称量时，用干燥的纸条套住称量瓶（或戴上洁净的细纱手套拿取），放在秤盘中央，称得质量为 m_1（准至 0.0001g）。取出称量瓶悬放在容器上方，打开瓶盖轻轻敲击瓶口上缘，使样品慢慢落入容器中。当估计倾出的样品接近所需要质量时，慢慢地将瓶竖起，并轻敲瓶口，使附在瓶口的试样落回瓶内，然后盖好瓶盖，将称量瓶放回天平盘上，再次称量，其质量记为 m_2（也准至 0.0001g）。两次称量之差（$m_1 - m_2$）即为倒入容器中的样品质量。若试样的质量不够，可照上述方法再倒，再称。

(3) 固定质量称量法。常用于准确称取某一指定质量的、不易吸水并在空气中稳定的试样。称量时，先在天平上准确称出容器质量，然后在天平上添加欲称质量的砝码，再用药匙盛试样（事先要研细）在容器上方轻轻振动，使试样徐徐落入容器，直至达到指定质量。

4) 分析天平的使用规则

分析天平是一种精密贵重仪器，必须严格遵守其使用规则。

(1) 称量前应检查天平是否处于水平位置、吊耳与环码有无脱落及玻璃箱罩内外和秤盘是否清洁等。另外，最好先打开两边侧门 5~10min，待天平内外温度趋向一致后，再正式使用天平。

(2) 开关天平时，动作一定要轻缓平稳，绝不允许猛开猛关，要特别注意保护天平的刀口不受损伤。天平只有在观察零点或停点时才完全开启升降枢旋钮，而其他操作如取放被称物品、增减砝码、开关天平门以及移动平衡螺丝等，均必须关闭升降枢旋钮，以便托起天平梁。总之，一切能触动天平梁的动作均应在架起天平梁后进行，以保护刀口。

(3) 取用砝码时，不得直接用手拿，必须用镊子，并应选用塑料或带有骨质或塑料护尖的镊子，不要使用金属镊子，以免损坏砝码。不要对着砝码呼气，并防止砝码沾染酸、碱、油脂等污物，用完后应立即将砝码放入砝码盒的相应空位中，不同砝码盒内的砝码切勿混淆。

(4) 不能用天平直接称量过热或过冷的物品，应待物体和天平温度一致后再进行称量，并且同一实验应使用同一天平和砝码。腐蚀性蒸气或吸湿性物品都必须放在密闭容器内称量。

(5) 称量完后，需检查天平梁是否已经托起，圈码指数盘是否已回复"0"位，并清点砝码是否已放回相应槽内，然后关掉电源，清洁天平和箱罩。最后用罩布将天平罩好，做好仪器使用记录后，方能离开实验室。

2. 电子天平

电子天平是最新一代的天平。电子天平利用电子装置完成电磁力补偿的调节，使物体在重力场中实现力的平衡，或通过电磁力矩的调节，使物体在重力场中实现力矩的平衡，是一种先进的称量仪器。通过设定的程序，可实现自动调零、自动校正、自动去皮、自动显示称量结果，或将称量结果经接口直接输出、打印等。它称量方便、迅速、读数稳定、准确度高。常见电子天平的结构都是机电结合式的，由载荷接受与传递装置、测量与补偿装置等部件组成。可分成顶部承载式和底部承载式两类。市场上的电子分析天平有多种，例如，梅特乐-特利多公司推出了超微量、微量电子天平，可精确称量到 $0.1\mu g$，最大称量值为 2100mg；AT 分析天平可精确称量到 $1\mu g$，最大称量值为 22g；SJ 工业精密天平可读至 0.1g，最大称量值为 8100mg。

1) 电子天平的使用优点

电子天平支承点采用弹簧片，不需要机械天平的宝石、玛瑙刀与刀承。取消了升降框的装置，采用数字显示方式代替指针刻度显示。采用电磁力平衡原理。称量时全量程不用砝码，放上被称物后在几秒钟内达到平衡。采用体积小的大集成电路。因此，电子天平具有灵敏度高、体积小、操作方便、称量迅速和维护简单等优点。有的电子天平还采用单片微处理机控制，使称量速度更快、精度更高、准确度更好（图 1-8-3）。

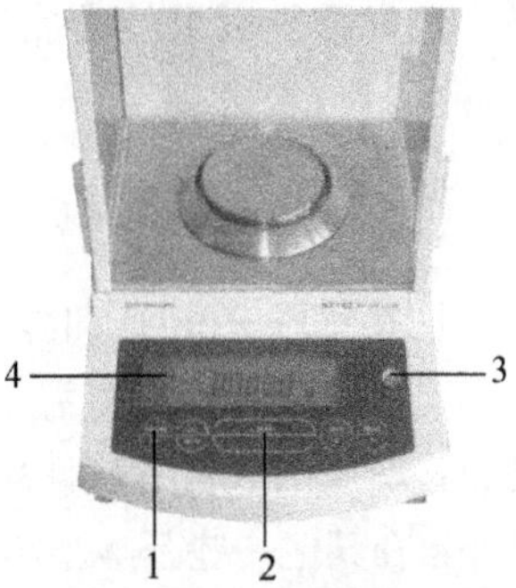

图 1-8-3 电子分析天平
1—"POWER"键；2—"TARE"键；
3—水平仪；4—显示屏

电子天平具有 RS232C 标准输出接口，可以与打印机、计算机联用，还可以与其他分析仪器联用。因此，它具有质量信号输出端口，可以实现从样品称量、样品处理、分析检验到结果处理、计算等全过程的自动化，大大地提高了生产效率。电子天平还具有自动校正、累计称量、超载显示、故障报警、自动去皮重等功能，使称量操作更加便捷。

由于电子天平具有以上优点，现已广泛应用于教学、科研和生产中。

2) 电子天平的使用方法

现以实验室广泛应用的 AY 120 型电子分析天平（图 1-8-3）为例说明电子天平的操作程序。

(1) 调水平。在使用前观察水平仪是否水平，若不水平，需调整水平脚，使水平仪空气泡位于圆环中央。

(2) 开机。接通电源，轻按"POWER"键，显示屏全亮，出现"±8 888 888％g"，约 2s 后，显示称量模式"0.0000g"。如果显示不是"0.0000g"，按一下"TARE"键即可。预热 30min 后可称量。

(3) 称量。将容器或称量纸轻轻放在秤盘上，轻按"TARE"键，显示零状态（已去皮重），向容器里或称量纸上加药品进行称量，显示出来的就是药品的质量。

(4) 关机。称量完毕，取下被称物，长按一下"POWER"键，即可关机。使用完毕，要拔下电源插头，盖上防尘罩。

3) 电子天平的使用规则

天平室应选择防尘、防震、防湿、防止温度波动或气流过大的房间。在开始使用电子天平之前，要求预先开机，要有 30~60min 的预热时间。如果天平一天中要使用多次，最好一直开着，这样可使电子天平内部有一个恒定的操作温度，有利于准确称量。

因存放时间长、位置移动、环境变化或为获得精确测量，天平从首次使用起，应定期对其进行校准，如果连续使用，大致每周进行一次校准。校准必须使用标准砝码。校准前，电子天平必须开机预热 60min 以上，并检查水平。校准时，取下秤盘上的所有被称物，置"mg—30"，"INT—3"，"ASD—2"，"Ery—g"模式。轻按"TARE"键清零。按"CAL"键，当显示器出现"CAL-"时，即松手，显示器就出现"CAL-100"，其中"100"为闪烁码，表示校准码需用 100g 的标准砝码。此时把准备好的 100g 校准砝码放在秤盘上，显示器即出现"——"等待状态，经较长时间后显示器出现"100.0000g"，除去校准砝码，显示器应出现"0.0000g"，若显示不为零，再清零，再重复以上校准操作（为了得到准确的校准效果，最好重复以上校准操作两次）。

1.9 加热、冷却与控温仪器

加热（heating）和冷却（cooling）是化学实验中非常普遍又十分重要的操作。

有的化学反应在室温下难以进行或反应较慢，常需加热来加快化学反应。而有些反应又很剧烈，释放出大量的热使副反应增多，因此需进行适当的冷却将反应温度控制在一定范围之内。另外，在其他一些基本操作过程（如溶解、蒸馏、回流、重结晶等）中也会用到加热或冷却。

1.9.1 加热

加热时可根据所用物料的不同和反应特性选择以下不同的热源和加热方法。

1. 热源

1) 酒精灯

在实验室中加热常用酒精灯、酒精喷灯、煤气灯、煤气喷灯等。这里主要介绍酒精灯的使用。

（1）酒精灯的构造。酒精灯加热温度通常在 400~500℃，是缺少煤气（或天然气）的实验室常用的加热工具，其构造如图 1-9-1 所示。

（2）使用时注意以下事项：

第一，修整灯芯。检查灯芯是否齐整或烧焦，否则要用剪刀剪齐，并且灯芯不要过紧，最好松些。灯芯一般每年更换一次。

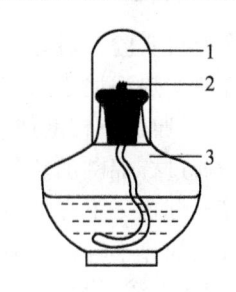

图 1-9-1　酒精灯的构造
1—灯帽；2—灯芯；3—灯壶

第二，加入乙醇。酒精灯以乙醇为燃料，乙醇的加入使用漏斗，加乙醇时一定要先灭火，并且等冷却后再进行，周围绝不可有明火。如不慎将乙醇洒在灯的外部，一定要先擦拭干净后才能点火，并且点火时绝不允许用一个灯去点另一个。灯内的乙醇容量一般为其总容积的 1/3~1/2。

第三，点燃乙醇。取下灯帽，放在台面上，用火柴从侧面点燃灯芯。燃烧时不发嘶嘶声，并且火焰较暗时火力较强，一般用外焰加热。乙醇蒸气与空气混合气体的爆炸范围为 3.5%~20%，夏天无论是灯内还是酒精壶中都会自然形成达到爆炸界限的混合气体。因此点燃酒精灯时，必须注意这一点。使用酒精灯时一定要按规范操作，必须注意补充乙醇，以免形成爆炸界限的乙醇蒸气而造成火灾。乙醇易溶于水，着火时可用水灭火。

第四，火焰的熄灭。灭火时不能用嘴吹灭，而要用灯帽从火焰侧面轻轻罩上，切不可从高处将灯帽扣下，以免损坏灯帽。盖灭后，把盖子打开，再盖好即可。灯帽和灯身是配套的，不要搞混。灯口有缺损者不能用，否则乙醇会挥发，或由于吸水而变稀。

第五，加热。加热试管时，试管中被加热液体的体积不要超过试管高度的 1/2，试管口不要对着他人或自己。要用试管夹夹持试管的中上部，试管与台面成 60°角的倾斜。先加热液体的中上部，再慢慢移动试管加热其下部，然后上下来回移动或振荡试管，使液体各部分受热均匀，避免试管内液体因局部沸腾而迸溅。烧杯、烧瓶要放在石棉网上加热。

2）电热套

电热套（图 1-9-2）是专为加热圆底容器而设计的电加热源，其热能利用效率高、省电、安全，特别适用于蒸馏易燃物品的蒸馏热源。电热套规格按烧瓶大小区分，有 50mL、100mL、250mL、500mL、1000mL、2000mL 等多种。因为有适合不同规格烧瓶的电加热套，这样相当于一个均匀加热的空气浴，热效率可达最高。电热套结构简单，加热时把待加热物品放入炉内电阻圈中，打开开关即可直接加热。

图 1-9-2　电热套

3）微波炉

利用微波炉辐射出高频率（300~300 000MHz）的电磁波对物质加热，在微波作用下的化学反应速率较传统的加热方法要快几倍甚至上千倍，具有易操作、热效率高、节能等特点。自 1986 年以来，微波有机合成发展迅速，已涉及有机化学的方方面面，展现出广泛的应用前景。

2. 加热方法

玻璃仪器一般不能用火焰直接加热，以免加热不均、局部过热造成有机物的分解和仪器的损坏。另外，从安全的角度来看，也不要用火焰直接加热沸点较低、易燃的有机溶剂。所以在有机实验室最好是用各种热浴来加热，它是通过相应的传热介质（如水、油、砂等）来传导热。热浴属于间接加热法。

1) 通过石棉网加热

通过石棉网加热是实验室最简单的加热方式。将石棉网放在铁圈或三脚架上，用酒精灯或煤气灯置于下方加热，受热的烧瓶与石棉网之间应留有一定的空隙，防止局部过热。但这种方法加热不均，在减压蒸馏和低沸点易燃物的蒸馏中，不宜采取此种加热方式。

2) 水浴加热

若加热温度在80℃以下，可选择水浴加热。将盛有样品的玻璃仪器放在水浴中，加热时热浴的液面应略高于容器中的液面。若水浴锅长时间加热，水会大量蒸发，因此必要时往水浴锅里适当加水补充。蒸馏无水溶剂时，为防止水气进入，可用水浴锅所配的环形圆圈将其覆盖，也可在水面上加几片石蜡，石蜡熔化后铺在水面上，以减少水的蒸发。对于加热像乙醚等低沸点、易燃溶剂时，应预先加热水浴。另外，在水中加入各种无机盐（如 NaCl、$CaCl_2$ 等）使之饱和，则水浴温度可提高到100℃以上。

3) 油浴加热

加热温度在80~250℃时可选择油浴，传热介质——油的种类决定油浴所能达到最高温度。常用油类有植物油、液体石蜡、甘油、硅油等。其中甘油和邻苯二甲酸二丁酯的混合液适用于加热到140~180℃。植物油，如菜油、花生油和蓖麻油，可以加热到220℃，常在植物油中加入1%的对苯二酚等抗氧剂，以增加其热稳定性。液体石蜡也可加热到220℃，但温度稍高则易燃烧。硅油和真空泵油在250℃以上时较稳定，是理想的传热介质，但价格较贵。应当指出的是，要在油浴中放温度计（温度计不要触及锅底），以便调节和控制温度。油浴所用的油中不能溅入水，防止加热时产生暴溅。要特别注意，油浴过程中要防止火灾发生和油蒸气污染环境。

4) 砂浴加热

当加热温度在几百度以上时可使用砂浴。一般用铁盘装上清洁又干燥的细砂，将容器半埋在砂中加热。但砂浴的缺点是砂对热的传导能力较差且散热较快，温度不宜控制。所以，在操作时容器底部的砂要薄些，使之易受热，而周围砂层要厚些，使热不易散失。尽管如此，砂浴温度仍不易控制，在实验室中用得较少。

5) 空气浴加热

空气浴就是让热源将局部空气加热，空气再把热传导给反应容器。其实我们用的电热套就是一种简单的空气浴加热装置，能从室温加热到200℃左右。因此在安装仪器时，应将反应瓶的外壁与电热套内壁保持2cm左右距离，以便热空气传热和防止局部过热。

6) 盐浴加热

当需要高温加热时，可使用熔融的盐作为传热介质进行盐浴。如等质量的 $NaNO_3$ 和 KNO_3 混合物在218℃熔化，盐浴加热范围为150~500℃。但必须小心，熔融的盐若触及皮肤，会引起严重的烧伤。

除了上述几种加热方法外，还有合金浴、电热法等也适于实验的加热需要，如蒸馏低沸点乙醚时，可以用250W的红外灯加热。无论用何法加热，都要遵守相关的安全事项，尽量做到加热均匀稳定，减少热损失。

1.9.2 冷却

有时因实验操作或化学反应的需要，而采用冷却方法将温度控制在一定范围之内。冷却技术往往对实验的成败起到重要作用。所以通常根据实验的不同要求，来选择合适的致冷剂和冷却方法。

1. 冷却方法

1) 自然冷却

将热溶液在空气中放置一段时间，任其自然冷却到室温。例如，在重结晶时，要得到纯度高、结晶较大的产品，一般只要把热溶液静置冷却至室温即可。

2) 冷风冷却和流水冷却

当需要快速冷却时，可将盛有溶液的容器用鼓风机吹风或在冷水流中冲淋冷却。

3) 致冷剂冷却

若需在低于室温条件下进行操作，可选用水和碎冰的混合物，由于能跟容器更好接触，故它的冷却效率比单用冰块要好。若要保持在 −9℃ 以下，可选用碎冰和无机盐的混合物（表 1-9-1）作致冷剂。

表 1-9-1 常用的致冷剂组成及冷却温度范围

致冷剂	冷却温度/℃	致冷剂	冷却温度/℃
冰-水	−5～0	干冰	−60
NH₄Cl+碎冰 (3:10)	−15	干冰+乙醇	−72
NaCl+碎冰 (1:3)	−20～−5	干冰+丙酮	−78
NaNO₃+碎冰 (3:5)	−20～−13	干冰+乙醚	
CaCl₂·6H₂O+碎冰 (5:4)	−50～−40	液氨+乙醚	−116
液氨	−33	液氮	−196

2. 致冷剂

常用的致冷剂及其冷却温度范围见表 1-9-1。

在使用低温致冷剂时，要注意以下几点：

(1) 杜绝用手直接接触低温致冷剂，以免手冻伤。

(2) 测量 −38℃ 以下温度时，不能使用水银温度计（水银的凝固点为 −38.87℃），应采用装有少许颜料的有机溶剂温度计（如内装：甲苯，−90℃；正戊烷，−130℃）。

(3) 通常将干冰及其混合物等放在保温瓶或绝热效果好的容器中，上口用铝箔或棉布覆盖，以降低其挥发速度，保持良好的冷却效果。

1.9.3 控温仪器

下面只简单介绍水浴箱和马弗炉两种常用的控温仪器。

1. 水浴箱

当被加热的物质需要受热均匀又不能超过一定温度时，可用水浴箱来加热。水浴有恒温水浴和不定温水浴。不定温水浴可用烧杯代替。实验室常用的水浴箱如图 1-9-3 所示。

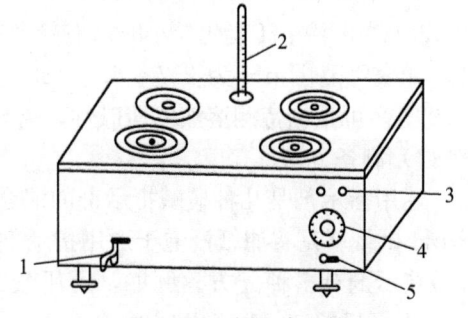

图 1-9-3 恒温水浴箱
1—放水阀；2—温度计；3—指示灯；
4—温度调节器；5—电源开关

使用水浴箱加热时要注意箱内水位应保持在总体积的 2/3 左右，加热物品勿触及箱壁或箱底，水浴不能作油浴、砂浴用。

2. 马弗炉

马弗炉（图 1-9-4）常用于质量分析中的沉淀灼烧、灰分测定与有机物质的炭化等。在使用时与相应的热电偶和温度控制台配套，能在额定温度范围内自动测温、控温而进行工作。工作温度为 950 ℃的电炉，其发热元件为铁铬铝丝，缠绕在炉膛的四周。工作温度为 1300℃的电炉，其发热元件为硅碳棒，安装在炉膛的上部。实验室常用的马弗炉通常配的是镍铬-镍硅热电偶，测温范围为 0~1300℃。

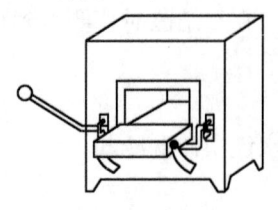

图 1-9-4 马弗炉

使用时要注意以下几点：

（1）马弗炉必须放在稳固的水泥台上或特制的铁架上，热电偶棒的正负极不要接错，以免温度指针反向损坏。

（2）电炉需要大的电流，通常要和变压器联用，因此马弗炉所需的电源电压、配置功率、熔断器、电闸必须配套，使用前要保证烘炉干燥并接好地线，避免发生危险。

（3）在马弗炉内进行熔融或灼烧时，必须严格控制操作条件、升温速度和最高温度，以免样品飞溅、腐蚀和黏结炉膛。

（4）热电偶不可在高温时骤然插入或拔出，以免爆裂。

1.10 试纸、滤纸

1.10.1 试纸

在检验分析中经常使用试纸来代替试剂，这样能给操作带来很大的方便。在无机化学实验中也常用试纸来定性检验一些溶液的酸碱性或某些物质（气体）是否存在，操作简单。

试纸的种类很多，无机化学实验中通常使用的有 pH 试纸、指示剂试纸和试剂试纸等。

1. pH 试纸

pH 试纸用以检验溶液的 pH。国产 pH 试纸分两类：一类是广泛 pH 试纸，变色范围为 1~14，用来粗略检验溶液的 pH；另一类是精密 pH 试纸，这种试纸可较精确地估计溶液的 pH，在溶液 pH 变化较小时就有颜色变化。根据其颜色变化范围可将精密 pH 试纸分多种，如变色范围 pH 为 2.7~4.7、3.8~5.4、5.4~7.0、6.9~8.4、8.2~10.0、9.5~13.0 等。可根据待测溶液的酸碱性，恰当选用某一变色范围的试纸。

1) 制备方法

通用指示剂是几种酸碱指示剂的混合溶液，在不同 pH 的溶液中可显示不同的颜色。广泛 pH 试纸就是将滤纸浸泡于通用指示剂溶液中，然后取出，晾干，裁成小条而成的。通用酸碱指示剂有多种配方。例如，通用酸碱指示剂 B 的配方为 0.2g 甲基红、0.3g 甲基黄、0.4g 溴百里酚蓝、1g 酚酞，混合溶于 500mL 无水乙醇中，滴加少量 NaOH 溶液调至黄色即成。这种指示剂在不同 pH 溶液中的颜色变化如表 1-10-1 所示。

表 1-10-1　不同 pH 溶液中的颜色变化

pH	2	4	6	8	10
颜色	红	橙	黄	绿	蓝

另一种通用酸碱指示剂 C 的配方是将 0.05g 甲基橙、0.15g 甲基红、0.3g 溴百里酚蓝和 0.35g 酚酞，混合溶于 66% 的乙醇中即可。这种通用酸碱指示剂在不同 pH 溶液中的颜色变化如表 1-10-2 所示。

表 1-10-2　不同 pH 溶液中的颜色变化

pH	<3	4	5	6	7	8	9	10	11
颜色	红	橙红	橙	黄	黄绿	绿	蓝	紫	红紫

2) 使用方法

用镊子取一小块试纸放在干燥、清洁的点滴板或表面皿上，用蘸有待测液的玻璃棒点试纸的中部，立即观察被润湿试纸颜色的变化。如果检验的是气体，则先将试纸用去离子水润湿，再用镊子夹持横放在试管口上方，观察试纸颜色的变化。然后将 pH 试纸的变色和标准比色板进行比较，就能迅速得出 pH 或 pH 范围。

2. 指示剂试纸和试剂试纸

无机化学实验中常用的指示剂试纸和试剂试纸有石蕊试纸、乙酸铅试纸和碘化钾-淀粉试纸等。

1) 石蕊试纸

石蕊试纸是一类常用的指示剂试纸，用于检验溶液的酸碱性，有红色石蕊试纸和蓝色石蕊试纸两种。红色石蕊试纸用于检验碱性溶液（或气体）（遇碱时变蓝），蓝色石蕊试纸用于检验酸性溶液或气体（遇酸时变红）。

(1) 制备方法。用热的乙醇处理市售石蕊以除去夹杂的红色素。倾去浸液，一份残渣与六份水浸煮并不断摇荡，滤去不溶物。将滤液分成两份，一份加稀磷酸或硫酸至变红，另一份加稀氢氧化钠至变蓝，然后以这两种溶液分别浸湿滤纸后，取出后避光且在没有酸、碱蒸气的房中晾干，然后剪成纸条即可。

(2) 使用方法。与 pH 试纸相同，而且不需要用标准比色卡，因而操作更方便。

2) 乙酸铅试纸（白色）

用于定性检验反应中痕量的硫化氢是否存在（溶液中是否有 S^{2-}）。

(1) 制备方法。将滤纸浸入 10% 乙酸铅溶液中，取出后在无硫化氢处晾干，裁剪成条即可。

(2) 使用方法。将试纸用去离子水润湿，加酸于待测液中，将试纸横置于试管口上方，如有硫化氢逸出，遇润湿乙酸铅试纸后，即有黑色（亮灰色）硫化铅沉淀生成，使试纸呈黑褐色并有金属光泽。其反应式如下：

$$Pb(Ac)_2 + H_2S \longrightarrow PbS(黑色) + 2HAc$$

3) 碘化钾-淀粉试纸（白色）

用于定性检验氧化性气体（如 Cl_2、Br_2 等）。其原理是：卤素等能氧化碘化钾生成碘，碘和淀粉作用就会使白色的试纸变蓝（实验结果）。

$$Cl_2(Br_2) + 2I^- = I_2 + 2Cl^-(2Br^-)$$

如气体氧化性很强，且浓度较大，还可进一步将 I_2 氧化成 IO_3^-（无色），使蓝色褪去。

$$I_2 + 5Cl_2 + 6H_2O = 2HIO_3 + 10HCl$$

(1) 制备方法。于 100mL 新配的 0.5%淀粉溶液中，加 0.2g 碘化钾，将滤纸放入该溶液中浸透，取出于暗处晾干，裁成纸条并保存于密闭的棕色瓶中。

(2) 使用方法。先将试纸用去离子水润湿，将其横在试管口的上方，如有氧化性气体（Cl_2、Br_2）逸出，则试纸变蓝。

使用试纸时，不要多取，要把试纸剪成小条，这样利于节约。取用后，马上盖好瓶盖，以免试纸被污染变质。用后的试纸要丢在废液桶内，不要丢在水槽内，以免堵塞下水道。

1.10.2 滤纸

化学分析滤纸可广泛应用于科学研究、工业、农业、医药、卫生、环保等部门做定性、定量分析和定量色层分析测试。该产品的特点是纸张组织均匀疏松，有稳定的过滤速度和一定的沉淀保留性能。纸质纯净，化学杂质极少，有一定的耐湿、耐破强度。

化学分析滤纸按使用性能主要可分为定性分析滤纸、定量分析滤纸、定性色层分析滤纸等。定性分析滤纸灰分较多，供一般的定性分析和分离使用，不能用于定量分析。定量滤纸经过盐酸和氢氟酸处理，灰分很少，小于 0.1mg，适于定量分析。定性色层分析滤纸主要用于色谱分析。化学分析滤纸按过滤速度和分离性能的不同可分为快速、中速、慢速等；按形状可分为方形、圆形和卷筒。方形有 600mm×600mm 等规格，圆形有直径为 7cm、9cm、11cm、12.5cm、15cm、18cm 等规格。

第 2 部分　基本操作及基本技能实验

实验 1　实验室常识、玻璃仪器的认识、玻璃仪器洗涤和干燥

一、实验目的

1. 熟悉实验室安全规则。
2. 熟悉玻璃仪器的清洗，加深对常用玻璃仪器的认识。
3. 学会玻璃仪器的洗涤和干燥方法。

二、仪器与试剂

仪器：电吹风；烘箱；滴定管、移液管、容量瓶、烧杯、锥形瓶各 1 个。
试剂：洗液；洗洁精或去污粉；乙醇。

三、实验内容

(1) 实验室常识（见 1.2 节）。
(2) 常用的玻璃（瓷质）仪器（见 1.6 节、1.7 节）。
(3) 分别用洗液洗涤滴定管、移液管、容量瓶；自来水洗涤烧杯、锥形瓶；洗洁精或去污粉洗涤烧杯、锥形瓶。
(4) 用电吹风吹干烧杯、锥形瓶；用烘箱烘干移液管；用乙醇挥干容量瓶；自然晾干滴定管。

四、思考题

1. 使用标准磨口仪器时应注意哪些事项？
2. 如何根据不同的实验要求、污物的性质和种类、沾污程度来选择洗涤方法？

实验 2　玻璃管（棒）加工

一、实验目的

练习简单的玻璃工操作，了解加热方法。

二、实验仪器与材料

仪器：酒精喷灯；锉刀。
材料：玻璃管；玻璃棒。

三、实验步骤

1. 玻璃管（棒）的洗净和切割

洗净直径约 0.5cm、1cm 的玻璃管（20cm 长）各 2 根，洗净直径约 0.5cm、1cm 的玻璃棒（20cm 长）各 2 根。

2. 玻璃管（棒）切割

用锉刀将玻璃管（棒）切割成下面实验所需长度。

3. 拉玻璃管

按 1.5.3 小节基本操作练习拉玻璃管。

4. 制备熔点管、沸点管、滴管、玻璃钉、玻璃棒

1) 熔点管的制备
用直径约 1cm 的干燥玻璃管拉制成直径约 0.1cm、长度约 15cm 两端熔封的毛细管。

2) 沸点管的制备
用粗玻璃管拉制成直径 0.3~0.4cm、长度 7~8cm 的粗毛细管，将一端熔封，作为沸点管外套；另外再制备两根内径约 0.1cm、长度约 8cm 的毛细管，分别将其中一端熔封，将熔封一端对接，在离接头 4cm 处切断，作为内管。将内管插入外管做成沸点管。

3) 滴管的制备
将直径 0.5cm 的玻璃管拉制成总长度约为 10cm 的滴管三根。细端直径约 0.15cm、长度 2~3cm。细端口在火焰中熔光，粗端口在火焰中烧软，然后在石棉网上按一下，使外缘突出。冷却，装上乳胶头。

4) 玻璃弯管的制备
分别制备 90°、75°、30° 玻璃弯管各一根。

5) 玻璃钉、玻璃棒的制备
用直径 0.3cm、长 5cm 的玻璃棒烧制小玻璃钉一只。
用直径 0.5cm、长 5cm 的玻璃棒烧制大玻璃钉一只。

用直径 1cm 的玻璃棒制备长度为 12cm、10cm、8cm 玻璃棒各一根；用直径 0.5cm 的玻璃棒制备长度为 8cm、5cm 玻璃棒各一根。两端在火焰中烧圆，作搅拌用。

四、思考题

1. 煤气灯的正常火焰各焰层的温度大概为多少？被加热的物体应放在哪一层？
2. 为什么要将玻璃管的截断面熔烧后才能使用？

实验 3　天平称量练习

一、实验目的

1. 了解分析天平的构造，掌握正确的称量方法。

2. 掌握用减量法称取试样。

二、实验原理

参见 1.8 节的有关内容。

三、仪器与试剂

仪器：分析天平；台秤；称量瓶 1 个；小烧杯 2 个。
试剂：邻苯二钾酸氢钾。

四、实验步骤

1. 检查天平

取下天平罩布后，查看天平各部件是否处于正常状态、砝码是否齐全、圈码是否齐全并处于正常位置。若发现异常，需报告指导教师处理。查看天平秤盘和底板是否清洁，如不干净，可用笔扫拂扫或细布擦拭。

2. 零点调整

插上电源，轻轻开启天平升降枢旋钮，观察投影屏上微分标尺标牌是否指零。若未指零，可用零点微调杆（在升降枢旋钮底部）调至零位。若无法调至零位，报告指导教师处理。

3. 称量

(1) 准备两只干燥、洁净的小烧杯，编好号，先在台秤上粗称，然后在分析天平上精确称量，记录称量数据（精确到 0.1mg），记为 $m_1(g)$、$m_2(g)$。

(2) 用一洁净纸条从干燥器中夹取盛有邻苯二甲酸氢钾固体粉末的称量瓶一个，在分析天平上进行准确称量，记录称量瓶质量，记为 $W_1(g)$。再自天平中取出称量瓶，将试样慢慢倾入已称出质量的第一只小烧杯中。

倾样时，通常以左手用洁净纸条夹住称量瓶，右手以一小纸片包住瓶盖顶，打开瓶盖，将称量瓶移到小烧杯上方，慢慢倾斜称量瓶，同时用称量瓶盖轻敲瓶身，使样品徐徐落入小烧杯中，要求样品质量范围是 0.3000～0.4000g。然后将称量瓶竖起，并轻敲瓶口，使在瓶口边缘黏附的试样落回瓶内，盖好瓶盖，再次称量称量瓶和剩余样品的质量，记录这时称量瓶的准确质量，记为 $W_2(g)$。两次质量之差（W_2-W_1）即为敲出样品质量。若敲出的样品质量少于 0.3000g，要重复上述操作，直到样品的质量范围在 0.3000～0.4000g；若敲出的样品质量多于 0.4000g，则此次样品作废，需重新操作，称取新的样品。

第一份试样称好后，按上述方法倾第二份试样于第二只小烧杯中。称出称量瓶加剩余试样的质量，记为 $W_3(g)$，则 W_3-W_2 为第二份试样的质量。

(3) 分别称出"小烧杯+试样"的质量，记为 G_1、G_2。小烧杯增加的质量即为称入样品的质量。

(4) 结果的检验。检查 W_2-W_1 是否等于 G_1-m_1，W_3-W_2 是否等于 G_2-m_2。如不相等，求出差值。要求称量的绝对差值小于 0.5mg。把结果记录到表 2-3-1 中。

4. 整理

称量完毕,关闭升降枢旋钮,取下称量瓶,再依次取下砝码放回盒中原来位置,将读数盘转回到零位置,用笔扫小心将天平盘和天平台清扫干净,关好天平门,罩上天平罩布,切断电源。填写"使用登记本",请指导教师检查,签名。

五、数据记录与处理

表 2-3-1 称量记录

称量次数	1	2
"称量瓶+试样"质量(称出前)W/g	$W_1=$	$W_2=$
"称量瓶+试样"质量(称出后)W/g	$W_2=$	$W_3=$
称出试样质量/g	$W_1-W_2=$	$W_2-W_3=$
空烧杯质量 m/g	$m_1=$	$m_2=$
"小烧杯+称出试样"质量 G/g	$G_1=$	$G_2=$
称出试样质量/g	$G_1-m_1=$	$G_2-m_2=$
绝对差值	$(G_1-m_1)-(W_1-W_2)=$	$(G_2-m_2)-(W_2-W_3)=$

六、思考题

1. 加减砝码或取放称量物品时,为什么必须把升降枢旋钮关好?
2. 称量瓶口附近的药品为什么要敲落至瓶内?

实验 4 常用定容玻璃仪器的操作练习

一、实验目的

1. 掌握移液管、容量瓶、滴定管等常用定容玻璃仪器的正确操作和注意事项。
2. 初步练习滴定分析操作。

二、仪器与试剂

仪器:量筒(10mL)1 只;锥形瓶(250mL)3 个;容量瓶(250mL)1 个;移液管(25mL)1 支;吸量管(10mL)1 支;酸式和碱式滴定管(50mL)各 1 支,滴定台 1 套,玻璃棒 1 支;洗耳球 1 个。

试剂:HCl(6mol·L^{-1}),NaOH(0.1mol·L^{-1});酚酞(0.1%酚酞和 50%C_2H_5OH 溶液)。

三、实验步骤

1. 滴定管的使用

(1) 洗涤酸式和碱式滴定管各一支。
(2) 练习并掌握酸式滴定管的玻璃旋塞涂凡士林的方法和滴定管内气泡的消除方法。
(3) 练习并初步掌握酸式和碱式滴定管的滴定操作,掌握控制液滴大小和滴定速度的方法。

(4) 练习并掌握滴定管的正确读数方法。
(5) 练习锥形瓶、移液管、量筒等玻璃仪器的洗涤和使用方法。

2. 酸碱滴定操作练习

用 10mL 量筒取 4.2mL 6mol·L^{-1} 的 HCl 到 250mL 容量瓶中，用蒸馏水定容。摇匀后得到浓度为 0.1mol·L^{-1} 的 HCl 溶液。用 25mL 的移液管，移取刚配好的 0.1mol·L^{-1} HCl 溶液 25.00mL，小心转移到 250mL 锥形瓶中，滴入 2 滴酚酞指示剂。

滴定管中注入 0.1mol·L^{-1} 的 NaOH。记下滴定管液面读数，该读数记为初读数（$V_{初}$），按滴定操作方法进行滴定。滴定速度一般为 10mL·min^{-1}，即 3~4 滴·s^{-1}。临近滴定终点时，应一滴或半滴地加入溶液，并注意，若有附着在锥形瓶内壁的未反应溶液，要用洗瓶喷入少量纯水全部冲下。继续滴定至恰好到达滴定终点为止。滴定终点溶液由无色变为浅粉红色，并且粉红色在 30s 内不褪去。再次记下滴定管液面读数，该读数记为终读数（$V_{终}$）。两次读数之差即为滴定剂所用的体积。

重复上述操作 2 次。并计算 NaOH 和 HCl 溶液的体积比，计算 NaOH 与 HCl 溶液的体积比的平均值。

四、数据记录与处理

表 2-4-1　酸碱滴定操作练习

实验次数	1	2	3
$V(HCl)/mL$	25.00	25.00	25.00
$V_{初}(NaOH)/mL$			
$V_{终}(NaOH)/mL$			
$\Delta V(NaOH)/mL$			
$V_{平均}(NaOH)/mL$			
$V_{平均}(NaOH):V(HCl)$			

五、思考题

1. 常用的定容玻璃仪器有哪些？
2. 玻璃仪器洗涤干净的外观标准是什么？
3. 酚酞指示剂由无色变为浅粉红色时为终点，变红的溶液在空气中放置后，又变为无色的原因是什么？

实验 5　酸碱标准溶液的配制与浓度的标定

一、实验目的

1. 练习滴定操作。
2. 学习并掌握酸碱标准溶液的配制与标定方法。
3. 了解甲基橙和酚酞指示剂的使用和终点颜色的变化。

二、实验原理

酸碱滴定分析法中，常用盐酸和硫酸来配制标准酸溶液，其中以盐酸应用最广。配制标准碱溶液的是氢氧化钠。浓盐酸易挥发，氢氧化钠易吸收空气中的水分及CO_2，所以都不能用直接法配制，只能先配成近似浓度的溶液，然后用基准物质标定其准确浓度。也可用已知准确浓度的标准溶液滴定待标定的溶液，再根据它们的体积比求得待标定溶液的浓度。

标定强酸溶液可用无水碳酸钠、硼砂等基准物质。标定强碱溶液可用乙二酸、邻苯二甲酸氢钾等基准物质。本实验介绍两种常用的基准试剂及标定酸碱溶液浓度的原理和方法。

用邻苯二甲酸氢钾（摩尔质量 $204.2 g·mol^{-1}$）作基准物质，以酚酞作指示剂，标定 NaOH 溶液的浓度。

标定时的反应式如下：
$$KHC_8H_4O_4 + NaOH = KNaC_8H_4O_4 + H_2O$$

邻苯二甲酸氢钾作基准物的优点是：
（1）易于用重结晶法制得纯品。
（2）不含结晶水，不吸潮，容易保存。
（3）摩尔质量大，称量造成的相对误差较小。

用无水 Na_2CO_3 作基准物标定 HCl 标准溶液的浓度，其特点是易于提纯。反应式为
$$Na_2CO_3 + 2HCl = 2NaCl + H_2O + CO_2\uparrow$$

由于 Na_2CO_3 易吸收空气中的水分，因此，采用市售基准试剂 Na_2CO_3 时，应预先于 180～200℃下充分干燥，然后密封于瓶内，保存于干燥器中备用。标定时常用甲基橙作指示剂。

NaOH 标准溶液和 HCl 标准溶液的浓度，一般只需标定其中一种，另一种则通过两种溶液滴定的体积比算出。标定哪种溶液，要视采用何种标准溶液、测定何种试样而定。原则上应标定测定时所用的标准溶液，并使标定条件与测定条件尽可能一致。

三、仪器与试剂

仪器：分析天平；酸式滴定管（50mL）1 支；50mL 碱式滴定管（50mL）1 支；滴定台 1 套；锥形瓶（250mL）3 个；洗瓶 1 个；电炉。

试剂：NaOH（固体）；HCl（浓）；甲基橙（0.1%）；酚酞（0.1% 酚酞和 50% C_2H_5OH 溶液）；邻苯二甲酸氢钾（A.R.，用前在烘箱内 105℃下烘干 1h，取出后置于干燥器内保存）；无水 Na_2CO_3（G.R.，于 180～200℃下烘干 1h）。

四、实验步骤

1. $0.1 mol·L^{-1}$ NaOH 标准溶液的配制与标定

1) $0.1 mol·L^{-1}$ NaOH 标准溶液的配制

用台秤快速称取 4g 固体 NaOH 置于烧杯中，加水溶解后定容配成 1000mL 溶液，储于具橡皮塞的细口瓶中，摇匀备用。

固体 NaOH 极易吸收空气中的 CO_2 和水分，所以称量时必须迅速。市售固体 NaOH 常因吸收 CO_2 而生成少量 Na_2CO_3，这将会在分析结果中引入误差（为什么?）。因此配制 NaOH 溶液时应设法除去 CO_3^{2-}。

常用两种方法：

(1) 取一定量 NaOH 固体，加一定量水，搅拌溶解配成 50％的浓溶液。在这种浓溶液中 Na_2CO_3 溶解度很小，待 Na_2CO_3 沉降后，吸取上层清液，稀释到所需浓度。

(2) 取一定量 NaOH 固体，用水溶解后稀释到一定体积，加入 2mL $0.01mol·L^{-1}$ $BaCl_2$ 溶液，摇匀后用橡皮塞塞紧，静置，待沉淀完全沉降后，取出上层清液转入另一试剂瓶中，密封备用。

在这些配制过程中，都应用不含 CO_2 的新煮沸冷却的蒸馏水。

2) $0.1mol·L^{-1}$ NaOH 标准溶液的标定

用分析天平准确称取已干燥至恒量的邻苯二甲酸氢钾 3 份，每份 0.4～0.6g，分别放入三只已编好号的 250mL 锥形瓶中，加 20～30mL 蒸馏水使之溶解（可稍微加热促其溶解），加入 2 滴酚酞指示剂。用 NaOH 标准溶液滴定至溶液呈微红色且半分钟内不褪色，即为终点。记下所消耗 NaOH 标准溶液的体积。

三份测定的相对平均偏差应小于 0.2％，否则应重复测定。

2. $0.1mol·L^{-1}$ HCl 标准溶液的配制与标定

1) $0.1mol·L^{-1}$ HCl 标准溶液的配制

在通风橱中用 10mL 量筒取浓 HCl 8.3mL，加水稀释为 1000mL，储于玻塞细口瓶中，摇匀备用。

2) $0.1mol·L^{-1}$ HCl 标准溶液的标定

准确称取已烘干的无水碳酸钠 0.10～0.15g。置于 250mL 锥形瓶中，加入 25mL 水，摇动使之溶解后，加入 1～2 滴甲基橙指示剂，以 HCl 标准溶液滴定，直到溶液呈现微红色，并经摇动在 30s 内不消失为止。记下所消耗 HCl 标准溶液的体积。

按上述方法再重复滴定 2 次。计算 HCl 溶液的浓度，取平均值。计算绝对偏差和相对平均偏差。

五、数据记录与处理

表 2-5-1　标定 $0.1mol·L^{-1}$ NaOH 溶液

实验次数	1	2	3
称量瓶+$KHC_8H_4O_4$（前）/g			
称量瓶+$KHC_8H_4O_4$（后）/g			
$KHC_8H_4O_4$ 的质量 m/g			
NaOH 终读数/mL			
NaOH 初读数/mL			
$\Delta V(NaOH)$/mL			
$c(NaOH)/(mol·L^{-1})$			
$c_{平均}(NaOH)/(mol·L^{-1})$			
个别测定的绝对偏差			
相对平均偏差			

$$c(NaOH)/(mol·L^{-1}) = \frac{m(KHC_8H_4O_4) \times 1000}{\Delta V(NaOH) \times 204.4}$$

表 2-5-2 标定 0.1mol·L^{-1} HCl 溶液

实验次数	1	2	3
称量瓶＋Na$_2$CO$_3$（前）/g			
称量瓶＋Na$_2$CO$_3$（后）/g			
Na$_2$CO$_3$ 的质量 m/g			
HCl 终读数/mL			
HCl 初读数/mL			
ΔV(HCl)/mL			
c(HCl)/(mol·L^{-1})			
$c_{平均}$(HCl)/(mol·L^{-1})			
个别测定的绝对偏差			
相对平均偏差			

$$c(\text{HCl})/(\text{mol}\cdot\text{L}^{-1}) = \frac{m(\text{Na}_2\text{CO}_3) \times 1000}{\Delta V(\text{HCl}) \times 106.0/2}$$

六、思考题

1. 为什么滴定管在用前还要用待装溶液润洗？锥形瓶是否也要用待装溶液冲洗？
2. 下述几种情况对实验结果有什么影响？
（1）滴定完后，滴定管尖口端处挂有液滴；
（2）滴定过程中，锥形瓶振荡太猛，瓶内有液滴溅出；
（3）滴定时，往锥形瓶中加入少量蒸馏水冲洗内壁。

实验 6 恒温槽的安装、灵敏度及黏度的测定

一、实验目的

1. 掌握恒温槽的构造及工作原理，掌握恒温槽的安装、调节及使用。
2. 绘制恒温槽灵敏度曲线。
3. 掌握用奥氏黏度计测定黏度的方法。

二、实验原理

1. 恒温槽工作原理

恒温槽是实验工作中常用的一种以液体为介质的恒温装置，根据温度控制范围，可用以下液体介质：

（1）−60～30℃，用乙醇或乙醇水溶液；
（2）0～90℃，用水；
（3）80～160℃，用甘油或甘油水溶液；
（4）70～300℃，用液体石蜡、汽缸润滑油、硅油。

恒温槽是由浴槽、电接点温度计、继电器、加热器、搅拌器和温度计组成，具体装置示意图如图 2-6-1 所示。

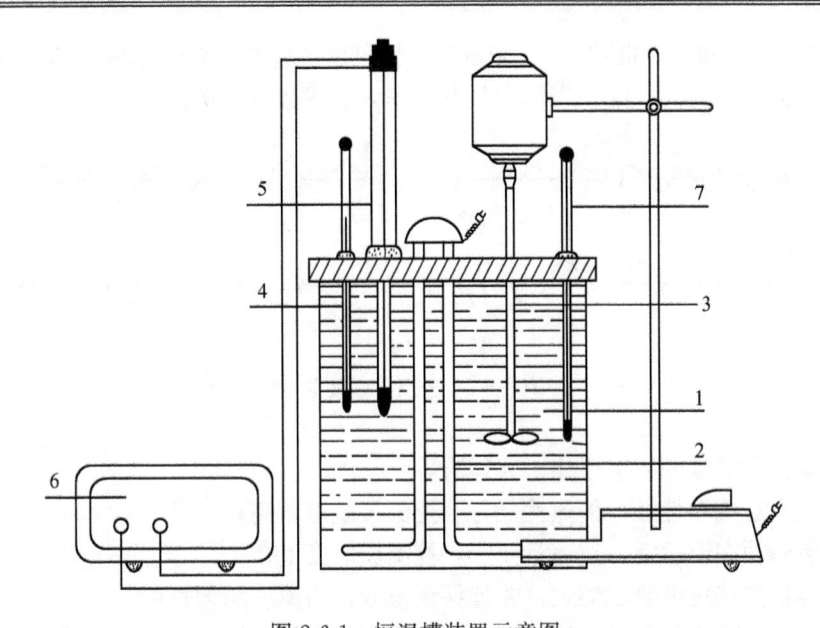

图 2-6-1 恒温槽装置示意图
1—浴槽；2—加热器；3—搅拌器；4—温度计；5—电接点温度计；6—继电器；7—贝克曼温度计

继电器必须和电接点温度计、加热器配套使用。电接点温度计是一支可以导电的特殊温度计，又称为导电表，如图 2-6-2 所示。它有两个电极，一个固定，与底部的水银球相连，另一个可调电极 4 是金属丝，由上部伸入毛细管内。顶端有一磁铁，可以旋转螺旋丝杆，用以调节金属丝的高低位置，从而调节设定温度。当温度升高时，毛细管中水银柱上升与一金属丝接触，两电极导通，使继电器线圈中电流断开，加热器停止加热；当温度降低时，水银柱与金属丝断开，继电器线圈通过电流，使加热器线路接通，温度又回升。如此不断反复，使恒温槽控制在一个微小的温度区间波动，被测体系的温度也就限制在一个相应的微小区间内，从而达到恒温的目的。

恒温槽的温度控制装置属于"通"、"断"类型，当加热器接通后，恒温介质温度上升，热量的传递使水银温度计中的水银柱上升。但热量的传递需要时间，因此常出现温度传递的滞后，往往是加热器附近介质的温度超过设定温度，所以恒温槽的温度超过设定温度。同理，降温时也会出现滞后现象。由此可知，恒温槽控制的温度有一个波动范围，并不是控制在某一固定不变的温度。控温效果可以用灵敏度表示为

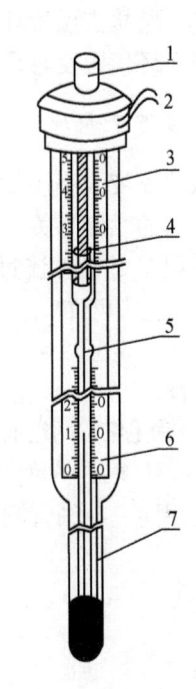

图 2-6-2 电接点温度计
1—磁性螺旋调节器；2—电极引出线；3—上标尺；4—可调电极；5—钨丝；6—下标尺；7—铂丝接点

$$\Delta T = \pm \frac{T_1 - T_2}{2}$$

式中：T_1 为恒温过程中水浴的最高温度；T_2 为恒温过程中水浴的最低温度。

从图 2-6-3 可以看出，曲线（a）表示恒温槽灵敏度较高；（b）表示恒温槽灵敏度较差；（c）表示加热器功率太大；（d）表示加热器功率太小或散热太快。

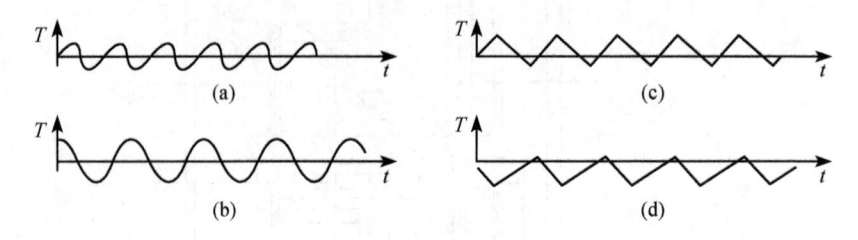

图 2-6-3 控温灵敏度曲线

影响恒温槽灵敏度的因素很多，大体有：

（1）恒温介质流动性好，传热性能好，控温灵敏度就高；
（2）加热器功率要适宜，热容量要小，控温灵敏度就高；
（3）搅拌器搅拌速度要足够大，才能保证恒温槽内温度均匀；
（4）继电器电磁吸引电极，后者发生机械作用的时间越短，断电时线圈中的铁芯剩磁越少，控温灵敏度就越高；
（5）电接点温度计热容小，对温度的变化敏感，则灵敏度高；
（6）环境温度与设定温度的差值越小，控温效果越好。

2. 黏度测量原理

液体黏度大小用黏度系数（η）来表示。在化工生产中，输送流体使用泵的所需功率大小与流体的黏度有关。在高分子化学中它可用来测量高分子的相对分子质量（黏均分子量）。一定体积 V 的液体流过半径为 r、长度 L 的毛细管所需的时间，由流体力学的泊肃叶（Poiseuille）公式可知

$$\eta = \frac{\pi p r^4 t}{8VL}$$

式中：p 为毛细管两端的推动力。在 SI 制中黏度的单位为 Pa·s，CGS 制中为 P（dyn[①]·s·cm^{-2}）。因 p、r、L 很难精确测量，物理化学中常采用相对校准的方法。即用两种液体，体积 V 相同，使用同一毛细管测量，设流过的时间分别为 t_1 和 t_2，则

$$\eta = \frac{\pi p_1 r^4 t_1}{8VL}$$

$$\eta = \frac{\pi p_2 r^4 t_2}{8VL}$$

所以 $\eta_1 : \eta_2 = p_1 t_1 : p_2 t_2$；而推动力 $p = \rho g h$，h 为推动液体流动的液位差。如两液体测量时液位差相同，则有

$$\frac{\eta_1}{\eta_2} = \frac{\rho_1 g h t_1}{\rho_2 g h t_2} = \frac{\rho t_1}{\rho t_2}$$

如 η_1、ρ_1 和 t_1（如水，η_1 和 ρ_1 见附表 2.10，t_1 由实验测得）已知，再测得待测液体的

---

① 1dyn=10^{-5}N，下同。

密度（方法见实验"滴重法测液体表面张力"，本实验测乙醇的黏度，它的密度见附表2.15）和时间就可计算出的它的黏度。

三、仪器与药品

仪器：恒温槽1套；奥氏黏度计1支；移液管2支；烧杯（50mL）2个；洗耳球1个；停表1个。

试剂：乙醇（A.R.）。

四、实验步骤

1. 检查恒温槽工作质量

恒温槽的温度并非常数，而是随时间而变化的，其变化曲线形状如同交流电波。其工作质量从以下两方面考核：

(1) 平均温度和指定温度的差值。温度相差绝对值要小。
(2) 恒温槽温度的波动。波动越小，质量越高。

为此需测定温度循环变化中的最高温度和最低温度。当红灯熄灭时，刚停止加热，理论上温度应最高，但红热的电热丝还会散发热量，此时观察精密温度计，还将升高，记下最高温度。当绿灯熄灭，红灯刚亮，开始加热，理论上温度应最低，但电热丝红起来，发热，热量传到精密温度计也需一定时间。所以温度会继续下降，记下最低温度。如此连续三个循环。

2. 控温灵敏度测定

(1) 按图2-6-1接好线路，接通电源，使加热器加热，观察温度计读数，到达设定温度时，旋转温度计调节器上端的磁铁，使得金属丝刚好与水银面接触（此时继电器应当跳动，绿灯亮，停止加热），然后再观察几分钟，如果温度不符合要求，则需继续调节。

(2) 作灵敏度曲线。将贝克曼温度计的起始温度读数调节在标尺中部，放入恒温槽。当0.1分度温度计读数刚好为设定温度时，立刻用放大镜读取贝克曼温度计读数，然后每隔30s记录一次，连续观察15min。如有时间可改变设定温度，重复上述步骤。

3. 恒温槽温度调节（以30℃为例）

把水银定温计调节帽上的固定螺丝松开，旋转水银定温计调节帽使示范铁块的上表面低于指定温度（30℃）1~2℃。打开搅拌器、继电器电源。此时继电器红灯亮，加热（注：也有的仪器用绿灯表示加热，红灯停止加热）。待红灯熄灭、绿灯亮，看精密温度计是否达到（30±0.1）℃；如未达到，稍许转动水银定温计调节帽使红灯刚亮。待红灯熄灭、绿灯再亮时，再看精密温度计是否达到（30±0.1）℃；如仍未达到，再稍许转动水银定温计调节帽使红灯刚亮。反复这步操作，直至精密温度计达到（30±0.1）℃，再把调节帽上的固定螺丝旋紧。

4. 乙醇黏度测量

由于乙醇的沸点低于水，所以先测量乙醇后把黏度计烘干，比用水标定后烘干的时间短，因此本实验先测量乙醇，再用水标定。

将预先烘干的奥氏黏度计（图 2-6-4）用移液管加入 10mL 无水乙醇。在奥氏黏度计有刻度球的一端连接一乳胶管，将奥氏黏度计垂直架在恒温槽中，用洗耳球抽气，使液面上升。当液面超过奥氏黏度计小球上刻度后（不能流入乳胶管，以免污物使乙醇沾污或污物堵塞毛细管）。放开洗耳球，液面下降，用停表记下液面从上刻度流到下刻度的时间。连续测定三次。

将奥氏黏度计中乙醇倒入回收瓶，倒净后，放入烘箱烘干（约需 15min，检查毛细管中确无残留液体），冷却后用移液管加入 10mL 蒸馏水，测量操作与乙醇相同。

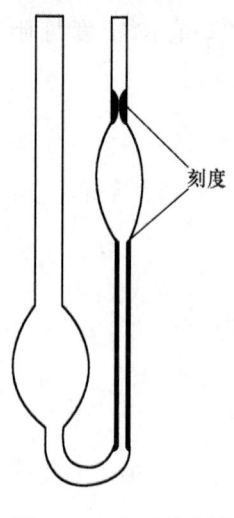

图 2-6-4　奥氏黏度计

五、数据记录与处理

1. 灵敏度测定

（1）将时间、温度读数列表。
（2）用坐标纸绘出温度-时间曲线。
（3）求出该套设备的控温灵敏度并加以讨论。

2. 黏度测定（测无水乙醇黏度 η_1）

表 2-6-1　黏度测定

实验温度_____；无水乙醇密度_____；蒸馏水密度_____

t/s	t_1	t_2	t_3	t_4	$\eta/(Pa \cdot s)$
乙醇					
水					

实验 7　电极的制备及原电池电动势的测定

一、实验目的

1. 用补偿法测定电池的电动势。

待测的电池为

① $(-)Zn|ZnSO_4(0.05mol \cdot L^{-1})\|KCl(饱和)|Hg_2Cl_2$，$Hg(+)$

② $(-)Hg$，$Hg_2Cl_2|KCl(饱和)\|CuSO_4(0.05mol \cdot L^{-1})|Cu(+)$

③ $(-)Zn|ZnSO_4(0.05mol \cdot L^{-1})\|CuSO_4(0.05mol \cdot L^{-1})|Cu(+)$

④ $(-)Hg$，$Hg_2Cl_2|KCl(饱和)\|H^+(0.1mol \cdot L^{-1}HAc+0.1mol \cdot L^{-1}NaAc)|Q \cdot H_2Q|Pt(+)$

⑤ $(-)Hg$，$Hg_2Cl_2|KCl(饱和)\|待测液|Q \cdot H_2Q|Pt(+)$

2. 学会电极的制备和处理方法。
3. 掌握电位差计的测量原理和正确使用方法。

二、实验原理

原电池的书写习惯是左方为负极，右方为正极。负极进行氧化反应，为阳极；正极进行还原反应，为阴极。用实垂线"｜"或","表示相与相之间的界面。盐桥用双实垂线"‖"表示。

电池电动势是两电极电势的代数和，当电极电势均用还原电势表示时，其电动势 E 等于阴极电极 $E_右$ 与阳极电极电势 $E_左$ 之差，即

$$E = E_右 - E_左$$

以丹尼尔（Daniel）电池为例

$$(-)Zn \mid Zn^{2+}(a_1) \parallel Cu^{2+}(a_2) \mid Cu(+)$$

阳极反应为

$$Zn = Zn^{2+}(a_1) + 2e$$

$$E_左 = E_左^\ominus - \frac{RT}{2F}\ln\frac{1}{a_{Zn^{2+}}}$$

阴极反应为

$$Cu^{2+}(a_2) + 2e = Cu$$

$$E_右 = E_右^\ominus - \frac{RT}{2F}\ln\frac{1}{a_{Cu^{2+}}}$$

电池反应为

$$Zn + Cu^{2+}(a_2) = Zn^{2+}(a_1) + Cu$$

$$E = E^\ominus - \frac{RT}{2F}\ln\frac{a_{Zn^{2+}}}{a_{Cu^{2+}}}$$

式中：$E_左^\ominus$、$E_右^\ominus$ 分别为锌电极、铜电极的标准电极电势；$a_{Zn^{2+}}$、$a_{Cu^{2+}}$ 分别为电解液（$ZnSO_4$、$CuSO_4$）的平均活度。

电池（4）中由乙酸和乙酸钠配成的缓冲溶液的 pH 的计算公式为

$$pH = -\lg K_a + \lg\frac{a_{Ac^-}}{a_{HAc}}$$

式中：K_a 为乙酸的电离平衡常数；a_{Ac^-} 与 a_{HAc} 分别为缓冲溶液 Ac^- 与 HAc 的活度。由于乙酸的浓度较低，且是分子状态，故可认为它的活度系数为 1。由于同离子效应，a_{Ac^-} 可取缓冲溶液中 NaAc 的平均活度。

已知 $K_a = 1.75 \times 10^{-5}$ 之后，即可按照上式计算出缓冲溶液的 pH，从而可计算出电池④的电动势。反之，通过测定电池⑤的电动势，可计算出待测液的 pH。

三、仪器与试剂

仪器：SDC-Ⅱ数字电位差综合测试仪 1 台；饱和甘汞电极、Cu 电极、Zn 电极、铂电极各 1 支；铜片 1 块；镊子 1 只；针筒（1mL）1 只；烧杯（50mL）3 个；饱和 KCl 盐桥 1 个；10mL 移液管 2 支；洗瓶 1 个；此外还需与本实验有关的各种夹持仪器。

试剂：$ZnSO_4$ 溶液（$0.05mol \cdot L^{-1}$）；$CuSO_4$ 溶液（$0.05mol \cdot L^{-1}$）；饱和 KCl 溶液；醌-氢醌固体粉末；HAc 溶液（$0.2mol \cdot L^{-1}$）；NaAc 溶液（$0.2mol \cdot L^{-1}$）；待测溶液；蒸馏水；硝酸亚汞溶液（饱和）；纯汞；稀硫酸（$3mol \cdot L^{-1}$）；硝酸（$6mol \cdot L^{-1}$）；镀铜溶液（100mL 水中溶解 15g $CuSO_4 \cdot 5H_2O$、5g H_2SO_4、5g CH_3COOH）。

四、实验步骤

1. 电极制备

1）锌电极

先用稀硫酸（约 3mol·L^{-1}）洗净锌电极表面的氧化物，再用蒸馏水淋洗，然后浸入饱和硝酸亚汞溶液中 3～5s。用镊子夹住一小团清洁的湿棉花轻轻擦拭电极，使锌电极表面上有一层均匀的汞齐，再用蒸馏水冲洗干净（用过的棉花不要随便乱丢，应投入指定的有盖广口瓶内，以便统一处理）。把处理好的电极插入清洁的电极管内，并塞紧将电极管的虹吸管口浸入盛有 0.1000mol·L^{-1}ZnSO$_4$ 溶液的小烧杯内，用针尖自支管抽气，将溶液吸入电极管，直至浸没电极略高一点，停止抽气，旋紧螺旋夹。电极装好后虹吸管内（包括管口）不能有气泡，也不能有漏液现象。

2）铜电极

先用稀硝酸（约 6mol·L^{-1}）洗净铜电极表面的氧化物，再用蒸馏水淋洗，然后把它作为阴极，另取一块纯铜片作为阳极，在含铜溶液内进行电镀。其装置如图 2-7-1 所示。电镀的条件是：电流密度在 25mA·cm^{-2} 左右，电镀时间为 20～30min。电镀铜溶液的配方见仪器与试剂部分。

3）甘汞电极

甘汞电极的制备方法一般有研磨法和电解法两种。本实验采用电解法。首先在电极管中装入纯汞，汞的量要使汞面达到电极管的粗管部分，以便汞有较大的表面。插入铂丝电极（铂丝电极需全部插入汞中），并吸入饱和 KCl 溶液。将电极管按图 2-7-2 所示安装好后，以另一铂丝电极为阴极进行通电，控制电流到铂丝电极上有气泡逸出即可。通电时间约 30min，使汞面上镀一薄层甘汞。随后取下电极管，以饱和 KCl 溶液轻轻冲几次，再装满即为饱和 KCl 甘汞电极。

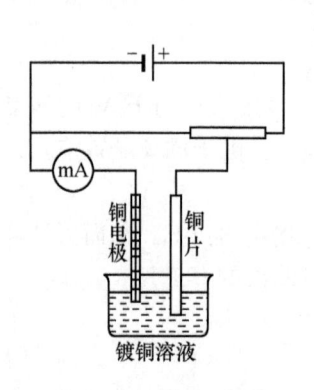

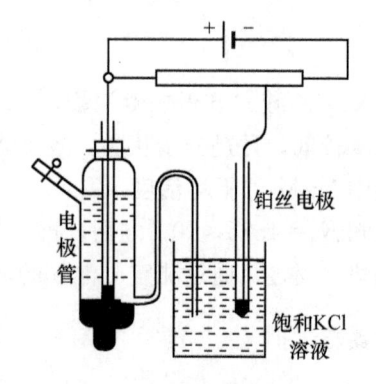

图 2-7-1　电镀铜装置　　　　图 2-7-2　电镀法制备甘汞电极

其他浓度的甘汞电极亦可按同法制备，但 KCl 溶液的浓度需相应变化。此外，市场上有各种规格的甘汞电极商品出售，可根据实际需要选用。

2. 电动势测定

（1）按室温计算各电池电动势值。

（2）连接仪器。先参看仪器使用说明书，熟悉仪器使用方法；连接好各部分线路，经检查无误后进行电位差计算校正。

（3）电池的组合。按电池的书写式组装好原电池。

（4）用电位差计测定每个电池的电动势，每个电池的测量次数不少于三次，取平均值作为电池的电动势。

五、实验数据处理与记录

（1）计算室温下①、②、③、④号电池的电动势。

（2）列表记录实验温度下，5个电池电动势的测定值，并将①、②、③、④号电池手册值与计算值比较，求出校对偏差。

（3）利用电池⑤的测定结果计算待测液的pH。

六、注解与实验指导

对1-1价型电解质的稀溶液而言，质量摩尔浓度（$mol \cdot kg^{-1}$）与体积摩尔浓度（$mol \cdot L^{-1}$）接近，故可认为它们的活度系数没有差别。

1）饱和甘汞电极

电极反应为

$$\frac{1}{2}Hg_2Cl_2(s) + e = Hg(l) + Cl^- \text{（饱和KCl）}$$

$$E(Hg_2Cl_2/Hg) = E^\ominus[Hg_2Cl_2(s)/Hg] - \frac{RT}{F}\ln a_{Cl^-}$$

就饱和甘汞电极而言，其Cl^-浓度在一定温度下是个定值，故其电极电势只与温度有关，其关系为

$$E(\text{甘汞}) = 0.2415 - 0.00065(T-25)$$

2）醌氢醌电极

电极反应为

$$C_6H_4O_2 + 2H^+ + 2e = C_6H_4(OH)_2$$

$$E(Q/H_2Q) = E^\ominus(Q/H_2Q) - \frac{RT}{F}\ln\frac{1}{a_{H^+}}$$

$$= E^\ominus(Q/H_2Q) - \frac{2.303RT}{F} \times pH$$

而

$$E^\ominus(Q/H_2Q) = 0.6994 - 0.00074(T-25)$$

3）Zn电极

电极反应为

$$Zn^{2+} + 2e = Zn$$

$$E(Zn^{2+}/Zn) = E^\ominus(Zn^{2+}/Zn) - \frac{RT}{2F}\ln\frac{1}{a_{Zn^{2+}}}$$

其中

$$E^\ominus(Zn^{2+}/Zn) = -0.7630 + 0.0001(T-25)$$

4) Cu 电极

电极反应为

$$Cu^{2+} + 2e == Cu$$

$$E(Cu^{2+}/Cu) = E^{\ominus}(Cu^{2+}/Cu) - \frac{RT}{2F}\ln\frac{1}{a_{Cu^{2+}}}$$

其中

$$E^{\ominus}(Cu^{2+}/Cu) = -0.3400 + 0.0001(T-25)$$

七、思考题

1. 补偿法测定电动势的基本原理是什么？为什么用伏特表不能准确测定电池电动势？
2. 参比电极应具备什么条件？它有什么作用？
3. 盐桥有什么作用？应选择什么样的电解质作盐桥？

实验 8　普通蒸馏和分馏

一、实验目的

1. 掌握普通蒸馏的原理及应用，并能熟练操作。
2. 掌握分馏柱的工作原理和常压下的简单分馏操作方法。

二、实验原理

1. 普通蒸馏

蒸馏是分离两种以上、沸点相差较大（30℃以上）的液体混合物和回收或除去有机溶剂的常用方法之一，通过蒸馏还可以测出液体化合物的沸点。

液体分子由于分子运动有从表面逸出的倾向，且这种倾向随着温度的升高而增大，在液面上部形成蒸气。当分子由液体逸出的速度与分子由蒸气回到液体的速度相等时，液面上的蒸气达到饱和，称为饱和蒸气。它对液面所施加的压力称为饱和蒸气压。实验证明，液体的蒸气压只与温度有关，即液体在一定温度下具有一定的蒸气压。将液体加热，它的蒸气压随着温度的升高而增大，当液体的蒸气压增大至与外界施予液面的总压力（通常指大气压）相等时，就有大量的气泡从液体内部逸出，即液体沸腾，这时的温度称为液体的沸点。纯粹的液体有机化合物在一定的压力下具有固定的沸点（沸程 0.5～1.5℃）。利用蒸馏装置，我们可以测定纯液体有机物的沸点，称为常量法测沸点，对鉴定纯粹的液化有机物有一定的意义。但要注意的是，某些有机物能与其他组分形成二元或三元恒沸混合物，如 95% 乙醇就是一种二元共沸物而非纯粹物质，它具有一定的沸点，不能用普通蒸馏法分离，因此具有固定沸点的液体，不一定都是纯粹化合物。

将液体加热至沸腾，使液体变为蒸气，然后使蒸气冷却，再冷凝为液体，这两个过程联合成为蒸馏。常见的蒸馏装置见图 1-7-7。

进行蒸馏操作时，有时会发现馏出物的沸点低于（或高于）该化合物的沸点，或有时馏出物的温度一直在上升，这可能是因为混合液体组成比较复杂，沸点又比较接近的缘故，普通蒸馏难以将它们分开，可考虑用分馏。

2. 分馏

分馏和普通蒸馏都是利用各组分的沸点不同，低沸点的组分先蒸出，高沸点的组分后蒸出，从而达到分离提纯的目的。在蒸馏的基础上应用分馏柱将混合物中几种沸点相近（甚至仅相差 1~2℃）的组分进行分离的方法称为分馏，其分离效果比普通蒸馏好。

原理就是使混合物在分馏柱内进行多次气化和冷凝，使易挥发物质从分馏柱顶部分离出来。在分馏柱内，当上升的蒸气与下降的冷凝液互相接触时，上升的蒸气部分冷凝放出热量使下降的冷凝液部分气化，两者之间发生了热量交换，结果使下降的冷凝液中高沸点组分（难挥发组分）增加，而上升蒸气中易挥发组分增加，这样靠近分馏柱顶部易挥发物质的组分的比率高，而在烧瓶里高沸点组分（难挥发组分）的比率高。如果继续多次，就等于进行了多次的气液平衡，即达到了多次蒸馏的效果。只要分馏柱足够高，就可将这几种组分彻底分开。

化学实验中常用的分馏柱有刺形分馏柱（维氏分馏柱）和填充式分馏柱［图 1-7-2（e）、图 1-7-2（f）］。填充式分馏柱内装有各种惰性材料（填料），以增加表面积，使气液两相充分接触。填充料通常有玻璃珠、陶瓷、金属丝等。

三、仪器与试剂

仪器：圆底烧瓶；蒸馏头；冷凝管；接受管；接受瓶；分馏柱；温度计；电热套；铁架台。

试剂：工业乙醇；乙醇水溶液（70%）；沸石。

四、实验步骤

1. 工业乙醇的普通蒸馏

根据蒸馏的量选择大小适宜的烧瓶和其他玻璃仪器，按照图 1-7-7 中（f）将蒸馏装置以火源为准，按从下到上、从左到右的原则安装完毕，注意安装时烧瓶要直立，冷凝管与实验者平行，各磨口之间紧密连接，而又要求装置通大气[1]。

1) 加料

加入物料[2]的体积应控制在烧瓶容积的 1/3~1/2，并需要加入沸石[3]。

2) 加热

根据待蒸馏液体和沸点选择合适的加热方式[4,5]。沸点高时用石棉网，沸点低时用水浴。加热前还需检查一下装置各磨口连接处是否严密，尤其是蒸馏头与冷凝管[6]连接处。先通水，后加热。开始时加热速度可稍快，火稍大，待液体沸腾后，调整火焰使温度计水银球上始终附有冷凝的液滴[7]，且保持从冷凝管流出液滴的速度为 1~2 滴·s^{-1} 为宜。此时的温度即为液体与蒸气平衡时的温度，温度计的读数就是液体（馏出液）的沸点。

3) 观察沸点及收集馏液

进行蒸馏前，最好准备两个接受瓶，其中一个接受前馏分（或称馏头），另一个（需称量）用于接受预期所需馏分（并记下该馏分的沸程，即在该馏分的第一滴和最后一滴时温度计的读数）。如果维持原来加热程度，不再有馏出液蒸出，温度突然下降时，就应停止蒸馏，即使杂质很少也不能蒸干，特别是蒸馏低沸点液体时更要注意此点，以免蒸馏瓶破裂及发生其他意外事故。

4) 拆除蒸馏装置

蒸馏完毕，先应撤出热源，然后停止通水，最后拆除蒸馏装置（拆除仪器的顺序与安装时顺序相反）。

2. 70%乙醇水溶液的简单分馏[8]

简单分馏操作和蒸馏大致相同，仪器装置见图 1-7-7（b）。将 70%乙醇水溶液放入圆底烧瓶中，加入 2~3 粒沸石。选用水浴加热，液体沸腾后要注意调节浴温，使蒸气慢慢升入分馏柱，约 10min 后，蒸气到达柱顶（摸柱壁，若烫手表示蒸气已达该处）。在有馏出液滴出后，收集前馏分。当温度达到 78℃时，调换接收器收集馏出液，馏出速度控制在 1~2s·滴$^{-1}$[9]，记下此时温度。当温度持续下降时，可停止加热。记录前馏分、馏出液和残余液的体积。

五、注解与实验指导

[1] 若在密闭的体系中将液体加热，体系中的压力会随着温度的升高而增大，最后导致玻璃仪器因承受不了过大的内外压差而炸裂。但是如果蒸馏装置各仪器间连接不紧密，则不能将加热形成的蒸气全部收集起来，使收率大为降低，甚至收集不到馏分。

[2] 加料的方法

（1）取下蒸馏烧瓶，从烧瓶口直接将物料加入。

（2）将待蒸馏物料通过长颈漏斗加入圆底烧瓶内，漏斗的下端需伸到蒸馏头支管的下面。

[3] 沸石为多孔性物质，吸附有空气，加入沸石的目的是引入气化中心，防止发生暴沸。但任何情况下切忌将沸石加入已沸腾的液体中，否则会因突然放出大量蒸气而使大部分液体从蒸馏瓶口喷出，从而造成危险。如果蒸馏前忘加沸石，需补加时，应先移去热源，待液体冷却至沸点温度以下后再加入。如蒸馏中途停止，再蒸馏时最好在加热前加入新的沸石。

[4] 可用水浴、油浴、直接火+石棉网等加热方式，沸点低于 80℃的蒸馏一般用水浴，大于 80℃时用直接火、油浴或砂浴等方式。

[5] 若欲分离沸点相距很近的液体混合物，必须用精密分馏装置［图 1-7-7（g）］。

[6] 冷凝管的选用。当蒸馏液体的沸点小于 130℃时用通水型水冷凝管，大于 130℃时用空气冷凝管。冷凝管通水是由下而上，反过来不行。因为这样冷凝管不能充满水，由此可能带来两个后果：

（1）气体的冷凝效果不好。

（2）冷凝管的内管可能炸裂。

[7] 若热源温度太高，使蒸气成为过热蒸气，造成温度计所显示的沸点偏高；若热源温度太低，馏出物蒸气不能充分浸润温度计水银球，造成温度计读得的沸点偏低或不规则。

[8] 简单分馏操作要很好地进行，必须注意下列几点：

（1）分馏一定要缓慢进行，控制好恒定的蒸馏速度（1~2 滴·s^{-1}），这样，可以得到比较好的分馏效果。

（2）要使有相当量的液体沿柱流回烧瓶中，就要选择合适的回流比，使上升的气流和下降的液体充分进行热交换，使易挥发组分尽量上升、难挥发组分尽量下降，分馏效果更好。

(3) 必须尽量减少分馏柱的热量损失和波动。

[9] 馏出速度太快，产物纯度下降；馏出速度太慢，馏出温度易上下波动，使温度计的读数不规则。为减少柱内热量散失，可用石棉绳和玻璃布等将分馏柱包缠起来。

六、思考题

1. 蒸馏装置中插入的温度计应处于怎样的位置？插得太高或太低对测得的液体沸点有什么影响？
2. 如果液体具有恒定的沸点，那么能否认为它是单纯物质？
3. 蒸馏方法的作用有哪些？
4. 在分馏时通常用水浴或油浴加热，与直接用火加热相比，有什么优点？

参考答案

1. 答：水银球上端应处于蒸馏头支管底边所在的水平线上。插得太高会使测得的液体沸点偏低，插得太低会使测得的液体沸点偏高。
2. 答：具有恒定沸点的液体不一定是单纯物质，因为某些二元或三元共沸物也具有恒定的沸点，如95%乙醇。
3. 答：蒸馏方法的作用有：
(1) 通过蒸馏可将易挥发的物质和不挥发的物质分开。
(2) 将沸点不同的液体化合物分开，但不同液体沸点必须相差30℃以上。
(3) 可测化合物的沸点。
4. 答：在分馏时通常用水浴或油浴，使液体受热均匀，不易产生局部过热，这比直接用火加热要好得多。

英汉专业小词汇

simple distillation 普通蒸馏   boiling chip 沸石   condenser 冷凝管   distillate 馏分   fractional distillation 分馏

实验9 熔点、沸点的测定及温度计的校正

一、实验目的

1. 了解熔点和沸点测定的意义。
2. 掌握利用毛细管法测定熔点的原理和操作方法。
3. 掌握利用微量法测定沸点的原理和操作方法。
4. 了解利用熔点测定来校正温度计的方法。

二、实验原理

熔点是在一个大气压下固体化合物固相与液相平衡时的温度。这时固相与液相的蒸气压相等。每种纯固体有机化合物一般都有一个固定的熔点，即在一定压力下，从初熔到全熔（这一熔点范围称为熔程），温度不超过0.5~1℃。

熔点是鉴定固体有机化合物的重要物理参数，也是化合物纯度的判断标准。当化合物中混有杂质时，熔程变长，熔点降低。当测得一未知物的熔点同已知某物质熔点相同或接近时，可将该已知物与未知物混合，测量混合物的熔点，至少要按1:9、1:1、9:1这三种比例混合。若它们是相同化合物，则熔点值不降低；若是不同的化合物，则熔程变长，熔

点下降（少数情况下熔点上升）。

纯物质的熔点和凝固点是一致的。从图 2-9-1 可以看到，当加热纯固体化合物时，在一段时间内温度上升，固体不熔。当固体开始熔化时，温度不会上升，直至所有固体都变为液体，温度才上升。反过来，当冷却一种纯液体化合物时，在一段时间内温度下降，液体未固化。当开始有固体出现时，温度不会下降，直至液体全部固化时，温度才会再下降。

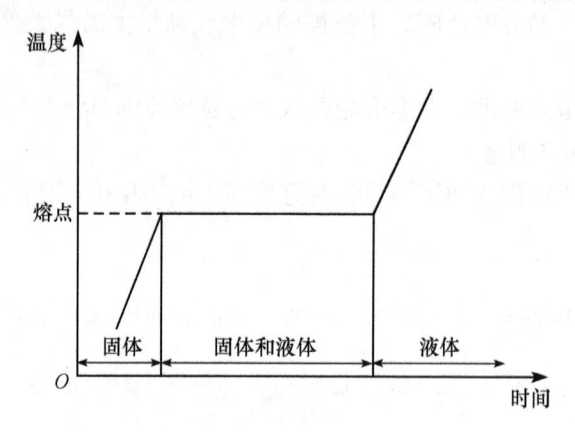

图 2-9-1 相随着时间和温度的变化

在一定温度和压力下，将某纯物质的固液两相放于同一容器中，这时可能发生三种情况：固体熔化；液体固化；固液两相并存。我们可以从该物质的蒸气压与温度关系图来理解在某一温度时哪种情况占优势。图 2-9-2（a）是固体的蒸气压随温度升高而增大的情况，图 2-9-2（b）是液体蒸气压随温度的变化曲线，若将（a）和（b）两曲线加和，可得图 2-9-2（c）。由该图可以看到，固相蒸气压随温度的变化速率比相应的液相大，最后两曲线相交于 M 点。在这特定的温度和压力下，固液两相并存，这时的温度 T_m 即为该物质的熔点。不同的化合物有不同的 T_m 值。当温度高于 T_m 时，固相全部转变为液相；低于 T_m 时液相全部转变为固相。只有固液并存时，固相和液相的蒸气压是一致的。这就是纯物质有固定而又敏锐熔点的原因。一旦温度超过 T_m（甚至只有几分之一度时），若有足够的时间，固体就可以全部转变为液体。所以要想精确测定熔点，在接近熔点时，加热速度一定要慢。一般每分钟温度升高不能超过 1~2℃。只有这样，才能使熔化过程接近于平衡状态。

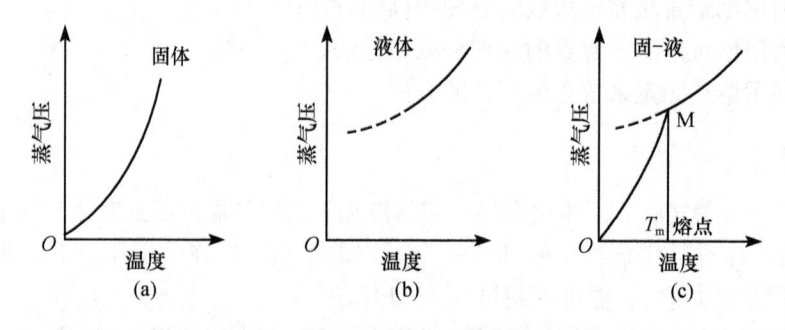

图 2-9-2 物质的温度与蒸气压关系图

当液体物质受热时，液体的饱和蒸气压增大，待蒸气压增大到与大气压或所给压力相等时，液体沸腾，此时的温度即为液体的沸点。每种纯液态有机化合物在一定压力下都有确定的沸点。通常用蒸馏或分馏的方法来测定液体的沸点。但是若仅有少量试料（甚至少到几滴），用微量法测定可以得到较满意的结果。

三、仪器与试剂

仪器：提勒管（b型管）1支；温度计（150℃）1支；橡皮塞1个；毛细管；长玻璃管（70~80cm）1根；玻璃棒1根；表面皿（或玻璃片）1个；小胶圈1个；酒精灯1个；铁架台1个；烧瓶夹1个；显微熔点测定仪1台；沸点管1个。

试剂：肉桂酸；苯甲酸；尿素；乙酰苯胺；苯甲酸苄酯；丙酰胺；萘；无水乙醇；甲苯；四氯化碳；液体石蜡；浓硫酸。

四、实验步骤

1. 毛细管法测定熔点

1) 熔点管制备

通常用内径1~1.5mm、长60~70mm、一端封闭的毛细管作为熔点管。

2) 样品的填装

将少许待测干燥样品（0.1~0.2g）放于干净表面皿或玻璃片上，用玻璃棒将其充分研成粉末并集成一堆。把毛细管开口一端垂直插入堆积的样品中，使一些样品进入管内，然后，把开口一端向上竖起，使其通过一根长60~70cm、直立于表面皿（或玻璃片）上的玻璃管自由地落下，如此反复几次后，直至把样品装实，样品高度2~3mm。熔点管外的样品粉末要擦干净以免污染热浴液体。装入的样品一定要研细、夯实[1,2]。否则影响测定结果。研磨和填装样品要迅速，防止样品吸潮。

3) 仪器的安装

将提勒管夹在铁架台上，装入易导热的液体作热浴液[3]，液面高出上测管约0.5cm[4]。用橡皮圈将毛细管固定在温度计上，熔点管中样品处于温度计水银球的中部。最后，将上端套一带缺口的橡皮塞的温度计插入提勒管中，橡皮圈应高于浴液液面，以免浴液和橡皮接触[5]。温度计插入提勒管内的深度以水银球恰在提勒管的两侧管口中部为宜[6]。装置如图2-9-3所示。加热时，火焰需与提勒管的倾斜部分的下缘接触，此时，管内液体因温度差而发生对流循环，使液体受热均匀。

4) 测定熔点

熔点测定关键步骤就是加热速度，使热能透过毛细管，样品受热熔化，令熔化温度与温度计所示温度一致。

一般先粗测化合物的熔点，即以每分钟5℃左右的速度升温，小心观察熔点毛细管内待测样品的情况，记录当管内样品开始塌落即由液相产生时（始熔）和样品刚好全部变成澄清液体时（全熔）的温度，此读数即为化合物的熔程。然后待热浴的温度下降大约30℃后，换一根毛细管，再做精确测定。精测时，开始升温可稍快（每分钟上升约10℃），待热浴温度距熔点约15℃时，改用小火加热（或将酒精灯

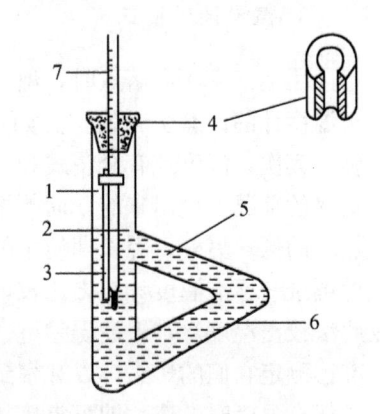

图2-9-3 提勒管熔点测定仪
1—高温时浴液液面；2—室温时浴液液面；3—熔点毛细管；4—缺口；
5—浴液；6—酒精灯加热位置；
7—温度计

稍微离开提勒管一些），使温度缓慢而均匀上升（每分钟上升1~2℃）；当接近熔点时，加热速度要更慢，每分钟上升0.2~0.3℃，此时要特别注意温度的上升和毛细管中样品的变化情况。记录刚有小滴液体出现和样品恰好完全熔融时的两个温度读数，所得数据即为该物质的熔程。还要观察和记录在加热过程中是否有萎缩、变色、发泡、升华及炭化等现象，以供分析参考。例如，某一化合物在113℃时开始有液滴出现，在114℃时全部成为透明液体，应记录为熔点113~114℃，以及该化合物的颜色变化。

测定熔点时，每一样品至少要重复测两次以上，每次测定都必须用新的毛细管重新装样品，不能用已测过熔点的样品管[7]。

熔点测定的实验做完后，浴液要待冷却后方可倒回瓶中。温度计不能马上用冷水冲洗，否则易破裂，可用废纸擦洗。

2. 测定沸点（微量法测无水乙醇的沸点）

取2~4滴试样放于一长7~8cm、直径约3mm并一端封口的玻璃管中（沸点管），将一支长8~9mm、直径约1mm、上端封闭的毛细管倒置在沸点管中，再将此沸点管用小橡皮圈固定于温度计旁，如图2-9-4所示，使沸点管中液体试样部位与温度计水银球位置平齐，然后把温度计放入盛有适当传热介质[8]的提勒管中，放入的位置与测定熔点装置相同。

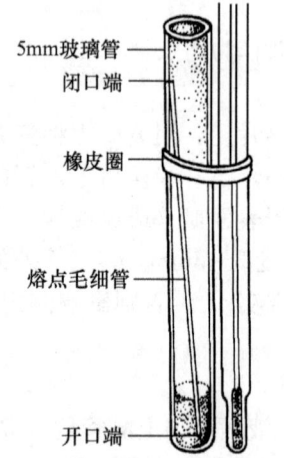

将热浴慢慢地加热，使温度均匀地上升。当温度到达比沸点稍高的时候，可以看到从内管中有一连串的小气泡不断地逸出。停止加热，让热浴慢慢冷却。当液体开始不冒气泡，并且最后一个气泡将要缩入内管时的温度即为该液体的沸点，记录下这一温度。这时液体的蒸气压和外界大气压相等。一个样品测三次，每次数值相差不能超过1℃。

图2-9-4 微量法测定沸点装置图

3. 温度计的校正

用毛细管法测熔点时，温度计上的熔点读数与真实熔点之间有一定的偏差，这可能是由于温度计的误差引起的。例如，一般温度计中的毛细孔不一定很均匀。有时刻度也不很准确。其次，温度计有全浸式和半浸式两种。全浸式温度计的刻度是在温度计的汞线全部均匀受热的情况下刻出来的，而测熔点时仅有部分汞线受热，因而露出的贡献温度当然较全部受热时的低。另外，经长期使用的温度计，玻璃也可能发生变形而使刻度不准。为了校正温度计可选一标准温度计与之比较，通常也可采用纯粹有机化合物的熔点作为校正的标准。通过此法校正温度计，上述误差可一并消除。校正是通过选择数种已知熔点的纯粹化合物作为标准，测定它们的熔点，以观察到的熔点作横坐标，与一真熔点的差数作纵坐标，画成曲线。在任意温度时的读数即可直接从曲线上读出。

用熔点方法校正温度计的标准样品如表2-9-1所示，校正时可具体选择。

表 2-9-1　熔点法校正温度计的标准样品

标准样品	熔点/℃	标准样品	熔点/℃
水-冰	0	苯甲酸	122.4
α-苯胺	50	尿素	132.7
二苯胺	54~55	二苯基羟基乙酸	151
对二氯苯	53.1	水杨酸	159
苯甲酸苄酯	71	对苯二酚	173~174
间二硝基苯	90	蒽	216.2~216.4
二苯乙二酮	95~96	酚酞	262~263
乙酰苯胺	114.3		

零度的测定最好用蒸馏水和纯冰的混合物，在一个 15cm×2.5cm 的试管放置蒸馏水 20mL，将试管浸在冰盐浴中冷至蒸馏水部分结冰，用玻璃棒轻轻搅动混合物，温度恒定后（2~3min）读数。

五、注解与实验指导

[1] 样品应尽量研细，否则样品颗粒间传热效果不好，使熔距变宽。若样品颗粒较大，用研钵研细后使用。

[2] 测定结果与样品装入的多少及紧密程度有关。装入的样品要结实，受热时才均匀，如果有空隙，不易传热，影响测定结果。测定易升华或易吸潮的物质的熔点时，应将毛细管开口端熔封。

[3] 热浴所用的导热液，通常有浓硫酸、甘油、液体石蜡等。选用哪一种，则根据所需的温度而定。如果温度在 140℃ 以下，最好用液体石蜡或甘油。药用液体石蜡可加热到 220℃ 仍不变色。在需要加热到 140℃ 以上时，也可用浓硫酸，但热的浓硫酸具有极强的腐蚀性，如果加热不当，浓硫酸溅出时易伤人。因此，测定熔点时一定要戴护目镜。温度超过 250℃ 时，浓硫酸发生白烟，妨碍温度的读数。在这种情况下，可在浓硫酸中加入硫酸钾，加热成饱和溶液，然后进行测定。在热浴中使用的浓硫酸，有时由于有机物质掉入酸内而变黑，妨碍对试料熔融过程的观察。在这种情况下，可加入一些硝酸钾晶体，以除去有机物质。

[4] 浴液的量要适度，少了不能形成热流循环，多了则会在受热时膨胀，淹没毛细管而使样品受到污染。

[5] 用橡皮圈固定毛细管，要注意勿使橡皮圈触及浴液，以免浴液被污染或橡皮圈被浴液所溶胀。

[6] 温度计插入带缺口的橡皮塞时，应注意将温度计的刻度面向塞子的开口处。

[7] 熔化的样品冷却后又凝成固体，此时样品的晶形已发生改变或已分解，再加热测得的熔点往往不准确，故每次测定都必须用新的毛细管装样。

[8] 根据所测试样的沸点高低选择传热介质。常用传热介质如表 2-9-2 所示。

表 2-9-2　常用传热介质

传热介质	水	液体石蜡	浓硫酸	磷酸	硅油
适用温度范围/℃	<100	<220	<250	<300	<350

六、思考题

1. 有两包样品 A 和 B，测得它们的熔点相似，如何判断它们是否为同一物质？
2. 是否可以用第一次测定熔点时已熔化了的有机化合物做第二次测定？为什么？
3. 测熔点时，如果遇到下列情况，将产生什么结果？
 (1) 熔点管不洁净。
 (2) 熔点管壁不洁净。
 (3) 样品研得不细或夯得不结实。
 (4) 加热过快。

附：显微熔点测定法

显微熔点测定法是使用显微熔点测定仪测定熔点的方法。此法用量少，能精确观测到晶体受热后融化的过程。目前这种仪器的类型很多，但是使用的原理是相同的，即通过加热，在显微镜下，观察被测物的晶形由棱角收缩变为圆形时（始熔）到刚好全变为液体（全熔）的变化过程。

现介绍 X-4 显微熔点测定仪（数显）。显微熔点测定仪如图 2-9-5 所示。此仪器采用连续无级可调控温，升温速度平稳，数字显示熔点温度值，快而准确，无读数误差。所用样品比毛细管更少，而且可以观察到样品晶体在加热过程中的转化及其他变化过程。

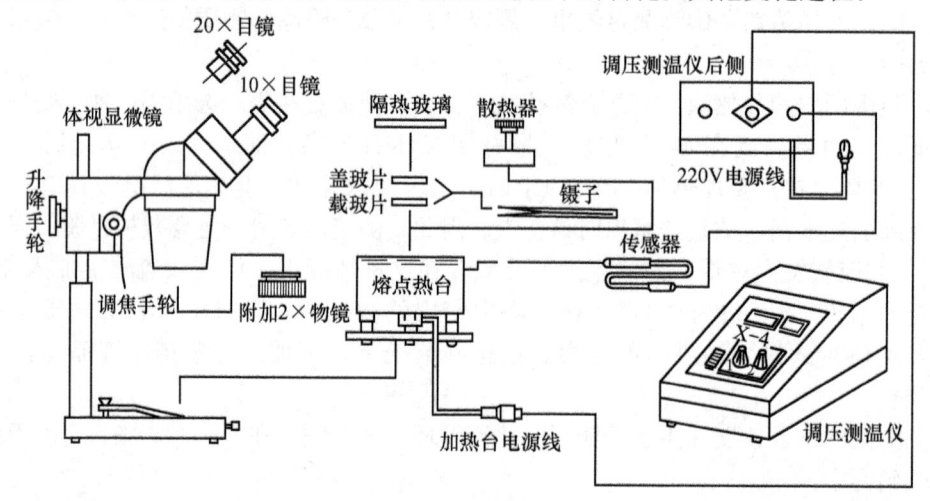

图 2-9-5 X-4 显微熔点测定仪

(1) 将热台放置在显微镜底座 ϕ100mm 孔上，并使放入盖玻片的端口位于右侧，以便于取放盖玻片及药品。

(2) 热台的电源线接入调压测温仪后侧的输出端，并将传感器插入热台孔，其另一端与调压测温仪后侧的插座相连；将调压测温仪的电源线与电源相连。

(3) 取两片盖玻片，用蘸有乙醚（或乙醚和乙醇的混合液）的脱脂棉擦拭干净。晾干后，取适量待测样品（不大于 0.1mg）放在一片盖玻片上并使样品分布薄而均匀，盖上另一片盖玻片，轻轻压实，然后置于热台中心，盖上隔热玻璃。松开显微镜的升降手轮，上下调整显微镜，直到从目镜中能看到待测样品轮廓时紧锁手轮。然后调节调焦手轮，直至能清晰地看到待测样品的像为止。

(4) 打开电源开关，调压测温仪显示出热台即时得到的温度值（注意：测试过程中，熔点热台属高温部件，一定要使用镊子夹持放入或取出样品。严禁用手触摸，以免烫伤！）。根据被测样品熔点值，控制调温手钮 1（升温电压宽量调整）或 2（升温电压窄量调整）。以期达到在测样品熔点过程中，前段升温迅速，中段升温渐慢，后段升温平缓。具体操作如下：

先将两调温手钮顺时针调到较大位置，使热台快速升温。当温度接近样品熔点温度以下 40℃左右时（中段），将调温手钮逆时针调节至适当位置，使升温速度减慢。当被测样品升温到距熔点约 10℃时（后段），调整升温速度每分钟约 1℃。观察被测样品的熔化过程，记录初熔和全熔的温度值。用镊子取下隔热玻璃和盖玻片，即完成一次测试。

(5) 关闭电源，将散热器放在热台上。如需重复测试，必须使温度降至熔点值 40℃以下，方可再测试。

实验 10　萃取和重结晶

一、实验目的

1. 学习萃取的实验原理和方法；掌握液-固萃取的实验操作。
2. 学习重结晶提纯固体化合物的原理和方法。
3. 掌握折叠滤纸、热过滤、抽滤等基本操作。

二、实验原理

1. 萃取

萃取是化学实验中用来纯化或提取物质的一种基本操作。其基本原理是利用化合物在两种不相溶（微溶）的溶剂中的溶解度或分配比的不同来达到分离或纯化目的。应用萃取可以从固体或液体混合物中提取出所需要的物质，或用来洗去混合物中少量的杂质。前者通常叫做萃取或抽提，后者则称为洗涤。所以洗涤实际上也是一种萃取。

萃取操作的基本规则"少量多次"。采用少量多次操作，在相同的溶剂用量条件下萃取效率较高，现证明如下：

在一定温度和压力下，一种物质在互不相溶的两种溶剂 A、B 间进行分配，根据分配定律，当达到平衡时，溶质在两液相 A 和 B 中的浓度分别为 c_A 和 c_B，它们的比值为一常数 K：

$$\frac{c_A}{c_B} = K$$

有机化合物在有机溶剂（B）中的溶解度通常比在水（A）中的溶解度大，所以用有机溶剂可将有机物从水溶液中萃取出来。是一次萃取的好还是分多次萃取好呢？我们可用相关例子来说明这个问题。

设在 $V(\text{mL})$ 的水中溶解 $m_0(\text{g})$ 的物质，每次用 $S(\text{mL})$ 的溶剂萃取。如果萃取一次后剩余在水溶液中的物质的量为 $m_1(\text{g})$，则

$$K = \frac{c_A}{c_B} = \frac{m_1/V}{(m_0 - m_1)/S}$$

即

$$m_1 = m_0 \frac{KV}{KV+S}$$

令 $m_2(\mathrm{g})$ 为萃取两次后在水中的剩余量，则

$$K = \frac{m_2/V}{(m_1 - m_2)/S}$$

即

$$m_2 = m_0 \left(\frac{KV}{KV+S}\right)^2$$

依此类推，可知萃取 n 次后，其在水中的剩余量应为

$$m_n = m_0 \left(\frac{KV}{KV+S}\right)^n$$

$$\frac{KV}{KV+S} < 1$$

所以 n 越大，m_n 就越小。

由此可见将萃取溶剂分成几次萃取，要比一次性萃取的效果好。但当溶剂的总体积不变时，n 越大，S 就越小。当 $n>5$ 时，n 和 S 这两个因素的影响就几乎抵消，再增加萃取次数 n 时，m_n/m_{n+1} 的变化很小，所以通常萃取次数不超过 5 次，有 3 次就够了。

另一类萃取是化学萃取，它的原理是利用萃取剂与被萃取物质发生化学反应。这种萃取方式常见于有机合成过程中，对杂质或残留的试剂进行洗涤除去，如 5% 的碳酸氢钠、氢氧化钠溶液可以除去有机相中酸性杂质；稀盐酸及稀硫酸可除去碱性杂质；浓硫酸可用于从饱和烃中除去不饱和烃。

2. 重结晶

重结晶是纯化固体物质的一种很重要的方法。它是利用待重结晶物质中各组分在不同温度下溶解度的不同，分离提纯待重结晶物质的过程。

大多数固体物质在溶剂中溶解度一般随着温度的升高而增大。选择合适的溶剂，在较高温度（接近溶剂的沸点）下，制成被提纯物质的热饱和溶液，趁热滤去不溶性杂质后，滤液于低温处放置，使主要成分在低温时析出结晶，可溶性杂质则大部分保留在母液中，从而使产品的纯度相对提高。如果固体有机物中所含杂质较多或要求更高的纯度，可多次重复此操作，使产品达到所要求的纯度，此法称为多次重结晶。

重结晶只适用于提纯杂质含量在 5% 以下的固体有机物，如果杂质含量过高，需先经过其他如萃取、水蒸气蒸馏、柱层析等方法初步提纯，然后再用重结晶方法提纯。

重结晶溶剂的选择：进行重结晶时，选择理想的溶剂是一个关键，按"相似相溶"的原理，对于已知化合物可先从手册中查出在各种不同溶剂中的溶解度，最后要通过实验来确定使用哪种溶剂。

1) 所选溶剂必须具备的条件

(1) 不与被提纯物质发生化学反应。

(2) 温度高时能溶解较多量的被提纯物，低温时只能溶解很少量。

(3) 对杂质的溶解度在低温时或非常大或非常小。

(4) 沸点不宜太高，也不宜太低，易挥发除去。

(5) 能给出好的结晶，毒性小，价格便宜。

2）选择溶剂的方法

（1）单一溶剂。取0.1g固体粉末于一小试管中，加入1mL溶剂，振荡，观察溶解情况，如冷时或温热时能全溶解，则不能用，因为溶解度太大。

取0.1g固体粉末加入1mL溶剂中，不溶，如加热还不溶，逐步加大溶剂量至4mL，加热至沸，仍不溶则不能用，因为溶解度太小。

取0.1g固体粉末，能溶在1～4mL沸腾的溶剂中，冷却时结晶能自行析出或经摩擦或加入晶种能析出相当多的量，则此溶剂可以使用。

（2）混合溶剂。某些固体物质在许多溶剂中不是溶解度太大就是太小，找不到一个合适的溶剂时，可考虑使用混合溶剂。混合溶剂两者必须能混溶，如乙醇-水、丙酮-水、乙酸-水、乙醚-甲醇、乙醚-石油醚、苯-石油醚等。样品易溶于其中一种溶剂，难溶于另一种溶剂，往往使用混合溶剂能得到较理想的结果。

使用混合溶剂时，应先将样品溶于沸腾的易溶的溶剂中，滤去不溶性杂质后，再趁热滴入难溶的溶剂至溶液混浊，然后再加热使之变澄清，放置冷却，使结晶析出。

三、仪器与试剂

仪器：

萃取实验：烧杯；分液漏斗；圆底烧瓶；索氏提取器；直形冷凝管；点滴板。

重结晶实验：表面皿；布氏漏斗；抽滤瓶；循环水式真空泵（公用）；烘箱（公用）；烧杯。

试剂：苯酚水溶液；乙酸乙酯；粗苯甲酸；对溴乙酰苯胺；活性炭；乙醇；去离子水。

其他：沸石，滤纸，玻璃棒等。

四、实验操作

1. 液-液萃取

液-液萃取即溶液中物质的萃取，在实验中用得最多的是水溶液中物质的萃取。液-液萃取最常使用的萃取器皿为分液漏斗[1]，一般选择容积较被萃取液大1～2倍的分液漏斗。

在分液漏斗中盛少量水，检查它的活塞和顶塞及磨口是否匹配。确认不漏水后，将漏斗固定于铁架上，关好活塞。将被萃取溶液倒入分液漏斗中，然后加入少量萃取剂。塞紧顶塞，先用右手食指末节将漏斗上端玻塞顶住，再用大拇指及食指和中指握住漏斗，用左手的食指和中指蜷握在活塞的柄上，上下轻轻振摇分液漏斗（图2-10-1），使两相充分接触，以提高萃取效率。

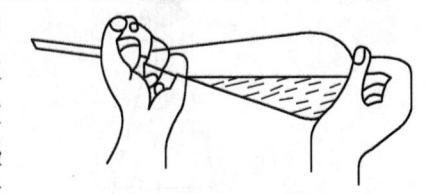

图2-10-1 分液漏斗的使用

每振摇几次后，就要将漏斗尾部向上倾斜（朝无人处），打开活塞放气，以解除漏斗中的压力。如此重复至放气时只有很小压力后，再剧烈振摇2～3min，静置。待两相完全分开后，打开上面的玻塞，再将活塞缓缓旋开，下层液体自下口放出[2]，有时在两相间可能出现一些絮状物，也同时放去。然后将上层液体从分液漏斗的上口倒出。最后合并萃取液，加入合适的干燥剂进行干燥，若充分干燥后还要进行蒸馏、重结晶等后续操作，必须先将干燥剂过滤掉再进行这些工作。

实验流程为

乙酸水溶液 ┐
            ├─→ 分液漏斗 ─振荡静置─ ┬ 上层（乙醚-乙酸）
乙醚   ┘   └ 下层（水-乙酸）

2. 液-固萃取

从固体中萃取所需的化合物，有长期浸出法和采用脂肪提取器（索氏提取器）法之分。前者是靠溶剂长期的浸润溶解而将固体物质中的有用成分浸出来，但此法效率低，溶剂量大，效率不高。后者是将脂肪提取器与烧瓶、冷凝管等仪器组成萃取装置（图2-10-2），利用溶剂回流和虹吸原理，使固体物质每一次都能被纯的溶剂所萃取，将萃取出的物质富集在烧瓶中，因而效率较高。从槐花米中提取芦丁就属于此类典型的液-固萃取（参见实验13）。

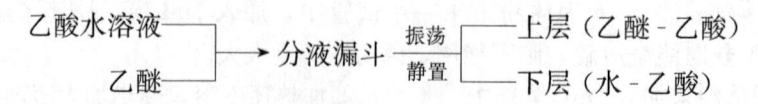

图 2-10-2 液-固萃取装置
1—烧瓶；2—索氏提取器；3—冷凝管

3. 重结晶

1）溶解

查阅相关手册中的溶解度及按相似相溶原理选择合适的溶剂。

将待重结晶的固体放入锥形瓶或圆底烧瓶中，加入比需要量稍少的溶剂，加热至沸腾（使用沸点在80℃以下的溶剂，加热时必须用水浴）。若未全溶，可逐滴加入溶剂至刚好完全溶解，记下所用溶剂的量，然后再多加20%～30%的溶剂。

2）脱色和热过滤

重结晶溶液若带有颜色，可加入适量活性炭（一般为固体化合物的1%～5%）进行脱色[3]，煮沸5～10min，然后趁热过滤[4]。

方法Ⅰ：用热水漏斗趁热过滤，如图 2-10-3（预先加热漏斗，叠菊花滤纸）所示。

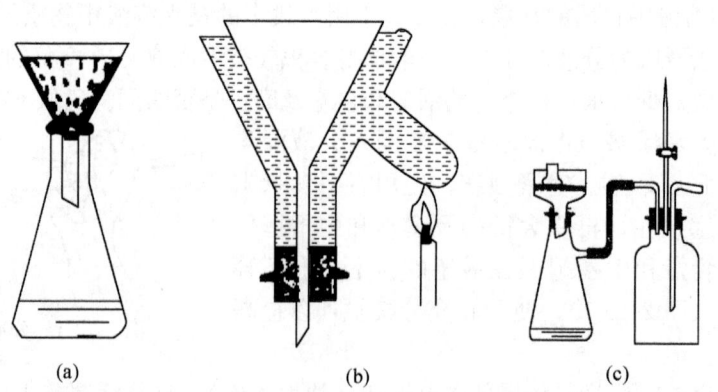

图 2-10-3 热过滤及减压过滤装置
(a) 常压过滤；(b) 热水漏斗；(c) 布氏漏斗和抽滤瓶

方法Ⅱ：可把布氏漏斗预先烘热，然后便可趁热过滤，避免因晶体析出而损失。

3）结晶的析出

在锥形瓶中结晶，若热过滤时没有结晶析出，可放置，令结晶自然析出。若经长时间放置仍没有结晶析出，可用玻璃棒上下摩擦瓶内壁或加入晶种，诱发结晶。

4）结晶的分离

用布氏漏斗减压过滤，尽量把母液抽干。用冷溶剂洗涤晶体两次。洗涤时，应停止抽气，用玻璃棒轻轻把晶体翻松，滴上冷溶剂把晶体湿润，抽干。再重复一次，把晶体压紧，抽到无液滴为止，把晶体放在培养皿或表面皿中。

5）结晶的干燥

(1) 自然晾干，需一周左右才能彻底干燥。

(2) 在红外灯下或用烘箱进行干燥，但注意不要使温度过高，以免烤化。

(3) 用减压加热真空恒温干燥器干燥，这一般用于易吸水样品的干燥或制备标准样品。

4. 重结晶实验

2g 乙酰苯胺重结晶，其物理参数见表 2-10-1。

表 2-10-1 乙酰苯胺物理参数

化合物名称	相对分子质量	状态	熔点/℃	沸点/℃	相对密度	溶解性能 水	醇	醚
乙酰苯胺	135.17	白色晶体	114～116	304	1.2105	溶	易溶	微溶

1）计算溶剂量

根据已知溶解度计算。乙酰苯胺不同温度下在水中的溶解度数据见表 2-10-2。

表 2-10-2 乙酰苯胺不同温度下在水中的溶解度数据

$T/℃$	20	25	50	80	100
溶解度/[g·(100mL)$^{-1}$]	0.45	0.56	0.84	3.45	5.5

热过滤时，温度会从100℃迅速下降，按热过滤温度为80℃计算，设 2g 乙酰苯胺饱和水溶液中的含水量为 x，则

$$100 : 3.45 = x : 2$$
$$x = 58 \text{mL}$$

为了减少饱和溶液热过滤时的损失，溶剂量一般过量20%～30%：

$$58 + 58 \times 30\% = 75 \text{(mL)}$$

设把重结晶溶液冷却到20℃时结晶完全析出后，过滤出结晶，母液中乙酰苯胺的含量为

$$100 : 0.46 = 75 : x$$
$$x = 0.34 \text{g}$$

重结晶回收率为

$$(2 - 0.34)/2 = 83\%$$

溶剂量的多少还要考虑结晶析出的难易程度。结晶容易析出的则需适当多加一些溶剂，以抵消热过滤时结晶在滤纸上析出而造成的损失；如果结晶不易析出，可适当少加一些溶剂，以提高重结晶的回收率。本实验因乙酰苯胺较易析出结晶，所以溶剂量适当多加一些，可加 80～90mL。

2）热溶[4]

水作溶剂。重结晶容器选用 250mL 烧杯或锥形瓶，石棉网上加热。

称取 2g 粗乙酰苯胺加入 200mL 烧杯中，加入 40～50mL 蒸馏水，边摇动边加热，观察溶解情况，然后逐渐加水到计算量。溶液加热煮沸，此时乙酰苯胺已完全溶解，降温至沸点之下可用活性炭脱色 5min，并始终保持溶剂量 80～90mL[5]。

3）热过滤

水作溶剂时，减压热过滤注意要先预热漏斗[5]，滤纸要剪得大小合适，滤时要贴紧漏斗，不能出现穿滤现象。

4）结晶的分离及干燥

将重结晶溶液转移至烧杯中，如出现结晶可加热重新溶解，然后再慢慢冷却至长出大结晶。冷至室温，待结晶完全后，减压过滤，用母液将器壁上的结晶洗至布氏漏斗中。抽干，用少量冷水洗一次产品，再抽干，转移至表面皿中干燥。

五、注解与实验指导

[1] 使用分液漏斗要注意：分液漏斗的塞子或活塞必须原配，不得调换；不能把活塞上涂有凡士林的分液漏斗放在烘箱内烘干。萃取后一定要洗净，在塞子和磨口之间垫上薄纸片，以防粘住固死。

[2] 若分不清哪一层是有机相，可以取几滴上层溶液加到盛有水的烧杯中，若与水分层不溶解则为有机相，反之，为水相。在实验结束前，最好不要将上下两层液体轻易倒掉，以免操作失误而无法挽回。

[3] 加活性炭必须等溶液稍冷后再加，不能加到沸腾的溶剂中，以免溶剂暴沸。

[4] 若用有机溶剂，过滤时应先熄灭火焰或使用挡火板。另外在过滤时应先用溶剂润湿滤纸，以免结晶析出而阻塞滤纸孔；使滤纸紧贴于布氏漏斗的底面，避免固体在抽滤时从滤纸边缘吸入抽滤瓶中。

[5] 火焰太大，加热时间过长，溶剂蒸发太多，致使溶剂量少于 80mL，热过滤时使结晶在滤纸上析出。若补充水时致使溶剂量过大，不得不进行浓缩。

六、思考题

1. 为什么选择锥形瓶作为容器？
2. 为什么重结晶热溶解时，要用比制成饱和溶液多 20%～30% 的溶剂？
3. 趁热过滤时，为什么选用无颈漏斗？

参考答案

1. 答：瓶口较窄，溶剂不宜挥发，便于摇动，促进固体物质溶解。
2. 答：为了减少饱和溶液热过滤时的损失，溶剂量一般过量 20%～30%。
3. 答：以免样品在颈部析出结晶，影响操作。

英汉专业小词汇

recrystallization 重结晶　　extraction 萃取　　filtration 过滤　　crystal 结晶　　vacuum pump 真空泵

实验11 纸层析

一、实验目的

1. 熟悉纸层析的基本原理。
2. 掌握纸层析分离氨基酸混合物的方法。

二、实验原理

层析又称色谱[1]，主要用于分离提纯和鉴定化合物。它是一种物理化学分析方法，它利用不同溶质（混合样中各组分）与固定相和流动相之间的作用力（吸附、分配、离子交换等）的差别，当混合物溶液在两相间进行多次的吸附或分配作用时，可使各溶质相互分离。层析法根据操作条件不同，可分为柱色谱（CC）、薄层色谱（TLC）、纸色谱（PC）等，若按分离原理又可分为吸附色谱、分配色谱、离子交换色谱等，其中纸层析属于分配色谱。

纸层析是以相应的滤纸为载体，滤纸中纤维素所吸附的水[2]为固定相，展开剂为流动相。当流动相靠滤纸的毛吸作用沿滤纸移动时，流动相与固定相发生接触，由于待分离的混合物中各组分在两相之间的分配系数不同，因此被流动相带着移动的速度不同，易溶于流动相的组分移动得较快，而在固定相中溶解度较大的组分就移动得较慢，这样各组分在两相间不断进行分配、迁移，从而获得分离。这种方法适用于多官能团化合物分离，尤其是亲水性较强的成分如氨基酸、酚、天然色素等应用较多。

通常用比移值（R_f）表示物质移动的相对距离：

$$R_f = \frac{溶质最高浓度中心至原点中心的距离}{溶剂前沿至原点中心的距离}$$

R_f值是某一化合物的特征数值，但影响比移值的因素很多，如展开剂、温度、载体等，故要获得与文献数值一致的数据，则必须条件完全相同，这是较困难的，故在操作时总是用已知成分做参照实验。

若待分离的物质是无色的，层析后需用相应的显色剂来显色[3]，以便确定移动距离。

三、仪器与试剂

仪器：层析筒；层析滤纸条（12cm×2cm）；直尺；铅笔；棉线；毛细管（内径<1mm）；电吹风。

试剂：

展开剂：正丁醇∶乙酸∶水=4∶1∶5（体积比）。

样品：亮氨酸（$5g \cdot L^{-1}$）；丙氨酸（$5g \cdot L^{-1}$）；混合酸（亮氨酸和丙氨酸混合液）。

显色剂：茚三酮乙醇溶液（$2g \cdot L^{-1}$）。

四、实验步骤

1. 准备

用铅笔在滤纸的一端按图2-11-1所示画好起始线和终点线，并在其起始线上等距离地

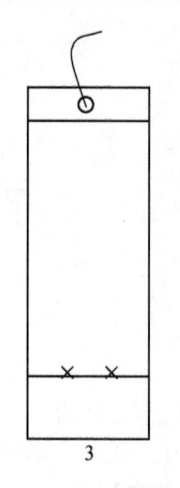

做好两个记号×，有起始线的一端为下端。在滤纸上端用针将线穿于终点线以上，便于将层析纸挂于层析筒盖上或用瓶盖压紧线使其能垂直悬挂在层析筒里。需注意的是在准备过程中手不要触摸纸条中部[4]。

2. 点样[5]

点样是整个实验最关键的一步。用毛细管稍蘸一下已准备好的样品，毛细管垂直于纸面，在两个记号"×"处分别点两个不同样。要求其中一个必须是混合酸，另一个可以是丙氨酸或亮氨酸。

3. 展开

图 2-11-1　滤纸条的处理

将已点上样的滤纸挂在带有小钩的层析筒盖上（图 2-11-2），使层析纸下端浸入到展开剂中，但需注意不要淹没起始线，展开剂液面应在起始线以下。层析纸应垂直放置，其两侧不与层析筒器壁接触。另外展开时层析筒的盖不要打开，要求尽量密闭。当展开剂上升到距终点线 0.5cm 时，立即将层析纸取出，画出展开剂前沿位置，再用电吹风把展开剂吹干。

4. 显色

用装有显色剂溶液的喷雾器，在层析纸已展开部分均匀地喷上茚三酮溶液，然后用电吹风的热风吹干纸条，至有紫红色斑点在层析纸上出现为止。

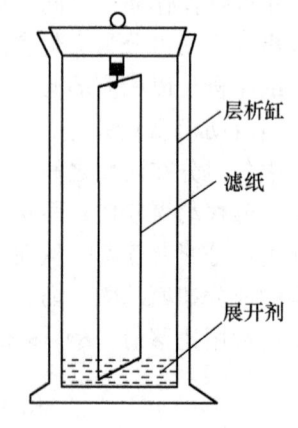

图 2-11-2　纸层析装置

5. 计算比移值

辨认出各个斑点是由哪个氨基酸显现的，用铅笔勾画其轮廓，并标出斑点的中心，分别计算丙氨酸和亮氨酸的 R_f 值。

五、注解与实验指导

[1] 1906 年 Tswett 在研究植物色素成分分离时，首先提出色谱法概念。他将植物叶子的萃取物倒入填有碳酸钙的直立玻璃管内，然后加入石油醚使其自由流下，结果色素中各组分互相分离形成各种不同颜色的谱带。按光谱的命名方式，这种方法因此得名为色谱法。但以后此法已逐渐应用于无色物质的分离，"色谱"二字虽已失去原来的含义，但仍被人们沿用至今。

[2] 滤纸中纤维素的羟基与水能以氢键形式缔合，可吸收高达 20%左右的水，并使这部分水成为不易扩散移动的固定相。

[3] 若待分离的物质是无色的，层析后常需要显色。如氨基酸用茚三酮、酚用 $FeCl_3$ 溶液、生物碱用碘蒸气等，一般利用显色剂与之反应生成有颜色的物质而显色。

[4] 在准备及后面的实验过程中，需注意不能用手触摸滤纸条中部，避免手上不干净物或皮屑落在纸上，在显色时会产生多余斑点而干扰实验结果。

[5] 点样时毛细管垂直于纸面,动作要轻,点的量不要多,控制点样直径在 2mm 左右。如果溶液太稀,一次点样不够,待样品干后可重复再点一次。

六、思考题

1. 在纸层析时,为什么要求层析筒尽量密闭?
2. 在此实验中,哪一个氨基酸展开的速度要快些,跑在前面?为什么?

参考答案

1. 答:展开时层析筒里的蒸气是饱和的,而展开剂一般是有机溶剂,易挥发,若敞开则达不到饱和状态,影响实验结果。
2. 答:亮氨酸迁移速率要比丙氨酸快,"跑"在前面,主要是因为亮氨酸的极性比丙氨酸小,这可从它们的结构式推知。根据"相似相溶"原理,极性较弱的组分在极性相对较小的展开剂中溶解度大些,随展开剂迁移要快些。

英汉专业小词汇

stationary phase 固定相　　mobile phase 移动相　　column chromatography 柱色谱　　thin-layer chromatography 薄层色谱　　paper chromatography 纸色谱　　developing solvent 展开剂　　alanine 丙氨酸　　leucine 亮氨酸　　R_f value R_f 值　　paper chromatography 纸色谱　　liquid-liquid partition chromatography 分配色谱　　chromatography tank 色谱缸/展开槽　　filter paper 滤纸　　spotting chromatogram 点样

实验 12　从茶叶中提取咖啡因

一、实验目的

1. 了解天然产物及其提取的概念和一般分离方法。
2. 熟悉脂肪提取器的操作。
3. 掌握用升华法提纯有机固体。

二、实验原理

天然产物指的是从天然植物或动物资源衍生出来的物质。许多天然产物具有惊人的生理效能,可作药物,如吗啡是最早使用的镇痛剂。因此,对天然产物的提取、鉴定、生理活性研究等就一直很受重视。但分离提纯和鉴定天然产物是一项颇复杂的工作。萃取、蒸馏、结晶及色谱等手段结合化学方法已在这方面取得了引人注目的成果。

茶叶中含有多种生物碱,其中咖啡因(或称咖啡碱)含量为 1%~5%,属嘌呤衍生物。丹宁酸(或称鞣酸)占 11%~12%,色素、纤维素、蛋白质等约占 0.6%。咖啡因具有刺激心脏、兴奋中枢神经系统、利尿等作用,主要用作中枢神经兴奋药,也是复方阿司匹林(A.P.C)等药物的组分之一。

嘌呤　　咖啡因 (1,3,7-三甲基-2,6-二氧嘌呤)

咖啡因易溶于 $CHCl_3$(12.5%)、H_2O(2%)、C_2H_5OH(2%),微溶于石油醚。含结

晶水的咖啡因是无色针状结晶，味苦，在100℃下失去结晶水，并开始升华，120℃时升华相当显著，178℃升华很快。无水咖啡因的熔点为238℃。

从茶叶中提取咖啡因，是用适当的溶剂（氯仿、乙醇、苯等）在脂肪提取器中连续抽提，浓缩得粗咖啡因。粗咖啡因中还含有一些其他的生物碱和杂质，可利用升华进一步提纯。咖啡因是弱碱性化合物，能与酸成盐。其水杨酸盐衍生物的熔点为138℃，可借此进一步验证其结构。

三、仪器与试剂

仪器：索氏提取器；圆底烧瓶；直形冷凝管；温度计（150℃）；蒸发皿；表面皿；漏斗；水浴锅；电热套。

试剂：茶叶；乙醇（95%）；生石灰；滤纸；脱脂棉。

四、实验步骤

1. 提取

称取2g茶叶，研磨细后，放入脂肪提取器的滤纸套筒[1]中，在圆底烧瓶中加入适量的95%乙醇和两粒沸石，与冷凝管组装成提取装置（图2-10-2），用电热套加热连续回流提取约1h，至提取液为浅色后，停止加热。稍冷，改为常压蒸馏装置，回收提取液中的大部分乙醇，得到浓缩液。

2. 升华

趁热将圆底烧瓶中的粗提液倒入蒸发皿中，拌入0.8g生石灰粉[1]，在水浴上慢慢蒸干，其间应不断搅拌，并压碎块状物。将口径合适的、颈部塞有棉花的玻璃漏斗罩在隔以刺有许多小孔滤纸[2]的蒸发皿上[图2-12-1（a）]，用砂浴小心加热升华。控制砂浴温度在220℃左右（此时纸微黄）。当滤纸上出现许多白色毛状结晶时，停止加热，自然冷却至100℃左右。小心取下漏斗，揭开滤纸，用刮刀将纸上和器皿周围的咖啡因刮下。残渣经搅拌后用较大的火[3]再加热片刻，使升华完全。合并两次收集的咖啡因，称量并测定熔点。

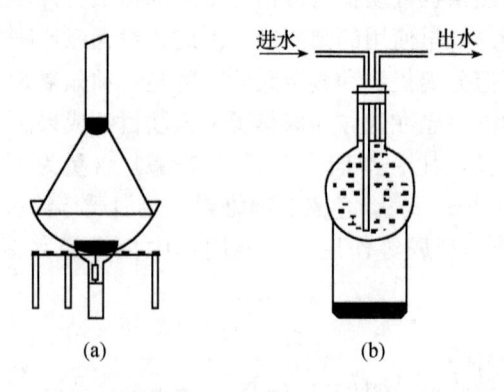

(a)　　(b)

图2-12-1 常压升华装置

实验流程为

茶叶末 —回流提取/95%乙醇→ 提取液 —蒸馏→ 粗提取液 —蒸干→ 粗提取物 —①升华 ②收集→ 咖啡因

五、注解与实验指导

[1] 生石灰起到吸水和中和作用。天然生物碱一般以盐的形式存在，中和后游离出来易升华。

[2] 扎在滤纸上的小孔要合适，否则结晶会长在背面。

[3] 升华过程应用小火加热，若温度过高则易使一些有色物质蒸出，产品不纯，实验前功尽弃。

六、思考题

1. 茶叶中的咖啡因除了用脂肪提取器提取外，还可用其他方法来提取，请查阅相关资料，设计出实验流程。
2. 在进行升华操作时应注意哪些问题？

参考答案

2. 答：操作时间不宜过长，提纯的数量不宜过多，否则产物损失较大。

英汉专业小词汇

alkaloid 生物碱　　caffeine 咖啡因　　purine 嘌呤　　soxhlet extractor 索氏提取器　　extraction 提取　　sublimation 升华

实验13　从槐米中提取芦丁

一、实验目的

1. 学习天然产物的简单提取方法。
2. 掌握脂肪提取器的操作。
3. 熟悉热过滤及重结晶等基本操作。

二、实验原理

芦丁又称芸香苷，广泛存在于植物中，其中以槐米（槐树的花蕾，*Flos sophora*）和荞麦叶内含量较高。槐米中含量最高达 12%～16%。芦丁为维生素P类药物，有助于保持毛细血管的正常弹性和调节毛细管壁的渗透作用，临床上用于治疗高血压的辅助治疗药物和毛细管性止血药。

芦丁是黄酮[1]类植物的一种成分。黄酮类化合物几乎都带有一个以上羟基，还可能有甲氧基、烃基、烃氧基等其他取代基，3-、5-、7-、3′-、4′-几个位置上有羟基或甲氧基的机会最多，6-、8-、1′-、2′-等位置上有取代基的比较少见。由于黄酮类化合物结构中的羟基较多，大多数是一元苷。芦丁属于黄酮苷，其结构式如下：

溶解度，冷水中为 1:10 000，热水中为 1:200，冷乙醇中为 1:650，热乙醇中为 1:60，冷吡啶中为 1:12。由此可知芦丁在热水和热的乙醇中溶解度较大。故可采用水煮法和热乙醇的索氏提取法来提取芦丁。

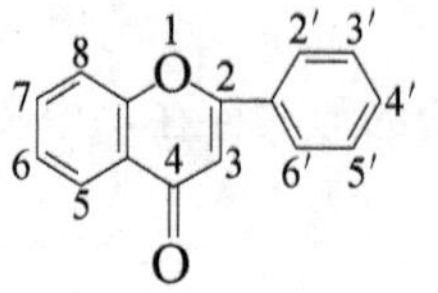

黄酮骨架 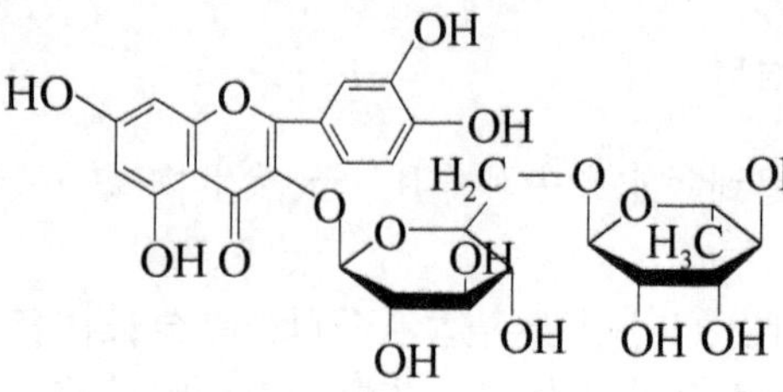　　　　　　　　　芦丁(rutin)

三、仪器与试剂

仪器：

方法Ⅰ：研钵；烧杯（50mL）；玻璃棒；赫尔什漏斗；抽滤瓶。

方法Ⅱ：索氏提取器；圆底烧瓶（10mL）；直形冷凝管；微型蒸馏头；微型锥形瓶；尾接管；电热套。

试剂：槐米；乙醇（70%）；滤纸；沸石；$FeCl_3$ 溶液（$10g \cdot L^{-1}$）；浓盐酸；镁粉；饱和石灰水；盐酸（15%）。

四、实验步骤

1. 碱水煮法

（1）称取 3g 槐米于研钵中研成粉状，置于 50mL 烧杯中，加入 30mL 饱和石灰水[2]，加热至沸，并不断搅拌，煮沸 15min 后，抽滤，滤渣再用 20mL 饱和石灰水溶液煮沸 10min，合并滤液用 15%盐酸中和，调节 pH 至 3～4，放置 1～2h，使其沉淀，抽滤，水洗，得芦丁粗产物。

（2）将制得的芦丁粗品置于 50mL 烧杯中，加入 30mL 水，加热至沸，并不断搅拌，再慢慢加入 10mL 饱和石灰水溶液，调节 pH 至 8～9[3]，等沉淀溶解后，趁热过滤，滤液置于 50mL 烧杯中，用 15%盐酸调 pH 至 4～5，静置 30min，芦丁以浅黄色结晶析出，抽滤，水洗，烘干得芦丁纯品。

实验流程如下：

槐米粉末 →(煮沸提取，抽滤 / 饱和石灰水)→ 粗提液 →(中和、沉淀、抽滤 / 15%HCl)→ 粗提物 →(洗涤 / 水)→ 粗品 →(煮沸、溶解 / 饱和石灰水)→ 溶液 →(趁热过滤)→ 滤液 →(酸化、静置、过滤 / 15%HCl)→ 结晶 →(洗涤 / 水)→ 芦丁

2. 索氏提取法

（1）称取 2.5g 槐米，研磨细后，放入滤纸套筒，再将滤纸筒放入脂肪提取器中，在圆底烧瓶中加入适量的 70%乙醇和两粒沸石，与冷凝管组装成提取装置（图 2-10-2），用电热套加热连续回流提取，待虹吸 2～3 次，即可撤去热源。稍冷却，改为常压蒸馏装置，蒸至圆底烧瓶内液体只剩下小体积[4]（2～3mL），得到浓缩液，回收蒸出的乙醇。

（2）芦丁的性质检验：①2 滴浓缩液＋1 滴 $FeCl_3$ 溶液，观察现象；②2 滴浓缩液＋1 滴浓盐酸＋少许镁粉，观察现象。

五、注解与实验指导

［1］黄酮类化合物是常存在于植物中的一类化合物，就黄色色素而言，它们的分子中都有一个酮式羰基又显黄色，所以称为黄酮。

［2］加入饱和石灰水既可以达到碱溶解提取芦丁的目的，又可以除去槐米中大量多糖黏液质。也可直接加入 150mL 水 和 1gCa(OH)$_2$ 粉末，而不必配成饱和溶液。

［3］酸化沉淀时，pH 不宜过低，否则使芦丁形成𬭁盐而增加了水溶性，降低收率。

［4］不要蒸干，一是防止出现意外，二是可以避免因温度过高而使芦丁烧糊，从而影响后面的检验实验。

六、思考题

1. 为什么可用碱性水溶液从槐米中提取芦丁？
2. 影响萃取效率的因素有哪些？

参考答案

1. 答：芦丁在热水中溶解度较大，加入碱液可以达到溶解提取芦丁的目的，又可以除去槐米。
2. 答：萃取效率主要与萃取剂的性质、萃取次数和每次萃取溶剂的体积有关。

英汉专业小词汇

rutin　芦丁　　rutionside　芸香苷　　flavonoids　黄酮类化合物

实验 14　卵磷脂的提取

一、实验目的

1. 熟悉从蛋黄中提取卵磷脂的实验方法。
2. 了解物质在不同溶剂中溶解度的不同和分离提取物质的方法。
3. 验证卵磷脂水解后的产物，巩固对卵磷脂组成及结构的认识。

二、实验原理

卵磷脂是一种在动植物中分布很广的磷脂，是天然的乳化剂和营养补品。卵磷脂尤其在蛋黄中含量较多（10％左右）。

蛋黄的成分：50％水、20％蛋白质、20％脂肪及少量脑磷脂，各组分在下列不同溶剂中溶解情况如表 2-14-1 所示。

表 2-14-1　蛋黄的成分

溶　剂	蛋白质	脂　肪	卵磷脂	脑磷脂
乙醇	不溶	溶	溶	不溶
氯仿	不溶	溶	溶	溶
丙酮	不溶	溶	不溶	不溶

利用卵磷脂可溶于乙醇、氯仿等溶剂而不溶于丙酮的性质，可以用这些溶剂对蛋黄中的

卵磷脂进行提取。

卵磷脂可在碱性溶液中加热水解，得到甘油、脂肪酸、磷酸和胆碱，可从水解液中检验出这些组分。

三、仪器与试剂

仪器：研钵；赫尔什漏斗；抽滤瓶；蒸发皿；玻璃漏斗；棉花；试管；烧杯；电热套。

试剂：熟鸡蛋黄；氯仿；丙酮；乙醇（95％）；NaOH溶液（200g·L^{-1}）；Pb(Ac)$_2$溶液（100g·L^{-1}）；CuSO$_4$溶液（100g·L^{-1}）；硫酸；硝酸；碘化铋钾溶液；钼酸铵溶液（0.1mol·L^{-1}）；氨基萘酚磺酸。

四、实验步骤

1. 卵磷脂的提取

先取一只熟鸡蛋黄和10mL 95％乙醇先在研钵中研磨一段时间后，再加入10mL 95％乙醇充分研磨。减压过滤，滤渣经充分挤压滤干后，移入研钵中加10mL 95％乙醇研磨，再次减压过滤，滤干后，合并两次滤液（若浑浊可再过滤一次[1]）。

将澄清滤液移入蒸发皿内，置于沸水浴[2]上蒸去乙醇至干，得到黄色油状物。冷却后，加入5mL氯仿，搅拌，使油状物完全溶解[3]。在搅拌下慢慢加入15mL丙酮，即有卵磷脂析出，搅动使其尽量析出。

2. 卵磷脂的水解及其组成鉴定

1) 水解

取一支干燥试管，加入提取量的一半的卵磷脂，并加入5mL氢氧化钠溶液，放入沸水浴中加热10min，并用玻璃棒搅拌使卵磷脂水解，冷却后，在玻璃漏斗中用棉花过滤，滤液保留，供下面检验实验用。

2) 检验

(1) 脂肪酸的检验。取棉花上的沉淀少许，加1滴氢氧化钠溶液和5mL水，用玻璃棒搅拌使其溶解，在玻璃漏斗中用棉花过滤得澄清液，用硝酸酸化后再加入乙酸铅溶液2滴[4]，观察溶液的变化。

(2) 甘油的检验。取试管一支，加入硫酸铜溶液1mL和2滴氢氧化钠溶液，振摇，有氢氧化铜沉淀生成，再加入1mL水解液振摇，观察现象[5]。

胆碱的检验：取水解液1mL，滴加硫酸使其酸化（以pH试纸试之），加入1滴克劳特试剂（碘化铋钾溶液），有砖红色沉淀生成[6]。

(3) 磷酸的检验。取10滴水解液，加入硫酸使其酸化，加入5滴钼酸铵溶液，再加入20滴氨基萘酚磺酸溶液，摇振后，水浴加热5min，观察颜色变化[7]。

五、注解与实验指导

[1] 第一次减压过滤，因刚析出的醇中含很细的不溶物和少许水分，滤出物浑浊，放置后继续有沉淀析出，需合并滤液后，以原赫尔什漏斗（不换滤纸）反复滤清。

[2] 蒸去乙醇时，不可用明火（如酒精灯）直接加热，最好是水浴以免发生火灾。

［3］蒸发皿壁上沾的油状物一定要使其溶于氯仿中，否则会带入杂质。

［4］加硝酸酸化使脂肪酸析出，溶液变浑浊，加入乙酸铅后会有脂肪酸铅盐生成，浑浊现象进一步增强。

［5］生成的氢氧化铜沉淀，因水解液中的甘油（具有邻二醇结构）与之反应，生成甘油铜使沉淀逐步溶解。

［6］克劳特试剂为含有 $KI-BiI_3$ 复盐的有色溶液，与含氮碱性化合物如胆碱生成砖红色的沉淀。

［7］钼酸铵溶液与硫酸生成钼酸，再与磷酸结合成磷钼酸，磷钼酸与氨基萘酚磺酸（还原剂）作用，产生蓝色的钼氧化物。

六、思考题

1. 卵磷脂为什么能作为乳化剂？
2. 卵磷脂的皂化产物是什么？

参考答案

1. 答：卵磷脂具有乳化作用，因为其分子结构中有疏水性的尾部（脂肪烃基长链）和亲水性的头部（磷脂酰胆碱）。
2. 答：水解产物有磷酸、甘油、脂肪酸、胆碱。

英汉专业小词汇

lecithin 卵磷脂　　glycerol 甘油（丙三醇）　　fatty acid 脂肪酸　　choline 胆碱　　identification 鉴定
hydrolysis 水解　　saponification 皂化

实验15　番茄红素的提取

一、实验目的

1. 了解从天然物质中提取有效成分的基本原理和方法。
2. 熟悉柱层析和薄层层析的分离操作技术。

二、实验原理

在市售的食用番茄酱中含有番茄红素和 β-胡萝卜素，这些都是类胡萝卜素。分子式为 $C_{40}H_{56}$，其结构式为

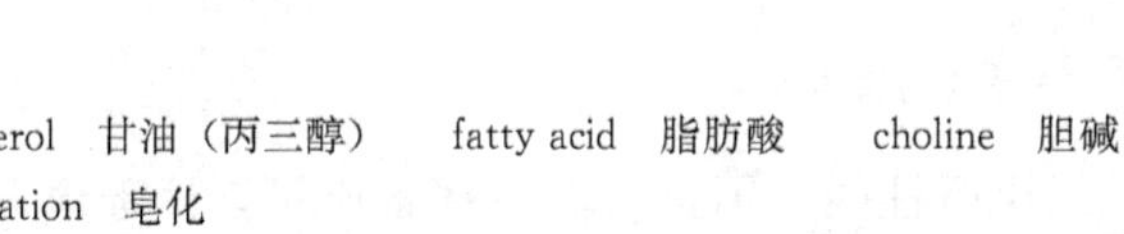

番茄红素（熔点 173℃）

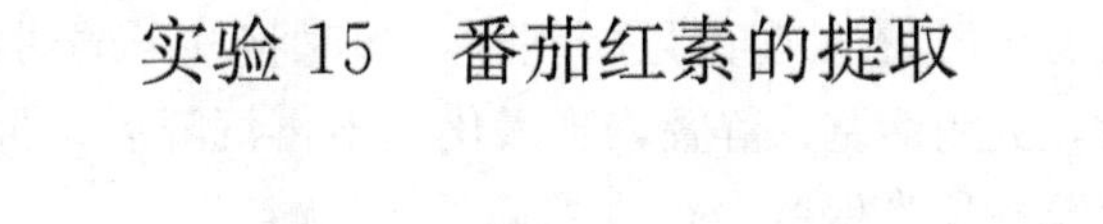

β-胡萝卜素（熔点 183℃）

从上面的结构式可看出，番茄红素和 β-胡萝卜素的结构相似，是同分异构体，用一般

方法很难将它们分离，而色谱法是一种较好的分离同分异构体的手段，本实验利用柱层析分离技术可将它们分离开。完成分离之后再用薄层层析法进行鉴定比较，两个同分异构体会表现出不同的 R_f 值。

三、仪器与试剂

仪器：圆底烧瓶（50mL）；球形冷凝管；锥形瓶（50mL）；玻璃漏斗；分液漏斗（25mL）；层析柱（1cm×10cm）；烧杯；量筒；电热套；滤纸。

试剂：市售番茄酱；乙醇（95%）；石油醚；丙酮；甲苯；饱和食盐水；中性氧化铝；无水硫酸钠；硅胶 G；羧甲基纤维素钠；细砂（经酸洗净）。

四、实验步骤

1. 番茄红素和 β-胡萝卜素的提取

在 50mL 圆底烧瓶中加入 4g 番茄酱，再加入 10mL 95％的乙醇[1]，回流 5min，冷却后过滤，滤液存于 50mL 锥形瓶中。将滤纸和滤渣再放入圆底烧瓶中，用 10mL 石油醚（沸程 60～90℃）回流 3min，冷却后，过滤。将两次滤液并入同一锥形瓶中，加入 5mL 饱和食盐水摇匀，倒入分液漏斗中，静置待分层。上层有机相倒入干燥的锥形瓶中，用适量的无水硫酸钠干燥 30min。预留几滴做薄层层析外，其余蒸除溶剂，得到粗提取物备用。

2. 柱层析分离番茄红素和 β-胡萝卜素

先将少量脱脂棉放入层析柱内，用长玻璃棒塞紧压平，经玻璃漏斗向柱内加入约 5mm 厚的细砂，并使沙面平整。另称取 3g 中性氧化铝于烧杯中，加入 5mL 左右的石油醚搅拌均匀，迅速不断地加入盛有 6mL 石油醚的层析柱中，同时将柱下端活塞打开，让石油醚缓缓流出[2]。加完氧化铝后，关闭活塞，静置，当氧化铝不再沉降后，再在上端加入 2mm 厚细砂，放出多余的石油醚至柱顶尚保留 1cm 左右高的石油醚。

粗提取物用尽可能少的甲苯溶解，用吸管转移到层析柱上，先用石油醚进行洗脱，由于 β-胡萝卜素极性相对较小，在柱中移动速度较快，首先收集到的是黄色的含有 β-胡萝卜素的洗脱液。当所有 β-胡萝卜素被完全洗脱，改用 8∶2 的石油醚-丙酮混合液作为洗脱液[3]对番茄红素进行洗脱，收集红色的洗脱液。

3. 薄层层析

用毛细管吸取提取好的滤液点在活化好的硅胶板上，用展开剂（石油醚∶丙酮＝9∶1）在展开缸中展开，待展开完毕后取出薄层板，分别计算番茄红素和 β-胡萝卜素的 R_f 值。

五、注解与实验指导

[1] 先用乙醇对番茄酱脱水，便于石油醚更有效地提取番茄红素和 β-胡萝卜素。

[2] 湿法装柱，注意填充均匀，不能有气泡，也不能出现松紧不均和断层，否则影响分离效果和洗脱速度。洗脱过程中洗脱液的液面应始终高于氧化铝表面，否则会出现断层现象。

[3] 加入一定量的丙酮，是为了增加洗脱液的极性，有利于洗出极性较大的组分。

六、思考题

1. 番茄红素和 β-胡萝卜素相比,哪一个的 R_f 值大?
2. 提取液为何用饱和食盐水洗涤?

参考答案

1. 答:β-胡萝卜素相对番茄红素极性较小,随展开剂移动的速度要快些,故其 R_f 值大。
2. 答:有机提取物和有机溶剂在饱和食盐水中溶解度远小于在水中的,可以减少提取物的损失。另外,食盐水可以减少振荡洗涤时引发的乳化现象,有利于分层。

英汉专业小词汇

lycopene 番茄红素　　β-carotene β-胡萝卜素　　silica gel 硅胶　　ketchup 番茄酱　　petroleum ether 石油醚　　ethanol 乙醇　　isomer 同分异构体

第3部分 元素及其化合物的性质与鉴定实验

实验16 解离平衡与沉淀反应

一、实验目的

1. 加深对解离平衡、同离子效应、盐类水解等理论的理解。
2. 学习缓冲溶液的配制,加深对缓冲溶液性质的理解。
3. 了解沉淀平衡及溶度积规则的应用。

二、实验原理

无机化学反应多数是在水溶液中进行的,参与这些反应的物质主要是酸、碱、盐。它们都是电解质,在水中能够解离,因此酸、碱、盐的反应实质上是离子反应。

1. 弱电解质的解离平衡

电解质有强电解质和弱电解质之分,在水溶液中能完全解离的电解质为强电解质;在水溶液中仅能部分解离的电解质为弱电解质。弱电解质在水溶液中存在解离平衡。

2. 同离子效应

在弱电解质溶液中,加入与弱电解质含有相同离子的易溶的强电解质,则弱电解质解离度下降的这种现象称为同离子效应。如在 $0.1 \text{mol} \cdot \text{L}^{-1}$ 的 HAc 溶液中,加入等体积的 $0.1 \text{mol} \cdot \text{L}^{-1}$ 的 NaAc 溶液,其 pH 从约 2.88 变为约 4.75。这说明溶液中 $c(\text{H}^+)$ 降低,也就是 HAc 的解离度下降。

3. 缓冲溶液

缓冲溶液是由足够浓度的弱酸(碱)及其共轭碱(酸)组成的溶液。它具有保持溶液 pH 基本不变的能力,这种能力称为缓冲能力。缓冲溶液的 pH 可近似地用下式计算:

$$\text{pH} = \text{p}K_a + \lg \frac{c(\text{B}^-)}{c(\text{HB})}$$

式中:$c(\text{B}^-)$ 为共轭碱的浓度;$c(\text{HB})$ 为共轭酸的浓度。准确地计算缓冲溶液的 pH,应该用活度而不应该用浓度。它们的 pH 可由精确的实验方法测定。

缓冲溶液的缓冲能力大小用缓冲容量来衡量。决定缓冲容量大小的因素主要有:
(1) 缓冲液的总浓度。缓冲液的总浓度越大,缓冲容量越大。
(2) 缓冲比 $c(\text{B}^-)/c(\text{HB})$。当缓冲液的总浓度一定时,缓冲比越接近 1:1,缓冲容量越大。

4. 盐类的水解

盐类的水解反应是由组成盐的离子和水解离出来的 H^+ 或 OH^- 作用,生成弱酸或弱碱的过程。水解反应往往使溶液的酸碱性发生变化,水解后若生成的酸或碱强度越弱,盐的水解程度越大。水解是酸碱中和反应的逆反应,是吸热反应,故加热利于水解反应进行。

5. 沉淀溶解平衡

在难溶强电解质的饱和溶液中,未溶解的固体与溶解后溶液中形成的离子间存在的多相离子平衡,称为沉淀溶解平衡。

$$A_mB_n(s) \rightleftharpoons mA^{n+} + nB^{m-}$$
$$K_{sp} = [A^{n+}]^m[B^{m-}]^n$$

K_{sp}为难溶强电解质多相离子平衡的平衡常数,称为溶度积常数。其数值大小与难溶电解质的本性有关,反映了该物质的溶解程度和溶解能力。

当组成沉淀的离子积:

$Q<K_{sp}$时,沉淀溶解或不形成沉淀;

$Q=K_{sp}$时,沉淀与溶解平衡,溶液饱和;

$Q>K_{sp}$时,形成沉淀。

如果在溶液中有两种或两种以上的离子都可与同一沉淀剂反应生成难溶电解质,所需沉淀剂离子浓度小的先沉淀出来,所需沉淀剂离子浓度大的后沉淀。

三、仪器与试剂

仪器:吸量管1支;试管(10mL)10支;试管架;滴管;玻璃棒;洗瓶。

试剂:NaAc(0.1mol·L^{-1});HAc(1.0mol·L^{-1}、0.1mol·L^{-1});NaOH(1.0mol·L^{-1});HCl(0.1mol·L^{-1}、1.0mol·L^{-1}、6.0mol·L^{-1});NH$_3$·H$_2$O(0.1mol·L^{-1}、1.0mol·L^{-1});HNO$_3$(6mol·L^{-1});Al$_2$(SO$_4$)$_3$、NaHCO$_3$、CaCl$_2$、MgCl$_2$、FeCl$_3$、AgNO$_3$、NaCl、Na$_2$S、K$_2$CrO$_4$(浓度均为0.1mol·L^{-1});饱和(NH$_4$)$_2$C$_2$O$_4$溶液;甲基橙指示剂;广泛和精密pH试纸;NaAc(s);NH$_4$Cl(s);Fe(NO$_3$)$_3$·9H$_2$O(s);BiCl$_3$(s);锌粒。

四、实验步骤

1. 强电解质和弱电解质

(1) 分别在两支试管中加入0.1mol·L^{-1} HCl和0.1mol·L^{-1} HAc溶液各0.5mL,再各滴入1滴甲基橙指示剂,观察溶液颜色。

(2) 分别用pH试纸测量0.1mol·L^{-1} HCl和0.1mol·L^{-1} HAc溶液的pH。

(3) 分别在两支试管中加入0.1mol·L^{-1} HCl和0.1mol·L^{-1} HAc溶液各2mL及1颗锌粒并微热,比较两支试管中反应的快慢。

根据以上实验比较盐酸和乙酸的酸性有何不同,为什么?

2. 同离子效应和解离平衡

(1) 取2mL 0.1mol·L^{-1} HAc溶液,滴入1滴甲基橙指示剂,摇匀并观察颜色。再加入少量NaAc固体,溶解后溶液的颜色有何变化?试解释。

(2) 取2mL 0.1mol·L^{-1} NH$_3$·H$_2$O溶液,滴入1滴酚酞指示剂,摇匀并观察颜色。

再加入少量 NH₄Cl 固体，溶解后溶液的颜色有何变化？试解释。

综合以上两个实验，讨论解离平衡的移动。

3. **缓冲溶液的性质**

(1) 在两支试管中加入 10mL 蒸馏水，用 pH 试纸测量其 pH。将蒸馏水分两等份，分别滴入 5 滴 0.1mol·L⁻¹ HCl 和 0.1mol·L⁻¹ NaOH 溶液，再用 pH 试纸测量它们的 pH，与蒸馏水的 pH 比较，记下 pH 的改变。

(2) 在试管中加入 5mL 0.1mol·L⁻¹ HAc 和 5mL 0.1mol·L⁻¹ NaAc 溶液，摇匀后用精密 pH 试纸测其 pH。再将溶液分成两等份，分别滴入 5 滴 0.1mol·L⁻¹ HCl 和 0.1mol·L⁻¹ NaOH 溶液，再用 pH 试纸测量它们的 pH，与之前 pH 比较，记下 pH 的改变。

(3) 在试管中加入 1mL 0.1mol·L⁻¹ HAc 和 9mL 0.1mol·L⁻¹ NaAc 溶液，摇匀后用精密 pH 试纸测其 pH。再将溶液分成两等份，分别滴入 5 滴 0.1mol·L⁻¹ HCl 和 0.1mol·L⁻¹ NaOH 溶液，再用 pH 试纸测量它们的 pH，与之前 pH 比较，记下 pH 的改变。

综合以上实验，可得出什么结论？

4. **盐类的水解**

(1) 在试管中加入少量固体 Fe(NO₃)₃·9H₂O，加水溶解后观察溶液的颜色，把溶液分 3 份。第一份用来比较，第二份加 1 滴 6mol·L⁻¹ HNO₃ 溶液，第三份小火微热，比较三份试液颜色有何不同，为什么？

(2) 在试管中加入少量 BiCl₃ 固体，加少量水摇匀，有什么现象？用 pH 试纸测量其 pH。然后往试管中滴加 6mol·L⁻¹ HCl 至溶液变为澄清（恰好溶解），再用水稀释这一溶液，又有什么变化？试解释上述现象。

(3) 分别取 2mL 0.1mol·L⁻¹ Al₂(SO₄)₃ 和 2mL 0.1mol·L⁻¹ NaHCO₃ 溶液加入两试管中，用 pH 试纸测量它们 pH，写出它们的水解反应方程式。然后将两份溶液合并，观察有何现象并解释。

5. **沉淀溶解平衡**

1) 氢氧化物沉淀的生成

(1) 取 3 支试管分别加入 1mL 0.1mol·L⁻¹ CaCl₂、MgCl₂ 和 FeCl₃ 溶液，再分别加入 1mol·L⁻¹ NaOH 溶液数滴，观察 3 支试管中有无沉淀生成。

(2) 将 (1) 中的 1mol·L⁻¹ NaOH 溶液改为 1mol·L⁻¹ NH₃·H₂O，看有无沉淀生成。

(3) 再将 (1) 中的 1mol·L⁻¹ NaOH 溶液改为 0.5mL 饱和 NH₄Cl 和 1mol·L⁻¹ NH₃·H₂O 的混合液（体积比为 1∶1），看有无沉淀生成。

根据以上实验，可得出什么结果？

2) 沉淀的转化和溶解

(1) 在 2 支离心试管中均加入 1mL 饱和 (NH₄)₂C₂O₄ 溶液和 1mL 0.1mol·L⁻¹ CaCl₂ 溶液，观察沉淀颜色。离心分离后弃去溶液，沉淀上分别滴加 1mol·L⁻¹ HCl 和 1mol·L⁻¹ HAc 溶液，有什么现象？

(2) 在离心试管中加入 0.5mL 0.1mol·L⁻¹ AgNO₃ 溶液和 0.5mL 0.1mol·L⁻¹ NaCl 溶

液，观察沉淀生成。离心分离后弃去溶液，沉淀中滴加 1mol·L^{-1} NH$_3$·H$_2$O，观察现象并写出反应式。

（3）在离心试管中加入 0.5mL 0.1mol·L^{-1} AgNO$_3$ 溶液和 0.5mL 0.1mol·L^{-1} NaCl 溶液，观察沉淀生成，然后再滴加数滴 0.1mol·L^{-1} Na$_2$S 溶液，观察沉淀的颜色和变化，离心分离后弃去溶液，在沉淀上滴加 6mol·L^{-1} HNO$_3$ 溶液少许并加热，又有什么现象？写出相应方程式。

3）分步沉淀

在离心试管中加入 0.5mL 0.1mol·L^{-1} NaCl 溶液和 3 滴 0.1mol·L^{-1} K$_2$CrO$_4$ 溶液，混匀后边振荡试管边滴加 0.1mol·L^{-1} AgNO$_3$ 溶液，观察沉淀的颜色和变化，并加以解释。

五、思考题

1. 缓冲溶液的 pH 由哪些因素决定？
2. 已知浓度相同的 H$_3$PO$_4$、NaH$_2$PO$_4$、Na$_2$HPO$_4$ 和 Na$_3$PO$_4$ 四种溶液依次显酸性、弱酸性、弱碱性和碱性，试解释。
3. 将 10mL 0.2mol·L^{-1} HAc 和 10mL 0.1mol·L^{-1} NaOH 溶液混合，所得溶液是否有缓冲能力？其 pH 在什么范围？
4. 如何配制锡、锑、铋的盐溶液？

实验 17　混合离子的分离与定性分析

一、实验目的

1. 掌握常见金属离子的分离鉴定。
2. 掌握 Cl$^-$、Br$^-$、I$^-$ 混合溶液的分离分析。
3. 掌握 S^{2-}、S$_2$O$_3^{2-}$、SO$_3^{2-}$ 混合溶液的分离分析。

二、仪器与试剂

仪器：小试管；离心试管；点滴板；电动离心机；酒精灯。

试剂：HAc(2.0mol·L^{-1})；NaOH(2.0mol·L^{-1})；HCl(2.0mol·L^{-1})；K$_2$CrO$_4$(1.0mol·L^{-1})；(NH$_4$)$_2$C$_2$O$_4$(1.0mol·L^{-1})；Fe(NO$_3$)$_3$(0.1mol·L^{-1})；AgNO$_3$(0.1mol·L^{-1})；Al(NO$_3$)$_3$(0.1mol·L^{-1})；CuCl$_2$(0.1 mol·L^{-1})；BaCl$_2$(0.1 mol·L^{-1})；NaCl(0.1 mol·L^{-1})；KBr(0.1mol·L^{-1})；KI(0.1mol·L^{-1})；HNO$_3$(3.0mol·L^{-1})；(NH$_4$)$_2$CO$_3$(2.0mol·L^{-1})；H$_2$SO$_4$(2.0mol·L^{-1})；NaClO 溶液；氨水；CCl$_4$；I$_2$ 淀粉溶液；镁试剂；亚硝酰铁氰化钠；锌粉；CdCO$_3$(s)；MgCl$_2$(0.1mol·L^{-1})；CaCl$_2$(0.1mol·L^{-1})；Na$_2$S(0.1mol·L^{-1})；Na$_2$S$_2$O$_3$(0.1mol·L^{-1})；Na$_2$SO$_3$(0.1mol·L^{-1})。

三、实验步骤

1. Mg^{2+}、Ca^{2+}、Ba^{2+} 混合液的分离鉴定

取 0.1mol·L^{-1} Mg^{2+}、Ca^{2+}、Ba^{2+} 三种试液各 4 滴于离心试管中，配成混合液。加入 2

滴 2.0mol·L⁻¹ HAc 和数滴 1.0mol·L⁻¹ K₂CrO₄ 至上层溶液呈黄色，如有黄色沉淀，离心分离，沉淀中加几滴 2.0mol·L⁻¹ NaOH，若沉淀不溶，则表示有 Ba^{2+}。将分离 Ba^{2+} 的清液转移到另一试管中，加入 3 滴 0.50mol·L⁻¹ (NH₄)₂C₂O₄，加热后有白色沉淀，表示存在 Ca^{2+}。离心分离，取 1 滴清液于点滴板上，加 2 滴 2.0mol·L⁻¹ NaOH 和 1～2 滴镁试剂（对硝基苯偶氮间苯二酚），若生成蓝色沉淀，表示有 Mg^{2+}。

2. Fe^{3+}、Ag^+、Al^{3+} 混合液的分离

在试管中加入 0.1mol·L⁻¹ Fe(NO₃)₃、0.1mol·L⁻¹ AgNO₃ 和 0.1mol·L⁻¹ Al(NO₃)₃ 溶液各 5 滴，向该混合液中加入几滴 2.0mol·L⁻¹ HCl，有什么沉淀析出？离心分离后，在上层清液中加 1 滴 2.0mol·L⁻¹ HCl，若无沉淀析出，表示能形成难溶氯化物的离子已沉淀完全。离心分离，将清液转移到另一试管中，在清液中加入过量 2.0mol·L⁻¹ NaOH，搅拌加热后，有什么沉淀析出？离心分离后，在上层清液中加 1 滴 2.0mol·L⁻¹ NaOH，若无沉淀析出，表示能形成难溶氢氧化物的离子已沉淀完全。将清液转移到另一试管中，此时三种离子已分开，写出分离过程示意图。

3. Cu^{2+}、Ba^{2+}、Al^{3+} 混合液的分离

取浓度均为 0.1mol·L⁻¹ 的 CuCl₂、BaCl₂ 和 Al(NO₃)₃ 溶液各 5 滴振荡混合，先加入稀 H₂SO₄ 使 Ba^{2+} 生成 BaSO₄ 沉淀而分离，在溶液中加入过量氨水，Cu^{2+} 与 NH₃ 反应生成 $[Cu(NH_3)_4]^{2+}$ 留在溶液中，Al^{3+} 不与 NH₃ 生成配合物，而以 Al(OH)₃ 沉淀析出来。

写出分离过程示意图和反应方程式，具体操作参照前面实验。

4. Cl^-、Br^-、I^- 混合溶液的分析

取 0.1mol·L⁻¹ NaCl、KBr、KI 三种试液各 4 滴于小试管中，配成混合液。

1）生成卤化银沉淀

将上述混合液加 2 滴 3mol·L⁻¹ HNO₃ 酸化，然后滴入 0.1mol·L⁻¹ AgNO₃ 溶液使其沉淀完全，离心分离，弃去离心液，沉淀用去离子水洗 2 次后按以下步骤分离鉴定。

2）AgCl 的溶解及 Cl^- 的鉴定

将上述卤化银沉淀加 2mol·L⁻¹ (NH₄)₂CO₃ 溶液 10 滴，充分搅拌后离心沉降，沉淀留作 Br^-、I^- 鉴定；将离心液加入几滴 3mol·L⁻¹ HNO₃ 酸化，若白色沉淀出现，表示有 Cl^- 存在。

3）Br^-、I^- 的鉴定

在之前得到的 AgBr、AgI 沉淀中加几滴水和少量锌粉，搅拌后微热，离心分离。将离心液转移到另一小试管中，加几滴 2mol·L⁻¹ H₂SO₄ 酸化和 CCl₄ 5 滴，然后再滴加新配制的 NaClO，边加边振荡，观察 CCl₄ 层的颜色，若出现紫色，表示 I^- 存在。继续滴加 NaClO 并振荡，若 CCl₄ 层颜色由红紫色—无色—红棕色—浅黄色，表示 Br^- 存在。

5. S^{2-}、$S_2O_3^{2-}$、SO_3^{2-} 混合溶液的分析

取 0.1mol·L⁻¹ 上述三种钠盐试液各 4 滴于离心试管中，配成混合液。

1）S^{2-} 的鉴定

取 1 滴混合液于点滴板上，加 1 滴亚硝酰铁氰化钠，若有紫色，表明有 S^{2-}。

2) $S_2O_3^{2-}$、SO_3^{2-} 分离

在混合试液中加几毫克固体 $CdCO_3$，充分搅拌，离心分离沉淀，并检验试液中 S^{2-} 是否除尽。向未除尽 S^{2-} 的试液中滴加 $Sr(NO_3)_2$ 至 $SrSO_3$ 沉淀完全，水浴加热 2min，冷却离心分离，沉淀用水洗 2 次后，按 3) 分析；离心液按 4) 分析。

3) SO_3^{2-} 的鉴定

将上面所得沉淀用 $2.0 mol \cdot L^{-1}$ HCl 溶解后，加 1 滴 I_2 淀粉溶液，若蓝色消失说明有 SO_3^{2-} 存在。

4) $S_2O_3^{2-}$ 的鉴定

取上面所得离心液 3 滴于一小试管中，加入几滴 $0.1 mol \cdot L^{-1}$ $AgNO_3$ 溶液，搅拌后生成白色沉淀，且沉淀迅速变棕黄色，最后变黑色有 $S_2O_3^{2-}$ 存在。

写出分离过程示意图及相关化学反应式。

四、思考题

1. 在 Br^- 和 I^- 的分离鉴定中，加入 CCl_4 的目的是什么？它参加化学反应吗？
2. 在鉴定 S^{2-}、$S_2O_3^{2-}$、SO_3^{2-} 混合液时，3 种离子间互相有无干扰？应如何消除？

实验 18 过氧化氢含量的测定（高锰酸钾法）

一、目的要求

1. 了解高锰酸钾标准溶液的配制、保存与标定方法。
2. 掌握应用高锰酸钾法测定过氧化氢含量的原理和方法，了解加快反应速率的方法。

二、实验原理

过氧化氢又称双氧水，在工业、生物、医药卫生等方面有广泛用途，常需测定其准确含量，市售 H_2O_2 含量一般为 30% 左右。H_2O_2 分子中有一过氧键，在酸性溶液中常作氧化剂，但遇 $KMnO_4$ 表现为还原剂。H_2O_2 含量可用高锰酸钾法测定，在稀 H_2SO_4 中，H_2O_2 被 $KMnO_4$ 定量氧化，反应式为

$$2MnO_4^- + 5H_2O_2 + 6H^+ = 2Mn^{2+} + 5O_2\uparrow + 8H_2O$$

根据高锰酸钾溶液浓度和滴定所消耗体积，可计算过氧化氢含量。

市售的高锰酸钾常含有少量杂质，因此不能直接用准确称量的 $KMnO_4$ 得到准确浓度的溶液。$KMnO_4$ 是一种强氧化剂，易和水中的有机物及空气中的尘埃等还原性物质作用，还能自行分解，其分解反应如下

$$4KMnO_4 + 2H_2O = 4MnO_2 + 4KOH + 3O_2\uparrow$$

因此，$KMnO_4$ 溶液的浓度不稳定，容易改变，必须正确地配制和保存。即便如此，长期使用的 $KMnO_4$ 标准溶液，仍需定期标定浓度。

$KMnO_4$ 标准溶液常用乙二酸钠作基准物来标定。乙二酸钠（$Na_2C_2O_4$）不含结晶水，容易精制。标定时的反应为

$$2MnO_4^- + 5H_2C_2O_4 + 6H^+ = 2Mn^{2+} + 10CO_2\uparrow + 8H_2O$$

该反应的平衡常数很大，但在常温下反应速率较慢。为了加快反应速率，可以对溶液加

热，温度控制在75~85℃，但不能超过90℃，否则在酸性溶液中部分$Na_2C_2O_4$会发生分解。滴定开始时，加入的第一滴$KMnO_4$褪色很慢，所以开始滴定时速度要慢些。反应一旦发生后，由于反应产物Mn^{2+}的催化作用，反应会越来越快。

在溶液中MnO_4^-浓度大时呈紫红色，浓度小时显红色，反应产物Mn^{2+}则是无色的，滴定时利用MnO_4^-离子本身的颜色指示滴定终点。由于空气中的还原性物质落入溶液中能使$KMnO_4$缓慢分解，而使微红色消失，因此该反应的滴定终点是不太稳定的，经过半分钟不褪色即可认为终点已到。

三、仪器与试剂

仪器：分析天平；酸式滴定管（50mL）1只；滴定台1套；锥形瓶（250mL）3个；洗瓶1个；水浴锅；容量瓶（250mL）；移液管（10.00mL、25.00mL）。

试剂：$Na_2C_2O_4$（A.R.，用前在烘箱内于105℃下烘干）；$KMnO_4$（0.02mol·L^{-1}）；H_2SO_4（1mol·L^{-1}）；H_2O_2（浓度约3%；市售H_2O_2稀释10倍后存于棕色瓶中）。

四、实验步骤

1. 0.02mol·L^{-1} $KMnO_4$溶液的配制

称取计算量的$KMnO_4$，溶于一定量的水中，加热煮沸20~30min，冷却后在暗处放置7~10天。然后，用玻璃砂芯漏斗或玻璃纤维过滤，储于棕色玻璃瓶中，放置暗处保存。

2. 0.02mol·L^{-1} $KMnO_4$溶液的标定

准确称取在105℃干燥至恒量的$Na_2C_2O_4$基准物0.15~0.2g，置于250mL锥形瓶中，加水约10mL使之溶解，再加1mol·L^{-1} H_2SO_4溶液30.0mL，水浴加热至75~85℃，立即用$KMnO_4$溶液滴定。开始时应较慢滴定，待滴入的$KMnO_4$溶液褪色后再加入下一滴，以后滴定速度可加快，当溶液呈微红色，在30s内不褪色即达到滴定终点。

重复测定2次。根据滴定所消耗的$KMnO_4$溶液体积和基准物的质量，计算$KMnO_4$溶液的浓度。

3. H_2O_2含量的测定

用移液管移取10.00mL H_2O_2试样于250mL容量瓶中，加水稀释至刻度，摇匀。准确吸取稀释后的H_2O_2 25.00mL于锥形瓶中，加入1mol·L^{-1} H_2SO_4溶液30.0mL，用$KMnO_4$标准溶液滴定至溶液呈微红色，30s内不褪色即达到滴定终点。平行滴定3次，计算过氧化氢含量。

五、数据记录与处理

表3-18-1　0.02mol·L^{-1} $KMnO_4$溶液的标定

实验次数	1	2	3
称量瓶+$Na_2C_2O_4$（前）/g			
称量瓶+$Na_2C_2O_4$（后）/g			
$Na_2C_2O_4$的质量m/g			

续表

实验次数	1	2	3
KMnO$_4$ 终读数/mL			
KMnO$_4$ 初读数/mL			
ΔV(KMnO$_4$)/mL			
c(KMnO$_4$)/(mol·L^{-1})			
$c_{平均}$(KMnO$_4$)/(mol·L^{-1})			
个别测定的绝对偏差			
相对平均偏差			

$$c(KMnO_4)/(mol \cdot L^{-1}) = \frac{2 \times 1000 \times m(Na_2C_2O_4)}{5 \times 134.5 \times \Delta V(KMnO_4)}$$

六、思考题

1. 用 KMnO$_4$ 溶液滴定 Na$_2$C$_2$O$_4$ 溶液时，KMnO$_4$ 溶液为什么一定要装在玻璃酸式滴定管中？为什么第一滴 KMnO$_4$ 溶液加入后红色褪去很慢，以后褪色较快？

2. 装 KMnO$_4$ 溶液的烧杯放置较久后，杯壁上常有棕色沉淀，可能是什么？应该怎样洗涤？

实验 19 有机化合物元素的定性分析

一、实验目的

1. 掌握钠熔法分解有机物的原理和操作方法。
2. 熟悉氮、硫和卤素的鉴定方法。

二、实验原理

有机物元素的定性分析是指对有机化合物的组成元素进行分析，它是鉴定有机未知物的必经途径，也为有机样品定量分析做准备。有机化合物都含有碳，绝大多数含有氢，所以一般不需鉴定碳、氢两种元素，而氧元素至今还没有简便和满意的测试方法，因此元素定性分析主要是分析氮、硫、卤素等杂元素。由于有机物中的原子大多以共价键相结合，在水中难解离出相应的离子。所以通常需将有机物分解，使元素转变成离子再进行鉴定。

分解样品最常用的方法是钠熔法。操作时将有机物与金属钠混合，共同加热使其共熔，发生反应使有机物迅速分解，转化成能溶于水的离子型无机物，再加入相关试剂进行鉴定。实验基本过程如下：

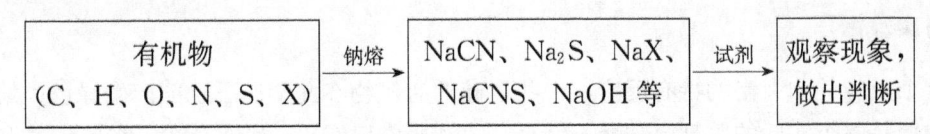

有机物 (C、H、O、N、S、X) →(钠熔)→ NaCN、Na$_2$S、NaX、NaCNS、NaOH 等 →(试剂)→ 观察现象，做出判断

另外，可用 Beilstein 焰色法检验出有机物中是否含有卤素，将蘸有有机物液体的铜丝放在灯焰上灼烧，生成的铜盐 CuX$_2$ 和 Cu$_2$X$_2$ 高温挥发，使火焰呈现绿色[1]。反应式如下：

$$2CHX_3 + 5CuO \longrightarrow CuX_2 + 2Cu_2X_2 + 2CO_2 + H_2O$$

三、仪器与试剂

仪器：干燥小试管（10mm×100mm）；烧杯；漏斗；滴管；酒精灯；铜丝；石棉网；铁架台。

试剂：金属钠；磺胺嘧啶；氯仿；乙醇；NaOH(100g·L^{-1})；硫酸亚铁铵（300g·L^{-1}，混有KF）；硫酸（300g·L^{-1}、100g·L^{-1}）；稀乙酸；乙酸铅（10g·L^{-1}）；稀硝酸；四氯化碳；硝酸银（50g·L^{-1}）；氯水。

四、实验步骤

1. 钠熔[2]

用镊子夹取已切好的黄豆大小的金属钠1粒，用小滤纸条将其表面的煤油擦干，投入到干燥的试管中。试管夹将试管垂直夹紧，立即在试管底部强热，使钠熔化产生白色蒸气。当蒸气上升到试管的1/3高度时，移去火焰，试管口稍远离实验者[3]，马上加入有机样品（磺胺嘧啶固体粉末约50mg；若是液体样品，加入几滴即可）。待分解缓和后，再继续加热12min使样品分解完全。稍冷却后，加入2mL乙醇[4]，用玻璃棒搅拌以除去过剩的金属钠。用10mL蒸馏水分几次洗出试管中钠熔物到烧杯，将烧杯中溶液煮沸，然后趁热过滤，滤去不溶物，所得无色或淡黄色清亮滤液，留作以下鉴定实验使用。

2. 元素鉴定

1) 硫的鉴定

取5滴滤液置于试管中，用稀乙酸酸化，加入2滴乙酸铅溶液。若有棕黑色沉淀[5]生成，则表明样品中含有硫。

2) 氮的鉴定

取1mL滤液，用NaOH溶液将其pH调至13（用pH试纸测试），再加入0.5mL硫酸亚铁铵溶液，煮沸[6]30s，然后逐滴加入硫酸溶液（300g·L^{-1}）直到沉淀恰好溶解。若有暗蓝色沉淀（普鲁士蓝）产生或溶液呈现暗蓝色，则表明有氮存在。

3) 卤素的鉴定

取0.5mL滤液于试管中，用稀硝酸酸化后（用pH试纸测试），煮沸1min，冷却，加入2滴硝酸银溶液。若有白色或黄色沉淀生成，表示样品中含有卤素。

4) Beilstein焰色[7]试验

将已准备好的铜丝先放在酒精灯的火焰上灼烧，直至火焰不呈绿色。冷却后，用铜丝沾上少量样品（氯仿），放在火焰边缘上灼烧，若有绿色火焰出现，证明可能有卤素存在。

五、注解与实验指导

[1] 这个反应并非卤素的特有反应，一些含硫的有机物在此情况下也能产生绿色火焰。

[2] 钠熔是整个实验的关键，钠熔不完全，氮和硫常以CNS$^-$形式存在，在鉴定氮和硫时可能现象不明显。

[3] 钠蒸气与样品接触时，反应较剧烈，所以在加样品时，操作者的脸应远离试管口，以免发生危险。

[4] 若不先用乙醇除去过剩的金属钠，就直接加水，有可能出现危险。

[5] 若有白色或灰色沉淀生成，是碱式乙酸铅，表明酸化不够。

[6] 若在试管中进行煮沸操作，溶液易喷出，不安全，可在烧杯中进行此操作比较安全。

[7] 金属和它们的盐类在灼烧时能产生不同的颜色。在火焰上灼烧时，原子中的电子吸收了能量，从能量较低的轨道跃迁到能量较高的轨道，但处于能量较高轨道上的电子是不稳定的，很快跃迁回能量较低的轨道，这时将多余的能量以光的形式放出。而放出的光的波长在可见光范围内（波长为 400~760nm），因而能使火焰呈现颜色。焰色反应不是化学变化。

六、思考题

1. 若有机样品中含有氮和硫元素，在作卤素鉴定时，用稀硝酸酸化，再煮沸可能产生什么气体？

2. 能否写出上述鉴定试验的反应式？

参考答案

1. 答：会产生有毒气体 HCN 和 H_2S，故此步操作最好是在通风橱里做。

2. 答：硫的鉴定 $S^{2-} + Pb^{2+} \longrightarrow PbS \downarrow$

   氮的鉴定 $2NaCN + FeSO_4 \longrightarrow Fe(CN)_2 + Na_2SO_4$，$Fe(CN)_2 + 4NaCN \longrightarrow Na_4[Fe(CN)_6]$

   $3Na_4[Fe(CN)_6] + 2Fe_2(SO_4)_3 \longrightarrow Fe_4[Fe(CN)_6]_3 \downarrow + 6Na_2SO_4$

   卤素的鉴定 $X^- + Ag^+ \longrightarrow AgX \downarrow$

英汉专业小词汇

qualitative analysis 定性分析   sodium fusion method 钠熔法   flame reaction 焰色反应   natrium 钠
sulfadiazine 磺胺嘧啶   Prussia orchid 普鲁士蓝

实验 20 配合物的形成与配位平衡

一、实验目的

1. 加深理解配合物的组成和稳定性，了解配合物形成时的特征。
2. 掌握配位平衡与沉淀反应、氧化还原反应及溶液酸碱性的关系。
3. 掌握螯合物的形成条件。

二、实验原理

配合物是由配合物的形成体（又称中心离子或原子）与一定数目的配位体（一般是负离子或中性分子）以配位键结合而形成的一类复杂化合物，是路易斯酸与路易斯碱的加合物。配合物的内界与外界间以离子键结合，在水中完全解离，如 $[Cu(NH_3)_4]SO_4$ 和 $K_4[Fe(CN)_6]$，其中，$[Cu(NH_3)_4]^{2+}$ 带有正电荷称为配阳离子，$[Fe(CN)_6]^{4-}$ 带有负电荷称为配阴离子；两者统称配离子，它们组成配合物的内界，是配合物的特征部分，而 SO_4^{2-} 和 K^+ 分别为外界。也有以不带电荷的中性分子存在的，如 $[Co(NH_3)_3Cl_3]$。配离子（配合物的内界）在水溶液中有分步解离行为，其解离类似于弱电解质。在一定条件下，中心离子、配位体和配离子间达到配位平衡。例如

$$Ag^+ + 2NH_3 \rightleftharpoons [Ag(NH_3)_2]^+$$

相应反应的标准平衡常数称为配合物稳定常数。

稳定常数值愈大，配合物就愈稳定。但用配合物稳定常数值的大小，只能比较同类型的配合物的稳定性。在水溶液中，配合物的生成反应主要有配位体的取代反应和加和反应。

例如

$$HgI_2 + 2I^- \rightleftharpoons [HgI_4]^{2-}$$

$$[Fe(SCN)_n]^{3-n} + 6F^- \rightleftharpoons [FeF_6]^{3-} + nSCN^-$$

配合物形成时往往还伴随溶液的颜色、酸碱性、pH、难溶电解质的溶解度、中心离子氧化还原性等特征的改变。

三、仪器试剂

仪器：点滴板；试管；试管架；石棉网；煤气灯；电动离心机。

试剂：丁二酮肟；四氯化碳；邻菲罗啉溶液（0.25%）；二乙酰二肟；HCl(2mol·L^{-1}、6.0mol·L^{-1})；H$_2$SO$_4$(2mol·L^{-1})；H$_2$O$_2$(3%)；HNO$_3$(6mol·L^{-1})；NaOH(2mol·L^{-1})；NH$_3$·H$_2$O(2mol·L^{-1}、6mol·L^{-1}、0.1mol·L^{-1})；KBr(0.2mol·L^{-1})；KI(0.5mol·L^{-1}、0.02mol·L^{-1}、2mol·L^{-1})；K$_2$CrO$_4$(0.1mol·L^{-1})；KSCN(0.1mol·L^{-1})；NaF(2mol·L^{-1})；NaCl(0.1mol·L^{-1})；Na$_2$S(0.1mol·L^{-1})；NaNO$_3$(s)；MgCl$_2$(0.1mol·L^{-1})；CaCl$_2$(0.1mol·L^{-1})；Ba(NO$_3$)$_2$(0.1mol·L^{-1})；Na$_2$H$_2$Y(0.1mol·L^{-1})；Na$_2$S$_2$O$_3$(0.5mol·L^{-1})；Al(NO$_3$)$_3$(0.1mol·L^{-1})；Pb(NO$_3$)$_2$(0.1mol·L^{-1})；Pb(Ac)$_2$(0.01mol·L^{-1})；CoCl$_2$(0.1mol·L^{-1})；FeCl$_3$(0.1mol·L^{-1})；Fe(NO$_3$)$_3$(0.1mol·L^{-1})；AgNO$_3$(0.5mol·L^{-1})；Zn(NO$_3$)$_2$(0.1mol·L^{-1})；NiSO$_4$(0.1mol·L^{-1})；NH$_4$Fe(SO$_4$)$_2$(0.1mol·L^{-1})；K$_3$[Fe(CN)$_6$](0.1mol·L^{-1})；BaCl$_2$(0.1mol·L^{-1})；CuSO$_4$(0.1mol·L^{-1})；(NH$_4$)$_2$C$_2$O$_4$（饱和）；FeSO$_4$(0.1mol·L^{-1})；NiSO$_4$(0.2mol·L^{-1})。

四、实验步骤

1. 配合物形成与配离子之间的转化

（1）取 1mL 0.1mol·L^{-1} Fe(NO$_3$)$_3$ 溶液于试管中，滴加 2 滴 0.1mol·L^{-1} KSCN 溶液，观察现象。再逐滴加入 2mol·L^{-1} NaF 溶液（至无色），观察有何变化。再逐滴加入饱和乙二酸铵溶液至黄绿色。解释上述现象。写出反应方程式。

（2）取 10 滴 0.1mol·L^{-1} NH$_4$Fe(SO$_4$)$_2$ 溶液和 10 滴 0.1mol·L^{-1} K$_3$[Fe(CN)$_6$] 溶液分别于两个试管中。再分别逐滴加入 0.1mol·L^{-1} KSCN 溶液，观察是否有变化。

（3）取 2mL 0.1mol·L^{-1} CuSO$_4$ 溶液于试管中，加入 10 滴 6.0mol·L^{-1} NH$_3$·H$_2$O。然后将所得溶液分两份，分别逐滴加入 2.0mol·L^{-1} NaOH 溶液和 0.1mol·L^{-1} BaCl$_2$ 溶液，观察有何现象。写出有关的反应方程式。

（4）在 2 滴 0.1mol·L^{-1} NiSO$_4$ 溶液中，逐滴加入 6.0mol·L^{-1} NH$_3$·H$_2$O，并观察现象。然后再加入 2 滴丁二酮肟试剂，观察生成物状态和颜色。

2. 配位平衡与沉淀溶解平衡

（1）在试管中加入 10 滴 0.1mol·L^{-1} AgNO$_3$ 溶液和 10 滴 0.1mol·L^{-1} NaCl 溶液，有

何现象？倾去上层清液，然后依次进行以下试验：①滴加 6.0mol·L^{-1} NH$_3$·H$_2$O（不断摇动试管）至沉淀刚好溶解。②逐滴加入 0.2mol·L^{-1} KBr 溶液，有何现象？③倾去上层清液，逐滴加入 0.5mol·L^{-1} Na$_2$S$_2$O$_3$ 溶液至沉淀刚好溶解。④向试管中滴加 0.5mol·L^{-1} KI 溶液，又有何现象？

试解释以上实验现象。写出各反应方程式。

(2) 在 3 支试管中，各加入 2 滴 0.01mol·L^{-1} Pb(Ac)$_2$ 溶液和 2 滴 0.02mol·L^{-1} KI 溶液，摇荡试管，观察现象。在第一支试管中加 5mL 去离子水，摇荡，观察现象。在第 2 支试管中加少量 NaNO$_3$(s)，摇荡，观察现象。在第 3 支试管中加过量的 2.0mol·L^{-1} KI 溶液，摇荡试管，观察现象并分别解释。

(3) 在 2 支试管中各加入 1 滴 0.1mol·L^{-1} Na$_2$S 溶液和 1 滴 0.1mol·L^{-1} Pb(NO$_3$)$_2$ 溶液，观察现象。在 1 支试管中加 6.0mol·L^{-1} HCl，在另 1 支试管中加 6mol·L^{-1} HNO$_3$，摇荡试管，观察现象。写出反应方程式。

(4) 在 2 支试管中各加入 10 滴 0.1mol·L^{-1} MgCl$_2$ 溶液和 5 滴 2mol·L^{-1} NH$_3$·H$_2$O 溶液到沉淀生成。在第 1 支试管中加入几滴 2.0mol·L^{-1} HCl，观察沉淀是否溶解。在另 1 支试管中加入 5 滴 1mol·L^{-1} NH$_4$Cl 溶液，观察沉淀是否溶解。写出有关反应方程式。并解释每步实验现象。

(5) 在试管中加入 1 滴 0.1mol·L^{-1} Na$_2$S 溶液和 1 滴 0.1mol·L^{-1} K$_2$Cr$_2$O$_4$ 溶液，用去离子水稀释到 5mL，摇匀。先加入 1 滴 0.1mol·L^{-1} Pb(NO$_3$)$_2$ 溶液，摇匀。观察沉淀的颜色，离心分离。然后再向上清液中继续滴加 0.1mol·L^{-1} Pb(NO$_3$)$_2$ 溶液，摇匀。观察此时生成沉淀的颜色。写出反应方程式，并说明两种沉淀先后析出的理由。

(6) 在试管中加入 2 滴 0.1mol·L^{-1} AgNO$_3$ 溶液和 1 滴 0.1mol·L^{-1} Pb(NO$_3$)$_2$ 溶液，用去离子水稀释至 5mL，摇匀。逐滴加入 0.1mol·L^{-1} K$_2$CrO$_4$ 溶液，每加 1 滴都要充分摇荡，观察现象。写出反应方程式并解释。

(7) 在 6 滴 0.1mol·L^{-1} AgNO$_3$ 溶液中加 3 滴 0.1mol·L^{-1} K$_2$CrO$_4$ 溶液，观察现象。再逐滴加入 0.1mol·L^{-1} NaCl 溶液，充分摇荡。观察有何变化。写出反应方程式。

(8) 在白色点滴板上滴 1 滴 0.1mol·L^{-1}硫酸亚铁溶液和 3 滴 0.25%邻菲罗啉溶液，观察现象。

(9) 在白色点滴板上滴 1 滴 0.2mol·L^{-1} NiSO$_4$ 溶液，1 滴 0.1mol·L^{-1}氨水和 1 滴二乙酰二肟溶液，观察现象。

3. 配合物形成与溶液 pH

(1) 在自制的硫酸四氨合铜溶液中，逐滴加入稀硫酸溶液，直至溶液呈酸性，观察有何现象。

(2) 取一条完整的 pH 试纸，在它的一端滴上半滴 0.1mol·L^{-1} CaCl$_2$ 溶液，记下被 CaCl$_2$ 溶液浸润处的 pH。待 CaCl$_2$ 溶液不再扩散时，在距离 CaCl$_2$ 溶液扩散边缘 0.5～1.0cm 干试纸处，滴上半滴 0.1mol·L^{-1} Na$_2$H$_2$Y 溶液。待 Na$_2$H$_2$Y 溶液扩散到 CaCl$_2$ 溶液区形成重叠时，记下重叠与未重叠处的 pH。说明 pH 变化的原因，写出反应方程式。

4. 配位平衡与氧化还原反应

取两支试管各加入 20 滴 0.1mol·L^{-1} Fe(NO$_3$)$_3$ 溶液，然后在一支试管中，加入 10 滴饱和乙二酸铵溶液。另一支试管中加入 10 滴蒸馏水。再向两支试管中各加入 2 滴 0.5mol·L^{-1} KI 溶液和 20 滴四氯化碳，摇动试管。观察两支试管中四氯化碳层的颜色。解释实验现象，写出有关的反应方程式。

五、思考题

1. 使用离心机的注意事项有哪些？
2. 衣服上沾有铁锈时，常用乙二酸来洗，试说明原理。

实验 21 氧化还原反应

一、实验目的

1. 加深理解电极电势与氧化还原反应的关系。
2. 了解电极的本性。
3. 了解反应物浓度、介质酸碱性对电极电势、氧化还原反应方向和产物及速率的影响。

二、实验原理

根据电极电势的大小可以判断物质的氧化还原能力的大小。电极电势愈大，电对中的氧化型的氧化能力愈强。电极电势愈小，电对中的还原型的还原能力愈强。

根据电极电势的大小还可以判断氧化还原反应的方向。当氧化剂电对的电极电势大于还原剂电对的电极电势时，即 $\varphi_{MF}=\varphi_{(氧化剂)}-\varphi_{(还原剂)}>0$ 时，反应能正向自发进行。当氧化剂电对和还原剂电对的标准电池电动势相差较大时（如 $\varphi_{MF}^{\ominus}>0.2V$），通常可以用标准电池电动势判断反应的方向。

由电极反应的能斯特方程式可以看出浓度对电极电势的影响，在 298.15K 时：

$$\varphi = \varphi^{\ominus} + \frac{0.05916V}{z}\lg\frac{c(氧化型)}{c(还原型)}$$

溶液的 pH 会影响某些电对的电极电势或氧化还原反应的方向。介质的酸碱性也会影响某些氧化还原反应的产物。例如，在酸性、中性和强碱性溶液中，MnO_4^- 的还原产物分别为 Mn^{2+}、MnO_2 和 MnO_4^{2-}。

三、仪器与试剂及材料

仪器：酸度计；饱和 KCl 盐桥；U 形管；试管；烧杯。

试剂：H_2SO_4(2mol·L^{-1})；HAc(6mol·L^{-1})；NaOH(6mol·L^{-1})；$NH_3·H_2O$(2mol·L^{-1})；KI(0.1mol·L^{-1})；KIO_3(0.1mol·L^{-1})；浓 HNO_3(1mol·L^{-1})；KBr(0.1mol·L^{-1})；$KMnO_4$(0.01mol·L^{-1})；$KClO_3$（饱和）；Na_2SO_3(0.1mol·L^{-1})；$FeCl_3$(0.1mol·L^{-1})；$CuSO_4$(0.005mol·L^{-1})；$ZnSO_4$(1mol·L^{-1})；CCl_4；$FeSO_4$(0.1mol·L^{-1})；$Fe_2(SO_4)_3$(0.1mol·L^{-1})；H_2O_2(3%)；锌粒；铅粒。

材料：石蕊试纸；砂纸；锌片；铜片；表面皿；电极；导线。

四、实验步骤

1. 电极电势与氧化还原的关系

根据下列实验步骤进行实验，观察现象。比较电对电极电势 $\varphi^{\ominus}$ 值的相对大小，写出相关反应方程式。

(1) 在试管中加入 10 滴 $0.1mol \cdot L^{-1}$ KI 溶液与 2 滴 $0.1mol \cdot L^{-1}$ $FeCl_3$ 溶液，摇匀。然后加入 10 滴 CCl_4。充分振荡，观察 CCl_4 层颜色有无变化。

(2) 用 $0.1mol \cdot L^{-1}$ KBr 溶液代替 KI 溶液进行同样实验，观察现象。

(3) 在 10 滴 $0.1mol \cdot L^{-1}$ KBr 溶液中加氯水 4～5 滴，摇匀后，加入 10 滴 CCl_4，充分振荡，观察 CCl_4 层颜色有无变化。

由 (1)、(2) 和 (3) 比较 $\varphi^{\ominus}(I_2/I^-)$、$\varphi^{\ominus}(Fe^{3+}/Fe^{2+})$、$\varphi^{\ominus}(Br_2/Br^-)$ 和 $\varphi^{\ominus}(Cl_2/Cl^-)$ 的相对大小。并找出其中最强的氧化剂和最强的还原剂。

(4) 在分别盛有 1mL $0.50mol \cdot L^{-1}$ $Pb(NO)_2$ 溶液和 1mL $0.50mol \cdot L^{-1}$ $CuSO_4$ 溶液的两支试管中，各加入一小粒用砂纸擦净的锌粒，放置一段时间后观察锌粒表面和溶液颜色有无变化。

(5) 在分别盛有 1mL $0.50mol \cdot L^{-1}$ $ZnSO_4$ 溶液和 1mL $0.50mol \cdot L^{-1}$ $CuSO_4$ 溶液的两支试管中，各加入一小粒擦净的铅粒，放置一段时间后观察铅粒表面和溶液颜色有无变化。

根据 (4)、(5) 结果，确定锌、铅、铜在电势序中的相对位置。

(6) 在试管中加入 5 滴 $0.1mol \cdot L^{-1}$ KI 溶液，滴入 2 滴 $2.0mol \cdot L^{-1}$ H_2SO_4 溶液酸化，再加入 5 滴 H_2O_2 溶液 (3%)，摇匀后加入 10 滴 CCl_4。充分振荡，观察 CCl_4 层颜色有无变化。

(7) 在试管中滴入 3 滴 $0.01mol \cdot L^{-1}$ $KMnO_4$ 溶液，加入 2 滴 $2mol \cdot L^{-1}$ H_2SO_4 溶液，再加入 5 滴 H_2O_2 溶液 (3%)，观察反应的变化。

根据 (6)、(7) 结果，指出 H_2O_2 在反应中各起什么作用。

2. 介质的酸碱性对氧化还原反应产物、反应速率及反应方向的影响

1) 介质的酸碱性对氧化还原反应产物的影响

在三支试管中各滴入 5 滴 $0.01mol \cdot L^{-1}$ $KMnO_4$ 溶液，然后再向第一支试管加入 10 滴 $2mol \cdot L^{-1}$ H_2SO_4 溶液，向第二支试管中加入 10 滴 H_2O，第三支试管中加入 10 滴 $6mol \cdot L^{-1}$ NaOH 溶液，最后再向三支试管分别滴入 10 滴 $0.1mol \cdot L^{-1}$ Na_2SO_3 溶液。观察现象，写出反应方程式。

2) 溶液的酸碱性对氧化还原反应速率的影响

在两支各盛 1mL $0.1mol \cdot L^{-1}$ KBr 溶液的试管中，分别加 $3mol \cdot L^{-1}$ 硫酸、$6mol \cdot L^{-1}$ HAc 溶液各 0.5mL，然后各加入 2 滴 $0.01mol \cdot L^{-1}$ $KMnO_4$ 溶液，观察并比较两支试管中紫红色褪色的快慢等现象，分别写出反应方程式。

3) 溶液的酸碱性对氧化还原反应方向的影响

将 $0.1mol \cdot L^{-1}$ KIO_3 溶液与 $0.1mol \cdot L^{-1}$ KI 溶液混合，观察有无变化。再滴入几滴 $2mol \cdot L^{-1}$ H_2SO_4 溶液，观察有何变化。再加入 $6mol \cdot L^{-1}$ NaOH 溶液使溶液呈碱性，观察又有何变化。写出反应方程式并解释。

3. 浓度对电极电势的影响

(1) 取两个 50mL 烧杯，在一个烧杯中加入 30mL 1mol·L^{-1} ZnSO$_4$ 溶液。另一个烧杯中加入 30mL 0.005mol·L^{-1} CuSO$_4$ 溶液。在 ZnSO$_4$ 溶液中插入锌片，在 CuSO$_4$ 溶液中插入铜片组成两个电极，中间以盐桥[1]相通。用导线将铜片和锌片分别与 pH 计的"+"极和"-"极相接。按下读数开关，测原电池的电动势 φ_{MF_1}。

(2) 向 0.005mol·L^{-1} CuSO$_4$ 溶液中滴入 2mol·L^{-1} 氨水至生成的沉淀溶解为止，再测原电池的电动势 φ_{MF_2}；再在 1mol·L^{-1} ZnSO$_4$ 溶液中滴入 2mol·L^{-1} 氨水至生成的沉淀溶解为止，再测原电池的电动势 φ_{MF_3}。

比较三次测得的铜-锌原电池的电动势，能得出什么结论？

4. 浓度对氧化还原反应产物及反应方向的影响

1) 浓度对氧化还原反应产物的影响

往两个各盛一粒 Zn 的试管中分别注入 2mL 浓硝酸和 1mol·L^{-1} 的稀硝酸，观察所发生的现象。它们的产物有何不同？如何检验？（浓硝酸可通过观察气体产物的颜色来判断。稀硝酸可用检验溶液中是否有 NH$_4^+$ 生成的办法来确定[2]）

2) 浓度对氧化还原反应方向的影响

(1) 往盛有 1mL 水、1mL CCl$_4$ 和 1mL 0.1mol·L^{-1} 硫酸铁溶液的试管中，注入 1mL 0.1mol·L^{-1} 碘化钾溶液，振荡后观察 CCl$_4$ 颜色。

(2) 往盛有 1mL 0.1mol·L^{-1} FeSO$_4$、1mL CCl$_4$ 和 1mL 0.1mol·L^{-1} 硫酸铁溶液的试管中，注入 1mL 0.1mol·L^{-1} 碘化钾溶液，振荡后观察 CCl$_4$ 颜色与上一实验有无区别。

(3) 在（1）的试管中，加入氟化铵固体少许，震荡试管，观察 CCl$_4$ 颜色层的颜色有无变化。说明浓度对氧化还原反应方向的影响。

五、注解与实验指导

[1] 盐桥的制造方法：称取 1g 琼脂，放在 100mL 饱和的氯化钾溶液中浸泡一会，加热煮成糊状，趁热倒入 U 形玻璃管中（里面不能留有气泡），冷却后即成。更为方便的方法可用饱和的氯化钾溶液装满 U 形管，两管口以小棉花球塞住（管里面不能留有气泡）即可使用。

[2] 气室法检验 NH$_4^+$。将 5 滴被检验溶液滴入一表面皿中心，再加 3 滴 40% 的氢氧化钠溶液，混匀。在另一块较小的表面皿中心黏附一小条湿的红色石蕊试纸，把它盖在大的表面皿上形成气室。将此气室放在水浴中微热 2min，若红色石蕊变蓝，则说明有 NH$_4^+$。

六、思考题

1. KMnO$_4$ 在不同的酸碱性条件下还原产物有什么不同？

2. 如何使实验中原电池中的 Cu^{2+}、Zn^{2+} 浓度减小？当减小 Cu^{2+} 浓度时，原电池的电动势变大还是变小？当减小 Zn^{2+} 浓度时，电动势又变大还是变小？为什么？

3. 计算原电池 (-) Ag | AgCl(s) | KCl(0.01mol·L^{-1}) ‖ AgNO$_3$(0.01mol·L^{-1}) | Ag(+)（盐桥为饱和 NH$_4$NO$_3$ 溶液）的电动势。

实验 22 食醋（HAc）含量及铵盐中铵态氮的测定

一、实验目的

1. 掌握强碱滴定弱酸的滴定过程、突跃范围以及指示剂的选择原理。
2. 掌握甲醛法测定铵盐中铵态氮含量的原理和方法。
3. 了解大样的取用原则。

二、实验原理

乙酸为有机弱酸（$K_a = 1.8 \times 10^{-5}$），与 NaOH 的反应式为

$$HAc + NaOH \rightleftharpoons NaAc + H_2O$$

反应产物为弱酸强碱盐，滴定突跃在碱性范围，可选用酚酞等碱性物质为变色指示剂。

由于氨水的碱性较强（$K_b = 1.8 \times 10^{-5}$），它的共轭酸（铵盐）的酸性较弱，不能用标准碱直接滴定，但可用两种间接方法测定其含量。

1. 蒸馏法

在试样中加入过量的碱，加热把 NH_3 蒸馏出来，吸收于酸标准溶液中，然后再用碱标准溶液回滴过量的酸，以求出试样中的氮含量。此法较准确，但麻烦费时。

2. 甲醛法

铵盐与甲醛作用，生成六次甲基四胺酸（$K_a = 7.1 \times 10^{-6}$）和定量的强酸，反应式为

$$4NH_4^+ + 6HCHO \Longrightarrow (CH_2)_6N_4H^+ + 6H_2O + 3H^+$$

再以酚酞为指示剂，用 NaOH 标准溶液滴定反应生成的酸。

由反应可知，4mol NH_4^+ 与甲醛作用，生成 3mol H^+（强酸）和 1mol $(CH_2)_6N_4H^+$，即 1mol NH_4^+ 相当于 1mol 酸。

此处称取较多的试样，溶解于容量瓶中，然后吸取部分溶液进行滴定。这因为试样不够均匀，多称取些试样，其测定结果的代表性就大些。这样取样的方法称为取大样。

甲醛法准确度差些，但方便迅速，故生产中应用较多。试样中如含 Fe^{3+}，影响终点观察，可改用蒸馏法。测定有机物中的氮，也可将它转化为铵盐，然后用本法测定。

三、仪器与试剂

仪器：小烧杯；分析天平；容量瓶（250mL）；移液管（25mL）；锥形瓶；滴定管；小量筒。

试剂：$HCl(2.0 mol \cdot L^{-1})$；$NaOH(0.1 mol \cdot L^{-1})$；酚酞指示剂（0.1%）；40% 甲醛溶液；食醋；NH_4Cl 固体。

四、实验步骤

1. 食醋（HAc）含量的测定

准确移取食醋 25.00mL 置于 250mL 容量瓶中，加去离子水稀释至刻度，摇匀。用

25.00mL 移液管从容量瓶中分取三份试液分别于三个 250mL 锥形瓶中，加入 2 滴酚酞指示剂，用 0.1mol·L^{-1} NaOH 标准溶液滴定至呈粉红色，30s 内不褪即为终点。计算每 100mL 食醋中含乙酸的质量，求结果的平均值，相对平均偏差应小于 0.2%。

2. 铵态氮的测定

准确称取铵盐试样 3~4g 于一小烧杯中，加入去离子水使之溶解。然后将溶液转移到 250mL 容量瓶中，加水稀释到刻度，塞上玻璃塞后反复摇匀。

用移液管从容量瓶中吸取 25.00mL 试液于 250mL 锥形瓶中，加入 5mL 预先用 NaOH 中和的 40% 甲醛溶液[1]，再加 2 滴酚酞指示剂，1min 后用 0.1mol·L^{-1} NaOH 标准溶液滴定至呈粉红色，即为终点。平行测定 3 份，求结果的平均值。

五、注解与实验指导

[1] 甲醛中会氧化产生甲酸，或含有少量其他有机酸，能对铵盐的酸碱滴定产生影响；故甲醛应预先以酚酞为指示剂，用 NaOH 中和。

六、思考题

1. 测定食醋时，为什么选用酚酞为指示剂，能否用甲基橙或甲基红为指示剂？
2. 测定铵盐中的氨时，为什么不能用碱标准溶液直接滴定？
3. 测定铵盐时，加入甲醛的作用是什么？为什么甲醛预先要用 NaOH 中和，并以酚酞为指示剂？如未达中和，或加得过量，会对结果有什么影响？

实验 23　EDTA 溶液的配制、标定及水的硬度测定

一、实验目的

1. 学习并掌握 EDTA 标准溶液的配制与标定方法。
2. 掌握配位滴定的原理和特点，了解金属指示剂的应用条件和终点变化。
3. 掌握 EDTA 法测定水的硬度的原理和方法。

二、实验原理

乙二胺四乙酸（简称 EDTA，常用 H_4Y 表示）是常用的螯合滴定剂，但它在水中的溶解度为 0.2g·L^{-1}（约 0.0007mol·L^{-1}）。实际工作中通常使用其二钠盐（Na_2H_2Y）配制标准溶液，Na_2H_2Y 在水中的溶解度为 120g·L^{-1}（可达 0.3mol·L^{-1}），通常也称为 EDTA。EDTA 标准溶液的配制是先配成一近似浓度的溶液，然后再进行标定。

常用的标定 EDTA 标准溶液的一级标准物质有 Zn、ZnO、$MgSO_4$、$CaCO_3$ 等。通常选用与被测物组分相同的物质作基准物，并使标定条件与测定条件一致，以减小误差。

本实验用 $CaCO_3$ 作基准物。首先加 HCl 溶解 $CaCO_3$，反应如下：

$$CaCO_3 + 2HCl = CaCl_2 + 2H_2O + CO_2 \uparrow$$

然后把溶液转移到容量瓶中，稀释得到钙标准溶液。取一定量钙标准溶液，用 NaOH 调节溶液酸度至 pH≥12，加入钙指示剂（H_3Ind），以 EDTA 滴定溶液由红色变为纯蓝色，即为终点。其反应为

$$Ca^{2+} + HInd^{2-}(纯蓝色) \longrightarrow CaInd^{-}(红色) + H^{+}$$

$$CaInd^{-} + H_2Y^{2-} + OH^{-} \Longrightarrow CaY^{2-} + HInd^{2-} + H_2O$$

此法测钙时，若有 Mg^{2+} 共存，在 pH≥12 的条件下，Mg^{2+} 将形成 $Mg(OH)_2$ 沉淀而对钙的测定不产生干扰，且可使终点颜色变化更敏锐。因此测定单独存在的 Ca^{2+} 时，常加入少量的 Mg^{2+}。

一般含有钙、镁盐类达到一定程度的水叫硬水（硬水和软水尚无明确的界限，硬度小于 5~6 度的一般称为软水）。水的硬度包括暂时硬度和永久硬度。

暂时硬度指在水中以碳酸氢盐形式存在的钙、镁盐，加热能被分解，析出沉淀而失去硬性。例如

$$Ca(HCO_3)_2 \xrightarrow{\triangle} CaCO_3 + CO_2 + H_2O$$

$$Mg(HCO_3)_2 \xrightarrow{\triangle} MgCO_3 [或 Mg(OH)_2] + CO_2 + H_2O$$

永久硬度指钙、镁的硫酸盐，氯化物、硝酸盐等在加热时也不产生沉淀。

暂时硬度和永久硬度的总和称为"总硬"。由镁离子形成的硬度称为"镁硬"，由钙离子形成的硬度称为"钙硬"。测定水的总硬度就是测定水中钙、镁的总含量。

水的硬度有多种表示方法，随各国习惯有所不同。有的将水中的盐类都折算成 $CaCO_3$ 而以 $CaCO_3$ 的量作为硬度标准。也有将盐类折算成 CaO 而以 CaO 的量作为硬度标准。我国目前采用方法以度（°DH）计，1 度表示 1L 水中含 CaO 10mg。

$$1\ °DH = 10^{-5} g \cdot mL^{-1}\ CaO$$

水中钙、镁离子的含量，可用 EDTA 法测定。用 EDTA 测定 Ca^{2+}、Mg^{2+} 时，通常在两等份溶液中分别测定 Ca^{2+} 和 Ca^{2+}、Mg^{2+} 总量，Mg^{2+} 量可从所用 EDTA 量的差数中求得。

在测定 Ca^{2+} 时，先用 NaOH 调节溶液 pH 至 12，使 Mg^{2+} 生成难溶的 $Mg(OH)_2$ 沉淀，加入钙指示剂，它只能与 Ca^{2+} 配位呈红色。加入 EDTA 滴定，EDTA 先与游离 Ca^{2+} 配位，到滴定终点时，EDTA 夺取已和指示剂配位的 Ca^{2+}，使钙指示剂游离出来，溶液由酒红色变为蓝色，由 EDTA 标准溶液用量计算 Ca^{2+} 的含量。

在测定 Ca^{2+}、Mg^{2+} 总量时，在 pH 为 10 的缓冲溶液中，加入指示剂铬黑T(H_2In^{-})，因稳定性 CaY^{2-} > MgY^{2-} > $MgIn^{-}$ > $CaIn^{-}$，铬黑T 先与部分 Mg^{2+} 络合为 $MgIn^{-}$（酒红色）。当滴入 EDTA 时，EDTA 先与 Ca^{2+}、Mg^{2+} 络合，然后再夺取 $MgIn^{-}$、$CaIn^{-}$ 中的 Mg^{2+}、Ca^{2+}，使铬黑T游离出来，溶液由酒红色变成蓝色（铬黑T颜色），指示到达终点。从 EDTA 标准溶液的用量即可计算样品中的钙、镁总含量。Mg^{2+} 含量不需测定，钙、镁总含量减去 Ca^{2+} 含量即为 Mg^{2+} 含量。

三、仪器与试剂

仪器：分析天平；酸式滴定管（50mL）1只；滴定台1套；容量瓶（250mL）1个；锥形瓶（250mL）3个；洗瓶1个；烧杯（100mL）3个；玻璃棒；移液管（25mL）1只；量筒（5mL）1个、（25mL）1个、（100mL）1个。

试剂：CaCO₃（A.R.）；EDTA 标准溶液（0.02mol·L⁻¹）；镁溶液（0.5%）；NaOH(10%)；HCl(1:1)；钙指示剂；NH₃-NH₄Cl 缓冲溶液（pH 为 10.0）；铬黑 T 指示剂。

四、实验步骤

1. 0.02mol·L⁻¹ EDTA 溶液的配制

用台秤称取乙二胺四乙酸二钠 7.6g，用 300~400mL 温水溶解后，稀释至 1000mL。若有不溶物，应过滤除去。转移至细口瓶中，摇匀备用。

2. 0.02mol·L⁻¹ EDTA 标准溶液的标定

1) Ca^{2+} 标准溶液的配制

用分析天平准确称取在 110℃ 干燥 2h 的碳酸钙基准物 0.5~0.6g，置于小烧杯中，盖上表面皿，加少量水润湿，再从杯嘴边逐滴加入 1:1 的 HCl 至 $CaCO_3$ 完全溶解，把表面皿上的溶液淋洗入杯中。加热近煮沸，冷却后转入 250mL 容量瓶中，稀释至标线，摇匀备用。

2) 0.02mol·L⁻¹ EDTA 标准溶液的标定

用移液管准确吸取 25.00mL Ca^{2+} 标准溶液于 250mL 锥形瓶中，加入约 25mL 水、2mL 镁溶液、5mL 10% NaOH 溶液及约 10 mg 钙指示剂（绿豆般大小），摇匀后用 EDTA 溶液滴定至溶液由酒红色变成纯蓝色，即为终点。

重复测定两次。根据碳酸钙质量与 EDTA 滴定消耗量计算 EDTA 标准溶液准确浓度。

3. 水的硬度测定

1) 钙硬的测定

量取自来水样 100mL 于 250mL 锥形瓶中[1]，加入 4mL 6mol·L⁻¹ NaOH，加钙指示剂约 10mg，用 EDTA 溶液滴定，不断摇动，当溶液变为纯蓝色时，即为终点。记录消耗的 EDTA 的体积 $V_1(EDTA)$。重复平行测定 3 次，按下式计算钙硬：

$$钙硬(°DH) = \frac{c(EDTA) \times V_1(EDTA) \times \frac{M(CaO)}{1000}}{V(水样)} \times 10^5$$

2) 总硬的测定

取水样 100mL 于锥形瓶中，加 pH 为 10 的 NH₃-NH₄Cl 缓冲溶液 5.0mL[2]，铬黑 T 约 10mg，用 EDTA 滴定，溶液由酒红色变为纯蓝色时，即为终点。记录消耗的 EDTA 的体积 $V_2(EDTA)$。重复平行测定 3 次。

按下式计算总硬：

$$总硬(°DH) = \frac{c(EDTA) \times V_2(EDTA) \times \frac{M(CaO)}{1000}}{V(水样)} \times 10^5$$

3) 镁硬的确定

由总硬减去钙硬即得镁硬。

五、数据记录与处理

表 3-23-1　0.02mol·L⁻¹ EDTA 标准溶液的标定

实验次数	1	2	3
称量瓶＋CaCO₃（前）/g			
称量瓶＋CaCO₃（后）/g			
CaCO₃ 的质量 m/g			
$c_{标准}(Ca^{2+})/(mol·L^{-1})$	$c(Ca^{2+})=\dfrac{m(CaCO_3)}{100.0 \times 0.250}=$		
EDTA 终读数/mL			
EDTA 初读数/mL			
$\Delta V(EDTA)/mL$			
$c(EDTA)/(mol·L^{-1})$			
$c_{平均}(EDTA)/(mol·L^{-1})$			
个别测定的绝对偏差			
相对平均偏差			

$$c(EDTA)/(mol·L^{-1}) = \frac{25.00 \times c(Ca^{2+})}{\Delta V(EDTA)}$$

六、注解与实验指导

[1] 硬度较大的水样，在加缓冲溶液后常析出 CaCO₃、MgCO₃ 沉淀，使终点不稳定。遇此情况，可在水样中加适量 HCl 溶液，振荡后，再调至近中性，然后加缓冲溶液，则终点稳定。

[2] 若水样不是澄清的，必须过滤。过滤所需的仪器和滤纸必须是干燥的。

七、思考题

1. 以 HCl 溶液溶解 CaCO₃ 基准物时，操作中应该注意些什么？
2. 以 CaCO₃ 为基准物标定 EDTA 溶液时，加入镁溶液有什么作用？
3. 以 CaCO₃ 为基准物标定 EDTA 溶液时，若以钙为指示剂，应控制溶液的酸度在什么范围？怎样控制？
4. 通常使用乙二胺四乙酸二钠盐配制 EDTA 标准溶液，为什么不用乙二胺四乙酸？
5. 水的硬度较大时滴定会出现什么情况？如何防止？

实验 24　硫酸铜中铜含量的测定

一、实验目的

1. 掌握 Na₂S₂O₃ 溶液的配制及标定 Na₂S₂O₃ 溶液浓度的原理和方法。
2. 掌握用碘量法测定铜的原理和方法。

二、实验原理

利用间接碘量法测定 Cu^{2+} 的反应式

$$2Cu^{2+} + 4I^- = 2CuI\downarrow + I_2$$
$$I_2 + 2S_2O_3^{2-} = S_4O_6^{2-} + 2I^-$$

Cu^{2+} 与 I^- 反应可逆，为使其反应完全，应加入过量 KI。由于 CuI 沉淀表面会吸附 I_3^- 导致测定结果偏低，故可加入 KSCN 使 CuI($K_{sp} = 5.06 \times 10^{-12}$) 转化成溶解度更小的 CuSCN($K_{sp} = 4.8 \times 10^{-15}$)，可减小对 I_3^- 的吸附，但 KSCN 应在近终点时加入，否则 SCN^- 也会还原 I_2，使结果偏低。

$$SCN^- + 4I_2 + 4H_2O = SO_4^{2-} + 7I^- + ICN + 8H^+$$

为了防止铜盐水解，反应必须在酸性溶液中进行。酸度过低，Cu^{2+} 氧化 I^- 的反应进行不完全，结果偏低，而且反应速度慢，终点不明显，I_2 还会发生歧化反应。酸度过高，则 I^- 被 Cu^{2+} 催化，易被空气氧化为 I_2，使结果偏高，$Na_2S_2O_3$ 也会发生分解。

大量氯离子能与 Cu^{2+} 配合，I^- 不易从 Cu(Ⅱ) 的氯配合物中将 Cu 定量地还原。因此，最好用硫酸而不用盐酸（少量盐酸不干扰）。能氧化 I^- 的物质，对本测定都会产生干扰（如 Fe^{3+}），可加入掩蔽剂（如 NH_4F）或测定前将它们分离。

间接碘量法以 $Na_2S_2O_3$ 作滴定剂，固体硫代硫酸钠（$Na_2S_2O_3 \cdot 5H_2O$）易风化和潮解，且含少量杂质，如 S、Na_2SO_3、Na_2SO_4 等，故不能直接配制标准溶液。$Na_2S_2O_3$ 的化学稳定性差，能被溶解 O_2、CO_2 和微生物所分解析出硫。因此配制 $Na_2S_2O_3$ 标准溶液应采用新煮沸（除氧、杀菌）并冷却的蒸馏水。溶液中加入少量 Na_2CO_3 使其呈弱碱性（抑制细菌生长），保存在棕色瓶中，置于暗处放置 7～10 天后标定。标定 $Na_2S_2O_3$ 所用基准物有 $K_2Cr_2O_7$、KIO_3、纯铜等。标定多采用间接碘法，本实验即用 $K_2Cr_2O_7$ 为基准物，在酸性溶液中，使 $K_2Cr_2O_7$ 与 KI 反应析出 I_2：

$$Cr_2O_7^{2-} + 6I^- + 14H^+ = 2Cr^{3+} + 3I_2 + 7H_2O$$

析出的 I_2 再以淀粉为指示剂，用 $Na_2S_2O_3$ 标准溶液滴定：

$$I_2 + 2S_2O_3^{2-} = S_4O_6^{2-} + 2I^-$$

淀粉指示剂应在近终点时加入，否则吸留 I_2 使终点拖后。达滴定终点时，溶液蓝色褪去；滴定终点后，如经 5min 以上溶液又变蓝，是因空气氧化所致，属正常情况。如溶液迅速变蓝，说明反应不完全，应重新标定。

三、仪器与试剂

仪器：漏斗；漏斗架；量筒；电子天平；移液管（25mL）；容量瓶（100mL）；碘量瓶（250mL）3个；烧杯（100mL）；滴定管；可调电炉。

试剂：H_2SO_4（$1.0 mol \cdot L^{-1}$）；淀粉溶液（1%）；KI（10%）；H_2SO_4（$2 mol \cdot L^{-1}$）；$Na_2S_2O_3$ 标准溶液（$0.05 mol \cdot L^{-1}$）；KSCN（10%）；$K_2Cr_2O_7$ 固体（A.R.）；HCl（$6 mol \cdot L^{-1}$）。

四、实验步骤

1. $0.05 mol \cdot L^{-1}$ $Na_2S_2O_3$ 溶液的配制

称取 12.5g $Na_2S_2O_3 \cdot 5H_2O$ 于烧杯中，加入约 300mL 新煮沸并冷却的蒸馏水溶解，加入约 0.2g Na_2CO_3 固体，然后再加煮沸并冷却的蒸馏水稀释至 1L，存在棕色瓶中，置于暗处放几天后标定。

2. Na₂S₂O₃ 标准溶液的标定

准确称取 0.25g 左右已烘干的 K₂Cr₂O₇ 于一小烧杯中，加少量水溶解后转移至 100mL 容量瓶中，加水定容后摇匀。用移液管准确取 25mL K₂Cr₂O₇ 溶液于一碘量瓶中，加入约 20mL 10% KI 溶液和 6mol·L⁻¹ HCl 溶液 5mL，混匀后将碘量瓶盖好放在暗处 5min，然后再加 50mL 蒸馏水稀释，用 Na₂S₂O₃ 标准溶液滴定到呈浅黄绿色时，加入 1% 淀粉溶液 1mL，继续滴定至蓝色变浅绿色，即为终点。根据 K₂Cr₂O₇ 的质量及 Na₂S₂O₃ 溶液滴定体积，计算 Na₂S₂O₃ 标准溶液浓度。

3. Cu 含量的测定

准确称取 0.4~0.5g CuSO₄·5H₂O 晶体于一碘量瓶中，加入 3mL 1mol·L⁻¹ H₂SO₄ 和 30mL 水溶解试样。再加入 7mL 10% KI，立即用 0.05mol·L⁻¹ Na₂S₂O₃ 溶液滴定至红棕色变成浅黄色。然后加入 1% 淀粉溶液 1mL，继续滴定至浅蓝色。加入 10% KSCN 5.0mL，振摇后溶液的蓝色加深，继续滴定至蓝色褪去，溶液成乳白色悬浮液（CuSCN）即为终点。记录滴定消耗 Na₂S₂O₃ 的体积。

重复测定 2 次后计算硫酸铜中铜的平均含量。

五、思考题

1. 用 K₂Cr₂O₇ 作为基准物标定 Na₂S₂O₃ 溶液时，为什么加入过量的 KI 和 HCl 溶液？为什么放置一定时间后才加水稀释？如果：(1) 加 KI 而不加 HCl 溶液；(2) 加酸后不放在暗处；(3) 不放置或少放置一定时间即加水稀释。分别会产生什么影响？
2. 用碘量法测定 Cu 含量时，为什么要加入 KSCN 溶液？如果在酸化后立即加入 KSCN 溶液，会产生什么影响？
3. 碘量法的主要误差来源是什么？如何减少误差？

实验 25 沉淀滴定

一、实验目的

1. 掌握 AgNO₃ 标准溶液的配制及标定的原理和方法。
2. 掌握用沉淀滴定法测定可溶性氯化物的原理和方法。

二、实验原理

沉淀滴定是以沉淀反应为基础的滴定分析法，主要指银量法。根据终点确定所选用的指示剂不同，银量法可分为莫尔法、佛尔哈德法和法扬司法等。

可溶性氯化物中氯含量的测定，通常可用莫尔法。此方法在中性或微碱性（pH 为 6.5~10.5）条件下[1]，以 K₂CrO₄ 为指示剂，用 AgNO₃ 标准溶液滴定。反应为

$$Ag^+ + Cl^- = AgCl\downarrow（白色） \quad (K_{sp} = 1.8 \times 10^{-10})$$

$$2Ag^+ + CrO_4^{2-} = Ag_2CrO_4\downarrow（砖红色） \quad (K_{sp} = 2.0 \times 10^{-12})$$

由于 AgCl 溶解度小于 Ag₂CrO₄ 溶解度，故滴定开始时先生成 AgCl 沉淀。当滴至化

学计量点，AgCl定量沉淀后，过量 Ag^+ 即与 CrO_4^{2-} 生成砖红色 Ag_2CrO_4 沉淀，指示滴定终点。

$AgNO_3$ 标准溶液可直接用干燥的纯试剂配制，若 $AgNO_3$ 纯度不够，可能含水分、氧化银、金属银、亚硝酸银及有机物等杂质，则需用 NaCl 基准试剂标定。$AgNO_3$ 与有机物接触可起还原反应，故滴定时要用酸式滴定管。$AgNO_3$ 溶液见光易分解，必须储存于棕色瓶中，并放置于暗处。

能与 Ag^+ 形成难溶化合物或配合物的阴离子都干扰测定，如 PO_4^{3-}、SO_3^{2-}、S^{2-}、CO_3^{2-}、$C_2O_4^{2-}$ 等，可通过酸化或氧化后减小干扰。大量有色离子，如 Cu^{2+}、Ni^{2+}、Co^{2+} 将影响终点的观察。能与 CrO_4^{2-} 形成沉淀的离子，如 Ba^{2+}、Pb^{2+} 等也干扰测定，可加大量 Na_2SO_4 消除。

三、仪器与试剂

仪器：小量筒；电子天平；移液管（25mL）；容量瓶（100mL）；锥形瓶（250mL）；小烧杯；滴定管；可调电炉。

试剂：$AgNO_3$ 溶液（$0.1mol \cdot L^{-1}$）；烘干 NaCl 固体（A.R.）；粗食盐；K_2CrO_4 溶液（5%）。

四、实验步骤

1. $0.1mol \cdot L^{-1}$ $AgNO_3$ 溶液的配制

称取 8.5g $AgNO_3$ 溶于不含 Cl^- 的去离子水中，将溶液转入棕色瓶中，稀释至 500mL，置暗处保存。

2. $0.1mol \cdot L^{-1}$ $AgNO_3$ 溶液的标定

准确称 0.4~0.5g 已烘干的基准试剂 NaCl，溶解于小烧杯中后，定量转移到 100mL 容量瓶中，定容到刻度。用移液管取此溶液 25mL 置于锥形瓶中，加水 25mL、5% K_2CrO_4 溶液 1mL[2]，在充分摇动下用 $AgNO_3$ 溶液滴定[3]，直至溶液微呈砖红色即为终点。再同样取 2 份溶液分别滴定，根据 NaCl 的质量和 $AgNO_3$ 溶液的用量，计算 $AgNO_3$ 的准确浓度。

3. 氯化物含量的测定

利用标定了的 $AgNO_3$ 溶液可用于可溶性氯化物中氯含量的测定，如粗食盐的含量测定，方法同步骤 2。先准确称取一定量试样，溶解后转移至容量瓶中定容，再取出 25mL 试液加入 K_2CrO_4 指示剂，用 $AgNO_3$ 标准溶液滴定至白色沉淀中呈现砖红色，即为终点。

五、注解与实验指导

[1] 如果 pH>10.5，Ag^+ 将生成 Ag_2O 沉淀；pH<6.5 则 CrO_4^{2-} 大部分转变成 $Cr_2O_7^{2-}$，终点延后出现。同时试液中不应有 NH_3 等配位剂。如果溶液有铵盐存在，则应控制溶液 pH 在 6.5~7.2。

[2] 指示剂用量太多，终点提前，且影响终点颜色观察；用量太少，终点延后，一般 K_2CrO_4 的浓度应控制在 $0.005mol \cdot L^{-1}$ 为宜。

[3] 需充分振荡，以减小沉淀的吸附。

六、思考题

1. $AgNO_3$ 标准溶液应装在酸式滴定管还是碱式滴定管中？
2. 用莫尔法进行沉淀滴定时，在指示剂用量、滴定反应酸度等滴定条件控制方面应注意什么？

实验 26 维生素 C 含量的测定（碘量法）

一、实验目的

1. 熟悉碘标准溶液的配制与标定。
2. 掌握直接碘量法测定维生素 C 的原理及方法。

二、实验原理

维生素 C 即抗坏血酸，因其对治疗及预防坏血病有特殊功效而得名。其分子式为 $C_6H_8O_6$，分子中的烯二醇基具有还原性，故能被 I_2 定量氧化为二酮基而生成脱氢抗坏血酸。

$$\begin{array}{c}O\\ \| \\ C-C=C-C-C-CH+I_2 \\ | \ | \ | \ | \ | \\ O\ OH\ OH\ H\ OH\ H\end{array} \rightleftharpoons \begin{array}{c}O\\ \| \\ C-C-C-C-C-CH+2HI \\ \| \ \| \ | \ | \\ O\ O\ O\ H\ OH\ H\end{array}$$

其半反应式为

$$C_6H_8O_6 \rightleftharpoons C_6H_6O_6 + 2H^+ + 2e$$

由于维生素 C 的还原性很强，在空气中容易氧化，特别是在碱性介质中，因此测定时加入乙酸-偏磷酸使溶液呈弱酸性，以降低氧化速度，减少维生素 C 的损失。

本实验采用直接碘量法测定，即直接用标准碘溶液滴定，根据碘溶液浓度和滴定所用体积计算维生素 C 的质量分数。

三、仪器与试剂

仪器：滴定管；容量瓶（100mL）；过滤漏斗；滤纸；锥形瓶；移液管。

试剂：$Na_2S_2O_3$ 溶液（$0.05\ mol·L^{-1}$）；I_2 标准溶液（$0.05\ mol·L^{-1}$）；淀粉溶液（0.2%）；乙酸-偏磷酸溶液。

四、实验步骤

1. 维生素 C 试样的准备

将维生素 C 药片小心研成粉末，称取 0.8~1.0g 药粉，以偏磷酸-乙酸溶液溶解，于 100mL 容量瓶中定容，摇匀后干过滤，弃去 10mL 左右的初滤液，其余滤液收集备用。

2. $0.05\ mol·L^{-1}\ I_2$ 标准溶液浓度的配制与标定

在 250mL 烧杯中加入 25mL 去离子水，称 10g KI 和 6.5g I_2，用玻璃棒搅拌至 I_2 全部溶解后，转移到棕色试剂瓶中，加水稀释至 500mL，摇匀于暗处保存。

准确移取 0.05mol·L^{-1} Na$_2$S$_2$O$_3$ 溶液 25.00mL 于 250mL 锥形瓶中，加入 25mL 水和 5mL 淀粉溶液，以待标定的 I$_2$ 标准溶液滴定至溶液呈蓝色，轻摇后不立即消失即为终点。再重复滴定 2 次后计算 I$_2$ 标准溶液的浓度。

3. 维生素 C 含量的测定

准确移取维生素 C 制备液 25.00mL 于 250mL 锥形瓶中，加 5mL 淀粉溶液，立即以 I$_2$ 标准溶液滴定至溶液呈蓝色，轻摇后不立即消失即为终点。再重复滴定后计算维生素 C 药片的质量分数。

五、思考题

1. 为什么维生素 C 要用偏磷酸-乙酸溶液溶解及稀释定容？
2. I$_2$ 标准溶液滴定用酸式滴定管还是用碱式滴定管，为什么？
3. 为什么用 I$_2$ 标准溶液滴定 Na$_2$S$_2$O$_3$ 溶液时，应预先加入淀粉指示剂，而用 Na$_2$S$_2$O$_3$ 标准溶液滴定 I$_2$ 溶液必须在近终点前才加入？

实验 27　碱液中 NaOH 及 Na$_2$CO$_3$ 含量的测定

一、实验目的

1. 了解双指示剂法测定碱液中 NaOH 及 Na$_2$CO$_3$ 含量的原理。
2. 了解混合指示剂的使用及其优点。

二、实验原理

碱液中 NaOH 和 Na$_2$CO$_3$ 含量可以在同一份试液中用两种不同的指示剂来测定，这种测定方法即"双指示剂法"。此法方便、快速，在工业分析中应用普遍。

常用的两种指示剂是酚酞和甲基橙。在试液中先加酚酞，用 HCl 标准溶液滴定至红色刚刚褪去。由于酚酞的变色范围在 pH 为 8～10，此时不仅 NaOH 完全被中和，Na$_2$CO$_3$ 也被滴定成 NaHCO$_3$，记下此时 HCl 标准溶液的耗用量 V_1。再加入甲基橙指示剂，溶液呈黄色，滴定至终点时呈橙色，此时 NaHCO$_3$ 被滴定成 H$_2$CO$_3$，HCl 标准溶液的耗用量为 V_2。根据 V_1、V_2 可以计算出试液中 NaOH 及 Na$_2$CO$_3$ 的含量，计算式如下：

$$w(\text{NaOH})(\%) = \frac{(V_1 - V_2) \times c(\text{HCl}) \times M(\text{NaOH})}{V_{试}}$$

$$w(\text{Na}_2\text{CO}_3)(\%) = \frac{2V_2 \times c(\text{HCl}) \times M(\text{Na}_2\text{CO}_3)}{V_{试}}$$

双指示剂中的酚酞指示剂可用甲酚红和百里酚蓝混合指示剂代替。甲酚红的变色范围为 6.7（黄）～8.4（红），百里酚蓝的变色范围为 8.0（黄）～9.6（蓝）。混合后的变色点是 8.3，酸色呈黄色，碱色呈紫色，在 pH 为 8.2 时为樱桃色，变色较敏锐。

三、仪器与试剂

仪器：滴定用仪器。

试剂：0.5mol·L^{-1} HCl 标准溶液；甲酚红和百里酚蓝混合指示剂；酚酞指示剂；甲基橙指示剂。

四、实验步骤

用移液管吸取碱液试样 25mL，加酚酞指示剂 1~2 滴，用 0.5mol·L^{-1} HCl 标准溶液滴定，边滴边摇，以免局部 Na$_2$CO$_3$ 直接被滴至 H$_2$CO$_3$。滴定至酚酞恰好褪色为止，此时即为终点，记下所用标准溶液的体积 V_1。然后再加 2 滴甲基橙指示剂，此时溶液呈黄色，继续以 HCl 溶液滴定至溶液呈橙色，此时即为终点，记下所用 HCl 溶液的体积 V_2。

重复测定两次。

五、思考题

有一碱液，可能为 NaOH 或 Na$_2$CO$_3$ 或 NaHCO$_3$ 或共存物质的混合液。用标准酸溶液滴定至酚酞终点时，耗去酸 V_1mL，继以甲基橙为指示剂滴定至终点时又耗去酸 V_2mL。根据 V_1 与 V_2 的关系判断该碱液的组成。

实验 28　p 区元素（1）

一、实验目的

1. 掌握硼酸和硼砂的主要性质，学习硼砂珠试验的方法。
2. 掌握硝酸、亚硝酸及其盐的重要性质。
3. 了解锡、铅、锑、铋氢氧化物的酸碱性。
4. 了解锡（Ⅱ）的还原性和铅（Ⅳ）、铋（Ⅴ）的氧化性。

二、实验原理

p 区元素包括ⅢA 至ⅦA 和零族元素。它们价电子组态为 $ns^2np^{1\sim6}$，大都是非金属元素。在这儿通过实验了解部分元素及其主要化合物的性质。

硼酸是一元弱酸，属于路易斯酸，其反应如下：

$$H_3BO_3 + H_2O \rightleftharpoons B(OH)_4^- + H^+$$

它能与多羟基醇发生加和反应，使酸性增强。硼砂在水中水解而呈碱性，当它与酸作用时，可析出硼酸。

硼砂受强热脱水熔化为玻璃体，与各金属氧化物或盐类熔融，生成不同特征颜色的偏硼酸复盐。

硅酸钠水解作用明显。将金属盐晶体置于硅酸钠溶液中，晶体表面形成难溶的硅酸盐膜。溶液中的水渗透穿过膜进入晶体内，因而晶体就像颜色各异的"石笋"。

硝酸有强氧化性，与非金属反应还原产物多为 NO。浓硝酸与金属反应的反应产物主要为 NO$_2$，稀硝酸的反应产物则主要是 NO，而活泼金属则为 NH$_4^+$。

亚硝酸不稳定，易分解为 N$_2$O$_3$ 和 H$_2$O，N$_2$O$_3$ 又分解为 NO 和 NO$_2$。亚硝酸盐在酸性溶液中作氧化剂，一般被还原为 NO。遇强氧化剂则生成硝酸盐。

碱金属（锂除外）和 NH$_4^+$ 的磷酸盐、磷酸一氢盐都易溶于水，其他磷酸盐难溶于水。大多数磷酸二氢盐易溶于水，焦磷酸盐有一定配位作用。

锡、铅属ⅣA族元素，它们可形成氧化值为+2和+4的化合物。锑、铋属ⅤA族元素，能形成氧化值为+3和+5的化合物。

$Sn(OH)_2$、$Pb(OH)_2$、$Sb(OH)_3$是两性氢氧化物，$Bi(OH)_3$呈碱性，$\alpha\text{-}H_2SnO_3$呈两性。Sn^{2+}、Sb^{3+}、Bi^{3+}在水溶液中显著水解，加相应酸可抑制水解。铅的大多数盐难溶于水，$PbCl_2$能溶于热水中。

Sn(Ⅱ)的化合物有较强还原性，Sn^{2+}可与$HgCl_2$反应。碱性溶液中$[Sn(OH)_4]^{2-}$（或SnO_2^{2-}）能和Bi^{3+}反应。Pb(Ⅳ)和Bi(Ⅴ)化合物有强氧化性，PbO_2和$NaBiO_3$都是强氧化剂。酸性条件下可将Mn^{2+}氧化为MnO_4^-。Sb^{3+}可被Sn还原为单质Sb。

三、仪器与试剂

仪器：离心机；酒精灯；水浴锅；淀粉-KI试纸；pH试纸；试管；烧杯（100mL、200mL）；红色石蕊试纸；蓝色石蕊试纸；$Pb(Ac)_2$试纸；镍铬丝；点滴板。

试剂：NaOH（$2mol \cdot L^{-1}$、$6mol \cdot L^{-1}$）；$NH_3 \cdot H_2O$（$2mol \cdot L^{-1}$、$6mol \cdot L^{-1}$）；$NH_4Cl(1mol \cdot L^{-1})$；HCl（$2mol \cdot L^{-1}$、$6mol \cdot L^{-1}$、浓）；$H_2SO_4$（$2mol \cdot L^{-1}$、$6mol \cdot L^{-1}$）；$HNO_3$（$2mol \cdot L^{-1}$、$6mol \cdot L^{-1}$、浓）；$NaNO_2(1mol \cdot L^{-1})$；$CaCl_2(0.1mol \cdot L^{-1})$；$CuSO_4(0.1mol \cdot L^{-1})$；$Na_3PO_4(0.1mol \cdot L^{-1})$；$Na_2HPO_4(0.1mol \cdot L^{-1})$；$NaH_2PO_4(0.1mol \cdot L^{-1})$；$Na_4P_2O_7(0.5mol \cdot L^{-1})$；$FeCl_3(0.1mol \cdot L^{-1})$；$K_2CrO_4(0.1mol \cdot L^{-1})$；$K_2Cr_2O_7(0.1mol \cdot L^{-1})$；$BaCl_2(1mol \cdot L^{-1})$；$Ba(OH)_2(0.1mol \cdot L^{-1})$；$Na_2CO_3(0.1mol \cdot L^{-1})$；$Na_2SiO_3$（$0.5mol \cdot L^{-1}$、20%）；$SnCl_2(0.1mol \cdot L^{-1})$；$SnCl_4(0.2mol \cdot L^{-1})$；$Na_2S(0.1mol \cdot L^{-1})$；$Na_2S_2O_3(0.1mol \cdot L^{-1})$；$AgNO_3(0.1mol \cdot L^{-1})$；$SbCl_3(0.1mol \cdot L^{-1})$；$BiCl_3(0.1mol \cdot L^{-1})$；$Pb(NO_3)_2(0.1mol \cdot L^{-1})$；$MnSO_4(0.1mol \cdot L^{-1})$；$HgCl_2(0.1mol \cdot L^{-1})$；KI（$0.02mol \cdot L^{-1}$、$0.1mol \cdot L^{-1}$）；$KMnO_4$（$0.01mol \cdot L^{-1}$、$0.1mol \cdot L^{-1}$）；饱和氯水；饱和碘水；戊醇；$H_2O_2$(3%)；$H_2S$（饱和溶液）；$NH_4Ac$（饱和溶液）；饱和$KClO_3$溶液；饱和$SO_2$溶液；甲基橙指示剂；品红溶液；甘油；淀粉试液；$H_3BO_3(s)$；硼砂(s)；NaCl(s)；KBr(s)；KI(s)；$Co(NO_3)_2 \cdot 6H_2O(s)$；$CaCl_2(s)$；$CuSO_4 \cdot 5H_2O(s)$；$ZnSO_4 \cdot 7H_2O(s)$；$Fe_2(SO_4)_3(s)$；$NiSO_4 \cdot 7H_2O(s)$；$SnCl_2 \cdot 6H_2O(s)$；$PbO_2(s)$；$NaBiO_3(s)$；$(NH_4)_2S_2O_8(s)$；铜粉；锌粉；锡片；$FeSO_4(s)$。

四、实验步骤

1. 硼酸和硼砂的性质

（1）在试管中，加入一小片硼酸晶体和2mL去离子水，观察溶解情况。再微热使硼酸溶解，冷却后用pH试纸测其pH。然后加一滴甲基橙指示剂，将溶液分两份。一份做对比，另一份中加入0.5mL甘油，混匀后比较溶液的颜色，分析原因。

（2）在试管中，加入一小块硼砂和2mL去离子水，微热使其溶解，冷却后用pH试纸测其pH，再加入1mL $6mol \cdot L^{-1}$ H_2SO_4，将试管放在冷水中冷却，用玻璃棒不断搅拌。看有无硼酸晶体析出，写出相应方程式。

（3）硼砂珠试验。用环形镍铬丝蘸点浓盐酸在氧化焰上灼烧，再迅速蘸少量硼砂晶体，在氧化焰上灼烧成玻璃状。用烧红的硼砂珠蘸少量$Co(NO_3)_2 \cdot 6H_2O$在氧化焰上烧熔，冷却后对着亮光看硼砂珠的颜色。

2. 碳酸盐的性质

在试管中，加 1mL 0.1mol·L^{-1} Na$_2$CO$_3$，再加入约 0.5mL 2mol·L^{-1} HCl，立即用带导管的塞子盖紧试管，将产生的气体通入 Ba(OH)$_2$ 溶液中。观察现象，写出方程式。

3. 硅酸盐的性质

(1) 在试管中，加 1mL 0.5mol·L^{-1} Na$_2$SiO$_3$，用 pH 试纸测其 pH，再逐滴加入 2mol·L^{-1} HCl，使溶液 pH 在 6~9 之间，观察硅酸凝胶的生成（试管可微热）。

(2) "水中花园"实验。在 100mL 烧杯中加入 40mL 20% 的 Na$_2$SiO$_3$ 溶液，再分别加入 CaCl$_2$、CuSO$_4$·5H$_2$O、ZnSO$_4$·7H$_2$O、Fe$_2$(SO$_4$)$_3$、Co(NO$_3$)$_2$·6H$_2$O、NiSO$_4$·7H$_2$O 晶体各一小块。静置 2h，观察"石笋"生长。

4. 硝酸、亚硝酸和亚硝酸盐

(1) 在试管中，加少量铜粉，加几滴浓 HNO$_3$ 观察反应现象。然后迅速加水稀释，倒掉溶液，写出反应方程式。

(2) 在试管中，加少量锌粉，加入 1mL 2mol·L^{-1} HNO$_3$ 观察反应现象（试管可微热）。取部分反应清液到另一试管，加入过量 2mol·L^{-1} NaOH，微热。用湿红色石蕊试纸在试管口检验产生的气体，并判断之前反应产物是否有 NH$_4^+$。

(3) 在试管中，加 0.5mL 1mol·L^{-1} NaNO$_2$，再滴加 6mol·L^{-1} H$_2$SO$_4$，观察溶液和产生的气体颜色（试管可放在冷水中冷却）。写出反应方程式。

(4) 在试管中，加 0.5mL 1mol·L^{-1} NaNO$_2$，再滴 2 滴 0.02mol·L^{-1} KI，有无反应？再加 2 滴 2mol·L^{-1} H$_2$SO$_4$ 和淀粉试液，又有何变化？写出反应方程式。

(5) 在试管中，加 0.5mL 1mol·L^{-1} NaNO$_2$，滴 2 滴 0.01mol·L^{-1} KMnO$_4$，再加 2 滴 2mol·L^{-1} H$_2$SO$_4$。比较酸化前后溶液颜色变化，写出反应方程式。

(6) 取 10 滴 0.1mol·L^{-1} KNO$_3$ 于试管中，加入 2 粒 FeSO$_4$ 固体，摇荡溶解后，将试管斜持，慢慢沿试管壁滴入 1mL 浓 H$_2$SO$_4$，观察有什么现象，若 H$_2$SO$_4$ 层与水溶液层的界面处有"棕色环"出现，表示有 NO$_3^-$ 存在。

5. 磷酸盐的性质

(1) 用 pH 试纸分别测定浓度均为 0.1mol·L^{-1} Na$_3$PO$_4$、Na$_2$HPO$_4$、NaH$_2$PO$_4$ 的 pH。并加以说明结果。

(2) 在 3 支试管中，各加几滴 0.1mol·L^{-1} CaCl$_2$，然后分别滴加 0.1mol·L^{-1} 的 Na$_3$PO$_4$、Na$_2$HPO$_4$、NaH$_2$PO$_4$。比较不同现象，写出反应方程式。

(3) 在试管中，加几滴 0.1mol·L^{-1} CuSO$_4$，然后逐滴加入 0.5mol·L^{-1} 的 Na$_4$P$_2$O$_7$ 至过量。观察现象，写出反应方程式。

(4) 在 5 滴 0.1mol·L^{-1} 的 Na$_3$PO$_4$ 中，加入 10 滴浓 HNO$_3$，再加入 20 滴钼酸铵试剂，微热至 40~50℃，观察是否有黄色沉淀产生。

6. 锡、铅、锑、铋氢氧化物的酸碱性

(1) 在 2 支试管中，各加 4 滴 0.1mol·L^{-1} SnCl$_2$，然后逐滴加 2.0mol·L^{-1} NaOH 至

沉淀生成。离心后弃去清液。在沉淀中，分别加入 2.0mol·L^{-1} NaOH 溶液和 2.0mol·L^{-1} HCl。判断沉淀的酸碱性，写出反应方程式。

(2) 分别用 0.2mol·L^{-1} SnCl$_4$、0.1mol·L^{-1} Pb(NO$_3$)$_2$、0.1mol·L^{-1} SbCl$_3$ 和 0.1mol·L^{-1} BiCl$_3$ 溶液代替 (1) 中的 SnCl$_2$，重复上述实验内容。观察现象，相互判断比较，写出反应方程式。

7. 锡(Ⅱ)、锑(Ⅲ)、铋(Ⅲ)盐的水解

(1) 取少量 SnCl$_2$·6H$_2$O 晶体在试管中，加入 2mL 去离子水。观察现象，写出反应方程式。

(2) 在两支试管中，分别取少量 0.1mol·L^{-1} SbCl$_3$ 和 BiCl$_3$ 溶液，加少量水稀释。观察有什么现象，再分别加入几滴 6mol·L^{-1} HCl，有何变化？写出有关方程式。

8. 锡、铅、锑、铋化合物的氧化还原性

(1) 取 2 滴 0.1mol·L^{-1} HgCl$_2$ 溶液，逐滴加入 0.1mol·L^{-1} SnCl$_2$ 溶液。观察现象，写出反应方程式。

(2) 取 3 滴 0.1mol·L^{-1} SnCl$_2$ 溶液和 10 滴 2.0mol·L^{-1} NaOH，再加 3 滴 0.1mol·L^{-1} BiCl$_3$ 溶液。观察现象，写出反应方程式。

(3) 取少量 PbO$_2$ 固体，加入 6mol·L^{-1} HNO$_3$ 溶液和 1 滴 0.1mol·L^{-1} MnSO$_4$ 溶液，微热后静置。观察溶液颜色有什么变化，写出反应方程式。

(4) 在点滴板上，放一小块光亮锡片，加 1 滴 0.1mol·L^{-1} SbCl$_3$ 溶液于锡片上。观察现象，若锡片上出现黑色，可鉴定有 Sb^{3+} 存在。

(5) 取 2 滴 0.1mol·L^{-1} MnSO$_4$ 溶液，加入 1mL 6mol·L^{-1} HNO$_3$ 溶液，再加少量固体 NaBiO$_3$。观察微热后有什么现象，写出反应方程式。

9. 铅(Ⅱ)的难溶盐

(1) 用 0.1mol·L^{-1} Pb(NO$_3$)$_2$ 与饱和 H$_2$S 溶液在试管中制取 PbS 沉淀 2 份，观察颜色。分别加入 6mol·L^{-1} HCl 和 6mol·L^{-1} HNO$_3$ 溶液。观察现象，写出反应方程式。

(2) 用 0.1mol·L^{-1} Pb(NO$_3$)$_2$ 与 2mol·L^{-1} HCl 溶液在试管中制取少量 PbCl$_2$ 沉淀。观察其颜色。分别试验其在热水和浓 HCl 中的溶解情况。

(3) 用 0.1mol·L^{-1} Pb(NO$_3$)$_2$ 与 2mol·L^{-1} H$_2$SO$_4$ 溶液在试管中制取少量 PbSO$_4$ 沉淀。观察其颜色。试验其在饱和 NH$_4$Ac 溶液中的溶解情况。

(4) 用 0.1mol·L^{-1} Pb(NO$_3$)$_2$ 与 0.1mol·L^{-1} K$_2$CrO$_4$ 溶液在试管中制取少量 PbCrO$_4$ 沉淀。观察其颜色。分别试验其在 6mol·L^{-1} NaOH 和浓 HNO$_3$ 中的溶解情况。

(5) 用 0.1mol·L^{-1} Pb(NO$_3$)$_2$ 与 0.1mol·L^{-1} KI 溶液在试管中反应，制取少量 PbI$_2$ 沉淀。观察其颜色。

五、思考题

1. 硝酸与金属反应的主要还原产物与哪些因素有关？
2. 配制 SnCl$_2$ 溶液时，为什么要加入盐酸和锡粒？
3. 检验 Pb(OH)$_2$ 碱性时，应该用什么酸？为什么不用稀盐酸或稀硫酸？
4. 试验 PbO$_2$ 和 NaBiO$_3$ 的氧化性时，应使用什么酸进行酸化？

实验 29 p 区元素（2）

一、实验目的

1. 掌握硫化氢的还原性、亚硫酸及其盐的性质、硫代硫酸及其盐的性质、过硫酸盐的氧化性。
2. 掌握卤素单质氧化性和卤化氢还原性的递变规律。掌握卤素含氧酸盐的氧化性。

二、实验原理

过氧化氢有强氧化性，也能被更强氧化剂氧化为氧气。H_2O_2 在酸性溶液中与 $Cr_2O_7^{2-}$ 反应生成蓝色的 Cr_2O_5。

H_2S 有强还原性。在含 S^{2-} 溶液中加入稀盐酸，产生的 H_2S 能使湿 $Pb(Ac)_2$ 试纸变黑。SO_2 溶于水得到不稳定的亚硫酸，亚硫酸及其盐常作还原剂，但遇强还原剂时也起氧化作用，H_2SO_3 可与有机物加成生成无色加成物，故 H_2SO_3 有漂白性。硫代硫酸不稳定，遇盐酸易分解。$Na_2S_2O_3$ 常作还原剂，还能与某些金属离子（如 Ag^+）形成配合物。

$$2Ag^+ + S_2O_3^{2-} \longrightarrow Ag_2S_2O_3 \downarrow (白色)$$

$Ag_2S_2O_3$ 又迅速水解为

$$Ag_2S_2O_3 + H_2O \longrightarrow Ag_2S \downarrow (黑色) + H_2SO_4$$

反应中颜色由白色变为黄、棕色，最后变黑色。过二硫酸盐是强氧化剂，在酸性条件下有 Ag^+（作催化剂）时能将 Mn^{2+} 氧化为 MnO_4^-。

氯、溴、碘氧化性顺序为 $Cl_2 > Br_2 > I_2$，卤化氢还原性顺序为 $HI > HBr > HCl$。HBr 和 HI 能将浓 H_2SO_4 分别还原为 SO_2 和 H_2S。Br^- 能被 Cl_2 氧化为 Br_2（在 CCl_4 中呈棕黄色），I^- 能被 Cl_2 氧化为 I_2（在 CCl_4 中呈紫色），当 Cl_2 过量时，I_2 被进一步氧化为 IO_3^-。次氯酸及其盐有强氧化性。卤酸盐在酸性条件也都有强氧化性，次序为 $BrO_3^- > ClO_3^- > IO_3^-$。

三、仪器与试剂

仪器：离心机；酒精灯；水浴锅；淀粉-KI 试纸；pH 试纸；试管；烧杯（100mL、200mL）；红色石蕊试纸；蓝色石蕊试纸；$Pb(Ac)_2$ 试纸；镍铬丝；点滴板。

试剂：NaOH（$2mol \cdot L^{-1}$、$6mol \cdot L^{-1}$）；$NH_3 \cdot H_2O$（$2mol \cdot L^{-1}$、$6mol \cdot L^{-1}$）；NH_4Cl（$1mol \cdot L^{-1}$）；HCl（$2mol \cdot L^{-1}$、$6mol \cdot L^{-1}$、浓）；H_2SO_4（$2mol \cdot L^{-1}$、$6mol \cdot L^{-1}$）；HNO_3（$2mol \cdot L^{-1}$、$6mol \cdot L^{-1}$、浓）；$NaNO_2$（$1mol \cdot L^{-1}$）；$CaCl_2$（$0.1mol \cdot L^{-1}$）；$CuSO_4$（$0.1mol \cdot L^{-1}$）；Na_3PO_4（$0.1mol \cdot L^{-1}$）；Na_2HPO_4（$0.1mol \cdot L^{-1}$）；NaH_2PO_4（$0.1mol \cdot L^{-1}$）；$Na_4P_2O_7$（$0.5mol \cdot L^{-1}$）；$FeCl_3$（$0.1mol \cdot L^{-1}$）；K_2CrO_4（$0.1mol \cdot L^{-1}$）；$K_2Cr_2O_7$（$0.1mol \cdot L^{-1}$）；$BaCl_2$（$1mol \cdot L^{-1}$）；$Ba(OH)_2$（$0.1mol \cdot L^{-1}$）；Na_2CO_3（$0.1mol \cdot L^{-1}$）；Na_2SiO_3（$0.5mol \cdot L^{-1}$、20%）；$SnCl_2$（$0.1mol \cdot L^{-1}$）；$SnCl_4$（$0.2mol \cdot L^{-1}$）；Na_2S（$0.1mol \cdot L^{-1}$）；$Na_2S_2O_3$（$0.1mol \cdot L^{-1}$）；$AgNO_3$（$0.1mol \cdot L^{-1}$）；$SbCl_3$（$0.1mol \cdot L^{-1}$）；$BiCl_3$（$0.1mol \cdot L^{-1}$）；$Pb(NO_3)_2$（$0.1mol \cdot L^{-1}$）；$MnSO_4$（$0.1mol \cdot L^{-1}$）；$HgCl_2$（$0.1mol \cdot L^{-1}$）；KI（$0.02mol \cdot L^{-1}$、$0.1mol \cdot L^{-1}$）；$KMnO_4$（$0.01mol \cdot L^{-1}$、$0.1mol \cdot L^{-1}$）；饱和氯水；饱和碘水；戊醇；H_2O_2（3%）；H_2S（饱和溶液）；NH_4Ac（饱和溶液）；饱和 $KClO_3$

溶液；饱和 SO_2 溶液；甲基橙指示剂；品红溶液；甘油；淀粉试液；$H_3BO_3(s)$；硼砂（s）；$NaCl(s)$；$KBr(s)$；$KI(s)$；$Co(NO_3)_2·6H_2O(s)$；$CaCl_2(s)$；$CuSO_4·5H_2O(s)$；$ZnSO_4·7H_2O(s)$；$Fe_2(SO_4)_3(s)$；$NiSO_4·7H_2O(s)$；$SnCl_2·6H_2O(s)$；$PbO_2(s)$；$NaBiO_3(s)$；$(NH_4)_2S_2O_8(s)$；铜粉；锌粉；锡片。

四、实验步骤

1. 过氧化氢的性质

（1）在试管中加 0.5mL 1mol·L^{-1} $Pb(NO_3)_2$，再加 H_2S 饱和液至沉淀生成（或加几滴 Na_2S 溶液）。将沉淀离心分离，弃去清液。用少量水洗 2 遍沉淀后加入 3% 的 H_2O_2 溶液。观察沉淀变化，写出反应方程式。

（2）取 3% 的 H_2O_2 溶液和戊醇各 0.5mL，加几滴 1mol·L^{-1} H_2SO_4 和 2 滴 0.1mol·L^{-1} 的 $K_2Cr_2O_7$，摇荡试管。观察现象，写出反应方程式。

（3）在试管中加入 0.5mL 0.1mol·L^{-1} KI，再加 2 滴 1mol·L^{-1} H_2SO_4 酸化后，加入 5 滴 3% 的 H_2O_2 溶液和 10 滴 CCl_4，摇荡试管。观察溶液颜色，写出反应方程式。

2. 硫化氢、亚硫酸、硫代硫酸、过硫酸盐的性质

（1）取几滴 0.01mol·L^{-1} $KMnO_4$，用稀 H_2SO_4 酸化后，再滴加 H_2S 饱和液。观察现象，写出反应方程式。

（2）取几滴 0.1mol·L^{-1} $FeCl_3$，滴加 H_2S 饱和液。观察现象，写出反应方程式。

（3）在试管中加几滴 0.1mol·L^{-1} Na_2S 和 2mol·L^{-1} HCl，然后用湿$Pb(Ac)_2$ 试纸放在试管口。观察现象，写出反应方程式。此反应可鉴定 S^{2-}。

（4）取几滴饱和碘水，加 1 滴淀粉试液，再加几滴饱和 SO_2 溶液。观察有什么现象，写出反应方程式。

（5）取几滴饱和 H_2S 溶液，再加几滴饱和 SO_2 溶液。观察现象，写出反应方程式。

（6）取 3mL 品红溶液，加入 2 滴饱和 SO_2 溶液，摇荡试管后静置。观察现象，说明原因。

（7）在试管中，加几滴 0.1mol·L^{-1} $Na_2S_2O_3$ 和 2mol·L^{-1} HCl，摇荡试管，然后用湿的蓝色石蕊试纸检验产生的气体。观察现象。写出反应方程式。

（8）取几滴 0.01mol·L^{-1} 碘水，加 1 滴淀粉试液，再逐滴加入 0.1mol·L^{-1} $Na_2S_2O_3$ 溶液。观察现象，写出反应方程式。

（9）取几滴饱和氯水，滴加 0.1mol·L^{-1} $Na_2S_2O_3$ 溶液。观察现象。再加 2 滴 1mol·L^{-1} $BaCl_2$ 检验之前反应是否有 SO_4^{2-} 生成。

（10）在点滴板上加 2 滴 0.1mol·L^{-1} $Na_2S_2O_3$，再滴加 0.1mol·L^{-1} $AgNO_3$ 至白色沉淀产生。观察沉淀颜色的变化，写出相应方程式。此反应可用来鉴定 $S_2O_3^{2-}$ 的存在。

（11）在试管中，加几滴 0.1mol·L^{-1} $MnSO_4$，另加 1mL 2mol·L^{-1} H_2SO_4、1 滴 0.1mol·L^{-1} $AgNO_3$ 和少量 $(NH_4)_2S_2O_8$ 固体，水浴加热片刻。观察溶液颜色变化，写出反应方程式。

3. 硫化物的溶解性

在 3 支试管中，分别加入 0.1mol·L^{-1} $ZnSO_4$、$CuSO_4$ 和 $Hg(NO_3)_2$ 各 5 滴，然后都

各加入 1mL H_2S 饱和液，观察现象。离心沉降，吸去上面清液，在沉淀中分别加入几滴 $6mol·L^{-1}$ HCl，观察现象。将不溶解的沉淀再离心分离，用少量蒸馏水洗涤沉淀后（为什么？），加入数滴浓 HNO_3 后微热，观察现象。在仍不溶解的沉淀中，加入王水（浓 HNO_3 和浓 HCl 以 1：3 体积比混合）后微热，观察现象。

从实验结果对金属硫化物的溶解性做一比较。

4. 卤素化合物

（1）在 3 支干燥试管中，分别加入米粒大小的 NaCl、KBr、KI 固体，再分别加入 3 滴浓 H_2SO_4，观察现象。并分别用润湿的 pH 试纸、淀粉-KI 试纸、$Pb(Ac)_2$ 试纸放在试管口。检验产生的气体，写出相应反应方程式。（最好在通风橱内进行，反应后及时清洗试管）。

（2）取 2mL 氯水，逐滴加入 $2mol·L^{-1}$ NaOH 至溶液呈弱碱性，再将溶液分装 3 支试管。在第 1 支试管中滴加 $2mol·L^{-1}$ HCl，用润湿的淀粉-KI 试纸检验产生的气体。在第 2 支试管中滴加 $0.1mol·L^{-1}$ KI 及 1 滴淀粉试液；第 3 支试管中滴加品红溶液。观察各反应现象，写出反应方程式。

（3）取 3 滴 $0.1mol·L^{-1}$ KI，加入 4 滴饱和 $KClO_3$，再逐滴加入 $6mol·L^{-1}$ H_2SO_4，摇荡试管。观察溶液颜色的变化，写出相应方程式。

五、思考题

1. 亚硫酸有哪些主要性质？怎样用实验加以验证？
2. 实验室长期放置的 H_2S 溶液、Na_2S 溶液和 Na_2SO_3 溶液会发生什么变化？
3. 金属硫化物的溶解情况可分几类？它们的 K_{sp} 相对大小如何？

实验 30 d 区元素

一、实验目的

1. 了解低氧化值的钛和钒化合物的生成和性质。
2. 掌握铬、锰、铁、钴、镍的氢氧化物酸碱性和氧化还原性。
3. 掌握铬、锰主要氧化态间的转化反应及其条件。
4. 掌握铬、锰、铁、钴、镍的配合物和硫化物的生成与性质。

二、实验原理

第四周期 d 区元素主要有钛（Ti）、钒（V）、铬（Cr）、锰（Mn）、铁（Fe）、钴（Co）、镍（Ni）几种金属元素，它们都能形成多种氧化值的化合物。

TiO_2 俗称钛白，是一种白色颜料。它不溶于水、稀酸和稀碱，但溶于热硫酸。

$$TiO_2 + H_2SO_4 \Longrightarrow TiOSO_4 + H_2O$$
$$TiO_2 + 2H_2SO_4 \Longrightarrow Ti(SO_4)_2 + 2H_2O$$

硫酸氧钛加热水解，得到不溶于酸碱的钛酸（β 型）。

$$TiOSO_4 + (x+1)H_2O \Longrightarrow TiO_2·xH_2O + H_2SO_4$$

硫酸氧钛若加碱，可得到能溶于稀酸或浓碱的钛酸（α 型）。

$$TiOSO_4 + 2NaOH + H_2O \Longrightarrow Ti(OH)_4 + Na_2SO_4$$
$$Ti(OH)_4 + H_2SO_4 \Longrightarrow TiOSO_4 + 3H_2O$$
$$Ti(OH)_4 + 2NaOH \Longrightarrow Na_2TiO_3 + 3H_2O$$

在酸性条件下，钒酸根可被还原为各种低氧化数的钒盐，如氯化氧钒（偏钒酸铵的盐酸溶液）被还原。

$$2VO_2Cl + 4HCl + Zn \Longrightarrow 2VOCl_2 + 2H_2O + ZnCl_2$$
$$2VOCl_2 + 4HCl + Zn \Longrightarrow 2VCl_3 + 2H_2O + ZnCl_2$$
$$2VCl_3 + Zn \Longrightarrow 2VCl_2 + ZnCl_2$$

离子颜色为 VO^{2+} 呈蓝色，V^{3+} 呈暗绿色，V^{2+} 呈紫色。

$Cr(OH)_3$ 是两性氢氧化物，$Mn(OH)_2$ 和 $Fe(OH)_2$ 都易被空气中的 O_2 所氧化。$Co(OH)_2$ 也能被空气中 O_2 氧化。Co^{3+} 和 Ni^{3+} 具有强氧化性。$Co(OH)_3$ 和 $Ni(OH)_3$ 与浓盐酸反应生成 Co^{2+} 和 Ni^{2+}，并放出氯气。$Co(OH)_3$ 和 $Ni(OH)_3$ 可由 Co^{2+} 和 Ni^{2+} 在碱性条件下用强氧化剂氧化得到。

$$2Ni^{2+} + 6OH^- + Br_2 \Longrightarrow 2Ni(OH)_3 + 2Br^-$$

Cr^{3+} 和 Fe^{3+} 都易水解，Fe^{3+} 有一定氧化性，而 Cr^{3+} 和 Mn^{2+} 在酸性溶液中有较弱的还原性。强氧化剂能将它们氧化为 $Cr_2O_7^{2-}$ 和 MnO_4^-。在碱性溶液中，$[Cr(OH)_4]^-$ 可被 H_2O_2 氧化为 CrO_4^{2-}。CrO_4^{2-} 在酸性溶液中转变为 $Cr_2O_7^{2-}$。重铬酸盐溶解度较铬酸盐大，因此，它们与 Ag^+、Pb^{2+}、Ba^{2+} 等离子在一起时，常生成铬酸盐沉淀。

$$Cr_2O_7^{2-} + 4Ag^+ + H_2O \Longrightarrow 2Ag_2CrO_4 \downarrow (砖红色) + 2H^+$$

$Cr_2O_7^{2-}$ 和 MnO_4^- 都具强氧化性，$Cr_2O_7^{2-}$ 在酸性溶液中被还原为 Cr^{3+}。MnO_4^- 在酸性、中性、强碱性溶液中，还原产物分别为 Mn^{2+}、MnO_2 和 MnO_4^{2-}。MnO_2 和 MnO_4^- 在碱性环境下反应，也能得 MnO_4^{2-}。而在酸性及近中性溶液中，MnO_4^{2-} 易歧化为 MnO_2 和 MnO_4^-。

MnS、FeS、CoS、NiS 都能溶于稀强酸，MnS 甚至能溶于较弱的 HAc。故这些硫化物要在弱碱性溶液中生成。

铬、锰、铁、钴、镍都易形成多种配合物。当 Co^{2+} 和 Ni^{2+} 分别与过量氨水反应后，得 $[Co(NH_3)_6]^{2+}$ 和 $[Ni(NH_3)_6]^{2+}$。$[Co(NH_3)_6]^{2+}$ 易被空气中 O_2 氧化成 $[Co(NH_3)_6]^{3+}$。Fe^{2+} 与 $[Fe(CN)_6]^{3-}$ 反应，或 Fe^{3+} 与 $[Fe(CN)_6]^{4-}$ 反应，都生成蓝色沉淀配合物。Fe^{3+} 与 SCN^- 在酸性溶液中，反应得红色的多级配合物。Co^{2+} 也能与 SCN^- 反应得 $[Co(SCN)_4]^{2-}$，该配离子易溶于有机溶剂中呈现蓝色。

三、仪器与试剂

仪器：离心机；酒精灯；水浴锅；淀粉-KI 试纸；试管。

试剂：NaOH（2mol·L^{-1}、6mol·L^{-1}）；NH$_3$·H$_2$O（2mol·L^{-1}、6mol·L^{-1}）；NH$_4$Cl（1mol·L^{-1}）；HCl（6mol·L^{-1}、浓）；H$_2$SO$_4$（2mol·L^{-1}、浓）；HNO$_3$（6mol·L^{-1}）；HAc（2mol·L^{-1}）；CrCl$_3$（0.1mol·L^{-1}）；MnSO$_4$（0.1mol·L^{-1}）；CoCl$_2$（0.5mol·L^{-1}）；K$_2$CrO$_4$（0.1mol·L^{-1}）；K$_2$Cr$_2$O$_7$（0.1mol·L^{-1}）；BaCl$_2$（0.1mol·L^{-1}）；K$_4$[Fe(CN)$_6$]（0.1mol·L^{-1}）；K$_3$[Fe(CN)$_6$]（0.1mol·L^{-1}）；SnCl$_2$（0.1mol·L^{-1}）；Na$_2$S（0.1mol·L^{-1}）；FeCl$_3$（0.1mol·L^{-1}）；FeSO$_4$（0.1mol·L^{-1}）；NiSO$_4$（0.5mol·L^{-1}）；KMnO$_4$

（0.01mol·L^{-1}、0.1mol·L^{-1}）；溴水；戊醇；H$_2$O$_2$（3%）；饱和 H$_2$S 溶液；TiO$_2$(s)；NH$_4$NO$_3$(s)；Zn(s)；FeSO$_4$·7H$_2$O(s)；KSCN(s)；MnO$_2$(s)。

四、实验步骤

1. 钛

取少量 TiO$_2$(s) 加入 1mL 浓 H$_2$SO$_4$，加热（注意防止 H$_2$SO$_4$ 溅出）。观察现象，写出反应方程式。将所得溶液分两份，一份滴加 2mol·L^{-1} NH$_3$·H$_2$O 至大量沉淀产生。另一份加少量水，加热煮沸 2min。观察两份中沉淀的颜色状态。并将两份都离心，弃去上清液后，沉淀分两份，分别加 6mol·L^{-1} NaOH 和 6mol·L^{-1} HCl，观察沉淀是否溶解。

2. 钒

取 1g 偏钒酸铵（NH$_4$VO$_3$）固体，加入 6mol·L^{-1} HCl 20mL、去离子水 10mL 配制氯化氧钒溶液（NH$_4$VO$_3$＋2HCl ══ VO$_2$Cl＋NH$_4$Cl＋H$_2$O）。

取氯化氧钒溶液 4mL，并加入 2 粒锌，放置片刻。观察溶液颜色的变化。将得到的紫色溶液分 4 份（其中一份做颜色比较）。

在第一份中滴加 0.1mol·L^{-1} KMnO$_4$，摇匀，观察颜色变化（若酸性不够可滴加少量 6mol·L^{-1} HCl）。待生成暗绿色 V^{3+} 时停止滴 KMnO$_4$。

在第二份中同样滴加 0.1mol·L^{-1} KMnO$_4$，待暗绿色出现再继续滴加 KMnO$_4$ 至生成蓝色 VO^{2+} 为止。

在第三份中滴加 0.1mol·L^{-1} KMnO$_4$，使溶液出现黄色 VO$_2^+$ 为止，分别写出以上反应方程式。

3. 铬、锰、铁、钴、镍的氢氧化物

（1）在两支试管中，都用 0.1mol·L^{-1} CrCl$_3$ 溶液和少量 2.0mol·L^{-1} NaOH 制备 Cr(OH)$_3$，再分别加几滴 6mol·L^{-1} HCl 和 6mol·L^{-1} NaOH。有何现象，判断 Cr(OH)$_3$ 的酸碱性。

（2）在 3 支试管中，各加几滴 0.1mol·L^{-1} MnSO$_4$ 溶液和少量 2.0mol·L^{-1} NaOH（均预先煮沸以除氧）。观察现象。

再迅速在两支试管中，分别加几滴 6mol·L^{-1} HCl 和 6mol·L^{-1} NaOH，检验 Mn(OH)$_2$ 的酸碱性。

第 3 支试管振荡后，放置，观察现象，写出反应方程式。

（3）取 2mL 去离子水，加几滴 2mol·L^{-1} H$_2$SO$_4$，煮沸除去氧。冷却后加少量 FeSO$_4$·7H$_2$O(s) 并溶解。在另一试管中，加 1mL 2.0mol·L^{-1} NaOH，煮沸除去氧，冷却后，用长滴管吸取 NaOH 溶液插入 FeSO$_4$ 溶液底部后挤出。观察现象，振荡后分 3 份。

在两支试管中，分别加几滴 6mol·L^{-1} HCl 和 6mol·L^{-1} NaOH，检验酸碱性。

第 3 支试管在空气中放置。观察现象，写出反应方程式。

（4）在 3 支试管中，各加几滴 0.5mol·L^{-1} CoCl$_2$ 溶液，再逐滴加入 2.0mol·L^{-1} NaOH。观察现象，离心分离后弃去清液。

在两支试管中，分别加几滴 6mol·L^{-1} HCl 和 6mol·L^{-1} NaOH，检验沉淀的酸碱性。

第 3 支试管在空气中放置。观察现象，写出反应方程式。

(5) 用 $0.5 mol \cdot L^{-1}$ $NiSO_4$ 溶液代替 $CoCl_2$，重复实验 (4) 操作。

(6) 取几滴 $0.5 mol \cdot L^{-1}$ $CoCl_2$ 溶液，加几滴溴水，再加入 $2.0 mol \cdot L^{-1}$ NaOH。振荡后，观察现象。离心分离后，弃去清液，在沉淀中滴加浓 HCl，并用淀粉-KI 试纸检验产生的气体，分别写出以上反应方程式。

(7) 用 $0.5 mol \cdot L^{-1}$ $NiSO_4$ 溶液代替 $CoCl_2$，重复实验 (6) 操作。

4. 铬、锰、铁的氧化性与还原性

(1) 取几滴 $0.1 mol \cdot L^{-1}$ $CrCl_3$ 溶液，逐滴加入 $6 mol \cdot L^{-1}$ NaOH 至过量，溶液呈亮绿色。再滴加 3% 的 H_2O_2 溶液，微热。观察有什么现象。冷却后再加几滴 H_2O_2 溶液和 0.5mL 戊醇，慢慢滴入 $6 mol \cdot L^{-1}$ HNO_3，振荡试管。观察现象，写出反应方程式。

(2) 取几滴 $0.1 mol \cdot L^{-1}$ K_2CrO_4 溶液，逐滴加入 $2 mol \cdot L^{-1}$ H_2SO_4，观察现象。再逐滴加入 $2 mol \cdot L^{-1}$ NaOH。观察现象，写出反应方程式。

(3) 在两支试管中，分别加入几滴 $0.1 mol \cdot L^{-1}$ K_2CrO_4 溶液和 $0.1 mol \cdot L^{-1}$ $K_2Cr_2O_7$ 溶液。然后分别滴加 $0.1 mol \cdot L^{-1}$ $BaCl_2$ 溶液。比较观察现象，再都滴加 $2 mol \cdot L^{-1}$ HCl。观察现象，写出相关方程式。

(4) 取 3 滴 $0.1 mol \cdot L^{-1}$ $K_2Cr_2O_7$ 溶液，滴加饱和 H_2S 溶液。观察现象，写出反应方程式。

(5) 取 3 滴 $0.01 mol \cdot L^{-1}$ $KMnO_4$ 溶液，滴加少量 $2 mol \cdot L^{-1}$ H_2SO_4 酸化后，再加几滴 $0.1 mol \cdot L^{-1}$ $FeSO_4$ 溶液。观察现象，写出反应方程式。

(6) 取几滴 $0.1 mol \cdot L^{-1}$ $FeCl_3$，滴加 $0.1 mol \cdot L^{-1}$ $SnCl_2$ 溶液。观察现象，写出反应方程式。

(7) 将 $0.01 mol \cdot L^{-1}$ $KMnO_4$ 溶液与 $0.5 mol \cdot L^{-1}$ $MnSO_4$ 溶液混合。观察现象，写出反应方程式。

(8) 取 2mL $0.01 mol \cdot L^{-1}$ $KMnO_4$ 溶液，加入 1mL 40% NaOH，再加少量 MnO_2(s)，加热反应后放置。观察上层清液颜色。取清液于另一试管中，滴加少量 $2 mol \cdot L^{-1}$ H_2SO_4 酸化。观察现象，写出反应方程式。

5. 铬、锰、铁、钴、镍的硫化物

(1) 取几滴 $0.1 mol \cdot L^{-1}$ $CrCl_3$，滴加 $0.1 mol \cdot L^{-1}$ Na_2S。观察反应现象。微热，闻产生气体的味道，写出反应方程式。

(2) 取几滴 $0.1 mol \cdot L^{-1}$ $MnSO_4$，滴加饱和 H_2S 溶液。观察是否有沉淀。再用滴管取少量 $2 mol \cdot L^{-1}$ $NH_3 \cdot H_2O$ 插到上述溶液底部挤出，看是否生成沉淀。离心后，弃去上清液。在沉淀中加 $2 mol \cdot L^{-1}$ HAc。沉淀是否溶解？写出反应方程式。

(3) 在 3 只试管中，分加几滴 $0.1 mol \cdot L^{-1}$ $FeSO_4$、$CoCl_2$ 和 $NiSO_4$。同上 (2) 操作。先加饱和 H_2S，再加 $NH_3 \cdot H_2O$，生成沉淀后离心。沉淀中，再加 $2 mol \cdot L^{-1}$ HCl。看沉淀是否溶解，写出相应反应方程式。

(4) 取几滴 $0.1 mol \cdot L^{-1}$ $FeCl_3$，滴加饱和 H_2S。观察反应现象。

6. 铁、钴、镍的配合物

(1) 在一试管中取 3 滴 $0.1 mol \cdot L^{-1}$ $K_4[Fe(CN)_6]$ 溶液，然后滴加少量 $0.1 mol \cdot L^{-1}$

FeCl₃ 溶液。在另一试管中取 3 滴 0.1mol·L⁻¹ K₃[Fe(CN)₆] 溶液，再滴加少量 0.1mol·L⁻¹ FeSO₄ 溶液。观察现象，比较两试管所产生的沉淀，写出它们的反应方程式。

（2）取 3 滴 0.1mol·L⁻¹ CoCl₂ 溶液和 1mol·L⁻¹ NH₄Cl 溶液，然后滴加 6mol·L⁻¹ NH₃·H₂O。观察现象，振荡后放置一会儿，观察 [Co(NH₃)₆]Cl₂ 溶液颜色的变化，写出反应方程式。

（3）取 3 滴 0.1mol·L⁻¹ CoCl₂ 溶液，加入少量 KSCN 晶体，再加几滴丙酮。振荡后观察现象，写出反应方程式。

（4）在 5 滴 0.1mol·L⁻¹ NiSO₄ 中，加入 5 滴 2mol·L⁻¹ NH₃·H₂O，再加 1 滴 1% 二乙酰二肟，看是否有红色沉淀产生。该反应可用来鉴定 Ni²⁺。

五、思考题

1. VO_2^+、VO^{2+}、V^{3+}、V^{2+} 各为什么颜色？
2. 总结铬、锰、铁、钴、镍的氢氧化物酸碱性和氧化还原性。
3. 在 Co(OH)₃ 中加入浓 HCl，有时会生成蓝色溶液，加水稀释后变为粉红色，解释原因。
4. 在 K₂Cr₂O₇ 溶液中分别加入 Pb(NO₃)₂ 和 AgNO₃ 溶液，会发生什么反应？
5. 在酸性溶液、中性溶液、强碱性溶液中，KMnO₄ 和 Na₂SO₃ 反应的主要产物是什么？

实验 31　ds 区元素

一、实验目的

1. 掌握铜、银、锌、镉、汞几种金属元素氧化物和氢氧化物的性质。
2. 掌握铜（Ⅰ）与铜（Ⅱ）间，汞（Ⅰ）与汞（Ⅱ）间的转化反应。
3. 了解铜、银、锌、镉、汞的硫化物生成与溶解性。
4. 掌握铜、银、锌、镉、汞的配合物生成与性质。

二、实验原理

ds 区元素，包括铜（Cu）、银（Ag）、金（Au）、锌（Zn）、镉（Cd）、汞（Hg）几种金属元素。其中，铜在化合物中，常见氧化数为 +2 和 +1。银为 +1。锌、镉、汞的最常见氧化数都是 +2，汞还有 +1 的。

Cu(OH)₂（蓝色）和 Zn(OH)₂（白色）显两性，既溶于酸又溶于碱。Cd(OH)₂（白色）则显碱性。Cu(OH)₂ 不太稳定，加热易脱水，变成 CuO（黑色）。银和汞的氢氧化物更不稳定，极易脱水，变成 Ag₂O（棕褐色）、HgO（黄色）、Hg₂O（黑色，实际上是 Hg 和 HgO 的混合物）。这些氧化物，都溶于酸，但不溶于碱。

Cu²⁺ 是弱氧化剂，遇还原剂 I⁻，生成白色的碘化亚铜沉淀：

$$2Cu^{2+} + 4I^- = 2CuI\downarrow + I_2$$

白色 CuI 在过量 KI 中，因生成 CuI_2^- 配离子而溶解，而 CuI_2^- 在稀释时又重新沉淀为 CuI。

在铜盐溶液中,加入葡萄糖和过量的 NaOH,Cu^{2+} 被还原成鲜红色的 Cu_2O 沉淀:

$$2Cu^{2+} + 4OH^- + C_6H_{12}O_6 = Cu_2O\downarrow + 2H_2O + C_6H_{12}O_7(葡萄糖酸)$$

铜粉与 $CuCl_2$ 在热的盐酸溶液中反应,可得深棕色的 $[CuCl_2]^-$ 溶液。水稀释该溶液,即得白色的氯化亚铜沉淀:

$$Cu^{2+} + 4Cl^- + Cu = 2[CuCl_2]^-$$

$$[CuCl_2]^- = CuCl\downarrow + Cl^-$$

CuCl 溶于盐酸,形成 $[CuCl_2]^-$、$[CuCl_3]^{2-}$(深棕色)。也溶于氨水,形成 $[Cu(NH_3)_2]^+$(无色)配离子。$[Cu(NH_3)_2]^+$ 易氧化为 $[Cu(NH_3)_4]^{2+}$。

Cu^{2+}、Ag^+、Zn^{2+}、Cd^{2+} 与过量氨水作用,分别生成配离子 $[Cu(NH_3)_4]^{2+}$(蓝色)、$[Ag(NH_3)_2]^+$(无色)、$[Zn(NH_3)_4]^{2+}$(无色)和 $[Cd(NH_3)_4]^{2+}$(无色)。Hg^{2+} 只有在过量铵盐中,才生成氨配合物,否则形成氨基化物。

$$HgCl_2 + 2NH_3 = HgNH_2Cl\downarrow(白色) + NH_4Cl$$

$$Hg_2Cl_2 + 2NH_3 = HgNH_2Cl\downarrow(白色) + Hg(黑色) + NH_4Cl$$

AgCl(白色)、AgBr(淡黄)、AgI(黄色),不溶于稀硝酸。在氨水中,溶度积较大的 AgCl 形成 $[Ag(NH_3)_2]^+$ 而溶解;AgBr 溶解很少;溶度积最小的 AgI 则不溶解。在 $Na_2S_2O_3$ 溶液中,AgCl 和 AgBr 形成 $[Ag(S_2O_3)_2]^{3-}$ 而溶解;AgI 则难溶。

$$AgCl + 2NH_3 = [Ag(NH_3)_2]^+ + Cl^-$$

$$AgBr + 2S_2O_3^{2-} = [Ag(S_2O_3)_2]^{3-} + Br^-$$

Hg^{2+}、Hg_2^{2+} 与 I^- 作用,分别生成 HgI_2(红色)和 Hg_2I_2(黄绿色)沉淀。HgI_2 溶于过量的 KI 中,生成 $[HgI_4]^{2-}$ 配离子(无色)。Hg_2I_2 与过量的 KI 作用,则发生歧化反应。

$$HgI_2 + 2I^- = [HgI_4]^{2-}$$

$$Hg_2I_2 + 2I^- = [HgI_4]^{2-} + Hg$$

把 $Hg(NO_3)_2$ 溶液与金属汞一起混合,则建立如下平衡:

$$Hg^{2+} + Hg = Hg_2^{2+}$$

该反应平衡常数为

$$K = \frac{[Hg_2^{2+}]}{[Hg^{2+}]} \approx 160$$

表明平衡时,Hg_2^{2+} 占主体。

银盐与氨水作用时,先得到 Ag_2O 沉淀。Ag_2O 又溶于过量氨水,形成 $[Ag(NH_3)_2]^+$。在此溶液中,加入葡萄糖,在玻璃内壁便黏附银薄膜(银镜)。

$$2Ag^+ + 2NH_3·H_2O = Ag_2O\downarrow + 2NH_4^+ + H_2O$$

$$Ag_2O + 4NH_3·H_2O = 2[Ag(NH_3)_2]^+ + 2OH^- + 3H_2O$$

$$2[Ag(NH_3)_2]^+ + 2OH^- + C_6H_{12}O_6 = 2Ag\downarrow + C_6H_{12}O_7 + 4NH_3 + H_2O$$

银氨溶液不宜久置,应加入 HCl 或 HNO_3 破坏银氨配离子。否则,久放可能生成爆炸性物质。

三、仪器与试剂

仪器:离心机,酒精灯,水浴锅,试管。

试剂：NaOH(2mol·L^{-1})；NH$_3$·H$_2$O(2mol·L^{-1}、6mol·L^{-1})；NH$_4$Cl(1mol·L^{-1})；HCl(2mol·L^{-1}、浓)；H$_2$SO$_4$(2mol·L^{-1})；HNO$_3$(2mol·L^{-1}、浓)；CuSO$_4$(0.1mol·L^{-1})；CuCl$_2$(1mol·L^{-1})；AgNO$_3$(0.1mol·L^{-1})；ZnSO$_4$(0.1mol·L^{-1})；CdSO$_4$(0.1mol·L^{-1})；Hg(NO$_3$)$_2$(0.1mol·L^{-1})；Hg$_2$(NO$_3$)$_2$(0.1mol·L^{-1})；KI(0.1mol·L^{-1}、2mol·L^{-1})；NaCl(0.1mol·L^{-1})；KBr(0.1mol·L^{-1})；Na$_2$S$_2$O$_3$(0.1mol·L^{-1})；Na$_2$S(0.1mol·L^{-1})；SnCl$_2$(0.1mol·L^{-1})；K$_4$[Fe(CN)$_6$](0.1mol·L^{-1})；葡萄糖溶液(10%)；铜粉；二苯硫腙；淀粉。

四、实验步骤

1. 铜、银、锌、镉、汞的氧化物和氢氧化物的性质

分别在5只试管中，加1mL左右0.1mol·L^{-1}的CuSO$_4$、AgNO$_3$、ZnSO$_4$、CdSO$_4$和Hg(NO$_3$)$_2$溶液。然后，均滴加2mol·L^{-1}的NaOH，观察现象。再将产生的沉淀分两份，分别加少量2mol·L^{-1}的NaOH和2mol·L^{-1} HCl，检验生成物的酸碱性。写出相关反应方程式。

2. 铜化合物的生成和性质

(1) 取1mL 0.1mol·L^{-1}的CuSO$_4$溶液，滴加2mol·L^{-1}的NaOH至生成沉淀又溶解后，再加入2mL 10%葡萄糖溶液。加热煮沸几分钟，观察现象。离心弃去上层清液，将沉淀用水洗涤后分两份。分别加少量2mol·L^{-1} H$_2$SO$_4$和6mol·L^{-1} NH$_3$·H$_2$O。静置后，观察现象。写出有关的方程式。

(2) 取1mL 1mol·L^{-1}的CuCl$_2$溶液，加1mL浓HCl和少量铜粉，加热至溶液呈棕色。将溶液倒入另一盛去离子水的试管中，观察现象。离心弃去上清液，将沉淀洗涤后分两份。分加少量浓HCl和2mol·L^{-1} NH$_3$·H$_2$O。观察现象，写出相关方程式。

(3) 取几滴0.1mol·L^{-1}的CuSO$_4$溶液，滴加少量0.1mol·L^{-1}的KI溶液，有什么现象？然后将沉淀离心分离，在清液中加1滴淀粉，观察现象。沉淀用水洗涤后，滴加2mol·L^{-1} KI溶液，观察现象。再将该溶液加水稀释，观察又有何变化？写出相关反应方程式。

3. Ag系列实验

(1) 取几滴0.1mol·L^{-1}的AgNO$_3$，逐步加入0.1mol·L^{-1}的NaCl、2mol·L^{-1}的NH$_3$·H$_2$O、0.1mol·L^{-1}的KBr、0.1mol·L^{-1}的Na$_2$S$_2$O$_3$、0.1mol·L^{-1}的KI、2mol·L^{-1}的KI和0.1mol·L^{-1}的Na$_2$S。让Ag$^+$依次生成AgCl沉淀、[Ag(NH$_3$)$_2$]$^+$、AgBr沉淀、[Ag(S$_2$O$_3$)$_2$]$^{3-}$、AgI沉淀、[AgI$_2$]$^+$和Ag$_2$S沉淀。观察现象，写出反应方程式。

(2) 银镜反应。取一只洁净的试管，加入1mL 0.1mol·L^{-1}的AgNO$_3$，滴加2mol·L^{-1}的NH$_3$·H$_2$O至生成的沉淀刚好溶解后，再加入2mL 10%葡萄糖溶液，放在水浴中加热片刻。观察现象，写出反应方程式。

反应后即倒掉溶液，并加2mol·L^{-1}的HNO$_3$使银溶解，弃去。

4. 硫化物的生成与性质

在6只试管中，分别加入2滴0.1mol·L^{-1}的CuSO$_4$、AgNO$_3$、ZnSO$_4$、CdSO$_4$、

Hg(NO₃)₂ 和 Hg₂(NO₃)₂ 溶液。然后都滴加 0.1mol·L⁻¹ 的 Na₂S，观察现象。

离心将溶液倾去，保留沉淀。在 Cu 和 Ag 的试管中，加浓 HNO₃；Zn 中加 2mol·L⁻¹ 的 HCl；Cd 中加浓 HCl；Hg 中加王水。比较它们硫化物的溶解性。

5. 配合物的生成与性质

(1) 在 6 只试管中，分别加入 3 滴 0.1mol·L⁻¹ 的 CuSO₄、AgNO₃、ZnSO₄、CdSO₄、Hg(NO₃)₂ 和 Hg₂(NO₃)₂ 溶液。然后都滴加 6mol·L⁻¹ NH₃·H₂O，生成的沉淀又继续滴至溶解（不溶可加少量 1mol·L⁻¹ 的 NH₄Cl）。观察反应现象，写出相应方程式。

根据上面实验，比较这些金属离子与氨水反应有什么不同？

(2) 在 2 只试管中，分别加入 2 滴 0.1mol·L⁻¹ 的 Hg(NO₃)₂ 和 Hg₂(NO₃)₂ 溶液，然后都滴加 0.1mol·L⁻¹ 的 KI 至过量。观察反应现象，写出方程式。

6. 铜、银、锌、镉、汞的鉴定

1) Cu^{2+} 的鉴定

取 2 滴 Cu^{2+} 溶液，加入数滴 0.1mol·L⁻¹ K₄[Fe(CN)₆]，若出现红棕色沉淀，则表示有 Cu^{2+}。

2) Ag^+ 的鉴定

在试管中加入 5 滴 0.1mol·L⁻¹ AgNO₃，滴加 2.0mol·L⁻¹ HCl 至沉淀完全。离心沉降，弃去清液，沉淀用蒸馏水洗涤一次，弃去洗液。然后在沉淀中加入过量 6.0mol·L⁻¹ 氨水，待沉淀溶解后加入 2 滴 0.1mol·L⁻¹ KI，有淡黄色 AgI 沉淀生成，表示有 Ag^+ 存在。

3) Zn^{2+} 的鉴定

在 2 滴 0.1mol·L⁻¹ Zn(NO₃)₂ 中，加入 6 滴 2.0mol·L⁻¹ NaOH，再加入 10 滴二苯硫腙，振摇，水溶液呈粉红色表示有 Zn^{2+} 存在，CCl₄ 层则由绿色变为棕色。

4) Cd^{2+} 的鉴定

在 10 滴 0.1mol·L⁻¹ Cd(NO₃)₂ 中，加入几滴 0.1mol·L⁻¹ Na₂S 溶液，黄色 CdS 沉淀出现，表示有 Cd^{2+}。

5) Hg^{2+} 的鉴定

在 10 滴 0.1mol·L⁻¹ Hg(NO₃)₂ 中，逐滴加入 0.1mol·L⁻¹ SnCl₂，有白色 Hg₂Cl₂ 沉淀产生，继而转变为灰黑色的沉淀，表示有 Hg^{2+}。

五、思考题

1. 总结铜、银、锌、镉、汞的氢氧化物的酸碱性和稳定性。
2. CuI 能溶于饱和 KSCN 溶液，生成的产物是什么？将产物溶液稀释后会得到什么沉淀？
3. 实验中生成的含 [Ag(NH₃)₂]⁺ 溶液要及时清洗掉，否则可能会造成什么后果？
4. 总结铜、银、锌、镉、汞硫化物的溶解性？
5. Hg^{2+} 和 Hg_2^{2+} 盐易水解，应如何配制这两种离子的溶液？

实验 32 同离子效应与缓冲溶液

一、实验目的

1. 掌握弱电解质的解离平衡原理。
2. 学习缓冲溶液的配制方法。
3. 加深对缓冲溶液性质的理解。
4. 学习使用酸度计。

二、实验原理

1. 同离子效应

强电解质在水溶液中全部离解。弱电解质在水溶液中部分离解。在一定的温度下，弱电解质（比如弱酸，HB）的解离平衡可简单表示如下：

$$HB \rightleftharpoons H^+ + B^-$$

若改变 $c(HB)$、$c(H^+)$ 或 $c(B^-)$ 的浓度，平衡则向减弱的方向移动。

若在弱电解质溶液中，加入与弱电解质含有相同离子的易溶的强电解质，则弱电解质的解离度大大下降。这种现象称为同离子效应。

例如，在 0.1mol·L^{-1} 的 HAc 溶液中，加入等体积的 0.1mol·L^{-1} 的 NaAc 溶液，其 pH 从约 2.88 变为约 4.75。这说明溶液中 $c(H^+)$ 大大降低，也就是 HAc 的解离度大大下降。同样，在 0.1mol·L^{-1} NH$_3$·H$_2$O 中加入等体积的 0.1mol·L^{-1} 的 NH$_4^+$，其 pH 从约 11.12 变为约 9.25。这说明溶液中 $c(OH^-)$ 大大下降，也就是 NH$_3$·H$_2$O 的解离度大大下降。

2. 缓冲溶液

缓冲溶液是由足够浓度的弱酸（碱）及其共轭碱（酸）组成的溶液。它具有保持溶液 pH 基本不变的能力，这种能力称为缓冲能力。缓冲溶液的 pH 可近似地用下式计算：

$$pH = pK_a + \lg \frac{c(B^-)}{c(HB)}$$

式中：$c(B^-)$ 为共轭碱的浓度；$c(HB)$ 为共轭酸的浓度。准确地计算缓冲溶液的 pH，应该用活度而不应该用浓度。要配制准确 pH 的缓冲溶液，可参考有关手册或本书附录的方法，它们的 pH 是由精确的实验方法确定的。

缓冲溶液中具有抗酸成分和抗碱成分，所以加少量强酸或强碱于缓冲溶液中，其 pH 基本不改变。一定程度的稀释也基本不影响缓冲溶液的 pH。

缓冲能力的大小用缓冲容量来衡量。决定缓冲容量大小的因素主要有：

(1) 缓冲液的总浓度。缓冲液的总浓度越大，缓冲容量越大。

(2) 缓冲比 $c(B^-)/c(HB)$。当缓冲液的总浓度一定时，缓冲比越接近 1∶1，缓冲容量越大。

三、仪器与试剂

仪器：吸量管（5mL）1 支、（10mL）1 支；试管（10mL）10 支；试管架；滴管（3

个);玻璃棒;洗瓶(1个);pHS-3C(或其他型号)酸度计。

试剂:NaAc(0.1mol·L^{-1}、1.0mol·L^{-1});HAc(1.0mol·L^{-1}、0.1mol·L^{-1});NaOH(1.0mol·L^{-1});HCl(1.0mol·L^{-1});蒸馏水;甲基红指示剂(0.2%甲基红C_2H_5OH溶液);广泛pH试纸。

四、实验步骤

1. 缓冲溶液的配制

按照表3-32-1中用量,用吸量管配制甲、乙、丙三种缓冲溶液于已标号的三支10mL试管中,备用。

表3-32-1　缓冲溶液的配制

	实验编号	甲	乙	丙
体积/mL	1.0mol·L^{-1} HAc	5.00	—	—
	1.0mol·L^{-1} NaAc	5.00	5.00	—
	0.1mol·L^{-1} HAc	—	5.00	1.00
	0.1mol·L^{-1} NaAc	—	—	9.00
	合　　计	10.00	10.00	10.00

2. 缓冲溶液的性质

1) 缓冲溶液的抗酸、抗碱、抗稀释作用

取7支10mL试管,按表3-32-2加入有关溶液,用广泛pH试纸测pH。然后,在试管中各加2滴1mol·L^{-1} HCl溶液或1mol·L^{-1} NaOH溶液,再用广泛pH试纸测量各管pH。记录实验结果。

表3-32-2　缓冲溶液的抗酸、抗碱、抗稀释作用

实验编号	1	2	3	4	5	6	7
V[缓冲溶液(甲)]/mL	2.0	2.0	—	—	—	—	2.0
V(H$_2$O)/mL	—	—	2.0	2.0	—	—	—
V(NaAc)/mL	—	—	—	—	2.0	2.0	—
pH							
V(1mol·L^{-1} HCl)/滴	2	—	2	—	2	—	—
V(1mol·L^{-1} NaOH)/滴	—	2	—	2	—	2	—
V(H$_2$O)/mL	—	—	—	—	—	—	5.0
pH							
ΔpH							

结论:

2) 缓冲容量与缓冲溶液总浓度及缓冲比的关系

取6支试管,编号,按表3-32-3加入有关溶液,用广泛pH试纸测pH。然后,在1~4号试管中各加2滴1mol·L^{-1} HCl溶液或1mol·L^{-1} NaOH,再用广泛pH试纸测量各管pH。5~6号试管中分别滴入2滴甲基红指示剂,溶液呈红色。然后,边摇边逐滴加入1mol·L^{-1} NaOH溶液,直至溶液的颜色变成黄色。记录所加NaOH溶液的滴数。解释所得结果。

表 3-32-3　缓冲容量与缓冲比的关系

编　号	1	2	3	4	5	6
V[缓冲溶液（乙）]/mL	2.0	2.0	—	—	2.0	—
V[缓冲溶液（丙）]/mL	—	—	2.0	2.0	—	2.0
甲基红指示剂/滴					2	2
溶液颜色					橙色	橙色
pH						
$V(1\text{mol}\cdot\text{L}^{-1}\text{ HCl})$/滴	2	—	2	—	—	—
$V(1\text{mol}\cdot\text{L}^{-1}\text{ NaOH})$/滴	—	2	—	2	滴	滴
溶液颜色					黄色	黄色
pH					—	—
ΔpH					—	—

结论：

甲基红指示剂变色范围如表 3-32-4 所示。

表 3-32-4　甲基红指示剂变色范围

pH	<4.2	4.2~6.3	>6.3
颜色	红色	橙色	黄色

五、思考题

1. 缓冲溶液的 pH 由哪些因素决定？
2. 为什么缓冲溶液具有缓冲能力？

实验 33　溶　　胶

一、目的要求

1. 加深对溶胶性质的认识，了解溶胶的一般制备方法。
2. 了解活性炭的吸附作用。

二、实验原理

吸附就是一种物质从它的周围吸引另一物质的分子或离子到它的界面上或界面层中的过程。具有吸附作用的物质叫吸附剂，被吸附的物质叫吸附质。在不同集聚状态的两相间的界面上均存在着吸附。根据吸附的性质分为物理吸附和化学吸附两类，它们吸附的作用力、吸附的选择性、吸附过程与温度的关系及解吸都不同。吸附又可根据吸附剂的聚集态分为固体表面吸附和液体表面吸附。简单介绍如下：

1. 固体表面上的吸附

很多疏松多孔性固体物质，如活性炭、硅胶、硅藻土、活性氧化铝、分子筛和树脂等都有很大的表面积（200~1000$\text{m}^2\cdot\text{g}^{-1}$），因而具有巨大的吸附力，可用于除去大气中的有毒气体，净化水中的杂质，以及物质的分离与提纯，如提取中草药中的有效成分。还可同时除去中草药制剂中的一些植物色素。

2. 液体表面上的吸附

液体表面因某种溶质的进入而产生吸附。当把少量油加入互不相溶的水相中激烈振荡，油会被分成细小的颗粒而形成乳状液。乳状液并不是一个稳定体系，当静置后，它们很快又会分层。要获取比较稳定的乳状液，必须向乳状液中加入能降低两液相间的界面张力的物质——表面活性剂来增加体系的稳定性。例如，肥皂、蛋白质、span-80、P_{204}、L-113A、L-113B 等。这种具有稳定乳状液作用的表面活性物质，称为乳化剂。乳化剂的作用在于使由机械分散所得的液滴不相互聚结，其机制实际上就是液-液吸附的结果。乳化剂的种类很多，如蛋白质、树胶、胆甾醇、卵磷脂、有机酸、肥皂等，也可根据需要合成一些表面活性剂。

油相和水相混合时所形成的体系具有很大的表面能，这种体系是不可能稳定存在的，体系将自动减少表面能，重新聚合形成油和水两层，以使体系的表面积和表面能趋于最小，这是油水自动分层的原因。

胶体分散系中分散质颗粒直径在 1～100nm 之间。乳状液颗粒直径大小一般是处于胶体分散系区域范围。胶体分散系根据分散质种类不同，主要包括溶胶（小分子聚集体、乳状液）和大分子化合物溶液两大类。

溶胶的分散质粒子（胶粒或乳化体）是由许多分子或原子的聚集体形成的，分散质与分散介质之间有界面，属于非均相体系。

实验室制备溶胶的方法一般可用盐类水解法或复分解法。乳状液则是在油水混合后加入表面活性剂，经高速搅拌制成，具有相对稳定性。例如，氢氧化铁溶胶胶团可由水解 $FeCl_3$ 制备。

$$FeCl_3 + 3H_2O \Longrightarrow Fe(OH)_3 + 3HCl$$
$$Fe(OH)_3 + 3HCl \Longrightarrow FeOCl + 2HCl + 2H_2O$$
$$FeOCl \Longrightarrow FeO^+ + Cl^-$$

氢氧化铁胶粒因胶核［$Fe(OH)_3$ 小分子的聚集体］表面选择性吸附（FeO^+）而带正电荷。又如碘化银溶胶可通过较稀浓度的 $AgNO_3$ 和 KI 之间的复分解反应制备。

$$AgNO_3 + KI \Longrightarrow AgI + KNO_3$$

胶粒带什么电荷取决于胶核表面选择性吸附离子的种类，如在生成 AgI 溶胶的反应中，若 $AgNO_3$ 过量，则胶核将选择性吸附 Ag^+ 而带正电；反之若 KI 过量，则将选择性吸附 I^- 而带负电荷。

溶胶的性质是与它的结构紧密联系的。由于溶胶中胶粒带电，故在电场中能产生电泳。如果在溶胶中加入电解质，则会中和其电性或破坏它的水化膜，使溶胶发生聚沉。另外，由于胶粒颗粒直径大小在 1～100nm 范围内，易引起入射光的散射，故产生乳光现象（丁铎尔效应）。同时由于溶胶属非均相体系，分散相和分散介质之间有很大的界面，界面能较大，因而易产生吸附作用。

大分子化合物溶液也属胶体体系，但其分散质是单个分子分散到介质中去，属均相体系，故它和溶胶具有一些共同的性质（如扩散慢、不能透过半透膜等），也有它独有的特性（如与溶剂有强的亲和力、很稳定、黏度大等）。在适当的条件（如温度、浓度等）下，大分子化合物溶液可以发生胶凝作用，生成凝胶。当把适量的大分子化合物溶液加入到溶胶中时，由于在胶粒周围形成大分子保护层，从而提高了溶胶的稳定性，使溶胶不易发生聚沉。

三、仪器及试剂

仪器：试管（10mL、20mL）；试管架；烧杯（100mL）2个；三脚架；石棉网；酒精灯；锥形瓶（100mL）1个；漏斗；滤纸；胶塞；量筒（10mL）1个，（20mL）1个；丁铎尔效应装置；电泳装置；整流器（60~100V 直流电）；滴管。

试剂：$FeCl_3$(3%)；KI(0.05mol·L^{-1})；$AgNO_3$(0.05mol·L^{-1})；K_2CrO_4(0.02mol·L^{-1})；动物胶；品红溶液；活性炭；乙醇；硫酸铜溶液（0.01mol·L^{-1}）；明胶。

四、实验步骤

1. 氢氧化铁溶胶的制备

将 30mL 蒸馏水放在小烧杯中，加热至沸，然后逐滴加入 3% $FeCl_3$ 溶液 4.5mL，即得深红色的 $Fe(OH)_3$ 溶胶。制得的溶胶留作观察丁铎尔现象用。

2. 碘化银溶胶的制备

用量筒量出 0.05mol·L^{-1} KI 溶液 20.0mL，放入锥形瓶中，边摇边滴加 0.05mol·L^{-1} $AgNO_3$ 溶液 10mL，即得微黄色 AgI 的溶胶（留作观察丁铎尔效应之用）。此处的滴定一定要慢，否则 AgI 颗粒变大，以沉淀的形式存在，得不到胶体溶液。

3. 溶胶的丁铎尔现象（乳光现象）

（1）将制备的氢氧化铁溶胶和 AgI 溶胶分别放入试管中，置于丁铎尔效应器内观察有无乳光现象。

（2）用硫酸铜溶液做同样的实验，观察有无乳光现象。

4. 溶胶的聚沉及大分子溶液对溶胶的保护作用

取试管 2 支，各加入氢氧化铁溶胶 1mL，再在第一个试管中加入蒸馏水 1mL，在第二个试管中加入动物胶溶液 1mL，摇匀后，在第一个试管中逐滴加入 0.02mol·L^{-1} K_2CrO_4 溶液，至沉淀析出为止（看到有浑浊即为沉淀析出），记下加入 K_2CrO_4 的滴数，然后滴入同样滴数的 K_2CrO_4 溶液于第二个试管中，观察有无沉淀发生。

5. 液-液吸附

在 1 支大试管中加入 5mL 水和 2 滴煤油，再加入 $CuSO_4$ 溶液 5 滴，使水层呈蓝色以便观察。振摇试管，产生暂时性的乳状液，静置片刻，水和煤油又分为两层。加入肥皂水几滴，再次振摇试管，即得到较稳定的乳状液，油与水不再分为两层。

6. 固体吸附

在 1 支大试管中加入约 10mL 品红染料溶液，再加入一小勺活性炭，用塞子盖住试管，用力摇动后，过滤。自漏斗中流出的滤液是无色的。待滤液流尽后，将漏斗和滤纸移放在另一锥形瓶上。用 3~5mL 乙醇在滤纸上洗涤，滤液又出现红色。

7. 明胶溶液的胶凝作用

在烧杯内盛蒸馏水 100mL，盖以表面皿，加热至沸。在沸水中加入 1 滴品红染料溶液，纯明胶 5g，并用玻璃棒搅拌，完全溶解后，静置冷却，即得晶莹剔透的红色凝胶（胶冻）。

五、数据记录与处理

1. 制备氢氧化铁溶胶

沸水中加进 $FeCl_3$ 溶液，现象_____。

2. 制备碘化银溶胶

在 KI 溶液中滴加 $0.05 mol·L^{-1}$ $AgNO_3$ 溶液 10mL，现象_____。

3. 溶胶的丁铎尔现象（乳光现象）

如表 3-33-1 所示。

表 3-33-1　丁铎尔现象（乳光现象）

物质	氢氧化铁溶胶	碘化银溶胶	硫酸铜溶液
有无丁铎尔现象			

结论：溶胶_____；分子分散系_____。

4. 溶胶的聚沉及大分子溶液对溶胶的保护作用

氢氧化铁溶胶 1mL，加入蒸馏水 1mL，逐滴加入 $0.02 mol·L^{-1}$ K_2CrO_4 溶液。有无沉淀发生_____，加入 $0.02 mol·L^{-1}$ K_2CrO_4 的滴数是_____。

氢氧化铁溶胶 1mL，加入动物胶溶液 1mL，逐滴加入 $0.02 mol·L^{-1}$ K_2CrO_4，有无沉淀发生_____，加入 $0.02 mol·L^{-1}$ K_2CrO_4 的滴数是_____。

结论_____。

5. 液-液表面吸附

水 5mL 加煤油 2 滴，再加入 $CuSO_4$ 溶液 5 滴，振摇试管，现象_____；静置片刻，现象_____。加入肥皂水几滴，再振摇试管，现象_____。

结论_____。

6. 固体（活性炭）表面吸附

经过活性炭的滤液颜色_____。用乙醇在滤纸上洗涤滤渣，滤液颜色_____。

结论_____。

7. 明胶溶液的胶凝作用

在沸水中加入 1 滴品红染料溶液，纯明胶 5g，并用玻璃棒搅拌，完全溶解后，静置冷却，现象_____。

六、思考题

1. 胶团与乳状液的区别在哪里？
2. 溶胶与真溶液的丁铎尔效应为什么有显著的区别？
3. 表面活性剂为什么能使油水乳状液稳定？
4. 动物胶为什么能使油水乳状液稳定？
5. 在上述活性炭吸附实验中，两次滤液的颜色为什么改变？根据实验结果，说明活性炭对品红、水、乙醇等三种物质吸附能力的大小顺序。

第4部分 常数与物性测定实验

实验34 燃烧热的测定

一、实验目的

1. 用氧弹量热计测定萘的摩尔燃烧热。
2. 掌握氧弹式量热计的原理、构造及使用方法。
3. 掌握高压钢瓶的有关知识并能正确使用。

二、实验原理

物质的标准摩尔燃烧热 $\Delta_c H_m^\ominus(B, T)$ 是指在标准状态下，由 1mol 指定相态的物质与氧气完全燃烧生成同温度下指定相态的产物的焓变。在适当条件下，很多有机物都能在氧气中迅速、完全地氧化，从而可以用燃烧法准确地测定其燃烧热。

燃烧热通常由量热计测定。但是，用氧弹式量热计测得的不是标准摩尔燃烧热 $\Delta_c H_m^\ominus(B, T)$，而是摩尔燃烧热力学能（或定容摩尔燃烧热）$\Delta_c U_m(B, T)$。若把参与反应的气体看成理想气体，且忽略压力对燃烧热的影响，则可由式(4-34-1)

$$\Delta_c H_m^\ominus(B,T) = \Delta_c U_m(B,T) + \sum_B \nu_{B(g)} RT \tag{4-34-1}$$

将定容燃烧热换算为标准摩尔燃烧热。式中：$\nu_{B(g)}$ 为参加反应的气体物质的化学计量数，对反应物 $\nu_{B(g)}$ 取负值，对产物 $\nu_{B(g)}$ 取正值。

用氧弹式量热计测定燃烧热时，为了使被测物质能迅速而完全的燃烧，需要强有力的氧化剂。在实验中经常使用 1.5～3MPa 的氧气作为氧化剂。用氧弹式量热计（图 4-34-1）实验时，要尽可能在接近绝热的条件下进行，氧弹放在装有一定量水的内桶中，内桶外是空气隔热层，再外面是温度恒定的水夹套。整个量热计看作一个温度恒定的等容绝热系统。放出热量 ΔU 由三部分组成：

(1) 样品在氧弹中等容燃烧的热力学能；
(2) 引火丝燃烧的热力学能；
(3) 氧弹中微量氮气氧化成硝酸的等容生成热力学能。

放出的这些热量被以下两部分物质吸收：

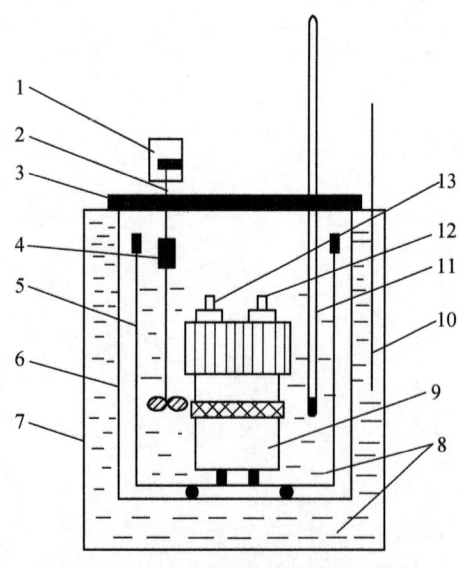

图 4-34-1 氧弹式量热计原理结构图
1—马达；2—搅拌器轴；3—外套盖；4—绝热轴；5—量热器内桶；6—外套内壁；7—量热计外套；8—蒸馏水；9—氧弹；10—水银温度计；11—数字贝克曼温度计感应器；12—氧弹进气阀；13—氧弹放气阀

(1) 大部分被水桶中的水吸收；

(2) 其余部分被量热计（包括氧弹、内桶、搅拌器和温度感应器等）吸收。

在量热计与环境没有热交换的情况下，可写出如下的热量平衡式：

$$-m_B \cdot Q_{V,B} - m_2 \cdot Q_2 + 5.98c = W \cdot h \cdot \Delta T + C_{量热计} \cdot \Delta T \quad (4\text{-}34\text{-}2)$$

式中：m_B 为样品的质量（g）；$Q_{V,B}$ 为样品的等容燃烧热值（$J \cdot g^{-1}$）；m_2 为燃烧掉的引火丝的质量（g）；Q_2 为引火丝的燃烧热值（$J \cdot g^{-1}$），如镍铬丝为 $-1.400 \times 10^3 J \cdot g^{-1}$，铁丝为 $-6.699 \times 10^3 J \cdot g^{-1}$；5.98 指硝酸生成热为 $-59\,831 J \cdot mol^{-1}$，当 $0.100 mol \cdot L^{-1}$ NaOH 滴定生成的硝酸时，每毫升碱相当于 $-5.98 J$；c 为滴定生成的硝酸时，耗用 $0.100 mol \cdot L^{-1}$ NaOH 的毫升数；W 为水桶中水的质量（g）；h 为水的比热容（$J \cdot K^{-1} \cdot g^{-1}$）；$C_{量热计}$ 为量热计的总热容（$J \cdot K^{-1}$）；ΔT 为与环境无热交换时的真实温差（K）。

式中氮气氧化成硝酸的等容生成热相对样品的燃烧热值极小，而且氧弹中的微量氮气可通过反复充氧加以排除，因而可忽略不计。则式（4-34-2）还可写成简化形式：

$$-m_B \cdot Q_{V,B} - m_2 \cdot Q_2 = W \cdot h \cdot \Delta T + C_{量热计} \cdot \Delta T \quad (4\text{-}34\text{-}3)$$

如在实验时保持水桶中水量一定，则式（4-34-3）可变为

$$-m_B \cdot Q_{V,B} - m_2 \cdot Q_2 = E \cdot \Delta T \quad (4\text{-}34\text{-}4)$$

式中：E 称为量热计常数，又称热容量（$J \cdot K^{-1}$）[$= (W \cdot h + C_{量热计})$]。

【注】 在微电脑测热程序中，若实验时每次使用的铁丝长度都为 12cm，则铁丝燃烧放出的热量可近似为常数 28J；硝酸生成热可用 $0.0015 m_B Q_{V,B}$ 近似计算，则式（4-34-4）可变为

$$-m_B \cdot Q_{V,B} + 28 - 0.0015 m_B \cdot Q_{V,B} = E \cdot \Delta T \quad (4\text{-}34\text{-}4')$$

实际上，氧弹式量热计不是严格的绝热系统，而且由于热传递的限制，燃烧后由最低温度达最高温度需要一定的时间，在这段时间里系统与环境之间难免发生热交换，因而从温度计上读得的温差就不是真实的温差 ΔT。所以，必须对读得的温差进行校正，下面是常用的经验公式

$$\Delta T_{校正} = \frac{V + V_1}{2} \times m + V_1 \times r \quad (4\text{-}34\text{-}5)$$

式中：V 为点火前每半分钟量热计的平均温度变化；V_1 为样品燃烧使量热计温度达最高而开始下降后，每半分钟的平均温度变化；m 为点火后温度上升很快（大于每半分钟 0.3℃）的半分钟间隔数；r 为点火后，温度上升较慢的半分钟间隔数。

在考虑了温差校正后，真实温差 ΔT 应是

$$\Delta T = T_{高} - T_{低} + \Delta T_{校正} \quad (4\text{-}34\text{-}6)$$

式中：$T_{低}$ 为点火前读得量热计的最低温度；$T_{高}$ 为点火后，量热计达到最高温度后，开始下降的第一个读数。

式（4-34-5）的意义可用图 4-34-2 的升温曲线来说明。曲线的 AB 段代表初期体系温度随时间的变化规律，BC 段代表温度上升很快的阶段，CD 代表主期，DE 代表达最高温度后的末期体系温度随时间的变化规律。从 B 点开始点火到最高温度 D 共经历了 $m+r$ 次读数间隔，在这段时间里，体系与环境热交换引起的温度变化可做如下估计：体系在 CD 段的温度已接近最高温度，由于热损失引起的温度下降规律应与 DE 段基本相同，故 CD 段温度共下降 $V_1 \times r$。而 BC 段介于低温和高温之间，只好采取两区域温度变化的平均值来估计，故 BC 段的温度变化为 $\frac{V + V_1}{2} \times m$。因此，总的温度校正如式（4-34-5）所示。

从式（4-34-4）可知，要测得样品的 Q_V，必须知道量热计常数 E。测定的方法是以一定

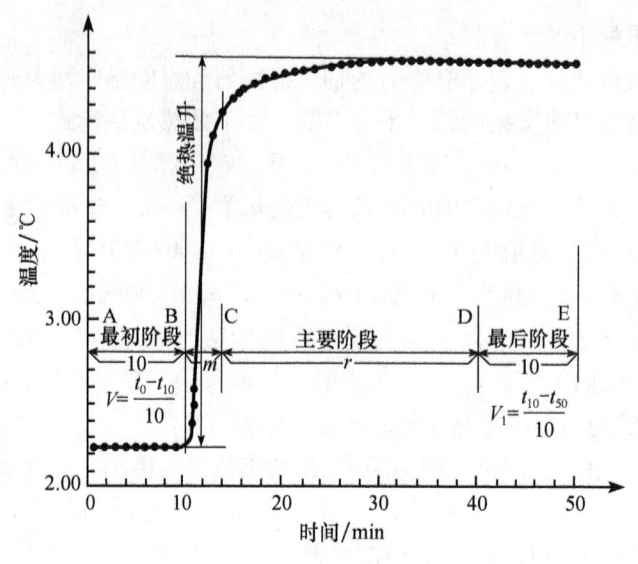

图 4-34-2 升温曲线

量的已知燃烧热的标准物质（常用苯甲酸）在相同条件下进行实验，测得 $T_高$ 和 $T_低$，并用式（4-34-5）算出 $\Delta T_{校正}$ 后，就可按式（4-34-4）或式（4-34-4′）算出 E 值。

三、仪器与试剂

仪器：GR-3500 型氧弹量热计 1 台（含氧弹）；WSR-1 微电脑测热控制器 1 台（含数字贝克曼温度计）；压片机 1 台；氧气瓶及减压阀 1 套（公用）；充氧器 1 台（公用）；分析天平（公用）；引火丝。

试剂：苯甲酸（A.R.）；萘（A.R.）。

四、实验步骤

1. 量热计常数 E 的测定

（1）苯甲酸预先在 50～60℃下烘 30min，在台秤上称取（1.0±0.1）g 苯甲酸，进行压片。样品若被污染，可用小刀刮，再在分析天平上准确称量。

（2）剪切一段 12cm 长的引火丝，在分析天平上准确称量。

（3）拧开氧弹盖，将盖放在专用架上，将药片放于不锈钢坩埚内，分别将引火丝两端固定在氧弹内两极上，引火丝中部弯成凹形，搭在药片上，轻轻晃动，引火丝不脱离药片即可。但不要使引火丝与坩埚接触，以免短路导致点火失败。用万用表检查两电极是否通路。

在氧弹内装入 5mL 蒸馏水，盖上氧弹盖并用手拧紧。关好出气口，拧下进气管上的螺钉，换接上导气管的螺钉，导气管的另一端与氧气钢瓶上的氧气减压阀连接。打开钢瓶上的阀门及减压阀，开始充氧，调节减压阀使压力达到 1.5MPa 左右，充氧 0.5～1min 后，关好钢瓶阀门及减压阀，拧下氧弹上导气管的螺钉，把原来螺钉装上，用万用表检查氧弹上导电的两极是否通路。若不通，则需放出氧气，打开弹盖进行检查。

（4）于量热计水夹套中装入蒸馏水。用容量瓶准确量取 3 L 蒸馏水倒入量热计内桶中，水温应较夹套水温低 0.5℃左右。将充有氧气的氧弹放入内桶底座上并接好引火导线，盖上量热计盖，检查搅拌器叶片是否与器壁相碰。将数字贝克曼温度计的感应器竖直地插入量热计盖上的孔中。将量热计、温度感应器和测热控制器连接好。打开控制器的电源开关，按下"搅拌"按钮，搅动内桶水。

（5）按下测热控制器上"启动"按钮，约 5min 后，当系统温度变化速度达到恒定时，控制器上的"初期"指示灯亮，开始初期温度读数。每隔 30s 控制器发出"嘟"声响，立即读数一次，共读 10 次。第 11 次读数时，控制器上的"点火"指示灯亮，开始点火。"点火"指示灯熄灭而"主期"指示灯亮表示点火成功，并开始主期温度读数，仍每隔 30s 读一次。当主期温度升至最大值且开始下降时，控制器上的"末期"指示灯亮，再读取 10 次末期温度读数。所有温度读数均精确到 0.001℃。

（6）停止实验，按下"搅拌"按钮，关闭控制器电源开关，取出温度感应器，打开量热计盖，拔掉引火导线，取出氧弹并擦干其外壳。打开放气阀将氧弹内气体缓缓放出。拧开氧弹盖，检查燃烧是否完全，若坩埚或氧弹内有炭黑或未燃烧的样品时，实验失败。若燃烧完全，将燃烧后剩余的引火丝在分析天平上称量。

（7）洗净并擦干氧弹内外壁，倒出内桶蒸馏水，擦干全部设备。待氧弹、内桶、搅拌器等与室温平衡后再进行下一步实验。

2. 萘的燃烧热的测定

在台秤上称取 (0.7±0.1)g 萘并压片。其余操作与前相同。

注意事项：

（1）样品压片时，不得过于疏松，防止轻而细的粉末飞溅而造成样品损失。

（2）氧弹充气后一定要检查确信其不漏气，并要再次检查两电极间是否通路。

（3）氧弹充气操作过程中，人应站在侧面，以免意外情况下氧弹盖或阀门向上冲出，发生危险。

（4）燃烧样品萘时，内桶水要更换且需重新调温。

（5）氧气瓶在开总阀门前要检查减压阀是否关好；实验结束后要关上钢瓶总阀，注意排净余气，使指针回零。

五、数据记录与处理

（1）列出温度读数记录表格，作出升温曲线。

（2）根据初期、主期和末期温度确定 T_0、T_n、m 和 r，计算 V 和 V_1 并分别计算温度校正值 $\Delta T_{校正}$ 和真实温差 ΔT，或从升温曲线外推求温差。

（3）计算量热计常数 E。

（4）计算萘的等容燃烧热 Q_V（萘），将其换算成等容摩尔燃烧热 $\Delta_c U_m$（萘，T）。

（5）最后计算萘的标准摩尔燃烧热 $\Delta_c H_m^{\ominus}$（萘，T），并与文献值进行比较。

附例：量热计常数 E 的计算（用本特公式校正，表 4-34-1、表 4-34-2）。

表 4-34-1 苯甲酸和引火丝的质量和热值

项　目	实验数据
苯甲酸质量/g	1.0290
苯甲酸热值/(J·g^{-1})	−26 430
引火丝热量/J	28

表 4-34-2 苯甲酸燃烧过程的温度变化（室温：15.5℃）

读温序号	初期温度/℃	读温序号	读温序号	读温序号	读温序号	读温序号	末期温度/℃
1（T_0）	15.085	1（T_0）	15.083	11	16.904	1（T_0）	16.918
2	15.084	2	15.261	12	16.911	2	16.917
3	15.084	3	15.937	13	16.916	3	16.917
4	15.084	4	16.430	14	16.918	4	16.915
5	15.084	5	16.662	15	16.920	5	16.914
6	15.083	6	16.770	16	16.920	6	16.912
7	15.083	7	16.825	17	16.920	7	16.911
8	15.084	8	16.858	18（T_n）	16.919	8	16.909
9	15.084	9	16.881			9	16.908
10	15.083	10	16.895			10	16.906

$$V = \frac{15.085 - 15.083}{9} = 0.0002$$

$$V_1 = \frac{16.918 - 16.906}{9} = 0.0013$$

$$m = 3, \quad r = 14$$

$$\Delta T_{校正} = \frac{0.0002 + 0.0013}{2} \times 3 + 0.0013 \times 14 = 0.02045(℃)$$

$$\Delta T = 16.919 - 15.083 + 0.02045 = 1.8565(℃)$$

$$E = \frac{26\,430 \times 1.0290 + 28 + 0.0015 \times 26\,430 \times 1.0290}{1.8565}$$

$$= 14\,686.38(J \cdot K^{-1})$$

六、注解与实验指导

1. 可利用计算机，使用微电脑测热程序进行实验操作和数据处理，与手工计算结果进行比较。

2. 固体可燃物如煤、蔗糖、淀粉等也可作为试验的试样。高沸点液体可直接放在坩埚中测定；低沸点液体可密封于玻泡中，再将玻泡置于小片苯甲酸上使其烧裂后引燃。有的液体也可装于药用胶囊中引燃。计算试样热值时，将引燃物和胶囊放出的热扣除。

3. 燃烧热是热化学中的重要数据，可用于计算生成热、反应热和评价燃料的热值。食品的发热量也可从它们的燃烧热求得。

七、思考题

1. 用氧弹式量热计测定燃烧焓的装置中，哪些是系统、哪些是环境？系统和环境之间通过哪些可能的途径进行热交换？如何修订这些热交换对测定的影响？

2. 写出萘燃烧过程的反应方程式，如何根据实验测得的 Q_V 求出 $\Delta_c H_m^{\ominus}$？

3. 测定非挥发性可燃液体的热值时，能否直接放在氧弹中的石英杯（或不锈钢杯）里测定？为什么？

4. 用电解水制得的氧气进行实验可以吗？为什么？

八、参考数据

苯甲酸的热值 Q_V 为 $-26\,430\,J \cdot g^{-1}$；萘的标准摩尔燃烧焓 $\Delta_c H_m^{\ominus}$ 为 $-5157\,kJ \cdot mol^{-1}$。

实验 35 液体的饱和蒸气压

一、实验目的

1. 测定乙醇在不同温度下的饱和蒸气压。
2. 掌握在实验温度范围内的平均摩尔蒸发焓的计算方法。

二、实验原理

液体的饱和蒸气压与温度的关系可用克拉贝龙（Clapeyron）方程表示为

$$\frac{\mathrm{d}p}{\mathrm{d}T} = \frac{\Delta_{\mathrm{vap}}H_{\mathrm{m}}}{T\Delta_{\mathrm{vap}}V_{\mathrm{m}}} \tag{4-35-1}$$

设蒸气压为理想气体，在实验温度范围内摩尔蒸发焓 $\Delta_{\mathrm{vap}}H_{\mathrm{m}}$ 为常数，并略去液体的体积，将式（4-35-1）积分得克劳修斯-克拉贝龙（Clausius-Clapeyron）方程式：

$$\ln p = -\frac{\Delta_{\mathrm{vap}}H_{\mathrm{m}}}{RT} + C \tag{4-35-2}$$

式中：p 为液体在温度 $T(\mathrm{K})$ 时的饱和蒸气压；C 为积分常数。

实验测得一系列不同温度下某液体的饱和蒸气压后，以 $\ln p$ 对 $1/T$ 作图。可得一直线，该直线的斜率（m）为

$$m = -\frac{\Delta_{\mathrm{vap}}H_{\mathrm{m}}}{R} \tag{4-35-3}$$

由此即可求得该液体在实验温度范围内的平均摩尔蒸发焓 $\Delta_{\mathrm{vap}}H_{\mathrm{m}}$。

测定液体饱和蒸气压的方法有如下三种：

（1）静态法。在某一温度下直接测量饱和蒸气压。
（2）动态法。在不同外界压力下测定其沸点。
（3）饱和气流法。使干燥惰性气流通过气体中被测物质，并使其为被测物质所饱和，然后测定所通过的气体中被测物质蒸气的含量，即可根据道尔顿分压定律计算出被测物质的饱和蒸气压。

本实验采用静态法以等压计测定无水乙醇在不同温度下的饱和蒸气压，等压计的外形如图 4-35-1 所示。右侧小球中盛待测样品，U 形管部分以样品本身作封闭液。

在一定的温度下，若右侧盛样球液面上方仅有待测物质的蒸气，那么在 U 形管右侧支管液面上所受到的压力即为待测物质的蒸气压。当 U 形管两侧支管液面齐平时，待测物质的蒸气压等于 U 形管左侧管液面所承受的外压，这个外压可通过与该支管相连的压力计读出。

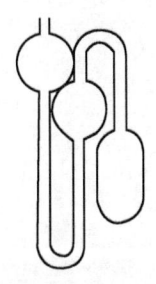

图 4-35-1 等压计

三、仪器与试剂

仪器：仪器装置（图 4-35-2）。
试剂：乙醇（A.R.）。

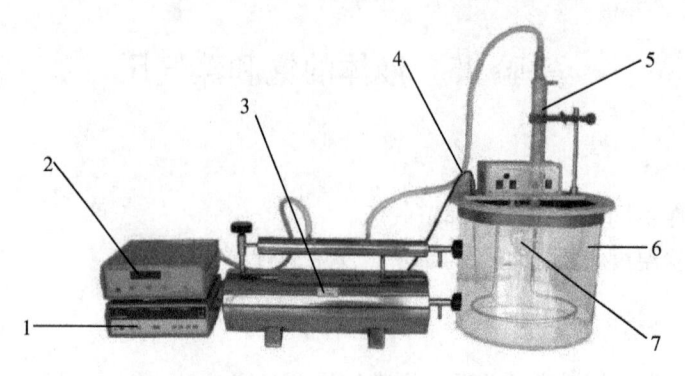

图 4-35-2　饱和蒸气压实验装置图
1—数字控温仪；2—数字（真空）压力计；3—缓冲储气罐；
4—温度探头；5—冷凝管；6—玻璃恒温水浴；7—气压计

四、实验步骤

（1）按仪器装置图将仪器连接好，检查整个装置的气密性。

（2）先在干净等压计上口加适量乙醇，然后用洗耳球将乙醇挤进盛样球中，装入乙醇的量占盛样球容积2/3左右。在U形管中保留部分乙醇作封闭液。

（3）等压计与冷凝器磨口接好，并用弹簧或橡皮筋固定后放入25℃恒温槽中，开动真空泵，控制抽气速度，使等压计U形管中的液体缓慢沸腾3~4min，让其中空气排尽。然后停止抽气，通过缓慢放气入内，至U形管两侧液面齐平，读取此时恒温槽温度、压力计读数及大气压。

（4）同法测定30℃、35℃、40℃、45℃时乙醇的蒸气压。在升温过程中，应经常开启平衡阀1（图4-35-3），缓缓放入空气，使U形管两侧液面接近相平。如果在实验过程中放气过多，可开一下平衡阀2，借储罐的真空把空气抽出。如果操作不当，空气进入了盛样球时，则需重新抽净空气，然后测定。因此调节U形管两侧液面相平时，要认真细心。

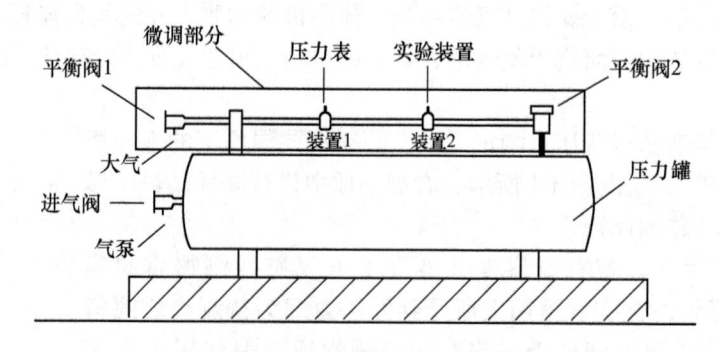

图 4-35-3　缓冲储气罐结构示意图

五、数据记录与处理

（1）将测得的数据及计算结果列表。

（2）根据实验数据作出 $\ln p$ 和 $1/T$ 的关系图。

（3）计算乙醇在实验温度范围内的平均摩尔气化热。

六、注解与实验指导

缓冲储气罐结构示意图如图 4-35-3 所示。

1) 安装

用橡胶管或塑料管分别与进气阀与真空泵、装置 1 接口与数字压力表连接、装置 2 接口用堵头连接。安装时应注意连接管插入接口的深度要≥15mm，否则会影响气密性。

2) 整体气密性检查

首次使用或长期未用而重新起用时，应先做整体气密性检查。

（1）将进气阀、平衡阀 2 打开，平衡阀 1 关闭。启动真空泵抽气至 −95kPa 左右，数字压力表的显示值即为压力罐的压力值。

（2）关闭进气阀，停泵，并检查平衡阀 2 是否开启、平衡阀 1 是否完全关闭。观察数字压力表，若显示数字下降值在标准范围内（小于 $0.01\text{kPa} \cdot \text{s}^{-1}$），说明整体气密性良好。

（3）微调部分的气密性检查

关闭各阀，用平衡阀 1 调整微调部分的压力，使之低于压力罐压力的一半，观察数字压力计，其变化值在标准范围内（小于 $0.01\text{kPa} \cdot 4\text{s}^{-1}$），说明气密性良好。若压力值上升超过标准，说明平衡阀 2 泄漏；若压力值下降超过标准，说明平衡阀 1 泄漏。

3) 与被测系统连接进行测试

（1）用橡胶管将装置 2 接口与被测系统连接、装置 1 接口与数字压力表连接，启动真空泵，抽气，从数字压力表即可读出压力罐中的压力值。

（2）测试过程中需要调整压力值时，使压力表显示的压力值略高于所需压力值，然后关闭进气阀，停泵，关闭平衡阀 2，调节平衡阀 1 使压力值至所需值。采用此方法可得到所需的不同压力值。

4) 测试完毕，打开进气阀、平衡阀释放储气罐中的压力，使系统处于常压下备用。

七、思考题

1. 克劳修斯-克拉贝龙方程式在什么条件下适用？
2. 实验过程中为什么要防止空气倒灌？
3. 等压计 U 形管中的液体起什么作用？冷凝器起什么作用？

实验 36 溶液的吸附作用和表面张力的测定

一、实验目的

1. 掌握最大泡压法测定表面张力的原理和技术。
2. 用最大泡压法测定一定温度下不同浓度的正丁醇溶液表面张力，并依据 Gibbs 吸附等温式计算表面吸附量。
3. 学习掌握用计算机处理实验数据的方法。

二、实验原理

液体的表面张力与温度及其纯度有关，温度愈高，表面张力愈小，到达临界温度时，气液界面消失，表面张力趋近于零；向纯溶剂中加入杂质（溶质），会使溶液的表面张力发生变化，其变化的大小取决于溶质的性质和加入量的多少。溶液系统可通过自动调节不同组分在表面层中的含量来降低表面吉布斯（Gibbs）自由能，从而使系统趋于稳定。因此，若加入的溶质能够降低溶液的表面张力，则该溶质将力图富集在表面上；反之，该溶质在表面层中的浓度就低于溶液的内部。这种表面层中溶质的含量与溶液本体中不同的现象，称为表面吸附。当表面层中溶质的量大于本体溶液中的量，发生正吸附；反之发生负吸附。Gibbs 用热力学方法导出了一定温度下，溶质浓度、表面张力和吸附量之间的定量关系式——吉布斯吸附等温式：

$$\varGamma = -\frac{c}{RT}\left(\frac{d\gamma}{dc}\right)_T \tag{4-36-1}$$

式中：$\varGamma$ 为表面吸附量（$mol \cdot m^{-2}$），也称表面过剩或表面超量；γ 为表面张力（$N \cdot m^{-1}$ 或 $J \cdot m^{-2}$）；T 为热力学温度（K）；c 为溶液本体的平衡浓度（$mol \cdot L^{-1}$）；R 为摩尔气体常量（$J \cdot mol^{-1} \cdot K^{-1}$）。

由 Gibbs 吸附等温式可看出，只要测得某一温度下不同浓度溶液的表面张力，以 γ-c 作图，在 γ-c 的曲线上做不同浓度下的切线，可获得不同浓度所对应的斜率 $\left(\frac{d\gamma}{dc}\right)_T$，将此系列斜率代入吉布斯吸附等温式中，结合相应的浓度 c 即可求出不同浓度时气-液界面上的吸附量 $\varGamma$。如果在实验数据绘制的曲线图上作切线、求斜率，手工作图将会有较大的随意性并带来误差，因此应该用计算机处理数据。

测定表面张力的方法有多种，如毛细管上升法、拉环法、滴体积法、滴重量法、最大泡压法等，本实验采用最大泡压法测定不同浓度的正丁醇溶液表面张力。该测定方法的装置和原理如图 4-36-1 所示。将下口齐平的毛细管（内径<0.3mm）垂直插入试液，并使管口刚好与液面相切，可看到毛细管内形成凹液面。此时要从毛细管下端鼓出气泡，则需高于待测液弯曲液面对毛细管内气体所产生的附加压力以克服气泡的表面张力。此附加压力 Δp 与表面张力 γ 成正比，与气泡的曲率半径 r 成反比，即有 $\Delta p = \frac{2\gamma}{r}$。随着减压器中水的放出，毛细管内外压差逐渐增大，泡的曲率半径由大变小，当气泡的半径等于毛细管的内半径时，其半径达到最小值，而泡内压力达到最大值，此时泡内外的最大压差（泡内最大的附加压力 Δp）可由压力计测出。从而根据 Δp 和毛细管的内半径 r，就可计算出待测液的表面张力 γ：

$$\gamma = \frac{r}{2}\Delta p = K\Delta p$$

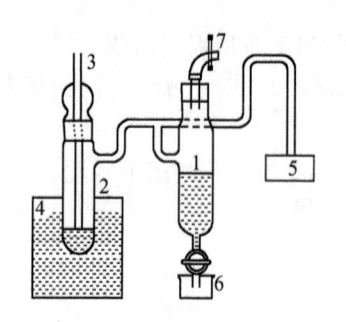

图 4-36-1 最大泡压法装置图
1—减压器；2—待测液存放器；3—毛细管；4—恒温槽；5—数字压力计；6—烧杯；7—放空夹

式中：K 为仪器常数，其值可用已知表面张力的标准物质测定。

最大泡压法与接触角无关，也不需要液体的密度数据，且装置简单、测定迅速，因此，本实验选用此法。

三、仪器与试剂

仪器：最大泡压法装置 1 套（毛细管内径小于 0.3mm）；移液管（20mL）1 支；容量瓶

(250mL) 1 个；容量瓶（50mL）9 个；碱式滴定管（50mL）1 支。

试剂：纯水；正丁醇（A. R.）。

四、实验步骤

1. 测定仪器常数 K

（1）用蒸馏水认真洗净毛细管和待测液存放器。

（2）在减压器中装满自来水。加适量的蒸馏水于待测液存放器中，调节毛细管的高低，使其管口刚好与液面相切，并保持毛细管处于垂直位置。然后将其浸入恒温槽，在恒温水浴中恒温 10min。

（3）打开减压器活塞缓慢放水抽气，控制滴液速度，使毛细管逸出的气泡速度以 3～5s 逸出 1 个为宜，由数字压力计读取气泡单个逸出时的最大压力差，重复读数三次，取平均值。

2. 配制溶液

根据正丁醇的摩尔质量和室温下的密度，计算配制 250mL 浓度为 $0.50\text{mol} \cdot \text{L}^{-1}$ 正丁醇水溶液所需正丁醇的体积。用移液管移取所需体积的分析纯正丁醇，配成 $0.50\text{mol} \cdot \text{L}^{-1}$ 的正丁醇母液，混匀后装入碱式滴定管。由此母液进一步稀释成 50mL 下列浓度的系列溶液：$0.02\text{mol} \cdot \text{L}^{-1}$、$0.04\text{mol} \cdot \text{L}^{-1}$、$0.06\text{mol} \cdot \text{L}^{-1}$、$0.08\text{mol} \cdot \text{L}^{-1}$、$0.10\text{mol} \cdot \text{L}^{-1}$、$0.12\text{mol} \cdot \text{L}^{-1}$、$0.16\text{mol} \cdot \text{L}^{-1}$、$0.20\text{mol} \cdot \text{L}^{-1}$ 及 $0.24\text{mol} \cdot \text{L}^{-1}$。

3. 正丁醇溶液表面张力的测定

依溶液浓度由稀到浓的顺序，按测定仪器常数时的操作步骤，分别测定各溶液的最大压力差。每次测量前必须用少量被测液洗涤待测液存放器和毛细管，确保毛细管内外溶液的浓度一致。

实验完毕后，用蒸馏水清洗仪器。本实验也可不用恒温槽，直接在室温下测定。

五、数据记录与处理

（1）列表记录实验数据，计算仪器常数并计算溶液的表面张力。

（2）本实验拟对实验数据由计算机进行拟合处理。用 Excel 或 Origin 等软件对表 4-36-1 中正丁醇水溶液的表面张力 γ 及相应的浓度 c 作图并进行二次多项式拟合，得到关系式 $\gamma=\gamma(c)=a_0+a_1 \times c+a_2 \times c^2$（$a_0 \sim a_2$ 为常数），并给出相关系数 R；进而依拟合出的多项式求取不同浓度 c 所对应的 $\mathrm{d}\gamma/\mathrm{d}c$（$\gamma$-$c$ 的拟合函数也可选用指数型函数等形式）。

表 4-36-1　正丁醇水溶液的表面张力及表面吸附量

（实验温度：$T=$　　；仪器常数：$K=$　　）

溶液浓度 $c/(\text{mol} \cdot \text{L}^{-1})$	最大压力差 $\Delta p/\text{Pa}$ 实验值	最大压力差 $\Delta p/\text{Pa}$ 平均值	$\gamma/(\text{N} \cdot \text{m}^{-1})$	$\mathrm{d}\gamma/\mathrm{d}c$	表面吸附量 $\Gamma/(\text{mol} \cdot \text{m}^{-2})$
0.02					
0.04					

续表

溶液浓度 $c/(\text{mol} \cdot \text{L}^{-1})$	最大压力差 $\Delta p/\text{Pa}$ 实验值	平均值	$\gamma/(\text{N} \cdot \text{m}^{-1})$	$d\gamma/dc$	表面吸附量 $\Gamma/(\text{mol} \cdot \text{m}^{-2})$
0.06					
0.08					
0.10					
0.12					
0.16					
0.20					
0.24					

$\gamma = \gamma(c) = a_0 + a_1 \times c + a_2 \times c^2$ ($a_0 = \quad , a_1 = \quad , a_2 = \quad , R = \quad$)

(3) 将所求得的 $d\gamma/dc$ 及相应的浓度 c 代入 Gibbs 吸附等温式，求出不同浓度 c 所对应的表面吸附量 Γ。

(4) 综合所得的数据，选择合适的坐标绘出实验温度下正丁醇水溶液的吸附等温线，即 Γ-c 图。

六、注解与实验指导

1. 毛细管清洁处理应特别予以重视，热风吹干及电炉烘烤的办法应当避免，烫洗是好办法，但应尽量彻底。毛细管内部可借助洗耳球，但必须细心，不应使液体进入洗耳球内。加入试样后，应充分摇匀方可测定。

2. 数据处理中各量的单位应当一致，均应采用国际单位制。

3. 注意：每次测量前必须用少量被测液洗涤待测液存放器和毛细管，确保毛细管内外溶液的浓度一致。

七、思考题

1. 温度变化对表面张力有何影响？
2. Γ 与溶液浓度单位是否有关？
3. 实验中为何依溶液浓度由稀到浓的顺序？
4. 减压器的放液速度对本实验有何影响？

八、参考数据

纯水的表面张力 $\gamma(\text{N} \cdot \text{m}^{-1})$ 与温度 $T(\text{K})$ 间的关系式可用二次函数式表示：

$$\gamma = 0.09537 - 2.24 \times 10^{-6}T - 2.560 \times 10^{-7}T^2$$

[汤传义. 安庆师范学院学报（自然科学版）2000，6 (1)：73~74]

实验 37 二元液系相图

一、实验目的

1. 采用回流冷凝法测定常压下环己烷-乙醇二元液系的相平衡数据。
2. 绘制常压下环己烷-乙醇二元液系的气液平衡相图，即沸点-组成（T-x）图，并依图确定该二元液系的恒沸点及恒沸组成。
3. 了解阿贝折光仪的原理并掌握其使用方法。

二、实验原理

常温下，两种液体混合组成的体系称为二元液相系统。若两液体能按任意比例相互溶解，则称完全互溶双液体系；若只能部分互溶，则称部分互溶双液体系。双液体系的沸点不仅与外压有关，还与双液体系的组成有关。恒压下将完全互溶双液体系蒸馏，测定馏出物（气相）和蒸馏液（液相）的组成，就能找出平衡时气、液两相的成分并绘出 T-x 图。如图 4-37-1 所示，图中纵轴是温度（沸点）T，横轴是液体 B 的摩尔分数 x_B（或质量分数、体积分数），上面一条是气相线，下面一条是液相线。对于某一温度所对应的两曲线上的两个点，就是该温度下气-液平衡时的气相点和液相点，其相应的组成可从横轴上获得，即 x（气相）和 y（液相）。

通常，如果液体与拉乌尔定律的偏差不大，T-x 图中溶液的沸点介于 A、B 两纯液体的沸点之间，见图 4-37-1（a）。而当溶液与拉乌尔定律有较大偏差时，在 T-x 图中就会有最高或最低点出现，如图 4-37-1（b）、（c）所示，此时的温度叫做恒沸点，相应的组成叫恒沸组成。恒沸点处气相与液相的组成相同，因此通过蒸馏无法改变恒沸点混合物的组成。

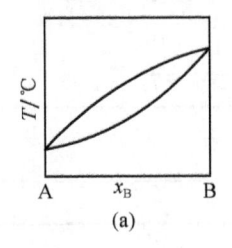

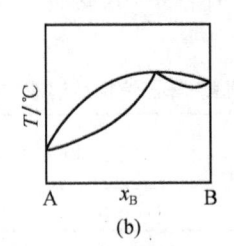

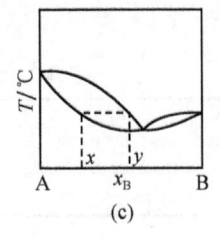

图 4-37-1 二元液系 T-x 图

本实验采用回流冷凝的方法绘制环己烷-乙醇体系的 T-x 图。其方法是用阿贝折光仪测定不同组成的体系在沸点温度时气相、液相的折光率，再由已知组成的标准溶液浓度-折光率关系求得相应的组成。

三、仪器与试剂

仪器：沸点测定仪（图 4-37-2）；数字精密温度计；数字精密电源；阿贝折光仪；超级恒温水浴；量筒；长短滴管；烧杯。

试剂：无水乙醇（A.R.）；环己烷（A.R.）；乙醇体积分数为 0、10%、25%、40%、60%、85%、100% 的环己烷-乙醇标准溶液（用棕色试剂瓶盛装）；乙醇体积分数为 2%、5%、15%、35%、50%、65%、80%、95% 的环己烷-乙醇混合溶液（用白色试剂瓶盛装）。

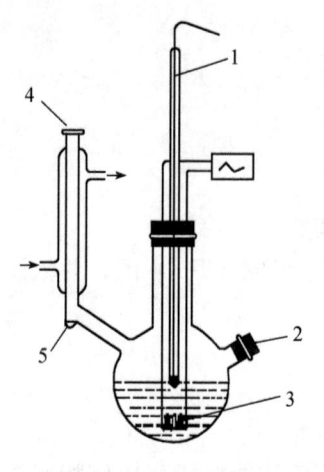

图 4-37-2 沸点测定仪
1—温度传感器；2—进样口、液相取样口；3—加热丝；4—气相冷凝液取样口；5—气相冷凝液

四、实验步骤

（1）用阿贝折光仪测定纯乙醇、纯环己烷及各标准溶液25℃时的折光率。

（2）用干燥量筒量取纯乙醇约40mL，倒入干燥的沸点仪中，温度计探头刚好与液面接触，塞上瓶塞。接通冷凝水和电源，调节精密数字电源电压值约为12V。待温度基本恒定（变化小于0.2℃）后，稍稍倾斜将收集槽中的气相冷凝液倒回液相，如此重复两次。待第三次温度恒定后，由数字精密温度计读取沸点，关掉加热电源。用干净滴管吸取小槽中的气相冷凝液，迅速用阿贝折光仪测其25℃时的折光率，再用另一干净滴管吸取沸点仪中的液体，同样测定液相折光率。测毕，将乙醇倒入回收瓶。

（3）以同样的方法、顺序测定各溶液的沸点及气相、液相组分的折光率。测毕，将溶液倒回原试剂瓶。

（4）以少量环己烷涮洗沸点仪2次，将用后的环己烷倒入回收瓶。加入纯环己烷，同上测其沸点及气相、液相组分的折光率。

五、数据记录与处理

（1）列表记录实验数据。

（2）用 Excel 或 Origin 等软件对表 4-37-1 中乙醇-环己烷标准溶液的乙醇体积百分浓度 x 和相应的折光率 n 作图并进行二次多项式拟合，得到关系式：

$$x = x(n) = a_0 + a_1 \times n + a_2 \times n^2 \quad (a_0 \sim a_2 \text{ 均为常数})$$

并给出相关系数 R。

表 4-37-1 乙醇-环己烷标准溶液的折光率大气压

标准浓度 x /体积分数（乙醇）	0	20	40	60	80	100
折光率 n						

（3）将表 4-37-2 中气液平衡时乙醇-环己烷混合溶液气相、液相组分的折光率代入已得到的关系式 $x = x(n)$ 中，求出气-液平衡时各混合液气相、液相组分的浓度。

表 4-37-2 乙醇-环己烷混合溶液的沸点及气相、液相组分的折光率

	起始浓度 x /体积分数（乙醇）	0	2	5	15	35	50	65	80	95	100
	沸点/℃										
气相	折光率 n^g /体积分数（乙醇）										
液相	折光率 n^l /体积分数（乙醇）										

（4）综合所得的平衡数据，选择合适的坐标绘出常压下乙醇-环己烷溶液的沸点-组成

图，并标明测定时大气压力、最低恒沸点和组成。

六、注解与实验指导

1. 平衡温度的压力校正

溶液的沸点与外压有关，为了将常压下测得的溶液沸点校正到正常沸点，即外压为 101 325Pa 下的气-液平衡温度，应将测得的平衡温度进行校正。校正式是从特鲁顿（Trouton）规则及克劳修斯-克拉贝龙方程推导而得。本实验测定的是常压下溶液的气-液平衡温度，略去了校正到正常沸点一步。

2. 气、液两相组成的测定

可以用色谱、相对密度或其他方法进行测定，而折光率的测定快速、简单，所需样品量较少，这对于本实验折光率相差较大的环己烷和乙醇二元液系特别合适。

3. 仪器的设计

必须方便于沸点和气、液两相组成的测定。蒸气冷凝部分的设计是关键之一。若收集冷凝液的凹形槽容积过大，在客观上即造成溶液的分馏；而过小则会因取样太少而给测定带来一定困难。连接冷凝管和圆底烧瓶之间的连管过短或位置过低，沸腾的液体就有可能溅入小槽内；反之，则易导致沸点较高的组分先被冷凝下来，使气相组成偏离气-液平衡值。

4. 注意

实验中可调节加热电压来控制回流速度的快慢，电压不可过大，能使待测液体沸腾即可；加热丝不能露出液面，一定要被待测液体浸没，否则溶液有着火危险；更换溶液时，尽可能倒净沸点仪中的测定液，以免带来较大误差。

七、思考题

1. 待测溶液的浓度是否需要精确计量？为什么？
2. 为什么工业上常产生 95%乙醇？只用精馏含水乙醇的方法是否可能获得无水乙醇？
3. 如果要测纯环己烷、纯乙醇的沸点，蒸馏瓶必须是干的，而测混合液沸点和组成时，为何蒸馏瓶不洗也不烘？
4. 试设计其他方法用以测定气、液两相组成，并讨论其优缺点。

八、参考数据

1. 环己烷和乙醇 25℃时的折光率 n_D^{25} 分别为 1.423 38 和 1.359 35。
2. 纯水的 $n_D^{15}=1.3334$，$n_D^{25}=1.3325$，$n_D^{30}=1.3320$，15~30℃的温度系数为 $-0.0001(℃)^{-1}$。

实验 38　乙酸的解离平衡与解离常数的测定

一、实验目的

1. 学习溶液的配制方法和酸度计的使用。
2. 学习利用缓冲溶液法测定乙酸的解离常数。

二、实验原理

在 HAc 和 NaAc 组成的缓冲溶液中，存在下列平衡：

$$HAc \rightleftharpoons H^+ + Ac^-$$
$$NaAc \rightleftharpoons Na^+ + Ac^-$$

当达到解离平衡时有

$$K_a^\ominus(HAc) = \frac{[H^+]/c^\ominus \times [Ac^-]/c^\ominus}{[HAc]/c^\ominus}$$

由于乙酸是弱电解质及存在同离子效应，所以

$$[HAc] \approx c_0(HAc)$$
$$[Ac^-] \approx c_0(NaAc)$$
$$K_a^\ominus(HAc) \approx \frac{[H^+]}{c^\ominus} \times \frac{c_0(Ac^-)/c^\ominus}{c_0(HAc)/c^\ominus}$$

得该缓冲溶液 pH 的近似计算公式为

$$pH = pK_a + \lg \frac{c_0(Ac^-)}{c_0(HAc)}$$

式中：$c_0(HAc)$、$c_0(NaAc)$ 分别为 HAc、NaAc 溶液的起始浓度，$[HAc]$、$[Ac^-]$ 分别为达到离解平衡时 HAc、Ac^- 的浓度。若 HAc 和 NaAc 浓度相同，则有

$$pH = pK_a^\ominus(HAc)$$

在本实验中，取两份相同体积、相同浓度的 HAc 溶液，在其中一份中滴加 NaOH 溶液至恰好中和（以 1% 的酚酞为指示剂）。然后，再加入另一份 HAc 溶液，混合均匀，即得到等浓度的 HAc 和 NaAc 的缓冲溶液。用酸度计测其 pH 即可得到 $pK_a^\ominus(HAc)$ 及 $K_a^\ominus(HAc)$。

三、仪器与试剂

仪器：pHS-3C 型（或其他型号的）酸度计；烧杯（50mL）4 个；容量瓶（50mL）3 个；移液管（25mL）1 支；吸量管（10mL）1 支；量筒（10mL）4 个；滴管（1 支）。

试剂：酚酞（1%）；HAc(0.10mol·L^{-1})；NaOH(0.10mol·L^{-1})。

四、实验步骤

1. 配制不同浓度的 HAc 溶液

用吸量管准确移取 5.00mL、10.00mL、25.00mL 0.10mol·L^{-1} HAc 溶液，分别置于三个编号为 1 号、2 号、3 号的 50mL 容量瓶中，用去离子（或蒸馏）水稀释至刻度后摇匀。即得到三种不同浓度的 HAc 溶液，另外还有实验室提供的 0.10mol·L^{-1} HAc 溶液。

2. 制备等浓度的 HAc-NaAc 混合液并测定 pH

用 10mL 吸量管从 1 号容量瓶中移取 10.0mL HAc 溶液于 1 号烧杯中。加入 2 滴酚酞溶液，用滴管逐滴加入 0.10mol·L^{-1} NaOH 溶液至酚酞溶液显微红色，且保持半分钟不褪色，再用吸量管从 1 号容量瓶中另取 10.0mL 溶液加入到 1 号烧杯中，并混合均匀。用校正后的酸度计测定该混合溶液的 pH，这一数值就为该 HAc 的 $pK_a^\ominus(HAc)$。

同样的方法，分别从 2 号、3 号容量瓶及实验室提供的 0.10mol·L^{-1} HAc 溶液中，取

10.0mL HAc 溶液于编号为 2 号、3 号、4 号的 50mL 烧杯中。分别重复上述实验过程，并依次测定它们的 pH。

3. 测定 HAc 溶液的 pH

将 1 号容量瓶中剩余 HAc 溶液倒入一洗净的小烧杯中，用酸度计直接测定该 HAc 溶液的 pH，同样操作测定 2 号、3 号容量瓶及实验室的 $0.10\text{mol}\cdot\text{L}^{-1}$ HAc 溶液的 pH，根据一元弱酸的 pH 计算公式求出 $K_a^{\ominus}(\text{HAc})$。

上述所测得的 $pK_a^{\ominus}(\text{HAc})$ 由于实验误差的存在，可能不完全相同，求出 $pK_a^{\ominus}(\text{HAc})_{平均}$ 或 $K_a^{\ominus}(\text{HAc})_{平均}$，实验记录及处理如表 4-38-1 所示。

五、数据记录与处理

表 4-38-1　乙酸的解离平衡常数的测定

实验编号	1	2	3	4
$n_{\text{HAc}}+n_{\text{Ac}^-}$				
实验测的 pH				
$K_a^{\ominus}(\text{HAc})$				
$K_a^{\ominus}(\text{HAc})_{平均}$				
$c(\text{HAc})$				
实验测的 pH				
$K_a^{\ominus}(\text{HAc})$				
$K_a^{\ominus}(\text{HAc})_{平均}$				
文献 $K_a^{\ominus}(\text{HAc})$ 值		1.76×10^{-5}		

六、思考题

1. 试分析实验误差的主要来源。
2. 使用酸度计测定 pH 时为何要用标准缓冲溶液进行校正？校正时如何选用标准缓冲溶液？

实验 39　化学反应速率的影响因素及反应级数的测定

一、实验目的

1. 掌握浓度、温度及催化剂对反应速率的影响。
2. 学习化学反应级数的测定方法。

二、实验原理

在弱酸性溶液中，H_2O_2 与 KI 发生如下反应：

$$H_2O_2 + 3I^- + 2H^+ \rightleftharpoons I_3^- + 2H_2O \tag{4-39-1}$$

其中，I_3^- 是 I^- 与 I_2 形成的，该反应的反应速率可由下式求出：

$$v = \frac{\Delta c(I_3^-)}{\Delta t}$$

式中：v 为反应（平均）速率。要测定 v，需测定在时间 Δt 内 $c(I_3^-)$ 变化值。为此在 H_2O_2 与 KI 溶液混合的同时，加入一定体积已知浓度的 $Na_2S_2O_3$ 并含有淀粉的溶液。这样在反应（4-39-1）进行时，产生的 I_3^- 立刻与 $Na_2S_2O_3$ 发生下述反应：

$$2S_2O_3^{2-} + I_3^- = S_4O_6^{2-} + 3I^- \tag{4-39-2}$$

而反应（4-39-2）的速率比反应（4-39-1）的速率要快得多，所以反应（4-39-1）生成的 I_3^-（I^- 与 I_2 形成的）马上与 $S_2O_3^{2-}$ 作用生成无色的 $S_4O_6^{2-}$ 和 I^-，不会使淀粉显蓝色。但是，当加入的 $Na_2S_2O_3$ 耗尽时（由于 $Na_2S_2O_3$ 的加入量是一定的），反应所生成的 I_3^- 就会立刻与淀粉作用而使溶液显蓝色。

据反应（4-39-1）和反应（4-39-2）有

$$\Delta c(I_3^-) = \frac{\Delta c(S_2O_3^{2-})}{2}$$

故反应（4-39-1）的反应速率又可表示为

$$v = \frac{\Delta c(S_2O_3^{2-})}{2\Delta t} = \frac{c_0(S_2O_3^{2-})}{2\Delta t}$$

实验表明，反应（4-39-1）的反应速率方程为

$$v = k' \times c^m(I^-) \times c^n(H_2O_2) \times c^p(H^+)$$

若保持 $c(H_2O_2)$ 和 $c(H^+)$ 不变，则上式可变为

$$v = k' \times c^n(H_2O_2) \times c^p(H^+) \times c^m(I^-) = k \times c^m(I^-)$$

根据实验所得数据，由 v 对 $c(I^-)$ 作图。若为一直线，则 $m=1$，即该反应对 $c(I^-)$ 为一级反应。该直线的斜率即为该反应的反应速率常数 k。

三、仪器与试剂

仪器：烧杯（50mL）8 个；量筒（10mL）4 个；玻璃棒；恒温水浴锅；秒表；坐标纸。
试剂：KI（$0.1mol \cdot L^{-1}$）；HAc（$1.0mol \cdot L^{-1}$）；H_2O_2（$0.2mol \cdot L^{-1}$）；$CuSO_4$（$0.01mol \cdot L^{-1}$）；$Na_2S_2O_3$（$0.0024mol \cdot L^{-1}$、含 0.1% 淀粉）。

四、实验步骤

1. KI 浓度对反应速率的影响

按照表 4-39-1 的实验编号 1，用不同的量筒（10mL），分别量取 10.0mL $0.1mol \cdot L^{-1}$ 的 KI、5.0mL $0.0024mol \cdot L^{-1}$ 的 $Na_2S_2O_3$（含 0.1% 淀粉），倒入 50mL 烧杯中。再滴加 1 滴 $0.1mol \cdot L^{-1}$ HAc，搅拌均匀。再用另一个量筒量取 5.0mL $0.2mol \cdot L^{-1}$ H_2O_2，快速倒入烧杯内，同时用秒表计时，不断搅拌观察。当溶液刚出现蓝色时，记录反应时间（Δt）和反应温度。

表 4-39-1 KI 浓度对反应速率的影响

实验编号	1	2	3	4	5
$0.1mol \cdot L^{-1}$ KI/mL	10.0	8.0	6.0	4.0	2.0
$0.0024mol \cdot L^{-1}$ $Na_2S_2O_3$/mL	5.0	5.0	5.0	5.0	5.0
$1.0mol \cdot L^{-1}$ HAc/滴	1	1	1	1	1
蒸馏水/mL	0.0	2.0	4.0	6.0	8.0
$0.2mol \cdot L^{-1}$ H_2O_2/mL	5.0	5.0	5.0	5.0	5.0

用同样的方法和顺序按照表 4-39-1 的试剂用量进行另外四次实验。据所得实验数据，以 v 为纵坐标，以 $c(I^-)$ 为横坐标，绘制 v-$c(I^-)$ 关系图。该图应为一直线。根据直线斜率 $c(I^-)/v$，可计算该反应的反应速率常数 k。

2. 温度对反应速率的影响

按表 4-39-2 所列各反应的用量进行实验。

用量筒取 6.0mL 0.1mol·L^{-1} 的 KI、5.0mL 0.0024mol·L^{-1} 的 Na$_2$S$_2$O$_3$（含 0.1%淀粉）、4.0mL 的蒸馏水，和 1 滴 HAc 于 50mL 烧杯中，混匀。另用量筒量取 5.0mL 0.2mol·L^{-1} 的 H$_2$O$_2$。再将装有混合液的烧杯和装有 H$_2$O$_2$ 的量筒，同时放入恒温水浴锅中。等溶液温度上升至室温+5℃时，把 H$_2$O$_2$ 快速倒入到烧杯中，马上计时，边搅拌边观察。当溶液显蓝色时，记录反应时间和温度。

维持试剂用量不变，仅改变温度为室温+10℃和室温+15℃，重复上述实验。

3. 催化剂对反应速率的影响

铜离子对该反应有催化作用，微量铜离子的存在可以大大加快该反应的反应速率。室温下，按表 4-39-2 中的 5 号实验的试剂用量进行实验。

表 4-39-2 温度和催化剂对反应速率的影响

实验编号	1	2	3	4	5
反应温度：室温/℃	0	5	10	15	0
0.1mol·L^{-1} KI/mL	6.0	6.0	6.0	6.0	6.0
0.0024mol·L^{-1} Na$_2$S$_2$O$_3$/mL	5.0	5.0	5.0	5.0	5.0
1.0mol·L^{-1} HAc/滴	1	1	1	1	1
蒸馏水/mL	4.0	4.0	4.0	4.0	4.0
0.01mol·L^{-1} CuSO$_4$/滴	—	—	—	—	1
0.2mol·L^{-1} H$_2$O$_2$/mL	5.0	5.0	5.0	5.0	5.0

五、数据记录与结果

（1）KI 浓度对反应速率的影响如表 4-39-3 所示。

表 4-39-3 KI 浓度对反应速率的影响　室温_____（℃）

实验编号	1	2	3	4	5
0.1mol·L^{-1} KI/mL	10.0	8.0	6.0	4.0	2.0
0.0024mol·L^{-1} Na$_2$S$_2$O$_3$/mL	5.0	5.0	5.0	5.0	5.0
1.0mol·L^{-1} HAc/滴	1	1	1	1	1
蒸馏水/mL	0	2.0	4.0	6.0	8.0
0.2mol·L^{-1} H$_2$O$_2$/mL	5.0	5.0	5.0	5.0	5.0
$V_总$/mL	20.0	20.0	20.0	20.0	20.0
反应时间 Δt/s					
KI 起始浓度/(mol·L^{-1})					
$\Delta c(S_2O_3^{2-})$/(mol·L^{-1})					
v/(mol·L^{-1}·s^{-1})					

（2）温度和催化剂对反应速率的影响如表 4-39-4 所示。

表 4-39-4　温度和催化剂对反应速率的影响

实验编号	1	2	3	4	5
0.1mol·L^{-1} KI/mL	6.0	6.0	6.0	6.0	6.0
0.0024mol·L^{-1} Na$_2$S$_2$O$_3$/mL	5.0	5.0	5.0	5.0	5.0
1.0mol·L^{-1} HAc/滴	1	1	1	1	1
蒸馏水/mL	4.0	4.0	4.0	4.0	4.0
0.01mol·L^{-1} CuSO$_4$/滴	—	—	—	—	1
0.2mol·L^{-1} H$_2$O$_2$/mL	5.0	5.0	5.0	5.0	5.0
V$_总$/mL	20.0	20.0	20.0	20.0	20.0
温度/℃					
c(KI)/(mol·L^{-1})					
c(H$_2$O$_2$)/(mol·L^{-1})					
Δc(S$_2$O$_3^{2-}$)/(mol·L^{-1})					
反应时间 Δt/s					
v/(mol·L^{-1}·s^{-1})					

六、思考题

1. 据实验结果，能确定该反应的总反应级数为多少吗？为什么？
2. 据实验结果，能估计出该反应的活化能为多少吗？
3. 实验中蓝色出现，反应是否终止了？

实验 40　乙酸乙酯皂化反应速率常数的测定

一、实验目的

1. 掌握乙酸乙酯皂化反应速率常数的测定方法。
2. 了解二级反应的特点，学会用作图法求二级反应的速率常数。

二、实验原理

乙酸乙酯皂化是个典型的二级反应。设反应物初始浓度分别为 a、b，经时间 t 后产物的浓度为 x。

$$\mathrm{CH_3COOC_2H_5 + NaOH \rightleftharpoons CH_3COONa + C_2H_5OH}$$

$t=0$　　　　　a　　　　　b　　　　　0　　　　　0

$t=t$　　　　　$a-x$　　　$b-x$　　　x　　　　　x

该反应的速率方程可用式（4-40-1）表示：

$$\frac{\mathrm{d}x}{\mathrm{d}t} = k(a-x)(b-x) \tag{4-40-1}$$

式中：a、b 分别表示两反应物的初始浓度；x 为经过时间 t 后减少了的 a 和 b 的浓度；k 为反应速率常数。将式（4-40-1）积分可得

$$k = \frac{2.303}{t(a-b)} \lg \frac{b(a-x)}{a(b-x)} \tag{4-40-2}$$

特别地，当初始浓度相等时，也就是 $a=b$ 时，式（4-40-1）可以积分为

$$k = \frac{1}{ta} \cdot \frac{x}{a(a-x)} \tag{4-40-3}$$

随着皂化反应的进行，溶液中导电能力强的 OH^- 逐渐被导电能力弱的 CH_3COO^- 所代替，故溶液电导率逐渐减少。

实际上，溶液的电导率是反应物 NaOH 和产物 NaAc 两种电解质的贡献：

$$\kappa_t = l_{NaOH}(a-x) + l_{NaAc}x \tag{4-40-4}$$

式中：κ_t 为 t 时刻的电导率；l_{NaOH}、l_{NaAc} 分别为两电解质与浓度关系的比例常数。

反应开始时溶液电导率全部由 NaOH 承当，反应完后全部由 NaAc 承当，所以有

$$\kappa_0 = l_{NaOH}a \tag{4-40-5}$$

$$\kappa_\infty = l_{NaAc}a \tag{4-40-6}$$

$$\kappa_0 - \kappa_\infty = (l_{NaOH} - l_{NaAc})a = Ka \tag{4-40-7}$$

$$\kappa_t - \kappa_\infty = (l_{NaOH} - l_{NaAc})(a-x) = K(a-x) \tag{4-40-8}$$

$$\kappa_0 - \kappa_t = (l_{NaOH} - l_{NaAc})x = Kx \tag{4-40-9}$$

式中：K 为与温度、溶剂、电解质的性质有关的比例常数。

由式（4-40-8）/式（4-40-9）再代入式（4-40-3）得

$$k = \frac{1}{ta} \frac{\kappa_0 - \kappa_t}{\kappa_t - \kappa_\infty}$$

即

$$\kappa_t = \frac{\kappa_0 - \kappa_t}{Kta} + \kappa_\infty \tag{4-40-10}$$

将 κ_t 对 $\dfrac{(\kappa_0 - \kappa_t)}{t}$ 作图可以得到一直线，由其斜率为 $\dfrac{1}{ka}$，即可求出反应速率常数 k。

三、仪器与试剂

仪器：电导仪 1 台；洗耳球 1 只；秒表；恒温槽 1 套；10mL 移液管 2 支；移液管（1mL）1 支；小滴管；反应器 1 个；小烧杯 1 个；容量瓶（100mL）1 个。

试剂：NaOH 溶液（$0.1mol \cdot L^{-1}$）；乙酸乙酯（A.R.）。

四、实验步骤

(1) 准备仪器。将反应器、容量瓶洗净烘干备用。

(2) 根据乙酸乙酯的密度和摩尔质量计算并配制 $0.1mol \cdot L^{-1}$ 乙酸乙酯溶液 100mL 所需化学纯乙酸乙酯的体积。在 100mL 容量瓶中，先装入约 2/3 容积的蒸馏水，取 1.00mL 化学纯乙酸乙酯滴入容量瓶中，加水至刻度，摇匀。

(3) 调节恒温槽水温 [(25.00±0.1)℃]，用移液管取 10mL $0.1mol \cdot L^{-1}$ NaOH 于干净、干燥混合反应器的 A 池中（图 4-40-1），加入 10mL 蒸馏水稀释 1 倍，混匀。测定初始电导率 k。

(4) 将混合反应器洗净、烘干，在 A 池中加入 10mL $0.1mol \cdot L^{-1}$ NaOH。在 B 池中加入 $0.1mol \cdot L^{-1}$ 乙酸乙酯溶液 10mL，待温度达到 25.00℃时，将 B 池中的乙酸乙酯

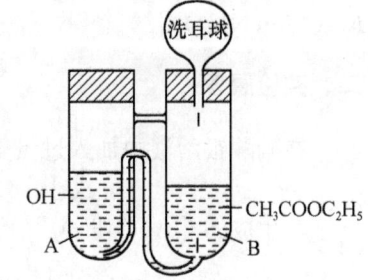

图 4-40-1 乙酸乙酯皂化反应器

溶液挤入 A 池中，并且开始计时。在半分钟内与 A 池中的 NaOH 混合均匀。

（5）记录数据，开始每半分钟测一次共 5 次，后每 1min 测一次共 4 次，再每 2min 测一次共 2 次，然后隔 3min 测一次，最后在第 20min 的时候记录 1 次。

五、数据记录与处理

表 4-40-1　电导率的测定（温度＝　　）

时间间隔/min	电导率 κ_t	$\dfrac{\kappa_0-\kappa_t}{t}$
0.5		
1		
1.5		
2		
2.5		
3		
4		
5		
6		
7		
9		
11		
14		
20		

六、思考题

1. 为什么实验开始时要使两溶液尽快混合，开始一段时间测定间隔为什么要短？
2. 配制乙酸乙酯溶液时，为什么在容量瓶中事先要先加入适量的蒸馏水？

七、参考数据

25℃时，乙酸乙酯的速率反应常数：$0.107 \text{L} \cdot \text{mol}^{-1} \cdot \text{s}^{-1}$。

实验 41　银氨配离子配位数及稳定常数的测定

一、实验目的

利用配位平衡和溶度积规则测定 $[Ag(NH_3)_n]^+$ 的配位数 n 及其稳定常数 $K_f^\ominus([Ag(NH_3)_n]^+)$。

二、实验原理

在硝酸银溶液中加入过量氨水后，生成稳定的 $[Ag(NH_3)_n]^+$，反应式如下：

$$Ag^+(aq) + nNH_3(aq) \rightleftharpoons [Ag(NH_3)_n]^+(aq) \tag{4-41-1}$$

其生成的 $[Ag(NH_3)_n]^+$ 配离子的稳定常数表达式为

$$K_f^\ominus([Ag(NH_3)_n]^+) = \frac{[c([Ag(NH_3)_n]^+)/c^\ominus]}{[c(Ag^+)/c^\ominus][c(NH_3)/c^\ominus]^n} \tag{4-41-2}$$

若再加入溴化钾溶液，至有淡黄色的 AgBr 沉淀开始出现，即发生下述反应：
$$Ag^+(aq) + Br^-(aq) \rightleftharpoons AgBr(s) \qquad (4\text{-}41\text{-}3)$$
溶度积常数为
$$K_{sp}^{\ominus}(AgBr) = [c(Ag^+)/c^{\ominus}][c(Br^-)/c^{\ominus}] \qquad (4\text{-}41\text{-}4)$$
由反应（4-41-3）－反应（4-41-1）得
$$[Ag(NH_3)_n]^+(aq) + Br^-(aq) \rightleftharpoons AgBr(s) + nNH_3(aq)$$
而该反应的标准平衡常数为
$$K^{\ominus} = \frac{[c(NH_3)/c^{\ominus}]^n}{[c([Ag(NH_3)_n]^+)/c^{\ominus}][c(Br^-)/c^{\ominus}]} = \frac{1}{K_f^{\ominus}([Ag(NH_3)_n]^+)K_{sp}^{\ominus}(AgBr)} \qquad (4\text{-}41\text{-}5)$$

式中：$c(Br^-)$、$c(NH_3)$、$c([Ag(NH_3)_n]^+)$ 均为平衡浓度，而 $K_{sp}^{\ominus}(AgBr)=5.3\times10^{-13}$，可通过近似计算求得 $c(Br^-)$、$c(NH_3)$、$c([Ag(NH_3)_n]^+)$，那么，据式（4-42-5）即可得银氨配离子的 $K_f^{\ominus}([Ag(NH_3)_n]^+)$。

假设氨水在过量的情况下，系统中只生成单核配离子 $[Ag(NH_3)_n]^+$ 和 AgBr(s) 沉淀，而无其他副反应发生。每份溶液中最初取的硝酸银溶液的体积 $V(Ag^+)$ 均相同，浓度为 $c_0(Ag^+)$；每份加入的氨水和 KBr 溶液的体积分别为 $V(NH_3)$、$V(Br^-)$，其浓度分别为 $c_0(NH_3)$、$c_0(Br^-)$，混合溶液的总体积为 $V_{总}$，混合后达到平衡时则有

$$c([Ag(NH_3)_n]^+) = \frac{c_0(Ag^+)V(Ag^+)}{V_{总}} \qquad (4\text{-}41\text{-}6)$$

$$c(Br^-) = \frac{c_0(Br^-)V(Br^-)}{V_{总}} \qquad (4\text{-}41\text{-}7)$$

$$c(NH_3) = \frac{c_0(NH_3)V(NH_3)}{V_{总}} \qquad (4\text{-}41\text{-}8)$$

将式（4-41-6）～式（4-41-8）代入式（4-41-5），经整理后得
$$V(Br^-) = K'[V(NH_3)]^n \qquad (K' \text{ 为常数}) \qquad (4\text{-}41\text{-}9)$$
对式（4-41-9）两边取对数即得直线方程
$$\lg[V(Br^-)] = n\lg[V(NH_3)] + \lg K'$$

以 $\lg[V(Br^-)]$ 为纵坐标、$\lg[V(NH_3)]$ 为横坐标作图，所得直线的斜率即为 $[Ag(NH_3)_n]^+$ 的配位数 n。由直线在纵轴上的截距 $\lg K'$ 可求出 K'，再结合式（4-41-9）可得 $K_f^{\ominus}([Ag(NH_3)_n]^+)$。

三、仪器与试剂

仪器：量筒（10mL）2个、（5mL）1个；锥形瓶（250mL）7个；酸式滴定管（25mL）1支；铁架台（1个）；万用夹（1个）。

试剂：$KBr(0.010\text{mol}\cdot L^{-1})$；$AgNO_3(0.01\text{mol}\cdot L^{-1})$；$NH_3\cdot H_2O(2.0\text{mol}\cdot L^{-1})$。

四、实验步骤

按表 4-41-1 中的试剂用量，依次加入 $0.01\text{mol}\cdot L^{-1}$ $AgNO_3$、$2.0\text{mol}\cdot L^{-1}$ $NH_3\cdot H_2O$ 及去离子水于各锥形瓶中，然后在不断振荡下，从滴定管中逐渐滴加 $0.010\text{mol}\cdot L^{-1}$ KBr 溶液。直到溶液中刚开始出现浑浊，并不再消失为止。记下所消耗的 KBr 溶液的体积和溶

液的总体积。

从第 2 号开始，当滴定接近终点时，还要加适量的去离子水。继续滴定至终点，使溶液的总体积都与编号 1 的总体积基本相同。

以 $\lg[V(Br^-)]$ 为纵坐标、$\lg[V(NH_3)]$ 为横坐标作图，可得直线的斜率；由直线在纵坐标轴上的截距求 $\lg K'$，并利用式（4-41-7）求出 $K_f^\ominus([Ag(NH_3)_n]^+)$。

五、数据记录和结果

表 4-41-1 数据记录和结果

实验编号	1	2	3	4	5	6	7
$V(Ag^+)$/mL	4.0	4.0	4.0	4.0	4.0	4.0	4.0
$V(NH_3)$/mL	8.0	7.0	6.0	5.0	4.0	3.0	2.0
$V(H_2O)$/mL	8.0	9.0	10.0	11.0	12.0	13.0	14.0
$V_总$/mL	20.0	20.0	20.0	20.0	20.0	20.0	20.0
$V(Br^-)$/mL							
$\lg[V(NH_3)]$							
$\lg[V(Br^-)]$							

六、思考题

银氨配合物适合长久放置吗？为什么？如何处理？

第5部分 合成与制备实验

实验42 环己烯的制备

一、实验目的

学习由醇制备烯的原理和方法。

二、实验原理

环己醇在脱水剂作用下脱水可得环己烯。

$$\text{C}_6\text{H}_{11}\text{OH} \xrightarrow[\triangle]{\text{浓 H}_3\text{PO}_4} \text{C}_6\text{H}_{10}$$

三、仪器与试剂

仪器：圆底烧瓶（25mL）；分馏柱；蒸馏头；冷凝管；接引管；锥形瓶（25mL）；分液漏斗。

试剂：环己醇；磷酸（85%）；饱和食盐水；无水氯化钙。

四、实验步骤

在25mL的圆底烧瓶中加入8mL的环己醇[1]，加入3mL 85%磷酸和1～2粒沸石，振摇均匀。在圆底烧瓶瓶口接上分馏柱，再接冷凝管，安装分馏装置，接受瓶浸在冰水中冷却。小火缓缓加热至沸腾，以较慢的速度蒸馏并控制分馏柱顶端馏出温度不超过73℃[2]，馏出液为带水混浊液。当不再有馏分时，加大火，继续蒸馏，当烧瓶中出现白雾，温度达90℃时，停止加热。

将馏出液倒入分液漏斗中，分出水层，然后加等体积的饱和食盐水洗涤，振荡摇匀，静置分层，分出有机相倒入干燥的锥形瓶中，加2g无水氯化钙干燥，待溶液澄清透明后滤入干燥的蒸馏瓶中，加入1～2粒沸石，水浴蒸馏，收集81～85℃的馏分[3]。产量约为4g。

纯环己烯为无色透明液体，沸点为82.98℃，折光率n_D^{20}为1.4465，相对密度d_4^{20}为0.808。

五、注解与实验指导

[1] 环己醇在室温下是黏稠液体（熔点25℃），量取时应注意防止转移中的损失。可在水浴上温热，黏度降低，量取较为方便。若量取时误差较大，可换算成质量，用称量法称取。

[2] 环己醇、水、环己烯均可形成二元共沸物，其共沸混合物沸点（℃）见表5-42-1。

表 5-42-1　环己醇、水、环己烯均可形成二元共沸物及其共沸混合物沸点

共沸混合物	共沸点/℃	共沸物组成质量分数/% 环己醇	环己烯	水
环己醇-水	97.8	20		80
环己烯-水	70.8		90	10
环己醇-环己烯	64.9	30.5		69.5

因此，在反应中要控制好加热速度，加热温度不可过高，蒸馏速度不宜过快，以减少未作用的环己醇蒸出。此外，最好使用油浴加热，使反应物受热均匀，或使用简单空气浴，即将烧瓶底部略向上移，不与周边石棉直接接触。

［3］若蒸出产物混浊，或 80℃以下有较多的前馏分，则必须进行干燥后再进行蒸馏。

六、思考题

1. 可否用浓硫酸替代 85％的磷酸作脱水剂？
2. 本实验精制产品时，若有较多的 80℃以下的前馏分，是什么原因造成的？对产率有何影响？实验中应如何避免？
3. 如何使用分液漏斗？

实验 43　萘 的 精 制

一、实验目的

1. 学习和掌握重结晶操作。
2. 掌握选择重结晶溶剂方法。

二、实验原理

重结晶是纯化固体有机化合物的常用手段。选择合适的溶剂将粗萘加热溶解，热过滤除去不溶性杂质，冷却萘重新析出，减压过滤，除去可溶性杂质。

三、仪器与试剂

仪器：锥形瓶（250mL）；冷凝管；试管；热过滤漏斗。
试剂：粗萘；甲醇；乙醇；异丙醇；活性炭。

四、实验步骤

1. 重结晶溶剂选择

在三个小试管中各加入 20mg 研细的萘，分别逐步滴加甲醇、乙醇、异丙醇。用玻璃棒搅拌，并观察萘是否溶解。醇的用量为 0.2～0.5mL。若不全溶，用水浴加热试管，观察萘是否溶解，并记录。

将上述实验的热溶剂中溶解而冷溶剂中不溶或微溶的溶液冷却至晶体完全析出，比较晶体的析出量，选择晶体析出最多的溶剂及溶剂最佳用量。

2. 萘的精制

在 250mL 的锥形瓶中加入 5g 粗萘，用最少的沸腾醇溶解，补加 2~3mL 溶剂[1]，热过滤。

用表面皿盖住锥形瓶口，冷却到室温至晶体完全析出[2]。减压过滤，用少量溶剂洗涤晶体两次，压干。将晶体置于表面皿上空气干燥。

称量，测萘熔点[3]，计算结晶收率。

纯萘为白色片状晶体。熔点为 80.2℃。

五、注解与实验指导

[1] 为了便于控制加入最少量的醇，可在锥形瓶中加入少量的醇，并在锥形瓶口上接冷凝管，根据醇的沸点选择合适的热浴加热到沸腾。在冷凝管上口逐步分批加入醇，至固体完全溶解。若溶液含有色杂质，则可将溶液稍冷，再加入少量活性炭，再加热煮沸 5min。

[2] 热溶液需慢慢冷却至晶体析出。若冷至室温，仍无晶体析出，可用玻璃棒摩擦锥形瓶液面下方玻璃壁，以使晶体析出。

[3] 若测得萘的熔点不符合要求，则应重复上述操作。

六、思考题

1. 若用实验选择重结晶溶剂时，如何选定所需实验的溶剂种类？
2. 重结晶操作中应注意什么事项以提高纯度和结晶回收率？

实验 44 1-溴丁烷的制备

一、实验目的

学习和掌握由醇和氢卤酸的亲核取代反应制备卤代烃的方法。

二、实验原理

正丁醇与氢溴酸反应可制得 1-溴丁烷。氢溴酸可用溴化钠与硫酸作用制备，过量的硫酸可产生更高浓度的氢溴酸而加快反应速率。

主反应为

$$NaBr + H_2SO_4 \longrightarrow HBr + NaHSO_4$$

$$CH_3CH_2CH_2CH_2OH + HBr \longrightarrow CH_3CH_2CH_2CH_2Br + H_2O$$

副反应为

$$CH_3CH_2CH_2CH_2OH \xrightarrow{H_2SO_4} CH_3CH_2CH=CH_2 + H_2O$$

$$2CH_3CH_2CH_2CH_2OH \xrightarrow{H_2SO_4} CH_3CH_2CH_2CH_2OCH_2CH_2CH_2CH_3 + H_2O$$

三、仪器与试剂

仪器：圆底烧瓶（50mL）；圆底烧瓶（25mL）；玻璃弯管；75°弯管；蒸馏头；冷凝管；接引管；分液漏斗。

试剂：正丁醇；无水溴化钠；浓硫酸；饱和碳酸氢钠溶液；无水氯化钙；氢氧化钠溶液（5%）。

四、实验步骤

在冷凝管的上口接玻璃弯管，其另一端接橡皮导管，玻璃漏斗接在橡皮导管上并倒扣在盛有5%氢氧化钠溶液的烧杯中，漏斗口恰好接触液面，但勿浸入溶液中，以免倒吸。

在50mL圆底烧瓶中加入7mL水，冷水浴小心加入10mL浓硫酸，混合均匀冷至室温，依次加入3.5mL正丁醇和5g溴化钠，充分摇匀后加入1～2粒沸石，装上连有气体吸收装置的冷凝管。将烧瓶小火加热至沸腾，回流30min，停止加热。待反应液冷却后，移去冷凝管，接75°弯管改蒸馏装置进行蒸馏至馏出液无油滴[1]。

将馏出液倒入分液漏斗中，加等体积水洗涤[2]油层转入另一干燥分液漏斗中，用等体积的浓硫酸洗涤[3]、分离。有机相分别用等体积的水、饱和碳酸氢钠和水洗涤。将下层粗产品放入干燥的锥形瓶中，加1g块状无水氯化钙干燥，间歇摇动锥形瓶，至液体澄清。

将干燥好的粗产品滤入25mL圆底烧瓶中，加入1粒沸石，蒸馏，收集99～102℃馏分。产量约3.5g。

纯1-溴丁烷沸点为101.6℃，折光率n_D^{20}为1.4401。

五、注解与实验指导

[1] 取一盛有清水的试管收集几滴馏分，摇动，观察有无油珠。

[2] 若油层呈红色，是含有游离的溴，可加入溶有少量亚硫酸氢钠的水溶液洗涤。

[3] 浓硫酸可将粗产品中少量未反应的正丁醇及副产物正丁醚等杂质除去，亦可用浓盐酸替代浓硫酸。

六、思考题

1. 实验中浓硫酸的作用是什么？浓硫酸的用量及浓度对反应有何影响？
2. 用分液漏斗洗涤产物时，可用何种方法判断1-溴丁烷层？
3. 本实验中可能产生哪些副反应？如何减少副反应的发生？

实验45　叔丁氯的制备

一、实验目的

学习和掌握叔丁醇与浓盐酸的反应。

二、实验原理

叔丁醇在室温下可与浓盐酸作用生成叔丁氯。

$$(CH_3)_3COH + HCl(浓) \longrightarrow (CH_3)_3CCl + H_2O$$

三、仪器与试剂

仪器：分液漏斗（50mL）；圆底烧瓶（25mL）；蒸馏头；冷凝管；接引管；锥形瓶

(50mL)。

试剂：叔丁醇；浓盐酸；碳酸氢钠溶液（5％）；无水氯化钙。

四、实验步骤

在 50mL 的分液漏斗中加入 3mL 的叔丁醇和 8mL 浓盐酸。先打开漏斗塞，轻轻旋摇漏斗 1 min 左右，再将漏斗塞塞紧，翻转摇振 2min 左右，并注意及时打开活塞放气。静置分层，分出有机相，依次用等体积的水、5％碳酸氢钠溶液[1]、水洗涤。有机相移入干燥的锥形瓶中，加入无水氯化钙干燥。将干燥后的液体滤入干燥的蒸馏瓶中，水浴蒸馏，接受瓶用冰水浴冷却，收集 49～52℃馏分，产量约 2g。

纯叔丁氯沸点为 52℃，折光率 n_D^{20} 为 1.3877。

五、注解与实验指导

[1] 用5％碳酸氢钠洗涤时，要注意及时放气，以免将反应物喷出。

六、思考题

1. 如何除去未反应的叔丁醇？
2. 洗涤粗产物时，能否用其他的碱代替碳酸氢钠？

实验 46 2-甲基-2-己醇的制备

一、实验目的

1. 学习掌握 Grignard 试剂的制备及性质。
2. 掌握用 Grignard 试剂与羰基化合物反应制备醇。

二、实验原理

正溴丁烷与金属镁在无水乙醚条件下可得正丁基溴化镁，然后与丙酮在无水乙醚中作用，并在酸性条件下水解，可得 2-甲基-2-己醇的制备。

$$CH_3CH_2CH_2CH_2Br + Mg \xrightarrow{\text{无水乙醚}} CH_3CH_2CH_2CH_2MgBr$$

$$CH_3CH_2CH_2CH_2MgBr + CH_3\underset{\underset{O}{\|}}{C}CH_3 \xrightarrow{\text{无水乙醚}} CH_3CH_2CH_2CH_2\underset{\underset{OMgBr}{|}}{C}(CH_3)_2$$

$$\xrightarrow{H_2O/H^+} CH_3CH_2CH_2CH_2\underset{\underset{OH}{|}}{C}(CH_3)_2$$

三、仪器与试剂

仪器：三颈烧瓶（100mL）；搅拌器；滴液漏斗；干燥管；冷凝管；分液漏斗；圆底烧瓶（25mL）；蒸馏头；接引管；锥形瓶（25mL）。

试剂：镁屑；正溴丁烷；丙酮；无水乙醚；硫酸溶液（10%）；碳酸钠溶液（5%）；无水碳酸钾。

四、实验步骤

在 100mL 三颈烧瓶中加入 0.8g 镁屑[1]、4mL 无水乙醚和 1 粒碘，三颈烧瓶瓶口上分别装上搅拌器[2]、冷凝管和滴液漏斗，滴液漏斗内装有 3.5mL 正溴丁烷和 6mL 无水乙醚的混合溶液，冷凝管和滴液漏斗的上端装有氯化钙干燥管[3]。由滴液漏斗向三颈烧瓶内滴入约 3mL 混合液，反应开始，碘的颜色褪去，溶液沸腾[4]，开动搅拌，由滴液漏斗向三颈瓶内滴加正溴丁烷与乙醚混合液。控制滴加速度保持反应液呈微沸状态。滴加完毕后，可用温水浴加热回流并搅拌至镁屑几乎完全反应。

将反应瓶在冰水浴中冷却。滴液漏斗中加入 3mL 丙酮和 4mL 无水乙醚的混合溶液。在冰水浴和搅拌下，自滴液漏斗中滴加丙酮和无水乙醚的混合溶液，控制滴加速度，勿使反应过于猛烈。滴加完毕后，室温下搅拌 10min。

在滴液漏斗中加入 20mL 10%硫酸溶液。将反应瓶在冰水浴和搅拌下分批加入 10%硫酸溶液，分解产物。待反应完成后，将反应液倒入分液漏斗中，分出醚层。水层用 5mL 的乙醚萃取两次，将醚层合并，用 10mL 5%碳酸钠溶液洗涤，醚层转入干燥的锥形瓶中，用无水碳酸钾干燥。

将干燥后的粗产品醚溶液滤入干燥的蒸馏瓶中，装蒸馏装置，用温水浴蒸去乙醚，再直接加热蒸馏，收集 139～143℃馏分，产量约 2g。

纯 2-甲基-2-己醇的沸点为 143℃，折光率 n_D^{20} 为 1.4175。

五、注解与实验指导

[1] 镁屑不宜长期放置。长期放置的镁屑，要用 5%盐酸溶液浸泡数分钟，抽滤除去酸，依次用水、乙醇、乙醚洗涤，抽干后置于干燥器内。

[2] 本实验搅拌需采用简易密封，并用石蜡油润滑。亦可用电磁搅拌代替机械搅拌。

[3] 本实验所用仪器、试剂必须充分干燥。正溴丁烷用无水氯化钙干燥并蒸馏纯化；丙酮用无碳酸钾干燥并蒸馏干燥。

[4] 若反应不发生，则可用温水浴加热。

六、思考题

1. 本实验中可能存在哪些副反应，如何避免？
2. 为什么本实验中使用的仪器试剂均需绝对干燥？
3. 本实验中 2-甲基-2-己醇的干燥可用无水氯化钙代替无水碳酸钾吗？为什么？

实验 47 间硝基苯酚的制备

一、实验目的

通过制备间硝基苯酚，学习多步合成实验的设计，并尽量做到控制每步条件，提高产率。

二、实验原理

$$\underset{O_2N}{\underset{|}{\bigcirc}}-NO_2 \xrightarrow[H_2O]{Na_2S} \underset{O_2N}{\underset{|}{\bigcirc}}-NH_2$$

$$\xrightarrow[H_2SO_4]{NaNO_2} \underset{O_2N}{\underset{|}{\bigcirc}}-N_2\,HSO_4 \xrightarrow[H_2O]{H_2SO_4} \underset{O_2N}{\underset{|}{\bigcirc}}-OH$$

三、仪器与试剂

仪器：锥形瓶（100mL）；烧杯（100mL、250mL、500mL）；圆底烧瓶（50mL）；三颈烧瓶（100mL）；球形冷凝管；恒压滴液漏斗；布氏漏斗；抽滤瓶；电动搅拌器。

试剂：间二硝基苯 5g(0.03mol)；结晶硫化钠（Na$_2$S·9H$_2$O）8g(0.033mol)；硫磺粉 2g(0.062mol)；稀盐酸（7mL 浓盐酸＋30mL 水）；浓氨水；浓硫酸 22mL；亚硝酸钠溶液（3.5g 亚硝酸钠在 10mL 水中）；稀盐酸（体积比 1∶1）；淀粉-碘化钾试纸。

四、实验步骤[1]

1. 还原剂多硫化钠溶液的配制

称取经粉碎的硫化钠固体 8g，加入到盛有 100mL 水的锥形瓶中溶解[2]。再加 2g 硫磺粉，振荡或加热使之全溶。滤去不溶物，得到亮红色透明液体，备用。

2. 间硝基苯胺的制备（图 5-47-1）

在三颈烧瓶中，加入 5g 间二硝基苯和 40mL 水，在恒压滴液漏斗中加入多硫化钠溶液。注意滴液漏斗的下端在液面以上 10mm 处。开动电动搅拌器，加热，待溶液微沸后，开始滴加多硫化钠溶液，在 25～30min，保持均匀加料速度，将料液全部加完。继续搅拌，保持沸腾 30min。

停止加热与搅拌，撤去热源。将烧瓶静置冷却[3]，析出粗品间硝基苯胺。减压过滤，挤压出沉淀物中的水分。冷水洗涤 3 次，每次用 10mL[4]。将滤饼移入盛有 37mL 稀盐酸的 150mL 烧杯中，加热溶解。冷却，过滤，滤出土黄色杂质[5]，得到深棕红色溶液。不断搅拌，向滤液中逐渐加入过量浓氨水 12mL 左右，析出黄色间硝基苯胺沉淀。减压过滤，挤压滤饼，冷水洗涤，每次用 10mL，滤液呈中性为止，压干粗品，移入 500mL 烧杯中，用 150mL 水进行重结晶，得浅黄色针状间硝基苯胺晶体。烘干后称量，计算产率，测定熔点。

图 5-47-1 制备间硝基苯胺的反应装置

3. 间硝基苯酚的制备（图 5-47-2）

在 200mL 烧杯中，加入 7.5mL 水，缓慢滴加 5.5mL 浓硫酸[6]，搅拌均匀。边搅拌边加入 3.5g 上述间硝基苯胺晶体。若不能溶解，可逐渐将混合物加热至完全溶解，然后快速搅拌，缓缓倒入盛有碎冰的烧杯中；将烧杯浸入冰浴中，冷至 0～5℃。快速搅拌下，5min 内逐滴加入亚硝酸钠溶液,注意温度保持为 5~7℃[7],直到固体完全溶解,用淀粉-碘化钾试纸检验呈蓝色并且不褪色为止[8]。继续搅拌 10min,用间硝基苯重氮硫酸盐沉淀析出,上层清液转移至分液漏斗。

在 200mL 圆底烧瓶中,加入 15mL 水,缓慢滴加 16.5mL 浓硫酸,振摇均匀,加热至沸腾,从分液漏斗中滴加重氮盐溶液,有气体放出。控制加料速度,保持混合物沸腾。待加料完毕,继续用药勺慢慢加入湿的固体浆料,控制加料速度,防止过分暴沸。所有重氮盐加完后,继续煮沸 5min。将混合物慢慢倾入盛有冰水的烧杯中,快速搅拌,得到糊状物。冷却,减压过滤,用冰水洗涤数次,抽干,压干,得粗产品,晾干称量。

用 1:1 的稀盐酸进行重结晶[9],冷至 0℃,减压过滤,分离出黄色结晶,晾干称量,计算产率。

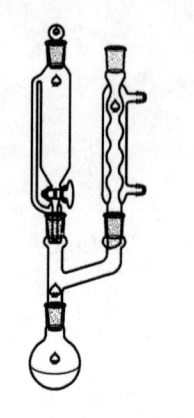

图 5-47-2　制备间硝基苯酚的反应装置

五、注解与实验指导

[1] 本实验需在通风橱内进行。
[2] 若硫化钠固体不能立即溶解,通过加热、搅拌等加速其溶解。
[3] 为使反应混合物迅速冷却,可加入 20g 碎冰加速降温。
[4] 洗涤去除副产物硫代硫酸钠。
[5] 土黄色杂质为硫磺和未反应的间二硝基苯。
[6] 注意加料次序,硫酸逐滴加入水中。
[7] 重氮化温度控制在 5~7℃。高于此温度,重氮盐易分解,副产物增多;低于此温度,速率减慢。
[8] 过剩的亚硝酸能把碘化钾氧化成碘。
[9] 重结晶稀盐酸用量 50~90mL。

六、思考题

1. 为什么一定要将间硝基苯胺完全溶解在硫酸溶液中?
2. 为什么淀粉-碘化钾试纸能够检验重氮化反应的终点?

实验 48　双酚 A 的制备

一、实验目的

1. 学习制备双酚 A 的方法。
2. 进一步掌握减压过滤和重结晶等基本操作。

二、实验原理

三、仪器与试剂

仪器：三颈烧瓶（100mL）；Y 形管；滴液漏斗；球形冷凝管；温度计；布氏漏斗；抽滤瓶；烧杯（100mL）；熔点测定仪；电动搅拌器。

试剂：丙酮 4mL(3.1g, 0.053mol)；苯酚 10g(0.106mol)；甲苯；硫酸 6mL(98%)。

四、实验步骤

将 10g 苯酚加入三颈烧瓶中，瓶外用冷水浴冷却。不断搅拌下加入 4mL 丙酮。当苯酚完全溶解，在保持匀速搅拌下，开始逐滴加入[1]硫酸 6mL。保持反应物的温度在 35℃[2]。溶液颜色由无色透明转为橘红色，并且逐渐变稠，搅拌持续 2h，液体变得特别稠（图 5-48-1）。

将上述液体以细流状倾入 50mL 冰水中，充分搅拌，溶液出现黄色小颗粒状物体，静置，充分冷却，减压过滤，滤饼用水洗至中性[3]，抽滤，用滤纸进一步压干[4]，然后烘干。

将干燥后的粗产品用甲苯进行重结晶，每克粗产品需 8~10mL 甲苯。

测定产物的熔点。测定产物的红外光谱。

纯双酚 A 为白色结晶，熔点为 153~156℃，沸点为 220℃，相对密度为 1.1950。

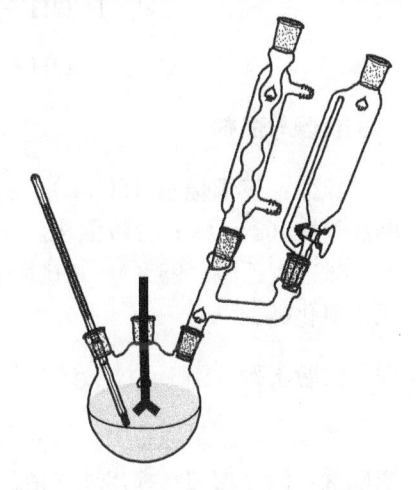

图 5-48-1　制备双酚 A 的反应装置

五、注解与实验指导

[1] 硫酸滴加速率应当缓慢而且均匀，若过快则局部反应过于激烈，会使产品颜色加深。

[2] 反应温度过低，反应速率过慢，会影响产量。温度过高，会发生磺化等副反应，会影响产量。所以反应温度在 35℃最佳。

[3] 用水洗除去硫酸根离子以及过量的苯酚。

[4] 烘干前，尽量用滤纸压干，烘干时要先低温干燥，并防止熔化或结块。

六、思考题

1. 为什么要控制好加酸的速度？
2. 为什么要调节好反应温度？
3. 反应混合物倾入水中，经减压过滤后，用水洗去什么杂质？

实验 49　乙醚的制备

一、实验目的

学习和掌握乙醚制备的原理和方法。

二、实验原理

乙醇在浓硫酸催化作用下，脱水生成乙醚。通过滴加蒸馏方式使反应向有利于醚生成的方向进行。

主反应为

$$CH_3CH_2OH \xrightarrow[140℃]{浓 H_2SO_4} CH_3CH_2OCH_2CH_3$$

副反应为

$$CH_3CH_2OH \xrightarrow{浓 H_2SO_4} CH_2=CH_2$$

$$CH_3CH_2OH \xrightarrow{浓 H_2SO_4} CH_3CHO \xrightarrow{浓 H_2SO_4} CH_3COOH$$

三、仪器与试剂

仪器：三颈烧瓶（50mL）；滴液漏斗；75°弯管；水冷凝管；接引管；锥形瓶（25mL）；圆底烧瓶（25mL）；分液漏斗。

试剂：乙醇（95%）；浓硫酸；氢氧化钠溶液（5%）；饱和食盐水；饱和氯化钙溶液；无水氯化钙。

四、实验步骤

在 50mL 三颈烧瓶中，加入 7mL 95%乙醇，将三颈烧瓶浸入冰水浴中，缓缓加入 6mL 浓硫酸，混合均匀，移出冰水浴。在三颈烧瓶中加入沸石，三颈烧瓶瓶口接温度计、滴液漏斗及 75°弯管，在 75°弯管上接水冷凝管和接收装置。接收瓶浸入冰水中，接引管支管接橡胶管通入水槽。

在滴液漏斗中加入 12mL 乙醇。缓缓加热至 140℃，由滴液漏斗慢慢滴加乙醇，控制滴加速度与馏分馏出速度相当（约每分钟 50 滴），维持反应温度在 135~145℃，约 25min 左右滴加完毕。继续加热约 10min 至温度上升至 160℃，停止反应。

将馏分转入分液漏斗中，分别用 6mL 5%氢氧化钠溶液、6mL 饱和氯化钠溶液洗涤，再每次用 6mL 饱和氯化钙溶液洗涤两次。分出醚层转入干燥的锥形瓶，加无水氯化钙干燥，待锥形瓶内乙醚澄清时，滤入 25mL 圆底烧瓶中，加入沸石，用预热好的温水浴[1]（约 60℃）加热蒸馏，收集 33~38℃馏分[2]。产量为 3~5g。

纯乙醚的沸点为 34.5℃，折光率 n_D^{20} 为 1.3526。

五、注解与实验指导

[1] 蒸馏或使用乙醚时，实验台附近严禁火种。当反应完成乙醚转移及乙醚精制时，也必须熄灭附近火源，热水浴应在其他处预热。

[2] 乙醚可与水形成共沸物（含水 1.26%，沸点为 34.15℃），故沸程较长。

六、思考题

1. 反应温度过高或过低，乙醇滴加速率过快，对反应有何影响？
2. 反应中可能产生的副产物是什么？如何控制反应条件，减少副产物？
3. 使用或纯化乙醚时，应注意哪些事项？为什么？

实验 50　正丁醚的制备

一、实验目的

学习和掌握实验室制备正丁醚的原理和方法。

二、原理

正丁醇在浓硫酸催化作用下，脱水生成正丁醚，同时采用分水器装置，利用共沸物的方法除去反应中生成的水，以使反应顺利进行。

主反应为

$$CH_3CH_2CH_2CH_2OH \xrightarrow[135℃]{浓 H_2SO_4} CH_3CH_2CH_2CH_2OCH_2CH_2CH_2CH_3 + H_2O$$

副反应为

$$2CH_3CH_2CH_2CH_2OH \xrightarrow{浓 H_2SO_4} CH_3CH_2CH=CH_2 + H_2O$$

三、试剂

仪器：三颈烧瓶（50mL）；滴液漏斗；75°弯管；蒸馏头；螺口接头；分水器；水冷凝管；接引管；锥形瓶（25mL）；圆底烧瓶（25mL）；分液漏斗。

试剂：正丁醇；浓硫酸；氢氧化钠溶液（5%）；饱和食盐水；饱和氯化钙溶液；无水氯化钙。

四、实验步骤

在 50mL 三颈烧瓶中，加入 15mL 正丁醇、2.5mL 浓硫酸，摇匀，加入 1~2 粒沸石。在三颈烧瓶瓶口分别装上温度计、分水器和塞子，分水器中加入（$V=1.5$mL）水，上口接冷凝管。加热，保持反应物微沸，回流分水 50min（若回流中分水中的水层超过了支管而流回三颈烧瓶中时，可打开旋塞，放掉少许水）。待反应液温度达 140℃ 左右时，停止反应。待反应物稍冷，拆除分水器，将反应装置改弯管蒸馏装置蒸馏至无馏分。

将馏分倒入分液漏斗中，分出水层，得粗产品。将粗产品分别用 5mL 水、10mL 5% 氢氧化钠、8mL 水和 8mL 饱和氯化钙溶液洗涤，然后转入干燥的锥形瓶中，加 1g 无水氯化钙干燥。干燥后的产物滤入 25mL 圆底烧瓶中，蒸馏，收集 140~144℃ 馏分，产量约 4g。

纯正丁醚的沸点为 142.4℃，折光率 n_D^{20} 为 1.3992。

五、注解与实验指导

本实验利用共沸混合物蒸馏的方法将反应中生成的水不断从反应物中除去。正丁醇、正丁醚和水可能生成以下几种共沸混合物，见表 5-50-1。

表 5-50-1　正丁醇、正丁醚和水几种共沸混合物

共沸混合物		共沸点/℃	组成的质量分数/%		
			正丁醇	正丁醚	水
二元	正丁醇-水	93.0	55.5		45.5
	正丁醚-水	94.1		66.6	33.4
	正丁醇-正丁醚	117.6	82.5	17.5	
三元	正丁醇-正丁醚-水	90.6	34.6	35.5	29.9

共沸混合物冷凝后分层，上层主要是正丁醇和正丁醚，下层主要是水。反应过程中利用分水器使上层液体不断回到反应器中。

六、思考题

1. 根据本实验中正丁醇的用量计算反应中应生成的水的量，或分出的水层的体积大于计算值，这是什么原因造成的？
2. 可采用什么方法除去粗产品中的正丁醇？

实验 51　环己酮的制备

一、实验目的

1. 学习重铬酸氧化法制备环己酮的原理和方法。
2. 通过二级醇转变为酮的实验，进一步了解醇与酮的区别和联系。

二、实验原理

$$\text{C}_6\text{H}_{11}\text{OH} \xrightarrow[\text{H}_2\text{SO}_4]{\text{Na}_2\text{Cr}_2\text{O}_7} \text{C}_6\text{H}_{10}\text{O}$$

三、仪器与试剂

仪器：烧杯（100mL）；圆底烧瓶（250mL）；直形冷凝管；锥形瓶；温度计。

试剂：环己醇 10.4mL(0.1mol)；重铬酸钠 10.4g(0.035mol)；浓硫酸 10mL；无水硫酸镁；精盐。

四、实验步骤

在 100mL 的烧杯中加入 30mL 水和 10.4g 重铬酸钠，搅拌，使之溶解，然后在冷却和搅拌下缓慢加入 10mL 浓硫酸，冷却至 30℃以下备用。

在 250mL 两口圆底烧瓶中加入 10.4mL 环己醇，将上述已溶解的铬酸溶液通过滴液漏斗逐滴加入其中，振荡使之混合。观察温度变化，当温度上升至 55℃时，立即用冷水浴[1]，维持温度在 55～60℃。约 0.5h 后，温度开始下降，移去水浴，放置 1h，其间不断振荡，反应液呈墨绿色。

在反应瓶中加入 50mL 水及沸石，改成蒸馏装置（图 5-51-1）。将环己酮与水一起蒸出[2]，直至馏出液不再浑浊，收集约 25mL 馏出液。向馏出液中加入精盐[3]，使溶液饱和

后，分出有机相，水相用 30mL 乙醚分两次萃取，萃取液与有机相合并，用无水硫酸镁干燥。在水浴上蒸去乙醚后，改用空气冷凝管进行常压蒸馏，收集 151～155℃ 的馏分，产率为 61%～71%。

纯环己酮为无色液体，沸点为 155.7℃，熔点为 −16.4℃，相对密度为 0.9478，折光率 n_D^{20} 为 1.4507。

五、注解与实验指导

[1] 不宜过冷，防止引起累积铬酸。铬酸过多，氧化反应进行非常剧烈。

[2] 加水蒸馏产品，实质是一种简化了的水蒸气蒸馏。环己酮与水能形成 95℃ 的共沸混合物，含环己酮 38.4%。

[3] 在水中的溶解度 31℃ 为 $2.4g \cdot (100mL)^{-1}$。馏出液中加入精盐是为了降低环己酮的溶解度，并有利于环己酮的分层。所以水的馏出量不宜过多，避免增加环己酮的损失。

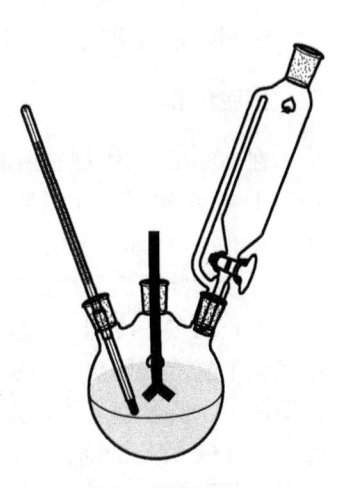

图 5-51-1 制备环己酮的反应装置

六、思考题

1. 重铬酸钠-硫酸体系氧化环己醇的反应过程机理是什么？反应终了的深绿色产物中含有什么铬化物？
2. 重铬酸钠-硫酸混合物为什么冷至 30℃ 以下使用？
3. 该实验是否可用碱性高锰酸钾氧化？会得到什么产物？

实验 52　苯甲醇和苯甲酸的制备

方法 I　分别制备苯甲醇和苯甲酸

苯甲醇的制备

一、实验目的

1. 了解卤代烃水解制备醇的原理和方法。
2. 学习使用相转移剂。

二、实验原理

苯甲醇可通过苄基卤烃在碱性条件下水解制备。反应式为

$$C_6H_5CH_2Cl + K_2CO_3 + H_2O \longrightarrow C_6H_5CH_2OH + KCl + CO_2$$

三、仪器与试剂

仪器：三颈烧瓶（100mL）；圆底烧瓶（25mL）；搅拌器；水冷凝管；空气冷凝管；恒压滴液漏斗；分液漏斗；接引管；锥形瓶（25mL）。

试剂：苯氯甲烷；碳酸钾；溴化四乙胺水溶液（50%）；无水硫酸镁；甲基叔丁醚。

四、实验步骤

在 100mL 三颈烧瓶中加入 10%碳酸钾水溶液 30mL 和 1mL 50%溴化四乙胺水溶液[1]，加入 1~2 粒沸石。在三颈烧瓶瓶口分别装上搅拌[2]、冷凝管和恒压滴液漏斗，恒压滴液漏斗中装有 4mL 苯氯甲烷。开动搅拌，加热回流，将苯氯甲烷慢慢滴入三颈烧瓶中。滴加完毕，继续搅拌回流，反应时间 90min。

停止加热，冷却至 40℃左右[3]，将反应液倒入分液漏斗中，分出油层。水层用 3mL 的甲基叔丁醚萃取四次。将醚层与油层合并，用无水硫酸镁干燥至澄清透亮，将溶液滤入干燥蒸馏瓶中，装蒸馏装置。先用热水浴蒸出甲基叔丁醚，然后改空气冷凝管，直接加热蒸馏，收集 203~207℃的馏分。产量约为 2g。

纯苯甲醇为无色透明液体，沸点 205.4℃，折光率 n_D^{20} 为 1.5396，相对密度 d_4^{20} 为 1.0419。

五、注解与实验指导

[1] 可选用其他相转移剂。
[2] 可用磁力搅拌代替机械搅拌。
[3] 温度过低，碱会析出，使分离难度增大。

六、思考题

1. 本实验中为什么采用碳酸钾作为苯氯甲烷的碱水解试剂？可用其他强碱替代吗？
2. 写出用苯氯甲烷为原料制备苯甲醇的其他方法。

苯甲酸的制备

一、实验目的

学习由甲苯氧化制备酸的原理和方法。

二、实验原理

甲苯经高锰酸钾氧化，再经酸化可得苯甲酸。反应式为

$$C_6H_5CH_3 + KMnO_4 \longrightarrow C_6H_5COOK + KOH + MnO_2 + H_2O$$

$$C_6H_5COOK + HCl \longrightarrow C_6H_5COOH + KCl$$

三、仪器与试剂

仪器：圆底烧瓶（50mL）；冷凝管；减压过滤装置；热过滤漏斗；熔点测定仪。
试剂：甲苯；高锰酸钾；浓盐酸。

四、实验步骤

在 50mL 圆底烧瓶中加入 1.0mL 甲苯和 30mL 水，加 1~2 粒沸石，装上冷凝管，加热至微沸。从冷凝管上口分批加入总量为 2.5g 的高锰酸钾，待反应平缓后再加下一批，最后

用少许水将黏附在冷凝管内壁的高锰酸钾冲入瓶内,继续加热回流,直至甲苯层消失,回流液不再有明显的油珠为止。时间约150min。

将反应液趁热减压过滤,用少许热水洗涤滤渣,合并滤液和洗液[1],放在冰水浴中冷却,用浓盐酸酸化至强酸性直至苯甲酸全部析出为止。

将析出的苯甲酸减压过滤,少量冷水洗涤抽干,烘干,称量,产量约为0.7g,测熔点,进一步做紫外光谱和红外光谱。

若需得纯苯甲酸,可用水进行重结晶[2]。

纯苯甲酸为白色针状结晶,熔点为122.4℃。

五、注解与实验指导

[1] 若滤液仍呈紫色,可加少量亚硫酸氢钠使紫色褪去,重新减压过滤。

[2] 苯甲酸在100g水中溶解度为:4℃,0.18g;75℃,2.2g。

六、思考题

1. 本实验中影响苯甲酸产量的重要因素有哪些?
2. 写出用甲苯作原料制备苯甲酸的其他方法。

方法Ⅱ Cannizzaro反应制备苯甲醇和苯甲酸

一、实验目的

学习和掌握用Cannizzaro反应制备苯甲醇和苯甲酸。

二、实验原理

苯甲醛没有α-活泼氢,在强碱作用下,发生Cannizzaro反应,一分子氧化成苯甲酸,另一分子还原为苯甲醇,利用苯甲酸在碱性条件下生成盐,生成的盐能溶于水的性质,将苯甲酸盐与苯甲醇分离,对苯甲酸盐酸化可得苯甲酸。

$$C_6H_5CHO + KOH \longrightarrow C_6H_5CH_2OH + C_6H_5COOK$$
$$C_6H_5COOK + HCl \longrightarrow C_6H_5COOH + KCl$$

三、仪器与试剂

仪器:锥形瓶(50mL);分液漏斗;圆底烧瓶(50mL);蒸馏头;水冷凝管;空气冷凝管;接引管;锥形瓶(25mL)。

试剂:苯甲醛;氢氧化钾;乙醚;碳酸钠溶液(10%);饱和亚硫酸氢钠溶液;浓盐酸;无水硫酸镁。

四、实验步骤

在50mL锥形瓶中配制4.5mL氢氧化钾与5mL水的溶液,冷却至室温,加入5mL苯甲醛[1]。用橡皮塞塞紧瓶口,振摇,将反应物充分混合,至生成白色糊状物。放置24h以上至无苯甲醛气味。

向反应物中加入足量的水，不断振摇使苯甲酸盐完全溶解。将混合物移入分液漏斗中，每次用 5mL 的乙醚萃取三次，合并乙醚液，依次用 2mL 饱和亚硫酸氢钠溶液、3mL 10% 碳酸钠溶液、3mL 水洗涤，将乙醚溶液移入干燥的锥形瓶中，用无水硫酸镁干燥。

将干燥的乙醚溶液滤入蒸馏瓶中，水浴蒸去乙醚，然后换空气冷凝管，直接加热蒸馏，收集 203～207℃的馏分。产量约为 2g。

纯苯甲醇为无色透明液体，沸点为 205.4℃，折光率 n_D^{20} 为 1.5396，相对密度 d_4^{20} 为 1.0419。

将乙醚萃取后的水溶液，用浓盐酸酸化至强酸性（刚果红试纸变蓝）。冰水浴冷却至晶体完全析出，减压过滤，粗产品用水重结晶，得苯甲酸，产量约为 2g。

纯苯甲酸为白色针状结晶，熔点为 122.4℃。

五、注解与实验指导

[1] 最好用新蒸馏的苯甲醛。

六、思考题

实验中为什么用饱和亚硫酸氢钠和 10% 碳酸钠洗涤乙醚？

实验 53　己二酸的制备

一、实验目的

学习己二酸制备的原理和方法。

二、实验原理

己二酸可由环己醇通过氧化反应制备，常用氧化剂为硝酸、高锰酸钾等。反应式为

$$\text{C}_6\text{H}_{11}\text{—OH} + \text{HNO}_3 \longrightarrow \text{HOOC(CH}_2)_4\text{COOH} + \text{HNO} + \text{H}_2\text{O}$$
$$\downarrow \text{O}_2$$
$$\text{NO}_2$$

或

$$\text{C}_6\text{H}_{11}\text{—OH} + \text{KMnO}_4 \longrightarrow \text{KOOC(CH}_2)_4\text{COOK} + \text{MnO}_2$$
$$\downarrow \text{HCl}$$
$$\text{HOOC(CH}_2)_4\text{COOH} + \text{KCl}$$

三、仪器与试剂

仪器：三颈烧瓶（100mL）；搅拌器；冷凝管；滴液漏斗；烧杯；减压过滤装置；热过滤漏斗。

试剂：

方法Ⅰ：环己醇；硝酸（50%）；钒酸铵；氢氧化钠溶液（10%）。

方法Ⅱ：环己醇；高锰酸钾；氢氧化钠溶液（10%）；亚硫酸氢钠；浓盐酸。

四、实验步骤

1. 方法 I

在 100mL 的三颈烧瓶中，加入 8mL 的 50%硝酸、少许钒酸铵（约 0.01g）和电磁搅拌磁核。瓶口上分别装温度计、冷凝管和滴液漏斗。滴液漏斗中装有 2.5mL 环己醇[1]，冷凝管上端接气体吸收装置，用 10%氢氧化钠吸收反应中产生的氧化氮气体。开动搅拌，三颈烧瓶用水浴预热到 50℃左右，移去水浴，自滴液漏斗中滴入 8 滴环己醇，并摇振三颈烧瓶。反应开始，温度升高并有红色气体产生。慢慢滴加剩余的环己醇。控制滴加速度，使三颈烧瓶内温度维持在 50~60℃[2]，滴加完毕，用沸水浴加热 10min 至几乎无红棕色气体放出。将反应物倒入烧杯中，用冰水浴冷却至己二酸完全析出，减压过滤，用冰水洗涤晶体[3]，得粗产品，约 2.5g。

粗产品用水重结晶，得纯品，约 2.0g。

2. 方法 II

在 250mL 烧杯中加入 4mL 10%氢氧化钠溶液、40mL 水和电磁搅拌磁核，在搅拌下加入 5.2g 高锰酸钾，用滴管慢慢滴加 2mL 环己醇。控制滴加速度，维持反应温度在 50℃左右。当滴加完毕反应温度下降时，将烧杯置于沸水浴中加热 5min 左右，使反应完全并使二氧化锰凝结[4]。

趁热减压过滤，滤渣用少量热水洗涤。将滤液倒入烧杯中，加入浓盐酸至强性。对烧杯加热浓缩溶液体积至 10~15mL，冰水浴冷却至晶体完全析出，减压过滤，得粗品。

将粗品用水重结晶，得纯品，约 1.5g。

纯己二酸为白色菱形晶体，熔点 153℃。

五、注解与实验指导

[1] 环己醇为黏稠液体。可用少许水冲洗量取环己醇的量筒，溶液可倒入滴液漏斗中，以减少损失。

[2] 此反应为强放热反应，滴加速度不宜过快。温度过高时，可用冷水浴冷却，温度过低时，则可用水浴加热。

[3] 15℃时 100mL 水可溶己二酸 1.5g，87℃时 100mL 水可溶己二酸 94.8g，100℃时 100mL 水可溶己二酸 100g，所以需用冰水浴冷却和洗涤己二酸晶体，以减少损失。

[4] 可用玻璃棒蘸取一滴反应液点至滤纸上做点滴实验，检查是否有高锰酸钾存在，如有高锰酸钾存在，则在二氧化锰的周边出现紫色环，这时可在溶液中加入少量固体亚硫酸氢钠直至点滴实验为阴性。

六、思考题

1. 本实验中环己醇与硝酸不能用同一量筒量取，为什么？
2. 实验中为什么必须控制反应温度和环己醇的滴加速度？

实验 54 肉桂酸的制备

一、实验目的

学习和掌握肉桂酸的制备原理和方法。

二、实验原理

利用 Perkin 反应，将苯甲醛和乙酸酐混合，在乙酸钾作用下加热，缩合，脱水，得到肉桂酸。反应式如下：

$$\text{C}_6\text{H}_5\text{CHO} + (\text{CH}_3\text{CO})_2\text{O} \xrightarrow[\Delta]{\text{KAc}} \xrightarrow{\text{H}^+} \text{C}_6\text{H}_5\text{CH=CHCOOH} + \text{CH}_3\text{COOH}$$

三、仪器与试剂

仪器：圆底烧瓶（100mL）；冷凝管；水蒸气发生器；克氏蒸馏头；冷凝管；接引管；圆底烧瓶（50mL）；锥形瓶（50mL）；热过滤漏斗；减压过滤装置。

试剂：苯甲醛；乙酸酐；无水乙酸钾；碳酸钠；活性炭；浓盐酸；乙醇。

四、实验步骤

在 100mL 圆底烧瓶中加入 1.5mL 的苯甲醛，3mL 的乙酸酐[1]和 1.8g 的无水乙酸钾，混合均匀，小火加热回流 60~70min，停止回流。在烧瓶中加入 30mL 的水，摇振，分批加入固体碳酸钠调溶液 pH 到 8，然后进行水蒸气蒸馏至馏出液无油珠。

在残留液中加入少许活性炭[2]，加热煮沸 10~15min，热过滤，在热滤液中滴加浓盐酸调溶液 pH 到 3。冷水浴冷却至晶体完全析出，减压过滤，用少许冷水洗涤晶体，挤去水分，晶体在 100℃以下干燥，得粗品。

将粗品用水或 30%乙醇重结晶。产量约为 1g。

肉桂酸有顺反异构体，一般以反式形式存在，为白色片状结晶，熔点为 133℃。

五、注解与实验指导

[1] 因久置的苯甲醛和乙酸酐中含有苯甲酸和乙酸，需要除去，所以需用新蒸的苯甲醛和乙酸酐。

[2] 若残留液体积较多，可将残留液转入 250mL 的锥形瓶中，再加活性炭煮沸。

六、思考题

1. 本实验中可否用氢氧化钠代替碳酸钠，为什么？
2. 在本实验中水蒸气蒸馏的作用是什么？可否不用？

实验 55 乙酸乙酯的制备

一、实验目的

学习和掌握酯化反应的原理和酯的制备方法。

二、实验原理

乙酸和乙醇在酸催化下反应生成乙酸乙酯和水。

$$CH_3COOH + CH_3CH_2OH \underset{110\sim120℃}{\overset{浓 H_2SO_4}{\rightleftharpoons}} CH_3COOC_2H_5 + H_2O$$

由于反应可逆，通常通过加入过量的醇及不断把反应生成的酯和水分离出的方法提高产率。

三、仪器与试剂

仪器：三颈烧瓶（50mL）；恒压滴液漏斗；分馏柱；蒸馏头；冷凝管；接引管；锥形瓶（25mL）；分液漏斗。

试剂：冰醋酸；乙醇（95％）；浓硫酸；饱和碳酸钠溶液；饱和氯化钙溶液；饱和氯化钠溶液；无水硫酸。

四、实验步骤

1. 方法 I

在 50mL 的三颈烧瓶中，加入 3mL 95％乙醇和 3mL 浓硫酸，混合均匀，加入 1~2 粒沸石。三颈烧瓶一侧口插入温度计到液面下，另一侧口接恒压滴液漏斗，恒压滴液漏斗下端通过橡皮管接一 J 形玻璃管，玻璃管伸入液面下方离瓶底约 0.3cm 处。恒压滴液漏斗中装有 10mL 95％乙醇和 7mL 冰醋酸的混合液。三颈烧瓶中口装配分馏柱，上接蒸馏头、温度计及冷凝管，冷凝管末端连接接引管和接收瓶，接收瓶浸入冰水浴中。

自滴液漏斗中向三颈烧瓶内滴入 3mL 混合液，小火加热至 110℃，当有馏出液时，自滴液漏斗慢慢滴加其余混合液。控制滴加速度与馏出速度相当，并维持反应液温度在 110~120℃之间[1]。滴加完毕，继续加热 10min，至无馏出液流出。

反应完毕，向馏出液中滴加饱和碳酸钠溶液并振摇至无二氧化碳气体逸出。混合液倒入分液漏斗中，充分振摇，放气，静置，分出水层。酯层用 8mL 饱和食盐水洗涤，再用等体积的饱和氯化钙溶液洗涤两次。放出下层液，将酯自漏斗上口倒入干燥的锥形瓶中，加入无水硫酸镁干燥，放置 30min，并不时振摇锥形瓶[2]。

把干燥的粗乙酸乙酯滤入干燥的蒸馏瓶中，加入 1 粒沸石，水浴蒸馏，收集 74~80℃馏分，产量约为 6g。

纯乙酸乙酯为无色有水果香的液体，沸点为 77.06℃，折光率 n_D^{20} 为 1.3727。

2. 方法 II

在 50mL 圆底烧瓶中加入 10mL 95％乙醇和 6mL 冰醋酸，再缓慢加入 2mL 浓硫酸，混合均匀，加入 1~2 粒沸石，小火加热回流 30min。稍冷，改蒸馏装置，接收瓶用冷水浴冷却，加热蒸馏，至馏出液体积为反应物总体积的一半，停止加热。

向馏出液中滴加饱和碳酸钠溶液并振摇至无二氧化碳气体逸出。混合液倒入分液漏斗中，充分振摇，放气，静置，分出水层。酯层依次用等体积的饱和食盐水、饱和氯化钙溶液和水各洗涤一次。放出下层液，将酯自漏斗上口倒入干燥的锥形瓶中，加入无水硫酸镁干燥。

把干燥的粗乙酸乙酯滤入干燥的蒸馏瓶中，加入 1 粒沸石，水浴蒸馏，收集 74~80℃ 馏分，产量约为 4g。

五、注解与实验指导

[1] 滴加速度不宜过快，太快会使乙酸和乙醇来不及反应而被蒸出。反应温度也不宜过高，否则会增加副产物乙醚的含量。

[2] 乙酸乙酯、水和乙醇可形成二元共沸混合物及三元共沸混合物(表 5-55-1)。所以，粗乙酸乙酯一定要除去乙醇和水。

表 5-55-1　乙酸乙酯、水和乙醇形成的二元共沸混合物及三元共沸混合物

共沸混合物	共沸点/℃	共沸混合物组成/%		
		乙酸乙酯	乙醇	水
乙酸乙酯-水	70.4	91.9		8.1
乙酸乙酯-乙醇	71.8	82.6	8.4	
乙酸乙酯-乙醇-水	70.2	82.6	8.4	9

六、思考题

1. 酯化反应有何特点？可采用什么方法促使酯化反应向酯生成方向进行？
2. 可否使乙酸过量？为什么？

实验 56　8-羟基喹啉的制备

一、实验目的

1. 学习合成 8-羟基喹啉的原理和方法。
2. 巩固回流加热和水蒸气蒸馏等基本操作。

二、实验原理

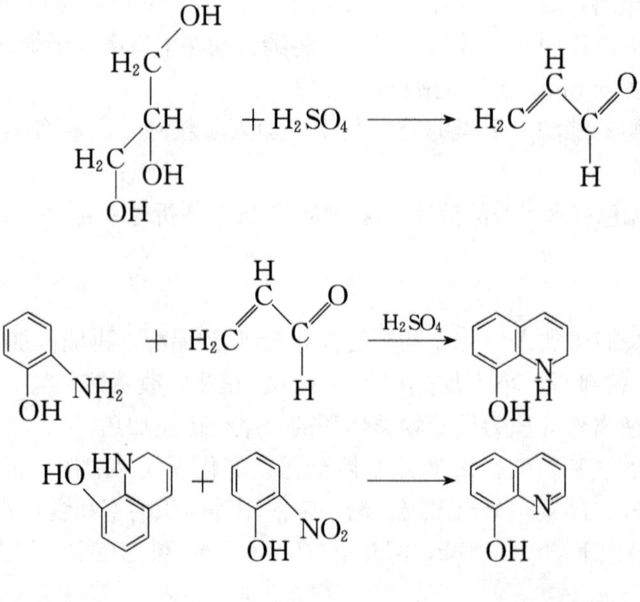

三、仪器与试剂

仪器：三颈烧瓶（250mL）；圆底烧瓶（250mL）；T形管；球形冷凝管；锥形瓶；接引管；吸滤瓶（250mL）；布氏漏斗。

试剂：无水甘油 9.5g(7.5mL，0.1mol)；邻硝基苯酚 1.8g(0.013mol)；邻氨基苯酚 2.8g(0.025mol)；浓硫酸 8g(5mL)；氢氧化钠溶液 14mL（1∶1，质量比）；饱和碳酸钠溶液；乙醇-水混合溶液 45mL（4∶1，体积比）；pH试纸；温度计。

四、实验步骤

在洁净、干燥的 25mL 三颈烧瓶中称取 9.5g(0.1mol) 无水甘油，加入 1.8g(0.013mol) 邻硝基苯酚、2.8g(0.025mol) 邻氨基苯酚，旋摇三颈烧瓶混合均匀。在冷却下缓缓加入 5mL 浓硫酸，再摇匀。安装干燥的球形冷凝管和温度计，塞住第三口（图 5-56-1）。

在石棉网上小火加热，当温度升至 145℃ 时，摇动装置，观察温度和现象的变化。约 150℃ 微沸，立即移开热源，反应激烈进行（注意安全）。当反应缓和后继续加热，保持微沸 1.5~2h。

停止加热，稍冷后拆下冷凝管，改为水蒸气蒸馏装置，除去未作用的邻硝基苯酚，直至馏出液中无油滴。

冷却后拆下三颈烧瓶，慢慢加入氢氧化钠溶液 14mL，冷却，摇匀，测定 pH。若 pH<7，滴加饱和碳酸钠溶液至中性。加入 10mL 水，重新进行水蒸气蒸馏，直至馏出液中无晶体。馏出液充分冷却，抽滤收集析出物，洗涤，干燥，得粗产物。

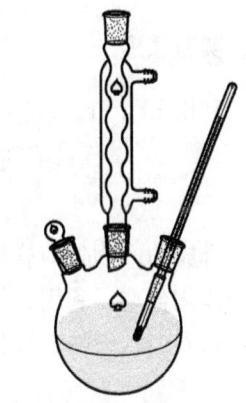

图 5-56-1 8-羟基喹啉的制备装置

粗产物用 45mL 乙醇-水混合溶液进行重结晶，产量为 2.1~2.4g，产率为 57.9%~66.2%，熔点为 75~76℃。或取 0.5g 粗产物升华提纯，得针状结晶。

五、注解与实验指导

1. 无水甘油，$d=1.26$，含水量不超过 0.5%。若使用普通市售甘油，可将其装在蒸发皿中，在通风橱内加热至 180℃，冷置装有浓硫酸的干燥器里备用。由于黏稠，为防止器皿黏附损失，最好称取而不量取。

2. 滴加浓硫酸时速度要慢，浓硫酸加入后黏度显著减小。

3. 此反应为放热反应，溶液呈微沸，表示反应已经开始；若过度升温，反应过于激烈，溶液会冲出容器。

4. 8-羟基喹啉为两性化合物，可与酸成盐，也可与碱成盐，成盐后溶于水而不能被蒸出，所以要严格控制 pH。

5. 由于 8-羟基喹啉难溶于冷水，所以在滤液中，缓慢滴加去离子水，会有 8-羟基喹啉不断析出。

6. 收率以邻氨基苯酚计，不考虑邻硝基苯酚部分转化后参与反应的量。

六、思考题

1. 为什么第一次水蒸气蒸馏在酸性条件下进行,而第二次水蒸气蒸馏又要在中性条件下进行?

2. 第二次水蒸气蒸馏完毕,是否有必要对残留液进行 pH 测定?为什么?

实验57　α-苯乙胺的制备及拆分

一、实验目的

1. 掌握 α-苯乙胺的制备原理和方法。
2. 掌握运用分步结晶法拆分外消旋体的方法。

二、实验原理

利用 Leucart 反应,苯乙酮与甲酸胺作用可得 α-苯乙胺。

$$C_6H_5COCH_3 + HCOONH_4 \longrightarrow C_6H_5C^*HCH_3 + CO_2 + H_2O$$
$$\underset{NH_2}{|}$$

合成的产物外消旋化,要将外消旋体拆分,可加入拆分剂 D-(+)-酒石酸,形成两个非对映体化合物,利用它们在甲醇中的溶解度的明显差异,用分步结晶的方法将它们分离,精制,然后加入碱除去拆分剂,可得纯光学异构体。

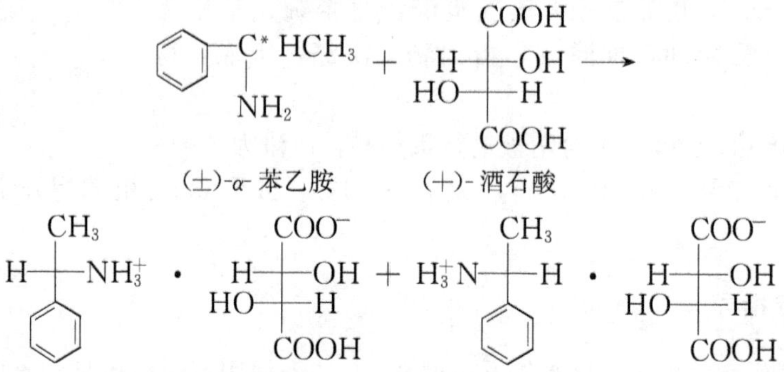

　(±)-α-苯乙胺　　　(+)-酒石酸

(+)-α-苯乙胺·(+)-酒石酸盐　　(−)-α-苯乙胺·(+)-酒石酸盐

三、仪器与试剂

仪器:圆底烧瓶(50mL、25mL);三颈烧瓶(100mL);蒸馏头;水冷凝管;空气冷凝管;接引管;锥形瓶(25mL);分液漏斗(100mL);水蒸气发生器;移液管;旋光仪。

试剂:苯乙酮;甲酸铵;氯仿;浓盐酸;氢氧化钠;甲苯;(+)-酒石酸;甲醇;乙醚;氢氧化钠溶液(50%)。

四、实验步骤

1. α-苯乙胺制备

在 50mL 蒸馏瓶中加入 6mL 苯乙酮、10g 甲酸铵和 2 粒沸石,装简单蒸馏装置,温度计插入反应瓶底。小火加热至140℃左右，甲酸铵开始熔化，逐步转化成均相，继续缓缓加热温度至185℃（时间约为90min），停止加热[1]。将馏出液倒入分液漏斗中，分出苯乙酮层，并重新倒入反应瓶中。继续加热70～80min，控制反应温度小于185℃。

将馏出液移入分液漏斗中，加入8mL水洗涤，分出水层。油层倒入原反应瓶中，水层每次用3mL氯仿萃取两次，合并氯仿萃取液，也倒入原反应瓶中，弃去水层。

在反应瓶中加入6mL浓盐酸和2粒沸石，装蒸馏装置。先蒸去氯仿，然后改回流装置，微沸回流30min。将反应物冷却至室温[2]，移入分液漏斗中。每次用3mL的氯仿萃取三次，将氯仿层合并，回收，水层转入三颈烧瓶中。

三颈烧瓶置于冰水浴中冷却，慢慢加入5g氢氧化钠颗粒与10mL水配制的氢氧化钠溶液，混合均匀，然后进行水蒸气蒸馏至馏出液为中性（用pH试纸检查）。

将馏出液移入分液漏斗中，每次用5mL的甲苯萃取三次，甲苯溶液合并，加入固体氢氧化钠干燥，用橡皮塞塞紧瓶口。

将干燥后的甲苯溶液滤入蒸馏瓶中，加入1粒沸石，装蒸馏装置。加热，先蒸去甲苯，换空气冷凝管蒸馏，收集180～190℃馏分，用橡皮塞塞紧瓶口准备拆分。

纯α-苯乙胺的沸点为187.4℃，折光率n_D^{20}为1.5238。

2. 外消旋α-苯乙胺的拆分

在盛有35mL甲醇的锥形瓶中加入2.5g D-(+)-酒石酸，水浴加热并搅拌使其溶解，并在搅拌下缓慢加入2g实验制得的纯α-苯乙胺[3]，塞紧瓶塞，室温下放置24h以上，即可得白色菱状晶体[4]。减压过滤，滤液保留。晶体用少许甲醇洗涤，干燥后可得（-）-α-苯乙胺-(+)-酒石酸盐，称量。

将（-）-α-苯乙胺-(+)-酒石酸盐溶于8mL水中，加入2mL 50%氢氧化钠溶液，搅拌至固体完全溶解，然后各用8mL乙醚萃取两次，合并乙醚萃取液，用固体氢氧化钠干燥。将干燥后的乙醚溶液滤入蒸馏瓶中，水浴蒸馏蒸去乙醚，再直接加热蒸馏，收集180～190℃馏分[5]至已称量的锥形瓶中，称量，计算产品的量。

用移液管量取10mL的甲醇至盛胺液的锥形瓶中。振摇使胺溶解，根据溶液的总体积和胺的量，计算浓度。用配制溶液测旋光度和比旋光度，计算光学纯度。纯（S)-(-)-α-苯乙胺的$[\alpha]_D^{25}$为-39.5°。

将析出的（-）-α-苯乙胺-(+)-酒石酸盐母液水浴蒸馏蒸去甲醇，可得（+)-α-苯乙胺-(+)-酒石酸盐白色固体。按上步实验操作方法，用水、氢氧化钠处理该盐，再用乙醚萃取，固体氢氧化钠干燥，水浴蒸去乙醚再直接加热蒸馏，收集180～190℃馏分至已称量的锥形瓶中，称量，计算产品的量，测定旋光度和比旋光度，计算产物的光学纯度。纯（R)-(+)-α-苯乙胺的$[\alpha]_D^{25}$为+39.5°。

五、注解与实验指导

[1] 在此反应过程中，水和苯乙酮被蒸出，同时不断产生泡沫放出氨气和二氧化碳，此外在冷凝管上可能生成一些碳酸铵固体，此时，可暂时关闭冷凝水使固体溶解，以免堵塞冷凝管。

[2] 此时若有晶体析出，可加最少量水使之溶解。

[3] 要避免沸腾或起泡逸出。

［4］若析出的是针状结晶，则需重新加热冷却溶解，再冷却至菱形结晶析出为止。

［5］可直接用旋转蒸发仪进行蒸馏或水浴蒸去乙醚再用减压蒸馏方式进行蒸馏。

六、思考题

1. 写出苯乙酮与甲酸铵作用制得 α-苯乙胺的反应机理。
2. 制备 α-苯乙胺实验中水蒸气蒸馏的作用是什么？可否用其他操作替代？
3. 简述对映异构体拆分的原理。
4. 如何控制反应条件得到纯的光学异构体？

第 6 部分　化学信息实验

实验 58　紫外光谱推测芳香族化合物结构

一、实验目的

了解紫外吸收光谱在有机化合物结构分析中的应用及紫外光谱的测定方法。

二、实验原理

有机化合物的紫外吸收光谱是由分子中价电子的跃迁所形成的。紫外可见光谱的波长范围为 200~760nm，其中 200~400nm 为近紫外区、400~760nm 为可见光区。许多有机化合物在这一区域有吸收，这些特征吸收谱带几乎都是由 $\pi \rightarrow \pi^*$ 和 $n \rightarrow \pi^*$ 跃迁所产生的，所以紫外光谱主要是对共轭体系和芳香族化合物的分析。掌握了各类有机化合物紫外吸收谱带的特征，则可根据其吸收光谱对有机化合物的结构进行分析。

苯型芳香族化合物具有封闭的共轭体系，有三个吸收谱带：E_1 带、E_2 带和 B 带。E 带由环内共轭乙烯基 π 跃迁形成，B 带由芳环大 π 键跃迁所形成。苯的 E_1 带在 184nm(ε=68 000) 处，是强带；E_2 带在 204nm(ε=8800) 处，是中等强度的吸收；B 带在 254nm(ε=250) 处，是一个精细结构带，易于识别，是芳香族化合物（包括芳杂环化合物）的特征谱带。当苯环上连有助色基（如 —OH、—NH$_2$ 等）时，E 带和 B 带红移，并且常使 B 带增强，其精细结构会部分消失或完全消失。

三、仪器与试剂

仪器：紫外可见分光光度计；石英比色皿（1cm，2个，配套）。

试剂：苯酚；环己烷。

四、实验步骤

（1）取未知芳香化合物约 0.1g 于 10mL 比色管中，用 5~10mL 环己烷溶解，加塞摇溶。

（2）开机，进入仪器操作系统（操作参照《仪器使用说明书》进行）：①选择波长扫描。②参数设定。扫描范围 180~300nm，扫描间距 0.5nm；显示范围 180~300nm，吸光度 0~3。③放入样品和参比溶液环己烷。④扫描（所配溶液浓度在最大吸收时其吸光度值在 1.5~1.8 为宜）。⑤显示波峰波谷值，设定图谱名称及备注，保存并打印图谱。

（3）将图谱与 *Ultraviolet Spectra of Aromatic Compund* 书中的标准图谱对照，或与图 6-58-1 苯酚环己烷紫外光谱图对照，确定此未知物。

五、注解与实验指导

阿司匹林（乙酰水杨酸）片剂中水杨酸的鉴别

药物分析中常需鉴定阿司匹林片剂中是否存在水杨酸，因为阿司匹林（SAS）在空气中

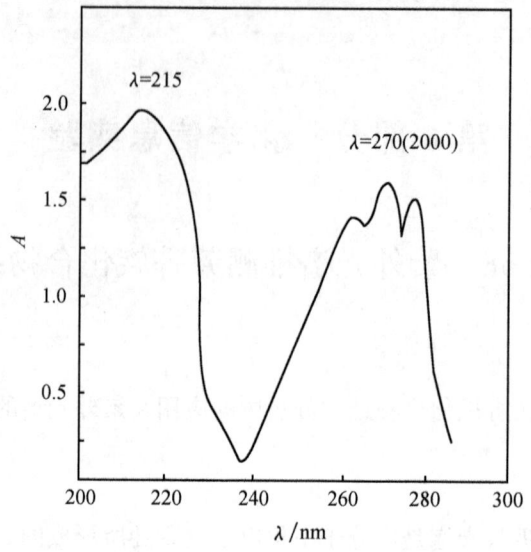

图 6-58-1 苯酚-环己烷紫外光谱图

容易吸收水分而水解产生水杨酸（SA）。

$$\underset{\text{COOH}}{\text{C}_6\text{H}_4\text{-OCCH}_3} + \text{H}_2\text{O} \rightleftharpoons \underset{\text{COOH}}{\text{C}_6\text{H}_4\text{-OH}} + \text{CH}_3\text{COOH}$$

反应产物中，乙酸较易挥发，阿司匹林片剂中的主要杂质是水杨酸，测定阿司匹林的紫外吸收光谱可以检查水杨酸是否存在。阿司匹林和水杨酸都属于苯生色基，前者在 280nm 处有一强吸收带，后者的吸收带在 312nm 处。在食品和药品管理中规定阿司匹林片中水杨酸的允许含量不超过 0.1%，水杨酸由于酸性较强，对胃的刺激性较大，而水杨酸乙酰化后，酸性降低，对胃的刺激作用较小。

测定时将待测样品溶于水中，浓度为 $1\text{g} \cdot \text{L}^{-1}$，用水作参比溶液，用 1cm 石英比色皿比色，波长范围为 250~420nm，在 312nm 处吸光度不超过 0.02，则符合规定要求（图 6-58-2）。

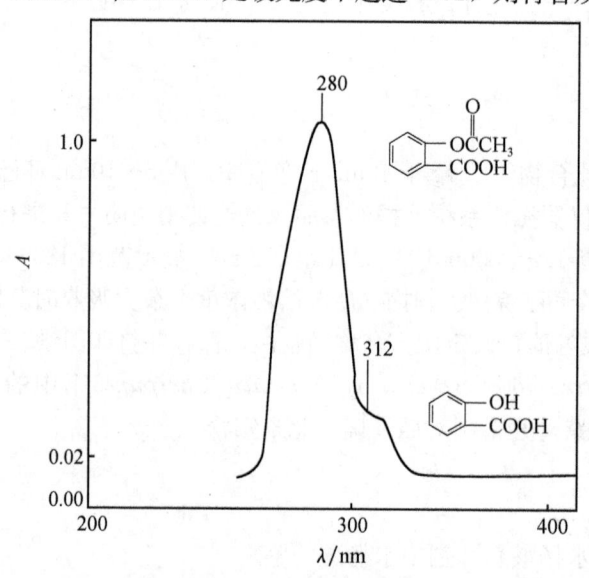

图 6-58-2 阿司匹林紫外光谱图

六、思考题

1. 能否用玻璃比色皿代替石英比色皿进行紫外光谱测定？
2. 紫外光谱测定对溶剂有何要求？
3. 若两个化合物的紫外光谱图相同，能否确定这两化合物是同一化合物？

实验 59 红 外 光 谱

一、实验目的

1. 了解用红外光谱对有机物进行定性分析的方法。
2. 熟悉红外光谱仪的工作原理及其使用方法。
3. 掌握用压片法制作固体试样晶片的方法。

二、实验原理

以一定波长的红外光辐射物质时，当光的频率正好与此物质分子中某个基团的振动能级跃迁的频率相同，并且分子振动时伴随有瞬时偶极矩的变化，则该分子就能吸收此频率的红外光，引起辐射光的强度改变，从而产生相应的吸收。红外吸收通常出现在波长为 $2.5 \sim 25\mu m$（对应于波数 $4000 \sim 400 cm^{-1}$）的中红外区。由红外光谱仪测定物质分子对不同波长的红外光的吸收强度，可以得到此物质的红外光谱图。测绘出的光谱图的纵坐标为透过率 T，表示吸收强度；横坐标一般为波数 $\nu(cm^{-1})$，表示吸收峰的位置。如图 6-59-1 所示。

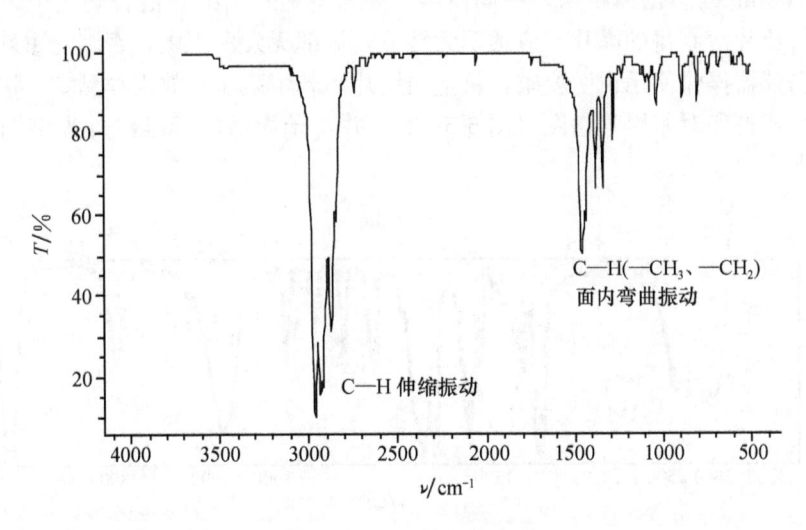

图 6-59-1 已炔红外光谱

由于分子中基团的振动频率主要取决于原子折合质量、键的力常数和原子几何形状。因此对于具有相同基团的化合物，尽管其他部分结构有所不同，但其相同基团的基本振动频率吸收峰会出现在一定波数区域内。例如，$CH_3(CH_2)_4CH_3$ 和 $CH_3(CH_2)_3CH=CH_2$ 等分子中都有 —CH_3、—CH_2—基团，它们的伸缩振动基频峰与 2-已炔的红外光谱中 —CH_3、—CH_2—基团的伸缩振动吸收峰都出现在 $<3000 cm^{-1}$ 波数附近。通过特征吸收峰的波数位置，可以判断官能团的种类。若分子结构有差异，所得到的整个红外光谱还是有差别的。根据这些特

性，可以利用红外光谱对有机物进行定性鉴定和定量分析。该法具有用量少、不破坏样品、分析速度快和灵敏度高等优点，且应用范围广，气态、液态、固态都可以分析。

固体样品的实验方法通常有：石蜡油研糊法，即将 3～5mg 的干燥固体样品和 2～3 滴石蜡油在研钵里研磨成糊状，然后将糊状物涂抹在研片上并用另一盐片覆盖在上面，再将盐片放在盐片支架上，并安放在红外光谱仪上进行测定；卤盐压片法，即将样品在研钵里磨细后加入溴化钾，磨成极细粉末且混合均匀，在压片机上压成透明的薄片进行测定。

本实验采用溴化钾压片法，在红外光谱仪上测绘苯甲酸的红外光谱。

三、仪器与试剂

仪器：红外光谱仪；压片机及模具；玛瑙研钵；红外线干燥灯。

试剂：苯甲酸样品（A.R.）；溴化钾粉末（S.P.）。

四、实验步骤

（1）用空调机、除湿机等控制好实验室条件：室温 18～20℃；相对湿度<65%。

（2）分别开启红外光谱仪主机电源、计算机和打印机的电源。启动红外光谱工作站，初始化并等待仪器自检。自检完毕，设置红外光谱仪的测定参数。仪器具体操作步骤见红外光谱仪的使用操作说明书。

（3）空白片的制作：取一定量的干燥溴化钾粉末，在红外线干燥灯下[1]于洁净的研钵中研磨至粉末，然后取适量的粉末转移到压片模具上进行压片[2,3]。

苯甲酸试样片的制作：取干燥的 1～2mg 苯甲酸试样于研钵中，在红外线干燥灯下磨细后再加入约 200mg 的溴化钾粉末，一同研磨至颗粒直径<2μm，混合均匀[1]，然后取适量的混合样进行压片。制得的晶片，应透明无裂痕，局部无发白现象，否则需重新压片。

（4）根据仪器操作使用说明要求，将空白压片和苯甲酸压片放入样品室，进行扫描。

（5）保存或打印对苯甲酸谱图（图 6-59-2），并与苯甲酸的标准红外光谱图比较，对谱图进行解析[4]。

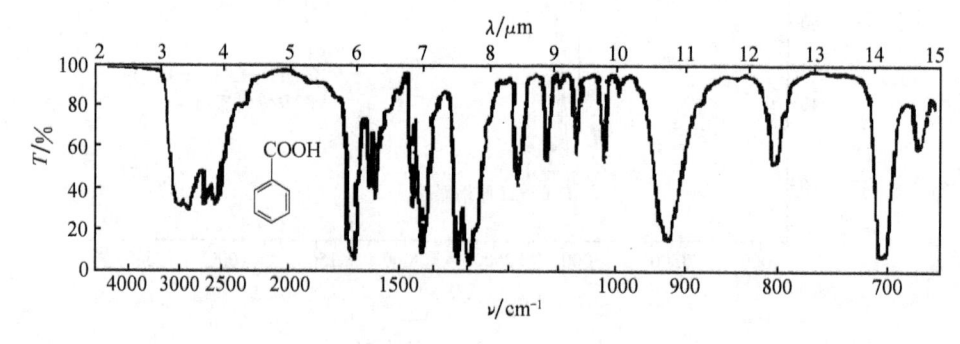

图 6-59-2 苯甲酸的红外光谱

五、注解与实验指导

[1] 测试用的样品和溴化钾必须充分干燥，否则谱图中可能出现水的吸收峰而干扰红外光谱的分析。因此在研磨时可以将研钵置于红外线灯旁，起到对样品干燥的作用。压好的片应立即上机测定，若暂时不用，需放在干燥器中以防吸潮。

[2] 制作片样时，将 KBr 和固体样品的混合物较均匀置于压片座的孔内，量不要太

多,把洒落到压片座表面的样品除去,然后按顺序放好各部件。施压时,温和地将压片机的手柄压下,慢慢升压至20MPa后,停止升压,维持5min,再卸压,从模具里小心取出晶片。

[3] 由于金属模具的压片座、顶部和底部冲垫组件都容易生锈,而且KBr有强吸湿性,会加速生锈。因此每次实验结束后,应把残留在模具上的粉末除净,用去离子水洗涤顶部和底部冲垫组件和压片座,最后用乙醇除去水,再将其保存在干燥器中。

[4] 在解析红外吸收光谱时,一般从高波数到低波数,即先官能团区再指纹区。在3000cm^{-1}附近的C—H的吸收峰不必急于分析,几乎所有的有机物在此区域都有吸收。不必对光谱图的每一个吸收峰都进行解释,只需指出各基团的特征吸收峰即可。对于不同的化合物分子中同一基团在红外光谱中的细微差异也不必太在意。未知化合物的谱图先经初步结构辨析后,再与已知物Sadlter标准图谱对照比较,若完全一致,就可以确定此未知物与已知的为同一化合物。

苯甲酸的有关基团的吸收峰波数见表6-59-1。

表 6-59-1 苯甲酸的有关基团的吸收峰波数

原子基团的基本振动形式	基频峰的频率/cm^{-1}
$\nu_{=C-H}$(Ar上)	3077,3012
$\nu_{C=C}$(Ar上)	1600,1582,1495,1450
$\delta_{=C-H}$(Ar上邻接五氢)	715,690
ν_{O-H}(形成氢键二聚体)	3000~2500(多重峰)
$\nu_{C=O}$	1720
δ_{O-H}	935
δ_{C-O-H}(面内弯曲振动)	1250

六、思考题

1. 利用红外光谱对化合物分析的基本原理是什么?
2. 在压片制样时对固体样品有何要求?

附:FTIR-8400S(日本岛津)的操作使用

1)开机

先打开FTIR-8400S仪器右下角的开关键,可以看到左下角的绿灯亮起,然后打开电脑。电脑启动后,打开桌面上[IRsolution]图标,进入系统后,选择[Measurement]项下的[Initialize],仪器开始自检并初始化,当操作界面中右边状态监控栏中两盏绿灯亮起,表示可以进行测量了。

2)检测

(1)空白的扫描。把空白背景压片放入样品室,点击[Measure]键进入测量文件区,点击[BKG],出现对话框"Verify that beam is empty for reference scan."(确认参比扫描的光束是空的),选择[OK],即可进行空白扫描。

(2)样品的扫描。空白测量完成后,即可放置样品。然后点击[Measure]键进入测量文件区,再点击[Sample],进行样品的扫描。

3）谱图的浏览

图谱会自动保存在"C：\ Program Files \ Shimadzu \ IRsolution \ data"文件夹下。若需要也可点击菜单栏的［File］项下［Save］，选择合适的路径，另存图谱。

（1）浏览光谱。点击菜单栏的［File］项下［Open］，显示一个保存的检测光谱。

（2）关闭光谱。点击菜单栏的［File］项下［Close］，即可关闭最新浏览的光谱。

4）光谱的处理

（1）基线校正。如果测量光谱的基线由于在透射测量中的光散射或者在衰减全反射中的炭黑发生下降或者弯曲，即可使用基线校正命令校正弯曲的基线。

当图谱的 $T‰$ 过小时，可使用单点基线校正法，点击［Manipulation 1］项下［Baseline］下［Zero］。如果光谱的谱线变形，可使用多点基线校正法，点击［Manipulation 1］项下［Baseline］下［Multipoint］，进入校正界面，点击［Add］，在光谱上选择需要校正的波数位置，全部选择完毕后，点击［Calc］，预览校正情况，如需修改，可点击［Delete］，删除所选择的点，再重新取点校正，确定校正方法后，点击［OK］完成校正。

（2）平滑曲线。如果样品水分过多，在 4000～3600nm、2000～1600nm、800～400nm 处光谱曲线会出现有规律的波动，此时可以点击［Manipulation 1］项下［Smoothing］，修改［Parameter］的参数，建议选择数值在 6～8 之间，然后点击［Calc］，预览校正情况，确定校正方法后，点击［OK］完成校正。此操作可在一定程度上缓解水分的干扰，若想彻底消除干扰，还是应该在前处理时脱水烘干。

5）打印数据

点击［Print form］进入打印操作界面，［View Graph］区域显示谱图，［Comment］项下输入样品名称，［User］项下输入操作人员姓名，鼠标左键点击可以拖曳到合适的位置，鼠标右击选择［Edit Mode］更改其中的内容。修改完毕后，点击左上角［打印］，跳出确认对话框，点击确定即可。

FTIR-8400S 光学系统如图 6-59-3 所示。

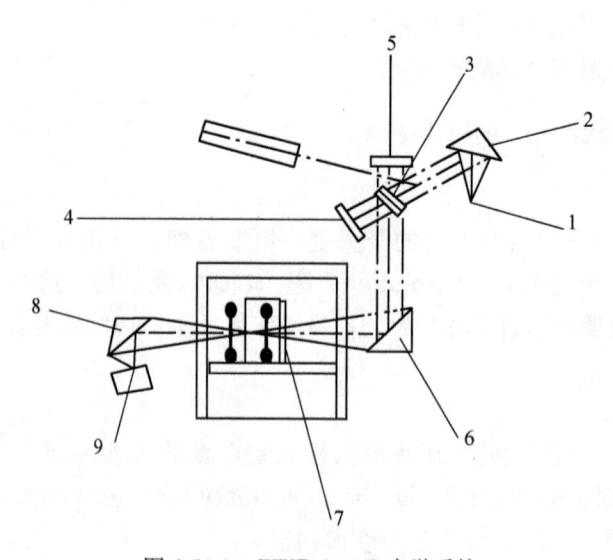

图 6-59-3　FTIR-8400S 光学系统

从光源 1 射出的红外光束由平行光镜 2 反射入干扰仪。于是一道平行光束以 30℃ 的入射角进入 Michelson 干扰仪。此光束被光束分裂器 3 分开，所产生的光束传射到移动镜面 4 和固定镜面 5 上。这两束光都被反射回光束分裂器并且在到达收集镜 6 之前就组合成一道干涉光束。固定镜面安装有一个自动调节装置，可使干涉效应达到最大。通过收集镜，平行红外光束产生了在样品室中心的光源的影像 7，收集镜 8 集中了穿过样品的光束并将其反射到检测器 9 上作为干涉图像。

参考答案

1. 答：许多化合物都有其特征的红外光谱，根据红外光谱图上的吸收峰数目、吸收频率和吸收强度，将被测定化合物的光谱与已知结构化合物的光谱加以比较，就可以对被测化合物进行初步的定性分析。根据比尔定律，测量化合物红外光谱图中的某一特征谱带的吸光度，即可进行定量分析。

2. 答：一般来说，凡是脆性的化合物，即只要能用研钵研得碎的固体样品，都能利用溴化钾压片的方法来进行红外样品的制备。如果是韧性的化合物（在研钵中研不碎的化合物，通常是一些高聚物），如能用粉碎机或哈氏切片机设法将它们弄成足够细（通常为几微米）的颗粒，也可以用溴化钾压片的方法来制样。测试用的样品和溴化钾必须经过充分干燥，压好的片应立即上机测定，若暂时不用，需放在干燥器中以防吸潮。

实验 60　核 磁 共 振

一、实验目的

1. 了解核磁共振的基本原理和实验方法。
2. 用核磁共振稳态吸收法测量磁场强度。
3. 测量氟核 ^{19}F 的磁旋比及其磁矩、g 因子等核结构参数。

二、实验原理

原子核具有自旋，记自旋量子数为 I，由量子力学知识，其自旋角动量为

$$P_I = \sqrt{I(I+1)}\frac{h}{2\pi}$$

因原子核自旋转动产生的磁矩 μ_I 为

$$\mu_I = g_N P_I \frac{e}{2m_P} = g_N \sqrt{I(I+1)} \frac{eh}{4\pi m_P} \tag{6-60-1}$$

式中：m_P 为质子的质量；g_N 为核的朗德因子，记为核磁子。

$$\mu_N = \frac{eh}{4\pi m_P} = 5.050\,824 \times 10^{-27} \text{J} \cdot \text{T}^{-1} \tag{6-60-2}$$

把式（6-60-2）代入式（6-60-1），得

$$\mu_I = g_N P_I 2\pi \mu_N / h = \gamma P_I \tag{6-60-3}$$

式中：γ 为核的旋磁比。

$$\gamma = \left|\frac{\mu_I}{P_I}\right| = 2\pi g_N \mu_N / h \tag{6-60-4}$$

由于

$$g_N = h\gamma/(2\pi\mu_N) \tag{6-60-5}$$

所以
$$\mu_I = \gamma P_I = g_N \mu_N \sqrt{I(I+1)} \tag{6-60-6}$$

自旋角动量、磁矩在某一方向（取为外磁场 $\vec{B}$ 沿 z 轴方向）的投影是量子化的：
$$P_{I_z} = mh/(2\pi), \quad m = I, I-1, \cdots, -I+1, -I \tag{6-60-7}$$
$$\mu_z = \gamma P_{I_z} = \gamma m h/(2\pi)$$
$$(\mu_z)_{\max} = \gamma I h/(2\pi) \tag{6-60-8}$$

式中：m 为磁量子数。

磁矩与外场 $\vec{B}$（沿 z 轴方向）的相互作用能为
$$E = -\mu_z \cdot B_0 = -m\gamma h B_0 = m g_N \mu_z B_0$$

两能级之间的间距 $\Delta m = 1$：
$$|\Delta E| = \gamma h B_0 \Delta m = \gamma h B_0 = g_N \mu_z B_0 \tag{6-60-9}$$

当在垂直于 B_0 的方向上叠加上一个射频为 v 的电磁波 B_1，当频率 ν 满足
$$h\nu = \Delta E = \gamma h B_0$$

即
$$\nu = \frac{r B_0}{2\pi}$$

或
$$\gamma = \frac{2\pi \nu}{B_0} \tag{6-60-10}$$

样品中的 ^{1}H 将发生共振跃迁，这就是核磁共振的实质。

核系统共振激发后又会放出 ΔE，自动恢复到原来的状态，这样出现连续不断的共振现象，使我们观察到一个稳定的核磁共振吸收信号。

通过套在主磁场 B_0 板上的两个小调制线圈，通以 50Hz 交流电产生一较弱的调制磁场 B' 叠加在主场 B_0 上，使主场以 50Hz 为周期变化，即作磁场扫描，每当其扫过共振场强的准确值时，样品（在探头线圈内）共振一次，在示波器上显示一个吸收曲线。

由式（6-60-3）可知，为了实现核磁共振有两种实验方法：

（1）扫频法。固定外磁场 B_0，调节高频电磁场频率 ν，实现核磁共振。

（2）扫描法。固定高频电磁场频率 ν，调节外磁场 B_0，实现核磁共振。

本实验用的是扫描法。

在本实验要测的一个物理量是氢质子的 γ 因子，由式（6-60-3）可知，只要知道 B_0、ν，即可求得 γ。B_0 在实验设备中已标定（如 0.55T），ν 可由频率计测出。即便如此，在本实验中 γ 是无法用实验求出的。因为本实验中两能级的能量差是一个精确、稳定的量。而实验用的高频振荡器其频率 ν 只能稳定在 10^3 Hz 量级。其能量 $h\nu$ 很难固定在 $\gamma h B_0$ 这一值上。实际上式（6-60-3）在实验中很难成立。

为实现核磁共振，可在永磁铁 B_0 上叠加一个低频交变磁场 $B_m \sin\omega t$，即所谓的扫描（ω 为市电频率 50Hz，远低于高频场的频率 ν，其约几十兆赫），使氢质子两能级能量差 $\gamma h(B_0 + B_m \sin\omega t)$，有一个连续变化的范围。我们调节射频场的频率 ν，使射频场的能量 $h\nu$ 进入这个范围，这样在某一时刻等式 $h\nu = r h(B_0 + B_m \sin\omega t)$ 总能成立（图 6-60-1）。

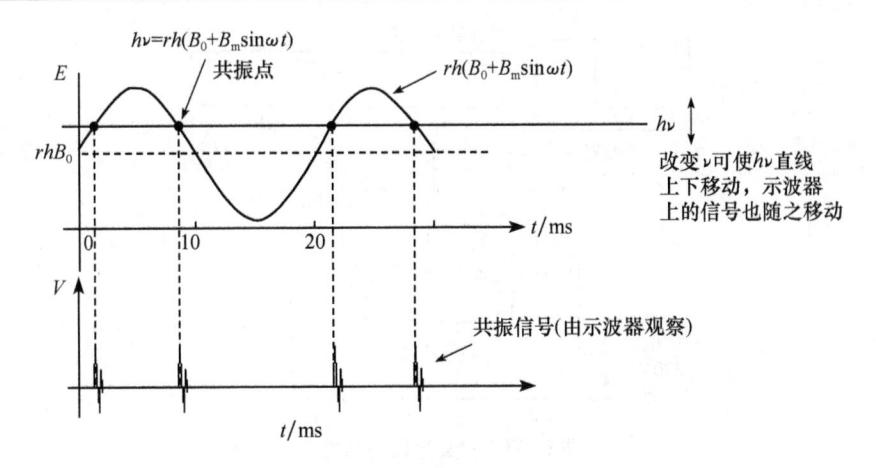

图 6-60-1　扫描法核磁共振信号

此时通过边限振荡器的探测装置在示波器上可观测到共振信号（图 6-60-2）。

由图 6-60-1 可见，当共振信号非等间距时，共振点处的等式为 $h\nu=\gamma h(B_0+B_m\sin\omega t)$，因 $B_m\sin\omega t$ 未知，故无法利用该等式求出 γ 值。

调节射频场的频率 ν 使共振信号等间距，共振点处 $\omega t=n\pi$，$B_m\sin\omega t=0$，$h\nu=rhB_0$，此时的 ν 为共振信号等间距时的频率，由频率计读出。$\gamma=2\pi\nu/B_0$，γ 值可求（图 6-60-2）。

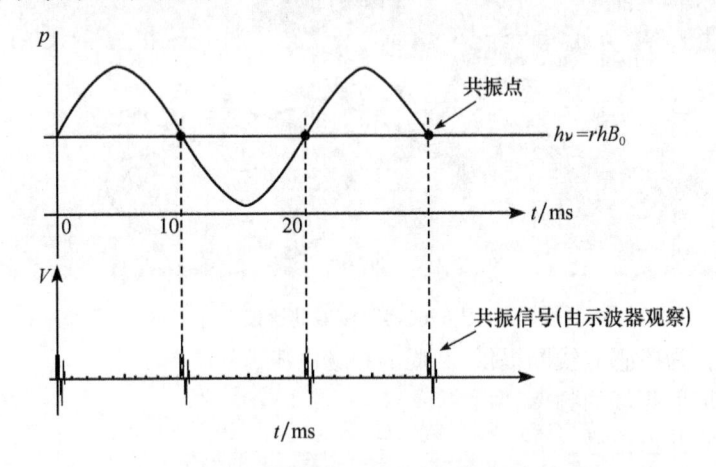

图 6-60-2　扫描法示波器上显示的共振信号

探测装置的工作原理是，绕在样品上的线圈是边限振荡器电路的一部分，在非磁共振状态下它处在边限振荡状态（即似振非振的状态），并把电磁能加在样品上，方向与外磁场垂直。当磁共振发生时，样品中的粒子吸收了振荡电路提供的能量使振荡电路的 Q 值发生变化，振荡电路产生显著的振荡，在示波器上产生共振信号。

三、实验设备

实验设备如图 6-60-3 和图 6-60-4 所示。

永磁铁：提供稳恒外磁场，中心磁感应强度 B_0 约为 0.55T。

边限振荡器：产生射频场，提供一个垂直与稳恒外磁场的高频电磁场，频率 νHz。同时也将探测到的共振电信号放大后输出到示波器，边限振荡器的频率由频率计读出。

绕在永磁铁外的磁感应线圈：提供一个叠加在永磁铁上的扫场。

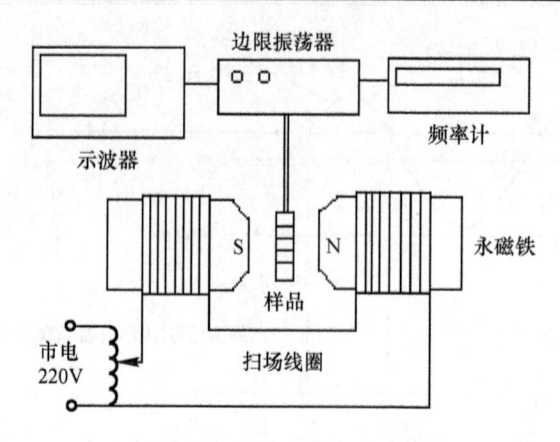

图 6-60-3　实验设备示意图

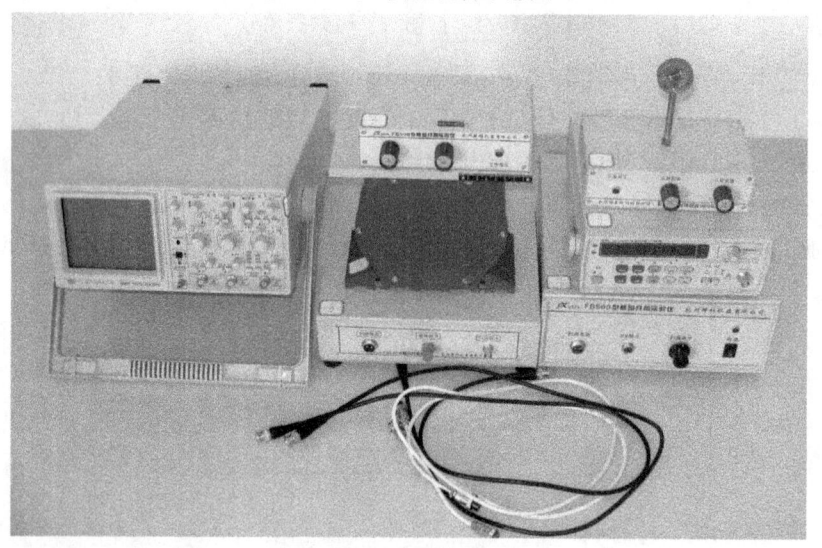

图 6-60-4　核磁共振仪

调压变压器：为磁感应线圈提供 50 周的扫场电压。

频率计：读取射频场的频率。

示波器：观察共振信号。

样品（sample）水：提供实验用的粒子——氢（^{1}H）核。

四、核磁共振试验要求和步骤

1. 观察 ^{1}H（样品水）的核磁共振信号（记录 9 组数据和图形）

（1）将边限振荡器的"检波输出"接示波器的"CH1"端，置示波器的"方式"为 CH1。

（2）将边限振荡器的"频率测试"端接多功能计数器的"输入 A"。

（3）将边限振荡器盒上的样品小心地从永磁铁上的插槽放入永磁铁中（注意不要碰掉样品的铜皮）。

（4）将调压变压器插头接入 220V 市电插座，输出电压设为 100V。

（5）打开边限振荡器电源开关，调节"频率调节"旋钮，使示波器上出现共振信号。

(6) 调节调压变压器使其输出为 50~100V 中的某一值，保持该值不变，记下该值。调节边限振荡器的"频率调节"旋钮，观察示波器上共振波形的变化，任选三个不同的波形，记下相应的边限振荡器频率 ν（由频率计读出，计小数点后三位）。

(7) 调节"频率调节"旋钮，将共振信号调成不等间距，保持该频率 ν 不变（如频率不稳定可每次调回到该频率值），记下该频率值。

(8) 改变调压器的输出电压 V（<100V），观察示波器上共振信号的变化，任选三个不同的电压，画下相应波形，记下相应的 V 值。

(9) 将共振信号调成等间距，保持该频率 ν 不变，记下该频率值。改变调压器的输出电压 V（<100V），选三个不同的电压 V 画下相应波形，记下相应的 V 值。

对以上共振信号波形随 V、ν 变化的原因进行讨论。

2. 测量 ^1H 的 γ 因子和 g 因子

(1) 将样品放入永磁铁的磁场最强处（可左右移动边限振荡器铁盒，观察示波器上共振信号波形，当幅值最强波形尾波最多时样品即在磁场最强处），记下此时盒边所对标尺的刻度值。

(2) 置示波器扫描时间为 $5ms \cdot div^{-1}$，调节边线振荡器的"频率调节"旋钮，使共振信号等间距（间隔为 10ms）。

(3) 读频率计，记下此时的频率值。

(4) 将信号调离等间距，重复以上步骤（2）、（3）（此步骤进行六次，求频率的平均值）。

(5) 记下永磁铁上的磁感应强度 B_0 值，由公式计算 g 和 γ 因子。

五、数据处理

共振信号等间距时的射频频率见表 6-60-1。

表 6-60-1 共振信号等间距时的射频频率

测量次数	1	2	3	4	5	6
频率值/MHz	24.705	24.707	24.713	24.710	24.708	24.707

频率的平均值 ν 为 24.708MHz，有

$$r = 2\pi\nu/B_0 = 2\pi \times 24.708/0.58 = 2.675 \times 10^2 MHz \cdot T^{-1}$$

$$g = h\nu/(2\pi \times \mu N) = 5.583$$

六、思考题

1. 利用水做核磁共振，所测的核磁共振信号是
   (A) 电子的   (B) 质子的   (C) 中子的

2. 实现核磁共振，要置于恒定磁场中的样品的
   (A) 核磁矩不为零   (B) 核磁矩为零

3. 用水作样品，在恒定磁场 H_0 为 0.3T 时，实现核磁共振的频率为
   (A) 1.32MHz   (B) 132MHz   (C) 13.2MHz

4. 要产生核磁共振吸收，没有调制磁场
   (A) 不可以   (B) 可以

5. 实验中，若磁铁极头间磁场不均匀，将使共振峰宽
　(A) 减少　　　　　(B) 增加　　　　　(C) 不变
6. 简述核磁共振的原理并回答什么是扫描法和扫频法。
7. NMB 实验中共用了几种磁场？各起什么作用（核磁共振）？
8. 是否能用核磁共振的方法来校准高斯计？简述校准高斯计的原理。
9. 说明如何用核磁共振方法测定磁场强度，为什么用核磁共振方法测磁场强度 B_0 的精确度取决于共振频率的测量精度？

参考答案

1. (B)　2. (A)　3. (C)　4. (A)　5. (B)

6. 答：核自旋量子数为 I，自旋角动量 $P_I = \sqrt{I(I+1)}h/(2\pi)$，对应的磁矩 $\mu_I = g_N P_I \frac{e}{2m_p}$，$\mu_z = \gamma P_{Iz}$，$z$ 为外磁场 B_0 的方向，在外场 B_0 中能级分裂 $|\Delta E| = r\eta B_0 \Delta m$。样品处于 B_0 中，在垂直于 B_0 方向叠加一射频 B_1（频率为 v），样品（处在 B_1 中）吸收 $h\nu = |\Delta E| = B_0 rIh/2\pi$，从低能级跃迁到高能级的现象即核磁共振。

所以扫描法是使主场 B_0 以 50Hz 变化，使 B_0 扫过共振准确值。

扫频法是将射频 B_1 以 50Hz 变化，使 ν 扫过共振准确值。

7. 答：有三个磁场：主场 B_0、射频磁场 B_1 和调制磁场 B'。主场 B_0 中，磁矩产生的能级差 $h\nu = |\Delta E| = B_0 rIh/2\pi$；射频磁场产生的能量 $h\nu = |\Delta E|$ 被样品吸收；调制磁场 B' 使主场以 50Hz 周期旋转，使样品在共振磁场准确值时共振一次，从而在示波器上显示一个吸收曲线。

8. 答：可以，相当于求 g_N 的过程，只是已知、未知反过来。
利用其他实验的数据 $g_N = 5.586$

$$g_N = \frac{h}{2\pi\mu_N} \cdot 2\pi \frac{\nu}{B_0} = \frac{h\nu}{B_0 \mu_N}$$

$$B_0 = \frac{h\nu}{g_N \mu_N}$$

测得共振时的 ν 即可求出 B_0。再用高斯计测共振时的 B 与 B_0 比较，即可校准高斯计。

9. 答：由 (8) 问题

$$B_0 = \frac{h\nu}{g_N \mu_N}$$

h、g_N、μ_N 已知，ν 待测。

$$\sigma_{B_0} = \frac{h}{g_N \mu_N} \sigma_\nu$$

所以误差 σ_{B_0} 取决于 σ_ν。即 B_0 的精确度取决于共振频率 ν 的测量精度。

英汉专业小词汇

nuclear magnetic resonance, NMR　核磁共振　　spin angular momentum　自旋角动量
spin quantum number　自旋量子数　　frequency sweep　扫频　　oscillograph　示波器　　protium　氕

实验 61　利用气-固色谱法分析 O_2、N_2、CO 及 CH_4 混合气体

一、实验目的

1. 了解气相色谱仪的组成及各部件的功能。
2. 加深理解气-固色谱的原理和应用。
3. 掌握气体分析的一般实验方法。

二、实验原理

气相色谱法是进行气体分析的有力手段。所谓气体是指在室温下呈气态的物质。例如，永久气体（H_2、O_2、N_2、CO、CO_2 及水蒸气等）、烯类气体、低沸点碳氧化合物、含氮气体、含氯气体、稀有气体等。对这些气体样品的分析通常是采用气-固色谱法。

当被分析试样随载气进入色谱柱后，因吸附剂对试样混合物中各组分的吸附能力不同，经过反复多次的吸附-脱附过程，各组分彼此分离。在这种吸附色谱中，常用吸附等温线来描述气体样品在吸附剂上的浓度与其在载气中的浓度的比值。也就是说，固体吸附剂上气体样品的浓度随气相中气体样品的浓度的增加而线性增加，使得吸附等温线为一条直线，所得到的色谱峰为一对称峰。然而，在实际分析中，这样的吸附等温线很难得到，只有在样品浓度极低的情况下才可能出现。多数情况下吸附等温线处于非线性的状态，与其相对应的色谱峰是拖尾峰或伸舌峰。因此，样品进样量直接影响色谱峰的形状，同时也影响保留时间的重现性，比如进样量过大时，峰形拖尾，保留时间位移，各组分之间的分离变差。所以样品的进样量应尽量地减少，此时吸附等温线近似为直线。

三、仪器与试剂

仪器：气相色谱仪带热导检测器；色谱柱：5A 分子筛（60～80 目，$\phi 4mm \times 3m$）；氢气；皂膜流量计；停表；进样器；六通阀。

试剂：N_2；O_2；CO；CH_4；标准气；混合气样品。

四、实验步骤

(1) 打开 H_2 钢瓶，以 H_2 为载气，用皂膜流量计在热导检测器的出口检查载气是否流过色谱仪，调整流速约为 $40mL \cdot min^{-1}$。
(2) 设置并恒定柱温为 60℃、热导检测器温度为 80℃、气化室温度为 80℃。
(3) 打开热导检测器开关，调节桥流为 100mA。
(4) 打开色谱数据处理机，输入所需的各种参数。
(5) 待仪器稳定后，用进样器注入 0.3mL N_2，记录组分的保留时间和半峰宽。
(6) 改变进样量（0.5～6mL）重复步骤（5）3～4 次，必要时采用六通阀进样。
(7) 进 1.0mL 混合气样品。
(8) 分别注入 0.3mL N_2、O_2、CO、CH_4 标准样品，记录保留时间。
(9) 实验结束后首先关闭热导桥流的开关，随后关闭其他电源。
(10) 待柱温降至室温后，关闭载气钢瓶。

五、注意事项

(1) 先通载气，确保载气通过热导检测器后，方可打开桥流开关。
(2) 如果使用记录仪记录半峰宽，要调整适当的记录纸速，以保证测量的精度。
(3) 在用进样器进样时，因进样器内外有一定的压差，应注意安全使用进样器。

六、数据处理

(1) 详细记录色谱分析的实验条件，包括所用仪器的型号，色谱柱的填料、尺寸、材质、载气种类、流速，检测器类型，参数和进样量等。

（2）考查并讨论进样量对组分保留时间和半峰宽的影响。

（3）利用峰面积归一法计算混合物中 N_2、O_2、CO、CH_4 各组分的质量分数。

（4）利用面积归一法（不经校正）对 N_2、O_2、CO、CH_4 进行定量计算，与（3）的计算结果进行比较并讨论。

七、思考题

1. 在气相色谱仪中有单气路和双气路之分，二者各有什么特点？

2. 在分析永久性气体时常采用热导检测器，这是为什么？热导检测器的检测灵敏度与其桥电流值有什么关系吗？如何确定使用桥流？

3. 在色谱分析中，经常会出现色谱峰不对称的现象，除了进样量的影响之外，还有什么其他影响因素？

英汉专业小词汇

gas chromatography, GC　气相色谱法　　gas solid chromatography, GSC　气固色谱法
chromatographic column　色谱柱　　gas-solid adsorption　气-固吸附
adsorption stripping; desorption; stripping　解吸　　adsorption isotherm　吸附等温线
chromatographic peak　色谱峰　　tailing peak　拖尾峰　　sample injector; sampler　进样器
soap film　皂膜　　flowmeter　流量计　　thermal conductivity detector, TCD　热导检测器
vaporizer　气化室　　holding time; retention time　保留时间

实验 62　原子吸收分光光度法测定自来水中 Mg 的含量（标准曲线法）

一、实验目的

1. 了解原子吸收光谱仪的原理和构造。
2. 掌握标准曲线法测定元素含量的操作。
3. 学习操作条件的选择和干扰抑制剂的应用。

二、实验原理

原子吸收分光光度分析法是根据物质产生的原子蒸气对特征波长的光的吸收作用来进行定量分析的。

溶液中的待测离子在火焰温度下变成原子蒸气，元素的基态原子可以吸收与其发射线波长相同的特征谱线。当光源发射的待测元素的特征波长的光通过原子蒸气时，原子中的外层电子将选择性地吸收该元素所能发射的特征波长的谱线，这时，透过原子蒸气的入射光将减弱，其减弱的程度与蒸气中该元素的浓度成正比，吸光度符合 Beer 吸收定律：

$$A = \lg \frac{I_0}{I} = KcL$$

在一定的实验条件下，蒸气中该元素的浓度与溶液中该元素的离子浓度成正比。根据这一关系可以用标准曲线法或标准加入法来测定溶液中待测元素的含量。

在火焰原子吸收光谱分析中，分析方法的灵敏度、准确度、干扰情况和分析过程是否简便、快速等，除与所用仪器有关外，在很大程度上取决于实验条件。因此最佳实验条件的选择是个重要问题。在实验中要学习对灯电流、狭缝宽度、燃烧器高度、燃气和助燃气流量比（助燃比）等因素进行选择。

自来水中除了镁离子外，还含有其他阴离子和阳离子，这些离子会对镁的测定产生干扰，使测得的结果偏低。加入锶离子作干扰抑制剂，可以获得准确的结果。

三、仪器与试剂

仪器：原子吸收分光光度计；镁元素空心阴极灯；空气供气设备；容量瓶（50mL）15个、（1000mL、250mL）各1个；吸量管（2mL）1个、（5mL）3个；大肚移液管（5mL）1个；烧杯（250mL）2个；容量瓶（1000mL）1个。

试剂：

镁标准储备溶液：称取0.1658g经900℃灼烧0.5h的优级纯氧化镁，置于250mL烧杯中，小心加入20mL硝酸（1+1），盖上表面皿，完全溶解，微沸驱除氮的氧化物，取下，用水洗涤表面皿及杯壁，冷至室温。移入1000mL容量瓶中，用水稀释至刻度，混匀。此溶液1mL含100μg镁。

镁标准溶液：移取25.00mL镁标准储备液，置于250mL容量瓶中，用水稀释至刻度，混匀，此溶液1mL含10μg镁。

锶溶液：称取30.4g $SrCl_2·6H_2O$，将它溶于水中，再用水稀释至1000mL。此锶溶液1mL约含10mg锶。

盐酸（A.R.）；硝酸（A.R.）。

四、实验步骤

1. 最佳测定条件的选择

原子吸收分光光度计类型很多，不可能有统一的操作方法，应按每种仪器的说明书进行启动。在进行原子吸收光谱测定时，仪器工作条件直接影响测定的灵敏度、精密度。不同的工作条件会得到不同的结果，也可能引起测定误差，所以要对工作条件进行优选。在条件优选时可以进行单个因素的选择，即先将其他因素固定在参考水平上，逐一改变所要选择因素的条件，测定某一标准溶液的吸光度，选择吸光度大、稳定性好的条件作该因素的最佳工作条件。

火焰：乙炔-空气；乙炔压力0.08MPa，空气压力0.3MPa。

空心阴极灯电流：5mA。

狭缝宽度：0.4mm。

燃烧器高度：8mm。

吸收线波长：285.2nm。

1）灯电流的选择

在初步固定的测量条件下，先将灯电流调到5mA，吸取Mg标准溶液并读取吸光度值，然后在3～7mA范围内依次改变灯电流，每改变一次电流值，对Mg标准溶液测定4次，计算平均值和标准偏差，并绘制吸光度与灯电流的关系曲线，选择灵敏度高、稳定性好的条件作为工作电流。

2) 狭缝宽度调节

用以上选定的条件，根据各仪器所能调的狭缝宽度依次改变宽度后对 Mg 标准溶液进行测定，每个条件测定 3 次，计算其平均值，并绘制吸光度与狭缝宽度的关系曲线。以不引起吸光度值减小的最大狭缝宽度为合适的狭缝宽度。

3) 燃烧器高度的选择

用以上选定的条件，先将燃烧器高度调节到 8mm，测定 Mg 标准溶液吸光度值，然后在 2～12mm 范围内依次改变燃烧器高度，每改变 2mm，就对所配制的 Mg 标准溶液进行测定，每个条件测定 3 次，计算平均值，并绘制吸光度-燃烧器高度的影响曲线，选取最佳高度作为工作条件。

4) 助燃比的选择

当火焰的种类确定后，助燃比的不同必然会影响火焰的性质、吸收灵敏度和干扰的消除等问题。同种火焰的不同燃烧状态，其温度与气氛也有所不同，实验分析中应根据元素性质选择适宜的火焰种类及其燃烧状态。在上述选定的条件下，固定空气的压力为 0.3MPa，依次改变乙炔的流量，对所配制的 Mg 标准溶液进行测定，每个条件测定 3 次，计算平均值，并绘制吸光度-燃气流量变化的影响曲线，从曲线上选定最佳助燃比。

5) 进样量的选择

依次改变进样量为 $3mL \cdot min^{-1}$、$5mL \cdot min^{-1}$、$7mL \cdot min^{-1}$、$9mL \cdot min^{-1}$，对所配制的 Mg 标准溶液进行测定，并绘制吸光度-进样量变化的影响曲线，选取最佳进样量。

2. 干扰抑制剂（释放剂）锶溶液加入量的选择

吸取自来水 5mL 6 份于 6 只 50mL 容量瓶中，加入 2mL（1+1）HCl。一瓶中不加锶溶液，其余五瓶中分别加入锶溶液 1mL、2mL、3mL、4mL、5mL，全部用去离子水稀释至刻度，摇匀。在上面选得的最佳操作条件下，每次用去离子水调吸光度为零，依次测定各瓶试样的吸光度，绘制吸光度-锶溶液加入量的关系曲线，在吸光度较大且吸光度变化很小的范围内确定最佳锶溶液加入量。

3. 标准曲线的绘制

准确吸取 0.00mL、1.00mL、2.00mL、3.00mL、4.00mL、5.00mL 浓度为 $10.0\mu g$ 的镁标准溶液，分别置于 6 只 50mL 容量瓶中，每瓶中加入最佳量的锶溶液（其加入量由步骤 2 确定），再加入盐酸（1+1）2mL，按照仪器操作说明打开仪器并根据测得的最佳条件设定好各项参数，每次以空白溶剂为参比调零，测定相应的吸光度。以镁含量为横坐标、吸光度为纵坐标，绘制标准曲线。

4. 自来水样中镁的测定

准确吸取 5mL 或 10mL 自来水样（视水样中镁含量多少而定）于 50mL 容量瓶中，加入最佳量的锶溶液和 2mL 盐酸溶液，用去离子水稀释至刻度，摇匀。用选定的操作条件，以空白溶剂为参比调零，测定其吸光度，再由标准曲线查出水样中镁的含量，并计算自来水中镁的含量。

五、注解与实验指导

1. 当待测试样的吸光度超出所配制标准溶液的最大吸光度时，可用溶剂对试样进行稀释。当待测试样的吸光度低于标准溶液的最小吸光度时，可以在被测元素工作线性范围内，重新配制标准溶液，以减小其浓度，使未知试样的吸光度数值位于标准溶液系列的吸光度值之间。

2. 在进行最佳条件的选择实验时，每改变一个条件都必须重复调零等步骤，在进行狭缝宽度和灯电流选择时还必须重复光能量调节步骤。

3. 乙炔为易燃、易爆气体，必须严格按照操作步骤进行。在点燃乙炔火焰之前，应先开空气，然后开乙炔气；结束或暂停实验时，应先关乙炔气，再关空气。必须切记以保障安全。

4. 乙炔气钢瓶为左旋开启，开瓶时，不能过猛，否则冲击气流会使温度过高，易引起燃烧或爆炸。开瓶时，阀门不要充分打开，旋开不应超过一圈半。

六、思考题

1. 在原子吸收光度法中为什么要用待测元素的空心阴极灯作光源？可否用氘灯或钨灯代替？为什么？

2. 试解释向试样溶液中加入锶盐的作用。标准系列中是否必须同样加入锶盐？

3. 空白溶剂的含义是什么？为什么在测定试样前要用空白溶剂进行调零？用纯溶剂调零和用空白溶液调零对测定有什么影响？

4. 通过本次实验，试论述仪器最佳条件的选择对实际测定的意义。

实验 63　原子吸收分光光度法测定人发中的锌（标准加入法）

一、实验目的

1. 掌握标准加入法测定元素含量的操作。
2. 掌握使用硝化法进行有机样品的处理。

二、实验原理

原子吸收光谱分析应用范围较广，但通常是溶液进样，所以被测样品需事先转化为溶液样品。有机试样的预处理通常先进行灰化或硝化，以除去有机基体，然后再进行溶样。

当试样组成复杂，配置的标准溶液与试样组成之间存在较大差别时，试样的基体效应对测定有影响，其干扰不易消除，分析样品数量少时用标准加入法较好。在几个相同量的待测样品溶液中，加入不同浓度的标准溶液，然后一起测定，并绘制分析曲线，将绘制的直线延长，与横轴相交，交点至原点所对应的浓度即为待测试样的浓度。

三、仪器与试剂

仪器：原子吸收光度计；容量瓶（50mL）6个、（100mL）1个、（1000mL）2个；吸量管（5mL）3 个；大肚移液管（50mL）1 个；烧杯（100mL、300mL、250mL）各 1 个。

试剂：

Zn 标准储备液（100μg·mL^{-1}）：称取 0.1000g 金属锌（99.99%）于 300mL 烧杯中，加入 40mL（1+1）硝酸，盖上表面皿，加热至完全溶解，微沸驱除氮的氧化物，取下，冷却，移入盛有 160mL（1+1）硝酸的 1000mL 容量瓶中，摇匀，此溶液浓度为 100μg·mL^{-1}（以 Zn 计）。

Zn 标准溶液：移取 50mL Zn 标准储备液于 1000mL 容量瓶中，加入 5mL 硝酸（1+2），稀释至刻度，摇匀，此溶液浓度为 5μg·mL^{-1}（以 Zn 计）。

硝酸（A.R.）；高氯酸（A.R.）；双氧水（A.R.）；丙酮（A.R.）；洗洁剂（市售）；去离子水。

四、实验步骤

1. 试样的处理

使用硝化法进行试样处理：采集约 0.5g 左右的人发样品，并剪成 0.5cm 长，置于 250mL 烧杯中，以 20%洗洁剂浸泡 15min，不时搅拌，弃去洗涤液，用自来水冲净泡沫，再用去离子水洗涤 3 次，加入适量的丙酮再浸泡 10min 后，于 60℃烘箱内烘干。准确称取 0.2000g 样品于 100mL 烧杯中，加入硝酸 3～5mL，于中温电热板上加热溶解，至剩 1mL 左右时，加入 1mL 高氯酸，继续加热至白烟冒尽，缓缓滴加 5mL 双氧水至溶液清亮，继续加热，除去剩下的双氧水，以 2mol·L^{-1} 的 HCl 溶液定容于 100mL 容量瓶中。

2. 测量溶液的配置

分别吸取 5mL 试样溶液于 6 个 50mL 容量瓶中，各加入含量为 5μg·mL^{-1} 的 Zn 标准溶液 0.00mL、1.00mL、2.00mL、3.00mL、4.00mL、5.00mL，用去离子水稀释至刻度，摇匀。

3. 测量吸光度

打开仪器并按实验 62 中"最佳测定条件的选择"调节好仪器条件，待仪器稳定后，用空白试剂调零，将配制好的标准溶液由低到高依次测试并读出吸光度数值。

4. 计算

以所测溶液的吸光度数值为纵坐标，以测量溶液中加入 Zn 标准溶液的浓度为横坐标，绘制标准曲线，并将标准曲线延长交于横坐标轴，交点至原点的距离即为测量溶液中 Zn 的浓度。根据稀释倍数即可求出人发中 Zn 的含量，并计算标准偏差。

五、注解与实验指导

要获得准确数据和满意的图形，样品的加入量和标准曲线浓度的关系很重要，在实验过程中应根据测定的数据进行相应的调整。

六、思考题

1. 标准加入法定量分析有哪些优点？在哪些情况下适宜采用？
2. 标准加入法为什么能够克服基体效应及某些干扰对测定结果的影响？

实验 64 紫外吸收光谱法测双组分混合物

一、实验目的

1. 掌握单波长紫外-可见分光光度计的使用。
2. 学会用解联立方程组的方法，定量测定吸收曲线相互重叠的二元混合物。

二、方法原理

根据 Lambert-Beer 定律，用紫外-可见分光光度法可以定量测量在紫外-可见光谱区内有吸收的单一成分。由两种组分组成的混合物中，若彼此都不影响另一种物质的光吸收性质，可根据相互间光谱重叠的程度，采用相应的方法来进行定量测量。当两组分吸收峰有部分重叠时，选择适当的波长，仍可按测定单一组分的方法处理；当两组分吸收峰大部分重叠时，则采用解联立方程组或双波长等方法进行测定。

解联立方程组是以 Lambert-Beer 定律及吸光度的加和性为基础，同时测定吸收光谱曲线相互重叠的二元组分的一种方法。从图 6-64-1 可以看出，混合组

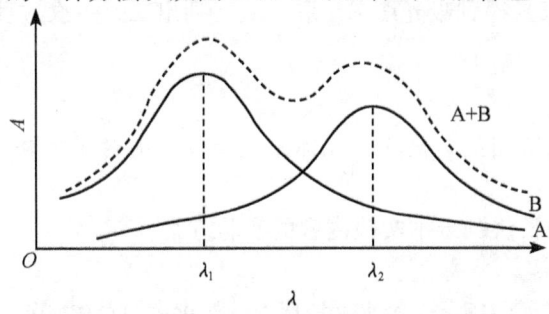

图 6-64-1 多组分吸收光谱中吸光度加和性图

分在 λ_1 处的吸收等于 A 组分和 B 组分分别在 λ_1 的吸光度之和 $A_{\lambda_1}^{A+B}$，即

$$A_{\lambda_1}^{A+B} = \kappa_{\lambda_1}^A bc^A + \kappa_{\lambda_1}^B bc^B$$

同理，混合组分在 λ_2 的吸收等于 A 组分和 B 组分分别在 λ_2 的吸光度之和 $A_{\lambda_2}^{A+B}$：

$$A_{\lambda_2}^{A+B} = \kappa_{\lambda_2}^A bc^A + \kappa_{\lambda_2}^B bc^B$$

首先用 A、B 组分的标准样品，分别测得 A、B 两组分在 λ_1 和 λ_2 处的摩尔吸收系数 $\kappa_{\lambda_1}^A$、$\kappa_{\lambda_2}^A$ 和 $\kappa_{\lambda_1}^B$、$\kappa_{\lambda_2}^B$，再测定未知试样在 λ_1 和 λ_2 的吸光度 $A_{\lambda_1}^{A+B}$ 和 $A_{\lambda_2}^{A+B}$，解下列方程组：

$$\begin{cases} A_{\lambda_1}^{A+B} = \kappa_{\lambda_1}^A bc^A + \kappa_{\lambda_1}^B bc^B \\ A_{\lambda_2}^{A+B} = \kappa_{\lambda_2}^A bc^A + \kappa_{\lambda_2}^B bc^B \end{cases}$$

即可求得 A、B 两组分各自的浓度 c^A 和 c^B。

一般来说，为了提高检测的灵敏度，宜选择在 A、B 两组分有最大吸收的波峰或其附近的波长为 λ_1 和 λ_2。

三、仪器和试剂

仪器：记录式分光光度计（375~625nm）。

试剂：$KMnO_4$ 溶液（0.020mol·L^{-1}，其中含 H_2SO_4 0.5mol·L^{-1}、KIO_4 2g·L^{-1}）；

K$_2$Cr$_2$O$_7$ 溶液（0.020mol·L^{-1}，其中含 H$_2$SO$_4$ 0.5mol·L^{-1}、KIO$_4$ 2g·L^{-1}）。

四、实验步骤

（1）分别取一定量的 0.020mol·L^{-1} KMnO$_4$ 溶液，稀释配成浓度为 0.0008mol·L^{-1}、0.0016mol·L^{-1}、0.0024mol·L^{-1}、0.0032mol·L^{-1} 和 0.0040mol·L^{-1} 的系列标准溶液。

（2）分别取一定量的 0.020mol·L^{-1} K$_2$Cr$_2$O$_7$ 溶液，稀释配成浓度为 0.0008mol·L^{-1}、0.0016mol·L^{-1}、0.0024mol·L^{-1}、0.0032mol·L^{-1}、0.0040mol·L^{-1} 的系列标准溶液。

（3）在教师的指导下，开启分光光度计。

（4）绘制上述 10 种溶液在 375～625nm 范围内吸收光谱图，并测定它们在 440nm 和 545nm 处的吸光度。

（5）测定教师给定的试样在 440nm 和 545nm 处的吸光度。

五、数据处理

（1）由实验步骤（4）所得到的吸光度，分别求得 KMnO$_4$ 和 K$_2$Cr$_2$O$_7$ 在 440nm 和 545nm 处的摩尔吸收系数。

（2）由实验步骤（5）得到吸光度 A_{440} 和 A_{545}，列出二元一次方程组，求出 c^A 和 c^B。

六、问题讨论

1. 今有吸收光谱曲线相互重叠的三元体系混合物，能否用解联立方程组的方法测定它们的各自的含量？

2. 设计一个用双波长法测定本实验内容的实验方案。

实验 65　分光光度法测水样中的 Fe^{3+}

一、实验目的

1. 熟悉分光光度法测定物质含量的原理和方法。
2. 掌握吸收曲线和标准曲线的绘制。
3. 学习 721 型分光光度计的使用。

二、实验原理

分光光度法是根据物质对光的选择性吸收而建立的对物质进行定性、定量分析的一种方法。自然光（白光）是由不同波长的单色光按一定比例混合而成的复合光，可通过棱镜（或光栅）分解为波长不同的单色光。不同的物质对不同波长的光具有不同的吸收能力。将不同波长的光透过某一固定浓度和厚度的有色溶液时，测量每一波长下有色溶液的吸光度，然后以波长为横坐标、吸光度为纵坐标作图，得一曲线，称为物质的吸收光谱。不同物质吸收光谱的形状和最大吸收波长各不相同，故可作为初步定性分析的依据，同时也是定量分析中选择测定波长的重要依据。

当一束单色光照射到有色溶液时，一部分光被吸收，一部分光透过溶液。实验证明，溶液对光的吸收除与溶液本性有关外，还与入射光波长、溶液浓度、液层厚度及温度等因素有关。当吸光物质种类、溶剂、入射光波长和溶液温度一定时，溶液对光的吸收程度（吸光度）与液层厚度及溶液浓度成正比，此为 Lamber-Beer 定律，又称光的吸收定律，用关系式表示为

$$A = \varepsilon b c$$

式中：A 为吸光度；b 为液层厚度（cm）；c 为物质的量浓度（mol·L^{-1}）；ε 为摩尔吸光系数（L·mol^{-1}·cm^{-1}）。若溶液厚度也一定，则吸光度仅与溶液浓度成正比。Lamber-Beer 定律是对物质进行定量分析的基础。在实际操作中，通常用标准曲线法（或称工作曲线法）得到待测物质的相对含量。

本书对水样中 Fe^{3+} 含量测定的实验选取了两种方法。

方法 I 邻二氮杂菲法

一、方法原理

邻二氮杂菲是测定微量铁的一种较好的试剂。在 pH 约为 2 的条件下，Fe^{2+} 能与邻二氮杂菲生成极稳定的橘红色络合物。

在显色前，首先用盐酸羟胺把 Fe^{3+} 还原为 Fe^{2+}。反应式如下：

$$2Fe^{3+} + 2NH_2OH \cdot HCl = 2Fe^{2+} + N_2 \uparrow + 2H_2O + 4H^+ + 2Cl^-$$

测定时，需控制溶液酸度在 pH 为 5 左右。酸度高时，反应进行较慢；酸度太低时，Fe^{2+} 水解，影响显色。

二、仪器与试剂

仪器：721 型（或其他型号）分光光度计 1 台；洗瓶 1 个；量筒（2mL）1 个；滴管 1 支；比色管（10mL）7 支；吸量管（1mL）2 支、（2mL）1 支、（5mL）4 支。

试剂：铁标准溶液 NH$_4$Fe(SO$_4$)$_2$·12H$_2$O（10μg·L^{-1}、100μg·L^{-1}）；含铁试样溶液；盐酸羟胺（10%）；邻二氮杂菲（0.1%）；NaAc（1mol·L^{-1}）。

三、实验步骤

1. 测定用溶液的配制

取 10mL 比色管 7 支，编号后分放在比色管架上。按表 6-65-1 将各种溶液加入各比色管中，加蒸馏水稀释至刻度，摇匀。即配成一系列标准溶液及待测溶液，备用。

表 6-65-1 测定用溶液的配制

比色管编号	空白	1	2	3	4	5	6
10μg·L^{-1}铁标准溶液/mL	0	0.5	1.0	1.5	2.0	2.5	
水样/mL							2.0
2%盐酸羟胺溶液	各加 1mL，摇匀，放置 2min
1mol·L^{-1} NaAc 溶液	各加 1mL
0.1%邻二氮杂菲溶液	各加 1mL
总体积 V/mL	加去离子（蒸馏）水至 10.0mL

2. 吸收光谱曲线的绘制

用表 6-65-1 的空白溶液作参比溶液，以表 6-65-1 的第 3 号标准溶液为测定用溶液。波长从 430nm 到 570nm 为止。每隔 10nm 或 20nm 测定一次吸光度 A。然后以波长为横坐标、吸光度为纵坐标绘制出吸收光谱。从吸收光谱上确定适宜波长（注意：每次改变波长测定均要用空白溶液调零）。

3. 标准曲线的绘制及水样中铁含量测定

在分光光度计上，用 1cm 比色皿，在最大吸收波长（$\lambda_{max} = 510$nm）处，以空白作参比调零，测定已配好的标准系列溶液的吸光度。以铁含量为横坐标、吸光度为纵坐标，绘制标准曲线。

用同样的方法测定水样的吸光度。由水样的吸光度在标准曲线上查出 2mL 水样中的铁含量。然后以每毫升水样中含铁多少微克表示结果。

四、数据记录与处理

比色皿厚度为 ____ cm。

表 6-65-2　吸收光谱的测绘

波长 λ/nm	570	550	530	510	500	490	470	450	430
吸光度 A									

表 6-65-3　标准曲线的测绘和铁含量的测定

试管编号	1	2	3	4	5	6	7
标准溶液/mL	0	0.5	1.0	1.5	2.0	2.5	
试液/mL							2.00
吸光度 A							
总含铁量/μg							

方法Ⅱ　磺基水杨酸法

一、方法原理

利用磺基水杨酸（为方便起见记为 H_3R）作显色剂，在 pH 为 8.0~11.5 与 Fe^{3+} 形成黄色稳定的三磺基水杨酸铁来进行分析。

二、仪器与试剂

仪器：同方法Ⅰ。

试剂：Fe^{3+} 标准溶液［可用 $NH_4Fe(SO_4)_2 \cdot 12H_2O$、20mg·$L^{-1}$］；未知铁盐溶液（含 Fe^{3+} 约 10~30mg·L^{-1}）；磺基水杨酸（H_3R、10%）；氨水（10%）。

三、实验步骤

1. 测定用溶液的配制

取 10mL 比色管 7 支，编号后分放在比色管架上。按表 6-65-4 将各种溶液加入各比色管中，加蒸馏水稀释至刻度，摇匀，即配成一系列标准溶液及待测溶液，备用。

表 6-65-4 测定用溶液的配制

比色管编号	0（空白）	1	2	3	4	5	6
20mg·L^{-1}标准 Fe^{3+} 溶液/mL	0	1.00	1.50	2.00	2.50	3.00	
水样/mL							2.00
10%H$_3$R/mL	各加 1mL						
10%氨水	滴加至黄色后，各加 1mL						
总体积 V/mL	加去离子（蒸馏）水至 10.00						

注：空白溶液滴加 10%氨水的量可与 1 号比色管相同。

2. 吸收光谱曲线的绘制（同方法 I）

注意：此处用表 6-65-4 的空白溶液作参比溶液，以表 6-65-4 的第 3 号标准溶液为测定用溶液，用 1cm 比色皿。波长 520~360nm（结果 λ_{max} = 420nm）。

3. 标准曲线的绘制及水样中铁含量的测定（同方法 I）

注意此处用表 6-65-4 的测定溶液。

四、数据记录与处理

比色皿厚度为____ cm。

表 6-65-5 吸收光谱的测绘

波长 λ/nm	520	500	480	460	440	420	400	380	360
吸光度 A									

表 6-65-6 标准曲线的测绘和铁含量的测定

试管编号	1	2	3	4	5	6	7
标准溶液/mL	0	1.00	1.50	2.00	2.50	3.00	
试液/mL							2.00
吸光度 A							
总含铁量/μg							

五、思考题

1. 吸收光谱曲线和标准曲线有何不同？
2. 由标准曲线查出的待测 Fe^{3+} 含量是否为水样中 Fe^{3+} 的含量？

实验 66 磷酸的电位滴定

一、实验目的

1. 掌握酸碱电位滴定法的原理和方法，观察 pH 突跃和酸碱指示剂变色点的关系。
2. 了解用电位滴定法测 H_3PO_4 的 pK_{a_1} 和 pK_{a_2} 的原理和方法。
3. 学会绘制电位滴定曲线并由电位滴定曲线确定终点。

二、实验原理

在酸碱电位滴定过程中，随滴定剂的加入，被测物与滴定剂反应，溶液的 pH 不断变化。由加入滴定剂的体积和测得的相应的 pH 可绘制 pH-V 或 $\Delta pH/\Delta V$-V 电位滴定曲线，由曲线可确定滴定终点，并由测得的数据计算出被测酸（碱）的浓度和解离常数。

用 $0.1 mol \cdot L^{-1}$ NaOH 标准溶液电位滴定 $0.05 mol \cdot L^{-1}$ 磷酸可得到有两个 pH 突跃的 pH-V 曲线，用三切线法或一阶微商法可得到两步滴定的终点 V_{ep_1} 和 V_{ep_2}，再由 NaOH 溶液的准确浓度即可计算出被测酸的浓度。

当 H_3PO_4 被中和至第一计量点（sp_1）时，溶液由 $H_2PO_4^-$ 和 Na^+ 组成。在 sp_1 之前溶液由 H_3PO_4-$H_2PO_4^-$ 组成，这是一个缓冲溶液。当滴定至 $\frac{1}{2}V_{sp_1}$ 时，由于 $c(H_3PO_4) = c(H_2PO_4^-)$，故此时溶液的 pH 为 pK_{a_1}。同理，当滴定至 $V_{sp_1} + \frac{1}{2}V_{sp_2}$ 时，溶液的 pH 为 pK_{a_2}。实际测定时，以 V_{ep_1} 和 V_{ep_2} 分别代替 V_{sp_1} 和 V_{sp_2}。

电位滴定法测定 H_3PO_4 的 pK_{a_1} 的过程是：由电位滴定曲线确定 V_{ep_1} 并计算出 H_3PO_4 的初始浓度，在滴定曲线上找到 $\frac{1}{2}V_{sp_1}$ 所对应的 pH。测定 H_3PO_4 的 pK_{a_2} 可按同样的步骤进行。

三、仪器与试剂

仪器：pHS-2 型酸度计；玻璃电极及饱和甘汞电极（或复合玻璃电极）。

试剂：NaOH 标准溶液（$0.1 mol \cdot L^{-1}$）；磷酸（$0.05 mol \cdot L^{-1}$）；酒石酸氢钾或邻苯二甲酸氢钾标准缓冲溶液。

四、实验步骤

（1）按照仪器使用说明安装电极，用两种标准缓冲溶液校正仪器，洗净电极。

（2）将 NaOH 标准溶液装入碱式滴定管中，准确移取 25mL H_3PO_4 放入干燥烧杯中，插入电极，放入搅拌子，加甲基橙和酚酞指示剂。开动搅拌器，用 NaOH 标准溶液滴定，每滴入一定体积后记录溶液 pH，直到溶液 pH 约为 11.0 后停止。

根据所得数据绘得滴定曲线，确定滴定终点，计算 H_3PO_4 的浓度，并从图中得到 H_3PO_4 的 pK_{a_1} 和 pK_{a_2} 的值，与文献比较。

五、数据记录和计算

序 号	NaOH 体积/mL	pH	$\Delta pH/\Delta V$	$\Delta^2 pH/\Delta V^2$
1				
2				
3				
4				
5				
6				
7				
8				
9				
...				

六、思考题

1. H_3PO_4 是三元酸，为什么在 pH-V 滴定曲线上仅出现两个突跃？
2. 在滴定过程中指示剂的终点与电位滴定的终点是否一致？

实验 67　吸光度的加和性试验及水中微量 Cr(Ⅵ) 和 Mn(Ⅶ) 的同时测定

一、实验目的

了解吸光度的加和性，掌握用分光光度法测定混合组分的原理和方法。

二、实验原理

试液中含有数种吸光物质时，在一定条件下可以采用分光光度法同时进行测定而无需分离。例如，在 H_2SO_4 溶液中，$Cr_2O_7^{2-}$ 和 MnO_4^- 的吸收曲线相互重叠（图 6-64-1）。根据吸光度的加和性原理，在 $K_2Cr_2O_7$ 和 MnO_4^- 的最大吸收波长 440nm 和 545nm 处测定混合溶液的总吸光度。然后用联立方程式的方法，即可分别求出试液中 Cr(Ⅵ) 和 Mn(Ⅶ) 的含量。

三、仪器与试剂

仪器：分光光度计；容量瓶（50mL）3 只；微量进样器（10μL 或 50μL）一支。

试剂：$KMnO_4$ 标准溶液（浓度约为 1.0×10^{-3} mol·L^{-1}，已用 $Na_2C_2O_4$ 为基准物标定得准确浓度）；$K_2Cr_2O_7$ 标准溶液（浓度约为 4.0×10^{-3} mol·L^{-1}）；H_2SO_4 (2mol·L^{-1})。

四、实验步骤

1. $KMnO_4$ 和 $K_2Cr_2O_7$ 吸收曲线及吸光度的加和性实验

1) 配制三种标准溶液

取 3 只 50mL 容量瓶，各加下列溶液后，以水稀释至刻度，摇匀。

10mL 1.0×10^{-3} mol·L^{-1} $KMnO_4$ 和 5mL 2mol·L^{-1} H_2SO_4

10mL 4.0×10^{-3} mol·L^{-1} $K_2Cr_2O_7$ 和 5mL 2mol·L^{-1} H_2SO_4

10mL 1.0×10^{-3} mol·L^{-1} KMnO$_4$ 和 10mL 4.0×10^{-3} mol·L^{-1} K$_2$Cr$_2$O$_7$ 及 5mL 2mol·L^{-1} H$_2$SO$_4$。

2）测定吸光度

以水为参比，用 1cm 比色皿，测定波长为 600nm、580nm、…、400nm 时上述溶液的吸光度。

3）绘制曲线

在同一张坐标纸上绘制 KMnO$_4$、K$_2$Cr$_2$O$_7$ 和混合溶液的吸收曲线，验证吸光度的加和性。

2. KMnO$_4$ 在 λ 为 545nm 和 440nm 时的摩尔吸收系数的测定（用累加法）

1）λ＝545nm 时的测定

于 50mL 容量瓶中加入 5mL 2mol·L^{-1} H$_2$SO$_4$ 溶液，以水稀释至刻度，摇匀。在 3cm 比色皿中，在 λ＝545nm 处，以此溶液为参比，调吸光度为"0"，然后用微量进量器，吸取 1.0×10^{-3} mol·L^{-1} KMnO$_4$ 标准溶液 10μL 于比色皿中，用玻璃棒搅匀后测定其吸光度。再用同样的方法累加 1.0×10^{-3} mol·L^{-1} KMnO$_4$ 标准溶液于此比色皿中，每次 10μL，并测定吸光度。以比色皿中 KMnO$_4$ 溶液浓度为横坐标、相应的吸光度为纵坐标绘制标准曲线图。

2）λ＝440nm 的测定

以 440nm 波长的光为入射光。其余操作步骤同上。

3. K$_2$Cr$_2$O$_7$ 在 λ 为 545nm 和 440nm 时摩尔吸收系数的测定（累加法）

（1）测定 k_{545}^{Cr} 的方法同 k_{545}^{Mn} 的测定，只是标准溶液改为 4.0×10^{-3} mol·L^{-1} K$_2$Cr$_2$O$_7$。

（2）测定 k_{440}^{Cr} 的方法同 k_{545}^{Mn} 的测定，只是入射光波长采用 440nm。

4. 测定未知液中 MnO$_4^-$ 和 Cr$_2$O$_7^{2-}$ 的含量

用累加法。在 50mL 容量瓶中加 2mol·L^{-1} H$_2$SO$_4$ 5mL，以水稀释至刻度，吸出此溶液两份，每份 10mL，置于 2 个 3cm 比色皿中，以此溶液为参比。一个在 λ＝545nm 时调吸光度为"0"，用 10μL 微量进样器移取未知液 10μL 于比色皿中，搅拌均匀，测定吸光度。如吸光度数值太小，可再移取适量未知液累加于比色皿中，再测定吸光度。另一装空白溶液的比色皿，在 λ＝440nm 时调吸光度为零。用同样方法测出在 440nm 时的吸光度。

由 $A_{440}^{总}$、$A_{545}^{总}$、k_{440}^{Mn}、k_{545}^{Mn}、k_{440}^{Cr} 及 k_{545}^{Cr} 计算出未知液中 MnO$_4^-$ 和 Cr$_2$O$_7^{2-}$ 的含量。

五、数据记录与处理

λ/nm	A_1	A_2	A_3
600			
580			
560			
550			
545			
540			
535			
530			

λ/nm	A_1	A_2	A_3
520			
500			
480			
460			
450			
440			
430			
420			
400			

实验68 水中微量氟的测定——离子选择电极法

一、实验目的

1. 了解用 F^- 选择电极测定水中微量氟的原理和方法。
2. 掌握用标准曲线法和标准加入法测定水中微量氟离子的方法。

二、实验原理

离子选择电极是一种化学传感器，它能将溶液中特定离子的活度转换成相应的电位。用 F^- 选择电极（简称氟电极，它是 LaF_3 单晶敏感膜电极，内装 $0.1mol \cdot L^{-1}$ NaCl-NaF 内参比溶液和 Ag-AgCl 内参比电极）测定氟离子的方法与测定 pH 的方法类似。当氟电极插入溶液中时，其敏感膜对 F^- 产生响应，在膜和溶液间产生一定的膜电位 $\varphi_{膜}$：

$$\varphi_{膜} = K - \frac{2.303RT}{F}\lg[a(F^-)]$$

在一定条件下膜电位 $\varphi_{膜}$ 与 F^- 活度的对数值成直线关系。当氟电极（作指示电极）与饱和甘汞电极（作参比电极）插入被测溶液中组成原电池时：

Ag | AgCl, Cl⁻ (0.1mol·L⁻¹),

F⁻(0.1mol·L⁻¹) | LaF₃ | F⁻试液 ‖ 饱和甘汞电极

电池的电动势 E 在一定条件下与 F^- 活度的对数值成直线关系：

$$E = K' - \frac{2.303RT}{F}\lg[a(F^-)]$$

式中：K' 为包括内外参比电极的电位、液接电位、不对称电位等的常数。通过测量电池电动势可以测定 F^- 的活度。当溶液的总离子强度保持不变时，离子的活度系数为一定值，则

$$E = K' - \frac{2.303RT}{F}\lg[c(F^-)]$$

此时 E 与 F^- 浓度 $[c(F^-)]$ 的对数值成直线关系。因此，为了测定 F^- 的浓度，常在标准溶液与试样溶液中同时加入相等的足够量的总离子强度调节缓冲液，使它们的总离子强度相等。总离子强度调节缓冲液（TISAB）通常由惰性电解质、金属络合剂（作掩蔽剂）及 pH 缓冲剂组成，可以起到控制一定的离子强度和酸度，以及掩蔽干扰离子等多种作用。

当 F^- 浓度在 $10^{-6} \sim 1mol \cdot L^{-1}$ 范围内时，氟电极电位与 pF 成直线关系，可用标准加入

法或标准曲线法进行测定。

该方法的最大优点是选择性好。但在酸性溶液中，H^+ 与部分 F^- 形成 HF 或 HF_2^-，会降低 F^- 的浓度。在碱性溶液中，LaF_3 薄膜与 OH^- 发生交换作用而使溶液中 F^- 浓度增加。因此溶液的酸度对测定有很大影响，氟电极适宜于测定的 pH 范围为 5～7。

三、仪器与试剂

仪器：pHS-2 型精密酸度计；7601 型氟电极；232 或 222 型甘汞电极；电磁搅拌器；移液管（5.0mL 25mL）；烧杯（50mL）；容量瓶（250mL）。

试剂：

$0.100mol \cdot L^{-1}$ 氟标准溶液的配制：准确称取于 120℃ 干燥 2h 并冷却的分析纯 NaF 4.199g，将它溶于去离子水，转入 1L 容量瓶中，用去离子水稀释至刻度，摇匀，储于聚乙烯瓶中。

TISAB（总离子强度调节缓冲液）的配制：于 1000mL 烧杯中，加入 500mL 去离子水和 57mL 冰醋酸、58gNaCl、12g 柠檬酸钠（$Na_3C_6H_5O_7 \cdot 2H_2O$），搅拌至溶解，将烧杯放在冷水浴中，缓缓加入 $6mol \cdot L^{-1}$ NaOH 溶液，直至 pH 为 5.0～5.5（约需 125mL，用 pH 计检查），冷至室温，转入 1000mL 容量瓶中，用去离子水稀释至刻度。

pHS-2 型酸度计操作方法：

（1）接通电源（交流电 220V），打开电源开关，预热 20min。

（2）把 pH-mV 选择开关转到 mV 位置上。

（3）安装电极。把电极夹在电极杆上，把氟电极和甘汞电极分别夹在电极夹上，甘汞电极下端比氟电极下端略低一些，以保持单晶膜不致破损。把氟电极插头插入玻璃电极（一）插入孔内。将插孔上的固定螺丝旋紧，把甘汞电极引线接到甘汞电极（+）接线柱上。

（4）注意使用甘汞电极时，应把橡皮塞和橡皮套拔去，电极插头应保持清洁。

（5）关于电极的使用说明：①氟电极使用前，需在 $10^{-3}mol \cdot L^{-1}$ NaF 溶液中浸泡 1～2h，再用去离子水反复清洗，直至空白电位值达 300mV 左右。②氟电极晶片勿与硬物碰擦，如有油污先用乙醇棉球轻擦，再用去离子水洗净。③氟电极使用完毕后应清洗到空白电位值保存。④氟电极引线与插头应保持干燥。

四、实验步骤

1. 氟电极的准备

氟电极在使用前，宜在去离子水中浸泡或洗到空白电位为 300mV 左右。测定时应按溶液从稀到浓的次序进行，每次测定完后都应浸泡在去离子水中。

2. 标准曲线法

（1）吸取 5mL $0.1mol \cdot L^{-1}$ 氟标准溶液于 50mL 容量瓶中，加入 5mL TISAB 溶液，再用去离子水稀释至刻度，混匀。此溶液为 $10^{-2}mol \cdot L^{-1}$ 氟标准溶液，用逐级稀释法配成浓度为 $10^{-3}mol \cdot L^{-1}$、$10^{-4}mol \cdot L^{-1}$、$10^{-5}mol \cdot L^{-1}$ 及 $10^{-6}mol \cdot L^{-1}$ 氟离子溶液，逐级稀释时只需加入 4.5mL TISAB 溶液。

（2）将系列氟标准溶液由低浓度到高浓度依次转入干塑料烧杯中，插入氟电极和参比电极，用电磁搅拌 4min 后，读取平衡电位。

(3) 将各氟标准溶液测定后在坐标纸上作 E-pF 图，即得标准曲线。

(4) 吸取自来水样 25mL 于 50mL 容量瓶中，加入 5mL TISAB 溶液，再用去离子水稀释至刻度，混匀。于标准曲线法相同的条件下测定电位。从标准曲线上找出 F^- 浓度，再计算水中的含氟量。

3. 标准加入法

先测定试液的 E_1，然后将一定量标准溶液加入此试液中，再测其 E_2。计算含氟量：

$$c_x = \frac{\Delta c}{10^{(E_2-E_1)/S} - 1}$$

$$\Delta c = \frac{c_s V_s}{V_0}$$

式中：Δc 为增加的 F^- 浓度；S 为电极响应斜率，即标准曲线的斜率，又叫级差（浓度改变 10 倍所引起的 E 值变化）。在理论上，$S = \frac{2.303RT}{nF}$（25℃，$n=1$ 时，$S=59$mV·pF^{-1}），实际测定值与理论值常有出入，因此最好进行测定，以免引入误差。最简单的方法即借稀释 1 倍的方法来测得实际响应斜率。即将测出 E_2 后的溶液用水稀释 1 倍，再测定 E_3，则电极在试液中的实际响应斜率为

$$S = \frac{E_2 - E_3}{\lg 2} = \frac{E_2 - E_3}{0.301}$$

测定步骤如下：

(1) 吸取自来水样 25mL 于 50mL 容量瓶中，加入 5mL TISAB 溶液，再用去离子水稀释至刻度，混匀于干塑料烧杯中，测得 E_1。

(2) 在上述溶液中准确加入 0.5mL 浓度为 10^{-3} mol·L^{-1} 氟标准溶液，混匀，继续测得 E_2。

(3) 在测定过 E_2 的试液中，加 5mL TISAB 溶液及 45mL 去离子水，混匀，测得 E_3。根据测定结果，计算自来水中含氟量，并与标准曲线法测得结果比较。

五、数据记录和计算

1. 工作曲线图

氟离子浓度/(mol·L^{-1})	1.00×10^{-1}	1.00×10^{-2}	1.00×10^{-3}	1.00×10^{-4}	1.00×10^{-5}
$\lg[c(F^-)]$					
测得电动势/($-$mV)					

2. 水样测定结果

水样编号	测得电动势/($-$mV)	氟离子浓度 $c(F^-)$/(mol·L^{-1})
1		
2		

3. 标准加入法数据及结果

$E_1 =$ $E_2 =$ $E_3 =$

$c_x =$

六、思考题

1. 电极法所测的是试液中离子活度，而且其活度系数将随着溶液中的离子强度的变化而变化，这和采用工作曲线法测定氟浓度是否矛盾？
2. 为什么在测试过程中要加入 TISAB？TISAB 溶液包含哪些组分？各组分作用怎样？

实验 69　苯系物的分析
（苯系物的气相色谱法定性与定量分析）

一、目的要求

1. 了解气相色谱仪（热导检测器）的结构组成、分析流程。
2. 掌握色谱分析基本操作和苯系物的分析。
3. 掌握保留值、分离度、校正因子的测定方法和归一化法定量分析的原理。

二、实验原理

苯系物指苯、甲苯、乙苯、二甲苯（包括对二甲苯、间二甲苯、邻二甲苯）、异丙苯、三甲苯等组成的混合物。在工业二甲苯中常存在这些组分，需用色谱方法进行分离分析。

气相色谱法是用气体为流动相的色谱分析方法。它是根据试样中各组分在固定相和流动相中的分配系数不同而进行分离的。当流动相中的样品混合物经过固定相时，就会与固定相发生作用，由于各组分在性质和结构上的差异，与固定相相互作用的类型、强弱也有差异，因此在同一推动力的作用下，不同组分在固定相滞留时间长短不同，从而按先后不同的次序从固定相中流出。通过与适当的柱后检测方法结合，可实现对混合物中各组分的分离与检测。由检测器输出的电信号强度对时间作图，所得曲线称为色谱流出曲线，又叫色谱图。

使用有机皂土作固定液，能使间位和对位二甲苯分开，但不能将乙苯和对二甲苯分开，因此使用有机皂土配入适量邻苯二甲酸二壬酯作固定液即能将各组分分开，其色谱图如图 6-69-1 所示。

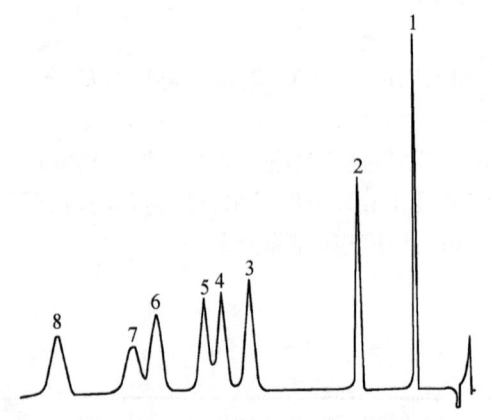

图 6-69-1　苯系物标准气相色谱图
1—苯；2—甲苯；3—乙苯；4—对二甲苯；5—间二甲苯；6—邻二甲苯；7—异丙苯；8—苯乙烯

色谱图上，组分从进样到在柱后出现峰极大值所需的时间，称为保留时间。而不与固定相作用的气体（如空气）的保留时间称为死时间。在固定色谱条件（色谱柱、柱温、载气流速）下，某一组分的流出时间不受其他组分的影响，因而保留时间可作为定性分析的初步依据。

有关保留值的测定的计算公式如下：

调整保留时间为

$$t'_R = t_R - t_0$$

相对保留值的测定（以苯为基准）：

$$r_{21} = \frac{t'_{R_2}}{t'_{R_1}} = \frac{V'_{R_2}}{V'_{R_1}}$$

分离度是从色谱峰判断相邻两组分在色谱柱中总分离效能的指标，用 R 表示，其定义为相邻两峰保留时间之差与两峰基线宽度之和的一半的比值，即

$$R = \frac{2(t_{R_2} - t_{R_1})}{W_{b_2} + W_{b_1}}$$

在一定的操作条件下，进样量（m_i）与响应信号（峰面积 A_i）成正比。试样中所有组分全出峰的情况下可采用归一化法，以苯为参比物质，计算每个组分的质量分数：

$$\omega_i(\%) = \frac{m_i}{m_1 + m_2 + \cdots + m_n} \times 100 = \frac{f'_i \cdot A_i}{\sum_{i=1}^{n}(f'_i \cdot A_i)} \times 100$$

式中：ω_i 为试样中组分 i 的质量分数；f_i 为组分 i 的校正因子；A_i 为组分 i 的峰面积。

该法简便、准确，进样量的准确性和操作条件的变动对测定结果影响不大，但仅适用于试样中所有组分全出峰的情况。

三、仪器与试剂

仪器：气相色谱仪（检测器 TCD）；N_2、H_2 钢瓶；微量注射器（$5\mu L$、$10\mu L$）。

试剂：有机皂土；邻苯二甲酸二壬酯（DNP）；101 白色载体；苯、甲苯、乙苯、二甲苯（包括对二甲苯、间二甲苯、邻二甲苯）均以正己烷为溶剂配成溶液。

四、实验步骤

1. 色谱柱的制备

1）固定相配比

有机皂土、邻苯二甲酸二壬酯和 101 白色载体的质量比为 3 : 2.5 : 100。

2）涂渍固定液的方法（静态法）

筛分 60~80 目 101 载体，用体积分数为 5% HCl 浸泡 30min，再用水反复洗涤，于 130℃下烘干后称取约 40g。另用两个小烧杯，分别称取有机皂土约 1.2g 和邻苯二甲酸二壬酯（DNP）约 1.0g。先在有机皂土中加少量苯，用玻璃棒调成糊状至无结块为止；再用少量苯溶解邻苯二甲酸二壬酯（DNP），然后将两者混合均匀，加苯稀释至体积稍大于载体体积。将此溶液转移到烧瓶中，将称好的载体加入，轻轻摇动容器，让溶剂慢慢均匀挥发，待溶剂全部挥发后即涂渍完毕。

3）色谱柱的填充方法

取长 2m、内径为 3mm 的不锈钢色谱柱管一根，洗净，烘干。色谱柱的一端用玻璃棉和铜网塞住，接真空泵（泵前装有干燥塔），柱的另一端通过软管接漏斗，将固定相慢慢通过漏斗装入色谱柱内。在装填固定相的同时开动真空泵抽气。固定相在色谱柱内应均匀、紧密地填充。先将 3% 有机皂土/101 按总质量的 35% 装入色谱柱，然后将 2.5%DNP/101 按总质量的 65% 装入柱内，装填完毕后用玻璃棉和铜网塞住色谱柱的另一端。

4）色谱柱的老化

将装好的色谱柱一端接在进样口上，另一端不要连接检测器，用较低的载气流速通入氮气，慢慢地（在 1h 内）将柱箱温度提高至 95℃，在此温度下老化 8h。最后将色谱柱的出口端接上检测器，检查，调节系统至不漏气。

2. 保留值的测定

色谱仪操作条件如下：

载气（H₂）流速　　　　50mL·min⁻¹
柱温　　　　　　　　　60℃
气化室温度　　　　　　160℃
桥流　　　　　　　　　120mA

先通载气，然后打开总电源。开启柱箱和气化室的温控开关，调节柱箱和气化室的温度至各自所需的温度。待柱箱及气化室温度稳定后，将"检测器转换"开关扳至"热导"位置，开"热导电源"开关，将桥流加到所需值。打开记录仪，调节"热导平衡"、"热导调零"，待基线平直后进样。

注入一定体积空气，记下死时间 t_M，再注入适当体积的苯系物溶液，得到苯系物的色谱图并记下各组分的保留时间 t_R 值。

3. 分离度（R）和校正因子（f）的测定

在色谱图上画出基线，量出各组分色谱峰的峰宽，计算相邻两组分的分离度。

准确称取苯、甲苯，以己烷为溶剂配成溶液。溶液中参比物质（苯）和待测组分（甲苯）的质量比即为已知。在一定的色谱条件下，取此溶液进样，得色谱图，在色谱图上量出二者的峰面积，即可求出甲苯的校正因子。

同样，也可测定其他待测组分的校正因子。

注意：实验测定 f 值时，必须使用色谱纯试剂，并注明检测器类型和操作条件。

若试样中各组分校正因子相近，可将校正因子消去，直接用峰面积归一化法进行计算：

$$w_i(\%) = \frac{A_i}{\sum\limits_{i=1}^{n}(A_i)} \times 100$$

五、数据记录和计算

（1）通过实验，完成表 6-69-1。

表 6-69-1　实验数据

	空气	苯	甲苯	乙苯	对二甲苯	间二甲苯
t_R						
t_R'						

计算各物质的相对保留值。

（2）计算相邻两组分的分离度。

（3）用归一化法计算苯系物的质量分数。

六、思考题

1. 保留值在色谱分析中有什么意义？
2. 使用 TCD，开启时应注意些什么？实验结束，关闭 TCD 时又应注意些什么？

实验 70　高效液相色谱法测定可乐中的咖啡因

一、实验目的

1. 了解液相色谱仪的基本结构和基本操作。
2. 了解反相液相色谱法原理、优点和应用。
3. 掌握标准曲线定量方法。

二、实验原理

高效液相色谱法是以液体作为流动相，并采用颗粒极细的高效固定相的柱色谱分离技术。高效液相色谱对样品的适用性广，不受分析对象挥发性和热稳定性的限制，因而弥补了气相色谱法的不足。在目前已知的有机化合物中，可用气相色谱分析的约占 20%，而 80% 则需用高效液相色谱来分析。

高效液相色谱和气相色谱在基本理论方面没有显著差别，它们之间的重大差别在于作为流动相的液体与气体之间的性质的差别。

因此，高效液体相色谱法按分离机制的不同分为液-固吸附色谱法、液-液分配色谱法（正相与反相）、离子交换色谱法、离子对色谱法及分子排阻色谱法。

液-液色谱法按固定相和流动相的极性不同可分为正相色谱法（NPC）和反相色谱法（RPC）。

正相色谱法采用极性固定相（如聚乙二醇、氨基与腈基键合相），流动相为相对非极性的疏水性溶剂（烷烃类如正己烷、环己烷）。常加入乙醇、异丙醇、四氢呋喃、三氯甲烷等物质以调节组分的保留时间。常用于分离中等极性和极性较强的化合物（如酚类、胺类、羰基类及氨基酸类等）。

反相色谱法一般用非极性固定相（如 C_{18}、C_8），流动相为水或缓冲液。常加入甲醇、乙腈、异丙醇、丙酮、四氢呋喃等与水互溶的有机溶剂来调节保留时间。适用于分离非极性和极性较弱的化合物。RPC 在现代液相色谱中应用最为广泛，据统计，它占 HPLC 应用的 80% 左右。

随着柱填料的快速发展，反相色谱法的应用范围逐渐扩大，现已应用于某些无机样品或易解离样品的分析。为控制样品在分析过程的解离，常用缓冲液控制流动相的 pH，但需要注意的是，C_{18} 和 C_8 使用的 pH 通常为 2.5~7.5（2~8），太高的 pH 会使硅胶溶解，太低的 pH 会使键合的烷基脱落，有报道称新商品柱可在 pH1.5~10 范围操作。

正相色谱法与反相色谱法比较见表 6-70-1。

表 6-70-1　正相色谱法与反相色谱法比较表

比较项目	正相色谱法	反相色谱法
固定相极性	高~中	中~低
流动相极性	低~中	中~高
组分洗脱次序	极性小的先洗出	极性大的先洗出

从表 6-70-1 可看出，当极性为中等时，正相色谱法与反相色谱法没有明显的界线（如氨基键合固定相）。

本实验以咖啡因为测定对象，以反相高效液相色谱技术分离检测可乐中的咖啡因含量。咖啡因又称咖啡碱，化学名称为 1，3，7-三甲基黄嘌呤，分子式为 $C_8H_{10}O_2N_4$，结构式为

$$\text{H}_3\text{C}-\text{N} \begin{array}{c} \text{O} \\ \end{array} \text{N}-\text{CH}_3$$

咖啡因属黄嘌呤衍生物，是一种可由茶叶或咖啡提取而得的生物碱。它能兴奋大脑皮层，使人精神兴奋。咖啡中含咖啡因的质量分数为 1.2%～1.8%；茶叶中含咖啡因的质量分数为 2.0%～4.7%；可乐饮料、APC 药品等均含咖啡因。

在碱性条件下，用氯仿定量提取样品中的咖啡因，采用反相色谱技术进行分离，紫外检测器检测，以咖啡因标准系列溶液的色谱峰面积对其浓度作工作曲线，再根据样品中的咖啡因峰面积，由工作曲线得出其浓度。

三、仪器与试剂

仪器：高效液相色谱仪（Pro Star210，美国 Varian 公司）；紫外检测器（UV345，美国 Varian 公司）；Workstar 色谱工作站（美国 Varian 公司）；Kromasil C_{18} 色谱柱（4.6mm×200mm，中国科学院大连化学物理研究所）；定量环；20μL 平头微量进样器；超声波清洗机；0.45μm（有机相和水相）滤膜和过滤器。

试剂：甲醇（S.P.）；二次蒸馏水；氯仿（A.R.）；NaOH（A.R.）；NaCl（A.R.）；Na_2SO_4（A.R.）；咖啡因；不同品牌的可乐样品若干种。

四、实验步骤

1. 溶液的配制

1) $1000\mu g \cdot mL^{-1}$ 咖啡因标准储备液

将咖啡因在 110℃ 下烘干 1h。准确称取 0.1000g 咖啡因，用氯仿溶解，定量转移至 100mL 容量瓶中，再用氯仿稀释至刻度，摇匀，备用。

2) 咖啡因标准系列溶液配制

分别用吸量管量取 0.40mL、0.60mL、0.80mL、1.00mL、1.20mL、1.40mL 咖啡因标准储备液于 6 只 10mL 容量瓶中，用氯仿定容，摇匀。分别得到浓度为 $40.0\mu g \cdot mL^{-1}$、$60.0\mu g \cdot mL^{-1}$、$80.0\mu g \cdot mL^{-1}$、$100.0\mu g \cdot mL^{-1}$、$120.0\mu g \cdot mL^{-1}$、$140.0\mu g \cdot mL^{-1}$ 的系列标准溶液。

2. 样品处理

取约 100mL 可乐置于 250mL 洁净、干燥的烧杯中，超声波脱气 15min，以赶尽 CO_2。将样品溶液进行干过滤（用漏斗、干滤纸过滤），弃去前过滤液，取后面的过滤液。吸取样品滤液 25.00mL 于 125mL 分液漏斗中，加入 1.0mL 饱和 NaCl 溶液，1mL $1mol \cdot L^{-1}$ NaOH 溶液，然后用 20mL 氯仿分 3 次萃取（10mL、5mL、5mL）。合并氯仿提取液并用装有无水 Na_2SO_4 的小漏斗（在小漏斗的颈部放一团脱脂棉，上面铺一层无水 Na_2SO_4 脱水），

过滤于 50mL 容量瓶中，最后用少量氯仿多次洗涤无水 Na_2SO_4 小漏斗，将洗涤液合并至容量瓶中，定容至刻度。

以上所有溶液（包括流动相）使用前均需经 $0.45\mu m$ 的滤膜过滤后方可使用。

3. 设定色谱条件

按操作说明打开计算机和色谱仪，建立测定方法。

设定色谱条件：柱温为室温；流动相为甲醇：水＝60：40；流动相流速为 $1.0mL \cdot min^{-1}$；检测波长为 275nm。

4. 工作曲线的制作

仪器基线平稳后，依次加入咖啡因标准系列溶液 $20\mu L$，重复 3 次，记录峰面积 A 和保留时间 t_R。然后以 A 或 t_R 对其浓度作图，即得工作曲线。

5. 样品测定

在同样实验条件下，加入样品溶液 $20\mu L$，根据保留时间确定样品咖啡因色谱峰的位置，记录咖啡因色谱峰面积。

6. 结束实验

实验结束后，按要求关好仪器和计算机。

五、数据处理

（1）根据咖啡因系列标准溶液的色谱图，绘制咖啡因峰面积与其浓度的关系曲线。

（2）根据样品中咖啡因色谱峰的峰面积，由工作曲线得出可乐中咖啡因含量（$\mu g \cdot mL^{-1}$）。

六、注解与实验指导

1. 实际样品成分往往比较复杂，如果不先萃取而直接进样，虽然操作简单，但会影响色谱柱寿命。

2. 为使结果具有良好的重现性，标准和样品的进样量要严格保持一致。

七、思考题

1. 若标准曲线用咖啡因浓度对峰高作图，能给出准确结果吗？与本实验的标准曲线相比哪种更优越？为什么？

2. 样品干过滤时，为什么要弃去前过滤液？这样做会不会影响实验结果？为什么？

3. 若要测定茶叶中的咖啡因，请设计样品处理方法。

英汉专业小词汇

liquid-liquid chromatography, LLC　液-液色谱法　　liquid-liquid extraction　液-液萃取
ultraviolet-visible detector, UVD　紫外-可见吸收检测器　　photodiode array detector, PDAD　光电二极管阵列检测器
differential refractive index detector, RID　示差折光检测器　　electrochemical detector, ED　电化学检测器
methyl alcohol　甲醇　　chloroform　氯仿　　caffeine　咖啡因

实验 71　分子荧光光度法测定二氯荧光素

一、实验目的

1. 了解荧光光度法的基本原理。
2. 掌握光纤光度计的结果及使用方法。
3. 熟悉光纤光度计的应用。

二、方法原理

分子在紫外或可见光的照射下，可吸收辐射形成激发态分子。分子外层的电子在 10^{-8} s 内返回基态。在返回基态的过程中，部分能量通过热能形式释放，另一部分能量则以辐射光形式释放。这种分子在光照射下，分子外层电子从第一激发态的最低振动能级跃至基态各振动能级时，发射出来的光称为分子荧光，因此荧光是一种光致发光现象。分子荧光强度可表示为

$$I = 2.3 kbcI_0$$

式中：k 为荧光分子的摩尔吸光系数；b 为液槽厚度；c 为荧光物质的浓度；I_0 为入射光强度。当测定条件一定时，$I=kc$。由此可见在一定条件下，荧光强度与物质浓度呈线性关系。

三、仪器和试剂

仪器：光纤光度计 [8510 型，江苏泰县电分析仪器厂，它具有光度计、荧光计的功能，在可见光谱区（350～700nm）进行工作]。

试剂：

二氯荧光素（0～5μg·mL^{-1}）标准储备液：称取 0.0100g 二氯荧光素（A.R.）加入 1mol·L^{-1} NaOH 5mL，再加 3mL 1mol·L^{-1} HCL 溶解后，转移至 100mL 容量瓶中，用二次蒸馏水稀释至刻度、摇匀，备用；取 0.50mL 上述溶液，转移至 100mL 容量瓶中稀释至刻度，配成 0.50μg·mL^{-1} 标准储备液供配置标准系列用。

标准系列溶液配置：分别吸取 0.50μg·mL^{-1} 二氯荧光素标准储备液 0.0mL、2.0mL、4.0mL、6.0mL、8.0mL、10.0mL 放入 6 个 100mL 容量瓶中，用去离子水稀释至刻度，摇匀，备用。

四、实验步骤

(1) 打开电源、风扇、电源开关。
(2) 仪器预热半小时。
(3) 将选定的激发光、发射光滤光片分别装入滤光片转盘中，旋转滤光片转盘使其分别与光纤插口相对应。
(4) 将光纤探头插入测试皿中，其端面应距底部约 36mm 以上，皿中为空白液。
(5) 将 T/A 转换开关置于 T 处，调节至数字显示为 0。
(6) 选用激发光波长 500nm，荧光波长 520nm。
(7) 测定标准溶液和试液的荧光强度。
(8) 每次测定后应将激发光挡板关闭，以防止光电倍增管疲劳。

五、结果处理

(1) 根据标准系列溶液的荧光强度及对应的浓度绘制 I_f-c 标准曲线。

(2) 以试样的荧光强度在标准曲线上查出相应的含量。

六、思考题

1. 试说明分子荧光法的基本原理及影响因素。
2. 光纤光度计有哪些特点？
3. 绘出光纤光度计的光路图及各部件的名称。

实验 72　单扫描示波极谱法测定胱氨酸或半胱氨酸

一、实验目的

1. 通过实验了解络合物吸附波测定胱氨酸或半胱氨酸的基本原理。
2. 熟悉使用单扫描示波极谱仪测定络合物吸附波的方法特点。

二、方法原理

半胱氨酸和胱氨酸是蛋白质的重要成分，其化学结构式分别为

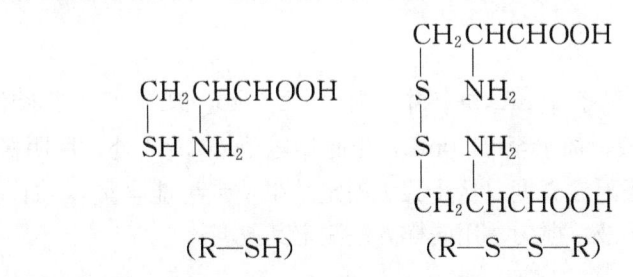

$$\begin{array}{cc} & CH_2CHCHOOH \\ CH_2CHCHOOH & | \quad | \\ | \quad | & S \quad NH_2 \\ SH \quad NH_2 & | \\ & S \quad NH_2 \\ & | \quad | \\ & CH_2CHCHOOH \\ (R-SH) & (R-S-S-R) \end{array}$$

它们都能直接在滴汞电极上产生极谱波，但测量灵敏度不太高。胱氨酸（或半胱氨酸）与 Cu(Ⅱ) 在乙二胺（en）介质中反应，可形成具有高灵敏度吸附波的络合物。

电极反应过程可表示如下：

$$Cu(en)_3^{2+} + e \rightleftharpoons Cu^+ + 3en$$

$$(RSSR)_{ads} + 2H^+ + 2e \longrightarrow 2(RSH)_{soln}$$

$$RSH + Cu^+ \rightleftharpoons (RSCu)_{ads} + H^+$$

其结果在 -0.37V (v.s. SCE) 左右产生一对可逆吸附波。吸附在电极上的 RSCu 进一步被还原，其反应为

$$(RSCu)_{ads} + Hg + H^+ + e \rightleftharpoons (RSH)_{soln} + H^+$$

同样在 -0.70V 电位处也产生吸附波。

在示波极谱仪上，采用 -0.37V 处的一对吸附波测定胱胺酸具有高的灵敏度，检测下限达 3×10^{-8} mol·L^{-1}，线性范围在 $5 \times 10^{-8} \sim 6 \times 10^{-6}$ mol·L^{-1}。在同样试液测试条件下，半胱氨酸被 Cu(Ⅱ) 氧化成胱氨酸，具有相同的极谱吸附波，仅灵敏度比胱氨酸的低 1 倍。

三、仪器与试剂

仪器：JP-1A 或 JP-2 型示波极谱仪。

试剂：

胱氨酸标准溶液：准确称取 L-胱氨酸（C.P.）0.2400g，加入少量蒸馏水，滴入几滴 1mol·L^{-1} 氢氧化钠溶液，溶解后稀释至 100mL 容量瓶，即为 $1.00×10^{-2}$ mol·L^{-1} 的储备溶液。使用时再稀释至需要浓度。

半胱氨酸标准溶液：准确称取 L-半胱氨酸（C.P.）0.1212g 溶于蒸馏水中，稀释至 100mL 容量瓶，即为 $1.00×10^{-2}$ mol·L^{-1} 的储备溶液。

硫酸铜溶液（$1.00×10^{-3}$ mol·L^{-1}）；乙二胺溶液〔1.0mol·L^{-1}（pH 为 9.5）〕。

四、实验步骤

1. Cu(Ⅱ)-胱氨酸络合物吸附波形成实验

（1）配制含胱氨酸或半胱氨酸 $1×10^{-5}$ mol·L^{-1}、Cu(Ⅱ) $5×10^{-5}$ mol·L^{-1}、乙二胺 0.1mol·L^{-1} 的溶液 10mL。

（2）配制仅含 Cu(Ⅱ) $5×10^{-5}$ mol·L^{-1}、乙二胺 0.1mol·L^{-1} 的溶液 10mL。

（3）选起始电位为 −0.2V 处，对上述配制溶液分别按下述方式测量：①阴极化测定。包括常规波、峰电流和峰电位；导数波，峰高度。②阳极化测定。包括常规波、峰电流和峰电位；导数波，峰高度。在对两个试液进行测量时，仔细观察它们的波峰形状，并做好记录。

2. 试样分析

取 5.0mL 试样溶液置于 10mL 烧杯中，加 1mL 1mol·L^{-1} 的乙二胺溶液、1mL $1×10^{-3}$ mol·L^{-1} 硫酸铜溶液，加水至 10.0mL，于起始电位 −0.2V 处，用阴极化导数波测定在 −0.37V 处的络合物吸附波高度（从步骤 1 测定结果估计可能含量），加入约 1 倍浓度的胱氨酸或半胱氨酸标准溶液，搅匀。用同样方法测定其波高。

五、结果处理

（1）列表记录步骤 1 中（2）所测量的结果。

（2）按标准加入法公式计算样品中被测物质的含量。

六、思考题

1. 为什么吸附波方法具有高的灵敏度？
2. 单扫描示波极谱法为什么有利于络合物吸附波方法的灵敏度提高？
3. 胱氨酸或半胱氨酸在乙二胺介质与 Cu(Ⅱ) 共存时，在示波极谱仪上产生几个阳极化波和几个阴极化波，请说出哪些是吸附波、哪些不是吸附波。

实验 73　溶出伏安法测定水中微量铅和镉

一、实验目的

1. 熟悉溶出伏安法的基本原理。
2. 掌握汞膜电极的使用方法。

二、方法原理

溶出伏安法的测定包含富集和溶出两个基本过程。即首先将工作电极控制在某一条件下，使被测物质在电极上富集，然后施加线性变化电压于工作电极上，使被富集的物质溶出，同时记录电流与电极电位的关系曲线，根据溶出峰电流的大小来确定被测物质的含量。

溶出伏安法主要分为阳极溶出伏安法、阴极溶出伏安法和吸附溶出伏安法。本实验采用阳极溶出伏安法测定水中的 Pb^{2+}、Cd^{2+}，其两个过程可表示为

$$M^{2+}(Pb^{2+}、Cd^{2+})+2e+Hg \underset{溶出}{\overset{富集}{\rightleftharpoons}} M(Hg)$$

本法使用玻碳电极为工作电极，采用同位镀汞膜测定技术。这种方法是在分析溶液中加入一定量的汞盐，当被测物质在所加电压下富集时，汞将与被测物质同时在玻碳电极的表面上析出形成汞膜（汞齐）。然后在反向电位扫描时，被测物质将从汞中"溶出"，而产生"溶出"电流峰。

在酸性介质中，当电极电位控制为 $-1.0V$(v.s.SCE) 时，Pb^{2+}、Cd^{2+} 与 Hg^{2+} 同时富集在玻碳工作电极上形成汞齐膜。然后当阳极化扫描至 $-0.1V$ 时，可得到两个清晰的溶出电流峰。铅的波峰电位约为 $-0.4V$，而镉的为 $-0.6V$(v.s.SCE) 左右。本法可分别测定低至 $10^{-11} mol \cdot L^{-1}$ 铅、镉离子。

三、仪器与试剂

仪器：溶出伏安仪；x-y 函数记录仪；玻碳工作电极；由甘汞参比电极及铂辅助电极组成的测量电极系统；磁力搅拌器；容量瓶（50mL）若干。

试剂：铅离子标准储备溶液（$1.0 \times 10^{-2} mol \cdot L^{-1}$）；镉离子标准储备溶液（$1.0 \times 10^{-2} mol \cdot L^{-1}$）；硝酸汞溶液（$5.0 \times 10^{-3} mol \cdot L^{-1}$）。

四、实验步骤

1. 预处理工作电极

将玻碳电极在 6# 金相砂纸上小心轻轻打磨光亮，成镜面。用蒸馏水多次冲洗，最好是用超声波清洗 1~2min。用滤纸吸去吸附在电极上的水珠。

2. 配制试液

取两份 25.0mL 水样置于 2 个 50mL 容量瓶中，分别加入 $1 mol \cdot L^{-1}$ HCl 5mL、$5 \times 10^{-3} mol \cdot L^{-1}$ 硝酸汞 1.0mL。在其中一个容量瓶中加入 $1.0 \times 10^{-5} mol \cdot L^{-1}$ 的铅离子标准溶液 1.0mL 和 $1.0 \times 10^{-5} mol \cdot L^{-1}$ 的镉离子标准溶液 1.0mL（铅、镉标准溶液用标准储备溶液稀释配制）。两份试样均用蒸馏水稀释至刻度，摇匀待用。

3. 测定

将未添加 Pb^{2+}、Cd^{2+} 标准溶液的水样置电解池中，通 N_2 5min 后，放入清洁的搅拌磁子，插入电极系统。将工作电极电位恒于 $-0.1V$ 处再通 N_2 2min。启动搅拌器，调工作电位至 $-1.0V$，在连续通 N_2 和搅拌下，准确计时，富集 3min。停止通 N_2 和搅拌，静置 30s。以扫描速度为 $150V \cdot s^{-1}$ 反向从 $-1.0V$ 至 $-0.1V$ 进行阳极化扫描，在 x-y 函数记录仪上记

录伏安图。

将电极在 $-0.1V$ 电位停留，起动搅拌器 1min，解脱电极上的残留物。如上述重复测定一次。

按上述操作手续，测定加入 Pb^{2+}、Cd^{2+} 标准溶液的水样，同样进行两次测定。

如果所用仪器有导数电流或半微分电流工作方式，则可按上述测定手续选做 1～2 种方式。

测量完成后，置工作电极电位在 $+0.1V$ 处，开动电磁搅拌器清洗电极 3min，以除掉电极上的汞。取下电极清洗干净。

五、结果处理

（1）列表记录所测定的实验结果。

（2）取两次测定的平均峰高，按下述公式计算水样中 Pb^{2+}、Cd^{2+} 的浓度：

$$c_x = \frac{hc_s V_s}{(H-h)V}$$

式中：h 为测得水样的峰电流高度；H 为水样加入标准溶液后测得的总高度；c_s 为标准溶液的浓度（$mol \cdot L^{-1}$）；V_s 为加入标准溶液的体积（mL）；V 为取水样的体积（mL）。

六、思考题

1. 溶出伏安法有哪些特点？
2. 哪几步实验手续应该严格控制？
3. 导数或半微分电流与常规电流比较对灵敏度和分辨率有何影响？

实验74 差 热 分 析

一、实验目的

1. 掌握差热分析的基本原理、测量技术以及影响测量准确性的因素。
2. 学会差热分析仪的操作，并测定 KNO_3 的差热曲线。
3. 掌握差热曲线的定量和定性处理方法，对实验结果做出解释。

二、实验原理

1. 差热分析的原理

在物质匀速加热或冷却的过程中，当达到特定温度时会发生物理或化学变化。在变化过程中，往往伴随有吸热或放热现象，这样就改变了物质原有的升温或降温速率。差热分析就是利用这一特点，通过测定样品与对热稳定的参比物之间的温度差与时间的关系，来获得有关热力学或热动力学的信息。

目前常用的差热分析仪一般是将试样与具有较高热稳定性的差比物（如 $\alpha\text{-}Al_2O_3$）分别放入两个小的坩埚中并置于加热炉中升温。如果在升温过程中试样没有热效应，则试样与差比物之间的温度差 ΔT 为零；而如果试样在某温度下有热效应，则试样温度上升的速率会发生变化，与参比物相比会产生温度差 ΔT。把 T 和 ΔT 转变为电信号，放大后用双笔记录仪记录下来，分别对时间作图，得 $\Delta T\text{-}t$ 和 $T\text{-}t$ 两条曲线。

图 6-74-1 给出的是理想状况下的差热曲线。图中 ab、de、gh 分别对应于试样与参比物没有温度差时的情况，称为基线，而 bcd 和 efg 分别为差热峰。差热曲线中峰的数目、位置、方向、高度、宽度和面积等均具有一定的意义。例如，峰的数目表示在测温范围内试样发生变化的次数；峰的位置对应于试样发生变化的温度；峰的方向则指示变化是吸热还是放热；峰的面积表示热效应的大小等。因此，根据差热曲线的情况就可以对试样进行具体分析，得出有关信息。

在峰面积的测量中，峰前后基线在一条直线上时，可以按照三角形的方法求算面积。但是更多的时候，基线并不一定和时间轴平行，峰前后的基线也不一定在同一直线上（图 6-74-2）。此时可以按照作切线的方法确定峰的起点、终点和峰面积。另外，还可以剪下峰称量，以质量代替面积（剪纸称量法）。

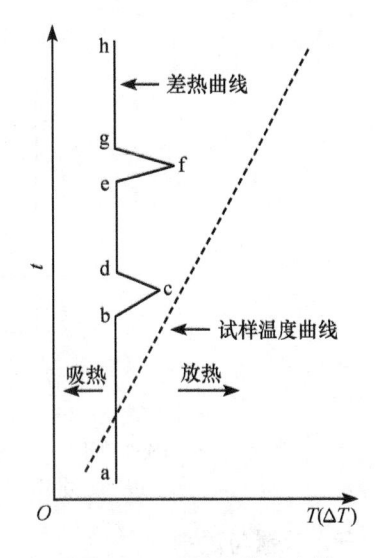

图 6-74-1 差热曲线和试样

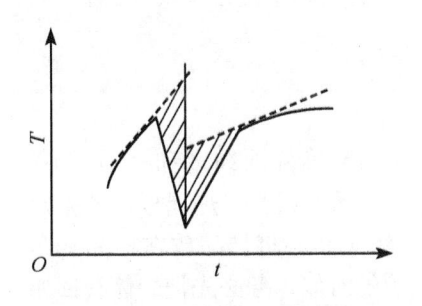

图 6-74-2 测定面积的方法

分辨率较低，但测试时间较短。

2. 影响差热分析的因素

差热分析是一种动态分析技术，影响差热分析结果的因素较多。主要有：

1) 升温速率

升温速率对差热曲线有重大影响，常常影响峰的形状、分辨率和峰所对应的温度值。比如当升温速率较低时，基线漂移较小，分辨率较高，可分辨距离很近的峰，但测定时间相对较长；而升温速率高时，基线漂移严重，

2) 试样

样品的颗粒一般在 200 目左右，用量则与热效应和峰间距有关。样品粒度的大小、用量的多少都对分析有着很大的影响，甚至连装样的均匀性也会影响实验的结果。

3) 稀释剂的影响

稀释剂是指在试样中加入一种与试样不发生任何反应的惰性物质，常常是参比物质。稀释剂的加入使样品与参比物的热容相近，有助于改善基线的稳定性，提高检出灵敏度，但同时也会降低峰的面积。

4) 气氛与压力

许多测定受加热炉中气氛及压力的影响较大，如 $CaC_2O_4 \cdot H_2O$ 在氮气和空气气氛下分解时曲线是不同的。在氮气气氛下 $CaC_2O_4 \cdot H_2O$ 第二步热解时会分解出 CO 气体，产生吸热峰，而在空气气氛下热解时放出的 CO 会被氧化，同时放出热量呈现放热峰。

除了以上因素外，走纸速率、差热量程等对差热曲线也有一定的影响。因此在运用差热分析方法研究体系时，必须认真查阅文献，审阅体系，找出合适的实验条件方可进行测试。

本实验使用的 PCR-1 型差热仪属于中温、微量型差热仪。主要有温控系统、差热系统、试样测温系统和记录系统四部分，其控制面板如图 6-74-3 所示。

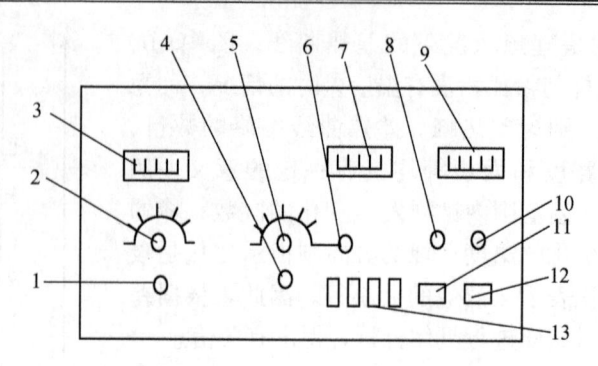

图 6-74-3　PCR-1 型差热仪面板图

1—调零旋钮；2—量程开关；3—差热指示表头；4—偏差调零旋钮；5—升温选择开关；6—快速微动开关；7—偏差指示表头；8—加热指示灯；9—输出电压表头；10—电源指示灯；11—加热开关；12—电源开关；13—程序功能开关

三、仪器与试剂

仪器：差热分析仪（PCR-1）；镊子 1 把；铝坩埚 8 个；台式自动平衡记录仪 1 台。

试剂：氧化铝（A.R.）；Sn（A.R.）；KNO_3（A.R.）。

四、实验步骤

（1）打开仪器电源，预热 20min。先在两个小坩埚内分别准确称取纯锡和 α-Al_2O_3 各 5mg。升起加热炉，逆时针方向旋转到左侧。用热源靠近差热电偶的任意一热偶板，若差热笔向右移动，则该端为参比热电偶板；反之，为试样板。用镊子小心将样品放在样品托盘上，参比放在参比托盘上，降下加热炉（注意在欲放下加热炉的时候，务必先把炉体转回原处，然后才能放下炉子，否则会弄断样品架）。

（2）打开差热仪主机开关，接通冷却水，控制水的流量约在 300mL·min^{-1}。

（3）打开平衡记录仪开关，分别将差热笔和温度笔量程置于 20mV 和 10mV 上，走纸速率置于 30mm·min^{-1} 量程。调节差热仪主机上差热量程为 250℃。

（4）将升温速率旋在 0 刻度，用调零旋钮将温度笔置于差热图纸的最右端，差热笔置于中间，将升温速率旋至 10℃·min^{-1}，放下绘图笔转换开关。

（5）按下加热开关，同时注意升温速率指零旋钮左偏（不左偏时不能进行升温，需停机检查）。按下电炉开关，进行加热，仪器自动记录。

（6）等到绘图纸上出现一个完整的差热峰时，关闭电炉开关。按下程序零旋钮和电位差计的开关，旋起加热炉，用镊子取下坩埚。将加热炉冷却降温至 70℃ 以下，将预先称好的 α-Al_2O_3 和 KNO_3 试样分别放在样品保持架的两个小托盘上，在与锡相同的条件下升温加热，直至出现两个差热峰为止。

（7）按照上述步骤，每个样品测定差热曲线两次。

（8）实验结束后，抬起记录笔，关闭记录仪电源开关、加热开关，按下程序功能"0"键，关闭电源开关，升起炉子，取出样品，关闭水源和电源。

五、数据记录和处理

（1）在本实验条件下，差热测量温度范围为 0～280.5℃（实验用镍镉热电偶），根据差热曲线，定性说明锡和 KNO_3 的差热图，指出峰的位置、数目、指示温度及所表示的意义。

(2) 计算 KNO₃ 的热效应。公式为

$$\Delta H = \frac{C}{m}\int_a^b \Delta T dt$$

式中：C 为常数，与仪器特性及测量条件有关；m 为样品质量；$\int_a^b \Delta T dt$ 为差热峰面积，可利用三角形法、剪纸称量法计算。本实验中采取测量质量一定且已知热效应的物质（锡）作为参比，根据锡差热峰的面积求出常数 C，然后再计算 KNO₃ 的热效应。

六、思考题

1. 影响本实验差热分析的主要因素有哪些？
2. 为什么差热峰的指示温度往往不恰巧等于物质能发生相变的温度？
3. 本实验中为什么差热笔要放在绘图纸的中间？

七、参考数据

锡的熔点为 31.928℃；锡的熔化热为 59.36J·g⁻¹。

KNO₃ 相变点为 128～129℃，转化热为 55.2～57.48J·g⁻¹；熔点为 336～338℃，熔化热为 105.75～115.79J·g⁻¹。

英汉专业小词汇

differential thermal analysis, DTA　差热分析　　diluent　稀释剂　　melting point　熔点　　melting heat　熔化热
oxalic acid　（乙二酸）　　tin　锡　　potassium nitrate　硝酸钾

实验75　水样的化学需氧量的测定（重铬酸钾法）

一、实验目的

1. 学会硫酸亚铁铵标准溶液的标定方法。
2. 掌握水中化学需氧量测定的原理和方法。

二、实验原理

水的需氧量大小是水质污染程度的重要指标之一。它分为化学需氧量（COD）和生物需氧量（BOD）两种。

水样中 COD 的测定方法是在强酸性和加热条件下，过量的重铬酸钾标准溶液与水中有机物等还原性物质反应后，以试亚铁灵作指示剂，用硫酸亚铁铵 $(NH_4)_2Fe(SO_4)_2$ 标准溶液回滴剩余的 $K_2Cr_2O_7$。计量点时，溶液由浅蓝色变为红色，指示滴定终点。根据 $(NH_4)_2Fe(SO_4)_2$ 标准溶液的浓度和体积即可求出水样的化学需氧量（COD, mg O_2·L⁻¹）。反应式如下：

令 C 表示水中有机物等还原性物质

$$2Cr_2O_7^{2-} + 3C + 16H^+ \longrightarrow 4Cr^{3+} + 3CO_2 + 8H_2O$$
过量　　　　　　　　有机物

$$6Fe^{2+} + Cr_2O_7^{2-} + 14H^+ = 6Fe^{3+} + 2Cr^{3+} + 7H_2O$$

计量点时

$$\text{Fe}(C_{12}H_8N_2)_3^{3+} \longrightarrow \text{Fe}(C_{12}H_8N_2)_3^{2+}$$
$$\quad\quad 蓝色 \quad\quad\quad\quad\quad\quad 红色$$

由于 $K_2Cr_2O_7$ 溶液呈橙黄色，还原产物 Cr^{3+} 呈绿色，所以用 $(NH_4)_2Fe(SO_4)_2$ 溶液进行返滴定的过程中，溶液的颜色变化是橙黄色→蓝绿色→蓝色，滴定终点时立即由蓝色变为红色。

同时取无有机物蒸馏水做空白实验。

重铬酸钾法能将大部分有机物质氧化，适合于污水和工业废水的分析。计算式如下：

$$\text{COD}(\text{mgO}_2 \cdot L^{-1}) = \frac{(V_0 - V_1) \times c \times 8 \times 1000}{V_{水样}}$$

式中：c 为硫酸亚铁铵标准溶液的浓度 $[(NH_4)_2Fe(SO_4)_2$，$mol \cdot L^{-1}]$；V_0 为空白试验消耗的硫酸亚铁铵标准溶液的体积（mL）；V_1 为水样消耗的硫酸亚铁铵标准溶液的体积（mL）；$V_水$ 为水样体积（mL）。

注意：在滴定过程中，所用 $K_2Cr_2O_7$ 标准溶液的浓度是以 $\frac{1}{6}K_2Cr_2O_7$ 为基本单元。

三、仪器与试剂

仪器：磨口圆底烧瓶（250mL）回流装置 1 套；电炉；玻璃珠若干；酸式滴定管（25mL）1 支；移液管（50mL）1 支；量筒（100mL）1 个。

试剂：

试亚铁灵指示剂：称取 1.485g 邻二氮菲及 0.695g $FeSO_4 \cdot 7H_2O$ 溶于蒸馏水中，稀释至 100mL，储于棕色瓶中。

含 Ag_2SO_4 的浓 H_2SO_4 溶液：称取 13.33g Ag_2SO_4 加入 1L 浓 H_2SO_4 中（此溶液 75mL 中含有 1g Ag_2SO_4），放置 1~2 天，不时摇动使其溶解。

重铬酸钾标准溶液：称取基准试剂或分析纯的 $K_2Cr_2O_7$（先在 120℃干燥箱中烘 2h）12.2579g，溶于蒸馏水中，稀释至 1L。

硫酸亚铁铵标准溶液：称取 98.0g 分析纯 $(NH_4)_2Fe(SO_4)_2 \cdot 6H_2O$，溶于蒸馏水中，加 20mL 浓 H_2SO_4，冷却后稀释至 1L，摇匀。此溶液的浓度约为 $0.25 mol \cdot L^{-1}$。使用前用 $0.2500 mol \cdot L^{-1} \left(\frac{1}{6}\right) K_2Cr_2O_7$ 标定得到准确浓度。

标定方法：用移液管取 25mL $K_2Cr_2O_7$ 标准溶液，置于锥形瓶中，稀释至 250mL，加 20mL 浓 H_2SO_4，冷却后加 2~3 滴试亚铁灵指示剂，用硫酸亚铁铵溶液滴定。求出硫酸亚铁铵的准确浓度。

无有机物蒸馏水：将含有少量 $KMnO_4$ 碱性溶液的蒸馏水再行蒸馏即得（蒸馏过程中水应始终保持红色，否则应随时补加 $KMnO_4$）。

四、实验步骤

（1）取水样 50mL（或适当水样稀释至 50mL）于 250mL 磨口三角烧杯中，加入 25mL 重铬酸钾标准溶液，慢慢地加入 75mL 浓硫酸（试剂 2），边加边摇动，再加数粒玻璃珠，安装好冷凝管，加热回流 2h。对比较清洁的水样加热时间可以短些。

（2）若水样中含较多氯化物，则取 50mL 水样，加硫酸汞 1g、浓硫酸 5mL，待硫酸汞溶解后，再加重铬酸钾溶液 25mL、浓硫酸 75mL，加热回流 2h。

（3）冷却后先用约 25mL 蒸馏水沿冷凝管壁冲洗，然后取下烧瓶，冷至室温，用蒸馏水稀释至总体积为 350mL 左右（溶液体积不得少于 350mL，因酸度太高将使终点不明显）。

（4）加 2~3 滴试亚铁灵指示剂，用硫酸亚铁铵标准溶液滴定至溶液由橙色经蓝绿色变成棕红色，记录消耗的硫酸亚铁铵标准溶液的体积（V_1）。

（5）同时做空白试验。

以 50mL 无有机物蒸馏水代替水样，其他步骤与水样测定一样，记录消耗硫酸亚铁铵标准溶液的体积数（V_0）。

根据实验数据计算水样的 COD。

五、思考题

1. 高锰酸钾耗氧量与重铬酸钾耗氧量有什么区别？
2. 为什么要做空白试验？

第 7 部分　综合性、设计性及研究创新性实验

实验 76　电　　泳

一、实验目的

1. 了解制备溶胶的方法和溶胶的电学性质。
2. 观察溶胶的电泳现象。
3. 掌握用宏观电泳方法测定胶粒移动速度及 ζ 电位的方法。

二、实验原理

溶胶是分散粒子的直径大小在 1~100nm 的多相分散系。胶粒表面分子的离解或者胶粒表面的选择性吸附离子，使胶粒带电。所带电荷的符号与胶粒的性质以及制备方法等因素有关。胶粒附近的介质中分布着与胶粒表面所带电荷数量相等、符号相反的电荷，以保持溶胶体系呈电中性。带电的胶粒吸附一定量的溶剂介质构成溶剂化层。溶剂化层与胶粒一起运动。由溶剂化层界面到均匀液相内部（此处电位为零）的电位差称为胶粒的电动电势或 ζ 电位。ζ 电位的大小与胶粒性质、介质成分和溶胶浓度有关，是表征胶粒特征的一个重要物理量。在外电场作用下，带电胶粒向某方向做定向移动的现象叫电泳。胶粒的电泳速度与它的ζ电位有关。故可用电泳法测定胶粒的 ζ 电位。

用电泳法测定 ζ 电位有微观法及宏观法两种方法。

微观法是直接观测单个胶粒在电场中的运动速度，适用于测定色淡及低浓度的溶胶，不适用于高分散的或过浓的溶胶。

宏观法是观测胶体溶液与另一不含胶粒的无色导电溶液的界面在电场中的移动速度来测定 ζ 电位的，适用于高分散和高浓度的溶胶。宏观法因测定设备简单，操作方便而常用于 ζ 电位的测定。

本实验用宏观法观测溶胶的电泳现象并测定 ζ 电位，如图 7-76-1 所示。

U 形电泳管中，下部放溶胶，上部放电导率与溶胶相同的无色辅助液，溶胶与辅助液间有清晰的界面。将两铂电极分别插入 U 形管两边的辅助液中，在两电极上加直流电源，相当于在两电极上加一外加电场，带电胶粒的定向运动，使界面发生移动，通过界面移动的方向可确定胶粒带电的符号，由界面移动的速度，根据如下公式[1]计算 ζ 电位：

$$\zeta(V) = \frac{4\pi \eta s l}{DVt} \times 300^2$$

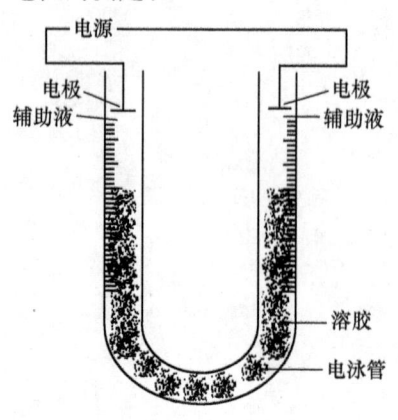

图 7-76-1　电泳

式中：η 为介质的黏度（Pa·s）；s 为在时间 t 内界面移动的距离（cm）；t 为界面移动一定距离的时间（s）；l 为两电极相距的距离（cm）；V 为两电极的电位差（V）；D 为介质的介电常数。

三、仪器与试剂

仪器：U 形电泳管；直流稳压电源；量筒（10mL）；铂电极；玻璃搅拌棒；秒表；直尺；导线若干。

试剂：KI 溶液（A.R，0.01mol·L^{-1}）；AgNO$_3$ 溶液（A.R，0.01mol·L^{-1}）；Fe(OH)$_3$ 溶胶；辅助液。

四、实验步骤

（1）制备两种 AgI 水溶胶。

取 10.0mL 0.01mol·L^{-1} 的 KI 溶液放入一小烧杯中，在搅拌下向烧杯中加入 8.0mL 0.01mol·L^{-1} 的 AgNO$_3$ 溶液，制得溶胶 a。

取 10.0mL 0.01mol·L^{-1} 的 AgNO$_3$ 溶液放入一小烧杯中，在搅拌下向烧杯中加入 8.0mL 0.01mol·L^{-1} 的 KI 溶液，制得溶胶 b。

（2）洗净电泳管，用滴管把溶胶 a 注入电泳管中（电泳管的上部管壁不能粘有溶胶）至 U 形管 2/3 高度。静止片刻时间，把滤纸折成筒状套在电泳管管口的内壁上，用滴管把蒸馏水慢慢地沿着滤纸卷的外侧加到电泳管中溶胶的上方，电泳管的两侧分别加蒸馏水 1~2cm 高度。安装好两个铂电极，电极要置于蒸馏水中。按图 7-76-1 连接好线路，外加电压 40V。观测界面朝哪一个电极方向移动，确定胶粒是带正电还是带负电。

（3）按同（2）的操作，确定溶胶 b 的带电符号。

（4）按同（2）的操作，观察 Fe(OH)$_3$ 溶胶的电泳现象。溶胶上部改用辅助液而不用蒸馏水。接通电源后，稍等片刻使界面清晰，按动秒表，记录界面在电泳管的同一侧下降 4 个 0.5cm 所需的时间。用线绳和直尺测出电泳管两电极间的导电距离。由公式计算 ζ 电位。由界面移动的方向确定 Fe(OH)$_3$ 胶粒的带电符号。

五、注解与实验指导

[1] 公式成立的假设是扩散层内外的液体性质相同。

六、数据处理与实验结果

1. 判断 a、b 两种 AgI 溶胶及 Fe(OH)$_3$ 溶胶的胶粒带电符号。
2. 计算 Fe(OH)$_3$ 溶胶的 ζ 电位。

七、思考题

1. a、b 两种 AgI 溶胶胶粒的电泳方向是否一致？为什么？
2. Fe(OH)$_3$ 溶胶胶粒带电的符号是怎样的？为什么？

实验 77　水热法制备 SnO$_2$ 纳米粉

一、实验目的

1. 了解水热法制备纳米氧化物的原理及实验方法。
2. 研究 SnO$_2$ 纳米粉制备的工艺条件。
3. 学习用 X 射线衍射法（XRD）确定产物的物相。
4. 学习用透射电子显微镜检测超细微粒的粒径。

二、实验原理

纳米粒子通常是指粒径为 1~100nm 的超微颗粒。当物质处于纳米尺度状态时，其许多性质既不同于原子、分子、又不同于大块体相物质，构成物质的一种新的状态。

SnO$_2$ 是一种在透明导电膜、传感器、催化剂等方面具有广泛用途的半导体氧化物。纳米 SnO$_2$ 具有很大的比表面积，是一种很好的气敏与湿敏材料。

目前制备纳米 SnO$_2$ 的主要方法有溶胶-凝胶法（sol-gol）法、化学沉淀法、激光分解法、水热法等。水热法制备纳米 SnO$_2$ 具有许多优点，如无需烧结、产物直接为晶态，因此团聚减少、粒度均匀、形态比较规则；改变水热反应条件，可能得到具有不同晶体结构和结晶形态的产物，因而它是制备纳米氧化物微晶的好方法之一。

以 SnCl$_4$·5H$_2$O 为原料，用二次蒸馏水配制成 1.0mol·L^{-1} 的 SnCl$_4$ 水溶液，过滤除去不溶物，得无色清亮溶液。利用水解产生的 Sn(OH)$_4$ 脱水缩合晶化产生 SnO$_2$ 纳米微晶。

$$SnCl_4 + 4H_2O \Longrightarrow Sn(OH)_4(s) + 4HCl$$

$$nSn(OH)_4 \Longrightarrow nSnO_2 + 2nH_2O$$

三、仪器与试剂

仪器：100mL 不锈钢压力釜（有四氟聚乙烯衬里）；磁力搅拌器；恒温箱（带温控装置）；离心机；抽滤水泵；pH 计；透射电子显微镜；多晶 X 射线衍射仪。

试剂：SnCl$_4$·5H$_2$O(A.R.)；KOH(A.R.)；乙酸铵（A.R.）；乙酸（A.R.）；乙醇（95%，A.R.）。

四、实验步骤

1. SnO$_2$ 纳米微晶的制备

取 50mL 1.0mol·L^{-1} 的 SnCl$_4$ 水溶液（用 KOH 调节反应介质的酸度在 pH 为 1~2 的范围内）并将其注入 100mL 具有聚四氟乙烯衬里和电磁搅拌的不锈钢压力釜内，水热反应是在 120~220℃ 范围内反应 1~2h 完成的（加热速度约为 3℃·min^{-1}），待压力釜冷却至室温后取出反应物，静止沉降 24h，移去上层清液经减压过滤，用 10:1（体积比）乙酸-乙酸铵缓冲溶液洗涤 4~5 次，再用 95% 乙醇洗涤 2 次于 80℃ 干燥、研细。

2. 产物的表征

（1）物相分析。用多晶 X 射线衍射仪测定产物的物相。在 JCPDS 卡片集中查出 SnO$_2$

的多晶标准衍射卡片，将样品的 d 值和相对强度与标准卡片的数据相对照，确定产物是否是 SnO_2。

(2) 粒子大小分析与观察。由多晶 X 射线衍射峰的半峰宽，用谢乐（Scherrer）公式计算样品在 hkl 方向上的平均晶粒尺寸。

$$D_{hkl} = \frac{K\lambda}{\beta \cdot \cos\theta_{hkl}}$$

式中：θ_{hkl} 为 hkl 的衍射峰的衍射角（°）；λ 为 X 射线的波长（nm）；β 为 hkl 的衍射峰的半峰宽（一般可取为半峰宽）；K 为常数，通常取 0.9。

(3) 用透射电子显微镜（TEM）直接观测样品粒子的尺寸与形貌。

五、实验结果讨论

1. 对本实验制备的纳米 SnO_2 进行表征。
2. 对研究结果开展讨论。

六、思考题

1. 水热法合成无机材料具有哪些特点？
2. 水热法制备纳米 SnO_2 微粉过程中，哪些因素影响产物的粒子大小及分布？

实验 78　铁氧体法处理含铬废水

一、实验目的

1. 了解铁氧体法处理含铬废水的原理和方法。
2. 掌握用分光光度法或目视比色法确定废水中铬的含量的方法。
3. 进一步练习分光光度计的操作方法。

二、实验原理

铬是高毒性的元素之一。铬污染主要来源于电镀、制革及印染等工业废水的排放。以 CrO_4^{2-} 或 $Cr_2O_7^{2-}$ 形式的 $Cr(Ⅲ)$ 和 $Cr(Ⅵ)$ 存在。其中 $Cr(Ⅵ)$ 毒性最大，对皮肤有刺激，进入呼吸道会引起发炎或溃疡；饮用含 $Cr(Ⅵ)$ 的水会导致贫血；$Cr(Ⅵ)$ 还是一种致癌物质。而 $Cr(Ⅲ)$ 的毒性比 $Cr(Ⅵ)$ 低 100 倍，因此含铬废水处理的基本原则是先将 $Cr(Ⅵ)$ 还原为 $Cr(Ⅲ)$，并尽可能将其除去。

处理含铬废水的方法很多，本实验采用铁氧体法。铁氧体是指具有磁性的 Fe_3O_4 中的 Fe^{2+}、Fe^{3+}，部分地被与其离子半径相近的其他 +2 价或 +3 价金属离子（如 Cr^{3+}、Mn^{2+} 等）所取代而形成的以铁为主体的复合型氧化物。可用 $M_xFe_{(3-x)}O_4$ 表示，以 Cr^{3+} 为例，可写成 $Cr_xFe_{(3-x)}O_4$。

铁氧体法就是使含铬废水中的 $Cr_2O_7^{2-}$ 或 CrO_4^{2-} 在酸性条件下，与过量的 $FeSO_4$ 作用生成 Cr^{3+} 和 Fe^{3+}，反应式为

$$Cr_2O_7^{2-} + 6Fe^{2+} + 14H^+ = 2Cr^{3+} + 6Fe^{3+} + 7H_2O$$

$$HCrO_4^- + 3Fe^{2+} + 7H^+ = Cr^{3+} + 3Fe^{3+} + 4H_2O$$

反应完后，加入碱溶液，使废水 pH 升至 8～10，控制适当温度，使 Cr^{3+}、Fe^{3+}、Fe^{2+} 转变为沉淀：

$$Fe^{3+} + 3OH^- = Fe(OH)_3 \downarrow$$
$$Fe^{2+} + 2OH^- = Fe(OH)_2 \downarrow$$
$$Cr^{3+} + 3OH^- = Cr(OH)_3 \downarrow$$

加少量 H_2O_2 使形成的 $Fe(OH)_2$ 和 $Fe(OH)_3$ 的量的比例为 1∶2 左右时，可生成类似于 $Fe_3O_4 \cdot xH_2O$ 的铁氧体，其组成可写成 $Fe^{2+} \cdot Fe^{3+}[Fe_3O_4] \cdot xH_2O$，其中部分 Fe^{3+} 可被 Cr^{3+} 取代，而使 Cr^{3+} 成为铁氧体的组成沉淀下来。沉淀物经脱水处理后，即可得到组成符合铁氧体组成的复合物。

为检查废水处理的结果，常采用比色法分析水中的铬含量。利用 Cr(Ⅵ) 在酸性介质中与二苯基碳酰二肼（DPC）反应生成紫红色配合物，且配合物对光的吸收程度与 Cr(Ⅵ) 的含量成正比。把样品溶液的颜色与标准系列的颜色比较（目视比较或分光光度法），就能确定样品中 Cr(Ⅵ) 的含量。Fe^{3+} 与显色剂 DPC 生成黄色或黄紫色化合物，通过加入 H_3PO_4 使 Fe^{3+} 生成无色 $Fe(PO_4)_2^{6-}$ 而排除干扰。

三、仪器与试剂

仪器：分光光度计；比色管（25mL 10 支）；比色管架；台秤；酒精灯；石棉网；移液管（1mL、5mL、10mL、25mL 各 1 支）；容量瓶（50m、100mL）；量筒（10mL、50mL）；烧杯（250mL）；磁铁；温度计（100℃）；洗耳球。

试剂：H_2SO_4（3mol·L^{-1}）；硫-磷混酸 [15% H_2SO_4 + 15% H_3PO_4 + 70% H_2O（体积分数）]；滤纸；NaOH（6mol·L^{-1}）；NaOH（3%）；$FeSO_4 \cdot 7H_2O$（10%）；$K_2Cr_2O_7$ 标准溶液（10.0mg·L^{-1}）；pH 试纸；$(NH_4)_2Fe(SO_4)_2$ 标准溶液（0.05mol·L^{-1}）；H_2O_2（3%）；二苯胺磺酸钠（1%）；二苯基碳酰二肼溶液（0.1%）；含铬废水（可自配：105g $K_2Cr_2O_7$ 溶于 1000mL 自来水）。

四、实验步骤

1. 含铬废水中 Cr(Ⅵ) 的测定

用移液管移取 25.00mL 含铬废水于锥形瓶中，依次加入 10mL H_2SO_4-H_3PO_4 混酸和 30mL 蒸馏水，滴加 4 滴二苯胺磺酸钠指示剂并摇匀。用标准 $(NH_4)_2Fe(SO_4)_2$ 溶液滴定至溶液由红色变为绿色为止，记录滴定剂消耗的体积，平行测定两次，求出废水中 $Cr_2O_7^{2-}$ 的浓度。

2. 含 Cr(Ⅵ) 废水的处理

取 100mL 含铬废水于 250mL 烧杯中，在不断搅拌下滴加 3mol·L^{-1} H_2SO_4 调整至 pH 约为 2，然后加入 10% 的 $FeSO_4 \cdot 7H_2O$ 的溶液，直至溶液颜色由浅黄色变为亮绿色为止[1]。往烧杯中继续滴加 6mol·L^{-1} NaOH 溶液，调节[2] pH 8～9，然后将溶液加热至 70℃左右，在不断搅拌下滴加 6～10 滴 3% H_2O_2，充分搅拌后冷却静置，使 Fe^{2+}、Fe^{3+}、Cr^{3+} 的氢氧化物沉淀沉降。

用倾泻法将上层清液转入另一烧杯中以备测定残余 Cr(Ⅲ)。沉淀用蒸馏水洗涤数次，以除去 Na^+、K^+、SO_4^{2-} 等离子，然后将其转移到蒸发皿中，用小火加热，并不时搅拌沉淀蒸发至干，得黑色铁氧体。冷却后，将沉淀均匀地摊在干净纸上，用磁铁检查沉淀物的磁性。

3. 处理后水质的检验

1) 配制 Cr(Ⅵ) 溶液标准系列和制作工作曲线

用移液管移取 $K_2Cr_2O_7$ 标准溶液 0.00mL、1.00mL、2.00mL、3.00mL、4.00mL、5.00mL 分别注入 6 个 50mL 容量瓶中并编号，用洗瓶冲洗瓶内壁，加入 20mL 蒸馏水、10 滴硫-磷混酸和 3mL 0.1% 二苯基碳酰二肼溶液，最后用蒸馏水稀释至刻度摇匀（观察各溶液显色情况），此时瓶中含 Cr(Ⅵ) 量分别为 $0.000mg \cdot L^{-1}$、$0.200mg \cdot L^{-1}$、$0.400mg \cdot L^{-1}$、$0.600mg \cdot L^{-1}$、$0.800mg \cdot L^{-1}$、$1.00mg \cdot L^{-1}$。在 540nm 处，以空白（1 号）作参比，用分光光度计测定各瓶溶液的吸光度，以 Cr(Ⅵ) 含量为横坐标、吸光度为纵坐标作图，即得工作曲线。

2) 处理后水中 Cr(Ⅵ) 含量的检验

将本实验 2 处理后的上层清液[3]取 10mL 两份于两个 50mL 容量瓶中（编号 7、8），后面的操作同上，测出处理后水样的吸光度，从工作曲线上查出相应的 Cr(Ⅵ) 的浓度，求出处理后水中残留 Cr(Ⅵ) 的含量，确定是否达到国家工业废水的排放标准（$<0.5mg \cdot L^{-1}$）。

五、注解与实验指导

[1] 为使 Cr(Ⅵ) 还原完全，Fe^{2+} 需适当过量，一般 Cr(Ⅵ) 含量越低，Fe^{2+} 过量应越多；但 Fe^{2+} 过量也不宜太多，因为 Fe^{2+} 干扰 Cr(Ⅵ) 的比色测定。

[2] 处理含铬废水时，pH 调节一定要控制好，否则将影响到 Cr(Ⅵ) 的还原和铁氧体的组成。

[3] 上层溶液应澄清无悬浮物，否则需过滤。

六、思考题

1. 为什么加硫酸亚铁溶液时，当溶液颜色由浅黄色变为亮绿色，恰好？
2. 处理含铬废水还有其他方法吗？请查阅相关资料，列举它们的优点和不足之处。

参考答案

1. 答：为使 Cr(Ⅵ) 还原完全，Fe^{2+} 需适当过量，而硫酸亚铁稀溶液的颜色为亮绿色，故当溶液颜色由浅黄色变为亮绿色时，恰好。
2. 答：略

英汉专业小词汇

iron oxidation method 铁氧体法   spectrophotometric 分光光度法   chromium 铬   diphenylamine sulphonic acid; sodium salt 二苯胺磺酸钠

实验 79 硫酸亚铁铵的制备及其纯度检验

一、实验目的

1. 了解复盐的一般特性及 $(NH_4)_2SO_4 \cdot FeSO_4 \cdot 6H_2O$ 的制备方法。
2. 熟练掌握水浴加热、过滤、蒸发、结晶等基本操作。
3. 学习产品纯度的检验方法。
4. 了解用目测比色法检验产品的质量等级。

二、实验原理

由于硫酸亚铁铵晶体中的亚铁离子在空气中比其他一般的亚铁离子难氧化,所以在许多化学实验里,如果铵离子没有干扰,我们需要用到亚铁离子时往往都用硫酸亚铁铵。因此,硫酸亚铁铵是实验室经常用到的一种化学试剂。

硫酸亚铁铵 $[(NH_4)_2SO_4 \cdot FeSO_4 \cdot 6H_2O]$ 商品名为莫尔盐,浅蓝绿色单斜晶体。一般亚铁盐在空气中易被氧化,而硫酸亚铁铵在空气中比一般亚铁盐要稳定,不易被氧化,并且价格低,制造工艺简单,容易得到较纯净的晶体,因此应用广泛。在定量分析中常用来配制亚铁离子的标准溶液。

和其他复盐一样,$(NH_4)_2SO_4 \cdot FeSO_4 \cdot 6H_2O$ 在水中的溶解度比组成它的每一组分 $FeSO_4$ 或 $(NH_4)_2SO_4$ 的溶解度都要小。利用这一特点,可通过蒸发浓缩 $FeSO_4$ 与 $(NH_4)_2SO_4$ 溶于水所制得的浓混合溶液制取硫酸亚铁铵晶体。

$FeSO_4$、$(NH_4)_2SO_4$、$(NH_4)_2SO_4 \cdot FeSO_4 \cdot 6H_2O$ 三种盐在不同温度下的溶解度见表 7-79-1,同规格中 Fe^{3+} 含量(mg)见表 7-79-2。

表 7-79-1 三种盐的溶解度(单位:$g \cdot 100g^{-1} H_2O$)

温度/℃	$FeSO_4$	$(NH_4)_2SO_4$	$(NH_4)_2SO_4 \cdot FeSO_4 \cdot 6H_2O$
10	20.0	73	17.2
20	26.5	75.4	21.6
30	32.9	78	28.1

表 7-79-2 不同等级标准溶液中 Fe^{3+} 含量

规格	Ⅰ	Ⅱ	Ⅲ
Fe^{3+} 含量/mg	0.050	0.10	0.20

本实验先将铁屑溶于稀硫酸生成硫酸亚铁溶液:

$$Fe + H_2SO_4 = FeSO_4 + H_2 \uparrow$$

再往硫酸亚铁溶液中加入硫酸铵并使其全部溶解,加热浓缩制得的混合溶液,再冷却即可得到溶解度较小的硫酸亚铁铵晶体:

$$FeSO_4 + (NH_4)_2SO_4 + 6H_2O = (NH_4)_2SO_4 \cdot FeSO_4 \cdot 6H_2O$$

用目视比色法可估计产品中所含杂质 Fe^{3+} 的量。Fe^{3+} 与 SCN^- 能生成红色物质

[Fe(SCN)]$^{2+}$，红色深浅与 Fe^{3+} 相关。将所制备的硫酸亚铁铵晶体与 KSCN 溶液在比色管中配制成待测溶液，将它所呈现的红色与含一定 Fe^{3+} 量所配制成的标准 [Fe(SCN)]$^{2+}$ 溶液的红色进行比较，确定待测溶液中杂质 Fe^{3+} 的含量范围，确定产品等级。

三、仪器与试剂

仪器：台秤；布氏漏斗；抽滤瓶；比色管（25mL）；水浴锅；蒸发皿；量筒（10mL、50mL）；酒精灯。

试剂：H$_2$SO$_4$ 溶液（3mol·L^{-1}）；铁屑；(NH$_4$)$_2$SO$_4$(s)；Na$_2$CO$_3$ 溶液（1mol·L^{-1}）；K$_2$Cr$_2$O$_7$(s,A.R.)；乙醇（95%）；NH$_4$Fe(SO$_4$)$_2$·12H$_2$O(s,A.R.)；二苯胺磺酸钠指示剂溶液（0.1%）；H$_3$PO$_4$（85%）；HCl（3mol·L^{-1}）；KSCN 溶液（25%）；pH 试纸。

四、实验步骤

1. Fe 屑的净化

用台秤称取 2.0g Fe 屑，放入锥形瓶中，加入 15mL 1mol·L^{-1} Na$_2$CO$_3$ 溶液，小火加热煮沸约 10min 以除去 Fe 屑上的油污，倾去 Na$_2$CO$_3$ 碱液，用自来水冲洗后，再用去离子水把 Fe 屑冲洗干净。

2. FeSO$_4$ 的制备

往盛有 Fe 屑的锥形瓶中加入 15mL 3mol·L^{-1} H$_2$SO$_4$，水浴加热至不再有气泡放出，趁热减压过滤，用少量热水洗涤锥形瓶及漏斗上的残渣，抽干。将滤液转移至洁净的蒸发皿中，将留在锥形瓶内和滤纸上的残渣收集在一起用滤纸片吸干后称量，由已作用的 Fe 屑质量算出溶液中生成的 FeSO$_4$ 的量。

3. (NH$_4$)$_2$SO$_4$·FeSO$_4$·6H$_2$O 的制备

根据溶液中 FeSO$_4$ 的量，按反应方程式计算并称取所需 (NH$_4$)$_2$SO$_4$ 固体的质量，加入上述制得的 FeSO$_4$ 溶液中。水浴加热，搅拌使 (NH$_4$)$_2$SO$_4$ 全部溶解，并用 3mol·L^{-1} H$_2$SO$_4$ 溶液调节至 pH 为 1~2，继续在水浴上蒸发、浓缩至表面出现结晶薄膜为止（蒸发过程不宜搅动溶液）。静置，使之缓慢冷却，(NH$_4$)$_2$SO$_4$·FeSO$_4$·6H$_2$O 晶体析出，减压过滤除去母液，并用少量 95% 乙醇洗涤晶体，抽干。将晶体取出，摊在两张吸水纸之间，轻压吸干。

观察晶体的颜色和形状，称量，计算产率。

4. 产品检验 [Fe(Ⅲ)的含量分析]

1) Fe(Ⅲ) 标准溶液的配制

称取 0.8634g NH$_4$Fe(SO$_4$)$_2$·12H$_2$O，溶于少量水中，加 2.5mL 浓 H$_2$SO$_4$，移入 1000mL 容量瓶中，用水稀释至刻度。此溶液含 0.1000g·L^{-1} Fe^{3+}。

2) 标准色阶的配制

取 0.50mL Fe(Ⅲ) 标准溶液于 25mL 比色管中，加 2mL 3mol·L^{-1} HCl 和 1mL 25% 的

KSCN 溶液,用蒸馏水稀释至刻度,摇匀,配制成 Fe 标准液(含 Fe^{3+} 0.05mg·g^{-1})。

同样,分别取 0.05mL Fe(Ⅲ)和 2.00mL Fe(Ⅲ)标准溶液,配制成 Fe 标准液(分别含 Fe^{3+} 0.10mg·g^{-1}、0.20mg·g^{-1})。

3) 产品级别的确定

称取 1.0g 产品于 25mL 比色管中,用 15mL 去离子水溶解,再加入 2mL 3mol·L^{-1} HCl 和 1mL 25%KSCN 溶液,加水稀释至 25mL,摇匀。与标准色阶进行目视比色,确定产品级别。

此产品分析方法是将成品配制成溶液,与各标准溶液进行比色,以确定杂质含量范围。如果成品溶液的颜色不深于标准溶液,则认为杂质含量低于某一规定限度,所以这种分析方法称为限量分析。

5. $(NH_4)_2SO_4·FeSO_4·6H_2O$ 含量的测定

1) $(NH_4)_2SO_4·FeSO_4·6H_2O$ 的干燥

将步骤 3 中所制得的晶体在 100℃左右干燥 2~3h,脱去结晶水。冷却至室温后,将晶体装在干燥的称量瓶中。

2) $K_2Cr_2O_7$ 标准溶液的配制

在分析天平上用差减法准确称取约 1.2g(准确至 0.1mg)$K_2Cr_2O_7$,放入 100mL 烧杯中,加少量蒸馏水溶解,定量转移至 250mL 容量瓶中,用蒸馏水稀释至刻度,计算 $K_2Cr_2O_7$ 的准确浓度:

$$c(K_2Cr_2O_7) = \frac{m(K_2Cr_2O_7)}{\frac{M(K_2Cr_2O_7)}{1000} \times 250.0}$$

$$M(K_2Cr_2O_7) = 294.18 g·mol^{-1}$$

3) 测定含量

用差减法准确称取 0.6~0.8g(准确至 0.1mg)所制得的 $(NH_4)_2SO_4·FeSO_4·6H_2O$ 两份,分别放入 250mL 锥形瓶中,各加 100mL H_2O 及 20mL 3mol·L^{-1} H_2SO_4,加 5mL 85% H_3PO_4,滴加 6~8 滴二苯胺磺酸钠指示剂,用 $K_2Cr_2O_7$ 标准溶液滴定至溶液由深绿色变为紫色或蓝紫色即为终点。

$$w(Fe) = \frac{6 \times c(K_2Cr_2O_7) \times V(K_2Cr_2O_7) \times \frac{M(Fe)}{1000}}{m(样)}$$

五、注解与实验指导

1. 若所用铁屑不纯,与酸反应时可能产生有毒的氢化物,最好在通风橱中进行。不必将所有铁屑溶解完,实验时溶解大部分铁屑即可。

2. 制备硫酸亚铁铵时,用 3mol·L^{-1} H_2SO_4 溶液调节 pH 为 1~2,以保持溶液的酸度,反应过程中,适当补加少量去离子水,以防硫酸亚铁结晶,但要注意水量。

3. 注意计算 $(NH_4)_2SO_4$ 的用量。

4. 硫酸亚铁铵的制备:加入硫酸铵后,应搅拌使其溶解后再往下进行。加热在水浴上进行,防止失去结晶水。

5. 蒸发浓缩初期要不停搅拌,但要注意观察晶膜,一旦发现晶膜出现即停止搅拌。

6. 趁热过滤并以少量热水洗涤。最后一次抽滤时，注意将滤饼压实，不能用蒸馏水或母液洗晶体。

六、思考题

1. 为什么硫酸亚铁铵在定量分析中可以用来配制亚铁离子的标准溶液？
2. 本试验利用什么原理来制备硫酸亚铁铵？
3. Fe 屑中加入 H_2SO_4 水浴加热至不再有气泡放出时，为什么要趁热减压过滤？
4. $FeSO_4$ 溶液中加入 $(NH_4)_2SO_4$ 全部溶解后，为什么要调节至 pH 为 1~2？

参考答案

1. 答：硫酸亚铁铵在空气中比一般亚铁盐要稳定，不易被氧化，并且价格低，制造工艺简单，容易得到较纯净的晶体，因此在定量分析中常用来配制亚铁离子的标准溶液。
2. 答：$(NH_4)_2SO_4 \cdot FeSO_4 \cdot 6H_2O$ 在水中的溶解度比组成它的每一组分 $FeSO_4$ 或 $(NH_4)_2SO_4$ 的溶解度都要小，利用这一特点，可通过蒸发浓缩 $FeSO_4$ 与 $(NH_4)_2SO_4$ 溶于水所制得的浓混合溶液制取硫酸亚铁铵晶体。
3. 答：避免温度下降 $FeSO_4$ 晶体析出。
4. 答：调节 pH 至 1~2，使体系到强酸性，避免 Fe^{2+} 的水解。

实验 80　乙酸异丁酯的合成及折射率的测定

一、实验目的

1. 了解固体酸催化酯化反应连续制备酯的原理和方法。
2. 学习液体有机物的干燥。
3. 熟悉阿贝折光仪的使用。

二、实验原理

乙酸异丁酯是一种优良的有机溶剂，具有较强溶解能力、适宜的蒸发速度，亦可作果实香精，可代替市场货紧价高的乙酸正丁酯使用。传统的合成方法是在硫酸催化下由乙酸和异丁醇酯化而成。反应式如下：

$$CH_3COOH + CH_3CHCH_2OH \underset{\triangle}{\overset{H_2SO_4}{\rightleftharpoons}} CH_3COOCH_2CH(CH_3)_2 + H_2O$$
$$|$$
$$CH_3$$

此法虽工艺成熟，但存在对设备腐蚀严重、副产物多、污染环境等缺点。

研究新型催化剂已成为有机合成的重要课题。特别是那些不溶或难溶于有机反应体系、易于分离、能够重复使用的所谓"环境友好催化剂"更受关注，其中有一大类固体酸催化剂研究得较多。而对甲苯磺酸（p-$CH_3C_6H_4SO_3H \cdot H_2O$）是一种强有机酸，价廉易得，使用安全，对设备腐蚀和环境污染比硫酸小，不易引起副反应，且用量少、活性高，是一种替代硫酸的良好催化剂。

酯化反应是一可逆平衡反应，当反应达到平衡后，酯的生成量就不再增多，为了提高酯的产率，根据质量作用定律，可采取下列措施：

（1）增加反应物（醇或羧酸）的浓度；
（2）减少产物（酯或水）的浓度；

三、仪器与试剂

仪器：球形冷凝管；分水器；三颈烧瓶（100mL）；分液漏斗；锥形瓶；圆底烧瓶；电热套；阿贝折光仪。

试剂：乙酸；异丁醇；对甲苯磺酸；环己烷；丙酮；Na_2CO_3 溶液（5%）；饱和食盐水；无水硫酸镁；蒸馏水；二次蒸馏水。

四、实验步骤

方法 I 以对甲苯磺酸作催化剂

分别将 0.3mol(17.2mL) 乙酸、0.2mol(18.5mL) 异丁醇、0.3g 对甲苯磺酸、15mL 环己烷和几粒沸石加到装有冷凝管、分水器和温度计的三颈烧瓶中，组成回流分水装置，加热时保持瓶内的温度在 85~90℃，在反应过程中应及时将分水器中有机层流回反应器，回流[1]约需 1.5h。

将反应瓶内产物转入分液漏斗中，依次用等量体积的水、5% Na_2CO_3 溶液、饱和食盐水进行洗涤，取有机相，用适量[2]的无水 $MgSO_4$ 干燥液体至澄清，再进行蒸馏，收集 113~116℃的馏分，计算产率。测定产品的折射率[3]，并与文献数值比较。

方法 II 以硫酸作催化剂

在 50mL 干燥的圆底烧瓶中加入 0.3mol 乙酸和 0.2mol 异丁醇，摇动下慢慢加入 3mL 浓硫酸，摇匀后加入几粒沸石，装上冷凝管，用小火加热回流 1.5h。后续操作同上。

五、注解与实验指导

[1] 当不再有水产生，可以认为反应完毕，停止加热回流。

[2] 加入干燥剂要适量，若量太多，干燥剂会吸附较多的产品，造成损失；而量太少，则可能水干燥不完全，在蒸馏时会有较多的前馏分产生。另外需注意干燥时间的把握。

[3] 要求液层均匀，充满视场，无气泡。

六、思考题

1. 酯化反应有什么特点？本实验如何创造条件使酯化反应尽量向生成物方向进行？
2. 为什么要用饱和食盐水洗涤？
3. 比较此两个实验方法的不同之处。查阅相关资料，能否用其他固体酸作为催化剂？设计本实验流程。

参考答案

1. 答：酯化反应是一可逆平衡反应，受温度、催化剂、反应物的量等因素影响较大。本实验采取加入过量的乙酸，并将生成的水及时与反应体系分离的方式。
2. 答：饱和食盐水比水的相对密度大，有利于分层，还可减小酯在水中的溶解度。
3. 答：略

英汉专业小词汇

Abbe's refractometer 阿贝折光仪　　refractive index 折射率　　calibrate 校准　　solid acid 固体酸　catalyst 催化剂　　synthesis 合成　　acetic acid 乙酸　　isobutyl alcohol 异丁醇　　p-toluene sulfonic acid 对甲苯磺酸　　cyclohexane 环己烷　　acetone 丙酮　　sodium carbonate 碳酸钠　　magnesium sulfate 硫酸镁　　isobutyl acetate 乙酸异丁酯

实验 81　过氧化钙的合成

一、实验目的

1. 了解用钙盐法合成过氧化钙。
2. 学习 CaO_2 的检验方法。

二、实验原理

过氧化钙是一种新型的多功能无机精细化工产品，常温下是白色结晶粉末，工业品因含有超氧化物而显淡黄色，无臭、无毒，难溶于水，不溶于乙醇、丙酮等有机溶剂。过氧化钙不仅对紫外线有较强的吸收作用，还具有较强的脱色、杀菌、消毒、防腐、增氧等功能。广泛用于水产养殖、畜牧、农业、环保、食品加工等许多领域。

过氧化钙在室温干燥条件下稳定，在湿空气或吸水过程中逐渐分解出氧气，其有效氧含量为 22.2%。加热至 300℃开始分解，400~425℃全部分解成 O_2 和 CaO：

$$2CaO_2 \xrightarrow{300℃} 2CaO + O_2(g)$$

在潮湿空气中也能够分解：

$$CaO_2 + H_2O \longrightarrow Ca(OH)_2 + H_2O_2$$

与稀酸反应生成盐和 H_2O_2：

$$CaO_2 + 2H^+ \longrightarrow Ca^{2+} + H_2O_2$$

在 CO_2 作用下，会逐渐变成碳酸盐，并放出氧气：

$$2CaO_2 + 2CO_2 \longrightarrow 2CaCO_3 + O_2$$

过氧化钙水合物（$CaO_2 \cdot 8H_2O$）在 0℃时，是稳定的；室温时，几天就分解；加热至 130℃时，就逐渐变为无水过氧化物（CaO_2）。

本实验先由钙盐法制取 $CaO_2 \cdot 8H_2O$，再经过脱水制得 CaO_2。

钙盐法制 CaO_2：用可溶性钙盐（如卤化钙、硝酸钙等）与 H_2O_2 和 $NH_3 \cdot H_2O$ 反应：

$$Ca^{2+} + H_2O_2 + NH_3 \cdot H_2O \longrightarrow CaO_2 \cdot 8H_2O(s) + 2NH_4^+$$

$$CaO_2 \cdot 8H_2O \longrightarrow CaO_2 + 8H_2O$$

该反应通常在 -3℃~2℃下进行。

三、仪器与试剂

仪器：台秤；分析天平；烧杯（250mL）2 个；微型吸滤瓶 1 套；洗耳球 1 个；点滴板 1 块；P_2O_5 干燥器；碘量瓶（25mL）[1]；微型滴定管 1 支[2]。

试剂：$CaCl_2$ 或 $CaCl_2 \cdot 6H_2O(s)$；H_2O_2(30%)；$NH_3 \cdot H_2O$(2mol·L^{-1})；无水乙醇；$KMnO_4$(0.01mol·L^{-1})；H_2SO_4(2.0mol·L^{-1})；KI(s)；HAc(36%)；NaS_2O_3 标准溶液（0.01mol·L^{-1})；淀粉溶液（1%）；冰；HCl 溶液（2mol·L^{-1})；滤纸。

四、实验步骤

1. CaO₂ 的制备

称取 1.11g CaCl₂（或 2.22g CaCl₂·6H₂O）于 25mL 小烧杯中，加 1.5mL 去离子水溶解。用冰水将 CaCl₂ 溶液和 5mL H₂O₂(30%) 溶液冷至 0℃ 左右，然后混合，摇匀。在边冷却边搅拌下逐渐将 10mL NH₃·H₂O(2mol·L⁻¹) 溶液加入其中，静置冷却。

用倾泻法在微型吸滤纸上过滤，用冷却至 0℃ 左右的去离子水洗涤沉淀 2~3 次，再用无水乙醇洗涤 2 次。然后将晶体移至烘箱中，在 160℃ 下烘烤 20min，再放在 P₂O₅ 干燥器中干燥至恒量，称量，计算产率。

将滤液用 HCl 溶液（2mol·L⁻¹）滴至 pH 为 3~4，然后放在小烧杯（或蒸发皿）中，于石棉网（或泥三角）上小火加热浓缩，可得副产品 NH₄Cl 晶体。

2. 产品检验

1) CaO₂ 的定性鉴定

在点滴板上滴 1 滴 KMnO₄(0.01mol·L⁻¹) 溶液，加 1 滴 H₂SO₄(2.0mol·L⁻¹) 酸化，然后加少量 CaO₂ 粉末搅匀，若有气泡逸出，且 MnO₄⁻ 褪色，则证明 CaO₂ 存在。

2) CaO₂ 含量测定

准确称取 0.030g CaO₂ 晶体于干燥的 25mL 碘量瓶中，加 3mL 去离子水、0.400gKI(s)，摇匀。在暗处放置 30min，加 4 滴 36%HAc，用 NaS₂O₃ 标准溶液（0.01mol·L⁻¹）滴至近终点时，加 1%淀粉试液，然后继续滴定至蓝色消失。同时做空白试验。

3) CaO₂ 质量分数的计算

$$w(CaO_2) = \frac{c(V_1 - V_2) \times 0.0721 \text{g} \cdot \text{mmoL}^{-1}}{2m} \times 100\%$$

式中：V_1 为滴定样品时所消耗的 NaS₂O₃ 标准溶液（0.01mol·L⁻¹）体积（mL）；V_2 为空白试验时所消耗的 NaS₂O₃ 标准溶液（0.01mol·L⁻¹）体积（mL）；c 为 NaS₂O₃ 标准溶液的浓度（mol·L⁻¹）；m 为样品的质量（g）；0.0721 为每毫摩 CaO₂ 的质量数值（g·mmol⁻¹）。

五、注解与实验指导

[1] 如果没有 25mL 的碘量瓶，也可用 25mL 磨口带塞锥形瓶代替。

[2] 微型滴定管可在市场任意选购，也可自制简易的。

六、思考题

1. CaO₂ 如何存储？为什么？
2. 测定产品中 CaO₂ 的质量分数时，为什么要做空白实验？如何做空白实验？

实验82　石灰石中钙含量的测定（高锰酸钾法）

一、实验目的

1. 学习沉淀分离的基本知识和操作（沉淀、过滤及洗涤等）。

2. 了解用高锰酸钾法测定石灰石中钙含量的原理和方法。

二、实验原理

石灰石的主要成分是 $CaCO_3$，测定钙的方法简便的可用配位滴定法，但较精确的是高锰酸钾法。它是将 Ca^{2+} 沉淀为 CaC_2O_4，再将沉淀滤出并洗净后，溶于稀 H_2SO_4 溶液，用 $KMnO_4$ 标准溶液滴定与 Ca^{2+} 相当的 $C_2O_4^{2-}$，根据所用 $KMnO_4$ 的体积和浓度计算试样中钙或氧化钙的含量。主要反应如下：

$$Ca^{2+} + C_2O_4^{2-} \longrightarrow CaC_2O_4 \downarrow$$
$$CaC_2O_4 + H_2SO_4 \longrightarrow CaSO_4 + H_2C_2O_4$$
$$5H_2C_2O_4 + 2MnO_4^- + 6H^+ =\!=\!= 2Mn^{2+} + 10CO_2 \uparrow + 8H_2O$$

Na^+ 和 Mg^{2+} 能产生共沉淀和后沉淀，但浓度不很高时影响较小。CaC_2O_4 是弱酸盐沉淀，其溶解度随溶液酸度增大而增加，在 pH=4 时，溶解损失可忽略。本实验采用在酸性溶液中加入 $(NH_4)_2C_2O_4$，再滴加氨水逐渐中和溶液中的 H^+，使 $[C_2O_4^{2-}]$ 缓缓增大，CaC_2O_4 沉淀缓慢形成，最后控制溶液 pH 在 3.5～4.5。既使 CaC_2O_4 沉淀完全，又不致生成 $Ca(OH)_2$ 或 $(CaOH)_2C_2O_4$ 沉淀，能获得组成一定、颗粒粗大而纯净的 CaC_2O_4 沉淀。

三、仪器与试剂

仪器：中速滤纸；分析天平；酸式滴定管；滴定台 1 套；容量瓶（250mL）1 个；锥形瓶（250mL）3 个；洗瓶 1 个；烧杯（400mL、100mL）；玻璃棒；移液管（25mL）1 只；量筒（5mL、25mL、100mL）；水浴锅。

试剂：$HCl(6mol \cdot L^{-1})$；$H_2SO_4(1mol \cdot L^{-1})$；$HNO_3(2mol \cdot L^{-1})$；甲基橙（0.1%）；氨水（$3mol \cdot L^{-1}$）；柠檬酸铵（10%）；$(NH_4)_2C_2O_4(0.25mol \cdot L^{-1})$；$(NH_4)_2C_2O_4$ 溶液（0.1%）；$KMnO_4(0.02mol \cdot L^{-1})$。

四、实验步骤

准确称取石灰石试样 0.6～0.8g，置于 100mL 烧杯中，滴加少量水使试样润湿，缓缓滴加 $6mol \cdot L^{-1}$ HCl 溶液 10mL 溶解试样，同时摇动烧杯。待停止发泡后，小心加热煮沸 2min，冷却后将全部物质转入 250mL 容量瓶中，加水至刻度，摇匀，静置使其中酸不溶物沉降。

准确吸取 50mL 清液放入 400mL 烧杯中，加入 3～5mL 10% 柠檬酸铵溶液和 100mL 水[1]，加甲基橙 2 滴，滴加 $6mol \cdot L^{-1}$ HCl 溶液 5～10mL 至溶液刚呈红色后，加入 20mL $0.25mol \cdot L^{-1}$ $(NH_4)_2C_2O_4$ 溶液。水浴加热至 70～80℃，在不断搅拌下以每秒 1～2 滴的速度滴加 $3mol \cdot L^{-1}$ 氨水至溶液由红色变为橙黄色[2]，继续保温约 30min 并随时搅拌，放置冷却。

用中速滤纸以倾泻法过滤。先用冷的 0.1% $(NH_4)_2C_2O_4$ 溶液将沉淀洗涤 1～2 次，再用冷水洗涤沉淀 2 次[3]。

将带有沉淀的滤纸贴在原储沉淀的烧杯内壁。用 50mL $1mol \cdot L^{-1}$ H_2SO_4 溶液仔细将滤纸上沉淀洗入烧杯，用水稀释至 100mL，加热至 75～85℃，用 $0.02mol \cdot L^{-1}$ $KMnO_4$ 标准溶液滴定至溶液呈粉红色。然后将滤纸浸入溶液中[4]，用玻璃棒搅拌，若溶液褪色，再滴入 $KMnO_4$ 溶液，直至粉红色经 30s 不褪即达终点。

根据 $KMnO_4$ 溶液用量和试样质量计算试样中钙含量（或折算成 CaO 的质量分数）。

五、注解与实验指导

[1] 柠檬酸铵络合掩蔽 Fe^{3+} 和 Al^{3+}，以免生成胶体或共沉淀，其用量视铁和铝含量而定。

[2] 开始先调节溶液在较强酸性中加 $(NH_4)_2C_2O_4$ 溶液，再用氨水调 pH 至 3.5～4.5，使 CaC_2O_4 沉淀。

[3] 先用沉淀剂稀溶液洗涤，利用同离子效应减少沉淀溶解损失，洗去杂质；后用水洗除去沉淀表面的 $C_2O_4^{2-}$ 和 Cl^-。Cl^- 是否洗净可在洗出液中滴加 $AgNO_3$ 检测。否则，Cl^- 会干扰 $KMnO_4$ 滴定。

[4] 在酸性溶液中滤纸消耗 $KMnO_4$，接触时间越长消耗越多，只能在滴定接近终点前才将滤纸浸入溶液中。

六、思考题

1. $KMnO_4$ 法与配位滴定法测定钙的优缺点各是什么？

2. 沉淀 CaC_2O_4 时，为什么先在酸性溶液中加入沉淀剂 $(NH_4)_2C_2O_4$，然后在 70～80℃时滴加氨水至甲基橙变橙黄色而使 CaC_2O_4 沉淀？中和时为什么选用甲基橙指示剂来指示酸度？

3. 如果将带有 CaC_2O_4 沉淀的滤纸一起用硫酸处理后，再用 $KMnO_4$ 溶液滴定，对实验会产生什么影响？

实验 83 碳酸钠的制备及产品纯度的测定

一、实验目的

1. 学习利用盐类化合物溶解度的差异，通过复分解反应制取化合物的方法。
2. 巩固天平称量、滴定等操作。

二、实验原理

碳酸钠又名苏打，工业上叫纯碱。用途广泛。工业上的联合制碱法是将二氧化碳和氨气通入氯化钠溶液中，先生成碳酸氢钠，再在高温下灼烧，转化为碳酸钠（干态 $NaHCO_3$，在 270℃的分解），反应式如下：

$$NH_3 + CO_2 + H_2O + NaCl \longrightarrow NaHCO_3 + NH_4Cl$$

$$2NaHCO_3 \xrightarrow{\triangle} Na_2CO_3 + CO_2 + H_2O$$

在上述第一个反应中，实质上是碳酸氢铵与氯化钠在水溶液中的复分解反应，因此可直接用碳酸氢铵与氯化钠作用制取碳酸氢钠

$$NH_4HCO_3 + NaCl \longrightarrow NaHCO_3 + NH_4Cl$$

三、仪器与试剂

仪器：烧杯（200mL）2个；锥形瓶（250mL）3个；电热套1个；布氏漏斗1个；抽滤瓶1个；滤纸4张；水浴锅1个；研钵1个；蒸发皿1个；酒精灯1个；台平1台；分析天平1台；pH试纸1~14；玻璃棒2根；酸式滴定管（50mL）等。

试剂：22%粗食盐；$2mol \cdot L^{-1}$ NaOH；$1mol \cdot L^{-1}$ Na_2CO_3；$6mol \cdot L^{-1}$ HCl；碳酸氢铵；甲基橙指示剂。

四、实验步骤

1. 化盐与精制

将粗食盐配制成22%粗食盐水溶液，往250mL烧杯中加50mL 22%粗食盐水溶液。用$2mol \cdot L^{-1}$ NaOH和等体积的$1mol \cdot L^{-1}$ Na_2CO_3溶液组成的混合溶液调pH为11左右，然后加热至沸腾，抽滤，分离沉淀。滤液用$6mol \cdot L^{-1}$ HCl溶液调节pH≈7。

2. 制取 $NaHCO_3$

取23g碳酸氢铵，用研钵将其研磨成细粉，台秤称取20g。将盛有滤液的烧杯放在水浴上加热，控制溶液温度在30~36℃，在不断搅拌的情况下，分多次把称好的20g研细的碳酸氢铵加入滤液中。搅拌33min，使反应充分进行。静置，抽滤，得到$NaHCO_3$晶体。用少量水洗涤两次（除去黏附的铵盐），再抽干，称量。母液回收。

3. 制取 Na_2CO_3

将抽干的$NaHCO_3$放在蒸发皿中，在100℃以上的烘箱中，烘2h，即得Na_2CO_3晶体，冷却后称量。

4. 纯度检验

在分析天平上准确称取两份0.2~0.3g的产品，分别加入到两个250mL锥形瓶中，将每份产品用100mL去离子水溶解，然后加入2滴甲基橙指示剂，用$0.10mol \cdot L^{-1}$盐酸标准溶液滴定，溶液的颜色由黄变橙即达终点，记下所用盐酸的体积。该滴定中的滴定反应是

$$CO_3^{2-} + H^+ \rightleftharpoons HCO_3^-$$

所以产品质量分数$w(Na_2CO_3)(\%)$按下式计算：

$$w(Na_2CO_3)(\%) = c(HCl)V(HCl) \cdot \frac{M(Na_2CO_3)}{G} \times 100\%$$

式中：$c(HCl)$和$V(HCl)$分别为盐酸标准溶液的浓度和消耗的体积，单位分别为$mol \cdot L^{-1}$和L；$M(Na_2CO_3)$为Na_2CO_3的摩尔质量（$g \cdot mol^{-1}$）；G为称取的产品质量（g）。

五、思考题

1. 从NaCl、NH_4HCO_3、$NaHCO_3$、NH_4Cl这四种盐在不同温度下的溶解度考虑，为什么可用NaCl和NH_4HCO_3制取$NaHCO_3$？
2. 粗盐为何要精制？
3. 在制取$NaHCO_3$时，为何温度不能低于30℃？

实验 84　乙酰水杨酸的制备及有效成分的测定

一、实验目的

1. 掌握酚酯的制备原理和方法。
2. 熟悉高效液相色谱仪的正确使用方法，并用外标法测定组分的含量。

二、实验原理

水杨酸与过量乙酸酐在浓硫酸催化下乙酰化反应可得乙苯酰水杨酸（阿司匹林）。

$$\underset{OH}{\underset{|}{C_6H_4}}COOH + (CH_3CO)_2O \xrightarrow[70\sim 80℃]{浓 H_2SO_4} \underset{OCOCH_3}{\underset{|}{C_6H_4}}COOH + CH_3COOH$$

用重结晶方法纯化粗品。

合成的乙酰水杨酸有效成分的测定可采用外标法，用高效液相色谱，通过合成样品与对照样品色谱图的峰面积比，得知合成样品中乙酰水杨酸有效成分含量。

三、仪器与试剂

仪器：锥形瓶（50mL、15mL）；减压过滤装置；红外灯；熔点测定仪；液相色谱仪；紫外-可见可变波长检测器；高压恒流泵；进样阀；色谱数据处理工作站；电子分析天平；超声波清洗仪。

试剂：水杨酸；乙酸酐；浓硫酸；饱和碳酸氢钠；乙醇（95%）；浓盐酸；三氯化铁溶液（$10g \cdot L^{-1}$）；甲醇；二乙胺水溶液（$1g \cdot L^{-1}$）；冰醋酸。

四、实验步骤

1. 乙酰水杨酸的合成

1) 常量法

在 50mL 干燥的锥形瓶中分别加入 1.2g 水杨酸、4mL 的乙酸酐和 4 滴浓硫酸，混合均匀，70~80℃水浴加热 10min。停止加热，移出锥形瓶，冷却至室温，缓缓加入 5mL 的水，冰水浴冷却至晶体析出[1]，加 20mL 冰水至锥形瓶中，并冰水浴至晶体完全析出。减压过滤，用少量冰水洗涤晶体，抽干，得乙酰水杨酸粗品。用三氯化铁检查纯度[2]。

将乙酰水杨酸粗品用乙酸乙酯[3]重结晶，用三氯化铁检查纯度。将纯乙酰水杨酸置于表面皿上在红外灯下干燥，称量，测熔点及红外光谱，并与标准红外谱图对照解析主要吸收峰。

纯乙酰水杨酸为白色针状结晶，熔点为 135~136℃。

2) 微量法

在 15mL 干燥锥形瓶中分别加入 400mg 水杨酸、1mL 乙酸酐和 1~2 滴浓硫酸，混合均匀，溶解，70~80℃水浴加热 5min。停止加热，移出锥形瓶，冷却至室温，缓缓加入 7mL 冰水至锥形瓶中，并冰水浴至晶体完全析出。减压过滤，用少量冰水洗涤晶体，抽干，得乙酰水杨酸粗品。用三氯化铁检查纯度。

将粗品乙酰水杨酸置于小烧杯中，加入少量乙酸乙酯，水浴加热使其溶解，加入 2mL 蒸馏水并冰水浴，待晶体完全析出，减压过滤，用少许冰水洗涤晶体，抽干，产品干燥后称量，测熔点，用三氯化铁检查纯度。

2. 有效成分测定

选择液相色谱测定条件：高极性 C_{18} 色谱柱（CenturySIL C18-EPSI），以甲醇、0.1％二乙胺水溶液和冰醋酸体积比为 40：60：4 的混合溶液作为流动相，流速 $1mL \cdot min^{-1}$，检测波长为 280nm。

精确称取乙酰水杨酸标准品 0.2g，研细，置于 100mL 容量瓶中，加入 30mL 流动相溶液溶解，超声振荡 15min，再用流动相稀释至刻度，摇匀。精确量取上述样品溶液数毫升置于 50mL 容量瓶中，用流动相溶液稀释至刻度，摇匀；量取 $10\mu L$ 注入液相色谱仪，记录色谱图。

精确称取合成乙酰水杨酸 0.3g，按上述方法配制溶液和测定。进样 5 针，计算峰面积的相对标准偏差。

按外标法以峰面积计算出合成样品中乙酰水杨酸的含量：

$$c_x = c_r \frac{A_x}{A_r}$$

式中：c_x 为合成品中的浓度；A_x 为合成品的峰面积；c_r 为标准品的浓度；A_r 为标准品的峰面积。

五、注解与实验指导

［1］若无晶体析出，则可用玻璃棒摩擦锥形瓶内壁直至晶体析出。

［2］取少量样品溶于少许乙醇中，加入 10％三氯化铁 1～2 滴，观察颜色变化。若溶液显紫红色或浅紫色，则说明样品不纯；若无颜色变化，说明纯度较高。

［3］还可以用乙醇、水、丙酮作为重结晶溶剂。重结晶时，溶液不宜加热过久。

六、思考题

1. 乙酰水杨酸合成原理是什么？
2. 反应中产生的主要副产物有哪些？如何减少副产物的生成？如何将副产物除去？

实验 85　离子交换树脂制备去离子水及水质分析

一、目的要求

1. 了解离子交换法的原理和步骤。
2. 学会用离子交换法制备去离子水。
3. 学会一些常用仪器的使用。

二、实验原理

树脂常分为离子交换和吸附两种。利用离子交换树脂作为固定相在柱上进行离子交换来分离物质的方法称为离子交换色谱法，简称为离子交换法。离子交换法常用于物质的分离和纯化。

离子交换树脂是不溶于水的高分子聚合物，含有可供离子交换的活性基团。离子交换树脂又分为阳离子交换树脂和阴离子交换树脂。阳离子交换树脂一般带有酸性交换基团（如—SO_3H、—COOH 等），能进行阳离子交换。阴离子交换树脂一般带有碱性交换基团（如—NX、—NH 等），能进行阴离子交换。

阳离子交换树脂经过酸处理后，交换基团上含有大量的可供交换的 H^+，此时称为氢型阳离子交换树脂。阴离子交换树脂经过碱处理后，交换基团含有大量的可供交换的 OH^-，此时称为氢氧型阴离子交换树脂。离子交换法制备去离子水，既要使用氢型阳离子树脂，又要使用氢氧型阴离子树脂。

天然水或自来水常含有 Na^+、Ca^{2+}、Mg^{2+}、Fe^{3+}、SO_4^{2-}、HCO_3^-、Cl^- 等杂质离子。为了除去这些离子，制备一定纯度的水，常采用蒸馏法和离子交换法。离子交换法制备的纯水称为去离子水。一般先将水通过氢型阳离子交换树脂柱，水中的阳离子如 Na^+、Ca^{2+}、Mg^{2+} 等便与树脂上的 H^+ 发生交换，Na^+、Ca^{2+}、Mg^{2+} 等阳离子被树脂吸附，而 H^+ 进入水中。然后再经过氢氧型阴离子交换树脂柱，水中的阴离子如 Cl^-、SO_4^{2-}、HCO_3^- 等与 OH^- 交换后被吸附在树脂上，交换下来的 OH^- 进入水中，并与交换下来的 H^+ 结合生成 H_2O。最后再经过一个装有阴阳离子交换树脂的混合柱，除去残余的阴阳离子，便得到纯度很高的去离子水。

离子交换树脂有一定的交换容量，达到饱和后离子交换树脂也可再生。再生的方法主要是用强酸和强碱分别浸泡及水冲洗等。详细方法参见中国国家标准。

本实验采用一个装有阴离子交换树脂和阳离子交换树脂相混合的交换柱来制备去离子水。

去离子水的纯度指标，是指水中含相关离子浓度的大小。可以通过测定水的电导率和化学分析的方法进行检查。

三、仪器与试剂

仪器：离子交换柱 1 支（可用碱式滴定管；底部填上少量玻璃纤维丝），混合的阴阳离子交换树脂（质量比为 1∶1）；DDS-11A 型（或其他型号）电导率仪 1 台；电导电极 1 支；烧杯（100mL）2 个。

试剂：甲基红（0.1%）；铬黑 T(0.2%)；氨水（2.0mol·L^{-1}）；HNO_3(1.0mol·L^{-1})；$AgNO_3$(1.0mol·L^{-1})；$BaCl_2$(1.0mol·L^{-1})；溴麝香草酚蓝（0.1%）。

四、实验步骤

1. 装柱

关紧离子交换柱下端的活塞。将质量比为 1∶1 的混合阴、阳离子交换树脂（树脂由实验预备室处理）与水搅匀，连水通过漏斗，一并转入离子交换树脂柱中，使树脂高度达 25cm 左右。若一次不够，可从下端放出多余的水后再次加入，直至树脂的高度为 25cm 左右为止。最后将多余的水自下端放出，但必须保证水面高于树脂面。拧紧活塞，装柱完毕。离子交换柱见图 7-85-1。

装柱时若树脂间隙中有气泡,将不能使水与树脂充分接触,影响交换效果,可用玻璃棒搅动树脂让气泡排出。当无法排出时,应将树脂倒出后重新装柱。

2. 去离子水的制备

用烧杯取约 60mL 自来水,分多次注入已装好的离子交换树脂柱中,通过调整下端活塞,使水流出先以每分钟 25~30 滴的流速通过交换柱,开始流出的约 30mL 水应回收于原装树脂的烧杯中。然后重新控制水流速为每分钟 15~20 滴。用干净烧杯收集水样约 40mL,即为经交换后制备的去离子水,供下步水的纯度检查用。

3. 去离子水的水质检验

1) 电导率的测定

电导率仪的使用和电导率的测定见"附录 9.1.9"。所制备的去离子水的电导率应在 $5\mu\Omega^{-1} \cdot cm^{-1}$ 以下。而自来水的电导率常在 $100\mu\Omega^{-1} \cdot cm^{-1}$ 以上。二者进行对比。

图 7-85-1 离子交换柱

2) 酸度的检验

取两支试管,各加入自制去离子水约 5mL。其中一支试管加甲基红 1 滴,另一支试管加 2 滴溴麝香草酚蓝。加甲基红的试管,若不显红色为合格。加溴麝香草酚蓝的试管,若不显蓝色为合格。可再取两支试管,加自来水后,重复上述实验并进行对比。

3) Ca^{2+}、Mg^{2+} 检验

取 2 支试管,分别加入 2mL 自制去离子水和自来水。各加 2 滴氨水(pH=10 左右),再各加入 1 滴铬黑 T,含去离子水的试管不显红色为合格。

4) Cl^- 的检验

取 2 支试管,分别加入 2mL 自制去离子水和自来水。各加入 2 滴硝酸使之酸化,再各加入 2 滴 $AgNO_3$ 溶液。含去离子水的试管不出现浑浊为合格。

5) SO_4^{2-} 的检验

取 2 支试管,分别加入 2mL 自制去离子水和自来水。各加入 4 滴 $BaCl_2$ 溶液,摇匀。去离子水的试管若不出现浑浊为合格。

五、数据记录与处理

1. 去离子水质检验

表 7-85-1 去离子水水质检验

检验项目	所加试剂	现象	结论
电导率测定			
pH			
Ca^{2+}、Mg^{2+}			
Cl^-			
SO_4^{2-}			

2. 自来水水质检验

表 7-85-2　自来水水质检验

检验项目	所加试剂	现　　象	结　　论
电导率测定			
pH			
Ca^{2+}、Mg^{2+}			
Cl^-			
SO_4^{2-}			

六、思考题

1. 离子交换法制备去离子水的过程中，水的流速太快或太慢对水质有什么影响？
2. 若制备的去离子水显碱性，是阴离子还是阳离子交换不完全？
3. 哪些因素影响所制备的去离子水的纯度？

实验 86　从废定影液中回收银

一、实验目的

1. 了解从废定影液中回收银的原理和方法。
2. 初步训练查阅文献、设计实验方案、独立操作的能力。

二、内容提示

感光材料敷有一层含有 AgBr 胶体粒子的明胶。在照相感光过程中，由于光的作用，AgBr 分解成"银核"。

$$AgBr \xrightarrow{h\nu} Ag + Br$$

显影时，感光材料经显影液作用，含有银核的 AgBr 粒子被还原为 Ag 变为黑色成像。而大量未感光的 AgBr 粒子，在定影时，与定影液中的 $Na_2S_2O_3$ 反应，形成 $[Ag(S_2O_3)_2]^{3-}$ 而溶解于定影液中。

$$AgBr + 2S_2O_3^{2-} \longrightarrow [Ag(S_2O_3)_2]^{3-} + Br^-$$

一般情况下感光材料经曝光、显影后，只有约 25% 的 AgBr 被还原为 Ag 成像，而约占 75% 的 AgBr 仍留在乳剂层中。这些 AgBr 溶解在定影液中被废弃，不仅造成浪费，也造成了环境污染。因此，收集废定影液回收银，既有经济效益，又有社会意义。因此，国内外已有很多人进行了此项工作，并研究出了一些行之有效的方法。

从 $[Ag(S_2O_3)_2]^{3-}$ 回收银，通常有电解法和化学法。化学法又分为直接还原法和间接还原法。就银的回收率而言，电解法不如化学法高。直接还原法常用保险粉（$Na_2S_2O_4 \cdot H_2O$）作还原剂，将 $[Ag(S_2O_3)_2]^{3-}$ 直接还原为 Ag。但此还原剂不稳定，极易受潮分解。

间接还原法是用试剂 Na_2S（或 NaClO、H_2O_2 等）将 $[Ag(S_2O_3)_2]^{3-}$ 先转化为 Ag_2S 或 Ag_2O 沉淀，然后再将其还原为单质银。

用硫化钠间接还原法，反应如下：
$$2[Ag(S_2O_3)_2]^{3-} + S^{2-} \longrightarrow Ag_2S + 4S_2O_3^{2-}$$

Ag_2S 的脱硫处理采用铝粉高温还原法、铁高温还原法、湿法铁还原法、碳酸钠熔融还原法及高温焙烧法。涉及的反应分别为

$$3Ag_2S + 2Al \xrightarrow{\text{镁引燃}} 6Ag + Al_2S_3 \text{（铝热反应）}$$

$$Ag_2S + Fe \xrightarrow{1100 \sim 1200℃} 2Ag + FeS \text{（干法）}$$

$$Ag_2S + 2HCl + Fe \longrightarrow 2Ag + FeCl_2 + H_2S \text{（湿法）}$$

$$Ag_2S + Na_2CO_3 \xrightarrow[1000℃]{\text{硼砂}} 2Ag + Na_2S + CO_2 + \frac{1}{2}O_2$$

$$Ag_2S + O_2 \longrightarrow 2Ag + SO_2$$

也有人研究用 NaClO（或 H_2O_2）将 $[Ag(S_2O_3)_2]^{3-}$ 转化为 Ag_2O，再将 Ag_2O 加热至 300℃，即可得到 Ag：

$$2[Ag(S_2O_3)_2]^{3-} + 16ClO^- + 10OH^- \longrightarrow Ag_2O + 8SO_4^{2-} + 16Cl^- + 5H_2O$$

$$2Ag_2O \xrightarrow{300℃} 4Ag + O_2$$

三、仪器与试剂

仪器：烧杯（1000mL）；量筒（500mL）；漏斗；布氏漏斗；吸滤瓶；抽滤装置；蒸发皿；瓷坩埚；锥形瓶（250mL）；移液管（5mL、1mL）；滴定管；分析天平；高温炉。

试剂：Na_2S（20%）；NaClO（10%）；NaOH（6mol·L^{-1}）；Na_2CO_3（s）；$Na_2B_4O_7$·$10H_2O$（s）；HCl；Fe 粉；NaCl（G.R.）；$Pb(Ac)_2$（0.1mol·L^{-1}）；NH_4SCN（0.1mol·L^{-1}）；铁铵矾指示剂；废定影液。

四、实验要求

1. 查阅有关文献资料，利用实验室所能提供的仪器和药品，设计从废定影液中回收银的方案。
2. 主要内容是测定处理前后废定影液中含银量，计算回收率。
3. 可以设计两种或多种不同的回收银的方案，并对结果进行比较。
4. 提交书面报告，经指导教师同意后方可进行实验。

五、思考题

1. 硫化钠法处理废定影液得到的 Ag_2S 为胶状沉淀，难以过滤，为此可加入 5% 的新洁尔灭溶液 3mL（此为表面活性剂，成分为溴化二甲十二烷基苄铵），试问它使沉淀颗粒变大的原理是什么？
2. 焙烧 Ag_2S 时常加入硼砂，目的何在？
3. 除了 $[Ag(S_2O_3)_2]^{3-}$ 外，实验室中含银废液还有哪些存在形式？其处理或回收方法有何报道？
4. 回收银有什么现实意义？

实验 87 无机离子的纸上色谱

一、实验提示

本实验用纸上色谱法分离与鉴定溶液中的 Fe^{3+}、Cu^{2+}、Ni^{2+} 和 Co^{3+}。

在吸有溶剂的固定相（滤纸）和由于毛细管作用而顺着滤纸上移的流动相（溶剂）之间，不同离子有不同的分配关系。

假如，以一段时间后溶剂向上移动的距离为 1，由于固定相的作用离子均达不到这一高度，只能得到移动的距离小于 1 的一个值（R_f）。不同的离子的 R_f 值不同，从而可以分离并鉴定这些离子。

二、仪器、试剂及材料

仪器：广口瓶（500mL）2个；量筒（100mL）1个；烧杯（50mL）5个、（500mL）1个；镊子；点滴板；搪瓷盘（30cm×50cm）；喉头喷雾器；小刷子。

药品：HCl（浓）；$NH_3 \cdot H_2O$（浓）；$FeCl_3$（$0.1mol \cdot L^{-1}$）；$CoCl_2$（$1.0mol \cdot L^{-1}$）；$NiCl_2$（$1.0mol \cdot L^{-1}$）；$CuCl_2$（$1.0mol \cdot L^{-1}$）；$K_4[Fe(CN)_6]$（$0.1mol \cdot L^{-1}$）；$K_3[Fe(CN)_6]$（$0.1mol \cdot L^{-1}$）；丙酮，丁二酮肟。

材料：7.5cm×11cm 色层滤纸 1 张，普通滤纸 1 张，毛细管 5 根。

三、实验步骤

1. 准备工作

（1）在一个 500mL 的广口瓶中，分别加入 17mL 丙酮、2mL 浓 HCl 及 1mL 去离子水，配制成展开液，盖好瓶盖。

（2）在另一个 500mL 广口瓶中放入一个盛浓 $NH_3 \cdot H_2O$ 的开口小滴瓶，盖好广口瓶。

（3）在长 11cm、宽 7.5cm 的滤纸上，用铅笔画四条间隔为 1.5cm 的平行于长边的竖线，在纸条上端 1cm 处和下端 2cm 处各画出一条横线，在纸条上端画好的各小方格内标出 Fe^{3+}、Co^{2+}、Ni^{2+}、Cu^{2+}、未知液五种样品的名称。最后按四条竖线折叠成五棱柱体，如图 7-87-1 所示。

（4）在 5 个干净、干燥的烧杯中分别加入几滴 $0.1mol \cdot L^{-1}$ $FeCl_3$ 溶液、$1.0mol \cdot L^{-1}$ $CoCl_2$ 溶液、$1.0mol \cdot L^{-1}$ $NiCl_2$ 溶液、$1.0mol \cdot L^{-1}$ $CuCl_2$ 溶液及未知液（未知液由前四种溶液中任选几种，以等体积混合而成），再各放入一支毛细管。

2. 加样

（1）加样练习。取一片普通滤纸做练习用。用毛细管吸取溶液后垂直触到滤纸上，当滤纸上形成直径为 0.3～0.5cm 的圆形斑点时，立即提起毛细管。反复练习几次，直到能做出小于或接近直径为 0.5cm 的斑点为止。

（2）按所标明的样品名称，在滤纸下端横线上分别加样。将加样后的滤纸置于通风处晾干。

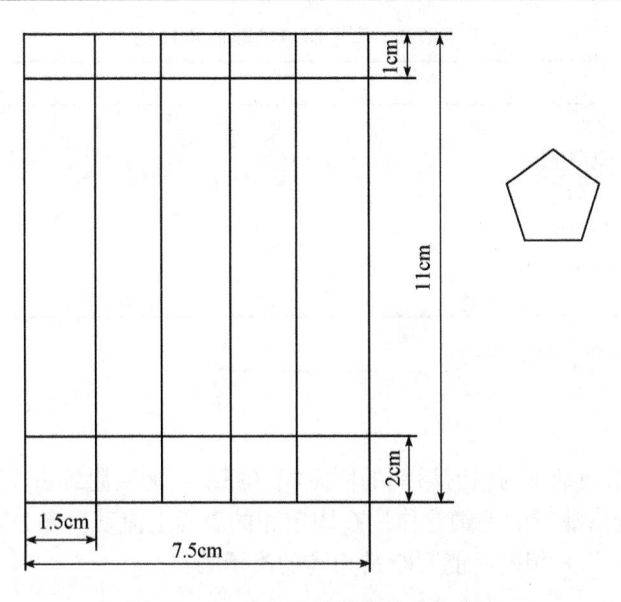

图 7-87-1 纸上色谱用纸的准备方法

3. 展开

按滤纸上的折痕重新折叠一次。用镊子将滤纸五棱柱体垂直放入盛有展开液的广口瓶中，盖好瓶盖，观察各种离子在滤纸上展开的速度及颜色。当溶剂前沿接近纸上端横线时，用镊子将滤纸取出，用铅笔标记出溶剂前沿的位置，然后放入大烧杯中，于通风处晾干。

4. 斑点显示

当离子斑点无色或颜色较浅时，常需要加上显色剂，使离子斑点呈现出特征的颜色。以上 4 种离子可采用下面两种方法显色：

(1) 将滤纸置于充满氨气的广口瓶上，5min 后取出滤纸，观察并记录斑点的颜色。其中 Ni^{2+} 的颜色较浅，可用小刷子蘸取丁二酮肟溶液快速涂抹，记录 Ni^{2+} 所形成斑点的颜色。

(2) 将滤纸放在搪瓷盘中，用喉头喷雾器向纸上喷洒 $0.1mol \cdot L^{-1} K_3[Fe(CN)_6]$ 溶液与 $0.1mol \cdot L^{-1} K_4[Fe(CN)_6]$ 溶液的等体积混合液，观察并记录斑点的颜色。

5. 确定未知液中含有的离子

观察未知液在纸上形成斑点的数量、颜色和位置，与已知离子斑点的颜色、位置相对照，便可以确定未知液中含有哪几种离子。

6. R_f 值的测定

用尺分别测量溶剂移动的距离和离子移动的距离，然后计算出 4 种离子的 R_f 值。

四、数据记录与处理

(1) 展开液的组成（体积比）为丙酮：盐酸（浓）：水＝_____。
(2) 已知离子斑点的颜色和 R_f 值，见表 7-87-1。

表 7-87-1　离子斑点的颜色和 R_f 值

离子	Fe^{2+}	Co^{2+}	Ni^{2+}	Cu^{2+}	未知
显色（斑点颜色）K$_3$[Fe(CN)$_6$]+K$_4$[Fe(CN)$_6$]					
显色（斑点颜色）[NH$_3$(g)]					
展开液移动的距离 (b)/cm					
离子移动的距离 (a)/cm					
$R_f=a/b$					

结论：未知液中含有的离子为_____。

五、思考题

1. 为什么可以用滤纸作为吸有溶剂的固定相（滤纸：能吸附约占本身质量 20% 的水分）与流动相（有机溶剂借滤纸的毛细管作用在固定相的表面上流动）来分离并鉴定未知离子？

2. 如果比移值（R_f）相同，能判断是相同的离子吗？

实验 88　差热分析法测定碳酸氢钾的分解热

一、实验目的

了解差热分析法研究物质热焓性质的基本原理，掌握分析方法。

二、实验原理

差热分析法（DTA）是热化学研究法之一。物质在受热或冷却的过程中，伴随物理或化学变化有热效应产生。差热分析法是测定受热过程中样品与基准物之间温差 ΔT 与时间 t 关系的一种方法。根据差热曲线，不仅能判别物质在受热或冷却过程所发生的热效应，而且还能定量测定热效应的大小。

差热分析法定量测定的依据是热峰面积与反应热成正比。

理论分析的实验装置如图 7-88-1 所示，根据热量平衡可建立以下关系式：

$$\frac{dQ_S}{dt} = K_S(T_W - T_S) + \sigma(T_r - T_S) + a_S(T_0 - T_S) \tag{7-88-1}$$

$$\frac{dQ_r}{dt} = K_r(T_W - T_r) + \sigma(T_S - T_r) + a_r(T_0 - T_r) \tag{7-88-2}$$

式中：Q_S 为样品吸收的热量；Q_r 为基准物吸收的热量；K_S 为炉壁与样品间的热导率；K_r 为炉壁与基准物间的热导率；σ 为样品与基准物间的热导率；a_S 为样品与环境间的热导率；a_r 为基准物与环境间的热导率；T_W、T_r、T_S、T_0 分别为炉壁、基准物、样品、环境的温度。

基准物热转移速率等于基准物热容 C_r 乘上基准物温度的上升速率，即

$$\frac{dQ_r}{dt} = C_r \frac{dT_r}{dt} \tag{7-88-3}$$

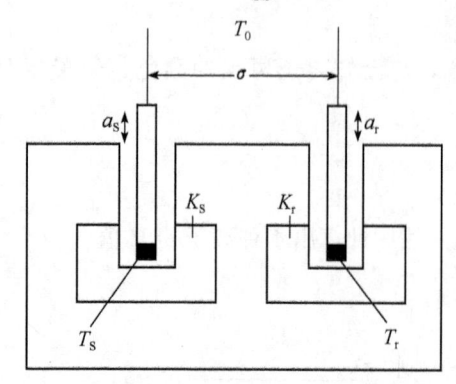

图 7-88-1　理论分析实验装置示意图

对于样品还应增加反应热项，即

$$\frac{\mathrm{d}Q_\mathrm{s}}{\mathrm{d}t} = C_\mathrm{s}\frac{\mathrm{d}T_\mathrm{s}}{\mathrm{d}t} + \Delta H\frac{\mathrm{d}f}{\mathrm{d}t} \tag{7-88-4}$$

式中：ΔH 为总的反应热；C_s 为试样的热容；f 为样品中反应物质的转变部分。将式(7-88-3)、式(7-88-4) 分别代入式(7-88-1)、式(7-88-2)，可得

$$C_\mathrm{s}\frac{\mathrm{d}T_\mathrm{s}}{\mathrm{d}t} + \Delta H\frac{\mathrm{d}f}{\mathrm{d}t} = K_\mathrm{s}(T_\mathrm{w}-T_\mathrm{s}) + \sigma(T_\mathrm{r}-T_\mathrm{s}) + a_\mathrm{s}(T_0-T_\mathrm{s}) \tag{7-88-5}$$

$$C_\mathrm{r}\frac{\mathrm{d}T_\mathrm{r}}{\mathrm{d}t} = K_\mathrm{r}(T_\mathrm{w}-T_\mathrm{r}) + \sigma(T_\mathrm{s}-T_\mathrm{r}) + a_\mathrm{r}(T_0-T_\mathrm{r}) \tag{7-88-6}$$

式 (7-88-6) 减式 (7-88-5)，并使 $K_\mathrm{r}-K_\mathrm{s}=\delta_K$，$a_\mathrm{r}-a_\mathrm{s}=\delta_a$，则

$$\begin{aligned}C_\mathrm{r}\frac{\mathrm{d}T_\mathrm{r}}{\mathrm{d}t} - C_\mathrm{s}\frac{\mathrm{d}T_\mathrm{s}}{\mathrm{d}t} - \Delta H\frac{\mathrm{d}f}{\mathrm{d}t}\\=-(K_\mathrm{r}+a_\mathrm{r}+2\sigma)(T_\mathrm{r}-T_\mathrm{s}) + (T_\mathrm{w}-T_\mathrm{r})\delta_K + (T_0-T_\mathrm{r})\delta_a\end{aligned} \tag{7-88-7}$$

等号左边应为

$$\begin{aligned}C_\mathrm{r}\frac{\mathrm{d}T_\mathrm{r}}{\mathrm{d}t} - C_\mathrm{s}\frac{\mathrm{d}T_\mathrm{s}}{\mathrm{d}t} - \Delta H\frac{\mathrm{d}f}{\mathrm{d}t} &= C_\mathrm{s}\Big(\frac{\mathrm{d}T_\mathrm{r}}{\mathrm{d}t} - \frac{\mathrm{d}T_\mathrm{s}}{\mathrm{d}t}\Big) - (C_\mathrm{s}-C_\mathrm{r})\frac{\mathrm{d}T_\mathrm{r}}{\mathrm{d}t} - \Delta H\frac{\mathrm{d}f}{\mathrm{d}t}\\&= C_\mathrm{s}\frac{\mathrm{d}}{\mathrm{d}t}(T_\mathrm{r}-T_\mathrm{s}) - (C_\mathrm{s}-C_\mathrm{r})\frac{\mathrm{d}T_\mathrm{r}}{\mathrm{d}t} - \Delta H\frac{\mathrm{d}f}{\mathrm{d}t}\end{aligned} \tag{7-88-8}$$

将式 (7-88-8) 代入式 (7-88-7)，并将最后两项移到等式右边，得

$$C_\mathrm{s}\frac{\mathrm{d}}{\mathrm{d}t}(T_\mathrm{r}-T_\mathrm{s}) = -(K_\mathrm{r}+a_\mathrm{r}+2\sigma)(T_\mathrm{r}-T_\mathrm{s}) + (T_\mathrm{w}-T_\mathrm{r})\delta_K$$

$$+(T_0-T_\mathrm{r})\delta_a + (C_\mathrm{s}-C_\mathrm{r})\frac{\mathrm{d}T_\mathrm{r}}{\mathrm{d}t} + \Delta H\frac{\mathrm{d}f}{\mathrm{d}t}$$

上式可改写为

$$\begin{aligned}\frac{\mathrm{d}}{\mathrm{d}t}(T_\mathrm{r}-T_\mathrm{s}) = -\frac{K_\mathrm{r}+a_\mathrm{r}+2\sigma}{C_\mathrm{s}}\Big\{(T_\mathrm{r}-T_\mathrm{s}) - \frac{1}{K_\mathrm{r}+a_\mathrm{r}+2\sigma}\\\Big[(C_\mathrm{s}-C_\mathrm{r})\frac{\mathrm{d}T_\mathrm{r}}{\mathrm{d}t} + (T_\mathrm{w}-T_\mathrm{r})\delta_K + (T_0-T_\mathrm{r})\delta_a\Big]\Big\} + \frac{\Delta H}{C_\mathrm{s}}\cdot\frac{\mathrm{d}f}{\mathrm{d}t}\end{aligned} \tag{7-88-9}$$

令

$$T_\mathrm{r} - T_\mathrm{s} = y$$

$$\frac{K_\mathrm{r}+a_\mathrm{r}+2\sigma}{C_\mathrm{s}} = A$$

$$\frac{1}{K_\mathrm{r}+a_\mathrm{r}+2\sigma}\times\Big[(C_\mathrm{s}-C_\mathrm{r})\frac{\mathrm{d}T_\mathrm{r}}{\mathrm{d}t} + (T_\mathrm{w}-T_\mathrm{r})\delta_K + (T_0-T_\mathrm{r})\delta_a\Big] = y_\mathrm{s}$$

则式 (7-88-9) 可写为

$$\frac{\mathrm{d}y}{\mathrm{d}t} + A(y-y_\mathrm{s}) = \frac{\Delta H}{C_\mathrm{s}}\cdot\frac{\mathrm{d}f}{\mathrm{d}t} \tag{7-88-10}$$

如果样品管和基准物管材料、形状都相同，且在炉中位置对称，则 δ_a、δ_K 可以忽略不计，则

$$y_\mathrm{s} = \frac{C_\mathrm{s}-C_\mathrm{r}}{K_\mathrm{r}+a_\mathrm{r}+2\sigma}\cdot\frac{\mathrm{d}T_\mathrm{r}}{\mathrm{d}t}$$

如果在实验中加热速率维持一定，即 $\mathrm{d}T_\mathrm{r}/\mathrm{d}t$ 为常数，且 C_s、C_r、K_r、a_r、σ 不随温度

变化，则 y_s 为一常数。

如无热效应时，则 $df/dt=0$，这时式（7-88-10）为

$$\frac{dy}{dt} = -A(y - y_S) \tag{7-88-11}$$

积分得

$$\ln(y - y_S)\ln B = -At$$

$$y - y_S = Be^{-At} \tag{7-88-12}$$

令 $t=0$ 时，$y=y_0$，则 $B=(y_0-y_S)$，代入式（7-88-12）得

$$y - y_S = (y_0 - y_S)e^{-At}$$

$$y = y_S(1 - e^{-At}) + y_0 e^{-At} \tag{7-88-13}$$

通常差热分析条件下，$y_0=0$，则

$$y = y_S(1 - e^{-At}) \tag{7-88-14}$$

从式（7-88-14）可知，在没有热变化时，$y_0 \neq 0$（只有在 $t=0$ 时）且随着时间 t 而增大，所以一般实际的差热曲线基线并不是完全平行于横坐标的平行线。当 $t \to \infty$ 时

$$y_\infty = y_S = \frac{C_S - C_r}{K_r + a_r + 2\sigma} \cdot \frac{dT_r}{dt} \tag{7-88-15}$$

其数值由 C_S、C_r、K_r、a_r、σ 等系数和加热速率 dT_r/dt 而定。

在过程中如产生热效应时，对式（7-88-10）积分，并取 a 和 c 点为积分下上限，则

$$\int_a^c \left[\frac{dy}{dt} + A(y - y_S)\right]dt = \int_a^c \frac{\Delta H}{C_S} \cdot \frac{df}{dt}dt$$

$$y_c - y_a + A\int_a^c (y - y_0)dt = \frac{\Delta H}{C_S}(f_c - f_a)$$

因为 $f_c=1$，$f_a=0$，且令 $y_c=y_a-y_S$，则得

$$\int_a^c (y - y_0)dt = \frac{\Delta H}{AC_S}$$

或

$$\Delta H = AC_S \int_a^c (y - y_0)dt \tag{7-88-16}$$

式（7-88-16）表示了热峰面积与反应热的关系，是定量测定的基础。从上述推导过程可以看出：热峰面积受加热速率 dT_r/dt、样品与基准物热量损失 δ_a 及颗粒大小和压紧程度、热电偶位置和材料等因素的影响。因此，同一样品在 2 次重复试验中往往得不到相同的峰面积。若采用比较同一 DTA 图中两个不同热效应的热峰面积的方法来测定反应热，在同一试验中因所处条件完全一致，则热峰面积之比应等于它们的反应热之比，即

$$\frac{m_S}{m_c} \cdot \frac{Q_S}{Q_c} = \kappa \frac{S_S}{S_c} \tag{7-88-17}$$

式中：Q_S 为样品的摩尔反应热；Q_c 为参考物的摩尔反应热；S_S 为样品的热峰面积；m_S 为样品的质量；m_c 为参考物的质量；S_c 为参考物的热峰面积；κ 为计算常数，与两个热峰所处的温度差 ΔT 有关，温差 ΔT 越大，κ 值也越大。κ 与 ΔT 的关系可由经验公式表示：

$$\kappa = 1 + 0.000\,58\Delta T$$

若已知参考物的摩尔反应热 Q_c，则从 DTA 图上得到 S_S、S_c，从 TG 图可求 m_S、m_c，即可求得样品的反应热 Q。

三、仪器与试剂

仪器：JRT-1 简易热分析仪。

试剂：KCO_3(C. P.)；MgO(C. P.)；$CdCO_3$(C. P.)。

四、实验步骤

（1）将等物质的量的 $CdCO_3$ 和 $KHCO_3$ 混合样品装入坩埚中，再将经过灼烧的 MgO 装入另一样品坩埚中，装样紧密程度两者应尽量相同。

（2）打开电炉，将 2 个坩埚分别放在基准物（右）和样品（左）的支架上，盖好电炉。

（3）接通电源后，分别打开温控电源、电炉、差热放大单元等开关，调节升温速率 $10℃ \cdot min^{-1}$。

（4）接通平衡记录仪，使量程为 20mV，再按下记录笔，使其自动记录。

（5）用标尺（温度尺）量取峰温值。

（6）实验结束，先抬起记录笔，然后关掉平衡记录仪，最后分别关闭差热放大单元、电炉、电源开关。

（7）用求积仪（或称量法）测定其热峰面积。

五、实验结果与处理

1. 测定的热峰面积

样品 $KHCO_3$ 的热峰面积 S_S：_____。

参考物 $CdCO_3$ 的热峰面积 S_S：_____。

两个热峰的温度差 ΔT：_____。

2. 样品 $KHCO_3$ 分解热的计算

已知 $CdCO_3$ 的摩尔反应热 Q_c 为 108.88kJ，由测得的热峰面积，利用式(7-88-17)求 Q_S。

六、思考题

1. 在实验过程中，为什么要选择适当的升温速率？
2. 差热曲线上的差热峰数目、位置、方向、峰面积有何物理意义？
3. 能否直接从测定的热峰面积来计算反应热？

英汉专业小词汇

reference sample　参比物　　measuring range　量程

potassium bicarbonate; potassium acid carbonate　碳酸氢钾　　cadmium carbonate　碳酸镉

decomposition heat; heat of decomposition　分解热　　datum materials　基准物

heat conductivity; thermal conductivity　热导率

实验 89　亲核试剂在伯碳上的竞争反应

一、实验目的

1. 加深对亲核取代反应机理的认识。

2. 熟练掌握折光仪的使用。

3. 了解亲核试剂在伯碳上的竞争反应。

二、实验原理

饱和碳原子上的亲核取代反应是一类应用广泛且机理研究比较透彻的反应。C. K. Ingold 等认为亲核取代有两种机理，即 S_N1 机理和 S_N2 机理。

S_N1 机理是底物失去离去基团后形成碳正离子，亲核试剂再迅速与碳正离子结合形成产物。反应在动力学上表现为一级反应，反应速率与亲核试剂的浓度无关。叔碳原子上的亲核取代反应一般属于 S_N1 反应，而伯碳原子上的亲核取代反应一般属于 S_N2 反应，可表示为

$$RCH_2L + :Nu^- \xrightarrow{慢} \left[L \cdots \underset{\underset{H}{|}}{\overset{\overset{R}{|}}{C}} \cdots Nu \right]^{\neq} \longrightarrow RCH_2Nu + L^-$$

反应的速率受底物和亲核试剂浓度的双重影响，在动力学上表现为二级反应。正丁醇与卤离子的亲核取代反应属于 S_N2 机理反应，不同卤离子的反应速率 v 分别为

$$v_{Cl} = k_{Cl}[Cl^-][ROH] \tag{7-89-1}$$

$$v_{Br} = k_{Br}[Br^-][ROH] \tag{7-89-2}$$

式 (7-89-1)/式(7-89-2) 得

$$\frac{v_{Cl}}{v_{Br}} = \frac{k_{Cl}[Cl^-]}{k_{Br}[Br^-]} \tag{7-89-3}$$

假设卤代烷是醇与卤离子反应的唯一产物，则反应速率与生成的卤代烷的浓度成正比：

$$\frac{v_{Cl}}{v_{Br}} = \frac{[RCl]}{[RBr]} \tag{7-89-4}$$

将式 (7-89-4) 代入式(7-89-3) 得

$$\frac{k_{Cl}}{k_{Br}} = \frac{[RCl]}{[RBr]} \cdot \frac{[Br^-]}{[Cl^-]} \tag{7-89-5}$$

我们只要使氯负离子和溴负离子具有相同的物质的量且都过量甚多，这样在反应中消耗很少，可以近似认为卤离子的浓度无显著的变化。故

$$\frac{k_{Cl}}{k_{Br}} = \frac{[RCl]}{[RBr]} \tag{7-89-6}$$

反应后测定氯代烷和溴代烷的生成量，并据式（7-89-6）计算氯负离子和溴负离子在饱和碳上亲核取代反应的相对速率。

三、仪器和试剂

仪器：球形冷凝管；圆底烧瓶；分液漏斗；锥形瓶（250mL）；烧杯；电热套；阿贝折光仪。

试剂：氯化铵；溴化铵；浓硫酸；正丁醇；碎冰；饱和碳酸氢钠溶液；无水氯化钙；蒸馏水。

四、实验步骤

1. 配制亲核试剂的混合溶液

在烧杯中放置 25g 碎冰，小心加入 19mL 浓硫酸，放置冷却。准确称取 4.3g 氯化铵

(0.09mol) 和 8.7g 溴化铵 (0.18mol)，研细后放入 250mL 锥形瓶中，再将前面制得的硫酸溶液分批加入其中，边加边摇振。加完后充分振摇使生成的盐溶解，必要时可用水浴温热。待固体全溶后使溶液稍冷，量出 17mL 转入洁净的分液漏斗中备用。将余下的溶液转入圆底烧瓶中，用干净塞子塞好[1]。

2. 亲核试剂与正丁醇的竞争反应

在已装有亲核试剂的圆底烧瓶中加 2.5mL 正丁醇 (2g)，投入两三粒沸石，装上球形冷凝管，并在冷凝管上口安装气体吸收装置（用水作酸气吸收剂），用小火加热使反应物微沸回流[2] 1h。回流结束后，稍冷，再用冰浴冷却并加摇振。将反应物[3]小心转入分液漏斗中，静置分层后分去水层[4]。有机层先用等体积水洗一次，再用等体积硫酸洗两次，等体积水洗一次，饱和碳酸氢钠溶液洗一次，最后用无水氯化钙干燥。将干燥好的液体滤入一只已知质量的洁净锥形瓶中，用干净的磨口塞塞好，称量，留待做组成分析。

3. 产物的组成分析

用测定折光率的方法确定产物的组成[5]。

首先需绘制物质的量与折光率的工作曲线。用纯的 1-氯丁烷与 1-溴丁烷配制成几种不同物质的量组成的混合液，在 20℃时分别测定纯样品及各组混合液的折光率[6]。已知纯样品的折光率 (20℃) 如下：1-氯丁烷 n_D^{20} 为 1.4015；1-溴丁烷 n_D^{20} 为 1.4396。

几种不同配比的混合液在 20℃时测定的折光率数据列于表 7-89-1 中。根据表中的数据绘制的工作曲线见图 7-89-1。

实验者根据自己实际测得的数据列表作图，然后测定自己所得产物的折光率，从图中求得产物中各组分的含量，即可算出各卤负离子亲核取代的相对速率。

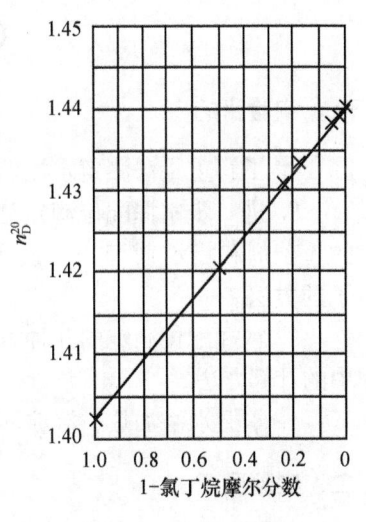

图 7-89-1　1-氯丁烷的摩尔分数与折光率的关系

表 7-89-1　1-氯丁烷与 1-溴丁烷混合液中 1-氯丁烷的组成与折光率

1-氯丁烷的摩尔分数	1	0.498	0.252	0.181	0.051	0.019	0
n_D^{20}	1.4015	1.4220	1.4310	1.4331	1.4385	1.4398	1.4492

五、注解与实验指导

[1] 此时溶液在烧瓶中可能会析出固体沉淀，不必担心，在下面的反应过程中固体将会溶解。

[2] 注意加热温度，保持回流圈高度不要超过冷凝管的四分之一，以避免产物损失。

[3] 如烧瓶中有固体析出，为无机盐，应先过滤掉弃去，再转入分液漏斗。

[4] 如反应不完全，未作用的正丁醇有时会形成另一个有机相，使分液漏斗中出现三层，此时可加适量的水，摇振混合后分出下层有机相。

[5] 此法是依据当二元或多元混合液体的各组分沸点相近、结构相似、极性较小时，混合物的折光率常常近似地与它们的物质的量的组成呈线性关系。

[6] 若测定时温度不为 20℃，则需按照经验规律校正。温度每升高 1℃，液体折光率约下降 0.00045。

六、思考题

1. 根据实验结果，判断氯离子和溴离子哪一个是更强的亲核试剂？请给出合理的解释。
2. 用测定折光率的方法对产物的组成进行确定的原理是什么？还有其他方法吗？
3. 若用叔丁醇与不同卤离子进行亲核取代反应，能得到什么结论？

英汉专业小词汇

nucleophilic substitution 亲核取代　　nucleophilic reagent 亲核试剂　　reaction mechanism 反应机理　　n-butyl alcohol 正丁醇　　ammonium chloride 氯化铵　　ammonium bromide 溴化铵

实验 90　水泥熟料 SiO_2、Fe_2O_3、Al_2O_3、CaO 和 MgO 含量的测定

一、实验目的

1. 了解重量法测定水泥熟料中 SiO_2 含量的原理和方法。
2. 进一步掌握配位滴定法的原理，特别是通过控制试剂的酸碱度、温度及选择适当的掩蔽剂和指示剂等，在铁离子、铝离子、钙离子、镁离子等共存时直接分别测定各离子的方法。
3. 掌握配位滴定的几种方法——直接滴定法，返滴定法和差减法，以及这几种滴定法中的计算方法。
4. 掌握水浴加热、沉淀、过滤、灰化、灼烧等操作技术。

二、实验原理

水泥熟料是调和生料经 1400℃ 以上的高温煅烧而成的。普通硅酸盐水泥熟料的主要化学成分及控制范围，大致如表 7-90-1 所示。

表 7-90-1　普通硅酸盐水泥熟料的主要化学成分及控制范围

化学成分	含量范围（质量分数）/%	一般控制范围（质量分数）/%
SiO_2	18～24	20～24
Fe_2O_3	2.0～5.5	3～5
Al_2O_3	4.0～9.5	5～7
CaO	60～68	63～68

同时，对几种成分限制如下：

$$w(MgO) < 4.5\%　　　　w(SO_3) < 3.0\%$$

水泥熟料中碱性氧化物占 60% 以上，主要为 $3CaO \cdot SiO_2$、$2Ca \cdot SiO_2$、$3CaO \cdot Al_2O_3$、$4CaO \cdot Al_2O_3 \cdot Fe_2O_3$ 等化合物的混合物，易为酸分解。当这些化合物与盐酸作用时，生成硅酸和可溶性的氯化物：

$$2CaO \cdot SiO_2 + 4HCl \longrightarrow 2CaCl_2 + 2SiO_3 + H_2O$$

$$3CaO \cdot SiO_2 + 6HCl \longrightarrow 3CaCl_2 + H_2SiO_3 + 2H_2O$$

$$3CaO \cdot Al_2O_3 + 12HCl \longrightarrow 3CaCl_2 + 2AlCl_3 + 6H_2O$$

$$4CaO \cdot Al_2O_3 \cdot Fe_2O_3 + 20HCl \longrightarrow 4CaCl_2 + 2AlCl_3 + 2FeCl_3 + 10H_2O$$

硅酸是一种很弱的无机酸，在水溶液中绝大部分以溶胶状态存在。用浓酸或加热蒸干即能使硅酸水溶液脱水成水凝胶析出，因此可利用此法把其与铁、铝、钙、镁等其他组分分开。本实验以重量法测二氧化硅。Fe_2O_3、Al_2O_3、CaO 和 MgO 的含量以 EDTA 配位滴定法测定。

水泥经酸分解后的溶液中，采用加热蒸发近干和加固体氯化铵两种措施，使水溶性的硅酸尽可能全部脱水析出。因 Fe^{3+}、Al^{3+} 等离子在超过 110℃ 时易水解成难溶性的碱式盐。故应严格控制水浴温度在 100~110℃。

加入固体氯化铵后，由于有 NH_4Cl 的水解，夺取了硅酸中的水分，从而加速了脱水过程，促使含水二氧化硅由溶于水的水溶胶变为不溶于水的水凝胶。反应式如下：

$$NH_4Cl + H_2O \longrightarrow NH_3 \cdot H_2O + HCl$$

含水硅酸的组成不稳定，故沉淀经过滤、洗涤、烘干后，还需经 950~1000℃ 高温灼烧成固定成分 SiO_2，然后称量，根据沉淀的质量计算 SiO_2 的质量分数。灼烧所得的 SiO_2 沉淀是雪白而疏松的粉末，如呈黄色或红棕色就表明沉淀不纯。在要求比较高的测定中，应用氢氟酸-硫酸处理后重新灼烧、称量，扣除混入杂质量。

1. 铁的测定

一般以磺基水杨酸或其钠盐为指示剂，在 pH=1.5~2.0、温度为 60~70℃ 条件下进行。反应式如下：

滴定反应为

$$Fe^{3+} + H_2Y^{2-} \Longleftrightarrow FeY^- + 2H^+$$

指示剂显色反应为

$$Fe^{3+} + HIn^- \Longleftrightarrow FeIn^+ + H^+$$

终点时

$$FeIn^+ + H_2Y^{2-} \Longleftrightarrow FeY^- + 2H_2In$$

终点由紫红色变为亮黄色。

用 EDTA 滴定铁的关键是控制正确 pH 和适宜的温度。当 pH<1.5 时，结果偏低；pH>3 时铁离子无滴定终点，共存的 Ti^{4+} 和 Al^{3+} 的影响也增强。温度高于 75℃ 并有铝离子存在时，铝离子也能与 EDTA 配合；温度低于 50℃ 时，反应速率缓慢，不易得出准确的终点。

2. 铝的测定

以 PAN 为指示剂的铜盐返滴定法是一种普遍采用的测定铝的方法。

因为铝离子与 EDTA 的配合作用缓慢，不宜直接滴定，所以先加过量 EDTA 溶液，并加热煮沸，然后用硫酸铜标准溶液回滴过量 EDTA。

Al-EDTA 配合物是无色的，PAN 指示剂 pH=4.3 时为黄色，所以滴定开始前呈黄色。而终点是紫色。反应式如下：

滴定时

$$Al^{3+} + H_2Y^{2-} \Longleftrightarrow AlY^- + 2H^+$$

用铜盐返滴定时

$$H_2Y^{2-} + Cu^{2+} \rightleftharpoons CuY^{2-} + 2H^+$$

终点变色时

$$Cu^{2+} + PAN \longrightarrow Cu\text{-}PAN$$

终点是否敏锐，关键在 Cu-EDTA 配合物的大小。终点时，Cu-EDTA 的量等于过量的 EDTA。一般说来，在 100mL 溶液中加 EDTA 标准溶液（浓度约为 0.015mol·L^{-1}）以过量 10mL 为宜。终点为紫色。

三、仪器与试剂

仪器：滴定仪器等。

试剂：盐酸（浓）；盐酸（1+1）；盐酸（3+97）；硝酸（浓）；硝酸（1+1）；氨水（1+1）；NaOH（100g·L^{-1}）；固体氯化铵；硝酸银（0.5%）；三乙醇胺（1+1）；EDTA 标准溶液（0.0155mol·L^{-1}）；硫酸铜标准溶液（0.0155mol·L^{-1}）；酒石酸钾钠（100g·L^{-1}）；乙酸-乙酸钠缓冲溶液（pH = 4.3）；氨-氯化铵缓冲溶液（pH = 10）；溴甲酚绿指示剂（0.05%）；磺基水杨酸指示剂（100g·L^{-1}）；PAN 乙醇溶液（0.2%）；酸性铬蓝 K-萘酚绿 B 固体混合指示剂（简称 K-B 指示剂）；固体钙指示剂。

四、实验步骤

1. SiO$_2$ 的测定

准确称取试样 0.5g 左右，置于干燥的 50mL 烧杯中，加 2g 固体氯化铵，用平头玻璃棒混合均匀。盖上表皿，加 3mL 浓盐酸和 1 滴浓硝酸，使样品充分溶解。将烧杯置于沸水浴中，蒸发至近干取下。加 10mL 热稀盐酸（3+97），搅拌。以中速定量滤纸过滤，用胶头淀帚以热的盐酸（3+97）擦洗至不含氯离子。滤液及洗液保存在 250mL 容量瓶中，配成溶液供 Fe^{3+}、Al^{3+}、Ca^{2+}、Mg^{2+} 用。

将沉淀和滤纸移至恒量的瓷坩埚中，先在电炉烘干，再升温使滤纸灰化。然后在 950～1000℃高温内灼烧 30min。冷却称量，反复灼烧至恒量。

2. Fe^{3+} 的测定

准确吸取滤液 50mL，至于 400mL 烧杯中，加 2 滴 0.05%溴甲酚绿指示剂（其在 pH<3.8 呈黄色，pH>5.4 呈绿色），此时溶液呈黄色。逐滴滴加（1+1）氨水，使之成绿色。然后再用（1+1）HCl 溶液调节酸度至呈黄色后再过量 3 滴，此时溶液酸度约为 pH=2。加热至约 70℃取下，加 10 滴 100g·L^{-1}磺基水杨酸，以 0.015mol·L^{-1} EDTA 标准溶液滴定。滴定开始时溶液呈红紫色，此时滴定速度宜稍快些，当溶液开始呈淡红紫色时，滴定速度放慢，一定要每加一滴，摇匀，并观察现象，然后再加一滴，必要时再加热，直至滴到溶液变为亮黄色，即为终点。

3. Al^{3+} 的测定

在滴定铁后的溶液中，准确加入 0.015mol·L^{-1} 1EDTA 标准溶液约 20mL，记下读数，然后用水稀释至 200mL，用玻璃棒搅匀。然后再加入 15mL pH=4.3 的 HOAc-NaOAc 缓冲溶液，以精密 pH 试纸检查。煮沸 1～2min，取下，冷至 90℃左右，加入 4 滴 0.2%PAN 指示剂，以 $0.015 \cdot L^{-1}$ $CuSO_4$ 标准溶液滴定。开始时溶液呈黄色，随着 $CuSO_4$ 标准溶液的加入，颜色逐渐变绿并加深，直至再加入一滴突然变为亮紫色，即为终点。在变为亮紫色之前，曾有由蓝绿色变灰绿色的过程。在灰绿色溶液中再加 1 滴 $CuSO_4$ 溶液，即亮紫色。

4. Ca^{2+} 的测定

准确吸取分离 SiO_2 后的滤液 25mL 置于 250mL 锥形瓶中，加水稀释至约 50mL，加 4mL 1+1 三乙醇胺溶液，摇匀后再加 5mL $100g \cdot L^{-1}$ NaOH 溶液，再摇匀，加入约 0.01g 固体钙指示剂（用药勺小头取约 1 勺），此时溶液呈酒红色。然后以 $0.015 mol \cdot L^{-1}$ EDTA 标准溶液滴定至呈蓝色，即为终点。

5. Mg^{2+} 的测定

准确吸取分离 SiO_2 后滤液 25mL，置于 250mL 锥形瓶中，加水稀释至约 50mL，加 $1mL 100g \cdot L^{-1}$ 酒石酸钾钠溶液，加 4mL(1+1) 三乙醇胺溶液，摇匀后，加入 5mL pH 为 10 的 NH_3-NH_4Cl 缓冲溶液，再摇匀。然后加入适量酸性铬蓝 K-萘酚绿 B 指示剂，以 $0.015 mol \cdot L^{-1}$ EDTA 标准溶液滴定至溶液呈蓝色，即为终点。根据此结果计算所得的为钙、镁总量，由总量中减去钙量即为镁量。

五、思考题

1. 在 Fe^{3+}、Al^{3+}、Ca^{2+}、Mg^{2+} 等离子共存的溶液中，以 EDTA 标准溶液分别滴定各离子时，是怎样消除其他共存离子的干扰的？

2. 根据原理中介绍的水泥熟料中 Al_2O_3 含量的控制范围及试样称取量，如何粗略计算 EDTA 标准溶液的加入量？

实验 91 常见阴离子的分离与鉴定

一、实验目的

1. 初步了解混合阴离子的鉴定方法。
2. 掌握常见阴离子 S^{2-}、SO_4^{2-}、SO_3^{2-}、$S_2O_3^{2-}$、PO_4^{3-}、CO_3^{2-}、Cl^-、Br^-、I^-、NO_3^-、NO_2^- 的分离、鉴定原理与方法。
3. 掌握常见阴离子有关分析特性。

二、实验原理

阴离子主要是非金属元素组成的简单离子和复杂离子，如 X^-、S^{2-}、SO_4^{2-}、ClO_3^- 等。大多数阴离子在分析鉴定中彼此干扰较少，实际上可能共存的阴离子不多，且许多阴离子有特征反应，就可采用分别分析法。即利用阴离子的分析特性，先对试液进行一系列初步试验。通过分析，初步确定可能存在的阴离子，然后根据离子性质的差异和特征反应进行分离鉴定。

初步试验包括挥发性试验、沉淀试验、氧化还原试验等。其步骤如下：

(1) 首先用 pH 试纸及稀 H_2SO_4，加之闻味进行挥发性试验。
(2) 然后利用 $1 mol \cdot L^{-1}$ 的 $BaCl_2$ 及 $0.1 mol \cdot L^{-1}$ 的 $AgNO_3$ 进行沉淀试验。

(3) 最后利用 0.01mol·L^{-1} 的 KMnO$_4$、I$_2$-淀粉，KI-淀粉溶液进行氧化还原试验。

每种阴离子与以上试剂反应的情况见表 7-91-1。根据初步试验结果，推断可能存在的阴离子，然后做阴离子的个别鉴定。

表 7-91-1 阴离子的初步分析

试　　剂	稀 H$_2$SO$_4$	BaCl$_2$（中性或弱碱性）	AgNO$_3$（稀 HNO$_3$）	I$_2$-淀粉（稀硫酸）	KMnO$_4$（稀硫酸）	KI-淀粉（稀硫酸）
Cl$^-$			白色沉淀		褪色	
Br$^-$			淡黄色沉淀		褪色	
I$^-$			黄色沉淀		褪色	I$^-$
NO$_3^-$						
NO$_2^-$	气体				褪色	变蓝
SO$_4^{2-}$		白色沉淀				
SO$_3^{2-}$	气体	白色沉淀		褪色	褪色	
S$_2$O$_3^{2-}$	气体	白色沉淀	溶液或沉淀	褪色	褪色	
S^{2-}	气体		黑色沉淀	褪色	褪色	
PO$_4^{3-}$			白色沉淀			
CO$_3^{2-}$	气体		白色沉淀			

本实验仅涉及 Cl$^-$、Br$^-$、I$^-$、NO$_3^-$、NO$_2^-$、SO$_4^{2-}$、SO$_3^{2-}$、S$_2$O$_3^{2-}$、S^{2-}、PO$_4^{3-}$、CO$_3^{2-}$ 等 11 种常见阴离子的分析鉴定。

若某些离子在鉴定时发生相互干扰，应先分离，后鉴定。

例如，S^{2-} 的存在将干扰 SO$_3^{2-}$ 和 S$_2$O$_3^{2-}$ 的鉴定，应先将 S^{2-} 除去。除去的方法是在含有 S^{2-}、SO$_3^{2-}$、S$_2$O$_3^{2-}$ 的混合溶液中，加入 PbCO$_3$ 或 CdCO$_3$ 固体，使它们转化为溶解度更小的硫化物而将 S^{2-} 分离出去，在清液中分别鉴定 SO$_3^{2-}$、S$_2$O$_3^{2-}$ 即可。

(1) 当溶液中 Cl$^-$ 浓度大时，溶液酸性强，KMnO$_4$ 溶液才易褪色。

(2) S$_2$O$_3^{2-}$ 的量大时，生成 BaS$_2$O$_3$ 白色沉淀。

(3) S$_2$O$_3^{2-}$ 的量大时，生成 [Ag(S$_2$O$_3$)$_2$]$^{3-}$ 无色溶液，S$_2$O$_3^{2-}$ 与 Ag$^+$ 的量适中时生成 Ag$_2$S$_2$O$_3$ 白色沉淀，并很快分解，颜色由白→黄→棕→黑，最后产物为 Ag$_2$S。

阴离子的个别鉴定方法详见附录 4。

为了提高分析测试结果的准确性，必须进行"空白试验"和"对照试验"。"空白试验"是以去离子水代替试液，而"对照试验"是用已知含有被检验离子的溶液代替试液。

Ag$^+$ 与 S^{2-} 形成黑色沉淀，Ag$^+$ 与 S$_2$O$_3^{2-}$ 形成白色沉淀且迅速由白→黄→棕→黑，Ag$^+$ 与 Cl$^-$、Br$^-$、I$^-$ 形成的浅色沉淀很容易被同时存在的黑色沉淀覆盖，所以要认真仔细观察沉淀是否溶于或部分溶于 6mol·L^{-1} 的 HNO$_3$ 溶液，以推断有无 Cl$^-$、Br$^-$、I$^-$ 存在。

三、仪器、试剂及材料

仪器：离心机；煤气灯；试管；点滴板；玻璃棒；水浴锅；胶头滴管 3 支；带塞 1 支。

试剂：H$_2$SO$_4$(2mol·L^{-1}、浓)；HCl(6mol·L^{-1})；HNO$_3$(2mol·L^{-1}、6mol·L^{-1}、浓)；HAc(2mol·L^{-1}、6mol·L^{-1})；NH$_3$·H$_2$O(2mol·L^{-1})；Ba(OH)$_2$（饱和）；KMnO$_4$(0.1mol·L^{-1})；KI(0.1mol·L^{-1})；K$_4$[Fe(CN)$_6$](0.1mol·L^{-1})；NaNO$_2$(0.1mol·L^{-1})；Na$_2$[Fe(CN)$_5$NO](1%，新配)；(NH$_4$)$_2$CO$_3$(12%)；BaCl$_2$(1mol·L^{-1})；Ag$_2$SO$_4$(0.02mol·L^{-1})；(NH$_4$)$_2$MoO$_4$ 溶液；AgNO$_3$(0.1mol·L^{-1})；Zn（粉）；PbCO$_3$(s)；FeSO$_4$·7H$_2$O(s)；尿素；Cl$_2$ 水（饱和）；I$_2$ 水（饱和）；CCl$_4$；淀粉溶液。

材料：pH 试纸。

四、实验要求

1. 领取混合阴离子未知液,设计方案,分析鉴定未知液中所含的阴离子。
2. 给出鉴定结果,写出鉴定步骤及相关的反应方程式。

五、思考题

1. 阴离子的初步试验,一般包括哪几项?表 7-91-1 中常见阴离子在每项初步试验中都发生什么化学反应?有些什么外观特征?
2. 鉴定 SO_4^{2-} 时,怎样消除 SO_3^{2-}、$S_2O_3^{2-}$、CO_3^{2-} 的干扰?
3. 某中性阴离子未知液,加稀硫酸有气泡产生;用钡盐和银盐试验时,得负结果;但用 $KMnO_4$ 和 KI-淀粉检查时,都得正结果。试问何种离子可能存在?何种离子难以确定是否存在?

实验 92 常见阳离子未知液的定性分析

一、实验目的

1. 了解混合阳离子系统分析鉴定的方法。
2. 掌握常见阳离子的个别分析鉴定方法;培养综合应用基础知识的能力。

二、实验原理

无机定性分析就是分离和鉴定无机阴阳离子,其方法分为系统分析法和分别分析法。系统分析法是将可能共存的(常见的 28 个)阳离子按一定顺序用"组试剂"将性质相近的离子逐组分离,然后再将各组离子进行分离和鉴定。分别分析法是分别取一定量的试液,设法排除鉴定方法的干扰离子,加入适当的试剂,直接进行鉴定的方法。

1. 混合阳离子系统分析法

常见的阳离子有 20 多种,对它们进行个别检出时容易发生相互干扰。所以,对混合阳离子进行分析时,一般都是利用阳离子的某些共性先将它们分成几组,然后再根据其个性进行个别检出。实验室常用的混合阳离子分组法有硫化氢系统法见(图 7-92-1)和两酸两碱系统法见(图 7-92-2)。

硫化氢系统法的优点是系统性强,分离方法比较严密并可与溶度积、沉淀溶解平衡等基本理论相结合,其缺点是操作步骤繁杂、花费时间较多,特别是硫化氢气体有毒且污染空气。为了减少硫化氢的污染,本实验以两酸两碱系统为例,将常见的 20 多种阳离子分为六组,分别进行分离鉴定。

两酸两碱系统法的基本思路是:

(1) 首先用 HCl 溶液,将能形成氯化物沉淀的 Ag^+、Pb^{2+}、Hg_2^{2+} 分离出去。
(2) 再用 H_2SO_4 溶液,将能形成难溶硫酸盐的 Ba^{2+}、Pb^{2+}、Ca^{2+} 分离出去。
(3) 最后用 $NH_3 \cdot H_2O$ 和 NaOH 溶液将剩余的离子进一步分组,分组之后再进行个别检出。

本实验按图 7-92-2,把所给试剂的阳离子分组。然后再根据离子的特性,加以分离鉴定。

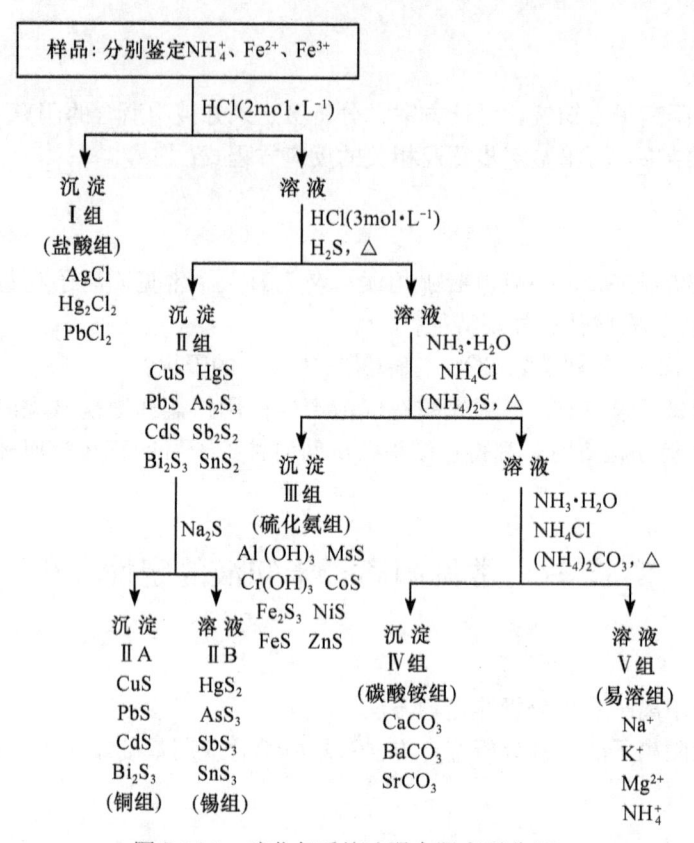

图 7-92-1　硫化氢系统法混合阳离子分组

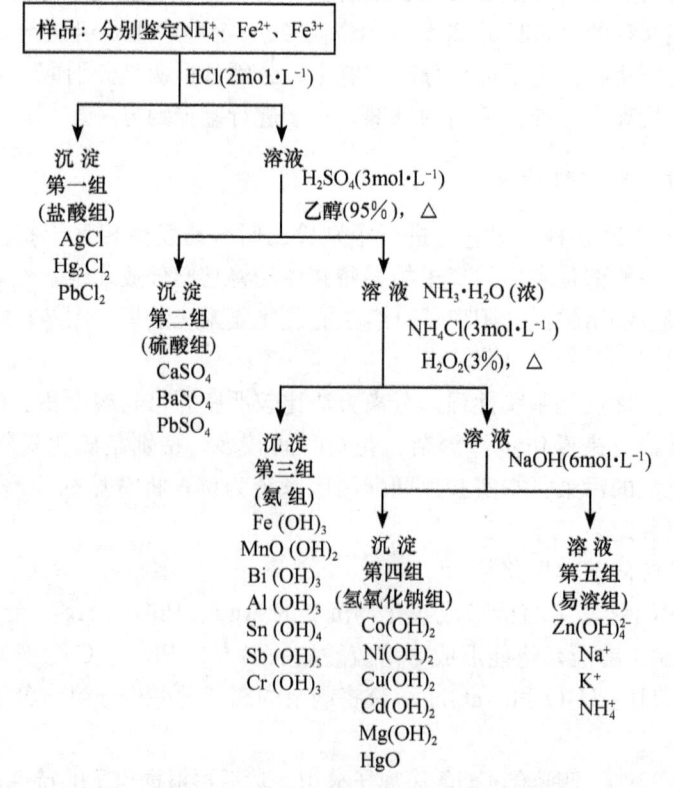

图 7-92-2　两酸两碱系统混合法混合阳离子分组

2. 常见阳离子的分组鉴定方法

1) 第一组（盐酸组）阳离子的分离

见图 7-92-3。

根据 $PbCl_2$ 可溶于 NH_4Ac 和热水中，而 AgCl 可溶于氨水中，分离本组离子并鉴定。

2) 第二组（硫酸组）阳离子的分离

见图 7-92-4。

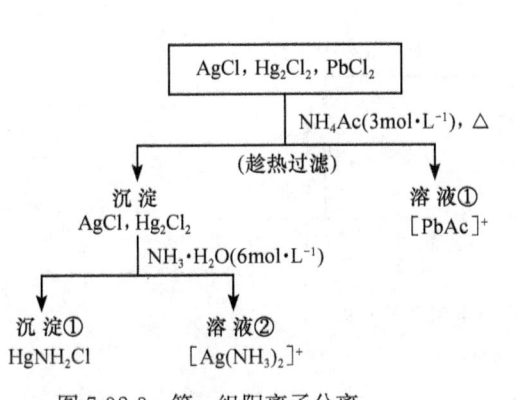

```
    AgCl, Hg₂Cl₂, PbCl₂
              │ NH₄Ac(3mol·L⁻¹), △
              │ (趁热过滤)
       ┌──────┴──────┐
      沉淀          溶液①
   AgCl, Hg₂Cl₂      [PbAc]⁺
       │ NH₃·H₂O(6mol·L⁻¹)
   ┌───┴───┐
  沉淀①    溶液②
  HgNH₂Cl  [Ag(NH₃)₂]⁺
```

图 7-92-3　第一组阳离子分离

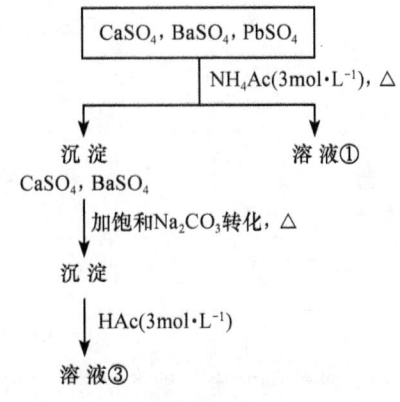

```
   CaSO₄, BaSO₄, PbSO₄
              │ NH₄Ac(3mol·L⁻¹), △
       ┌──────┴──────┐
      沉淀          溶液①
   CaSO₄, BaSO₄
       │ 加饱和Na₂CO₃转化, △
      沉淀
       │ HAc(3mol·L⁻¹)
      溶液③
```

图 7-92-4　第二组阳离子分离

3) 第三组（氨组）阳离子的分离

见图 7-92-5。

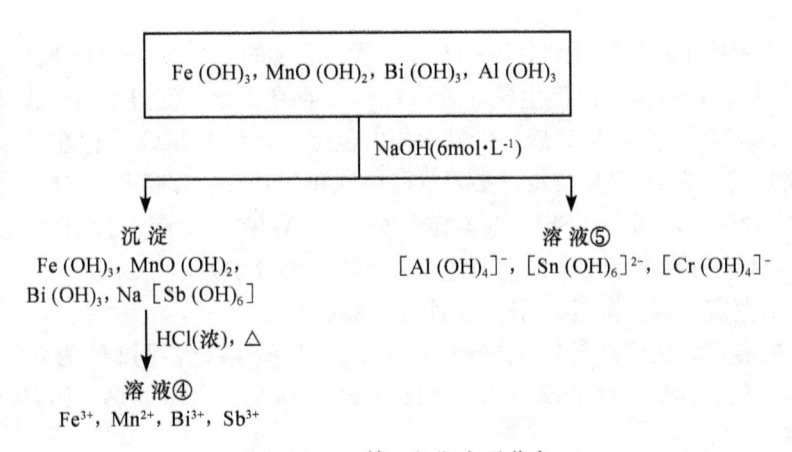

```
   Fe(OH)₃, MnO(OH)₂, Bi(OH)₃, Al(OH)₃
              │ NaOH(6mol·L⁻¹)
       ┌──────┴──────┐
      沉淀          溶液⑤
   Fe(OH)₃, MnO(OH)₂,  [Al(OH)₄]⁻, [Sn(OH)₆]²⁻, [Cr(OH)₄]⁻
   Bi(OH)₃, Na[Sb(OH)₆]
       │ HCl(浓), △
      溶液④
   Fe³⁺, Mn²⁺, Bi³⁺, Sb³⁺
```

图 7-92-5　第三组阳离子分离

4) 第四组（氢氧化钠组）阳离子的分离

见图 7-92-6。

将氢氧化钠组所得的沉淀溶于 $2.0mol·L^{-1}$ 的 HNO_3 溶液中，得 Co^{2+}、Cu^{2+}、Cd^{2+}、Hg^{2+}、Mg^{2+} 混合溶液，将该溶液进行以下分离。

5) 第五组（易溶组）阳离子的鉴定

易溶组阳离子虽然是在阳离子分组后最后一步获得的，但该组阳离子的鉴定［除 $Zn(OH)_4^{2-}$ 外］最好取原试液进行，以免阳离子分离中引入的大量 Na^+、NH_4^+ 对检验结果产生干扰。对于本组阳离子，本实验仅要求掌握 NH_4^+ 的鉴定。阳离子的鉴定如下：

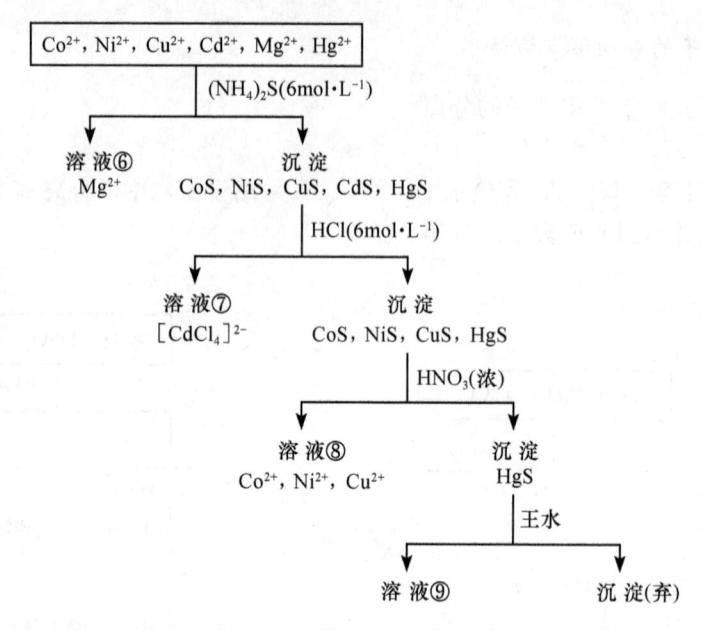

```
           ┌─────────────────────────────────────┐
           │ Co²⁺, Ni²⁺, Cu²⁺, Cd²⁺, Mg²⁺, Hg²⁺ │
           └─────────────────────────────────────┘
                            │ (NH₄)₂S(6mol·L⁻¹)
              ┌─────────────┴─────────────┐
           溶液⑥                        沉淀
           Mg²⁺                  CoS, NiS, CuS, CdS, HgS
                                         │ HCl(6mol·L⁻¹)
                          ┌──────────────┴──────────────┐
                       溶液⑦                          沉淀
                      [CdCl₄]²⁻                CoS, NiS, CuS, HgS
                                                       │ HNO₃(浓)
                                       ┌───────────────┴──────┐
                                    溶液⑧                    沉淀
                                Co²⁺, Ni²⁺, Cu²⁺              HgS
                                                               │ 王水
                                                   ┌───────────┴────┐
                                                 溶液⑨            沉淀(弃)
```

图 7-92-6 第四组阳离子分离

(1) Pb^{2+} 的鉴定。取溶液①，设计方法鉴定 Pb^{2+}。

(2) Ag^+ 的鉴定。取溶液②，设计方法鉴定 Ag^+。

(3) Hg_2^{2+} 的鉴定。若沉淀①变为黑灰色，表示有 Hg_2^{2+} 存在。反应为

$$Hg_2Cl_2 + 2NH_3 \longrightarrow HgNH_2Cl(s,白) + Hg(l,黑) + NH_4Cl$$

无其他离子干扰。

(4) Ca^{2+} 与 Ba^{2+} 的鉴定。用 $NH_3·H_2O$ 调节溶液③的 pH 为 4～5，加入 0.1mol·L⁻¹ 的 K_2CrO_4，溶液，若有黄色沉淀生成，表示有 Ba^{2+} 存在。该沉淀分离后，在清液中加入饱和 $(NH_4)_2C_2O_4$ 溶液，水浴加热后，慢慢生成白色沉淀，表示有 Ca^{2+} 存在。

注：$BaSO_4$ 转化为 $BaCO_3$ 较难，必要时可用饱和 Na_2CO_3 溶液进行多次转化。

(5) Fe^{3+}，Mn^{2+}，Bi^{3+}，Sb^{3+} 的鉴定。分别取溶液④2 滴，设计方法鉴定 Fe^{3+}、Mn^{2+}。Bi^{3+}、Sb^{3+} 的鉴定相互干扰，先将二者分离后再分别鉴定。

(6) Cr^{3+} 的鉴定。取溶液⑤10 滴，设计方法鉴定 Cr^{3+}。

(7) Al^{3+} 的鉴定。用溶液⑤10 滴，用 6mol·L⁻¹ HAc 酸化，调 pH 为 6～7，加 3 滴铝试剂，摇荡后，放置片刻，加 6mol·L⁻¹ $NH_3·H_2O$ 碱化，水浴加热，如有红色絮状沉淀出现，表示有 Al^{3+} 存在。

(8) Sn^{4+} 的鉴定。取溶液⑤10 滴，用 6mol·L⁻¹ 的 HCl 溶液酸化，加入少量铁粉，水浴加热至作用完全，取上层清液，加 1 滴浓盐酸、2 滴 $HgCl_2$ 溶液，若有白色或灰黑色沉淀析出，表示有 Sn^{4+} 存在。

(9) Cd^{2+} 的鉴定。取溶液⑦5 滴，设计方法鉴定 Cd^{2+}。

(10) Co^{2+}、Ni^{2+}、Cu^{2+} 鉴定。分别取⑧5 滴，设计方法鉴定 Co^{2+}、Ni^{2+}、Cu^{2+}。

(11) Hg^{2+} 的鉴定。取溶液⑨10 滴，设计方案鉴定 Hg^{2+}。

(12) Zn^{2+} 的鉴定。取第五组溶液 10 滴，设计方案鉴定 Zn^{2+}。

(13) NH_4^+ 的鉴定。取原未知液 10 滴，设计方案鉴定 NH_4^+。

以上各离子的鉴定步骤详见附录 3。

三、仪器、试剂及材料

仪器：离心机；煤气灯；试管；点滴板；玻璃棒；水浴锅；胶头滴管3支。

试剂：H_2SO_4(1mol·L^{-1}、3mol·L^{-1})；HCl(2mol·L^{-1}、浓)；HNO_3(2mol·L^{-1}、6mol·L^{-1})；HAc(6mol·L^{-1})；H_2S(饱和)；NaOH(2mol·L^{-1}、6mol·L^{-1})；$NH_3·H_2O$(2mol·L^{-1}、6mol·L^{-1}、浓)；KNCS(0.1mol·L^{-1})；KI(0.1mol·L^{-1})；K_2CrO_4(0.1mol·L^{-1})；$K_4[Fe(CN)_6]$(0.1mol·L^{-1})；Na_2CO_3(0.5mol·L^{-1}、饱和)；Na_2S(0.1mol·L^{-1})；NaAc(3mol·L^{-1})；EDTA(饱和)；NH_4Ac(3mol·L^{-1})；NH_4Cl(3mol·L^{-1})；$(NH_4)_2S$(6mol·L^{-1})；$(NH_4)_2C_2O_4$(饱和)；$SnCl_2$(0.1mol·L^{-1})；$HgCl_2$(0.1mol·L^{-1})；奈斯勒试剂；$NaBiO_3$(s)；KSCN(s)；铝片；锡片；H_2O_2(3%)；乙醇(95%)；戊醇；丙酮；CCl_4；丁二酮肟；二苯硫腙。

材料：pH试纸；滤纸条。

四、实验要求

1. 领取混合阳离子未知液，利用两酸两碱法设计分离、鉴定方案。
2. 写出未知液所含的阳离子鉴定结果，分离、鉴定步骤及有关的反应方程式。
3. 为了提高分析结果的准确性，应进行"空白试验"和"对照试验"。
4. 混合离子分离过程中，为使沉淀老化，需要加热，加热方法最好采用水浴加热。
5. 每步获得沉淀后，都要将沉淀用少量带有沉淀剂的稀溶液或去离子水洗涤1～2次。

五、注解与实验指导

1. 离子分离鉴定所用试液取量应适当，一般取5～10滴。
2. 利用沉淀分离时，沉淀剂的浓度和用量应适量，以保证被沉淀离子沉淀完全。同时分离后的沉淀应用去离子水洗涤，以保证分离效果。

六、思考题

1. 如果未知液呈碱性，哪些离子可能不存在？
2. Fe^{3+}、Fe^{2+}、Al^{3+}、Co^{2+}、Mn^{2+}、Zn^{2+}中哪些离子的氢氧化物具有两性？哪些离子的氢氧化物不稳定？哪些能生成氨配合物？

实验93 水质的化学评价

一、目的要求

1. 掌握水纯度的检验方法及原理。
2. 了解天然水中含有的常见杂质离子。
3. 学会电导率仪的使用。
4. 了解纯水的制备。

二、实验原理

水是生命之源。用好水已成为世界的热门话题。水已影响到了国家的国计民生，在一些地方已形成很尖锐的矛盾。因此，水资源及水质的好坏，的确对人类造成很严重的影响。用好水、对水资源的保护和监控越来越显得重要。当今由于工业化、过度开发和人们思想上的不重视，环境污染严重，特别是水污染。如酸雨的形成，使江河湖泊水质酸化、杂质成分及含量激增，此类水资源用于农作物的灌溉将导致农作物大量减产，同时也使这些水资源无法直接成为日常生活用水。目前，世界用水大致 70% 用于灌溉，20% 用于工业，10% 用于日常生活用水。水质的主要指标有 pH 范围、电导率、吸光度、二氧化硅含量、水中杂质（无机物、有机物）含量等。本实验主要介绍水的 pH、硬度、电导率的测定、水中离子的测定及水的净化。

1. 水样 pH 测定

水样 pH 的测定可通过 pH 计或 pH 试纸来进行测定。

2. 水的硬度测定（配位滴定）

水的硬度主要通过水中含可溶性的钙盐和镁盐的多少来判定。这两种盐含量多时的水质称为硬水，含量少的水质称为软水。可通过 EDTA 配位滴定法测定 Ca^{2+} 与 Mg^{2+} 总量，确定水的总硬度，也可分别测定 Ca^{2+} 与 Mg^{2+} 含量确定钙与镁的硬度。我国水硬度与德国一致，分为五种类型（1mmol·L^{-1}＝0.178°DH）。其分类方法如表 7-93-1 所示。

表 7-93-1　水硬度分类

水　　质	极软水	软水	微硬水	硬水	极硬水
水硬度/°DH	0～4	4～8	8～16	16～30	＞30

3. 水的电导率测定

水中电解质含量的大小可用电导率的大小来衡量，根据电导率大小确定水的纯度。如 20℃ 时，纯水的电导率为 4.2×10^{-6} S·m^{-1}。

4. 水中元素定性分析

天然水和自来水常含有无机物和有机物杂质，无机物杂质有 Mg^{2+}、Ca^{2+}、Cl^-、SO_4^{2-}、CO_3^{2-} 及某些气体等。可通过在 pH 为 8～11 的条件是否与铬黑 T 指示剂作用形成配合物转变为红色或紫红色的性质来确定溶液中是否含有 Ca^{2+}、Mg^{2+}、Cu^{2+}、Fe^{3+}、Al^{3+}。若在该溶液中再滴加 EDTA，颜色无变化，或不能转化为指示剂的原来颜色——蓝色，则说明溶液中可能存在 Cu^{2+}、Fe^{3+}、Al^{3+}。若溶液在加入上述指示剂后为指示剂的原色，则该溶液不含 Mg^{2+}、Ca^{2+}、Cu^{2+}、Fe^{3+}、Al^{3+}。水中的 SO_4^{2-}、Cl^- 可通过加入酸化了的 $AgNO_3$、$BaCl_2$ 溶液进行鉴定。

5. 水中溶解 O_2

水中含氧量大小与水生动植物及工业用水均有相当大的关系。如水中含氧量太小，水生动植物无法生存。工业用水中含氧量过高会导致金属工业设备腐蚀加快。水中含氧量的测定用碘量法。碘量法的测定原理是在水样中加入硫酸锰及碱性碘化钾，溶解氧可将 Mn^{2+} 氧化

为高价态的 $MnO(OH)_2$，在酸性条件下，高价态的 $MnO(OH)_2$ 溶解并氧化 I^-，析出游离碘，此时以淀粉为指示剂，用硫代硫酸钠 $Na_2S_2O_3$ 标准溶液滴定游离碘，由所消耗的硫代硫酸钠 $Na_2S_2O_3$ 体积可计算出溶解氧含量。反应方程式如下：

碱性条件下

$$MnSO_4 + 2NaOH = Mn(OH)_2 \downarrow + Na_2SO_4$$

$$2Mn(OH)_2 + O_2 = 2MnO(OH)_2 \downarrow$$

酸性条件下

$$MnO(OH)_2 + 2I^- + 4H^+ = Mn^{2+} + I_2 + 3H_2O$$

加入浓硫酸，用硫代硫酸钠滴定碘：

$$2Na_2S_2O_3 + 2I^- = 2NaI + Na_2S_4O_6$$

溶解氧计算公式为

$$O_2(mg \cdot L^{-1}) = \frac{V(Na_2S_2O_3) \times c(Na_2S_2O_3) \times M(O_2) \times 1000}{4 \times V(水样)}$$

若水中含有氧化性物质或还原性物质、藻类、悬浮物等，对该法会有干扰，测定时需清除干扰物的影响。常用的消除方法有叠氮化钠（NaN_3）法和高锰酸钾法。

1) 叠氮化钠法

NaN_3 主要消除亚硝基存在时引起的正干扰现象。亚硝酸盐主要存在于污水、废水、经生物处理的出水和河水中。NaN_3 分解亚硝酸盐类的反应只需要2~3min即可完成，在加入浓硫酸前，先加入数滴5%的 NaN_3 溶液即可。在酸性介质中反应如下：

$$2NaN_3 + H_2SO_4 = 2HN_3 + Na_2SO_4$$

$$HN_3 + HNO_2 = N_2O + N_2 \uparrow + H_2O$$

用该法测定溶解氧，除配制成碱性碘化钾-NaN_3 外，其余步骤皆同于碘量法。

2) 高锰酸钾法

该法主要测定水样中亚铁离子等一些还原性物质污染。在测定溶解氧之前，先加入过量的 $KMnO_4$ 和 H_2SO_4，使还原性物质氧化，过量 $KMnO_4$ 用乙二酸钠消除。

在101.3kPa，空气中含氧20.09%时，氧在淡水中不同温度下的溶解度（$mg \cdot L^{-1}$）如表 7-93-2 所示。

表 7-93-2　氧在淡水中不同温度下的溶解度

水温/℃	18	20	22	24	26	28	30	32	34
溶解氧/($mg \cdot L^{-1}$)	9.54	9.17	8.83	8.53	8.22	7.92	7.77	7.50	7.30

6. 水的净化

1) 蒸馏水

蒸馏是物质进行分离和提纯的最常用的方法之一。可利用液体物质沸点不同的特点，对混合液进行加热。则混合液中各成分按沸点由低到高的顺序先后气化、冷凝从而被分离或提纯。水样在蒸馏过程中，常是沸点较低的水先气化而与沸点较高的杂质（如溶质）分离，经蒸馏而净化的水为蒸馏水。

2) 去离子水

用离子交换法将水样通过弱碱性阴离子和弱酸性阳离子交换树脂，使水样中的阴阳离子分别与弱碱性阴离子交换树脂和弱酸性阳离子交换树脂中的 OH^- 和 H^+ 离子交换后，得到净化水，这种净化后的水称为去离子水。例如，聚苯乙烯磺酸钠型阳离子交换树脂 RSO_3Na 经 HCl 转型后，可与水样中的 Mg^{2+}、Ca^{2+}、Na^+ 等阳离子进行交换。反应式如下（参见实验85）：

$$2RSO_3H + M^{2+} \longrightarrow (RSO_3)_2M + 2H^+$$

3）反渗透

利用渗透压原理对水进行纯化。用一种只允许水分子通过而其他物质不能通过的半透膜，给水样施加外力反渗透。这种半透膜一般由多孔性可透水的醋酸纤维素组成。经反渗透处理过的水有95%达到排放标准，而污染物被浓集在余下的5%的污水中。

三、仪器与试剂

仪器：滴管；电导仪；微型滴定管；pH 酸度计；移液管；碘量瓶；烧杯；三角锥瓶；阴阳离子交换柱；温度计。

试剂：pH 试纸；自来水；碱性碘化钾（准确称取 50.0288g NaOH、15.0086g KI，用适量的蒸馏水使 NaOH 溶解，再用 16mL 蒸馏水溶解 KI，两溶液混合，加水稀释至 100mL，静置 24h）；淀粉溶液（0.2%）；$KMnO_4$（0.02 mol·L^{-1}）；$MnSO_4$（2mol·L^{-1}）；$Na_2S_2O_3$（0.025 mol·L^{-1}）；$Na_2C_2O_4$（0.0032 mol·L^{-1}）；叠氮化钠（NaN_3、5%）；硫酸（浓）；HNO_3（1mol·L^{-1}）；氨水（2mol·L^{-1}）；$AgNO_3$（0.1 mol·L^{-1}）；$BaCl_2$（1mol·L^{-1}）；铬黑T；钙指示剂。

四、实验步骤

1. 水的净化（蒸馏水、反渗透、去离子水）

1）蒸馏水制备

（略）。

2）去离子水制备

见实验85。

3）反渗透水（纯净水）制备

接收反渗透装置流出的纯净水（略）。

2. 净化水与自来水水样的水质测定

1）水样 pH 测定

各取 40mL 各种净化水和自来水水样，用 pH 计测其 pH。或用广泛 pH 试纸粗测其 pH。

2）水样中溶解 O_2 含量测定

（1）水样采集及处理。采集自来水样时，先测定水样温度，并用水样冲洗 250mL 碘量瓶 3 次。然后用碘量瓶装上水样充满至瓶口，加入 0.5mL 浓硫酸和 0.02 mol·L^{-1} $KMnO_4$ 10 滴，慢慢盖上瓶塞。此时会有少量水样溢出，但可保证瓶塞下不留有气泡。颠倒混合，放置 15min，若紫色褪去，需补加高锰酸钾溶液，至紫红色保持 15min 不褪色止。过量高锰酸钾用 0.0032 mol·L^{-1} 乙二酸钠溶液还原，至紫红色褪去为止。立即加入 2mL 2mol·

L^{-1} MnSO$_4$ 和 2mL 碱性 KI 溶液，颠倒混合数次。此时有棕色沉淀物形成，水样应于 4~8h 内完成分析。所有试剂加入碘量瓶时，均应将滴管的末端插入瓶中，然后慢慢上提。盖上瓶塞，勿使瓶塞下留有气泡。

(2) 水样中溶解 O$_2$ 含量测定。将处理过的水样混匀，于沉淀物尚未降至瓶底时，加入 2mL 浓硫酸，盖好瓶塞，混匀至沉淀完全溶解。准确吸取 100.00mL 该水样，移入 250mL 碘量瓶，用 0.025 00mol·L^{-1} Na$_2$S$_2$O$_3$ 溶液滴定，至溶液呈淡黄色时，加入 1mL 0.2% 的淀粉溶液，继续滴至蓝色消失为止。计算水样中溶解 O$_2$ 含量。

依上法再分别测定蒸馏水、去离子水和自来水水样的溶解 O$_2$ 含量。

3) 水中元素定性分析

(1) Mg^{2+} 的检验。分别取各种净化水与自来水水样 2mL 于小试管中，加入 2 滴 2mol·L^{-1} 氨水和少量铬黑 T。观察溶液颜色是否变为红色。

(2) Ca^{2+} 的检验。分别取各种净化水与自来水水样 2mL 于小试管中，加入 10 滴 2mol·L^{-1} 氨水和少量钙红指示剂。观察溶液颜色是否变为红色。

(3) Cl$^-$ 的检验。分别取各种净化水与自来水水样 2mL 于小试管中，加入 2 滴 1mol·L^{-1} HNO$_3$ 酸化，再加入 2 滴 0.1mol·L^{-1} AgNO$_3$。观察溶液是否出现白色浑浊。

(4) SO$_4^{2-}$ 的检验。分别取各种净化水与自来水水样于小试管中，加入 1 滴 1mol·L^{-1} HNO$_3$，加入 6 滴 1mol·L^{-1} BaCl$_2$，观察溶液颜色是否出现白色浑浊。

4) 电导率测定

用电导仪测定净化水与自来水水样的电导率（见 9.1.9 小节）。

5) 水硬度测定

测定净化水、自来水与水样水的硬度（见实验 23）。

五、数据记录与处理

1. 水样含氧量测定

(1) 水样处理，见表 7-93-3。

表 7-93-3　水样处理

水样处理来源（水）	反渗透	蒸馏	去离子	自来
水温/℃				
水样量/mL	250	250	250	250
浓硫酸/mL	0.5	0.5	0.5	0.5
加 0.02mol·L^{-1} KMnO$_4$ 量/滴				
静置 15 min 现象				
加 0.0032mol·L^{-1} 乙二酸钠/滴				
现象				
2mol·L^{-1} MnSO$_4$/mL	2.00	2.00	2.00	2.00
碱性 KI/mL	2.00	2.00	2.00	2.00
现象				

(2) 反渗透水中溶解 O$_2$ 含量测定，见表 7-93-4。

表 7-93-4　反渗透水中溶解 O_2 含量测定

实验次数	1	2	3
待测水样/mL	100	100	100
浓硫酸/mL	2.00	2.00	2.00
0.2%的淀粉/mL	1.00	1.00	1.00
$V_{初}(Na_2S_2O_3)$/mL			
$V_{终}(Na_2S_2O_3)$/mL			
$V(Na_2S_2O_3)$/mL			
$V_{平均}(Na_2S_2O_3)$/mL			
$c(Na_2S_2O_3)/(mol·L^{-1})$		0.025 00	
相对偏差			
水中溶解 O_2			

(3) 蒸馏水中溶解 O_2 含量测定，见表 7-93-5。

表 7-93-5　蒸馏水中溶解 O_2 含量测定

实验次数	1	2	3
待测水样/mL	100	100	100
浓硫酸/mL	2.00	2.00	2.00
0.2%的淀粉/mL	1.00	1.00	1.00
$V_{初}(Na_2S_2O_3)$/mL			
$V_{终}(Na_2S_2O_3)$/mL			
$V(Na_2S_2O_3)$/mL			
$V_{平均}(Na_2S_2O_3)$/mL			
$c(Na_2S_2O_3)/(mol·L^{-1})$		0.025 00	
相对偏差			
水中溶解 O_2			

(4) 去离子水中溶解 O_2 含量测定，见表 7-93-6。

表 7-93-6　去离子不中溶解 O_2 含量测定

实验次数	1	2	3
待测水样/mL	100	100	100
浓硫酸/mL	2.00	2.00	2.00
0.2%的淀粉/mL	1.00	1.00	1.00
$V_{初}(Na_2S_2O_3)$/mL			
$V_{终}(Na_2S_2O_3)$/mL			
$V(Na_2S_2O_3)$/mL			
$V_{平均}(Na_2S_2O_3)$/mL			
$c(Na_2S_2O_3)/(mol·L^{-1})$		0.025 00	
相对偏差			
水中溶解 O_2			

(5) 自来水中溶解 O_2 含量测定，见表 7-93-7。

表 7-93-7　自来水中溶解 O_2 含量测定

实验次数	1	2	3
待测水样/mL	100	100	100
浓硫酸/mL	2.00	2.00	2.00
0.2%的淀粉/mL	1.00	1.00	1.00
$V_{初}(Na_2S_2O_3)$/mL			
$V_{终}(Na_2S_2O_3)$/mL			
$V(Na_2S_2O_3)$/mL			
$V_{平均}(Na_2S_2O_3)$/mL			
$c(Na_2S_2O_3)$/(mol·L^{-1})		0.025 00	
相对偏差			
水中溶解 O_2			

2. 水样电导率、pH 测定及水样离子的定性分析

见表 7-93-8。

表 7-93-8　水样电导率、pH 测定及水样离子的定性分析

水样来源	去离子水	蒸馏水	反渗透水	自来水
电导率/($\mu\Omega^{-1}\cdot cm^{-1}$)				
pH(pH 计或 pH 试纸)				
Mg^{2+}（氨水、铬黑 T）				
Ca^{2+}（氨水、钙红指示剂）				
Cl^-（HNO_3、$AgNO_3$）				
SO_4^{2-}（$BaCl_2$、HNO_3）				
结论				

六、思考题

1. 电导率的大小与离子强度有什么关系？
2. 估计蒸馏水、反渗透水、去离子水的制备成本高低。

实验 94　沉淀溶解平衡与乙酸银的溶度积常数的测定

一、目的要求

1. 掌握乙酸银的沉淀平衡移动原理。
2. 了解乙酸银溶度积常数的测定原理和方法。

二、实验原理

1. 沉淀溶解平衡

在含有难溶强电解质晶体的饱和溶液中，难溶强电解质与溶液中相应离子间的多相离子平衡称为沉淀溶解平衡。可用通式表示如下：

$$A_mB_n(s) \rightleftharpoons mA^{n+}(aq) + nB^{m-}(aq)$$

其溶度积常数为

$$K_{sp}^{\ominus} = [c(A^{n+})/c^{\ominus}]^m \times [c(B^{m-})/c^{\ominus}]^n$$

沉淀的生成和溶解可以根据溶度积规则来判断，其方法如下：

$J^{\ominus} > K_{sp}^{\ominus}$ 时，有沉淀析出，平衡向左移动；

$J^{\ominus} = K_{sp}^{\ominus}$ 时，处于平衡态，饱和溶液；

$J^{\ominus} < K_{sp}^{\ominus}$ 时，无沉淀析出，或平衡向右移动，表现为沉淀溶解。

通常引起难溶电解质溶解度的改变因素有溶液的 pH 的改变、配合物的形成或氧化还原反应的发生。

难溶强电解质溶度积常数值愈小，其溶解度愈小。但用溶度积常数值的大小，只能比较同类型难溶强电解质的溶解度大小。因此，对于同类型的难溶强电解质，可以根据其 $K_{sp}^{\ominus}$ 的相对大小判断其沉淀的先后次序。对于不同类型的难溶电解质，则要根据计算才能判断沉淀的先后顺序。

两种沉淀之间相互转化的难易程度，可以根据沉淀转化反应的标准平衡常数确定。

沉淀反应和配合物的溶解，还可以用来分离溶液中的某些离子。

2. 乙酸银溶度积常数的测定

1）乙酸银的沉淀溶解平衡

难溶电解质乙酸银在水溶液中，存在下列沉淀溶解平衡：

$$AgAc(s) \rightleftharpoons Ac^- + Ag^+$$

其反应的平衡常数为

$$K(AgAc) = \frac{[c(Ag^+)/c^{\ominus}][c(Ac^-)/c^{\ominus}]}{[AgAc(s)]}$$

由于 [AgAc(s)] 在一定的温度下为常数。设

$$K_{sp}(AgAc) = [AgAc(s)] \times K(AgAc)$$

则乙酸银的溶度积常数为

$$K_{sp}^{\ominus}(AgAc) = [c(Ag^+)/c^{\ominus}][c(Ac^-)/c^{\ominus}]$$

2）乙酸银溶度积常数的测定方法

往 $AgNO_3$ 溶液中加入过量的 NaAc 溶液，待完全沉淀后，过滤，取上清液。在一定的酸度下，以 $Fe(NO_3)_3$ 溶液为指示剂，用标准的 KSCN 溶液，测定上清液中残余的 Ag^+ 的浓度。而平衡时 Ac^- 的浓度，可近似地通过定量反应式求得。从而可求出乙酸银的溶度积常数。实验中的有关反应如下：

$$Ag^+ + Ac^- \rightleftharpoons AgAc \downarrow$$
$$Ag^+ + SCN^- \rightleftharpoons AgSCN \downarrow$$
$$Fe^{3+} + 6SCN^- \rightleftharpoons Fe(SCN)_6^{3-}$$

三、仪器与试剂

仪器：锥形瓶（250mL）4 个；酸式滴定管（25mL）1 支；吸量管（25mL）2 支；烧杯（100mL）2 个；移液管（25mL）2 支；滤纸；漏斗 2 个；漏斗架。

试剂：HNO_3(6mol·L^{-1})；$AgNO_3$(0.10mol·L^{-1})；NaAc(0.10mol·L^{-1})；$Fe(NO_3)_3$(0.01mol·L^{-1})；KSCN 标准溶液(0.1mol·L^{-1})。

四、实验步骤

1. 制备饱和的 AgAc 溶液

取两个干净干燥的锥形瓶，按表 7-94-1 将各种溶液加入后，轻轻摇动锥形瓶约 30min，使沉淀生成完全，固体与溶液中的离子达到平衡。

表 7-94-1　制备饱和的 AgAc 溶液

锥形瓶编号	1	2
0.10mol·L^{-1} AgNO$_3$/mL	15.00	20.00
0.10mol·L^{-1} NaAc/mL	25.00	20.00

2. 饱和溶液中 Ag$^+$ 浓度的测定

(1) 在装有干燥滤纸的干燥漏斗上，将制得的含有 AgAc 固体的饱和溶液过滤，同时用干燥的对应编号为 1 号和 2 号的 100mL 烧杯接取滤液。弃去沉淀，保留滤液。

(2) 用移液管从 1 号烧杯中取 25.00mL 滤液，放入一洁净的锥形瓶中，加入 1mL 6mol·L^{-1} HNO$_3$ 溶液及 1mL Fe(NO$_3$)$_3$ 溶液（指示剂），若溶液显红色，则继续加 6mol·L^{-1} HNO$_3$ 溶液至无色，以 KSCN 标准溶液滴定此溶液至溶液变成恒定的浅红色。

记录所用的 KSCN 溶液的量，重复测定一次。

再用相同的方法滴定 2 号烧杯中的滤液。

五、数据记录与处理

制备饱和的 AgAc 溶液及饱和溶液中 Ag$^+$ 浓度的测定数据记录与处理如表 7-94-2 所示。

表 7-94-2　数据记录与处理

锥形瓶编号	\multicolumn{2}{c}{1}	\multicolumn{2}{c}{2}
0.10mol·L^{-1} AgNO$_3$/mL	\multicolumn{2}{c}{15.00}	\multicolumn{2}{c}{20.00}
0.10mol·L^{-1} NaAc/mL	\multicolumn{2}{c}{25.00}	\multicolumn{2}{c}{20.00}
滤液的滴定	I	II	I	II
滴定用滤液体积 V/mL	25.00	25.00	25.00	25.00
$V_{终}$（KSCN）/mL				
$V_{初}$（KSCN）/mL				
ΔV(KSCN)/mL				
$V_{平均}$（KSCN）/mL				
c（KSCN）/(mol·L^{-1})				
平衡时的 [Ag$^+$]/(mol·L^{-1})				
沉淀消耗的 [Ag$^+$]/(mol·L^{-1})				
平衡时的 [Ac$^-$]/(mol·L^{-1})				
$K_{sp}^{\ominus}$(AgAc)=[c(Ag$^+$)/$c^{\ominus}$][c(Ac$^-$)/$c^{\ominus}$]				
$K_{sp平均}^{\ominus}$（AgAc）				
相对平均偏差/%				

六、思考题

1. 测得的 AgAc 溶度积常数与文献中的数值 4.4×10^{-3} 相比，偏高还是偏低？造成这些偏差的主要因素有哪些？

2. 若在 AgAc 沉淀不完全过程中，不小心损失一些溶液，对实验结果有影响吗？为什么？

实验 95 硫酸铜的提纯及其质量鉴定

一、实验目的

1. 通过氧化、水解等反应，了解提纯硫酸铜的原理和方法。
2. 掌握无机物制备的基本操作。
3. 掌握碘量法测定铜含量的原理和方法。
4. 了解化合物结晶水的测量方法。

二、实验原理

1. 硫酸铜的提纯

粗硫酸铜中，常含有不溶性杂质和可溶性杂质，如 $FeSO_4$、$Fe_2(SO_4)_3$ 等。不溶性杂质，可通过过滤法除去。杂质 $FeSO_4$ 需用氧化剂 H_2O_2 或 Br_2 氧化为 Fe^{3+}，然后通过调节溶液的 pH（一般控制在 pH≈4），使 Fe^{3+} 水解成为 $Fe(OH)_3$ 沉淀而除去。有关反应式如下：

$$2FeSO_4 + H_2SO_4 + H_2O_2 = Fe_2(SO_4)_3 + 2H_2O$$

$$Fe^{3+} + 3H_2O = Fe(OH)_3 + 3H^+$$

除铁离子后的过滤溶液，用 KNCS 检验没有 Fe^{3+} 存在，即可蒸发结晶。其他微量可溶杂质，在硫酸铜结晶时，仍留在母液中，过滤时，可与硫酸铜晶体分离。

2. 硫酸铜的纯度测量

二价铜盐与碘化物发生下列反应：

$$2Cu^{2+} + 4I^- = 2CuI\downarrow + I_2$$

$$I_2 + I^- = I_3^-$$

析出的 I_2，再用 $Na_2S_2O_3$ 标准溶液滴定。由此可以计算出铜的含量。

在此反应过程中，必须加入过量的 KI。但是，由于 CuI 沉淀强烈吸附 I_3^-，会使测定结果偏低。如果加入 KSCN，使 $CuI(K_{sp} = 5.06 \times 10^{-12})$ 转化为溶解度更小的 $CuSCN(K_{sp} = 4.8 \times 10^{-15})$：

$$CuI + SCN^- = CuSCN\downarrow + I^-$$

这样，不但可以释放出被吸附的 I_3^-，而且反应时，再生出来的 I^- 可与未反应的 Cu^{2+} 发生作用。在这种情况下，较少的 KI 而能使反应进行得更完全。但是 KSCN 只能在接近终点时加入，否则因为 I_2 的量较多，会明显地为 KSCN 所还原而使结果偏低：

$$SCN^- + 4I_2 + 4H_2O = SO_4^{2-} + 7I^- + ICN + 8H^+$$

为了防止铜盐水解，反应必须在酸性溶液中进行。酸度过低，Cu^{2+} 氧化 I^- 的反应进行不完全，结果偏低，而且反应速率慢，终点不明显。酸度过高，则 I^- 被空气氧化为 I_2 的反应为 Cu^{2+} 催化，使结果偏高。

大量氯离子能与 Cu^{2+} 络合，I^- 不易从 Cu(Ⅱ) 的氯配合物中将 Cu(Ⅱ) 定量地还原，因此最好用硫酸而不用盐酸（少量盐酸不干扰）。能氧化 I^- 的物质，对本测定都会干扰（如 Fe^{3+}），使测定结果偏高，可加入 NH_4F 掩蔽。

实验所用的 $Na_2S_2O_3$ 标准溶液的浓度，需用 $K_2Cr_2O_7$ 为基准物来标定。$K_2Cr_2O_7$ 先与 KI 反应析出 I_2：

$$CrO_7^{2-} + 6I^- + 14H^+ = 2Cr^{3+} + 3I_2 + 7H_2O$$

析出的 I_2 再用 $Na_2S_2O_3$ 标准溶液滴定：

$$I_2 + 2S_2O_3^{2-} = S_4O_6^{2-} + 2I^-$$

三、仪器与试剂及材料

仪器：台秤；研钵；漏斗；漏斗架；布氏漏斗；吸滤瓶；烧杯；电子天平；移液管(10mL)；容量瓶（100mL）；碘量瓶（50mL）；烧杯（100mL）；瓷坩埚（18cm）；可调电炉。

试剂：粗硫酸铜；$H_2SO_4(1.0mol·L^{-1})$；$NaOH(1.0mol·L^{-1})$；$KSCN(1.0mol·L^{-1})$；淀粉溶液（1%）；KI(10%)；$H_2SO_4(2mol·L^{-1})$；$Na_2S_2O_3$ 标准溶液($0.01mol·L^{-1}$)；$NH_4SCN(20\%)$。

材料：滤纸；pH 试纸。

四、实验步骤

1. 粗硫酸铜的提取

（1）用台秤称取 8~10g 粗硫酸铜晶体，在研钵中研细。

（2）称量研细后的粗硫酸铜，放在 100mL 小烧杯中，加入 30mL 蒸馏水，加热，搅动，促使固体溶解。然后，再滴加 2mL 3% 的 H_2O_2，将溶液加热。同时，逐滴加入 $1.0mol·L^{-1}$ NaOH 溶液，直到 pH≈4。再稍微加热，静置，使之水解为 $Fe(OH)_3$ 沉淀。将溶液用普通漏斗过滤，滤液用烧杯收集。

（3）在提取后的硫酸铜滤液的烧杯中，滴加 $1.0mol·L^{-1}$ H_2SO_4 使之酸化，调节 pH 至 1~3。然后在石棉网上加热、蒸发、浓缩至液面出现一层结晶时，停止加热。

（4）冷却至室温，结晶用布氏漏斗过滤（尽量抽干）。在抽滤过程中，用一个干净的玻璃瓶塞，挤压布氏漏斗上的晶体。

（5）停止抽滤，称取晶体。用滤纸吸干其表面的水分，抽滤瓶中的母液倒入回收瓶中。

（6）将产品晾干，在台秤上称出产品质量，计算回收率。

2. 硫酸铜纯度的鉴定（碘量法）

1）溶解

称取约 1.00g 粗硫酸铜晶体，放在小烧杯中，用少量蒸馏水溶解，转入 100mL 容量瓶中，稀释至刻度，摇匀。然后用 10mL 移液管吸取试液数份，分别放入 100mL 碘量瓶中。

2）测定

在上述放有试液的碘量瓶中，加入 1mL $2mol·L^{-1}$ H_2SO_4、4mL 10% KI，用少量去离

子（或蒸馏）水冲洗瓶壁。立即用 0.01mol·L^{-1} Na$_2$S$_2$O$_3$ 溶液滴定至红棕色变成浅黄色。然后加入淀粉溶液数滴，继续滴定至浅蓝色。加入 20% NH$_4$SCN 2.0mL，振摇。此时溶液的蓝色加深，最后滴定至溶液成乳白色的悬浮液即为终点。记录 Na$_2$S$_2$O$_3$ 体积读数，重复滴定 2～3 次。

根据测得的数据计算 Cu 和 CuSO$_4$·5H$_2$O 的质量分数（%）。

3. 硫酸铜结晶水的测定

取一个 18cm 的瓷坩埚（不带盖），洗净烘干冷却后，在电子天平上称量。然后向坩埚中加约 1g 自制晾干的硫酸铜晶体，再称量。把装有硫酸铜晶体的坩埚放入可调炉中灼烧（温度控制在 260～280℃）。使晶体由蓝色全部变成白色或灰白色，取出稍晾片刻，放入干燥器中冷却至室温，称量。由记录的各次质量，计算 1mol 硫酸铜晶体中含有结晶水的物质的量。

五、数据记录与处理

（1）CuSO$_4$·5H$_2$O 纯度鉴定，如表 7-95-1 所示。

表 7-95-1　CuSO$_4$·5H$_2$O 纯度鉴定

实验次数	1	2	3
m(CuSO$_4$·5H$_2$O)/g			
V(Cu^{2+})/mL			
V(Na$_2$S$_2$O$_3$)/mL			
c(Cu^{2+})/(mol·L^{-1})			
Cu 的质量分数/%			
Cu 的质量分数平均值/%			
相对平均偏差			

CuSO$_4$·5H$_2$O 中的 Cu 的质量分数＝_____。

（2）CuSO$_4$·5H$_2$O 晶体结晶水的测定：

坩埚的质量＝_____（g）。

CuSO$_4$·5H$_2$O 晶体质量＋坩埚质量＝_____（g）。

CuSO$_4$·5H$_2$O 晶体脱水后质量＋坩埚质量＝_____（g）。

1mol 晶体含结晶水的物质的量＝_____（g）。

六、思考题

1. 粗硫酸铜中杂质 Fe^{2+} 为什么要氧化为 Fe^{3+} 而除去？
2. 除 Fe^{3+} 时，为什么要调节到 pH≈4？pH 太小或太大有什么影响？
3. 用碘量法测定 Cu 含量时，为什么要加入 KSCN 溶液？如果在酸化后立即加入 KSCN 溶液，会产生什么影响？
4. 碘量法的主要误差来源是什么？如何减小此误差？
5. 如果所测定样品为铜合金，如何分解样品并抑制可能存在的离子的干扰？

实验 96　从普洱茶中提取茶多酚及抗氧化性的研究

一、实验目的

1. 掌握从茶叶及茶叶下脚料中提取茶多酚的方法。
2. 熟悉用分光光度法测定茶多酚的总量。
3. 了解用分光光度法测定茶多酚对羟自由基和 2,2-二苯代苦味酰基（DPPH·）自由基的清除作用。

二、实验原理

普洱茶是以云南西双版纳、思茅等地大叶种晒青毛茶为原料，经固态发酵加工而成的散茶和紧压茶。茶多酚（tea polyphenols，TP）是从天然植物中分离提纯的多酚类化合物的总称，其抗氧化的活性高于一般非酚类或单酚羟基类抗氧化剂。茶多酚的主要成分是儿茶素，占 80% 左右。茶多酚中几种主要儿茶素所占的比例为：L-表没食子儿茶素没食子酸酯（L-EGCG）50%~60%，L-表儿茶素没食子酸酯（L-ECG）15%~20%，L-表没食子儿茶素（L-EGC）10%~15%，L-表儿茶素（L-EC）4%~6%。其结构式如下：

L—EC：R_1＝H，R_2＝H　　　　　　L—EGC：R_1＝OH，R_2＝H

L—ECG：R_1＝H，R_2＝ （没食子酸酯基）　　L—EGCG：R_1＝OH，R_2＝ （没食子酸酯基）

茶多酚不仅是构成茶叶色、香、味的主体化合物，也是一种理想的天然食品抗氧化剂，茶多酚已被列为食品添加剂（GB 12493—1990）。此外，它还具有清除自由基、抗衰老、抗辐射、减肥、降血脂、降血糖、防癌、防治心血管病、抑菌抑酶、沉淀金属等多种功能。在食品加工、医药保健、日用化工等领域具有广阔的应用前景。近十年来，国内外特别是我国和日本对探索新的茶多酚提取分离工艺日益关注。

本实验主要研究从云南普洱茶叶中提取天然抗氧化剂——茶多酚。工艺包括沸水提取、沉淀、酸化萃取、脱溶剂及真空干燥，其特点是提取液中加入能使茶多酚沉淀的可溶性无机盐，分离沉淀后，在沉淀中加入强酸或中等强酸至沉淀完全溶解，再用乙酸乙酯萃取，经脱溶剂、干燥制得茶叶天然抗氧剂——茶多酚。并对茶多酚进行定量分析，测定提取物对羟自由基和 2,2-二苯代苦味酰基（DPPH·）自由基的清除作用研究。

三、仪器试剂

仪器：UV-2600 型紫外-可见分光光度计；423S 型电子天平；冻干机；旋转蒸发仪；离心机；真空干燥箱；循环水泵；pH 计；布氏漏斗；抽滤瓶；分液漏斗。

试剂：市售普洱茶；2,2-二苯代苦味酰基（DPPH·）（Sigma 公司）；福林-酚试剂（Sigma 公司）；市售绿茶；邻二氮菲；磷酸氢二钠；碳酸钠；硫酸亚铁；30%过氧化氢；硫酸锌；碳酸钠；硫酸；乙酸乙酯（以上均为 A.R. 试剂）。

四、实验步骤

1. 茶多酚的提取

取普洱茶叶末或茶叶若干克，加入沸水，搅拌数分钟，用滤布过滤，再用沸水浸提一次，合并提取液。加入一定量的硫酸锌，用 0.1mol·L^{-1} Na$_2$CO$_3$ 调 pH，使茶多酚沉淀完全。放置数分钟，离心分离。在沉淀中加入 4mol·L^{-1} 硫酸至 pH=2.0 左右。离心分离少量未溶解的沉淀。溶液用同体积的乙酸乙酯萃取，合并萃取液，减压浓缩。将浓缩液转移至蒸发皿，40℃下真空干燥，得到茶多酚的粗晶体。称量，计算提取率。

2. 茶多酚总量的测定

（1）制备样品试液。准确称取茶多酚的粗晶体，用少量二次蒸馏水溶解，定容。

（2）茶多酚的测定。吸取样品试液 1.00mL 于 25mL 容量瓶中，加入蒸馏水 4mL 和酒石酸铁 5mL，摇匀，再用 pH=5.00 的磷酸盐缓冲液稀释至刻度。以蒸馏水代替样品试液，加入同样的试剂配制参比溶液。在波长为 540nm、比色皿为 1cm 的条件下测定吸光度（如吸光度大于 0.8 则需减少试液的体积再测定一次）。

（3）茶多酚的含量计算

$$茶多酚含量 = \frac{A \times 7.826 \times V}{1000 \times V_1 \times m} \times 100\%$$

式中：A 为样品试液的吸光度；m 为茶多酚样品的质量（g）；V 为样品试液的总体积（mL）；V_1 为测定时吸取的样品试液体积（mL）。

3. 羟自由基（·OH）的清除作用

采用亚铁离子催化过氧化氢产生羟自由基（Fonton 反应）的方法。取 0.75mmol·L^{-1} 邻二氮菲溶液 1.00mL，磷酸盐缓冲溶液 2.00mL 和蒸馏水 1.00mL，充分混匀后，加 0.75mmol·L^{-1} 硫酸亚铁溶液 1.00mL，摇匀。再加 0.01%过氧化氢 1.00mL，在 37℃保持 60min，在波长为 536nm、比色皿为 1cm 的条件下，测其吸光度，其值为 A_P。再用 1mL 30%乙醇代替 1mL 过氧化氢，测得吸光度为 A_B，用 1mL 试样代替 1mL 蒸馏水，测得吸光度为 A_S。羟自由基清除率（d）按下式计算

$$d = \frac{A_S - A_P}{A_B - A_P} \times 100\%$$

4. DPPH·自由基的清除作用

准确取 2,2-二苯代苦味酰基（DPPH·）标准品 10mg，用无水乙醇定容至 250mL，得浓度为 0.04mg·mL^{-1} 溶液。取此溶液 3.00mL，加入不同浓度的样品溶液 1.00mL，摇匀，室温放置 30min，在波长为 517nm、比色皿为 1cm 的条件下测吸光度为 A_i。同时测量 1.00mL 溶剂与 3.00mL DPPH·混合后的吸光度为 A_c，1mL 样品液加 3.00mL 乙醇混合后的吸光度为 A_j。清除率 E 按下式计算

$$E = \frac{1-(A_i - A_j)}{A_c} \times 100\%$$

五、数据处理

(1) 茶多酚的提取率

$$茶多酚的提取率 = \frac{茶多酚的晶体克数}{普洱茶叶的克数} \times 100\%$$

(2) 茶多酚总量

$$茶多酚含量 = \frac{A \times 7.826 \times V}{1000 \times V_1 \times m} \times 100\%$$

(3) 羟自由基（·OH）的清除作用

$$d = \frac{A_S - A_P}{A_B - A_P} \times 100\%$$

(4) DPPH·自由基的清除作用

$$E = \frac{1-(A_i - A_j)}{A_c} \times 100\%$$

六、注意事项

1. 如采用茶叶末作原料，水提取液要用滤布过滤。
2. 乙酸乙酯萃取时不要过度摇晃，以免出现乳化层。
3. 磷酸盐缓冲液在常温下易发霉，应当冷藏。
4. 配制缓冲液时，pH 要用 pH 计准确测量。

七、分析讨论

1. 若将绿茶用实验步骤 1~4 的相同方法提取并配成适当的浓度，测定它们清除羟自由基（·OH）能力及 DPPH·自由基的能力。
2. 绘制普洱茶和绿茶的羟自由基清除率对多酚含量的关系曲线，并与茶多酚比较。
3. 绘制普洱茶和绿茶的 DPPH·自由基清除率对多酚含量的关系曲线，并与绿茶多酚比较。

实验 97 用 HPLC 测定液体食品中的防腐剂（山梨酸和苯甲酸）

一、实验目的

1. 了解高效液相色谱法（HPLC）在食品防腐剂分析中的应用，利用相关的理论知识对样品分析，设计未知样品中的两种防腐剂苯甲酸和山梨酸用 HPLC 定量测定的方法（包括样品前处理方法）。
2. 通过 HPLC 实验具体实施和分析条件优化，培养学生的实验操作技能和创新思维，包括样品前处理技能和仪器操作及条件优化技能。
3. 通过 HPLC 实验，学会取样、样品的预处理、实验方法的选择、实验过程的实施、实验结果的计算及统计处理等一般实验的全过程。

二、实验原理

食品中常添加防腐剂，这是因为防腐剂可以抑制食品中的微生物的繁殖或灭杀之，而延缓食品腐败变质，延长其保质期。目前常添加的防腐剂有苯甲酸及其钠盐、山梨酸及其钾盐等。但过量的防腐剂摄入对于人体是有害的。因此，要严格控制食品添加剂的用量。

食品通常成分复杂。防腐剂的测定多采用色谱法。本实验拟用高效液相色谱法测定液体食品中山梨酸和苯甲酸的含量。

分析方法的实施通常要经过以下几个步骤：取样、样品预处理、方法的选择和分析过程的实施、分析结果的计算及统计处理。对于复杂样品，其预处理过程很重要，关系到分析结果的好坏，液体食品中，尤其是奶制品，含有大量的蛋白质，这些蛋白质的存在会严重干扰 HPLC 测定。因此，如何除去这些干扰物质，同时又避免被测防腐剂的损失是本实验成败的关键之一。

HPLC 是近年来一种应用十分广泛的分离分析方法，特别适合于不挥发、热不稳定或离子型化合物的分析。由于食品添加的防腐剂苯甲酸或山梨酸均为弱酸性物质，因此可以选择反相键合相色谱法进行分离分析。在高效液相色谱法中，流动相的种类和配比是影响分离最重要的色谱条件，本实验要求对该条件进行优化选择，以达到良好的色谱峰形和分离。

本实验的主要内容是设计未知样品中两种防腐剂苯甲酸和山梨酸的 HPLC 定量测定方法，通过对分析方法的实施和分析条件的优化，实现一种奶制品和一种饮料中防腐剂种类及含量的测定。

三、试剂仪器

仪器：HP1200 高效液相色谱法（配置紫外检测器）；C_{18} 键合相色谱柱（15cm × 4.6mm，5μm）；超声波清洗器；分析天平；恒温水浴锅；玻璃器皿等。

试剂：山梨酸（A.R.）；苯甲酸（A.R.）；甲醇（HPLC 级）；磷酸二氢钠（A.R.）；其他试剂均为分析纯。

四、实验步骤

先提出若干实验方案和步骤，与教师讨论后在确定并实施，实验步骤按以下内容设计。

1) 液体食品样品前处理方法和步骤
（1）饮料的前处理方法。
（2）奶制品的前处理方法。
2) 配制标准溶液
3) 色谱定量测定方法与步骤
（1）配制流动相。
（2）高效液相色谱仪的运行。
（3）优化色谱条件。
（4）测定标准样品。

(5) 分析样品。
(6) 关机。

五、数据记录与处理

(1) 记录实验条件及相关参数：色谱柱，流动相，流速，柱前压力，柱温，进样量，检测波长等。

(2) 实验数据列于表 7-97-1 中。

表 7-97-1　防腐剂苯甲酸及山梨酸的峰面积与保留时间测定值

项目		标1	标2	标3	标4	标5	AD钙奶	雪碧
山梨酸	保留时间/min							
	峰面积/(mAu·s)							
	浓度/(mg·L^{-1})							
苯甲酸	保留时间/min							
	峰面积/(mAu·s)							
	浓度/(mg·L^{-1})							

(3) 绘制标准曲线并给出线性方程。
(4) 计算奶制品及饮料在防腐剂的含量。
(5) 结果要求：①用 Excel 或 Origin 绘图软件绘制苯甲酸和山梨酸的标准曲线；②标准曲线的相关系数不得低于 0.995。

六、注意事项

1. 流动相和样品均要用微孔滤膜过滤。
2. 用含盐流动相平衡系统之前，要用含水量较高的水/甲醇溶剂冲洗系统。
3. 实验结束后，在用甲醇冲洗色谱柱之前，需要用含水量较高的水/甲醇溶剂冲洗系统。
4. 所有含甲醇的废液都需要倒入废液瓶中进行统一处理。

七、讨论

1. 样品前处理步骤中每一步的作用是什么？
2. 当色谱峰峰形出现异常或被测组分于干扰组分分离不符合要求时应该怎么做？
3. 当样品是固体样品时，如何取样？

八、思考题

1. 除高效液相色谱法外，还可以用哪些方法测定液体食品中防腐剂的含量？
2. 可以采用何种方法评价样品预处理方法的好坏？
3. 高效液相色谱法中，有哪些方法能改善色谱分离？
4. 色谱定量分析方法有哪几种？你选择该方法的原因是什么？

实验 98　白酒总酸度和总酯含量的测定方法

一、实验目的

1. 熟悉回流操作及终点控制操作。
2. 掌握容量分析及密度控制终点的要领，学习结果处理与表达的规范方式。
3. 了解一般常量分析方法在化合物样品分析汇总的应用与步骤。
4. 了解空白实验对于实际样品测定的重要性。

二、实验原理

白酒是世界七大蒸馏酒之一，是含有很多微量香味成分的复杂体系。产地、原料、发酵期、储存时间、产酒季节等不同，造成其香型不同，其成分的复杂程度也不同，风味也就不同。白酒的香味成分种类繁多，一般通称为风味物质。在白酒的风味物质中，除了极少量的无机化合物（固形物）之外，绝大部分是有机化合物均具有挥发性，并且都具有呈香味的特定基团。

我国白酒已经检测到的微量风味物质达 300 种以上，包括醇类、酸类、酯类、氨基酸类、羟基化合物、缩醛、含氮化合物、含硫化合物、呋喃类化合物、酚类化合物、醚类化合物等。白酒中，乙醇与水约占质量的 97%～98%，微量成分的含量为 2%～3%。在微量成分中，酸类赋予白酒丰满和酸刺激感，酯类使白酒具有水果的香气。特别是浓香型大曲酒，其主要香气成分就是以乙酸乙酯为主体香的一种复合香气。白酒中所含的酸与酯具有相对的关系，乙酸乙酯、乳酸乙酯等是我国白酒的主体酯类。我国白酒的显著特征就是乙酸、乳酸含量多，相应的乙酸乙酯和乳酸乙酯的含量高。

因此，对白酒中总酸、总酯的含量测定，有助于控制白酒的质量，确定其香型，鉴别酒的真假。

按照国际标准，白酒中总酸、总酯的含量分析均基于酸碱容量分析法。每项指标的获得，又分指示剂法和电位法。测定总酸时，得到的是带有羧基并参与中和反应的酸类物质的总和，总酯测定也类似。也有仪器分析方法，如气相色谱法测定酒中有机酸等。随着毛细光色谱技术的发展并应用到白酒分析中，解剖酒体中酸的组成及量比已成为常规测定。但酸碱容量法因设备简单、操作简便、快速，仍沿用至今。

本实验让学生通过查阅酿酒行业的有关文献，确定实际样品中带测定物种的特性、含量等要素，而拟定样品取样量、滴定终点、标准试液加入量等操作方案，独立进行数据处理。

三、仪器试剂

仪器：电磁搅拌器；电位滴定仪；分析天平；常规玻璃仪器；普通实验材料。

试剂：NaOH（0.1mol·L^{-1}）；H$_2$SO$_4$（0.05mol·L^{-1}）；溴甲酚绿-甲基红指示液；酚酞指示剂（10g·L^{-1}）；邻苯二甲酸氢钾（基准）；无水碳酸钠（基准）。

无酸无酯的乙醇溶液（40%，V/V）：量取一定体积的 95% 乙醇，加入圆底烧瓶中，加入稍过量的 NaOH 溶液（3.5mol·L^{-1}），回流皂化 1h。之后改为蒸馏装置，蒸出乙醇。将蒸过的乙醇配成 40%（V/V）溶液即可，储存待用。

四、实验步骤

1. 标准溶液的标定

按照文献规定的方法标定所需标准溶液。

2. 样品中总酸的测定

根据自己确定的取样量和终点 pH，完成滴定。注意在体系 pH=8 时，一定要减慢滴定速度，必要时要进行空白实验。

3. 样品中总酯的测定

组装回流皂化装置。取一定量的样品于回流烧瓶中，准确加入 NaOH 标准溶液，几粒沸石，沸水浴回流 30min，冷却。定量转移到烧杯中，电位滴定。同时做空白实验。

五、数据处理

(1) 总酸含量质量浓度以乙酸计。
(2) 总酯含量质量浓度以乙酸乙酯计（计算时应扣除总酸）。
(3) 误差分析请参阅文献。

六、注意事项

1. 市场上的白酒，有一部分为调和酒。此时，取样量需进行修正，最适宜的样品应该是原浆酒。
2. 皂化回流是，冷凝管的长度不小于 450mm，冷凝水的温度应在 15℃ 之下。

七、思考题

1. 写出确定总酸滴定终点的 pH 的主要依据。
2. 若样品中氨基酸含量较高，对于总酸度和总酯含量的测定结果有什么影响？
3. 若样品中长碳链酸和酯过高（如样品中混有杂醇油），对测定结果有何影响？
4. 比较电位滴定法与指示剂法的优劣。

实验 99 食品中钙、镁、铁含量的测定

一、实验目的

1. 了解日常食品中钙、镁、铁含量，增强健康意识。
2. 了解有关食品样品处理方法。
3. 熟悉测定食品样品中钙、镁、铁含量的方法。

二、实验原理

营养素中的无机盐又称矿物质，是维持人体正常生理机能不可缺少的物质。在自然界已

发现的化学元素中，C、H、O、N、S、Ca、P、K、Cl、Mg 和 Fe 等是人体不可缺少的元素。Ca、Mg 和 Fe 对人体健康的作用是不可忽视的。人体内的 Ca、Mg 和 Fe 主要来源于日常食物，如豆类、蔬菜、海产品和菌类等都是富含 Ca、Mg 和 Fe 的食品。

食品中 Ca 和 Mg 含量较高时可以考虑用 EDTA 配位滴定法测定，Fe 的含量可用分光光度法测定。

豆类等干样品经粉碎（蔬菜等湿样品需烘干）、灰化、灼烧及酸提取后，在碱性条件下可采用配位滴定法，以 EDTA 为滴定剂测定 Ca 含量。另取一份试样，控制溶液 pH=10，以铬黑 T 为指示剂，用 EDTA 滴定可分析 Ca 和 Mg 含量。由消耗 EDTA 体积差可求得试样中 Mg 含量。试样中 Fe 等干扰可用适量的三乙醇胺掩蔽。可采用邻二氮菲光度法测定食品样品中 Fe 的含量。

三、仪器试剂

仪器：粉碎机；分光光度计；滴定管；容量瓶等。

试剂：EDTA 标准溶液；钙指示剂（固体）；铬黑 T 指示剂；基准物质 $CaCO_3$；铁标准溶液；邻二氮菲；盐酸羟胺；NaAc 溶液；NaOH 溶液；氨性缓冲溶液；三乙醇胺；HCl（均为分析纯试剂）。

四、实验步骤

1. EDTA 溶液的标定

（自拟方案）

2. 样品分析

（自拟方案）

1) 制备样品溶液

洗净蔬菜等湿样品，晾干，除去表面水分；豆类样品用粉碎机粉碎后适量称取；干样品可直接称取。放入烘箱中烘干，转入蒸发皿中，在煤气炉上灰化、炭化完全。置于高温炉中，在 650℃灼烧 1～2h。取出冷却，HCl 浸泡提取，过滤，保留滤液备用。

2) 测定样品中钙含量

移取适量的上述样品溶液于 250mL 的锥形瓶中，加适量水稀释，用三乙醇胺作掩蔽剂，用缓冲液控制 pH=12，加少许钙指示剂，用 EDTA 标准溶液滴定至终点（由紫红色变蓝色），根据所消耗 EDTA 标准溶液的体积 V_1（EDTA）计算试样中钙的含量 $[mg \cdot (100g)^{-1}]$。

3) 测定样品中镁含量

移取适量的上述样品溶液于 250mL 的锥形瓶中，加适量水稀释，用三乙醇胺作掩蔽剂，用缓冲液控制 pH=10，加指示剂铬黑 T，用 EDTA 标准溶液滴定至终点（红色变蓝色），根据所消耗 EDTA 标准溶液的体积 V_2（EDTA），根据 (V_2-V_1) 计算试样中镁的含量 $[mg \cdot (100g)^{-1}]$。

4) 测定样品中铁含量

准确移取适量待测液于容量瓶中，用分光光度法测定铁含量。在标准曲线上查出试样中铁的含量 $[mg \cdot (100g)^{-1}]$。

五、数据处理

1. EDTA 溶液的标定

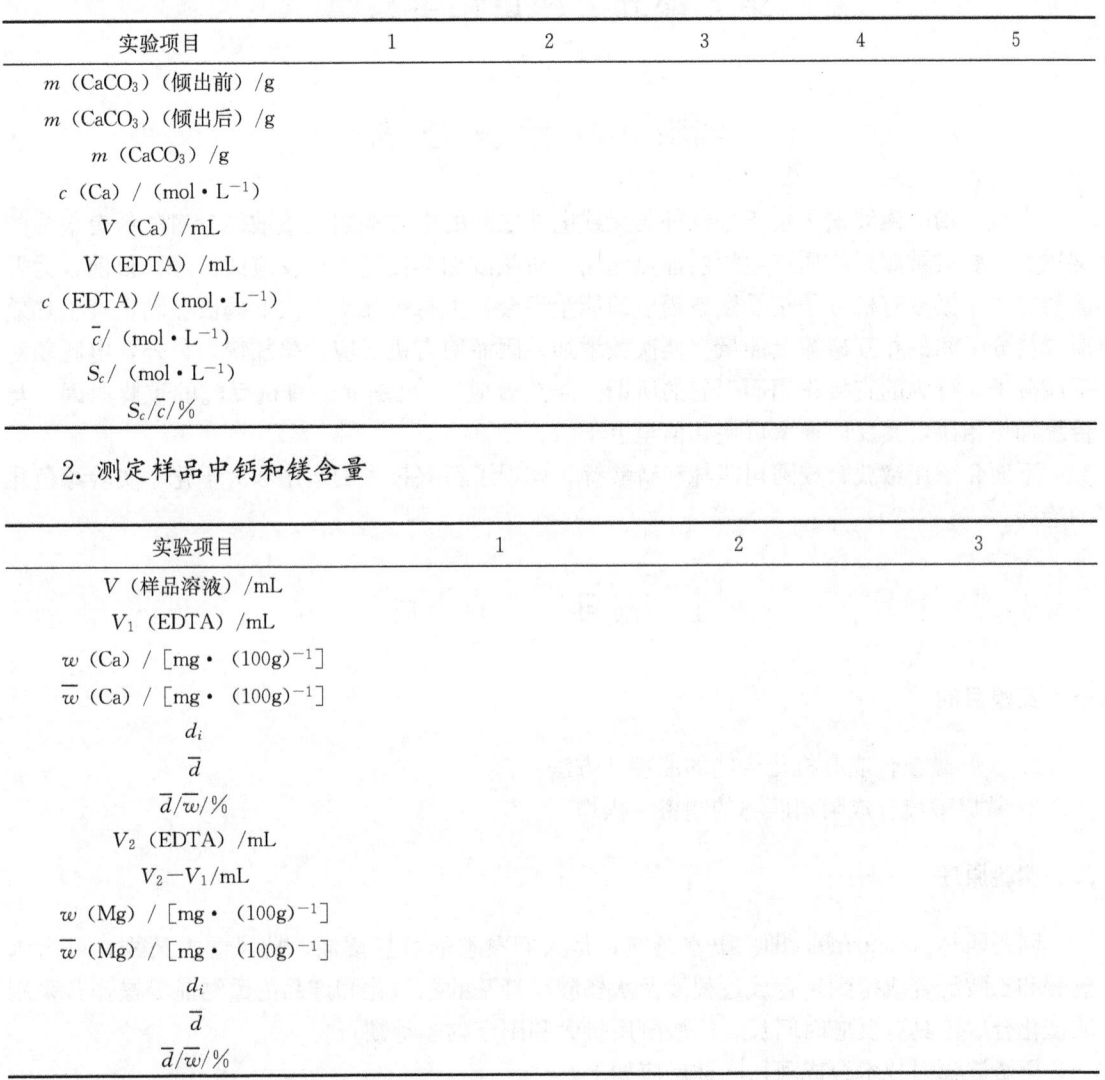

实验项目	1	2	3	4	5
$m(CaCO_3)$（倾出前）/g					
$m(CaCO_3)$（倾出后）/g					
$m(CaCO_3)$/g					
$c(Ca)$/(mol·L^{-1})					
$V(Ca)$/mL					
$V(EDTA)$/mL					
$c(EDTA)$/(mol·L^{-1})					
$\bar{c}$/(mol·L^{-1})					
S_c/(mol·L^{-1})					
$S_c/\bar{c}$/%					

2. 测定样品中钙和镁含量

实验项目	1	2	3
V（样品溶液）/mL			
$V_1(EDTA)$/mL			
$w(Ca)$/[mg·(100g)$^{-1}$]			
$\bar{w}(Ca)$/[mg·(100g)$^{-1}$]			
d_i			
$\bar{d}$			
$\bar{d}/\bar{w}$/%			
$V_2(EDTA)$/mL			
V_2-V_1/mL			
$w(Mg)$/[mg·(100g)$^{-1}$]			
$\bar{w}(Mg)$/[mg·(100g)$^{-1}$]			
d_i			
$\bar{d}$			
$\bar{d}/\bar{w}$/%			

注：V_2-V_1 为样品中镁消耗的 EDTA 的体积。

六、注意事项

食品样品（如芝麻、葵花籽等）含油量较高时，在煤气炉上灰化、炭化时烟雾很大，要在通风橱进行。如果出现火苗可用石棉网盖住蒸发皿，熄灭火苗，防止样品损失。

七、思考题

1. 如果选择蔬菜等湿样品中钙和镁含量的测定，样品如何处理？
2. EDTA 配位滴定法测定钙和镁时，为了能获得准确结果，在临近终点时应采取什么技术措施？
3. 分光光度法测定铁铁含量，适宜的 pH 范围是多少？

第 8 部分 绿色化学实验

实验 100 微 波 合 成

微波是指电磁波谱中位于远红外与无线电波之间的电磁辐射,微波能量对材料有很强的穿透力,能对被照射物质产生深层加热作用。对微波加热促进有机反应的机理,目前较为普遍的看法是极性有机分子接受微波辐射的能量后会发生每秒几十亿次的偶极振动,产生热效应,使分子间的相互碰撞及能量交换次数增加,因而使有机反应速率加快。另外,电磁场对反应分子间行为的直接作用而引起的所谓"非热效应",也是促进有机反应的重要原因。与传统加热相比,其反应速率可快几倍至上千倍。

下面介绍用微波合成阿司匹林和磷酸锌,体现了新兴技术的运用和大学化学实验绿色化的趋势。

Ⅰ 阿司匹林的合成

一、实验目的

1. 了解微波合成有机化合物的原理和方法。
2. 掌握微波合成阿司匹林的制备及操作。

二、实验原理

阿司匹林(aspirin),即乙酰水杨酸,是人们熟悉的解热镇痛、抗风湿类药物,可由水杨酸和乙酸酐合成得到。合成过程涉及水杨酸酚羟基的乙酰化和产品的重结晶等操作,采用酸催化合成,具有反应时间长、乙酸酐用量大和副产物多等缺点。

用微波辐射技术合成阿司匹林反应如下:

$$\text{水杨酸(COOH, OH)} + (CH_3CO)_2O \xrightarrow[\text{微波辐射}]{OH^-} \text{乙酰水杨酸(COOH, OCOCH}_3\text{)} + CH_3COOH$$

与传统方法相比,具有反应时间短、产率高和物耗低及污染少等特点,体现了新兴技术的运用和大学化学实验绿色化的改革目标。

三、仪器与试剂

仪器:WP750 格兰仕微波炉;电子天平;圆底烧瓶(1000mL);烧杯(250mL);锥形瓶(100mL);移液管(5mL);减压抽滤装置。

试剂:水杨酸(A.R.);乙酸酐(A.R.);碳酸钠(C.P.);盐酸(C.P.);氢氧化钠

(C.P.)；乙醇（C.P.，95%）。

四、实验步骤

在1000mL干燥的圆底烧瓶中加入2.0g（0.014mol）水杨酸和约0.1g碳酸钠，再用移液管加入2.8mL（3.0g，0.029mol）乙酸酐，振荡，放入微波炉中，在微波辐射输出功率495W（中挡）下，微波辐射20~40s。稍冷，加入20mL pH 3~4的盐酸水溶液，将混合物继续在冷水中冷却使之结晶完全。减压过滤，用少量冷水洗涤结晶2~3次，抽干，得乙酰水杨酸粗产品。粗产品用乙醇-水混合溶剂（1体积95%乙醇+2体积水）约16mL重结晶，干燥，得白色晶状乙酰水杨酸，称量计算产率。

五、注意事项

1. 合成原料水杨酸应当是干燥的，乙酸酐应当是新开瓶的，如果乙酸酐使用过且已放置较长时间，使用时应当重新蒸馏，收集139~140℃的馏分。
2. 不同品牌的家用微波炉所用的微波条件略有不同，微波条件的选定以使反应温度达80~90℃为原则。使用的微波功率一般选择450~500W，微波辐射时间为20~40s。

六、思考题

1. 查阅文献，比较微波辐射碱催化法与传统酸催化法合成条件之间的区别，讨论其优缺点。
2. 利用微波辐射代替传统的加热，可以大大提高反应的效率，试问何种类型的反应在微波辐射下会有较好的效果？

参考文献

常慧，杨建男. 2000. 微波辐射快速合成阿司匹林. 化学试剂，22（5）：313
武汉大学化学与分子科学学院实验中心. 2003. 综合化学实验. 武汉：武汉大学出版社
张国升，张懋森. 1986. 以固体氢氧化钾为催化剂制备乙酰水杨酸. 化学试剂，8（4）：245~246

Ⅱ 磷酸锌的合成

一、实验目的

1. 了解微波合成无机化合物的原理和方法。
2. 掌握微波合成磷酸锌的制备及操作。

二、实验仪器与药品

仪器：微波炉；台秤；微型吸滤装置；烧杯；表面皿。
药品：$ZnSO_4 \cdot 7H_2O$；尿素；磷酸；无水乙醇。

三、实验原理

磷酸锌 $[Zn_3(PO_4)_2 \cdot 2H_2O]$ 是一种新型防锈颜料，利用它可配制各种防锈涂料，后者可代替氧化铅作为底漆。它的合成通常是采用硫酸锌、磷酸和尿素在水浴加热下反应，反应过程中尿素分解放出氨气并生成铵盐。过去反应需 4h 才完成。用微波加热，反应时间只需 10min，效率大大提高。化学反应式为

$$3ZnSO_4 + 2H_3PO_4 + 3(NH_2)_2CO_3 + 7H_2O \xrightarrow{微波}$$
$$Zn_3(PO_4)_2 \cdot 4H_2O + 3(NH_4)_2SO_4 + 3CO_2 \uparrow$$

所得的四水合晶体在 110℃ 烘箱中脱水即得二水合晶体。

四、实验步骤

称取 2.0g 硫酸锌，置于 50mL 烧杯中，加 1.0g 尿素和 1.0mL H_3PO_4，再加 20mL 水搅拌溶解，把烧杯置于 100mL 水浴中，盖上表面皿，放进微波炉里，以大火挡（约 600W）辐射 10min，烧杯内隆起泡沫状物。停止辐射加热后，取出烧杯，用蒸馏水浸取、洗涤数次，减压过滤。晶体用水洗涤至滤液无 SO_4^{2-} 为止。产品在 110℃ 烘箱中脱水得到 $Zn_3(PO_4)_2 \cdot 2H_2O$，称量计算产率。

五、注意事项

1. 合成反应完成时，溶液的 pH 为 5~6，加尿素的目的是调节反应体系的酸碱性。
2. 晶体最好洗涤至近中性再减压过滤。
3. 微波辐射对人体有害。市售微波在防止微波泄漏上有严格的措施，使用时要遵照有关操作程序与要求进行，以免造成伤害。

六、思考题

1. 如何对产品进行定性检验？请拟出实验方案。
2. 使用微波炉要注意哪些事项？

实验 101 分子力学模型

一、实验目的

1. 了解分子力学基本原理。
2. 通过计算机操作，掌握分子力学计算方法。
3. 熟悉常见计算化学软件的基本操作。

二、实验原理

计算化学是化学、物理和计算机科学等学科的交叉学科。近年来，各种不同的用于分子模型的计算方法已经发展起来，主要有两大范畴：分子力学和量子力学。量子力学模拟往往需要大量的计算工作。在很多情况下，分子力学计算十分有用，它基于比较简单的模型，即只考虑分子中化学键的伸缩、旋转和键角变化等，建立分子力场公式计算分子内部和分子间的各种相互作用，包括键伸缩、角弯曲、旋转运动、偶合相互作用以及范德华相互作用和静电相互作用，并且计算公式中采用了大量的经验参数，因此大大简化了计算过程。而且，在大多数情况下，用分子力学方法计算得到的分子几何构型参数与实验值之间的差值可在实验误差范围之内。所以，分子力学是研究化学生物学体系的有效和可行的手段。

对于绿色化学来说，计算化学无需合成就可研究分子的很多属性。这有助于避免不必要的合成、筛选大量化合物，从而减少废弃物的产生和未知生物活性的化合物的潜在暴露。值得指出的是，尽管现有的计算方法的预言能力还十分有限，还没有能力完全取代合成和筛选方法，但它们代表着有用的计算工具，引导合成化学带着极大的希望走向明确的目标分子。

三、实验对象及操作步骤

本实验研究对象选定顺式-和反式-1,2-乙烯。软件选用剑桥大学开发的化学软件 Chem Office2005，用其组件 Chem Draw Ultra 9.0 画出本实验对象的化学结构，如图 8-101-1 所示。

图 8-101-1　顺式-1,2-乙烯和反式-1,2-乙烯

将上述分子结构复制，粘贴至另一组件 Chem3D Ultra 9.0 中，选用分子力学 MM_2 方法分别对上述分子进行能量优化，MM_2 是 Allinger 及其合作者开发的分子力学方法，在小分子有机化学领域有着广泛的应用，可以对分子构型进行能量优化。优化结果显示在操作界面下方的 Output 中（图 8-101-2），分别记录和比较顺式-和反式-1,2-乙烯的优化结构能量。

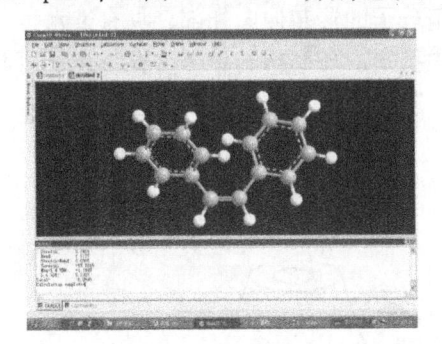

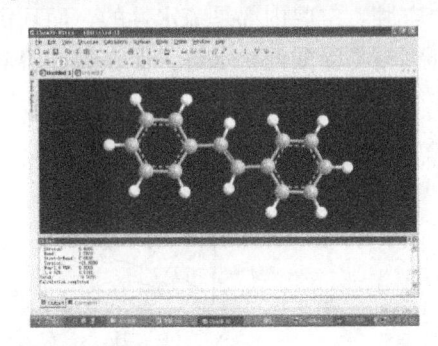

图 8-101-2　MM_2 分子模拟操作界面图

四、注意事项

1. 分子力学在计算时没有考虑溶剂效应，因此对处于气相中的分子最有效。
2. 在很多情况下，虽然计算结果非常接近实验值，但这些结果代表近似值，因此不能用来精确地预言分子结构和能量。

五、思考题

1. 你计算的顺式-和反式-1,2-乙烯的总能量各是多少？谁更稳定？
2. 两种异构体中两个苯环处于同一平面吗？你认为导致出现这种构型的原因是什么？
3. 从 MM_2 分子力学模拟实验中还能得到两种异构体哪些结构信息及差异？

实验 102　仿 生 合 成

一、实验目的

1. 了解仿生合成的概念。

2. 认识环糊精作为模拟酶在化学合成中的应用。

二、实验原理

在分子生物学迅速发展的推动下，仿生化学是从分子水平上模拟生物化学过程的一门新的边缘科学，即在分子水平上模拟生物的功能，将生物的功能原理用于化学，借以改善现有的和创造崭新的化学原理和工艺的科学。仿生合成是仿生化学的重要组成部分，主要包括：模仿生源合成反应；模拟酶和辅酶的催化功能，如模拟酶的微环境效应、对分子或过渡态的选择性识别功能和在特定位置引入活性基团等。

生物体内的酶作为催化剂具有以下特点：专一性、高效性、反应条件温和。酶对分子具有选择性识别功能，可通过识别与底物形成结构互补的有效结合，建立有利于反应的微环境。鉴于酶的上述优点，人们开始寻找天然的或合成的与酶具有类似功能的化合物，即模拟酶。一些大环、多环化合物，如环糊精、冠醚和穴醚等，具有类似酶对分子的识别功能，因而成了模拟酶的首选物质。

环糊精（简称 CD）是一类环状低聚糖，由 6 个、7 个或 8 个 D-葡萄糖通过 α-1,4-苷键连接而成，分别称为 α-、β 和 γ-CD。环糊精的形状像一个无底盆（图 8-102-1），从侧面看稍成倒梯形，每个糖单元上的仲羟基处于大圈上，而 C-6 上的伯羟基处于小圈上，整个环糊精围成一个空腔，空腔内部是疏水性的，而环糊精分子的羟基伸向外部，具有亲水性，能溶于水中。环糊精易受酸催化水解，但在碱性溶液中稳定。环糊精的一个重要特点是可与许多化合物形成包合物，如具有苯环和萘环的化合物、脂肪族化合物的非极性烃链可进入环糊精的空腔，形成 1∶1 的包含物。

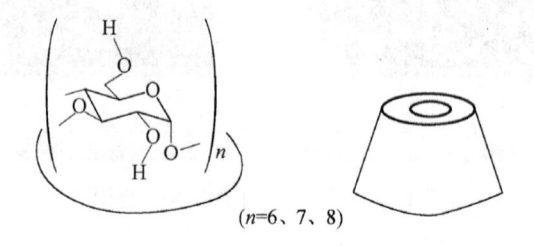

(n=6、7、8)

图 8-102-1 环糊精结构

在经典的 Reimer-Tiemann 反应中，由苯酚与氯仿反应制备对羟基苯甲醛，但此反应收率低且有大量的邻羟基苯甲醛生成；而 β-CD 作为催化剂时生成的主要产物是对羟基苯甲醛，收率接近 62%。环糊精作为模拟酶，β-CD 先与氯仿形成包含物，但仍能与苯酚负离子结合，苯酚插入空腔是与氧负离子相对的部位即对位，氯仿在空腔中与碱生成的二氯卡宾可就近进攻酚羟基的对位，选择性合成对羟基苯甲醛。

Reimer-Tiemann 反应：

$$\text{C}_6\text{H}_5\text{OH} + \text{CHCl}_3 \xrightarrow{\text{碱金属氢氧化物}} \xrightarrow{\text{水解}} p\text{-HOC}_6\text{H}_4\text{CHO}$$

（收率 47%）

加入 β-环糊精

$$\underset{\text{CHCl}_2}{\text{[O}^-\text{]}} \xrightarrow{\text{OH}^-} \underset{\text{CCl}_2}{\text{[O}^-\text{]}} \xrightarrow{\text{水解}} \underset{\text{CHO}}{\text{[O}^-\text{]}}$$
(收率72%)

三、仪器与试剂

仪器：球形冷凝管；三口烧瓶（100mL）；锥形瓶；接受管；烧杯；滴液漏斗；抽滤漏斗；温度计；电热套；磁力搅拌器。

试剂：苯酚；氯仿；β-环糊精；氢氧化钠溶液（6mol·L^{-1}）；浓盐酸。

四、实验步骤

在装有温度计、冷凝管、滴液漏斗的三口烧瓶中依次加入苯酚 10g、氢氧化钠溶液 25mL、β-环糊精 4mmol，磁力搅拌至全溶。在滴液漏斗中加入 20mL 氯仿，以滴加法将氯仿[1]加到反应器中，加热温度控制在 80℃左右，回流 2h。冷却，加入适量的水，减压抽滤，蒸除氯仿。加适量的水，加浓盐酸酸化调 pH=10，冷却至 15℃，过滤得到橙红色滤饼，将滤液用盐酸溶液调 pH=5，冷却至 10℃，过滤得滤饼，将两次过滤所得滤饼合并，干燥得粗产品[2]，称量计算产率。

五、注解与实验指导

[1] 以适当的滴加速度加入氯仿，确保氯仿处于 β-环糊精的空腔中，防止副反应的发生。

[2] 若纯度不高，可考虑重结晶。

六、思考题

1. 除了上述方法外，请查阅相关资料，列出其他合成反应来制备对羟基苯甲醛。
2. 仿生合成有哪些特点？

英汉专业小词汇

biominmetic synthesis　仿生合成　　simulate enzyme　模拟酶　　chloroform　氯仿　　phenol　苯酚
p-hydroxybenzaldehyde　对羟基苯甲醛　　cyclodextrin　环糊精

实验103　计算机模拟化学实验技术

计算机模拟化学实验技术是多媒体仿真在化学实验中的具体应用，是化学实验摆脱实物教育的一场革命。多媒体技术在化学实验教学中已得到广泛应用，其传递的信息具有生动、直观、富于表现力和感染力、容易再现等特点。它的产生和发展，不仅是教育方法、教育手段和教育技巧的更新，且对保护自然资源、缓解化学实验对环境造成的污染，都具有深远的意义。特别是对于一些危险大、费用高、耗时长的实验，在计算机上"做实验"是一种相当理想的方法。通过模拟教学，学生利用计算机仿真软件，不仅可反复进行基本操作训练达到熟练掌握的目的，还可追踪化学发展前沿，了解未来化学发展方向。近几年来计算机模拟化学实验的软件发展十分迅速。下面介绍几种优秀的计算机模拟化学实验软件。

1. Corel ChemLab

Corel ChemLab 是美国 Corel 公司于 1996 年推出的一款专门用于化学实验学习和模拟的软件。Corel ChemLab 是三维化学实验模拟软件，有声有色，它非常逼真地再现实验过程。该软件有 30 多种实验器具和试剂可供选择，既可以进行内部预置实验，包括物理属性实验 8 个、酸碱实验 12 个、动力学包括炸药实验 4 个、气体实验 5 个、测量同位素半衰期等附加实验 3 个，共计 32 个实验，也能完成自定义的实验。只需花极少的时间，就能按部就班地完成一个真实性很高的实验，它甚至允许人为错误的发生，例如在酸碱滴定时忘记加入指示剂。它还内置了元素周期表、式量计算器、分子结构浏览器等有用的工具。

2. Model ChemLab

ChemLab2.5 是美国 ModelScience 公司研制的一款交互式的化学实验模拟软件。此软件具有强大的功能，能交互式地仿真演示大多数化学实验，完美地再现实验的过程和现象。使用者可将软件中自带的通用实验装置和实验步骤用于模拟一步一步执行化学实验。每个实验模拟都分别包含在各自的模拟模块中，因此可以使用通用的实验接口扩充更多的实验。ChemLab 使用户可以用相对实际实验很少的一部分时间来快速预习化学实验。它是预习实验、演示实验或进行模拟危险实验和由于时间原因不能进行的实验的理想工具。每一个实验模块都有各自的化学药品列表和实验介绍。可下载[1]新的实验模块并复制到新的 ChemLab 模块到程序的安装目录，就可以把新的实验装置添加到现有版本的 ChemLab 中。

3. 金华科化学仿真实验室

金华科仿真化学实验软件由南京金华科软件有限公司研制，是目前国产最好的化学仿真实验软件，由三个模块组成：《仿真化学实验室》、《化学三维分子模型》、《化学资料中心》。在化学仿真实验平台中可以自由的搭建实验仪器、添加药品，并让它进行反应。它不但有逼真的现象，还能提供准确的实验数据。化学三维化学分子模型可以展示微观化学世界。它不但可以展示石墨、金刚石、NaCl 等晶体结构，还能搭建出各种有机分子的微观模型。化学资料中心是以元素周期表为总线的化学资料库，可利用它方便地查找出所关心的化学信息，并可把这些信息以网页的格式输出。

一、实验目的

1. 了解计算机模拟化学实验技术的应用。
2. 熟悉软件 Corel ChemLab 的使用。
3. 模拟水银气化热的测定。

二、实验原理

由于水银属于毒性较大的物质，而且蒸发后形成的蒸气也会有对实验者造成伤害和对环境的污染，安全系数低，不宜实际操作。但可借助 Corel ChemLab 软件中自带的实验模块[2]——物理性质实验（图 8-103-1），来模拟水银的气化热的测定。

图 8-103-1　选择实验对话框

三、实验步骤

（1）点击书架上的"实验内容"书本，见图 8-103-2。

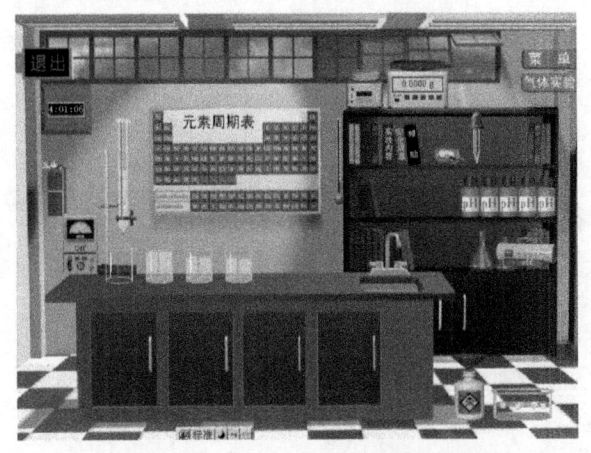

图 8-103-2　Corel ChemLab 的主界面

（2）浏览弹出的对话框中对每个实验的介绍，选定所要做的实验"水银的气化热"，将出现该实验的简介。

（3）选中"显示所有步骤"，点击"确定"，弹出该实验的详细步骤，见图 8-103-3。

（4）按照对话框中详细步骤，就可开始实验了。

四、注解与实验指导

［1］可以从其官方网站上下载新的实验模块（网址 http：//www.modelscience.com/lablist.html）。

［2］Corel ChemLab 软件中仪器装置和试剂较少，缺乏实验模块的扩展功能，存在一些不足。

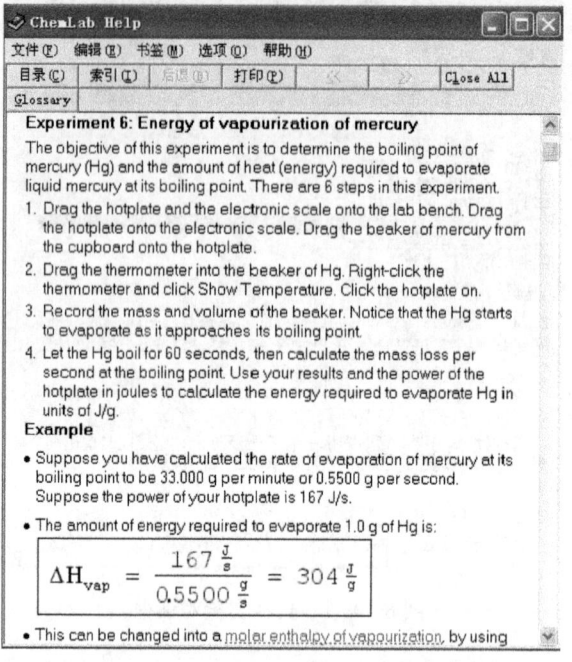

图 8-103-3 "水银的气化热"实验的详细步骤

英汉专业小词汇

mercury　水银　　vapourization　气化　　simulation　模拟　　chemical software　化学软件

第 9 部分　附　　录

附录 1　化学实验常用仪器、装置及使用

9.1.1　pH 计

pH 计也称酸度计，是一种用电位法测定水溶液 pH 的电子仪器。它主要是利用一对电极在不同的 pH 溶液中，产生不同的直流毫伏电动势，将此电动势输入到电位计后，经过电子的转换，最后在指示器上指示出测量结果。pH 计有多种型号，如雷磁 25 型、pHS-2 型、pHSW-3D 型、pHS-25 型、pHS-10B 型、pHS-3 型等，但基本原理、操作步骤大致相同。现以 pHS-3C 型数字酸度计（图 9-1-1）为例，来说明其操作步骤及使用注意事项。

pHS-3C 型酸度计是利用 pH 电极和参比电极对被测溶液中不同的酸度产生的直流电位，通过前置放大器输到 A/D 转换器，以达到 pH 数字显示目的，如果配上适当的离子选择电极，也可作电位滴定分析用，以达到终点电位显示目的。能准确测量水溶液的 pH（±0.01pH）及电极电位（±1mV）。本仪器采用高性能的具有极高输入阻抗的集成运算放大器，使仪器具有稳定可靠、使用方便等特点。

图 9-1-1　pHS-3C 型酸度计
1—测量选择开关；2—温度调节器；
3—斜率调节器；4—定位调节器

pHS-3C 型酸度计由电位计和 E-201-C9 复合电极组成，测量溶液 pH 时仪器的指示电极为玻璃电极，参比电极为甘汞电极，也适用于复合电极配套使用。

1. 基本原理

pHS-3C 型数字酸度计是利用玻璃电极和甘汞电极对被测溶液中氢离子浓度（实际应为活度）产生不同的直流电势进行 pH 测量，通过前置放大器输入到 A/D 转换器，以达到直读 pH 的目的。

当被测溶液中氢离子浓度（活度）发生变化时，仪器通过测定电池系统的电动势，便可测定溶液的 pH。

$$E_{电池} = \varphi_{甘汞} - \varphi_{玻} = \varphi_{甘汞} - K + 0.05916\text{pH} = K' + 0.05916\text{pH}$$

K' 值与温度、内参比溶液浓度、膜表面性质等因素有关，在一定条件下为常数。

当测量温度不是 20℃时，需用下式校正：

$$\Delta E_{MF}(\text{mV}) = -59.16 \times \frac{275.5 + T(℃)}{293.15} \times \Delta\text{pH}$$

式中：ΔE_{MF} 为电池电动势的变化（mV）；ΔpH 为溶液 pH 的变化；T 为被测溶液的温度（℃）。

为确保仪器的测量精度，仪器还设置了温度补偿器，斜率调节器和定位调节器。

2. 使用方法

1) 测量溶液的 pH

（1）打开仪器电源开关，显示屏即有显示。

（2）把测量选择开关扳到 pH 挡，预热 10min。

（3）先把电极夹子夹在电极杆上，夹上玻璃电极，把电极插头插好，然后把电极（复合电极）从塑料套管中取出，将套管放好（里面 KCl 溶液不要倾洒），电极用去离子（或蒸馏水）冲洗，用滤纸条吸干，然后把电极插入 pH＝4.003 的标准缓冲溶液中，稍加振荡。调节温度补偿器至与被测液温度相同，调节定位调节器使所显示的 pH 读数与该标准缓冲溶液在此温度下的 pH 相同。

（4）把电极从 pH＝4.003 的标准缓冲溶液中取出，用去离子水冲洗并吸干。插入 pH＝6.86 的标准缓冲溶液中，稍加摇动，调节"斜率"旋钮，使仪器显示的 pH 与该标准缓冲溶液在该温度下的 pH 相同。

经过以上四个过程，仪器的标定即告完成。经过标定的仪器定位，斜率不应再有任何变动。

（5）将电极从标准缓冲溶液中取出洗净、吸干，插入被测溶液中，稍加振荡，仪器显示的 pH 即为该被测液的 pH。

2) 测量其他直流电压

（1）把测量选择开关扳到 mV 挡。

（2）接上各种适当的离子选择电极（或电极转换器）。

（3）用去离子水清洗电极并用滤纸吸干。

（4）把电极插在被测液内，即可读出该离子选择电极（或电池）的电极电势（或电池电动势）值，并显示极性。

3. 注意事项

（1）仪器性能的好坏与合理的维护保养密不可分，因此必须注意维护与保养。

（2）仪器可以长时间连续使用，当仪器不用时，拔出电极插头，关掉电源开关，并保持电极插子干燥。

（3）甘汞电极不用时要用橡皮套将下端套住，用橡皮塞将上端小孔塞住，以防饱和 KCl 流失。当饱和 KCl 流失较多时，则通过电极上端小孔进行补加。玻璃电极不用时，应长期浸在去离子（或蒸馏）水中。

（4）玻璃电极球泡很薄，切勿与硬物相碰或接触污物，如有污物可用医用棉花轻擦球泡部分或用 $0.1mol \cdot L^{-1}$ HCl 溶液清洗。

（5）玻璃电极球泡有裂缝或老化（久放两年以上），应更换电极，否则测量误差较大。新玻璃电极或干置不用的玻璃电极在使用前应在去离子（或蒸馏）水中浸泡 24～48h。

（6）电极不在溶液中时，选择开关不能在 pH 挡，即电极插入溶液前，不能选拨"测量选择"至 pH，电极从溶液中取出前，应先拨"测量选择"至"0"或中间位置。

（7）作短时间测量时，仪器预热几分钟即可，但长时间使用时，最好预热半小时以上，以使仪表零点有较好的稳定性。

(8) 复合电极的测量端保护挡不要拧下，以免损坏电极。复合电极前端的敏感玻璃球泡，任何玻璃和擦毛都会使电极失效。因此测量前或测量后都应用去离子（或蒸馏）水洗净。

(9) 复合电极使用后要用去离子（或蒸馏）水清洗，放在装有保护液（饱和 KCl 溶液）的塑料套管中拧紧。

(10) 电极插孔必须保持清洁干燥，以防灰尘及湿气侵入。

9.1.2 温度计与恒温槽

1. 温度计

用于测量温度的物质，都具有某些与温度密切相关而又能严格复现的物理性质，诸如体积、压力、电阻、热电势及辐射波等。利用这些特性就可以制成各种类型的测温仪器——温度计。

1) 水银温度计

水银温度计是实验室最常用的温度仪器。它是以液态汞作为测温物质的。它的优点是结构简单，价格低廉，具有较高的精确度，直接读数，使用方便；但是易损坏，损坏后无法修理。水银温度计适用范围为 238.15～633.15K（水银的熔点为 234.45K，沸点为 629.85K），如果用石英玻璃作管壁，充入氮气或氩气，最高使用温度可达到 1073.15K。常用的水银温度计刻度间隔有 2K、1K、0.5K、0.2K、0.1K 等，与温度计的量程范围有关，可根据测定精度选用。

A. 水银温度计的种类和使用范围

(1) 一般使用−5～105℃、150℃、250℃、360℃等，每分度 1℃或 0.5℃。

(2) 供量热学使用有 9～15℃、12～18℃、15～21℃、18～24℃、20～30℃等，每分度 0.01℃。

(3) 测温差的贝克曼（Beckmann）温度计，是一种移液式的内标温度计，测量范围 −20～150℃，专用于测量温差。

(4) 电接点温度计，可以在某一温度点上接通或断开，与电子继电器等装置配套，可以用来控制温度。

(5) 分段温度计，从−10～220℃，共有 23 支。每支温度范围 10℃，每分度 0.1℃。另外−40～400℃，每隔 50℃ 1 支，每分度 0.1℃。

B. 使用时注意事项

a. 读数校正

(1) 以纯物质的熔点或沸点作为标准进行校正。

(2) 以标准水银温度计为标准，与待校正的温度计同时测定某一体系的温度，将对应值记录，做出校正曲线。

标准水银温度计由多支温度计组成，各支温度计的测量范围不同，交叉组成−10～360℃范围，每支都经过计量部门的鉴定，读数准确。

b. 露茎校正

水银温度计有"全浸"和"非全浸"两种。非全浸式水银温度计常刻有校正时浸入量的刻度，在使用时若室温和浸入量均与校正时一致，所示温度是正确的。

全浸式水银温度计使用时应当全部浸入被测体系中，如图 9-1-2 所示，达到热平衡后才能读数。全浸式水银温度计如不能全部浸没在被测体系中，因露出部分与体系温度不同，必然存在读数误差，因此必须进行校正。这种校正称为露茎校正。如图 9-1-3 所示，校正公式为

$$\Delta t = \frac{kn}{1-kn}(t_{测} - t_{环})$$

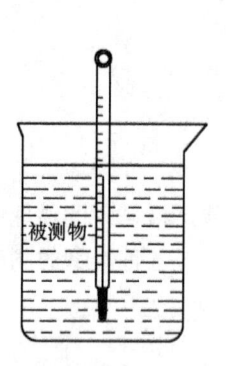

图 9-1-2　全浸式水银温度计的使用

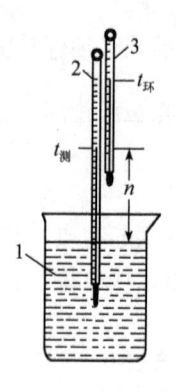

图 9-1-3　温度计露茎校正
1—被测体系；2—测量温度计；3—辅助温度计

式中：Δt 为读数校正值，$\Delta t = t_{实} - t_{测}$；$t_{实}$ 为温度的正确值；$t_{测}$ 为温度计的读数值；$t_{环}$ 为露出待测体系外水银柱的有效温度（从放置在露出一半位置处的另一支辅助温度计读出）；n 为露出待测体系外部的水银柱长度，称为露茎高度，以温度差值表示；K 为水银对于玻璃的膨胀系数，使用摄氏度时，$k=0.00016$，上式中 $kn \ll 1$，所以 $\Delta t \approx kn(t_{测} - t_{环})$。

2）贝克曼温度计

物理化学实验中，常需要对体系的温度差进行精确的测量，如温度测量要求精确到 0.002℃ 时，普通温度计就不能达到此精确度，需用贝克曼（Beckmann）温度计进行测量。

A. 玻璃贝克曼温度计

贝克曼温度计的构造如图 9-1-4 所示，它也是水银温度计的一种，但是与一般水银温度计的不同之处在于，除了在毛细管下端有一水银球外，在温度计的上部还有一个辅助水银储槽。这使得它的刻度精细至 0.01℃，用放大镜读数时可以估计到 0.002℃。另一特点是量程较短（一般全程只有 5℃），因而不能用来测定温度的绝对值，一般只用于测温差。要测不同范围内温度的变化，则需利用上端的水银储槽的水银调节下端水银球中的水银量。水银储槽的形式一般有图 9-1-5 所示两种。

使用贝克曼温度计时，首先需要根据被测物质的温度，调整温度计水银球中的水银量。例如测量温度降低值时，贝克曼温度计置于被测介质中的读数是 4℃ 左右为宜。如

图 9-1-4　贝克曼温度计的构造
1—水银储槽；2—毛细管；3—水银球

水银量过少，水银柱达不到这一示值，则需将水银储槽 1 中的水银适量转移至水银球 3 中。具体操作是：将温度计倒置，使 3 中的水银借重力作用流入 1 中，并与 1 中的水银相连接（如倒置时水银不下流，可以将温度计向下抖动，或将水银球 3 放在热水中加热）。然后慢慢倒转温度计，使 1 位置高于 3，借重力作用，水银从 1 流向 3，到 1 处的水银面对应的标尺温度与被测介质温度相当时，立即抖断水银柱，其办法是右手握住温度计中间部位，以左手掌轻拍右手腕，如图 9-1-6 所示（注意在操作时应远离实验台，切不可直接敲打温度计以免碰坏温度计），依靠震动的力量使毛细管中的水银与储槽中的水银在其接口处断开。然后将温度计水银球置于被测介质中，看温度计示值是否恰当，如水银还少，则再按上法调整；如水银过多，则须从 3 赶出一部分水银至 1 中。如果要测定温度升高值，则需将温度计在被测介质中的示值调整到 1℃左右。

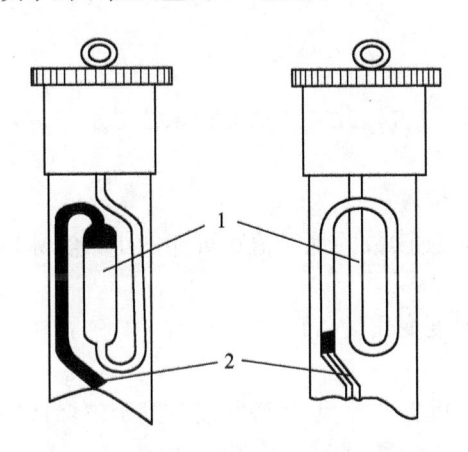

图 9-1-5　水银储槽的形式
1—水银储槽；2—毛细管

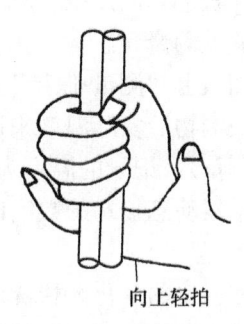

图 9-1-6　贝克曼温度计调节示意图

使用放大镜可以提高读数精度，这时必须保持镜面与水银柱平行，并使水银柱中水银弯月面处于放大镜中心，观察者的眼睛必须保持正确的高度，使读数处的标线看起来是直线。当测量精度要求高时，对贝克曼温度计也要进行校正。

注意事项：

（1）贝克曼温度计属于较贵重的玻璃仪器，并且毛细管较长，易于损坏。所以使用时必须小心，不能随便放置，一般应安装在仪器上或调节时握在手中，否则应放在温度计盒里。

（2）贝克曼温度计调节时，注意不可骤冷骤热，以防止温度计破裂。另外，操作时动作不可过大，并与实验台要有距离，以免触到实验台上损坏。

（3）贝克曼温度计调节时，如温度计下部水银球的水银与上部储槽中的水银始终不能相接时，应停下来检查一下原因，不可一味对温度计升温，以免使下部水银过多地导入上部储槽中。

B. 数字贝克曼温度计

玻璃贝克曼温度计的缺点是读数有人为误差、操作复杂、易破损且污染环境和不能实现自动化控制等。目前已有数字贝克曼温度计替代产品，这种温度计的采用电子技术和专用电脑芯片，通过高性能、低温漂的信号处理技术制成。数字贝克曼温度计不仅可以用来代替玻璃贝克曼温度计测量精密温度相对值（即温差），而且还可以代替最小分度为 0.1℃的玻璃水银温度计直接用于高精密温度的测量。

数字贝克曼温度计的使用方法（以 SWC-II 型为例）如下：

a. 操作前准备

（1）将仪器后面板的电源线接入 220V 电源。

（2）检查温度感应器编号（应与仪器后盖编号相同）并将其和后盖的"R_t"端子对应连接紧密。

（3）将温度感应器插入被测物中，深度应大于 50mm。

（4）打开电源开关。

b. 温度测量

（1）将面板上"温度-温差"按钮置于"温度"位置，显示器显示数字，并在末尾显示"C"，表面仪器处于温度测量状态。

（2）将面板上"测量-保持"按钮置于"测量"位置。

c. 温差测量

（1）将面板上"温度-温差"按钮置于"温差"位置，此时显示器最末位显示"."，表面仪器处于温差测量状态。

（2）将面板上"测量-保持"按钮置于"测量"位置。

（3）按被测物的实际温度来调节"基温选择"，使读数的绝对值尽可能的小（实际温度可用本仪器测量），记录的温度为 T_1。

（4）显示器动态显示的数字即为相对于 T_1 的温度变化量 ΔT。

d. 保持功能

当温度和温差的变化太快无法读数时，可将面板上"测量-保持"按钮置于"保持"位置，读数完毕，应转换到"测量"位置，跟踪测量。

3）热电阻温度计

大多数金属导体的电阻值都随着它自身温度的变化而变化，并具有正的温度系数。一般是当温度每升高 1℃ 时，电阻值要增加 0.4%～0.6%。半导体材料则具有负温度系数，其值为（以 20℃ 为参考点）温度每升高 1℃ 时，电阻值要降低 2%～6%。利用其电阻的温度函数关系，把它们当做一种"温度→电阻"的传感器，作为测量温度的敏感元件，并统称之为电阻温度计。

A. 电阻丝式电阻温度计

电阻温度计广泛地应用于中、低温度（-200～850℃）范围的温度测量。随着科学技术的发展，电阻温度计的应用已扩展到 1～5K 的超低温领域。同时，研究证明，在高温（1000～1200℃）范围内，电阻温度计也表现了足够好的特性。

电阻丝式热电阻温度计比起其他类型的温度计有许多优点。它的性能最为稳定，测量范围较宽而且精确度高，尤其铂电阻性能非常稳定，可以提纯。因此，在 1968 年国际温标（IPTS-68）中规定在 -259.34(13.81K)～630.74℃ 温度范围内以铂电阻温度计作为标准仪器。它对低温的测量更为精确。与热电偶不同，它不需要设置温度参考点，这使它在航空工业及一些工业设备中得到广泛的应用，其缺点是需要给桥路加辅助电源，尤其是热电阻温度计的热容量较大，因而热惯性较大，限制了它在动态测量中的应用，但是目前已研制出小型箔式的铂电阻，动态性能明显改善，同时也降低了成本。为避免工作电流的热效应，流过热电阻的电流应尽量小（一般应小于 5mA）。

材料选择基本要求如下：
(1) 在使用温度范围内，物理化学稳定性好。
(2) 电阻温度系数要尽量大，即要求有较高的灵敏度。
(3) 电阻率要尽量大，以便在同样灵敏度的情况下，尺寸应尽可能小。
(4) 电阻与温度之间的函数关系尽可能是线性的。
(5) 材料容易提纯，复制性要好。
(6) 价格便宜。

按照上述要求，比较适用的材料为铂、铜、铁和镍。

铂是一种金属，由于其物理化学性质非常稳定，又可提得很纯，因此，被公认为目前最好的制造热电阻材料。铂电阻在国际实用温标中取其在 13.81～630.74℃ 范围内的复现温标。除此而外，铂也用来做成标准热电阻及工业用热电阻，是我们实验室最常用温度传感器。

铜丝可用来制成-50～150℃范围内的工业电阻温度计，其特点为：价格便宜，易于提纯，因而复制性好。在上述温度范围内线性度极好。其电阻温度系数 α 较铂为高，但电阻率较铂小。缺点是易于氧化，只能用于150℃以下的较低温度，而体积也较大。所以一般只可用于对敏感元件尺寸要求不高的地方。

铁和镍这两种金属的电阻温度系数较高。电阻率也较大，因此，可以制成体积较小而灵敏度高的热电阻。但它们容易氧化，化学稳定性差，不易提纯，复制性差，非线性较大。

图 9-1-7 中示出一个典型的电阻温度计的电桥线路。这里热电阻 R_t 作为一个臂接入测量电桥。R_{ref} 与 R_{FS} 为锰铜电阻，分别代表电阻温度计之起始温度（如取为0℃）及满度温度（如取为100℃）时的电阻值。首先，将开关K接在位置"1"上，调整调零电位器 R_0 使仪表G指示为零。然后将开关接在位置"3"上，调整满度电位器 R_F 使仪表G满度偏转，如显示 100.0℃。再把开关接在测量位置"2"上，即可进行温度测量。

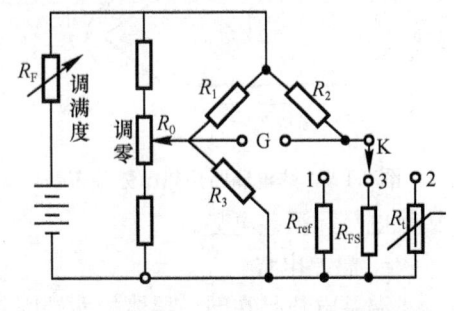

图 9-1-7 典型的电阻温度计的电桥线路

B. 半导体热敏电阻温度计

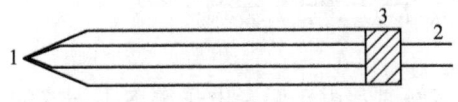

图 9-1-8 珠形热敏电阻器示意图
1—用热敏材料做的热敏元；2—引线；3—壳体

半导体热敏电阻有很高的负电阻温度系数，其灵敏度较之上述的电阻丝式热电阻高得多。尤其是体积可以做得很小，故动态特性很好，特别适于在 -100～300℃测温。它在自动控制及电子线路的补偿电路中都有广泛的应用。图 9-1-8 是珠形热敏电阻器示意图。

制造热敏电阻的材料，为各种金属氧化物的混合物，如采用锰、镍、钴、铜或铁的氧化物，按一定比例混合后压制而成。其形状是多样的，有球状、圆片状、圆筒状等。

热敏电阻是非线性电阻，它的非线性特性表现在其电阻值与温度间呈指数关系和电流随电压变化不服从欧姆定律。负温度系数热敏电阻的温度系数一般为 -2‰～-6‰℃。缓变型正温度系数热敏电阻的温度系数为 1‰～10‰℃。热敏电阻的 V-A 特性在电流小时近似线性。

随着生产工艺不断改进，我国热敏电阻线性度，稳定性，一致性都达到一定水平。有的厂家已经能够大量生产线性度、长期稳定性都优于±3％的热敏电阻,这就使得元件小型、廉价和快速测温成为可能。

半导体热敏电阻的测温电路,一般也是桥路。其具体电路和图9-1-7所示的热电阻测温电路是相同的,一般半导体点温计就是采用这种测量电路。

4）热电偶温度计

自1821年塞贝克（Seebeck）发现热电效应起,热电偶的发展已经历了一个多世纪。据统计,在此期间曾有300余种热电偶问世,但应用较广的热电偶仅有40～50种。国际电工委员会（IEC）对其中被国际公认、性能优良和产量最大的七种制定标准,即IEC584-1和IEC584-2中所规定的：S分度号（铂铑10-铂）；B分度号（铂铑30-铂铑6）；K分度号（镍铬-镍硅）；T分度号（铜-康铜）；E分度号（镍铬-康铜）；J分度号（铁-康铜）；R分度号（铂铑13-铂）。

热电偶是目前工业测温中最常用的传感器,这是由于它具有以下优点：①测温点小,准确度高,反应速度快；②品种规格多,测温范围广,在－270～2800℃范围内有相应产品可供选用；③结构简单,使用维修方便,可作为自动控温检测器等。

A. 工作原理

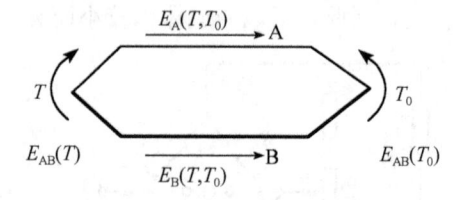

把两种不同的导体或半导体接成如图9-1-9所示的闭合回路,如果将它的两个接点分别置于温度各为T及T_0（假定$T>T_0$）的热源中,则在其回路内就会产生热电动势（简称热电势）,这个现象称作热电效应。

图9-1-9 热电偶回路热电势分布

在热电偶回路中所产生的热电势由两部分组成：接触电势和温差电势。

a. 温差电势

温差电势是在同一导体的两端因其温度不同而产生的一种热电势。由于高温端（T）的电子能量比低温端的电子能量大,因而从高温端跑到低温端的电子数比从低温端跑到高温端的电子数多,结果高温端因失去电子而带正电荷,低温端因得到电子而带负电荷,从而形成一个静电场。此时,在导体的两端便产生一个相应的电位差$U_T-U_{T_0}$,即为温差电势。图中的A、B导体分别都有温差电势,分别用$E_A(T, T_0)$、$E_B(T, T_0)$表示。

b. 接触电势

接触电势产生的原因是,当两种不同导体A和B接触时,由于两者电子密度不同（如$N_A>N_B$）,电子在两个方向上扩散的速率就不同,从A到B的电子数要比从B到A的多,结果A因失去电子而带正电荷,B因得到电子而带负电荷,在A、B的接触面上便形成一个从A到B的静电场E,这样在A、B之间也形成一个电位差U_A-U_B,即为接触电势。其数值取决于两种不同导体的性质和接触点的温度。分别用$E_{AB}(T)$、$E_{AB}(T_0)$表示。

这样在热电偶回路中产生的总电势$E_{AB}(T, T_0)$有四部分组成：

$$E_{AB}(T, T_0) = E_{AB}(T) + E_B(T, T_0) - E_{AB}(T_0) - E_A(T, T_0)$$

由于热电偶的接触电势远远大于温差电势,且$T>T_0$,所以在总电势$E_{AB}(T, T_0)$中,以导体A、B在T端的接触电势$E_{AB}(T)$为最大,故总电势$E_{AB}(T, T_0)$的方向取决于$E_{AB}(T)$的方向。因$N_A>N_B$,故A为正极,B为负极。

热电偶的总电势与电子密度及两接点温度有关。电子密度不仅取决于热电偶材料的特性，而且随温度变化而变化，它并非常数。所以当热电偶材料一定时，热电偶的总电势成为温度 T 和 T_0 的函数差。又由于冷端温度 T_0 固定，则对一定材料的热电偶，其总电势 $E_{AB}(T,T_0)$ 就只与温度 T 成单值函数关系：

$$E_{AB}(T,T_0) = f(T) - C$$

每种热电偶都有它的分度表（参考端温度为0℃），分度值一般取温度每变化1℃所对应的热电势的电压值。

B. 热电偶基本定律

a. 中间导体定律

将 A、B 构成的热电偶的 T_0 端断开，接入第三种导体，只要保持第三种导体 C 两端温度相同，则接入导体 C 后对回路总电势无影响。这就是中间导体定律。

根据这个定律，我们可以把第三种导体换上毫伏表（一般用铜导线连接），只要保证两个接点温度一样就可以对热电偶的热电势进行测量，而不影响热电偶的热电势数值。同时，也不必担心采用任意的焊接方法来焊接热电偶。同样，应用这一定律可以采用开路热电偶对液态金属和金属壁面进行温度测量。

b. 标准电极定律

如果两种导体(A 和 B)分别与第三种导体(C)组成热电偶产生的热电势已知，则由这两导体(AB)组成的热电偶产生的热电势，可以由下式计算：

$$E_{AB}(T,T_0) = E_{AC}(T,T_0) - E_{BC}(T,T_0)$$

这里采用的电极 C 称为标准电极，在实际应用中标准电极材料为铂。这是因为铂易得到纯态，物理化学性能稳定，熔点极高。由于采用了参考电极大大地方便了热电偶的选配工作，只要知道一些材料与标准电极相配的热电势，就可以用上述定律求出任何两种材料配成热电偶的热电势。

C. 热电偶电极材料

为了保证在工程技术中应用可靠，并且足够精确度，对热电偶电极材料有以下要求：

（1）在测温范围内，热电性质稳定，不随时间变化。

（2）在测温范围内，电极材料要有足够的物理化学稳定性，不易氧化或腐蚀。

（3）电阻温度系数要小，导电率要高。

（4）它们组成的热电偶，在测温中产生的电势要大，并希望这个热电势与温度成单值的线性或接近线性关系。

（5）材料复制性好，可制成标准分度，机械强度高，制造工艺简单，价格便宜。

最后还应强调一点，热电偶的热电特性仅取决于选用的热电极材料的特性，而与热极的直径、长度无关。

D. 热电偶的结构和制备

在制备热电偶时，热电极的材料、直径的选择应根据测量范围、测定对象的特点，以及电极材料的价格、机械强度、热电偶的电阻值而定。热电偶的长度应由它的安装条件及需要插入被测介质的深度决定。

热电偶接点常见的结构形式如图9-1-10所示。

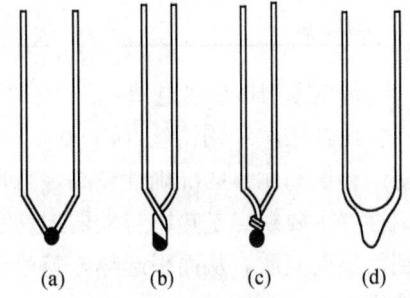

图 9-1-10 热电偶接点常见的结构图
(a) 直径一般为 0.5mm；(b) 直径一般为 1.5~3mm；(c) 直径一般为 3~3.5mm；(d) 直径大于 3.5mm

热电偶热接点可以是对焊，也可以预先把两端线绕在一起再焊。应注意绞焊圈不宜超过2～3圈，否则工作端将不是焊点，而向上移动，测量时有可能带来误差。

普通热电偶的热接点可以用电弧、乙炔焰、氢气吹管的火焰来焊接。当没有这些设备时，也可以用简单的点熔装置来代替。用一只调压变压器把220V电压调至所需电压，以内装石磨粉的铜杯为一极，热电偶作为另一极，把已经绞合的热电偶接点处，沾上一点硼砂，熔成硼砂小珠，插入石磨粉中（不要接触铜杯），通电后，使接点处发生熔融，成一光滑圆珠即成。

E. 热电偶的校正、使用

图 9-1-11 示出热电偶的校正、使用装置。

使用时一般是将热电偶的一个接点放在待测物体中（热端），而将另一端放在储有冰水的保温瓶中（冷端），这样可以保持冷端的温度恒定。校正一般是通过用一系列温度恒定的标准体系，测得热电势和温度的对应值来得到热电偶的工作曲线。

表 9-1-1 列出热电偶基本参数。热电偶经过一个多世纪的发展，品种繁多，而国际公认的性能优良、产量最大的共有七种，目前在我国常用的有以下几种热电偶：

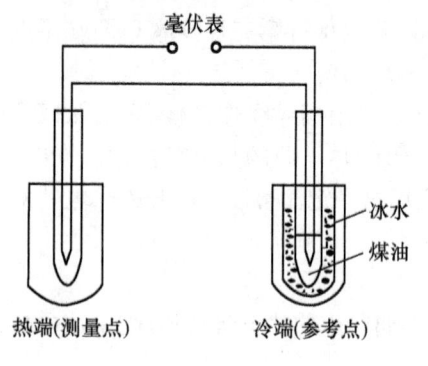

图 9-1-11 热电偶的校正、使用装置图

表 9-1-1 热电偶基本参数

热电偶类别	材质及组成	新分度号	旧分度号	使用范围/℃	热电势系数/(mV·K^{-1})
廉价金属	铁-康铜（CuNi40）		FK	0～+800	0.0540
	铜-康铜	T	CK	−200～+300	0.0428
	镍铬 10-考铜（CuNi43）		EA-2	0～+800	0.0695
	镍铬-考铜				
	镍铬-镍硅		NK	0～+800	
	镍铬-镍铝（NiAl2Si1Mg2）	K	EU-2	0～+1300	0.0410
	铂铑 10-铂			0～+1100	0.0410
	铂铑 30-铂铑 6			0～+1600	
贵金属	钨铼 5-钨铼 20	S	LB-3		0.0064
		B	LL-2	0～+1800	0.00034
难熔金属			WR	0～+200	

a. 铂铑 10-铂热电偶

由纯铂丝和铂铑丝（铂 90%，铑 10%）制成。由于铂和铂铑能得到高纯度材料，故其复制精度和测量的准确性较高，可用于精密温度测量和作基准热电偶，有较高的物理化学稳定性。主要缺点是热电势较弱，在长期使用后，铂铑丝中的铑分子产生扩散现象，使铂丝受到污染面变质，从而引起热电特性失去准确性，成本高。可在 1300℃ 以下温度范围内长期使用。

b. 镍铬-镍硅（镍铬-镍铝）热电偶

由镍铬与镍硅制成，化学稳定性较高，可用于 900℃ 以下温度范围。复制性好，热电势大，线性好，价格便宜。虽然测量精度偏低，但基本上能满足工业测量的要求，是目前工业生产中最常见的一种热电偶。镍铬-镍铝和镍铬-镍硅两种热电偶的热电性质几乎完全一致。由于后者在抗氧化及热电势稳定性方面都有很大提高，因而逐渐代替前者。

c. 铂铑 30-铂铑 6 热电偶

这种热电偶可以测 1600℃ 以下的高温，其性能稳定，精确度高，但它产生的热电势小，价格高。由于其热电势在低温时极小，因而冷端在 40℃ 以下范围时，对热电势值可以不必修正。

d. 镍铬-考铜热电偶

热电偶灵敏度高，价廉。测温范围在 800℃ 以下。

e. 铜-康铜热电偶

铜-康铜热电偶的两种材料易于加工成漆包线，而且可以拉成细丝，因而可以做成极小的热电偶。其测量低温性极好，可达 -270℃。测温范围为 -270~400℃，而且热电灵敏度也高。它是标准型热电偶中准确度最高的一种，在 0~100℃ 范围可以达到 0.05℃（对应热电势为 2μV 左右），在医疗方面得到广泛的应用。由于铜和康铜都可拉成细丝，便于焊接，因而时间常数很小，为毫秒级。

如前所述，各种热电偶都具有不同的优缺点，因此在选用热电偶时应根据测温范围、测温状态和介质情况综合考虑。

5）集成温度计

随着集成技术和传感技术飞速发展，人们已能在一块极小的半导体芯片上集成包括敏感器件、信号放大电路、温度补偿电路、基准电源电路等在内的各个单元。这是所谓的敏感集成温度计，它使传感器和集成电路成功地融为一体，并且极大地提高了测温度的性能。它是目前测温度的发展方向，是实现测温的智能化、小型化（微型化）、多功能化重要途径，同时也提高了灵敏度。它跟传统的热电阻、热电偶、半导体 PN 结等温度传感器相比，具有体积小、热容量小、线性度好、重复性好、稳定性好、输出信号大且规范化等优点。其中尤其以线性度好及输出信号大且规范化、标准化是其他温度计无法比拟的。

它的输出形式可分为电压型和电流型两大类。其中电压型温度系数几乎都是 $10mV \cdot ℃^{-1}$，电流型的温度系数则为 $1\mu A \cdot ℃^{-1}$，它还具有相当于 0K 时输出电量为零的特性，因而可以利用这个特性从它的输出电量的大小直接换算，而得到热力学温度值。

集成温度计的测温范围通常为 -50~150℃，而这个温度范围恰恰是最常见的，最有用的。因此，它广泛应用于仪器仪表、航天航空、农业、科研、医疗监护、工业、交道、通信、化工、环保、气象等领域。

2. 恒温槽

恒温槽是实验中常用的一种以液体为传热介质的恒温装置。

实验室通常使用的恒温槽有两种：普通恒温槽和超级恒温槽。普通恒温槽只有加热装置，没有冷却装置，其冷却依靠与环境的热交换。所以只能在控制的温度比室温高的条件下使用。例如，室温 30℃ 时，用普通恒温槽要控制温度为 25℃ 就做不到。超级恒温槽工作原理与普通恒温槽相同，却多了一个泵和通冷却液体介质的螺旋管用来输出来自冷源的液体介质。就可用于需控制的温度比室温低的条件。

恒温槽中主要部件有浴槽（如玻璃缸）、搅拌器、加热器、温度调节器（电接点水银温度计）、温度控制器（如继电器）、温度计等。整体装置如图 9-1-12 所示。

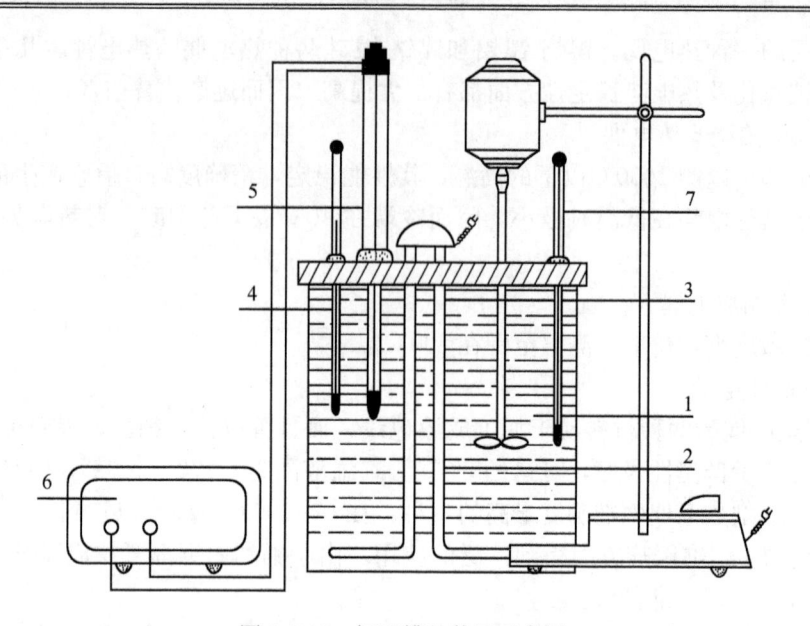

图 9-1-12　恒温槽的装置示意图

1—浴槽；2—加热器；3—搅拌器；4—温度计；5—温度调节器；6—温度控制器；7—温度计

(1) 电加热器。若要求控制的浴槽温度高于室温，常利用电加热器的间歇加热来实现恒温控制。电加热器的功率可根据恒温槽的容量以及浴槽温度与环境温度之间的差值大小来选择（例如，容量为 20L，恒温为 25℃的恒温槽，一般需要电加热器的功率为 250W）。

(2) 浴槽。若要求控制的浴温与室温相差不大，可用敞开大玻璃缸作为浴槽。向浴槽中注入适量用作传热介质的液体，以使其液面能高于反应溶液的液面为度。根据温度控制范围，可用以下液体介质：−60~30℃用乙醇或乙醇水溶液；0~90℃用水；80~160℃用甘油或甘油水溶液；70~300℃用液体石蜡、汽缸润滑油、硅油。

(3) 电动搅拌器。搅拌器对保证恒温槽温度均匀有重要的作用。搅拌器安放的位置应靠近温度调节器（如电接点水银温度计）及电加热器，这样可使用作传热介质的液体能立即被搅拌均匀，以利于温度控制。

(4) 温度调节器。常用电接点水银温度计，它是恒温槽温度的感觉中枢，又称为感温元件。它相当于一个电动开关，当恒温槽的温度到达指定值时，它会发出信号，命令执行机构停止加热；若温度偏离指定值，则它就会发出信号命令执行机构继续工作。电接点水银温度计只能作为温度的感触器，不能用来精确指示温度。恒温槽的温度需另用精密温度计来准确测量。

(5) 温度控制器。温度控制器通常由继电器和控制电路组成，又称为电子继电器，由上述温度调节器发来的信号（开或关），经控制电路放大后，驱动继电器去开或关电加热器。

通常，若要调高温度，可按顺时针方向调节电接点水银温度计的调节帽；若要调低温度，则可按逆时针方向转动。操作时可先旋转调节帽，使指示螺母上端所示温度值比欲控制的温度低 1~2℃。在浴槽温度尚未到达指定温度时，电子继电器上出现"红灯"指示，表明电加热器在对浴槽加热，当浴槽温度上升到达指定值时，电子继电器即发出"咔嚓"声，同时换成"绿灯"指示，表明执行切断加热电路的命令，电加热器即停止加热。注意此时浴槽中精密温度计的读数，并根据其与欲控制的温度的差值，进一步调节触针的位置。这样反复进行，直到符合欲控制的温度为止。最后，将调节帽上的固定螺丝旋紧，使之不再转动。

恒温槽所控制的温度的精密度一般可达到±0.1℃，可以满足一般实验的条件。

9.1.3 大气压力计

测量大气压的仪器称为大气压力计。实验室常用的是福廷式气压计。

1. 构造

实验室常用的是福廷式水银气压计构造如图 9-1-13 所示。气压计的外部是黄铜管，内部是长 90cm 的装有水银的玻璃管，管内是绝对真空。下端插在水银槽内，槽底由一羚羊皮袋封住，羚羊皮可使空气从皮孔进入，而水银不会溢出。皮袋下由螺旋支撑。通过调整螺旋可调节槽内水银面的高低。水银槽周围是玻璃壁，顶盖上有一倒置的象牙针，针尖是标尺的零点。

2. 操作

（1）铅直调节。气压计必须垂直放置，若在铅直方向偏差1°，在压力为 101.325kPa 时，则测量误差大约为 13.3Pa。可拧松气压计底部圆环上的三个螺丝，令气压计铅直悬挂，再旋紧这三个螺丝，使其固定即可。

（2）调节汞槽内的汞面高度。慢慢旋转螺丝，升高汞槽内的水银面，注视汞面与象牙针间的空隙，直到水银面刚好与象牙针尖接触，稍等几秒钟，待象牙尖与水银的接触情形无变动时开始下一步。

（3）调节游标尺。转动调节游标螺旋柄，使游标升起比水银面稍高，然后慢慢落下，直到游标底边与游标后边金属片的底边同时和水银柱凸面顶端相切。

（4）读取汞柱高度。按照游标下缘零级所对标尺上的刻度，读出气压的整数部分，小数部分用游标来决定，从游标上找出一根与标尺上某一刻度相吻合的刻度线，它的刻度就是小数部分的读数。记录 4 位有效数字。

（5）整理工作。向下转动螺丝，使汞面离开象牙针，同时记下气压计的温度以及气压计的仪器误差。

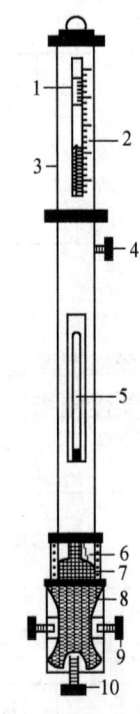

图 9-1-13 福廷式气压计
1—游标尺；2—读数标尺；3—黄铜管；4—游标尺调节螺旋；5—温度计；6—零点象牙针；7—汞槽；8—羚羊皮袋；9—固定螺旋；10—调节螺旋

3. 注意事项

（1）调节螺旋时动作要缓慢，不可旋转过急。

（2）再调节游标尺与汞柱凸面相切时，应使眼睛的位置与游标尺前后下沿在同一水平线上，然后再调节与水银凸面相切。

（3）发现水槽内水银不清洁时，要及时更换水银。

（4）水银气压计的刻度是以温度为 0℃，纬度为 45°的海平面高度为标准的。若不符合上述规定，从气压计上直接读出的数值，除进行仪器误差校正外，在精密的工作中还必须进行温度、纬度及海拔高度的纠正。

9.1.4 磁天平

磁天平常用于研究分子结构的顺磁和逆磁磁化率的测定实验。主要由样品管、电磁铁、数字式特斯拉计、励磁电源、数字式电压电流表、霍尔探头、分析天平等部分组成。磁天平的电磁铁由单桅水冷却型电磁铁构成，磁极直径为 40mm，磁极矩为 10～40mm，电磁铁的最大磁场强度可达 0.6T。励磁电源是 220V 的交流电源，用整流器将交通电变为直流电，经滤波串联反馈输入电磁铁，如图 9-1-14 所示，励磁电流可从 0A 调至 10A。

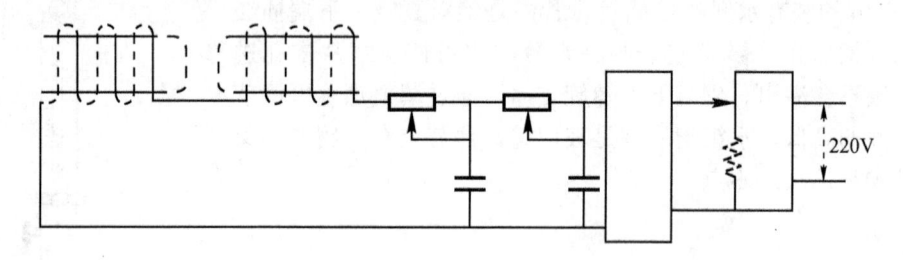

图 9-1-14 磁天平工作原理示意图

磁场强度测量用 DTM-3A 特斯拉计。仪器传感器是霍尔探头。表 9-1-2 为 MB-1A 磁天平的主要性能指标。

表 9-1-2 MB-1A 磁天平主要性能指标

电磁铁	中心最大磁场	0.8T
	磁极直径	40mm
	气隙宽度	6～40mm
数字式特斯拉计	测量范围	0～1.2T
	显示	三位半 LED 数码管
	线性度	±1%
励磁电源	最大输出电流	10A
	励磁电源无需水冷	
天平	灵敏度	≤0.1mg

1. 测量原理

在一块半导体单晶薄片的纵向两端通电流 I_H，此时半导体中的电子沿着 I_H 反方向移动。当放入垂直于半导体平面的磁场 H 中，则电子会受到磁场力 H_g 的作用而发生偏转（洛伦兹力），使得薄片的一个横端上产生电子积累，造成两横端面之间有电场，即产生电场力 F_e，阻止电子偏转作用，当 $F_g=F_e$ 时，电子的积累达到动态平衡，产生一个稳定的霍尔电势 V_H，这种现象称为霍尔效应。其关系式为

$$V_H = K_H I_H B \cos\theta$$

式中：V_H 为霍尔电势；K_H 为元件灵敏度；I_H 为工作电流；B 为磁感应强度；θ 为磁场方向和半导体面的垂线的夹角。

当半导体材料的几何尺寸固定，I_H 由稳流电源固定，则 V_H 与被测磁场 H 成正比。当霍尔探头固定 $\theta=0°$ 时（磁场方向与霍尔探头平面垂直时输入最大），V_H 的信号通过放大器放大，并配以双积分型单片数字电压表，经过放大倍数的校正，使数字显示直接指示出与 V_H 相对应的磁感应强度。

2. 操作步骤

(1) 实验前观察特斯拉计探头是否在两个磁极中间附近，并且探头平面要求平行于磁极端面，如果不正确，则进行调整。方法是先松开探头支架上的紧固螺丝，调节探头位置再固定，如探头固定好以后，不要经常变动。

(2) 未通电源时，逆时针将电流调节电位器至最小，打开电源开关，调节特斯拉计的调零电位器，使磁场输出为零。

(3) 调节电流电位器，使电流增加至特斯拉计显示"0.300T"，观察电流磁场显示是否稳定。

(4) 用标准样品标定磁场强度。先取一支洁净的干燥的空样品管悬挂在天平的挂钩上，使样品管正好与磁极中心线对齐，样品管不能与磁极接触，并与探头保持合适的距离。准确称取空样品管的质量（$H=0$ 时），得 $m_1(H_0)$，调节电流电位器，使特斯拉计显示"0.300T"（H_1），迅速称得 $m_1(H_1)$。逐渐增大电流，使特斯拉计显示"0.350T"（H_2），称得 $m_1(H_2)$。将电流略微增大后再降至特斯拉计显示"0.350T"（H_2），又称得 $m_2(H_2)$。将电流降至特斯拉计显示"0.300T"（H_1）时，称得 $m_2(H_1)$，最后将调节至特斯拉计显示"0.000T"（H_0），称得 $m_2(H_0)$。这样调节电流由小到大再由大到小的测定方法是为了抵消实验时磁场剩磁的影响。

(5) 按步骤（2）所述高度，在样品管内装好样品并使样品均匀填实，挂在磁极之间，再按步骤（3）所述的先后顺序由小到大调节电流，使特斯拉计显示在不同点，同时称出该点的样品管和样品一起的质量。后按前述的方法由高调低电流，当特斯拉计显示不同点磁场强度时，同时称出该点电流下降时的样品管加样品的质量。

3. 注意事项

(1) 调节电流时，应以平稳的速率缓慢升降。

(2) 关闭电源前，应调节励磁电源电流，使输出电流为零。

(3) 霍尔探头是易损元件，测量时必须防止变送器受压、挤扭、变曲和碰撞等。使用前应检查探头铜管是否松动，如有松动应紧固后使用；使用时，探头平面与磁场方向要垂直放置。探头不用时应将保护套套上。此外，霍尔探头不宜在局部强光照射下，或高于60℃的温度时使用，也不宜在腐蚀气体场合下使用。

(4) 磁场级别判断，在测试过程中，特斯拉计数字显示若为负值，则探头的 N 极与 S 极位置相反，需要纠正。

9.1.5 表面张力测定仪

液体的表面张力是表征液体性质的一个重要参数。测量液体的表面张力系数有多种方法，拉脱法是测量液体表面张力系数常用的方法之一。该方法的特点是，用称量仪器直接测量液体的表面张力，测量方法直观，概念清楚。

其实验原理为：通过测量一个已知周长的金属片从待测液体表面脱离时需要的力，从而求得该液体表面张力系数。若金属片为环状吊片时，考虑一级近似，可以认为脱离力为表面张力系数乘上脱离表面的周长，即

$$F = \alpha \cdot \pi(D_1 + D_2) \tag{9-1-1}$$

式中：F 为脱离力；D_1、D_2 分别为圆环的外径、内径；α 为液体的表面张力系数。

硅压阻式力敏传感器由弹性梁和贴在梁上的传感器芯片组成，其中芯片由四个硅扩散电阻集成一个非平衡电桥，当外界压力作用于金属梁时，在压力作用下，电桥失去平衡，此时将有电压信号输出，输出电压大小与所加外力成正比，即

$$\Delta U = KF \tag{9-1-2}$$

式中：F 为外力的大小；K 为硅压阻式力敏传感器的灵敏度；ΔU 为传感器输出电压的大小。

1. 构造

图 9-1-15 给出实验装置图，其中，液体表面张力测定仪包括硅扩散电阻非平衡电桥的电源和测量电桥失去平衡时输出电压大小的数字电压表。其他装置包括铁架台、微调升降台、装有力敏传感器的固定杆、盛液体的玻璃皿和圆环形吊片。实验证明，当环的直径在 3cm 附近而液体和金属环接触的接触角近似为零时，运用公式（9-1-1）测量各种液体的表面张力系数的结果较为正确。

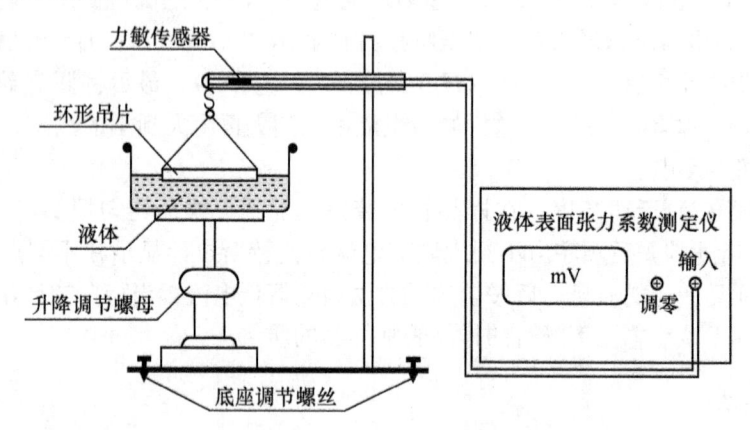

图 9-1-15　液体表面张力测定装置

2. 操作

1) 力敏传感器的定标

每个力敏传感器的灵敏度都有所不同，在实验前，应先将其定标，步骤如下：

（1）打开仪器的电源开关，将仪器预热。

（2）在传感器梁端头小钩中，挂上砝码盘，调节电子组合仪上的补偿电压旋钮，使数字电压表显示为零。

（3）在砝码盘上分别如 0.5g、1.0g、1.5g、2.0g、2.5g、3.0g 等质量的砝码，记录相应这些砝码力 F 作用下，数字电压表的读数值 U。

（4）用最小二乘法作直线拟合，求出传感器灵敏度 K。

2) 环的测量与清洁

（1）用游标卡尺测量金属圆环的外径 D_1 和内径 D_2。

（2）环的表面状况与测量结果有很大的关系，实验前应将金属环状吊片在 NaOH 溶液中浸泡 20~30s，然后用清水洗净。

3) 液体的表面张力系数

（1）将金属环状吊片挂在传感器的小钩上，调节升降台，将液体升至靠近环片的下沿，

观察环状吊片下沿与待测液面是否平行，如果不平行，将金属环状片取下后，调节吊片上的细丝，使吊片与待测液面平行。

（2）调节容器下的升降台，使其渐渐上升，将环片的下沿部分全部浸没于待测液体，然后反向调节升降台，使液面逐渐下降。这时，金属环片和液面间形成一环形液膜，继续下降液面，测出环形液膜即将拉断前一瞬间数字电压表读数值 U_1 和液膜拉断后一瞬间数字电压表读数值 U_2。

$$\Delta U = U_1 - U_2$$

（3）将实验数据代入式（9-1-2）和式（9-1-1），求出液体的表面张力系数，并与标准值进行比较。

3. 注意事项

（1）测量表面张力时，动作要慢，还要防止仪器受迫振动。

（2）实验时要注意保护弹簧，使其不受折损，不要随意拉长或挂重物，要轻拿轻放，切忌用力拉。

9.1.6 旋转黏度计与扭力天平

1. 旋转黏度计

旋转黏度计广泛应用于测定油脂、油漆、涂料、塑料、食品、药物、胶黏剂等各种流体的动力黏度。

比较简单的一种旋转黏度计只有单一圆筒，此圆筒由同步电机带动，以一定的角速度旋转，见图9-1-16。

当把圆筒浸入待测液中时，圆筒将受到液体的黏滞力矩，直到此力矩与游丝的扭转力矩平衡，这时圆筒的旋转将比同步旋转的刻度盘滞后一个角度，此角度由指针指出，它将与液体黏度成正比：

$$\eta = K \frac{\theta}{\omega}$$

式中：K 为常数；θ 为滞后角；ω 为旋转角速度。

如果旋转角速度 ω 已确定，则 $\frac{K}{\omega}$ 为定值，η 与 θ 成正比。

若将刻度按黏度刻度，就可直接读出黏度。

旋转黏度计备有几种不同尺寸的转子（圆筒），转速也分挡可调，因此适用的黏度范围比较广（$10\sim10^6$ mPa·s）。由于这种黏度计可在不同切变速率下进行测定，故特别适用于研究非牛顿流体的流变特性。

图 9-1-16 单筒旋转黏度计

双筒旋转黏度计的待测液体是放在两筒之间的，这种黏度计结构比较复杂，测量精度较高。

2. 扭力天平

JN-$\frac{A}{B}$型精密扭力天平是一种能衡量极轻微质量、比较灵敏的精密计量仪器。它操作简

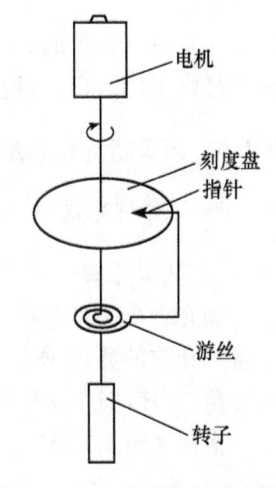

便，可不用砝码而能直接迅速正确地读取测定值，适用于作微量物质的称量和精密分析之用。如图9-1-17所示。

天平的主要结构由平卷簧和片簧两种弹性元件组合而成，使用时不用砝码，只需转动读数旋钮，依靠弹性元件扭转角度所产生的平衡扭力来测量出物质的质量，所以无支点机械磨损。由于该天平是采用单臂杠杆结构形式，所以不存在不等臂性误差。在横梁的一端，装有速停阻尼器使横梁摆动能在几秒钟内停止，从而便于迅速读出测定数值。天平的主要结构均密封于外壳内，秤盘和被称物质用计量盒与外界隔绝。

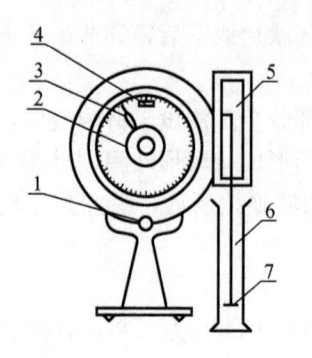

图9-1-17 扭力天平
1—天平开关；2—指针转盘；3—指针；4—平衡指针；5—挂钩；6—沉降筒；7—沉降平盘

使用天平时，调节好天平水平，打开开关1，调整转盘2，使平衡指针与零线重合，指针3的读数即为所称物质的质量。

注意事项如下：

（1）使用前要检查天平各零部件安装是否正确，然后调整天平的平衡位置。

（2）称物和砝码应放在秤盘中心，以免开启天平后秤盘产生摆动。称物的质量不得超过天平的最大称量，一切称物的取放都应在关闭制动器的情况下进行，以免天平受冲击而损坏。

（3）天平不使用时，应关闭制动旋钮，并使读数指针指在零位上，使游丝不长期处在工作状态。

（4）没有必要时，不用打开天平的后盖板，天平使用完毕后应在计量盒内放吸湿剂（吸湿剂最好采用硅矾、硅胶）。

9.1.7 阿贝折光仪与旋光仪

1. 阿贝折光仪

1）基本原理

当光线从一种介质m射向另一介质M时，光的速度发生变化，光的传播方向（除非光线与两介质的界面垂直）也会发生变化，这种现象称为光的折射现象。光线方向的改变是用入射角θ_i和折射角θ_r来量度的。

根据光折射定律

$$\frac{\sin\theta_i}{\sin\theta_r} = \frac{v_m}{v_M}$$

式中：光的速率比值v_m/v_M称为介质M（对介质m）的折光率；介质M对真空的绝对折光率常简称为M的折光率。

在测定折光率时，一般光都是从空气射入液体介质中。因光在真空中的速度与空气几乎无差别，空气的折光率几乎为1(1.00027)。因而，我们常用在空气中测得的折光率作为该介质的折光率：

$$n = \frac{v_{空气}}{v_{液体}} = \frac{\sin\theta_i}{\sin\theta_r}$$

当入射角$\theta_i=90°$时，这时的折射角最大，称为临界角θ_c。如果θ_i 0°~90°都有入射的单色光，那么折射角 θ_r 从 $0°$ 到 θ_c 临界角也都有折射光，即 θ_c 角区内是亮的，而其他区是暗的，从而出现明暗两区的分界线，从这分界线的位置可以测出临界角 θ_c。若 $\theta_i = 90°$，$\theta_r = \theta_c$，则，$n = \dfrac{\sin 90}{\sin\theta_c} = \dfrac{1}{\sin\theta_c}$，从而只要测出临界角，即可求得介质的折光率。

阿贝折光仪（图 9-1-18、图 9-1-19）是根据临界折射现象设计的，可在温度、单色光波长保持恒定值的实验条件下，测定临界角，读出介质的折光率。其中心部件是由两块直角棱镜组成的棱镜组，下面一块是可以启闭的磨砂面的辅助棱镜。液体试样夹在辅助棱镜与测量棱镜之间，展开成一薄层。光经反光镜反射至辅助棱镜，在磨砂的斜面发生漫射，因此从液体试样层进入测量棱镜的光线各个方向都有，从测量棱镜的直角边上方可观察到临界折射现象。转动仪器左侧棱镜组转轴的手柄，调节棱镜组的角度，使临界线正好落在目镜视野的 X 形准丝交点上。由于刻度尺与棱镜组的转轴是同轴的，因此与试样折光率相对应的临界角位置能通过刻度尺反映出来。刻度尺上的示值有两行：一行是在日光源条件下换算成的相当于钠光 D 线的折光率（1.3000～1.7000）；另一行为 0%～95%，它是工业上用折光仪测量固体物质在水中浓度的标准（通常用于测量蔗糖的浓度）。

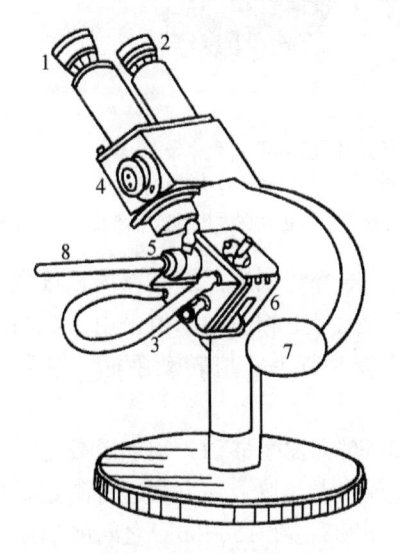

图 9-1-18　阿贝折光仪
1—目镜；2—读数镜；3—恒温水接头；4—消色手柄；5，6—棱镜；7—反光镜；8—温度计

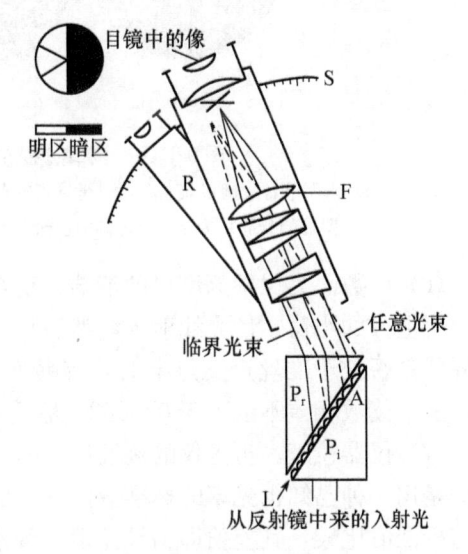

图 9-1-19　光的行程
P_r—测量棱镜；P_i—辅助棱镜；A—Amici 棱镜；F—聚焦透镜；L—液体层；R—转动臂；S—标尺

为使用方便，阿贝折光仪光源采用日光而不用单色光。日光通过棱镜时由于其不同波长的光的折射率不同，因而产生色散，使临界线模糊。为此在读数镜的镜筒下面设计了一套消色散棱镜（Amici 棱镜），旋转消色手柄，就可以使色散现象消除。

由于折光率 n 与波长有关，因此在其右下角注以 D、F、G、C 表示测定时所用单色光的波长，分别表示钠的 D(黄) 线，氢的 F(蓝) 线、G(紫) 线、C(红) 线等。此外，折光率又与介质温度有关，因而在 n 的右上角注以测定时介质温度（摄氏温标）。

2）使用方法

（1）加样。松开锁钮，开启辅助棱镜，使其磨砂的斜面处于水平位置，用滴定管加少量丙酮清洗镜面，促使难挥发的沾污物逸走，用滴定管时注意勿使管尖碰撞镜面。必要时可用擦镜纸轻轻吸干镜面，但切勿用滤纸。待镜面干燥后，滴加数滴试样于辅助棱镜的毛镜面上，闭合辅助棱镜，旋紧锁钮。若试样易挥发，则可在两棱镜接近闭合时从加液小槽中加入，然后闭合两棱镜，锁紧锁钮。

（2）对光。转动左侧棱镜组转轴手柄，使读数镜中刻度尺的示值为最小，调节反光镜，使入射光进入棱镜组，使目镜视场 X 形准丝最清晰，同时使读数镜中视场最亮。

（3）粗调。转动左侧手柄，使刻度尺标尺上的示值逐渐增大，直至观察到视场中出现彩色光带或黑白临界线为止。

（4）消色散。转动消色手柄，使视场内呈现一个清晰的明暗临界线。

（5）精调。转动左侧手柄，使临界线正好处在 X 形准丝交点上，若此时又呈微色散，必须重调消色手柄，使临界线明暗清晰（调节过程在右边目镜看到的图像颜色变化如图 9-1-20 所示）。

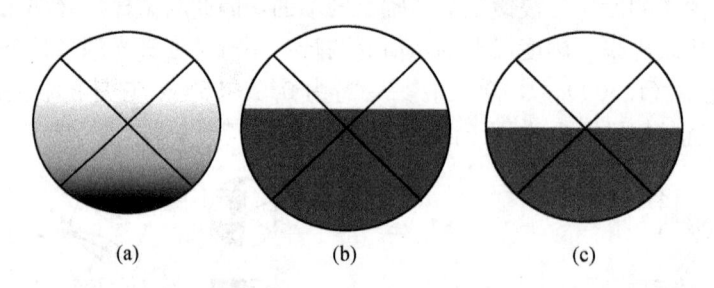

图 9-1-20　调节过程左右边目镜看到的图像颜色变化

（a）未调节右边旋扭前在右边目镜看到的图像此时颜色是散的；（b）调节右边旋扭直到出现有明显的分界线为止；（c）调节左边旋扭使分界线经过交叉点为止并在左边目镜中读数

（6）读数。为保护刻度尺的清洁，现在的折光仪一般都将刻度尺装在罩内，读数时先打开罩壳上方的小窗，使光线射入，然后从读数镜中读出标尺上相应的示值。由于眼睛在判断临界线是否处于准丝点交点上时，容易疲劳，为减少偶然误差，应转动手柄，重复测定三次，三个读数相差不能大于 0.0002，然后取其平均值。

（7）仪器校正。折光仪的刻度尺上的标尺的零点有时会发生移动，须加以校正。校正的方法是用一种已知折光率的标准液体，一般是用二次蒸馏水。按上述方法进行测定，将平均值与标准值比较，其差值即为校正值。纯水的 $n_D^{20}=1.3325$，在 15～30℃之间的温度系数为 $-0.0001℃^{-1}$。在精密的测定工作中，须在所测范围内用几种不同折光率的标准液体进行校正，并画成校正曲线，以供测试时对照校核。

2. 旋光仪

某些物质（蔗糖及其水解产物）的分子含有不对称的结构，它们具有旋光性。旋光性就是指某一物质在一束平面偏振光通过时能使其偏振方向转过一个角度的性质。这个角度被称为旋光角，其方向和大小与分子的立体结构有关，在溶液状态的情况下旋光角还与其浓度有关。旋光仪就是用来测定平面偏振光通过具有旋光性的物质时，旋光角的方向和大小的。

对于具有旋光性物质的溶液，当溶媒不具旋光性时，旋光角 α 与溶液的浓度 c 和液层厚度 l 成正比，即

$$\alpha = \beta c l$$

式中：β 为称旋光常数，它除依赖旋光物质的特性外，还与光的波长及溶液温度有关。

一般以"比旋光度"作为度量物质旋光能力的标准，表示方法为

$$[\alpha]_D^t = \frac{\alpha}{l \cdot c}$$

式中：t 为实验温度（℃）(一般为20℃)；D 为光源波长，通常为钠光 D 线，$\lambda=589\text{nm}$；α 为旋光度；l 为样品管长度（dm）；c 为被测物质的浓度（$\text{g} \cdot \text{mL}^{-1}$）。为区别右旋和左旋，常在左旋光度前面加"—"，如蔗糖是右旋物质，蔗糖 $[\alpha]_D^{20}=66.6°$；而果糖 $[\alpha]_D^{20}=-91.9°$，表明果糖是左旋物质。

1) 仪器结构

旋光仪的主要元件是两块尼科尔棱镜（Nicol prism）。尼科尔棱镜是由两块方解石直角棱镜沿斜面用加拿大树脂黏合而成，如图 9-1-21 所示。

2) 工作原理

当一束单色光照射到尼科尔棱镜时，分解为两束相互垂直的平面偏振光：一束折射率为 1.658 的寻常光；另一束折射率为 1.486 的非寻常光。这两束光线到达加拿大树脂黏合面时，折射率大的寻常光（加拿大树脂的折射率为 1.550）被全反射到底面上，被底面上的黑色涂层吸收，而折射率小的非寻常光则通过

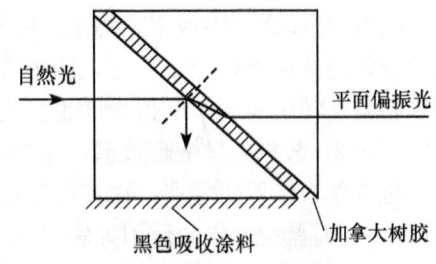

图 9-1-21 尼科尔棱镜

棱镜，这样就获得了一束单一的平面偏振光。在这里，尼科尔棱镜称为起偏镜（polarizer），它是用来产生偏振光的。如让起偏镜产生的偏振光照射到另一尼科尔棱镜上，当第二个棱镜的透射面与起偏镜的透射面平行时，这束平面偏振光也能通过第二个棱镜；如果第二个棱镜的透射面与起偏镜的透射面垂直，则由起偏镜出来偏振光完全不能通过第二个棱镜；如果第二个棱镜的透射面与起偏镜的透射面之间的夹角 θ 在 0°～90°，则光线部分通过第二个棱镜。此第二个棱镜称为检偏镜（analyzer）。通过调节检偏镜，能使透过的光线强度在最强和零之间变化。如果在起偏镜和检偏镜之间放有旋光性物质，则由于物质的旋光作用，使来自起偏镜的光的偏振面改变了某一角度，只有检偏镜也旋转同样的角度，才能补偿光线改变的角度，使透过的光的强度与原来相同。旋光仪就是根据这种原理设计的。如图 9-1-22 所示。

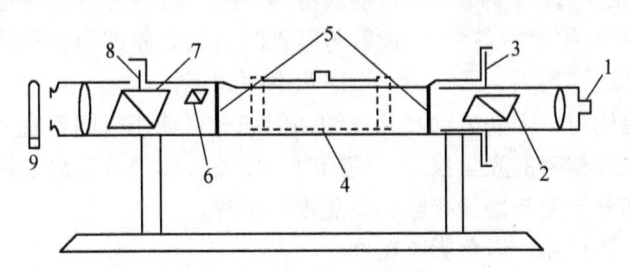

图 9-1-22 旋光仪构造示意图

1—目镜；2—检偏棱镜；3—圆形标尺；4—样品管；5—窗口；
6—半暗角器件；7—起偏棱镜；8—半暗角调节；9—灯

通过检偏镜用肉眼判断偏振光通过旋光物质前后的强度是否相同是十分困难的，这样会产生较大的误差，为此设计了一种在视野中分出三分视界的装置，原理是：在起偏镜后放置一块狭长的石英片，由起偏镜透过来的偏振光通过石英片时，由于石英片的旋光性，使偏振光旋转了一个角度 φ，通过镜前观察，光的振动方向如图 9-1-23 所示。

A 是通过起偏镜的偏振光的方向，A' 是又通过石英片旋转一个角度后的振动方向，此两偏振光方向的夹角 φ 称为半暗角（$\varphi=2°\sim3°$），如果旋转检偏镜使透射光的偏振面与 A' 平

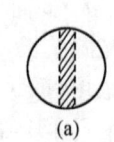

图 9-1-23 三分视野示意图

行时,在视野中将观察到:中间狭长部分较明亮,而两旁较暗,这是由于两旁的偏振光不经过石英片,如图 9-1-23 (b) 所示。如果检偏镜的偏振面与起偏镜的偏振面平行(即在 A 的方向时),在视野中观察到的是:中间狭长部分较暗而两旁较亮,如图 9-1-23 (a) 所示。当检偏镜的偏振光处于 $\varphi/2$ 时,两旁直接来自起偏镜的光偏振面被检偏镜旋转了 $\varphi/2$,而中间被石英片转过角度 φ 的偏振面也被检偏镜旋转角度 $\varphi/2$,这样中间和两边的光偏振面都被旋转了 $\varphi/2$,故视野呈微暗状态,且三分视野内的暗度是相同的,如图 9-1-23 (c) 所示,将这一位置作为仪器的零点,在每次测定时,调节检偏镜使三分视野的暗度相同,然后读数。

3)圆盘旋光仪的使用方法

圆盘旋光仪(上海浦东物理光学仪器厂生产)外形如图 9-1-24 所示。

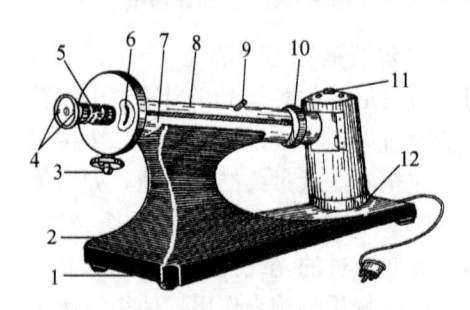

图 9-1-24 旋光仪构造示意图
1—底座;2—电源开关;3—刻度盘转动手轮;4—放大镜座;5—视度调节螺旋;6—度盘游标;7—镜筒;8—镜筒盖;9—镜盖手柄;10—镜盖连接圈;11—灯罩;12—灯座

使用方法如下:

(1)调节望远镜焦距。打开钠光灯,稍等几分钟,待光源稳定后,从目镜中观察视野,如不清楚可调节目镜焦距。

(2)仪器零点校正。选用合适的样品管并洗净,充满蒸馏水(应无气泡),放入旋光仪的样品管槽中,调节检偏镜的角度使三分视野暗度相同,读出刻度盘上的刻度,并将此角度作为旋光仪的零点。

(3)旋光度测定。零点确定后,将样品管中蒸馏水换成待测溶液,按同样方法测定,此时刻度盘上的读数与零点时读数之差即为该样品的旋光度。

注意事项如下:

(1)旋光仪在使用时,需通电预热几分钟,但钠光灯使用时间不宜过长。

(2)旋光仪是比较精密的光学仪器,使用时,仪器金属部分切忌沾污酸碱,防止腐蚀。

(3)光学镜片部分不能与硬物接触,以免损坏镜片。

(4)不能随便拆卸仪器,以免影响精度。

4)自动指示旋光仪结构及测试原理

目前国内生产的旋光仪,其三分视野检测和检偏镜角度的调整都采用光电检测器。通过电子放大及机械反馈系统自动进行,最后数字显示。这种旋光仪体积小、灵敏度高、读数方便,能减少因人为观察三分视野时产生的误差,对弱旋光性物质同样适用。WZZ 型自动数字显示旋光仪结构如图 9-1-25 所示。

该仪器用 20W 钠光灯为光源,通过可控硅自动触发恒流电源点燃,光线通过聚光镜、小孔光栅和物镜后形成一束平行光,然后经过起偏镜后产生平行偏振光,这束偏振光经过有法拉第效应的磁旋线圈时,其振动面产生 50Hz 的一定角度的往复振动,该偏振光线通过检偏镜透射到光电倍增管上,产生交变的光电信号。当检偏镜的透光面与偏振光的振动面正交时,即为

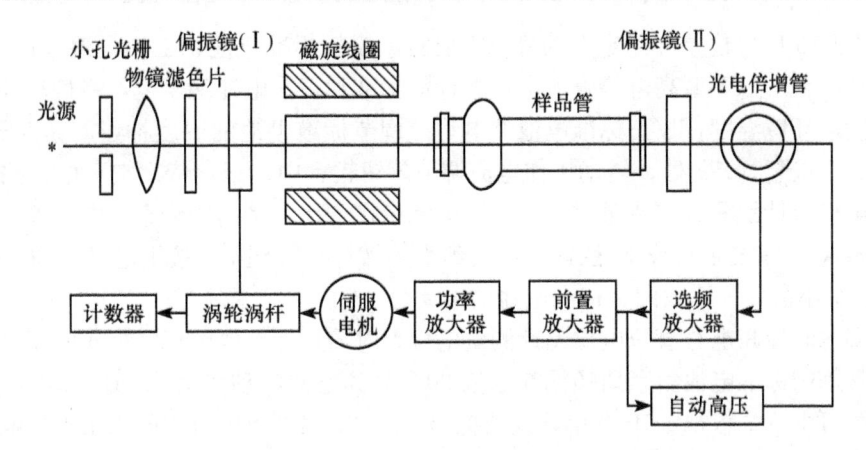

图 9-1-25　WZZ型自动数字显示旋光仪结构

仪器的光学零点，此时出现平衡指示。而当偏振光通过有一定旋光度的测试样品时，偏振光的振动面转过一个角度 α，此时光电信号就能驱动工作频率为 50Hz 的伺服电机，并通过涡轮杆带动检偏镜转动 α 角而使仪器回到光学零点，此时读数盘上示值即为所测物质的旋光度。

9.1.8　电位差计

直流电位差计是测量电位差的仪器。它的精度高，是测量电动势的最基本的仪器。

1. 直流电位差计的工作原理

直流电位差计是根据补偿原理而设计的，它由工作电流回路、标准回路和测量回路组成。目前使用较多的是 UJ 型电位差计，如 UJ-25 型和 UJ-36 型。

2. J-25 型高电势直流电位差计

UJ-25 型电位差计上标有 0.01 字样，表明其测量最大误差为满刻度值的 0.01%，即万分之一。它的可变电阻只由粗、中、细、微四挡组成，滑线电阻由六个转盘组成，所以测量读数最小值为 10^{-6}V。其面板构造如图 9-1-26 所示。

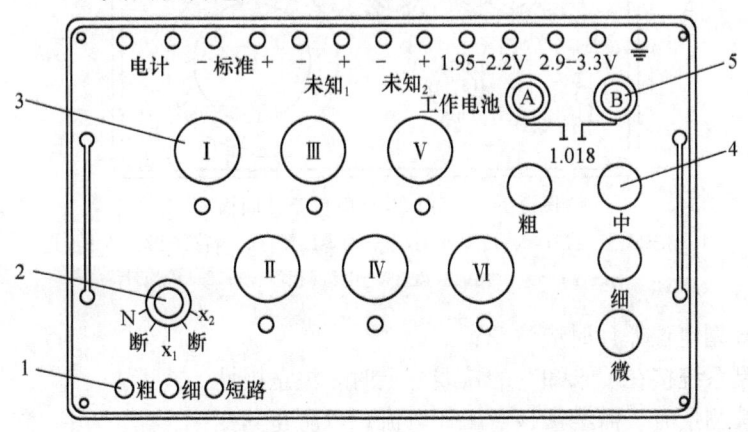

图 9-1-26　UJ-25 型高电势直流电位差计面板图
1—电计按钮（3个）；2—转换开关；3—电势测量旋钮（6个）；4—工作电流调节旋钮（4个）；
5—标准电池温度补偿旋钮

使用 UJ-25 型电位差计测定电动势时需要将惠斯顿标准电池、工作电池（1.5V 干电池两节）分别接在 UJ-25 型高电势直流电位差计的标准和工作电池端子上，将检流计接在电计端上。先读取环境温度，校正标准电池的电势；调节标准电池的温度补偿旋钮 5 至计算值；将转换开关 2 拨至"N"处，转动工作电流调节旋钮粗、中、细，依次按下电计按钮"粗"、"细"，直至检流计示零。在测量时，将待测电池接在 UJ-25 型高电势直流电位差计的未知端子上，将转换开关拨向 X_1 或 X_2 位置，从大到小旋转测量旋钮 3，按下电计按钮，直至检流计示零，6 个小窗口内读数即为待测电池的电动势。

使用 UJ-25 型高电势直流电位差计测量电位差时需用标准电池标定工作电流。惠斯顿标准电池是常用的标准电池。惠斯顿标准电池 20℃时其电池电动势为 1.018 625V，其他温度时的电动势可由下式求得。1980 年，我国提出 0～40℃温度范围常用的镉汞标准电池的温度与标准电动势的关系式为

$$E_T(V) = E_{20} - [39.94(T-20) + 0.929(T-20)^2 - 0.0090(T-20)^3 + 0.000\,06(T-20)^4] \times 10^{-6}$$

由上式可知，惠斯顿标准电池的电动势温度系数很小。由于惠斯顿电池的构造为 H 型的液态电极，所以使用时电池只能正置，严禁倒置或剧烈振荡，不允许用伏特计或万用表进行测量。

3. UJ-36 型电位差计

UJ-36 型电位差计为便携式电位差计。常用于实验室中测定热电偶电位差。它的优点在于把标准电池、检流计和工作电池均装于仪器内，使用比较方便，但精度较低。图 9-1-27 是 UJ-36 型电位差计面板布置图。

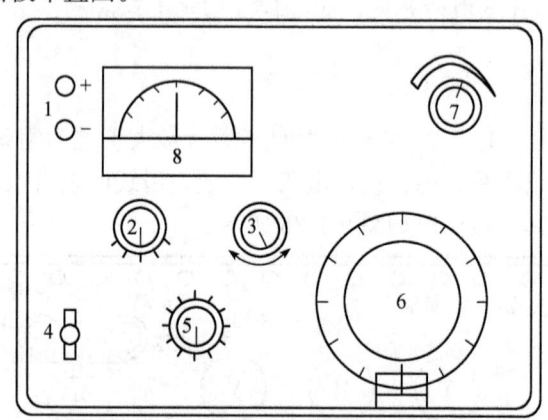

图 9-1-27　UJ-36 型电位差计面板图
1—未知测量旋钮；2—倍率开关；3—调零旋钮；4—转换开关；5—步进读数盘；6—滑线读数盘；7—电流调节旋钮；8—检流计

使用 UJ-36 型电位差计时应注意：
(1) 将待测系统接在"未知"的接线柱上时，注意极性。
(2) 在连续测量时，需经常核对工作电流，以防止其变化。
(3) 仪器使用完毕后，应将倍率开关置于"断"处，转换开关时应处于中间位置。
(4) 如发现旋转电流调节旋钮不能使检流计指零时，应更换 1.5V 干电池，若检流计灵敏度低，应更换 9V 层压干电池。

9.1.9 电导率仪

1. 基本原理

在电场作用下，电解质溶液导电能力的大小常以电阻（R）或电导（G）表示。电导是电阻的倒数：

$$G = \frac{1}{R}$$

电阻、电导的 SI 单位分别是欧姆（Ω）、西门子（S），显然 $1S = 1\Omega^{-1}$。

在温度、压力等恒定的条件下，电解质溶液的电阻与溶液固有的导电能力有关，此外，还与其长度（l）成正比，而与流过电流的溶液截面积（A）成反比：

$$R \propto \frac{1}{A}$$

或

$$R = \rho \frac{l}{A}$$

式中：ρ 为电阻率或比电阻，其单位为 $\Omega \cdot cm$。因为电导是电阻的倒数，可以得出

$$G = \frac{1}{R} = \frac{1}{\rho \frac{l}{A}} = \frac{1}{\rho} \times \frac{A}{l} = \kappa \frac{A}{l}$$

$$\kappa = G \frac{l}{A}$$

式中：κ 为电导率，是电阻率的倒数，它表示长 1m、截面积为 $1m^2$ 导体的电导，单位是 $S \cdot m^{-1}$。对电解质溶液来说，电导率是电极面积为 $1m^2$、两极间距离为 1m 的平行两电极间电解质溶液的电导。溶液的浓度为 c，通常用 $mol \cdot L^{-1}$ 表示，含有 1mol 电解质溶液的体积为 $\frac{1}{c} l$ 或 $\frac{1}{c} \times 10^{-3} m^3$，此时溶液的摩尔电导率等于电导率和溶液体积的乘积，随浓度增大而降低。

$$A_m = \kappa \frac{10^{-3}}{c}$$

摩尔电导率 A_m 的单位为 $S \cdot m^2 \cdot moL^{-1}$。摩尔电导率的数值通常是测定溶液的电导率，用上式计算得到。

测定电导率的方法是将两个电极插入溶液中，测出两极间的电阻。对某一电极而言，两铂片的截面积 A 与距离 l 是固定不变的，$\frac{l}{A}$ 可以看成是一个常数，这就是电极常数或电导池常数，用 J 表示。于是有

$$G = \kappa \frac{1}{J}$$

或

$$\kappa = \frac{J}{R_x}$$

不同的电极，其电极常数是不同的，因此测出同一溶液的电导 G 也就不同。但是，由于 κ 的值与电极本身无关，因此用电导率可以比较溶液电导的大小。而电解质水溶液导电能力的大小正比于溶液中电解质含量。通过对电解质水溶液电导率的测量可以测定水溶液中电

解质的含量。

由于电导的单位西门子太大，常用毫西门子（mS）、微西门子（μS）表示，它们间的关系是

$$1S = 10^3 mS = 10^6 \mu S$$

电导率仪的测量原理（图9-1-28）是：由振荡器发生的音频交流电压加到电导池电阻与量程电阻所组成的串联回路中时，溶液的电压越大，电导池电阻越小，量程电阻两端的电压就越大，电压经交流放大器放大，再经整流后推动直流电表，由电表可直接读出电导值。

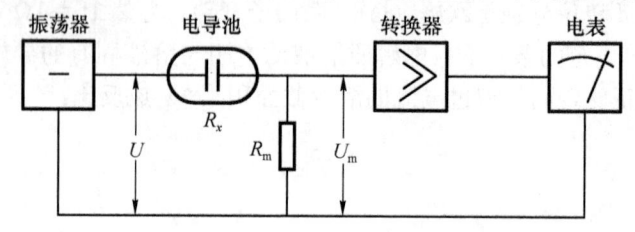

图9-1-28 电导率仪测量原理图

溶液的电导取决于溶液中所有共存离子的导电性质的总和。对于单组分溶液电导 G 与浓度 c 之间的关系可用下式表示：

$$G = \frac{1}{1000} \times \frac{A}{l} Zkc$$

式中：A 为电极面积（cm^2）；l 为电极间距离（cm）；Z 为每个离子上的电荷数；k 为常数。

2. DDS-11A型电导率仪

DDS-11A型电导率仪（图9-1-29）是实验室常用的电导率测量仪器，电导率测定范围为 $0 \sim 10^5 \mu S \cdot cm^{-1}$，它除能测量一般液体的电导率外，还能测量高纯水的电导率，因此被广泛用于水质监测，水中含盐量、含氧量的测定以及电导滴定，低浓度弱酸及混合酸检出等。

1）仪器使用方法

（1）电源开启前，观察表头指针是否指零，可用螺丝刀调表头螺丝使指针指零。

（2）将校正、测量开关拨在"校正"位置。将电源插头先插在仪器插座上，再接上电源。打开电源开关，预热数分钟（待指针完全稳定下来为止），调节校正调节器，使电表指示满刻度。

（3）根据待测试液电导率的大小，选用低周或高周（低于 $300\mu S \cdot cm^{-1}$ 用低周，$300 \sim 1000 \mu S \cdot cm^{-1}$ 用高周），将低周、高周开关拨向"低周"或"高周"。

（4）将量程选择开关旋至所需要的测定范围。如预先不知道待测液体的电导率大小，应先把开关旋至最大测量挡，然后再逐挡下降，以防表针被打弯。

（5）使用电极时要用电极夹夹紧电极的胶木帽，并通过电极夹把电极固定在电极杆上。要根据待测液体电导率的大小选用不同的电极

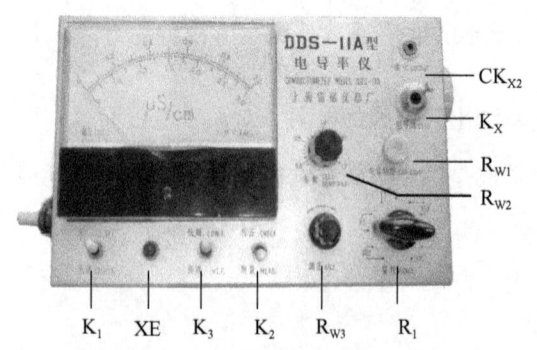

图9-1-29 DDS-11A型电导率仪
K$_1$—电源开关；K$_2$—校正测量开关；K$_3$—高低周开关；XE—氖灯泡；R$_1$—量程选择开关（1~11挡）；R$_{W1}$—电容补偿调节；R$_{W2}$—电极常数调节器；R$_{W3}$—校正调节；K$_X$—电极插口；CK$_{X2}$—10mV输出插口

(低于 $10\mu S \cdot m^{-1}$ 用 DJS-1 型光亮电极，$10 \sim 10^4 \mu S \cdot cm^{-1}$ 用 DJS-1 型铂黑电极）。使用电极时，要把电极常数调节器调节在与配套电极的常数相对应的位置。例如，配套电极常数为 0.97，则应把电极常数调节器调在 0.97 处。

选用 DJS-10 型铂黑电极时，这时应把调节器调节在配套电极的 1/10 常数位置上。例如，电极的电极常数为 9.7，则应使调节器指在 0.97 处，再将测量的读数乘以 10，即为被测液的电导率。

(6) 将电极插头插入电极插口内，旋紧插口上的坚固螺丝，再将电极浸入待测液中。

(7) 校正。将校正、测量开关拨在校正位置，调节校正调节器使电表指针指示满刻度。注意：为了提高测量精度，当使用 "$\times 10^4 \mu S \cdot cm^{-1}$" 和 "$\times 10^3 \mu S \cdot cm^{-1}$" 这两挡时，校正必须在接好电导池（电极插头插入插孔，电极浸入待测溶液）的情况下进行。

(8) 将校正、测量开关拨向测量，这时指示数乘以量程开关的倍率即为待测溶液的实际电导率。例如，开关旋至 $\times 100 \mu S \cdot cm^{-1}$ 挡，电表指示为 0.9，则被测液的电导率为 $90 \mu S \cdot cm^{-1}$。

(9) 用 (1)、(3)、(5)、(7)、(9)、(11) 各挡（量程选择开关黑点位置）时，看表头上面的一条刻度（0～1.0）(黑线刻度)；当用 (2)、(4)、(6)、(8)、(10) 各挡（量程选择开关红点位置）时，看表头下面的一条刻度（0～3）(红线刻度)。即红点对红线，黑点对黑线。

(10) 当用 "$0 \sim 0.1 \mu S \cdot cm^{-1}$" 或 "$0 \sim 0.3 \mu S \cdot cm^{-1}$" 这两挡测量高纯水时，先把电极引线插入电极插孔，在电极未浸入溶液前，调节电容补偿调节器使电表指示为最小值（此最小值即电极铂片间的漏电阻，由于漏电阻的存在，调节电容补偿调节器时电表指针不能达到零点），然后开始测量。

2) 注意事项

(1) 电极的引线不能潮湿，否则测不准。电极要轻拿轻放，切勿触碰铂黑。

(2) 高纯水被注入容器后应迅速测量，否则电导率将很快增加（空气中的 CO_2、SO_2 等溶入水中都会影响电导率的数值）。

(3) 盛待测溶液的容器必须清洁，无其他离子沾污。

(4) 每测一份样品后，都要用去离子（或蒸馏）水冲洗电极，并用滤纸吸干，但不能擦。测量完毕后，电极要先用去离子（或蒸馏）水清洗，然后再放回盒中。

9.1.10 分光光度计

分光光度计是用于测量物质对光的吸收程度，并进行定性、定量分析的仪器。可见分光光度计是实验室常用的分析测量仪器，其型号较多，如 72 型、721 型、722 型、723 型。这里以 721 型为例介绍。

1. 基本原理

白光通过棱镜或衍射光栅的色散，形成不同波长的单色光。当一束平行单色光通过有色溶液时，溶液中溶质能吸收其中的部分光，部分光透过介质，部分光被器皿的表面反射。物质对光的吸收是有选择性的，一种物质对不同波长光的吸收程度不同。设入射光强度为 I_0，透射光强度为 I_t，吸收光强度为 I_a，反射光强度为 I_r，则

$$I_0 = I_t + I_a + I_r$$

在分光光度分析法中，通常将试液和空白溶液分别置于同样质料及厚度的吸收池中，因此，反射光强度基本是不变的，其影响可以相互抵消，故上式可以简化为

定义透光率为

$$\frac{I_t}{I_0}$$

以 T 表示，即

$$T = \frac{I_t}{I_0}$$

定义 $-\lg T$ 为吸光度，以 A 表示，即

$$A = \lg \frac{I_0}{I_t}$$

显然，T 越小，A 越大，即溶液对光的吸收程度越大。因此，可以用透光率或吸光度来表示物质对光的吸收程度。

Lambert-Beer 定律总结了溶液对光的吸收规律：一束单色光通过有色溶液时，有色溶液对光的吸光度 A 与溶液的浓度 c 和液层的厚度 b 的乘积成正比，即

$$A = \lg \frac{I_0}{I_t} = \kappa b c$$

比例常数 κ 叫做摩尔吸收系数，与物质性质、入射光波长和溶液温度等因素有关。

由上式可以看出，当液层厚度（即吸收池厚度）一定时，溶液的吸光度 A 只与溶液的浓度 c 成正比。

分光光度法就是以 Lambert-Beer 定律为基础建立起来的分析方法。

以去离子（或蒸馏）水作参比，将不同波长的单色光依次通过一定浓度的有色溶液，分别测定其吸光度 A，以波长 λ 为横坐标，以吸光度 A 为纵坐标作图，所得的曲线称为光的吸收曲线（或光谱），见图 9-1-30。通常用光的吸收曲线（光谱）来描述有色溶液对光的吸收情况，光的吸收曲线是分光光度法对物质进行定性和定量分析的基础。最大吸收峰处对应的单色光波长称为最大吸收波长 λ_{max}。在 λ_{max} 处，光的吸收程度最大，不仅测定的灵敏度最高，而且单色性也最好，因此一般选用 λ_{max} 作为入射光波长进行测量。

一般在测量样品前，先做工作曲线，即先取标准品配成一系列已知浓度的标准溶液，在选定波长处（通常为 λ_{max}），用同样厚度的吸收池分别测定其吸光度，以吸光度为纵坐标，标准溶液浓度为横坐标作图，得一通过坐标原点的直线（A-c 曲线），即工作曲线（图 9-1-31）。然后在相同条件下，测出待测样品的吸光度，根据吸光度就可以在工作曲线上查出相应的浓度 c。此方法对于经常性的批量测定十分方便，但需注意的是，标准溶液与被测溶液要在相同条件下测定，并且待测液浓度要在标准曲线的线性范围内。

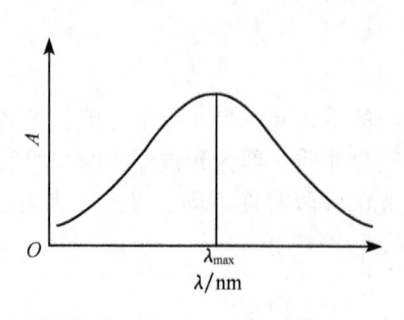

图 9-1-30　光的吸收曲线

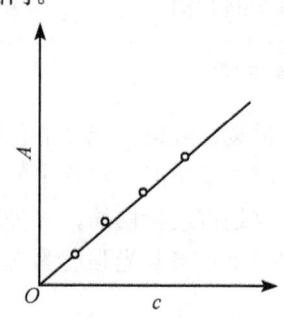

图 9-1-31　工作曲线

2. 仪器的基本结构

721型分光光度计外形示意图如图9-1-32所示，其内部主要由光源灯、单色光器、入射光和出射光光量调节器、光电管暗盒（电子放大器）和稳压器等几部分组成（图9-1-33）。现代的分光光度计自动化程度高，并配有微型计算机，除可以自动描绘吸收曲线外，还可以在一定波长下测量吸光度。进行定量分析时，可以数字显示测量数据，甚至还可进行图谱叠加处理，有的连接数字打印机可直接报出分析结果等，如UV 8500型紫外/可见分光光度计等。

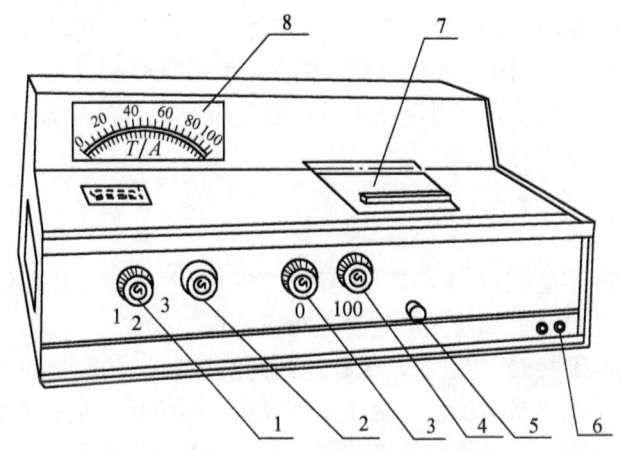

图 9-1-32　721分光光度计的外形图
1—灵敏度挡；2—波长调节器；3—调"0"电位器；4—光量调节器；5—吸收池座架拉杆；6—电源开关；7—吸收池暗箱；8—读数表头

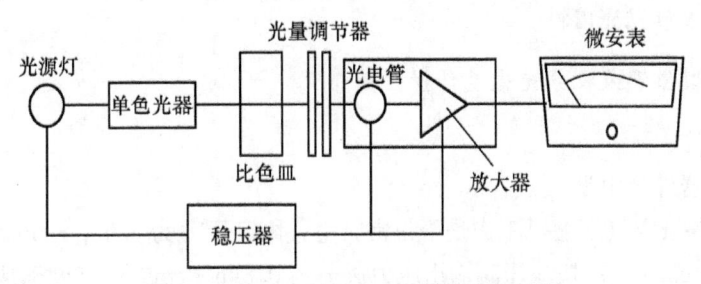

图 9-1-33　721型分光光度计的基本结构

分光光度计的光源灯常为氢灯（185～395nm）和钨灯（350～800nm）。从光源灯发出的连续辐射光线，射到聚光透镜上，会聚后，再经过平面镜转角90°，反射至入射狭缝。由此入射到单色光器内，狭缝正好位于球面准直物镜的焦面上，当入射光经过准直物镜反射后，就以一束平行光射向棱镜。光线进入棱镜后，进行色散。色散后回来的光线，再经过准直镜反射，就会聚在出射狭缝上，再经过聚光镜后进入吸收池，光线一部分被吸收，透过的光进入光电管，产生相应的光电流，经过放大器放大后可在微安表上读出。

3. 使用方法

1) 预热仪器。线路接好后，打开电源开关，指示灯亮，打开吸收池暗箱盖，预热20min。

2) 选定波长。旋转波长调节器旋钮，根据实验选择所需的单色光波长。

3) 固定灵敏度挡。选择适当的灵敏度挡（以能调到透光率为100％，挡越小越好），这样仪器有更高的稳定性。

4) 调节仪器零点。将盛有比色溶液的吸收池放在吸收池架上［注意第一格放参比液（去离子水或其他溶剂）］，将挡板卡紧，推进吸收池拉杆，使参比液处于光路，打开吸收池暗箱盖，光路自动切断，旋转零点调节器调零（即使电表指针处在左边"零"线上）。

5) 调节 $T=100$。轻轻合上暗箱盖，转动光量调节旋钮，使光100％透过（指针指在右边"100"处）。

6) 测定。将吸收池架拉杆拉出，使被测溶液处于光路上，此时表头指针所示吸光度 A 读下后，可以重复1～2次，读准 A 值，即为被测溶液的吸光度。

7) 改变波长后须重新调节。测定完毕后，取出吸收池，洗净擦（晾）干，放入盒内，切断电源，复原仪器，盖上保护罩。

4. 注意事项

（1）连续使用时间不应超过 2h，最好是间歇半小时再使用，并且仪器在预热、间歇期间，要将吸收池暗箱盖打开，以防光电管受光时间过长"疲劳"。

（2）手持吸收池时要接触"毛面"，吸收池内的溶液装至其容积的 2/3 即可，每次使用完毕后，都要用去离子水（或蒸馏水）洗净并倒置晾干后再放入吸收池盒内，使用时要特别注意保护吸收池的透光面，使其不受污染或划损，擦拭要用高级镜头纸。

（3）在搬动或移动仪器时，注意小心轻放，并且各类分光光度计都要特别注意防潮、防震、防光防腐蚀性气体等。

9.1.11 原子吸收分光光度计

1. AA 220 型原子吸收分光光度计操作简介

1) 开机准备

（1）接通仪器外界电源。

（2）检查气路及空气压缩机工作是否正常。空气固定压力为 $3.5kg \cdot cm^{-2}$；乙炔钢瓶主表压力为 $4～15kg \cdot cm^{-2}$；乙炔减压阀输出压力调节为 $0.8kg \cdot cm^{-2}$；点火正常燃烧后进一步检查是否满足上述条件。

2) 通电调试

（1）接通仪器总电源，预热 1～2min，装好所测元素的空心阴极灯。同时打开电脑，点击电脑左面上的 Specter AA 图标，进入原子吸收分光光度计的工作界面。

（2）软件操作。点击 Worksheet 按钮，进入 Loadsheet 界面，点击 Specter-（样品名称界面），点击增加方法按钮添加自己所测元素，选择所需方法，然后进行编辑。

在 type-mode 界面中选择进样方式为手动（manual）；在 measurement 界面中选择自己合适的计算方法；在 optical 界面中选择自己所放阴极灯的位置；在 standards 界面中输入自己所配标准溶液的浓度并选择对标准曲线所采取的拟合方式，点击 OK，进入测试界面。

（3）灯优化（每一次换灯都需要此操作）。点击优化，选择灯优化，同时旋转灯后座上的螺丝使信号达到最大。

（4）点火测试。气路检查无误后，按点火按钮（不要马上松手，一般保持3min左右）。

对进样量进行优化，进样的同时调节进样量的大小以及燃烧头的高度，使进样吸收的吸光度为最大。

(5) 测试。点击电脑菜单中 start 按钮（点击前此按钮下为绿灯），进行测试。

3) 测试后清理

(1) 测试完毕后喷去离子水 5～10min 清洗。

(2) 熄火。移去去离子水后，关掉乙炔钢瓶主阀，再关掉空气压缩机，切不可在熄火后继续喷溶液，气路切断后再关电源。

(3) 清理。清理燃烧器灯缝，用滤纸擦拭缝口。

(4) 退出电脑程序，关闭计算机。

2. GC-900 型分光光度计操作步骤

(1) 检查气路。

(2) 接通电源。

(3) 旋紧排空阀。在 TCD 关闭的情况下开氢气（power 灯亮）。

(4) 当氢气流量在 20～60mL·min^{-1} 时调节双气路流量（载气 1，2）。

(5) 开控制系统电源。进一步调节双气路流量。按输入-数字(如1)-功能。载气流量调节在 30mL·min^{-1} 左右。

(6) 根据实验要求，设置柱箱、汽化室、检测器温度。如按输入-柱箱-数字，输入柱箱温度。设置完毕，按运行键，灯亮表示开始加热。

(7) 各系统达到设定值后，打开 TCD 电源开关，通桥流。按输入-桥流-数字 (120mA)。

(8) 点击电脑桌面色谱工作站图标，进入色谱工作站。

(9) 等基线走直后，进样检测。

(10) 检测完毕，关闭桥流及系统电源。继续通氢气，直到各系统冷却。关氢气发生器开关。

9.1.12 气相色谱仪

1. 开机步骤

(1) 打开气体钢瓶。

将 He 或 N$_2$ 钢瓶气输出压力设为 80psi，约 5.5kg·cm^{-2}。

将空气钢瓶气输出压力设为 60psi，约 4kg·cm^{-2}。

将 H$_2$ 钢瓶气输出压力设为 40psi，约 2kg·cm^{-2}。

[注：若检测器为 TCD、ECD，则只需设定载气（He 或 N$_2$）钢瓶气输出压力设为 80psi，约 5.5kg·cm^{-2}]

(2) 打开电脑，进入 Windows，启动 GC 工作站的快捷工具条（Star toolbar）。

(3) 点击工具条上的 System Control/Automation。

(4) 打开 GC3800 的电源，注意不要碰仪器上的任何键，直到工作站上 GC3800 图标上的字变为黑色，表明工作站已经和 GC3800 连接完成。

(5) 进入仪器工作的主画面，完成开机。

2. 关机步骤

1)编制关机方法

将进样口的 Injector Oven 设为 Off。

将柱温箱的温度设定为 30℃。

将检测器的 Detector Oven 设为 Off。

将检测器的 Electronics 设为 Off。

注意保持载气的流量。

2)关机

(1) 启动该方法。

(2) 等进样口温度降到 100℃以下，柱温箱的温度降到 40℃以下，各检测器温度低于 100℃以下（TCD 低于 60℃）。

(3) 关闭 GC3800 的主电源。

(4) 关闭钢瓶。

9.1.13 高效液相色谱仪

高效液相色谱法是以液体作为流动相，并采用颗粒极细的高效固定相的柱色谱分离技术。高效液相色谱对样品的适用性广，不受分析对象挥发性和热稳定性的限制，因而弥补了气相色谱法的不足。在目前已知的有机化合物中，可用气相色谱分析的约占 20%，而其余 80% 则需用高效液相色谱来分析。

高效液相色谱和气相色谱在基本理论方面没有显著不同，它们之间的重大差别在于作为流动相的液体与气体之间的性质的差别。

因此，高效液体相色谱法按分离机制的不同分为液-固吸附色谱法、液-液分配色谱法（正相与反相）、离子交换色谱法、离子对色谱法及分子排阻色谱法。

1. 液-固吸附色谱法

使用固体吸附剂，被分离组分在色谱柱上根据固定相对组分吸附力大小不同而分离。分离过程是一个吸附-解吸的平衡过程。常用的吸附剂为硅胶或氧化铝，粒度 5~10μm，适用于分离相对分子质量 200~1000 的组分，多用于分离非离子型化合物，离子型化合物易产生拖尾。常用于分离同分异构体。

2. 液-液分配色谱法

使用将特定的液态物质涂于担体表面，或化学键合于担体表面而形成的固定相，分离大批量组分是根据被分离的组分在流动相和固定相中溶解度不同。分离过程是一个分配平衡过程。

涂布式固定相应具有良好的惰性；流动相必须预先用固定相饱和，以减少固定相从担体表面流失。温度的变化和不同批号流动相的区别常引起柱子的变化；另外在流动相中存在的固定相也使样品的分离和收集复杂化。由于涂布式固定相很难避免固定相流失，现在已很少采用。现在多采用的是化学键合固定相，如 C_{18}、C_8 氨基柱，氰基柱和苯基柱。

液-液分配色谱法按固定相和流动相的极性不同可分为正相色谱法（NPC）和反相色谱

法（RPC）。

（1）正相色谱法。采用极性固定相（如聚乙二醇、氨基与腈基键合相）；流动相为相对非极性的疏水性溶剂（烷烃类如正己烷、环己烷），常加入乙醇、异丙醇、四氢呋喃、三氯甲烷等以调节组分的保留时间。常用于分离中等极性和极性较强的化合物（如酚类、胺类、羰基类及氨基酸类等）。

（2）反相色谱法。一般用非极性固定相（如 C_{18}、C_8）；流动相为水或缓冲液，常加入甲醇、乙腈、异丙醇、丙酮、四氢呋喃等水互溶的有机溶剂以调节保留时间。适用于分离非极性和极性较弱的化合物。RPC 在现代液相色谱中应用最为广泛，据统计，它占 HPLC 应用的 80% 左右。

随着柱填料的快速发展，反相色谱法的应用范围逐渐扩大，现已应用于某些无机样品或易解离样品的分析。为控制样品在分析过程的解离，常用缓冲液控制流动相的 pH，但需要注意的是，C_{18} 和 C_8 使用的 pH 通常为 2.5~7.5(2~8)，太高的 pH 会使硅胶溶解，太低的 pH 会使键合的烷基脱落，有报道新商品柱可在 pH1.5~10 范围操作。

正相色谱法与反相色谱法比较见表 9-1-3。

表 9-1-3　正相色谱法与反相色谱法比较表

类　　型	正相色谱法	反相色谱法
固定相极性	高~中	中~低
流动相极性	低~中	中~高
组分洗脱次序	极性小先洗出	极性大先洗出

从表 9-1-3 可看出，当极性为中等时，正相色谱法与反相色谱法没有明显的界线（如氨基键合固定相）。

3. 离子交换色谱法

固定相是离子交换树脂，常用苯乙烯与二乙烯交联形成的聚合物骨架，在表面末端芳环上接上羧基、磺酸基（称阳离子交换树脂）或季氨基（阴离子交换树脂）。树脂上可电离离子与流动相中具有相同电荷的离子及被测组分的离子进行可逆交换，根据各离子与离子交换基团具有不同的电荷吸引力而分离被分离组分。

缓冲液常用作离子交换色谱的流动相。被分离组分在离子交换柱中的保留时间除跟组分离子与树脂上的离子交换基团作用强弱有关外，它还受流动相的 pH 和离子强度影响。pH 可改变化合物的解离程度，进而影响其与固定相的作用。流动相的盐浓度大，则离子强度高，不利于样品的解离，导致样品较快流出。

离子交换色谱法主要用于分析有机酸、氨基酸、多肽及核酸。

4. 离子对色谱法

离子对色谱法又称偶离子色谱法，是液-液分配色谱法的分支。它是根据被测组分离子与离子对试剂离子形成中性的离子对化合物后，在非极性固定相中溶解度增大，从而使其分离效果改善。主要用于分析离子强度大的酸碱物质。

分析碱性物质常用的离子对试剂为烷基磺酸盐，如戊烷磺酸钠、辛烷磺酸钠等。另外高氯酸、三氟乙酸也可与多种碱性样品形成很强的离子对。

分析酸性物质常用四丁基季铵盐，如四丁基溴化铵、四丁基铵磷酸盐。

离子对色谱法常用ODS柱（即C_{18}），流动相为甲醇-水，水中加入$3\sim10\text{mmol}\cdot\text{L}^{-1}$的离子对试剂，在一定的pH范围内进行分离。被测组分保留时间与离子对性质、浓度、流动相组成及其pH、离子强度有关。

5. 排阻色谱法

固定相是有一定孔径的多孔性填料，流动相是可以溶解样品的溶剂。小相对分子质量的化合物可以进入孔中，滞留时间长；大相对分子质量的化合物不能进入孔中，直接随流动相流出。它利用分子筛对相对分子质量大小不同的各组分排阻能力的差异而完成分离。常用于分离高分子化合物，如组织提取物、多肽、蛋白质、核酸等。

HPLC与经典液相色谱相比有以下优点：

(1) 高压。压力可达$150\sim300\text{kg}\cdot\text{cm}^{-2}$。色谱柱每米降压为$75\text{kg}\cdot\text{cm}^{-2}$以上。

(2) 高速。流速为$0.1\sim10.0\text{mL}\cdot\text{min}^{-1}$。

(3) 高效。塔板数可达$10\,000\text{个}\cdot\text{m}^{-1}$。在一根柱中同时分离成分可达100种。

(4) 高灵敏度。紫外检测器灵敏度可达0.01ng，荧光和电化学检测器可达0.1pg。

(5) 速度快。通常分析一个样品需15～30min，有些样品甚至在5min内即可完成。

(6) 分辨率高。可选择固定相和流动相以达到最佳分离效果。

(7) 柱子可反复使用。用一根色谱柱可分离不同的化合物。

(8) 样品量少，容易回收。样品经过色谱柱后不被破坏，可以收集单一组分或做制备。

由于具有这些优势，目前，高效液相色谱法已经广泛应用于对生物学和医药上有重大意义的大分子物质的分析，如蛋白质、核酸、氨基酸、多糖、高聚物、生物碱、甾体、维生素、抗生素、染料及药物等物质的分离和分析。

6. 高效液相色谱仪

高效液相色谱仪主要有分析型、制备型和专用型三类。一般由五个部分组成：高压输液系统、进样系统、分离系统、检测系统、数据处理系统。见图9-1-34。

1) 高压输液系统

高压输液系统由储液装置、高压输液泵、过滤器、脱气装置等组成。

(1) 储液器。用于存放溶剂。溶剂必须很纯，储液器材料要耐腐蚀，对溶剂呈惰性。储液器应配有溶剂过滤器，以防止流动相中的颗粒进入泵内。溶剂过滤器一般用耐腐蚀的镍合金制成，空隙大小一般为2mm。

(2) 脱气装置。脱气的目的是为了防止流动相从高压柱内流出时，释放出气泡进入检测器而使噪声剧增，甚至不能正常检测。

(3) 高压输液泵。是高效液相色谱仪的重要部件，是驱动溶剂和样品通过色谱柱和检测系统的高压源，其性能好坏直接影响分析结果的可靠性。

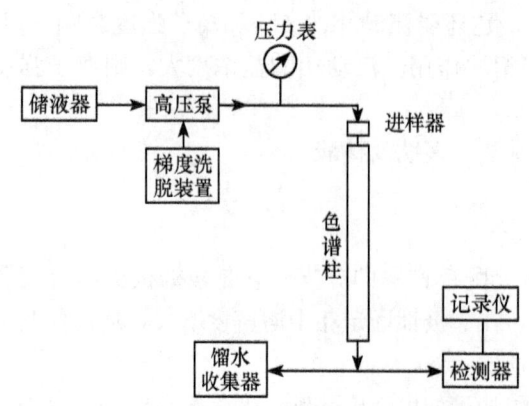

图9-1-34 高效液相色谱仪示意图

对高压泵的基本要求是：①流量稳定；

②输出压力高，最高输出压力为 50MPa；③流量范围宽，可在 0.01～10mL·min^{-1} 范围任选；④耐酸、碱、缓冲液腐蚀；⑤压力波动小。

(4) 梯度洗脱装置。梯度洗脱是利用两种或两种以上的溶剂，按照一定时间程序连续或阶段地改变配比浓度，以改变流动相极性、离子强度或 pH，从而提高洗脱能力、改善分离的一种有效方法。当一个样品混合物的容量因子是范围很宽，用等度洗脱时间太长，且后出的峰形扁平不便检测时，改用梯度洗脱可以改善峰形并缩短分离时间。HPLC 的梯度洗脱与 GC 的程序升温相似，可以缩短分析时间，提高分离效果，使所有的峰都处于最佳分离状态，而且峰形尖而窄。

2) 进样系统

进样器一般要求密封性好，死体积小，重复性好，保证中心进样，进样时对色谱系统的压力和流量波动小，并便于实现自动化。

高压进样阀是目前广泛采用的一种方式。阀的种类很多，有六通阀、四通阀、双路阀等。以六通进样阀最为常用。

旋转式六通阀的结构和工作原理见图 9-1-35。由于进样可由定量管的体积严格控制，故进样准确，而且进样量的可变范围大、重复性好、耐高压、易于自动化；不足在于容易造成峰的柱前展宽。

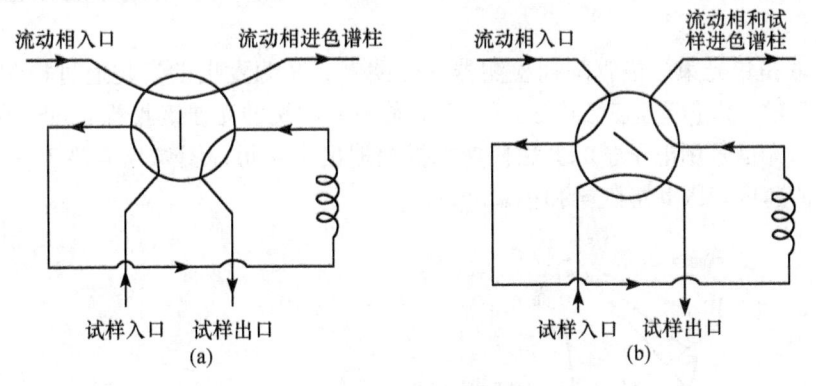

图 9-1-35 旋转式六通阀的结构和工作原理
(a) 采样位；(b) 进样位

3) 分离系统

色谱分离系统包括色谱柱、固定相和流动相。色谱柱是其核心部分，柱应具备耐高压、耐腐蚀、抗氧化、密封不漏液和柱内死体积小、柱效高、柱容量大、分析速度快、柱寿命长的要求。通常采用优质不锈钢管制成。

色谱柱按内径不同可分为常规柱、快速柱和微量柱三类。

常规分析柱柱长一般为 10～25cm，内径 4～5mm，固定相颗粒直径为 5～10mm。为了保护分析柱不受污染，一般在分析柱前加一短柱，约数厘米长，称为保护柱（微量分析柱内径小于 1mm，凝胶色谱柱内径 3～12mm，制备柱内径较大，可达 25mm 以上）。

4) 检测系统

检测器的作用是将柱流出物中样品组成和含量的变化转化为可供检测的信号，常用检测器有紫外吸收、荧光、示差折光、化学发光等。

(1) 紫外可见吸收检测器。(UVD) 是 HPLC 中应用最广泛的检测器之一，几乎所有的液相色谱仪都配有这种检测器。其特点是灵敏度较高、线性范围宽、噪声低，适用于梯度洗脱，对强吸收物质检测限可达 1ng，检测后不破坏样品，可用于制备，并能与任何检测器串联使用。紫外可见检测器的工作原理与结构同一般分光光度计相似，实际上就是装有流动相的紫外可见光度计。

紫外吸收检测器：常用氘灯作光源，氘灯则发射出紫外-可见区范围的连续波长，并安装一个光栅型单色器，其波长选择范围宽（190～800nm）。它有两个流通池：一个作参比；另一个作测量用。光源发出的紫外光照射到流通池上，若两流通池都通过纯的均匀溶剂，则它们在紫外波长下几乎无吸收，光电管上接受到的辐射强度相等，无信号输出。当组分进入测量池时，吸收一定的紫外光，使两光电管接受到的辐射强度不等，这时有信号输出，输出信号大小与组分浓度有关。其局限是：流动相的选择受到一定限制，即具有一定紫外吸收的溶剂不能作流动相，每种溶剂都有截止波长，当小于该截止波长的紫外光通过溶剂时，溶剂的透光率降至 10% 以下，因此，紫外吸收检测器的工作波长不能小于溶剂的截止波长。

光电二极管阵列检测器：也称快速扫描紫外可见分光检测器，是一种新型的光吸收式检测器。它采用光电二极管阵列作为检测元件，构成多通道并行工作，同时检测由光栅分光，再入射到阵列式接收器上的全部波长的光信号，然后对二极管阵列快速扫描采集数据，得到吸收值（A）是保留时间（t_R）和波长（l）函数的三维色谱光谱图。由此可及时观察与每一组分的色谱图相应的光谱数据，从而迅速决定具有最佳选择性和灵敏度的波长。

图 9-1-36 是单光束二极管阵列检测器的光路图。光源发出的光先通过检测池，透射光由全息光栅色散成多色光，射到阵列元件上，使所有波长的光在接收器上同时被检测。阵列式接收器上的光信号用电子学的方法快速扫描提取出来，每幅图像仅需要 10ms，远远超过色谱流出峰的速度，因此可随峰扫描。

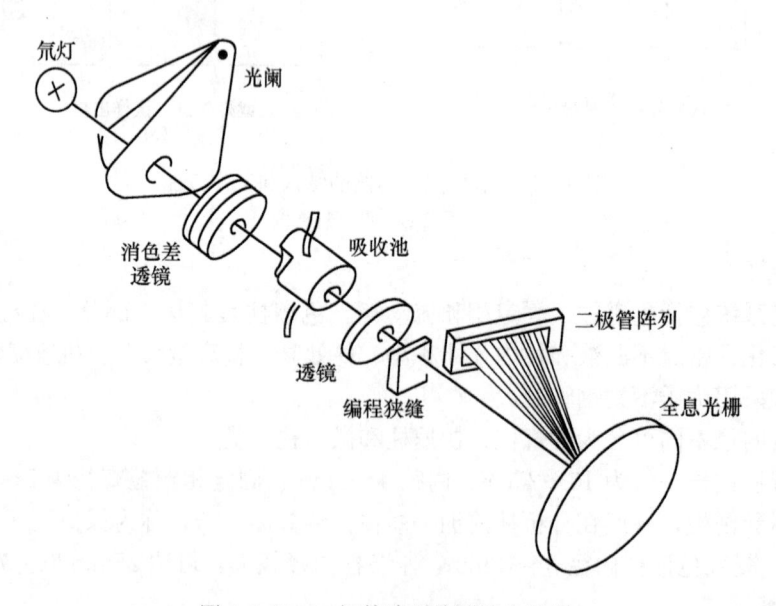

图 9-1-36　二极管阵列检测器光路图

（2）荧光检测器。是一种高灵敏度、有选择性的检测器，可检测能产生荧光的化合物。某些不发荧光的物质可通过化学衍生化生成荧光衍生物，再进行荧光检测。其最小检测浓度可达 $0.1\text{ng} \cdot \text{mL}^{-1}$，适用于痕量分析；一般情况下荧光检测器的灵敏度比紫外检测器约高 2

个数量级，但其线性范围不如紫外检测器宽。

近年来，采用激光作为荧光检测器的光源而产生的激光诱导荧光检测器极大地增强了荧光检测的信噪比，因而具有很高的灵敏度，在痕量和超痕量分析中得到广泛应用。

(3) 示差折光检测器。是一种浓度型通用检测器，对所有溶质都有响应，某些不能用选择性检测器检测的组分，如高分子化合物、糖类、脂肪烷烃等，可用示差检测器检测。示差检测器是基于连续测定样品流路和参比流路之间折射率的变化来测定样品含量的。光从一种介质进入另一种介质时，由于两种物质的折射率不同就会产生折射。只要样品组分与流动相的折光指数不同，就可被检测，二者相差愈大，灵敏度愈高，在一定浓度范围内检测器的输出与溶质浓度成正比。

(4) 电化学检测器。主要有安培、极谱、库仑、电位、电导等检测器，属选择性检测器，可检测具有电活性的化合物。目前它已在各种无机和有机阴阳离子、生物组织和体液的代谢物、食品添加剂、环境污染物、生化制品、农药及医药等的测定中获得了广泛的应用。其中，电导检测器在离子色谱中应用最多。

电化学检测器的优点是：①灵敏度高，最小检测量一般为纳克级，有的可达皮克级；②选择性好，可测定大量非电活性物质中超痕量的电活性物质；③线性范围宽，一般为4~5个数量级；④设备简单，成本较低；⑤易于自动操作。

(5) 化学发光检测器。是近年来发展起来的一种快速、灵敏的新型检测器，具有设备简单、价廉、线性范围宽等优点。其原理是基于某些物质在常温下进行化学反应，生成处于激发态反应中间体或反应产物，当它们从激发态返回基态时，就发射出光子。由于物质激发态的能量是来自化学反应，故叫做化学发光。当分离组分从色谱柱中洗脱出来后，立即与适当的化学发光试剂混合，引起化学反应，导致发光物质产生辐射，其光强度与该物质的浓度成正比。

这种检测器不需要光源，也不需要复杂的光学系统，只要有恒流泵，将化学发光试剂以一定的流速泵入混合器中，使之与柱流出物迅速而又均匀地混合产生化学发光，通过光电倍增管将光信号变成电信号，就可进行检测。这种检测器的最小检出量可达 10^{-12} g。

5) 数据处理系统

早期的 HPLC 只配有记录仪记录色谱峰，用人工计算 A 或 H。随着计算机技术的发展，简单的积分仪可自动打印出 H、A 和 t_R，做一些简单的计算，但不能存储数据。

现在的色谱工作站功能增多，一般包括：色谱参数的选择和设定；自动化操作仪器；色谱数据的采集和存储，并做"实时"处理；对采集和存储的数据进行后处理；自动打印，给出一套完整的色谱分析数据和图谱。同时也可把一些常用色谱参数、操作程序，及各种定量计算方法存入存储器中，需用时调出直接使用。

9.1.14 傅里叶变换红外光谱仪

红外光谱法（infrared spectrometry，IR）是以研究物质分子对红外辐射的吸收特性而建立起来的一种定性、定量分析方法。20世纪70年代引入傅里叶变换技术后，大大提高了红外光谱的灵敏度、分辨率与应用范围。傅里叶变换红外光谱仪（Fourier transform infrared system，FTIR）具有光通量大、扫描快、分辨率高、杂散光低及测量准确等优点。在此介绍 MAGNA-IR560 型 FTIR（工作原理见图 9-1-37）。

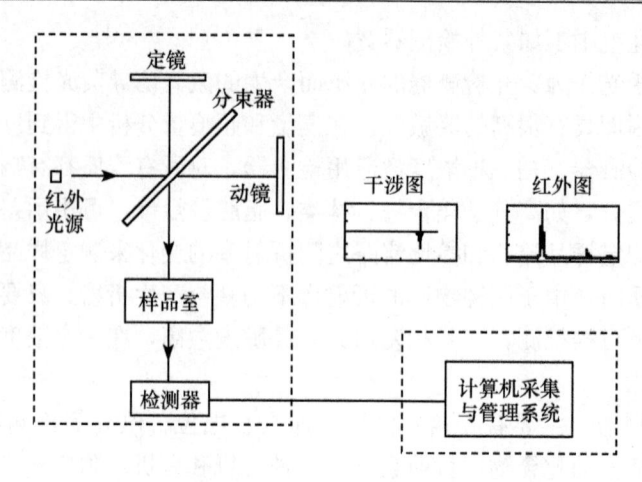

图 9-1-37 傅里叶变换红外光谱仪工作原理

1. 构造

1) 光学台

（1）光源。EVER-GLO 红外光源，能量高、寿命长。

（2）干涉仪。光源发射出的红外光，经过透镜成为平行光线。分束器由一边表面镀锗（Ge）的溴化钾片组成。红外光在分束器上等分为两束光：一束光在分束器上反射至动镜，在返回分束器，然后一半反射，另一半穿过分束器到样品池；另一束光穿过分束器到定镜，沿原路返回分束器，其中一半穿过分束器，另一半则在分束器上反射到样品池。总的来看，有 50% 的红外光到达样品池。由分束器分开的两束光是相干光，在分束器上相遇而产生干涉。

（3）样品池。

（4）检测器。经干涉调频的红外光通过样品后投到检测器上，得到干涉信号。MAG-NA-IR560 型 FTIR 的检测器为氘代硫酸三甘肽（DTGS）检测器。

2) 计算机

计算机使用 Omnic 软件进行数据处理。该软件将检测器上得到的干涉图信号经过傅里叶转换为普通红外光谱图。对所得的光谱图可进行基线校正、曲线平滑、谱库检索等处理。

2. 操作

1) 开机

（1）打开稳压电源开关，使电压稳定在 220V。

（2）打开光学台开关。

（3）打开计算机，仪器预热 30 min。

2) 检测仪器光通量

双击 Omnic 图标，打开操作软件界面，点击主菜单 Collect 下的 Experiment Setup，在弹出的窗口中点击 Bench，检查光通量是否合格（空光路干涉图的最大值 Max 应大于 5V），记录光通量、室温和湿度。

3) 制样及装样

将约 1mg 固体样品放入玛瑙研钵，稍加研磨后，加 100～200mg 研细干燥的 KBr 粉末，充分混匀后研至 200 目以下，装入模具制成压片，将样品装入样品架，插入红外光谱样品室中的样品支架。

4) 测试

在 Experiment Setup 窗口中点击 Collect，设定扫描次数、分辨率、本底及样品采集顺序等参数。点击主菜单 Collect 下的 Collect Sample，分别进行本底和样品底数据采集。

5) 数据处理

点击主菜单 Process 下的 Baseline Collect，将采集到的图谱进行基线校正。点击主菜单 Analyze 下的 Find Peaks，确定阈值，将峰位检出。对未知样可进行谱库检索，方法如下：点击主菜单 Analyze 下的 Library Setup，选择所需的谱库，点击 Analyze 下的 Search，进行图谱库检索，根据检索结果的匹配度和图形比较，进行分析。将所作图谱及检索结果存盘。

6) 图谱打印

点击主菜单 Report 下的 Template，选择合适的模板；点击 Report 下的 Preview/Print Report 打印出谱图。

7) 关机

取出样品，依次关闭计算机、光学台和稳压电源；罩好仪器罩。

9.1.15 真空装置

真空技术在日常生活的各方面、工农业生产的各部门、现代科学技术的各领域应用非常广泛。所谓真空，指的是压力比 1atm（101.325kPa）更低的稀薄气体状态的空间。气体稀薄的程度——真空度，通常用气体压力的大小来表示。真空度区域一般划分为 5 种：①粗真空，$10^3 \sim 10^5$ Pa；②低真空，$10^{-1} \sim 10^3$ Pa；③高真空，$10^{-6} \sim 10^{-1}$ Pa；④超高真空，$10^{-12} \sim 10^{-6}$ Pa；⑤极高真空，10^{-12} Pa。

1. 装置

真空系统一般由三个部分组成：真空的获得、真空的测量与真空的使用。具体的真空体系通常由机械泵、扩散泵、冷阱、各种活塞，以及样品室和测量工作室等组成，并通过一根粗的主导管和若干细管组装而成，如图 9-1-38 所示。

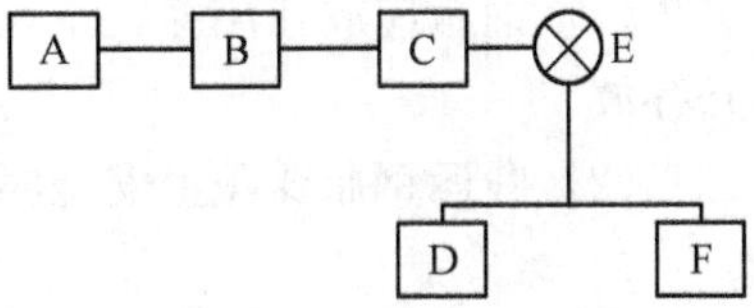

图 9-1-38 真空系统示意图
A—机械泵；B—扩散泵；C—冷阱；
D—样品室；E—活塞；F—测量工作室

2. 真空操作注意事项

(1) 真空系统装置比较复杂，在设计时应尽可能少用活塞，减少不必要的接头。

(2) 新安装的真空装置在使用前，应检查系统是否漏气。

(3) 在实验前必须熟悉各部件的操作，注意各活塞的转向，最好活塞上用标记表明活塞的转向。

(4) 真空系统真空度越高，玻璃器壁承受的大气压力越大。对于大的玻璃容器都存在爆炸的危险，因此对较大的玻璃真空容器最好加网罩。由于球形容器受力均匀，故尽可能使用球形容器。

(5) 如果液态空气进入油扩散泵中，会引起热的油爆炸，因此系统压力减到 133.3Pa 前不要用液氮冷阱，否则液氮会使空气液化。

(6) 使用机械泵、扩散泵时需严格按照泵的操作注意事项操作。

(7) 开启、关闭真空活塞时必须两手操作：一手握住活塞套，一手缓慢旋转内塞，防止玻璃系统因某些部位受力不均匀而断裂。

(8) 实验过程中和实验结束时，不要使大气猛烈冲入系统，也不要使系统中压力不平衡的部分突然接通，否则有可能造成局部压力突变，导致系统破裂，或泵压力计冲泵。

9.1.16 常用压缩气体钢瓶

实验室中常使用 40L 左右的气体钢瓶。为避免各种钢瓶混淆，瓶身需按规定涂色和写字，常见气体钢瓶的颜色标记如表 9-1-4 所示。

表 9-1-4 气体钢瓶的颜色标记

气体类别	瓶身颜色	标字颜色	字样
氮气	黑	黄	氮
氧气	天蓝	黑	氧
氢气	深绿	红	氢
压缩空气	黑	白	压缩空气
二氧化碳	黑	黄	二氧化碳
氦气	棕	白	氦
液氨	黄	黑	氨
氯	草绿	白	氯
氟氯烷	铝白	黑	氟氯烷
石油气体	灰	红	石油气
粗氩气体	黑	白	粗氩
纯氩气体	灰	绿	纯氩

1. 气体钢瓶的安全使用

(1) 钢瓶应放在阴凉，干燥，远离电源、热源的地方。可燃气体钢瓶必须与氧气钢瓶分开存放。

(2) 搬运钢瓶要戴上安全帽、橡皮腰圈。要轻拿轻放，不要在地上滚动，避免撞击。使用钢瓶要用架子把它固定，避免突然摔倒。

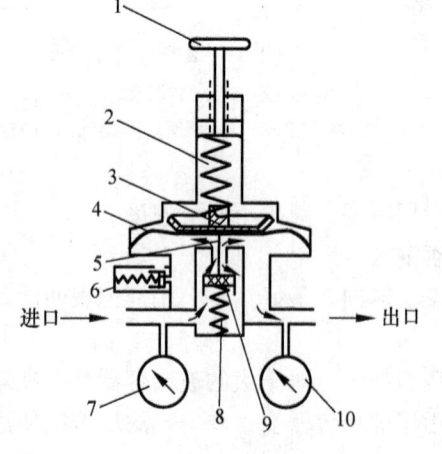

(3) 使用钢瓶中的气体时，一般都要装置减压阀。可燃气体钢瓶的螺纹一般是反扣的（如氢、乙炔），其余则是正扣的。各种减压阀不得混用。开启气阀时应站在减压阀的另一侧，以免发生危险。

(4) 氧气瓶的瓶嘴、减压阀严禁沾染油脂。

(5) 钢瓶内气体不能全部用尽，应保持在 0.05MPa 表压以上的残留压力。

(6) 钢瓶需定期送交检验，合格钢瓶才能充气使用。

图 9-1-39 减压阀
1—手柄；2—主弹簧；3—弹簧垫块；4—薄膜；5—顶杆；6—安全阀；7—高压表；8—弹簧；9—活门；10—低压表

2. 气体减压阀

气体减压阀的结构如图 9-1-39 所示。当顺时针旋转手柄 1 时，压缩主弹簧 2，作用力通过弹簧垫块 3、薄膜 4 和顶杆 5 使活门 9 打开，高压气体进入低压气体室,其压力由低压表 10 指示。当达到所需压力时,停止旋转手柄,开节流阀输气至受气系统。当停止用气时,逆时针旋转手柄 1,使主弹簧 2 恢复自由状态,活门 9 由弹簧 8 的作用而密闭。当调节压力超过一定许用值或减压阀故障时,安全阀 6 会自动开启放气。

每种减压阀只能用于规定的气体物质,切勿混用。安装减压阀时应首先检查连接螺纹是否符合。用手拧满全部螺纹后再用扳手上紧。

在打开钢瓶总阀门之前,应检查减压阀是否已经关好,否则高压气的冲击会使减压阀失灵。打开钢瓶总阀后,再慢慢打开减压阀,直至低压表 10 达所需压力为止。然后打开节流阀向受气系统供气。停止用气时先关钢瓶总阀,到压力表下降到零,再关减压阀。

附录 2 重要理化数据

表 9-2-1 元素的相对原子质量（1999 年国际相对原子质量）

元素	符号	相对原子质量	元素	符号	相对原子质量	元素	符号	相对原子质量
银	Ag	107.87	铪	Hf	178.49	铷	Rb	85.468
铝	Al	26.982	汞	Hg	200.59	铼	Re	186.21
氩	Ar	39.948	钬	Ho	164.93	铑	Rh	102.91
砷	As	74.922	碘	I	126.90	钌	Ru	101.07
金	Au	196.97	铟	In	114.82	硫	S	32.066
硼	B	10.811	铱	Ir	192.22	锑	Sb	121.76
钡	Ba	137.33	钾	K	39.098	钪	Sc	44.956
铍	Be	9.0122	氪	Kr	83.80	硒	Se	78.96
铋	Bi	208.98	镧	La	138.91	硅	Si	28.086
溴	Br	79.904	锂	Li	6.941	钐	Sm	150.36
碳	C	12.011	镥	Lu	174.97	锡	Sn	118.71
钙	Ca	40.078	镁	Mg	24.305	锶	Sr	87.62
镉	Cd	112.41	锰	Mn	54.938	钽	Ta	180.95
铈	Ce	140.12	钼	Mo	95.94	铽	Tb	158.9
氯	Cl	35.453	氮	N	14.007	碲	Te	127.60
钴	Co	58.933	钠	Na	22.990	钍	Th	232.04
铬	Cr	51.996	铌	Nb	92.906	钛	Ti	47.867
铯	Cs	132.91	钕	Nd	144.24	铊	Tl	204.38
铜	Cu	63.546	氖	Ne	20.180	铥	Tm	168.93
镝	Dy	162.50	镍	Ni	58.693	铀	U	238.03
铒	Er	167.26	镎	Np	237.05	钒	V	50.942
铕	Eu	151.96	氧	O	15.999	钨	W	183.84
氟	F	18.998	锇	Os	190.23	氙	Xe	131.29
铁	Fe	55.845	磷	P	30.974	钇	Y	88.906
镓	Ga	69.723	铅	Pb	207.2	镱	Yb	173.04
钆	Gd	157.25	钯	Pd	106.42	锌	Zn	65.39
锗	Ge	72.61	镨	Pr	140.91	锆	Zr	91.224
氢	H	1.0079	铂	Pt	195.08			
氦	He	4.0026	镭	Ra	226.03			

表 9-2-2　常用化合物的相对分子质量

化合物	相对分子质量	化合物	相对分子质量	化合物	相对分子质量
AgBr	187.78	$FeSO_4 \cdot 7H_2O$	278.02	$K_4Fe(CN)_6$	368.36
AgCl	143.32	$Fe_2(SO_4)_3$	399.87	$K_3Fe(CN)_6$	329.26
AgI	234.77	$FeSO_4 \cdot (NH_4)_2SO_4 \cdot 6H_2O$	392.14	$MgCl_2 \cdot 6H_2O$	203.23
AgCN	133.84	$NH_4Fe(SO_4)_2 \cdot 12H_2O$	482.19	$MgCO_3$	84.32
$AgNO_3$	169.87	HCHO	30.03	MgO	40.31
Al_2O_3	101.96	HCOOH	46.03	$MgNH_4PO_4$	137.33
$Al_2(SO_4)_3$	342.15	$H_2C_2O_4$	90.04	$Mg_2P_2O_7$	222.56
As_2O_3	197.84	HCl	36.46	MnO_2	86.94
$BaCl_2$	208.25	$HClO_4$	100.46	$Na_2B_4O_7 \cdot 10H_2O$	381.37
$BaCl_2 \cdot 2H_2O$	244.28	HNO_2	47.01	NaBr	102.90
$BaCO_3$	197.35	HNO_3	63.01	Na_2CO_3	105.99
BaO	153.34	H_2O	18.02	$Na_2C_2O_4$	134.00
$Ba(OH)_2$	171.36	H_2O_2	34.02	NaCl	58.44
$BaSO_4$	233.40	H_3PO_4	98.00	NaCN	49.01
$CaCO_3$	100.09	H_2S	34.08	$Na_2C_{10}H_{14}O_8N_2 \cdot 2H_2O$	372.09
CaC_2O_4	128.10	HF	20.01	Na_2O	61.98
CaO	56.08	HCN	27.03	NaOH	40.01
$Ca(OH)_2$	74.09	H_2SO_4	98.08	Na_2SO_4	142.04
$CaSO_4$	136.14	$HgCl_2$	271.50	$Na_2S_2O_3 \cdot 5H_2O$	248.18
$Ce(SO_4)_2$	333.25	KBr	119.01	Na_2SiF_6	188.06
$Ce(SO_4)_2 \cdot 2(NH_4)_2$	632.56	$KBrO_3$	167.01	Na_2S	78.04
CO_2	44.01	KCl	74.56	Na_2SO_3	126.04
CH_3COOH	60.05	K_2CO_3	138.21	NH_4Cl	53.49
$C_6H_8O_7 \cdot H_2O$（柠檬酸）	210.14	KCN	65.12	NH_3	17.03
$C_4H_8O_6$（酒石酸）	150.09	K_2CrO_4	194.20	$(NH_4)_2SO_4$	132.14
CH_3COCH_3	58.08	$K_2Cr_2O_7$	294.19	P_2O_5	141.95
C_6H_5OH	94.11	$KHC_8H_4O_4$	204.23	PbO_2	239.19
$C_2H_2(COOH)_2$（丁烯二酸）	116.07	KI	166.01	$PbCrO_4$	323.18
		KIO_3	214.00	SiF_4	104.08
CuO	79.54	$KMnO_4$	158.04	SiO_2	60.08
$CuSO_4$	159.60	K_2O	94.20	SO_2	64.06
$CuSO_4 \cdot 5H_2O$	249.68	KOH	56.11	SO_3	80.06
CuSCN	121.62	KSCN	97.18	$SnCl_2$	189.60
FeO	71.85	K_2SO_4	174.26	TiO_2	79.90
Fe_2O_3	159.69	$KAl(SO_4)_2 \cdot 12H_2O$	474.39	ZnO_2	81.37
Fe_3O_4	231.54	KNO_2	85.10	$ZnSO_4 \cdot 7H_2O$	287.54

表 9-2-3 常用指示剂

酸碱指示剂

指示剂名称	变色范围（pH）	颜色 酸色~碱色	配制方法
甲基紫（第一变色点）	0.13~0.5	黄~绿	0.1%或0.05%的水溶液
甲酚红（第一变色点）	0.2~1.8	红~黄	0.04g指示剂溶于100mL 50%乙醇溶液
甲基紫（第二变色点）	1.0~1.5	绿~蓝	0.1%水溶液
百里酚蓝（麝香草酚蓝）（第一变色点）	1.2~2.8	红~黄	0.1g指示剂溶于100mL 20%乙醇溶液
甲基紫（第三变色范围）	2.0~3.0	蓝~紫	0.1%水溶液
甲基橙	3.1~4.4	红~黄	0.1%水溶液
溴酚蓝	3.0~4.6	黄~蓝	0.1g指示剂溶于100mL 20%乙醇溶液
刚果红	3.0~5.2	蓝紫~红	0.1%水溶液
溴甲酚绿	3.8~5.4	黄~蓝	0.1g指示剂溶于100mL 20%乙醇溶液
甲基红	4.4~6.2	红~黄	0.1g指示剂溶于100mL 60%乙醇溶液
溴酚红	5.0~6.8	黄~红	0.1g指示剂溶于100mL 20%乙醇溶液
溴百里酚蓝	6.0~7.6	黄~蓝	0.05g指示剂溶于100mL 20%乙醇溶液
中性红	6.8~8.0	红~亮黄	0.1g指示剂溶于100mL 60%乙醇
酚红	6.8~8.0	黄~红	0.1g指示剂溶于100mL 20%乙醇
甲酚红	7.2~8.8	亮黄~紫红	0.1g指示剂溶于100mL 50%乙醇
百里酚蓝（麝香草酚蓝）（第二变色点）	8.0~9.6	黄~蓝	参见第一变色范围
酚酞	8.2~10.0	无色~紫红	0.1g指示剂溶于100mL 60%乙醇
百里酚酞	9.3~10.5	无色~蓝	0.1g指示剂溶于100mL 90%乙醇

配合滴定指示剂

指示剂名称	颜色 游离态	颜色 化合物	配制方法
铬黑T（EBT）	蓝	酒红	将0.2g铬黑T溶于15mL 三乙醇胺及5mL甲醇中
钙指示剂	蓝	红	将0.5g钙指示剂与100g NaCl研细、混匀
二甲酚橙（XO）	黄	红	将0.1g二甲酚橙溶于100mL离子交换水中
K-B指示剂	蓝	红	将0.5g酸性铬蓝K加1.25g萘酚绿B，再加25g K_2SO_4研细、混匀
磺基水杨酸	无	红	10%水溶液
PAN指示剂	黄	红	将0.2g PAN溶于100g乙醇中
邻苯二酚紫	紫	蓝	将0.1g邻苯二酚紫溶于100mL离子交换水中
钙镁试剂	红	蓝	将0.5g钙镁试剂溶于100mL离子交换水中

吸附指示剂

指示剂名称	配制方法	测定元素（括号内为滴定剂）	颜色变化	测定条件
荧光黄	1%钠盐水溶液	Cl^-、Br^-、I^-、SCN^-（Ag^+）	黄绿~粉红	中性或弱酸性
二氯荧光黄	1%钠盐水溶液	Cl^-、Br^-、I^-（Ag^+）	黄绿~粉红	pH=4.4~7.2
四溴荧光黄（曙红）	1%钠盐水溶液	Br^-、I^-（Ag^+）	橙红~红紫	pH=1~2

氧化还原指示剂

指示剂名称	$E_A^\ominus/V$	颜色变化 氧化态	颜色变化 还原态	溶液配制方法
二苯胺	0.76	紫	无色	1%的浓 H_2SO_4 溶液
二苯胺磺酸钠	0.85	紫红	无色	0.5%的水溶液
亚甲基蓝	0.532	天蓝色	无色	0.05%的水溶液
N-邻苯氨基苯酸钠	1.08	紫红	无色	0.1g 指示剂加 20mL 的 Na_2CO_3 溶液,用水稀释至 100mL
邻二氮菲-Fe（Ⅱ）	1.06	浅蓝	红	1.485g 邻二氮菲加 0.965g $FeSO_4$；溶解,稀释至 100mL (0.025mol/L)
5-硝基邻二氮菲-Fe（Ⅱ）	1.25	浅蓝	紫红	1.608g 5-硝基邻二氮菲加 0.695g $FeSO_4$,溶解,稀释至 100mL (0.025mol·L^{-1} 水溶液)

表 9-2-4　常用基准物质及其干燥条件

基准物质 名称	基准物质 分子式	干燥后组成	干燥条件	标定对象
碳酸氢钠	$NaHCO_3$	Na_2CO_3	270～300℃	酸
碳酸钠	$Na_2CO_3·10H_2O$	Na_2CO_3	270～300℃	酸
硼砂	$Na_2B_4O_7·10H_2O$	$Na_2B_4O_7·10H_2O$	放在含 NaCl 和蔗糖饱和液的干燥器中	酸
碳酸氢钾	$KHCO_3$	K_2CO_3	270～300℃	酸
乙二酸	$H_2C_2O_4·2H_2O$	$H_2C_2O_4·2H_2O$	室温空气干燥	碱或 $KMnO_4$
邻苯二甲酸氢钾	$KHC_8H_4O_4$	$KHC_8H_4O_4$	110～120℃	碱
重铬酸钾	$K_2Cr_2O_7$	$K_2Cr_2O_7$	140～150℃	还原剂
溴酸钾	$KBrO_3$	$KBrO_3$	130℃	还原剂
碘酸钾	KIO_3	KIO_3	130℃	还原剂
铜	Cu	Cu	室温干燥器中保存	还原剂
三氧化二砷	As_2O_3	As_2O_3	室温干燥器中保存	氧化剂
乙二酸钙	$Na_2C_2O_4$	$Na_2C_2O_4$	130℃	氧化剂
碳酸钙	$CaCO_3$	$CaCO_3$	110℃	EDTA
锌	Zn	Zn	室温干燥器中保存	EDTA
氧化锌	ZnO	ZnO	900～1000℃	EDTA
氯化钠	NaCl	NaCl	500～600℃	$AgNO_3$
氯化钾	KCl	KCl	500～600℃	$AgNO_3$
硝酸银	$AgNO_3$	$AgNO_3$	280～290℃	氯化物
氨基磺酸	$HOSO_2NH_2$	$HOSO_2NH_2$	在真空 H_2SO_4 干燥器中保存 48h	碱
氟化钠	NaF	NaF	铂坩埚中 500～550℃下保存 40～50min 后, H_2SO_4 干燥器中冷却	

表 9-2-5 弱酸、弱碱在水中的解离常数 (298.15K)

物质（弱酸）	$K_a^\ominus$	$pK_a^\ominus$
H_3AsO_4	$K_{a_1}^\ominus = 6.3 \times 10^{-3}$	2.20
	$K_{a_2}^\ominus = 1.0 \times 10^{-7}$	7.00
	$K_{a_3}^\ominus = 3.2 \times 10^{-12}$	11.50
H_3BO_3	$K_a^\ominus = 5.8 \times 10^{-10}$	9.24
H_2CO_3	$K_{a_1}^\ominus = 4.2 \times 10^{-7}$	6.38
	$K_{a_2}^\ominus = 5.6 \times 10^{-11}$	10.25
HCN	$K_a^\ominus = 6.2 \times 10^{-10}$	9.21
H_2CrO_4	$K_{a_1}^\ominus = 1.8 \times 10^{-1}$	0.74
	$K_{a_2}^\ominus = 3.2 \times 10^{-7}$	6.50
HF	$K_a^\ominus = 6.6 \times 10^{-4}$	3.18
HNO_2	$K_a^\ominus = 5.1 \times 10^{-4}$	3.29
H_2O_2	$K_a^\ominus = 1.8 \times 10^{-12}$	11.75
H_3PO_4	$K_{a_1}^\ominus = 7.6 \times 10^{-3}$	2.12
	$K_{a_2}^\ominus = 6.3 \times 10^{-8}$	7.20
	$K_{a_3}^\ominus = 4.4 \times 10^{-13}$	12.36
H_2S	$K_{a_1}^\ominus = 1.3 \times 10^{-7}$	6.88
	$K_{a_2}^\ominus = 7.1 \times 10^{-15}$	14.15
H_2SO_3	$K_{a_1}^\ominus = 1.3 \times 10^{-2}$	1.90
	$K_{a_2}^\ominus = 6.3 \times 10^{-8}$	7.20
HCOOH	$K_a^\ominus = 1.8 \times 10^{-4}$	3.74
CH_3COOH	$K_a^\ominus = 1.8 \times 10^{-5}$	4.74
$CH_3CHOHCOOH$	$K_a^\ominus = 1.4 \times 10^{-4}$	3.86
C_6H_5COOH	$K_a^\ominus = 6.2 \times 10^{-5}$	4.21
$H_2C_2O_4$	$K_{a_1}^\ominus = 5.9 \times 10^{-2}$	1.22
	$K_{a_2}^\ominus = 6.4 \times 10^{-5}$	4.19
C_6H_5OH	$K_a^\ominus = 1.1 \times 10^{-10}$	9.95

物质（弱碱）	$K_b^\ominus$	$pK_b^\ominus$
NH_3	$K_b^\ominus = 1.8 \times 10^{-5}$	4.74
H_2NNH_2	$K_{b_1}^\ominus = 3.0 \times 10^{-6}$	5.52
	$K_{b_2}^\ominus = 7.6 \times 10^{-15}$	14.12
NH_2OH	$K_b^\ominus = 9.1 \times 10^{-9}$	8.04
CH_3NH_2	$K_b^\ominus = 4.2 \times 10^{-4}$	3.38
$C_2H_5NH_2$	$K_b^\ominus = 5.6 \times 10^{-4}$	3.25
$(CH_3)_2NH$	$K_b^\ominus = 1.2 \times 10^{-4}$	3.93
$(C_2H_5)_2NH$	$K_b^\ominus = 1.3 \times 10^{-3}$	2.89
$(CH_2)_6NH_4$	$K_b^\ominus = 1.4 \times 10^{-9}$	8.85
$H_2NCH_2CH_2NH_2$	$K_{b_1}^\ominus = 8.5 \times 10^{-5}$	4.07
	$K_{b_2}^\ominus = 7.1 \times 10^{-8}$	7.15

表 9-2-6　溶度积常数

化学式	$K_{sp}^{\ominus}$	化学式	$K_{sp}^{\ominus}$
AgAc	1.9×10^{-3}	Bi(OH)$_3$	4×10^{-31}
AgBr	5.3×10^{-13}	BiONO$_3$	4.1×10^{-5}
AgCl	1.8×10^{-10}	CaCO$_3$	4.9×10^{-9}
Ag$_2$CO$_3$	8.3×10^{-12}	CaC$_2$O$_4 \cdot$H$_2$O	2.3×10^{-9}
Ag$_2$CrO$_4$	1.1×10^{-12}	CaCrO$_4$	7.1×10^{-4}
Ag$_2$Cr$_2$O$_7$	2.0×10^{-7}	CaF$_2$	1.5×10^{-10}
AgIO$_3$	3.1×10^{-8}	Ca(OH)$_2$	4.6×10^{-6}
AgI	8.3×10^{-17}	CaHPO$_4$	1.8×10^{-7}
AgNO$_2$	3.0×10^{-5}	Ca$_3$(PO$_4$)$_2$（低温）	2.1×10^{-33}
Ag$_3$PO$_4$	8.7×10^{-17}	Ca$_3$(PO$_4$)$_2$（高温）	8.4×10^{-32}
Ag$_2$SO$_4$	1.2×10^{-5}	CaSO$_4$	7.1×10^{-5}
Ag$_2$SO$_3$	1.5×10^{-14}	Cd(OH)$_2$	5.3×10^{-15}
Ag$_2$S-α	6.3×10^{-50}	CdS	1.4×10^{-29}
Ag$_2$S-β	1.0×10^{-49}	Co(OH)$_2$（新）	9.7×10^{-16}
Al(OH)$_3$	1.3×10^{-33}	Co(OH)$_2$（旧）	2.3×10^{-16}
BaCO$_3$	2.6×10^{-9}	Co(OH)$_3$	1.6×10^{-44}
BaCrO$_4$	1.2×10^{-10}	CoS-α	4.0×10^{-21}
BaSO$_4$	1.1×10^{-10}	CoS-β	2.0×10^{-25}
Be(OH)$_2$-α	6.7×10^{-22}	Cr(OH)$_3$	6.3×10^{-31}
CuCl	1.7×10^{-7}	Mg$_3$(PO$_4$)$_2$	1.0×10^{-24}
CuCN	3.5×10^{-20}	Mn(OH)$_2$(am)	2.0×10^{-13}
Cu(OH)$_2$	2.2×10^{-20}	MnS(am)	2.5×10^{-10}
Cu$_2$P$_2$O$_7$	7.6×10^{-16}	MnS (cr)	4.5×10^{-14}
CuS	1.2×10^{-36}	Ni(OH)$_2$（新）	5.0×10^{-16}
Cu$_2$S	2.2×10^{-48}	NiS-α	1.0×10^{-21}
Fe(OH)$_2$	4.9×10^{-17}	NiS-β	1.0×10^{-24}
Fe(OH)$_3$	2.8×10^{-39}	NiS-γ	2.0×10^{-26}
FeS	1.6×10^{-19}	PbCO$_3$	1.5×10^{-13}
HgI$_2$	2.8×10^{-29}	PbCl$_2$	1.7×10^{-5}
Hg$_2$Cl$_2$	1.4×10^{-18}	PbCrO$_4$	2.8×10^{-13}
Hg$_2$I$_2$	5.3×10^{-29}	PbI$_2$	8.4×10^{-9}
Hg$_2$SO$_4$	7.9×10^{-7}	PbSO$_4$	1.8×10^{-8}
Hg$_2$S	1.0×10^{-47}	PbS	9.0×10^{-29}
HgS（红）	2.0×10^{-53}	Sn(OH)$_2$	5.0×10^{-27}
HgS（黑）	6.4×10^{-53}	Sn(OH)$_4$	1.0×10^{-56}
Li$_2$CO$_3$	8.1×10^{-4}	SnS	1.0×10^{-25}
LiF	1.8×10^{-3}	SrSO$_4$	3.4×10^{-7}
Li$_3$PO$_4$	3.2×10^{-9}	Zn(OH)$_2$	6.8×10^{-17}
MgCO$_3$	6.8×10^{-6}	ZnS-α	1.6×10^{-24}
MgF$_2$	7.4×10^{-11}	ZnS-β	2.5×10^{-22}
Mg(OH)$_2$	5.1×10^{-12}		

表 9-2-7 某些配离子的标准稳定常数（298.15K）

配离子	$K_f^\ominus$	配离子	$K_f^\ominus$
$[AgCl_2]^-$	1.84×10^5	$[Fe(CN)_6]^{4-}$	4.2×10^{45}
$[AgBr_2]^-$	1.93×10^7	$[Fe(NCS)]^{2+}$	9.10×10^2
$[AgI_2]^-$	4.80×10^{10}	$[HgBr_4]^{2-}$	9.22×10^{20}
$[Ag(NH_3)]^+$	2.07×10^3	$[HgCl]^+$	5.73×10^6
$[Ag(NH_3)_2]^+$	1.67×10^7	$[HgCl]_2$	1.46×10^{13}
$[Ag(CN)_2]^-$	2.48×10^{20}	$[HgCl_4]^{2-}$	1.31×10^{15}
$[Ag(SCN)_2]^-$	2.04×10^8	$[HgI_4]^{2-}$	5.66×10^{29}
$[Ag(S_2O_3)_2]^{3-}$	2.9×10^{13}	HgS_2^{2-}	3.36×10^{51}
$[Al(OH)_4]^-$	3.31×10^{33}	$[Hg(NH_3)_6]^{2+}$	1.95×10^{19}
$[AlF_6]^{3-}$	6.9×10^{19}	$[Hg(NCS)_4]^{2-}$	4.98×10^{21}
$[BiCl_4]^-$	7.96×10^6	$[Ni(NH_3)_6]^{2+}$	8.97×10^8
$[Ca(EDTA)]^{2-}$	1×10^{11}	$[Ni(CN)_4]^{2-}$	1.31×10^{30}
$[Cd(NH_3)_4]^{2+}$	2.78×10^7	$[Pb(OH)_3]^-$	8.27×10^{13}
$[Co(NH_3)_4]^{2+}$	1.3×10^5	$[PbCl_4]^-$	27.2
$[Co(NH_3)_6]^{3+}$	1.6×10^{35}	$[PbI_4]^{2-}$	1.66×10^4
$[CuCl_2]^-$	6.91×10^4	$[Pb(CH_3CO_2)]^+$	152
$[Cu(NH_3)_4]^{2+}$	7.96×10^6	$[Pb(CH_3CO_2)]_2$	826
$[Cu(P_2O_7)_2]^{6-}$	2.30×10^{12}	$[Pb(EDTA)]^{2-}$	2×10^{18}
$[Cu(CN)_2]^-$	8.24×10^8	$[Zn(OH)_4]^{2-}$	2.83×10^{14}
$[FeF_6]^{3-}$	2.0×10^{15}	$[Zn(NH_3)_4]^{2+}$	3.60×10^8
$[Fe(CN)_6]^{3-}$	4.1×10^{52}		

表 9-2-8 常用缓冲溶液

缓冲溶液组成	$pK_a^\ominus$	缓冲溶液 pH	配制方法
NH_3-NH_4Cl	9.26	10.0	54g NH_4Cl 溶于水，加浓氨水 350mL，稀释至 1L
NH_3-NH_4Cl	9.26	9.2	54g NH_4Cl 溶于水，加浓氨水 63mL，稀释至 1L
NH_3-NH_4Cl	9.26	8.0	100g NH_4Cl 溶于水，加浓氨水 7.0mL，稀释至 1L
NH_4Ac-HAc	4.75	6.0	60g NH_4Ac 溶于水，加冰醋酸 20mL，稀释至 1L
NH_4Ac-HAc	4.75	5.0	77g NH_4Ac 溶于水，加冰醋酸 59mL，稀释至 1L
NaAc-HAc	4.75	4.7	83g 无水 NaAc 溶于水，加冰醋酸 60mL，稀释至 1L
NaAc-HAc	4.75	5.0	120g 无水 NaAc 溶于水，加冰醋酸 60mL，稀释至 1L
$(CH_2)_6N_4$-HCl	5.15	5.4	40g$(CH_2)_6N_4$ 溶 200mL 水，加浓 HCl 10mL，稀释至 1L
Tris-HCl	8.21	8.2	25g Tris 溶于水，加浓 HCl 8mL，稀释至 1L

表 9-2-9 标准电极电势 (298.15K)

在酸性溶液中

电极反应	$\varphi_a^\ominus/V$
$Li^+ + e \rightleftharpoons Li$	-3.040
$K^+ + e \rightleftharpoons K$	-2.924
$Ba^{2+} + 2e \rightleftharpoons Ba$	-2.92
$Ca^{2+} + 2e \rightleftharpoons Ca$	-2.84
$Na^+ + e \rightleftharpoons Na$	-2.714
$Mg^{2+} + 2e \rightleftharpoons Mg$	-2.356
$Be^{2+} + 2e \rightleftharpoons Be$	-1.99
$Al^{3+} + 3e \rightleftharpoons Al$	-1.676
$Mn^{2+} + 2e \rightleftharpoons Mn$	-1.18
$Zn^{2+} + 2e \rightleftharpoons Zn$	-0.7626
$Cr^{2+} + 2e \rightleftharpoons Cr$	-0.74
$Fe^{2+} + 2e \rightleftharpoons Fe$	-0.44
$Cd^{2+} + 2e \rightleftharpoons Cd$	-0.403
$PbSO_4 + 2e \rightleftharpoons Pb + SO_4^{2-}$	-0.356
$Co^{2+} + 2e \rightleftharpoons Co$	-0.277
$Ni^{2+} + 2e \rightleftharpoons Ni$	-0.257
$AgI + e \rightleftharpoons Ag + I^-$	-0.1522
$Sn^{2+} + 2e \rightleftharpoons Sn$	-0.136
$Pb^{2+} + 2e \rightleftharpoons Pb$	-0.126
$2H^+ + 2e \rightleftharpoons H_2$	0
$AgBr + e \rightleftharpoons Ag + Br^-$	0.0711
$S + 2H^+ + 2e \rightleftharpoons H_2S$	0.144
$Sn^{4+} + 2e \rightleftharpoons Sn^{2+}$	0.154
$SO_4^{2-} + 4H^+ + 2e \rightleftharpoons H_2SO_3 + H_2O$	0.158
$Cu^{2+} + e \rightleftharpoons Cu^+$	0.159
$AgCl + e \rightleftharpoons Ag + Cl^-$	0.2223
$Hg_2Cl_2 + 2e \rightleftharpoons 2Hg + 2Cl^-$	0.2682
$Cu^{2+} + 2e \rightleftharpoons Cu$	0.340
$[Fe(CN)_6]^{3-} + e \rightleftharpoons [Fe(CN)_6]^{4-}$	0.361
$2H_2SO_3 + 2H^+ + 4e \rightleftharpoons S_2O_3^{2-} + 3H_2O$	0.400
$Cu^+ + e \rightleftharpoons Cu$	0.52
$I_2 + 2e \rightleftharpoons 2I^-$	0.5355
$Cu^{2+} + Cl^- + e \rightleftharpoons CuCl$	0.559
$H_3AsO_4 + 2H^+ + 2e \rightleftharpoons HAsO_2 + 2H_2O$	0.560
$2HgCl_2 + 2e \rightleftharpoons Hg_2Cl_2 + 2Cl^-$	0.63

续表

电极反应	$\varphi_a^{\ominus}/V$
$O_2+2H^++2e \rightleftharpoons H_2O_2$	0.695
$Fe^{3+}+2e \rightleftharpoons Fe^{2+}$	0.771
$Hg_2^{2+}+2e \rightleftharpoons 2Hg$	0.7960
$Ag^++e \rightleftharpoons Ag$	0.7991
$Hg^{2+}+2e \rightleftharpoons Hg$	0.8535
$Cu^{2+}+I^-+e \rightleftharpoons CuI$	0.86
$2Hg^{2+}+2e \rightleftharpoons Hg_2^{2+}$	0.911
$NO_3^-+3H^++2e \rightleftharpoons H_2O+HNO_2$	0.94
$NO_3^-+4H^++3e \rightleftharpoons 2H_2O+NO$	0.957
$HIO+H^++e \rightleftharpoons H_2O+I^-$	0.985
$HNO_2+H^++e \rightleftharpoons H_2O+NO$	0.996
$Br_2+2e \rightleftharpoons 2Br^-$	1.065
$IO_3^-+4H^++3e \rightleftharpoons 2H_2O+HIO$	1.14
$2IO_3^-+12H^++10e \rightleftharpoons 6H_2O+I_2$	1.195
$ClO_4^-+2H^++2e \rightleftharpoons H_2O+ClO_3^-$	1.201
$O_2+4H^++4e \rightleftharpoons 2H_2O$	1.229
$MnO_2+4H^++2e \rightleftharpoons 2H_2O+Mn^{2+}$	1.23
$2HNO_2+4H^++4e \rightleftharpoons 3H_2O+N_2O$	1.297
$Cl_2+2e \rightleftharpoons 2Cl^-$	1.3583
$Cr_2O_7^{2-}+14H^++6e \rightleftharpoons 7H_2O+2Cr^{3+}$	1.36
$ClO_4^-+8H^++8e \rightleftharpoons 4H_2O+Cl^-$	1.389
$2ClO_4^-+16H^++14e \rightleftharpoons 8H_2O+Cl_2$	1.392
$ClO_3^-+6H^++6e \rightleftharpoons 3H_2O+Cl^-$	1.45
$PbO_2+4H^++2e \rightleftharpoons 2H_2O+Pb^{2+}$	1.46
$2ClO_3^-+12H^++12e \rightleftharpoons 6H_2O+Cl_2$	1.468
$BrO_3^-+6H^++6e \rightleftharpoons 3H_2O+Br^-$	1.478
$2BrO_3^-+12H^++12e \rightleftharpoons 6H_2O+Br_2$	1.5
$MnO_4^-+8H^++5e \rightleftharpoons 4H_2O+Mn^{2+}$	1.51
$2HClO+2H^++2e \rightleftharpoons H_2O+Cl_2$	1.630
$MnO_4^-+4H^++3e \rightleftharpoons 2H_2O+MnO_2$	1.70
$H_2O_2+2H^++2e \rightleftharpoons 2H_2O$	1.763
$S_2O_8^{2-}+2e \rightleftharpoons 2SO_4^{2-}$	1.96
$FeO_4^{2-}+8H^++3e \rightleftharpoons 4H_2O+Fe^{3+}$	2.20
$BaO_2+4H^++2e \rightleftharpoons 2H_2O+Ba^{2+}$	2.365
$XeF_2+2H^++2e \rightleftharpoons 2HF+Xe(g)$	2.64
$F_2+2e \rightleftharpoons 2F^-$	2.87
$F_2+2H^++2e \rightleftharpoons 2HF(aq)$	3.053
$XeF+e \rightleftharpoons Xe(g)+F^-$	3.4

在碱性溶液中

电极反应	$\varphi_b^\ominus/V$
$Ca(OH)_2 + 2e \rightleftharpoons Ca + 2OH^-$	−3.02
$Mg(OH)_2 + 2e \rightleftharpoons Mg + 2OH^-$	−2.687
$[Al(OH)_4]^- + 3e \rightleftharpoons Al + 4OH^-$	−2.310
$SiO_3^{2-} + 3H_2O + 4e \rightleftharpoons Si + 6OH^-$	−1.697
$Cr(OH)_3 + 3e \rightleftharpoons Cr + 3OH^-$	−1.48
$[Zn(OH)_4]^{2-} + 2e \rightleftharpoons Zn + 4OH^-$	−1.285
$HSnO_2^- + H_2O + 2e \rightleftharpoons Sn + 3OH^-$	−0.91
$2H_2O + 2e \rightleftharpoons H_2 + 2OH^-$	−0.828
$[Fe(OH)_4]^- + e \rightleftharpoons [Fe(OH)_4]^{2-}$	−0.73
$Ni(OH)_2 + 2e \rightleftharpoons Ni + 2OH^-$	−0.72
$AsO_2^- + 2H_2O + 3e \rightleftharpoons As + 4OH^-$	−0.68
$AsO_4^{3-} + 2H_2O + 2e \rightleftharpoons AsO_2^- + 4OH^-$	−0.67
$SO_3^{2-} + 3H_2O + 4e \rightleftharpoons S + 6OH^-$	−0.59
$2SO_3^{2-} + 3H_2O + 4e \rightleftharpoons S_2O_3^{2-} + 6OH^-$	−0.576
$NO_2^- + H_2O + e \rightleftharpoons NO + 2OH^-$	−0.46
$S + 2e \rightleftharpoons S^{2-}$	−0.407
$CrO_4^{2-} + 4H_2O + 3e \rightleftharpoons [Cr(OH)_4]^- + 4OH^-$	−0.13
$O_2 + H_2O + 2e \rightleftharpoons HO_2^- + OH^-$	−0.076
$Co(OH)_3 + e \rightleftharpoons Co(OH)_2 + OH^-$	0.17
$O_2 + 2H_2O + 4e \rightleftharpoons 4OH^-$	0.401
$2ClO^- + 2H_2O + 2e \rightleftharpoons 4OH^- + Cl_2$	0.421
$MnO_4^- + e \rightleftharpoons MnO_4^{2-}$	0.56
$MnO_4^- + 2H_2O + 3e \rightleftharpoons 4OH^- + MnO_2$	0.60
$MnO_4^{2-} + 2H_2O + 2e \rightleftharpoons 4OH^- + MnO_2$	0.62
$HO_2^- + H_2O + 2e \rightleftharpoons 3OH^-$	0.867
$ClO^- + H_2O + 2e \rightleftharpoons 2OH^- + Cl^-$	0.890
$O_3 + H_2O + 2e \rightleftharpoons O_2 + OH^-$	1.246

表 9-2-10　水在 0~100℃ 的物性数据

温度/℃	密度/(g·cm^{-3})	定压热容/(J·g^{-1}·K^{-1})	蒸汽压/kPa	黏度/(μPa·s)	热导率/(mW·K^{-1}·m^{-1})	相对介电常数	表面张力/(mN·m^{-1})
0	0.999 84	4.2176	0.6113	1793	561.0	87.90	75.64
10	0.999 70	4.1921	1.2281	1307	580.0	83.96	74.23
20	0.998 21	4.1818	2.3388	1002	598.4	80.20	72.75
30	0.995 65	4.1784	4.2455	797.7	615.4	76.60	71.20
40	0.992 22	4.1785	7.3814	653.2	630.5	73.17	69.60
50	0.988 03	4.1806	12.344	547.0	643.5	69.88	67.94
60	0.983 20	4.1843	19.932	466.5	654.3	66.73	66.24

续表

温度/℃	密度/(g·cm^{-3})	定压热容/(J·g^{-1}·K^{-1})	蒸汽压/kPa	黏度/(μPa·s)	热导率/(mW·K^{-1}·m^{-1})	相对介电常数	表面张力/(mN·m^{-1})
70	0.977 78	4.1895	31.176	404.0	663.1	63.73	64.47
80	0.971 82	4.1963	47.373	354.4	670.0	60.86	62.67
90	0.965 35	4.2050	70.117	314.5	675.3	58.12	60.82
100	0.958 40	4.2159	101.325	281.8	679.1	55.51	58.91

表 9-2-11　常用溶剂的折射率（25℃）

名　称	η_D	名　称	η_D
甲醇	1.326	四氯化碳	1.459
乙醚	1.352	乙苯	1.493
丙酮	1.357	甲苯	1.494
乙醇	1.359	苯	1.498
乙酸	1.370	苯乙烯	1.545
乙酸乙酯	1.370	溴苯	1.557
正己烷	1.372	苯胺	1.583
1-丁醇	1.397	溴仿	1.587
氯仿	1.444		

表 9-2-12　常用浓酸、浓碱的密度和浓度

试剂名称	密度/(g·mL^{-1})	w/%	c/(mol·L^{-1})
盐酸	1.18～1.19	36～38	11.6～12.4
硝酸	1.39～1.40	65.0～68.0	14.4～15.2
硫酸	1.83～1.84	95～98	17.8～18.4
磷酸	1.69	85	14.6
高氯酸	1.68	70.0～72.0	11.7～12.0
冰醋酸	1.05	99.8（优级纯） 99.0（分析纯、化学纯）	17.4
氢氟酸	1.13	40	22.5
氢溴酸	1.49	47.0	8.6
氨水	0.88～0.90	25.0～28.0	13.3～14.8

表 9-2-13　常用液体的黏度（25℃）

名　称	η/(mPa·s)	名　称	η/(mPa·s)
正戊烷	0.23	丙酮	0.32
环己烷	0.90	乙腈	0.37
氯仿	0.57	甲醇	0.54
乙醚	0.23	乙醇	1.08
二氯甲烷	0.44	乙二醇	16.5
四氢呋喃	0.46	水	0.89

表 9-2-14　常见基团和化学键的红外吸收特征频率

基　团	频率/cm^{-1}	吸收强度
1. 烷基		
C—H(伸缩)	2853～2962	M～S
—CH(CH$_3$)$_2$	1380～1385 及 1365～1370	S
—C(CH$_3$)$_3$	1385～1395 及 ～1365	M
2. 烯基		
C—H(伸缩)	3010～3095	M
C=C	1620～1680	不定
R—CH=CH$_2$	985～1000 及 905～920	S
R$_2$C=CH$_2$	880～900	S
(C—H 面外弯曲振动)		
(Z)RCH=CHR	675～730	S
(E)RCH=CHR	960～975	S
3. 炔基		
≡C—H (伸缩)	～3300	M
C≡C (伸缩)	2100～2260	不定
4. 芳香烃		
AR—H	～3030	不定
芳烃取代类型		
(C—H 面外弯曲振动)		
一取代	690～710 及 730～770	S
邻二取代	735～770	S
间二取代	680～725 及 750～810	S
对二取代	790～840	S
5. 醇、酚和羧酸		
O—H（醇、酚）	3200～3600	宽, S
O—H（羧酸）	2500～3600	宽, S
6. 醛、酮、酯和羧酸		
C=O（伸缩）	1690～1750	VS
7. 胺		
N—H	3300～3500	M
8. 氰		
C≡N	2200～2600	M

注：VS 表示非常强；S 表示强；M 表示中等。

表 9-2-15 有机溶剂与试剂的物理常数

溶剂	相对分子质量	密度(20℃)/(g·cm^{-3})	介电常数	溶解度/[g·(100g 水)$^{-1}$]	沸点(1.013×10^{5}Pa)/℃	熔点/℃	闪点/℃	阈值(10^{-6})
甲醇	32	0.79	32.7	∞	65	−98	12	200
乙醇	46	0.79	24.6	∞	78	−114	13	1000
丙醇	60	0.80	20.3	∞	97	−126	25	200
异丙醇	60	0.79	19.9	∞	82	−88	12	100
正丁醇	74	0.81	17.5	7.45	118	−89	29	100
乙二醇	62	1.11	37.7	∞	197	−13	116	
二甘醇	106	1.11	31.7	∞	245	−7	143	
三甘醇	150	1.12	23.7	∞	288	4	166	
甘油	92	1.26	42.5	∞	290	18	177	
丙酮	58	0.79	20.7	∞	56	−95	−18	1000
乙醚	74	0.1	4.3	6.0	35	116	−45	400
二丁醚	130	0.77	3.1	0.30(20℃)	142	−95	38	
四氢呋喃	72	0.89	7.6	∞	66	−109	−14	200
1,4-二氧己环	88	1.03	2.2	∞	101	12	12	50
乙二醇单甲醚	76	0.96	16.9	∞	125	−85	42	25
乙二醇二甲醚	90	0.86	7.2	∞	83	−58	1	
二甘醇单甲醚	120	1.02		∞	194	−76	93	
二甘醇二甲醚	134	0.94		∞	160		63	
苯甲醚	108	0.99	4.3	1.04	154	−38		
二苯醚	170	1.07	3.7(>27℃)	0.39	258	27	205	
戊烷	72	0.63	1.8	不溶	36	−130	−40	500
己烷	86	0.66	1.9	不溶	69	−95	−26	500
环己烷	84	0.78	2.0	0.01	81	6.5	−17	300

续表

溶 剂	相对分子质量	密度 (20℃)/(g·cm^{-3})	介电常数	溶解度/[g·(100g水)$^{-1}$]	沸点 (1.013×10^{5}Pa)/℃	熔点/℃	闪点/℃	阈值 (10^{-6})
苯	78	0.88	2.3	0.18	80	5.5	−11	25
甲苯	92	0.87	2.4	0.05	111	−95	4	100
1,3,5-三甲基苯	120	0.87	2.3	0.03 (20℃)	165	−45		
氯苯	113	1.11	5.6	0.05	132	−46	29	75
硝基苯	123	1.20	34.8	0.10 (20℃)	211	6	88	1
二氯甲烷	85	1.33	8.9	1.30	40	−95	无	250
氯仿	119	1.49	4.8	0.82 (20℃)	61	−64	无	25
四氯化碳	154	1.59	2.2	0.08	77	−23	无	10
二硫化碳	76	1.26	2.6	0.29	46	−111	−30	20
二甲亚砜	78	1.10	46.7	(>25.3℃)	189	18	95	
甲酸	46	1.22	58.5	∞	101	8		5
乙酸	60	1.05	6.2	∞	118	17	40	10
三氟乙酸	114	1.49	39.5	∞	72	−15	无	
乙酸乙脂	88	0.90	6.0	8.1	77	−84	−4	400
乙酸酐	102	1.08	20.7	反应	140	−73	53	5
甲酰胺	45	1.13	111	∞	210	3	154	20
二甲基甲酰胺	73	0.95	36.7	∞	153	−60	67	10
三乙胺	101	0.73	2.4	∞	90	−115		25
三乙醇胺	149	1.12 (20℃)	29.4	∞	335	22	179	
吡啶	79	0.98	12.4	∞	115	−42	23	5
硝基甲烷	61	114	35.9	11.1	101	−29	−41	100

表 9-2-16　一些常用试剂的配制方法

名　称	浓　度	配制方法
三氯化铋 BiCl$_3$	0.1 mol·L^{-1}	溶解 31.6g BiCl$_3$ 于 330mL 6mol·L^{-1} 的 HCl 中，加水稀释至 1L
硝酸汞 Hg(NO$_3$)$_2$	0.1 mol·L^{-1}	溶解 33.4g Hg(NO$_3$)$_2$·$\frac{1}{2}$H$_2$O 于 1L 0.6mol·L^{-1} 的 HNO$_3$ 中
硝酸亚汞 Hg$_2$(NO$_3$)$_2$	0.1 mol·L^{-1}	溶解 56.1g Hg$_2$(NO$_3$)$_2$·2H$_2$O 于 1L 0.6mol·L^{-1} 的 HNO$_3$ 中，并加少许金属汞
硫酸氧钛 TiOSO$_4$	0.1 mol·L^{-1}	溶解 19g 液态 TiCl$_4$ 于 220mL 1:1 的 H$_2$SO$_4$ 中，加水稀释至 1L（注意：液态 TiCl$_4$ 在空气中强烈发烟，因此，必须在通风橱中配制）
钼酸铵 (NH$_4$)$_6$Mo$_7$O$_{24}$	0.1 mol·L^{-1}	溶解 124g (NH$_4$)$_6$Mo$_7$O$_{24}$·2H$_2$O 于 1L H$_2$O 中
硫化铵 (NH$_4$)$_2$S	3 mol·L^{-1}	在 200mL 浓氨水中通入 H$_2$S。直至不再吸收为止。然后加入 200mL 浓氨水，加水稀释至 1L
氯化氧钒 VO$_2$Cl		将 1g 偏钒酸固体，加入 20mL 6mol·L^{-1} 的 HCl 和 10mL 水
三氯化锑 SbCl$_3$	0.1 mol·L^{-1}	溶解 22.8g SbCl$_3$ 于 330mL 6mol·L^{-1} 的 HCl 中，加水稀释至 1L
氯化亚锡 SnCl$_2$		溶解 22.6g SnCl$_2$·2H$_2$O 于 330mL 6mol·L^{-1} 的 HCl 中，加水稀释至 1L，加入数粒纯锡，以防止氧化
氯水		在水中通入氯气直至饱和
溴水		在水中滴入液溴至饱和
碘水	0.01 mol·L^{-1}	溶解 2.5g 碘和 3g KI 于尽可能少量的水中，加水稀释至 1L
镁试剂		溶解 0.01g 对硝基苯偶氮-间苯二酚于 1L 1mol·L^{-1} 的 NaOH 中
淀粉试剂	1%	将 1g 淀粉和少量冷水调成糊状，倒入 100mL 沸水中，煮沸后，冷却
奈斯勒试剂		溶解 115g HgI$_2$ 和 80g KI 于水中，稀释至 500mL，加入 500mL 6mol·L^{-1} 的 NaOH 溶液，静置后，取其清液，保存在棕色瓶中
二苯硫腙		溶解 0.1g 二苯硫腙于 1000mL CCl$_4$ 或 CHCl$_3$ 中
铬黑 T		将铬黑 T 和烘干的 NaCl 按 1:100 的比例研细，均匀混合，储于棕色瓶中备用
钙指示剂		将钙指示剂和烘干的 NaCl 按 1:50 的比例研细，均匀混合，储于棕色瓶中备用
亚硝酰铁氰化钠 Na$_2$[Fe(CN)$_5$NO]	1%	溶解 1g 亚硝酰铁氰化钠于 100mL 水中，如溶液变成蓝色，即需要重新配制（只能保存数天）

续表

名　称	浓　度	配制方法
甲基橙	0.1%	溶解1g甲基橙于1L热水中
石蕊	0.5%~1%	溶解5~10g石蕊于1L热水中
酚酞	0.1%	溶解1g酚酞于900mL乙醇与100mL水的混合液中
溴化百里酚蓝	0.1%	(1) 1g溴化百里酚蓝溶于1L 20%乙醇中 (2) 将100mg溴化百里酚蓝与3.2mL 0.05mol·L^{-1}的NaOH一起研匀，用水稀释至250mL
淀粉-碘化钾		0.5%淀粉溶液中含0.1mol·L^{-1}的KI
二乙酰二肟（镍试剂）		取1g二乙酰二肟溶于100mL 95%乙醇中
甲醛		取1份40%甲醛溶液与7份水混合
β-萘啉	2.5%	称2.5g β-萘啉溶于50mL 0.5mol·L^{-1} H$_2$SO$_4$中，加水至100mL
碳酸铵 (NH$_4$)$_2$CO$_3$	1mol·L^{-1}	96g研细的(NH$_4$)$_2$CO$_3$溶于1L 2mol·L^{-1}的氨水中
硫酸铵 (NH$_4$)$_2$SO$_4$	饱和	50g (NH$_4$)$_2$SO$_4$溶于100mL热水中，冷却后过滤
硫酸亚铁 FeSO$_4$	0.5mol·L^{-1}	溶解69.5g FeSO$_4$·7H$_2$O于适量水中，加入5mL 18mol·L^{-1}的H$_2$SO$_4$，用水稀释至500mL，置入小铁钉数枚
偏锑酸钠 NaSbO$_3$	0.1mol·L^{-1}	溶解12.2g锑粉于50mL浓HNO$_3$中微热，使锑粉全部作用成白色粉末，用倾析法洗涤数次，然后加入50mL 6mol·L^{-1}的NaOH，使之溶解，稀释至1L
硫化钠 Na$_2$S	1mol·L^{-1}	溶解240g Na$_2$S·9H$_2$O和40g NaOH于水中，稀释至1L
铁氰化钾 K$_3$[Fe(CN)$_6$]		取铁氰化钾0.7~1g溶解于水中，稀释至100mL（使用前临时配制）
二苯胺		将1g二苯胺在搅拌下溶于100mL相对密度为1.84的硫酸或100mL相对密度为1.7的磷酸中
铝试剂		1g铝试剂溶于1L水中
镁铵试剂		将100g MgCl$_2$·6H$_2$O和100g NH$_4$Cl溶于水中，加50mL浓氨水，用水稀释至1L
格里斯试剂		(1) 在加热下溶解0.5g对氨基苯磺酸于50mL 30%的HAc中，储于暗处保存 (2) 将0.4g α-萘胺与100mL水混合煮沸，在从蓝色渣滓中倾出的无色溶液中，加入6mL 80%的HAc。使用前将(1)、(2)合并
甲基红		每升60%乙醇中溶解2g甲基红
品红溶液		0.1%的水溶液
NH$_3$-NH$_4$Cl缓冲溶液		称20g NH$_4$Cl溶于适量水中，加入100mL氨水（相对密度为0.9），混合后稀释至1L，即为pH=10的缓冲溶液
二苯基碳酰二肼		取0.1g二苯偕肼（二苯基碳酰二肼），加入50mL 95%乙醇，溶解后再加入200mL 1:9的硫酸
乙酸铀酰锌 ZnAc$_2$·UO$_2$Ac$_2$		(1) 取10g UO$_2$Ac$_2$·2H$_2$O和6mL 6mol·L^{-1}的HAc溶于50mL水中 (2) 取30g ZnAc$_2$·2H$_2$O和3mL 6mol·L^{-1}的HAc溶于50mL水中 (3) 将上述两种溶液混合24h后，取清液使用

表 9-2-17 常用干燥剂的性能与应用范围

常用干燥剂	吸水作用	干燥性能	应用范围
氧化钙	形成 $CaCl_2 \cdot nH_2O$ $n=1, 2, 4, 6$	中等	可用干燥烃、烯、某些酮、醚、中性气体,价廉
硫酸镁	形成 $MgSO_4 \cdot nH_2O$ $n=1, 2, 4, 5, 6, 7$	较弱	可干燥酯、醛、酮、腈、酰胺,可代替氯化钙,应用范围广、中性
硫酸钠	形成 $Na_2SO_4 \cdot 10H_2O$	弱	常用于初步干燥,应用范围广,中性
硫酸铜	形成 $CuSO_4 \cdot 5H_2O$	强	可用干燥醇类、醚类,弱酸性
硫酸钙	形成 $CaSO_4 \cdot \frac{1}{2}H_2O$	强	常用在硫酸钠(镁)干燥后再用,应用范围广,中性
碳酸钙	形成 $CaCO_3 \cdot \frac{1}{2}H_2O$	较弱	可用于干燥醇、酮、酯、杂环等碱性化合物,弱碱性
氢氧化钠 氢氧化钾	溶于水	中等	用于干燥醚、烃、胺及杂环等碱性化合物,强碱性
钠	$Na+H_2O \Longrightarrow NaOH+\frac{1}{2}H_2$		干燥醚、烃、叔胺的痕量水
硅胶	形成 $SiO_2 \cdot nH_2O$	强	干燥器用
氧化钙	$CaO+H_2 \Longrightarrow Ca(OH)_2$	强	干燥中性和碱性气体、胺、醇、醚
活性氧化铝	形成 $Al_2O_3 \cdot nH_2O$		
五氧化二磷	$P_2O_5+3H_2O \Longrightarrow 2H_3PO_4$	强	干燥中性和酸性气体、乙烯、二氧化碳、烃、卤代烃及腈中痕量水
分子筛 (钠铝硅型、 钙铝硅型)	物理吸附	强	可干燥各类有机物、流动气体

附录3 常见阳离子的鉴定

1. K^+

K^+ 与 $Na_3[Co(NO_2)_6]$ 在中性或稀乙酸介质中反应,生成亮黄色 $K_2Na[Co(NO_2)_6]$ 沉淀:

$$2K^+ + Na^+ + [Co(NO_2)_6]^{3-} \Longrightarrow K_2Na[Co(NO_2)_6](s)$$

强酸与强碱均能使试剂分解,妨碍鉴定,因此,在鉴定时必须将溶液调节至中性或微酸性。NH_4^+ 也能与试剂反应生成橙色 $(NH_4)_3[Co(NO_2)_6]$ 沉淀,干扰 K^+ 的鉴定。为此,要在水浴上加热 2min 以使橙色沉淀完全分解:

$$NH_4^+ + NO_2^- \Longrightarrow N_2(g) + 2H_2O$$

加热时,黄色的 $K_2Na[Co(NO_2)_6]$ 无变化,从而消除了 NH_4^+ 的干扰。

Fe^{3+}、Cu^{2+}、Co^{2+} 和 Ni^{2+} 等有色离子对鉴定也有干扰。

鉴定步骤如下:

取 3~4 滴试液于试管中,加入 4~5 滴 $0.5mol \cdot L^{-1} Na_2CO_3$ 溶液,加热,使有色离子变为碳酸盐沉淀。离心分离,在所得清液中加入 $6.0mol \cdot L^{-1}$ HAc 溶液,再加入 2 滴 $Na_3[Co(NO_2)_6]$ 溶液,最后将试管放入沸水浴中加热 2min,若试管中有黄色沉淀,表示有 K^+ 存在。

2. Na$^+$

Na$^+$ 与 Zn(Ac)$_2$·UO$_2$(Ac)$_2$（乙酸铀酰锌）在中性或乙酸酸性介质中反应，生成淡黄色结晶状乙酸铀酰锌沉淀：

$$Na^+ + Zn^{2+} + 3UO_2^{2+} + 8Ac^- + HAc + 9H_2O =\!=\!=$$
$$NaAc·Zn(Ac)_2·3UO_2(Ac)_2·9H_2O\downarrow + H^+$$

在碱性溶液中，UO$_2$(Ac)$_2$ 可生成 (NH$_4$)$_2$U$_2$O$_7$、K$_2$U$_2$O$_7$ 或 K$_2$U$_2$O$_7$ 沉淀。在强酸性溶液中，乙酸铀酰锌钠沉淀的溶解度增加，因此，鉴定反应必须在中性或微酸性溶液中进行。

其他金属离子有干扰，可加 EDTA 配位掩蔽。

鉴定步骤如下：

取 3 滴试液于试管中，加 6.0mol·L^{-1} 氨水中和至碱性，再加 6.0mol·L^{-1} HAc 溶液酸化，然后加 3 滴饱和 EDTA 溶液和 6~8 滴乙酸铀酰锌，充分摇荡，放置片刻，若有淡黄色晶状沉淀生成，表示有 Na$^+$ 存在。

3. NH$_4^+$

NH$_4^+$ 与奈斯勒试剂（K$_2$[HgI$_4$]+KOH）反应生成红棕色的沉淀。

$$NH_4^+ + 2[HgI_4]^{2-} + 4OH^- =\!=\!= HgO·HgNH_2I(s) + 7I^- + 3H_2O$$

奈斯勒试剂是 K$_2$[HgI$_4$] 的碱性溶液。如果溶液中有 Fe^{3+}、Cr^{3+}、Co^{2+} 和 Ni^{2+} 等离子，能与 KOH 反应生成深色的氢氧化物沉淀，从而干扰 NH$_4^+$ 的鉴定，为此可改用下述方法：

在原来的溶液中加入 NaOH 溶液，微热，用滴加奈斯勒试剂的滤纸检验逸出的氨气，由于 NH$_3$(g) 与奈斯勒试剂作用，使滤纸上出现红棕色斑点。

$$NH_3(g) + 2[HgI_4]^{2-} + 3OH^- =\!=\!= HgO·HgNH_2I(s) + 7I^- + 2H_2O$$

鉴定步骤如下：

(1) 取 10 滴溶液于试管中，加入 2.0mol·L^{-1} NaOH 溶液使呈碱性，微热，用滴加奈斯勒试剂的滤纸检验逸出的气体，如果出现红棕色斑点，表示有 NH$_4^+$ 存在。

(2) 取 10 滴溶液于试管中，加入 2.0mol·L^{-1} NaOH 溶液使呈碱性，微热，用湿润的红色石蕊试纸检验逸出的气体，如果出现蓝色，表示有 NH$_4^+$ 存在。

4. Mg^{2+}

Mg^{2+} 与镁试剂Ⅰ（对硝基苯偶氮间苯二酚）在碱性介质中反应，生成蓝色螯合物沉淀。

$$HO-\!\!\!\bigcirc\!\!\!-N=\!\!N-\!\!\!\bigcirc\!\!\!-NO_2 \quad \text{镁试剂Ⅰ}$$
$$\quad\quad OH$$

$$HO-\!\!\!\bigcirc\!\!\!-N=\!\!N-\!\!\!\bigcirc\!\!\!-NO_2(s) \quad \text{蓝色沉淀}$$
$$\quad\quad O-Mg/2$$

有些能生成深色氢氧化物沉淀的离子对鉴定有干扰，可用 EDTA 配位掩蔽。

鉴定步骤如下：

取 1 滴试液于点滴板上，加 2 滴 EDTA 饱和溶液，搅拌后加 1 滴镁试剂Ⅰ、1 滴 6.0mol·L^{-1} NaOH 溶液，如有蓝色沉淀生成，表示有 Mg^{2+} 存在。

5. Ca^{2+}

Ca^{2+} 与乙二醛双缩 [2-羟基苯胺]（简称 GBHA）在 pH 12～12.6 的条件下反应生成红色螯合物沉淀。

$$\underset{(GBHA)}{\text{结构式}} \qquad \underset{(红色)}{\text{结构式}}$$

沉淀能溶于 $CHCl_3$ 中，Ba^{2+}、Sr^{2+}、Ni^{2+}、Co^{2+}、Cu^{2+} 等与 GBHA 反应生成有色沉淀，但不溶于 $CHCl_3$，故它们对 Ca^{2+} 鉴定无干扰，而 Cd^{2+} 干扰。

鉴定步骤如下：

取 1 滴试剂于试管中，加入 10 滴 $CHCl_3$，加入 4 滴 0.2% GBHA、2 滴 6.0 mol·L^{-1} NaOH 溶液、2 滴 1.5 mol·L^{-1} Na_2CO_3 溶液，摇荡试管，如果 $CHCl_3$ 层显红色，表示有 Ca^{2+} 存在。

6. Sr^{2+}

由于易挥发的锶盐如 $SrCl_2$ 置于煤气灯氧化焰中灼烧，能产生猩红色火焰，故利用焰色反应鉴定 Sr^{2+}。若试样是不易挥发的 $SrSO_4$，应采用 Na_2CO_3 使它转化为碳酸锶，再加盐酸使 $SrCO_3$ 转化为 $SrCl_2$。

鉴定步骤如下：

取 4 滴试样于试管中，加入 4 滴 0.5 mol·L^{-1} Na_2CO_3 溶液，在水浴上加热得 $SrCO_3$ 沉淀，离心分离。在沉淀中加 2 滴 6.0 mol·L^{-1} HCl 溶液，使其溶解为 $SrCl_2$，然后用清洁的镍铬丝或铂丝蘸取 $SrCl_2$ 置于煤气灯的氧化焰中灼烧，如有猩红色火焰，表示有 Sr^{2+} 存在。

注意：在做焰色反应前，应将镍铬丝或铂丝蘸取浓 HCl 在煤气灯的氧化焰中灼烧，反复数次，直至火焰无色。

7. Ba^{2+}

在弱酸性介质中，Ba^{2+} 与 K_2CrO_4 反应生成黄色 $BaCrO_4$ 沉淀：

$$Ba^{2+} + CrO_4^{2-} \Longrightarrow BaCrO_4(s)$$

沉淀不溶于乙酸，但可溶于强酸。因此鉴定反应必须在弱酸中进行。

Pb^{2+}、Hg^{2+}、Ag^+ 等离子也能与 K_2CrO_4 反应生成不溶于乙酸的有色沉淀，为此，可预先用金属锌使 Hg^{2+}、Pb^{2+}、Ag^+ 等还原成金属单质而除去。

鉴定步骤如下：

取 4 滴试样于试管中，加浓 $NH_3·H_2O$ 使呈碱性，再加锌粉少许，在沸水浴中加热 1～2 min，并不断搅拌，离心分离。在溶液中加乙酸酸化，加 3～4 滴 K_2CrO_4 溶液，摇荡，在沸水中加热，如有黄色沉淀，表示有 Ba^{2+} 存在。

8. Al^{3+}

Al^{3+} 与铝试剂（金黄色素三羧酸铵）在 pH 6～7 介质中反应，生成红色絮状螯合物沉淀。

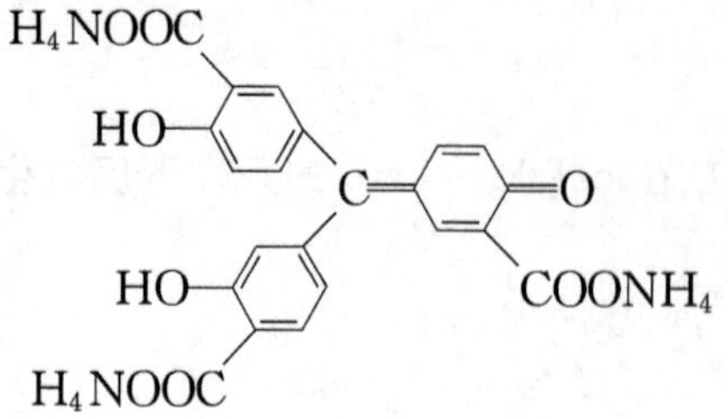

铝试剂 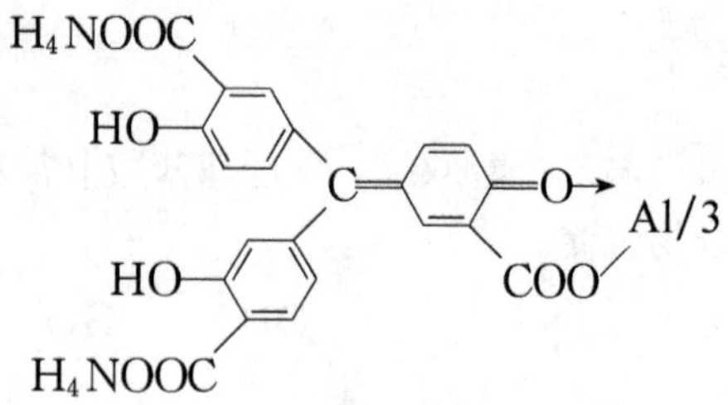　　　　　　　　　　　　红色沉淀

Cu^{2+}、Bi^{3+}、Fe^{3+}、Cr^{3+}、Ca^{2+} 等干扰鉴定,Fe^{3+}、Bi^{3+} 可预先加 NaOH 使之分别生成 $Fe(OH)_3$、$Bi(OH)_3$ 而除去。Cr^{3+}、Cu^{2+} 与铝试剂的螯合物能被 $NH_3·H_2O$ 分解。Ca^{2+} 与铝试剂的螯合物能被 $(NH_4)_2CO_3$ 转化为 $CaCO_3$。

鉴定步骤如下：

取 4 滴试液于试管中,加 6.0 mol·L^{-1} NaOH 溶液碱化,并过量 2 滴,加 2 滴 H_2O_2 (3%),加热 2 min,离心分离。用 6.0 mol·L^{-1} HAc 溶液将溶液酸化,调 pH 为 6～7,加 3 滴铝试剂,摇荡后,放置片刻,加 6.0 mol·L^{-1} $NH_3·H_2O$ 碱化,置于水浴上加热,如有橙红色（有 CrO_4^{2-} 存在）物质生成,可离心分离。用去离子水洗沉淀,如沉淀为红色,表示有 Al^{3+} 存在。

9. Sn^{2+}

1) 与 $HgCl_2$ 反应

$SnCl_2$ 溶液中 Sn(Ⅱ) 主要以 $SnCl_4^{2-}$ 形式存在。$SnCl_4^{2-}$ 与适量 $HgCl_2$ 反应生成白色 Hg_2Cl_2 沉淀：

$$SnCl_4^{2-} + 2HgCl_2 = SnCl_6^{2-} + Hg_2Cl_2(s)$$

如果 $SnCl_4^{2-}$ 过量,则沉淀变为灰色,即 $HgCl_2$ 与 Hg 的混合物,最后变为黑色,即 Hg(s)。

$$SnCl_4^{2-} + 2Hg_2Cl_2 = SnCl_6^{2-} + 2Hg(s)$$

加入铁粉,可使许多电极电势大的电对的离子还原为金属,预先分离,从而消除干扰。

鉴定步骤如下：

取 2 滴试液于试管中,加 2 滴 6.0 mol·L^{-1} HCl 溶液,加少许铁粉,在水浴上加热至作用完全,气泡不再发生为止。吸取清液于另一干净试管中,加入 2 滴 $HgCl_2$,如有白色沉淀生成,表示有 Sn^{2+} 存在。

2) 与甲基橙反应

$SnCl_4^{2-}$ 与甲基橙在浓 HCl 介质中加热发生反应,甲基橙被还原为氢化甲基橙而褪色。

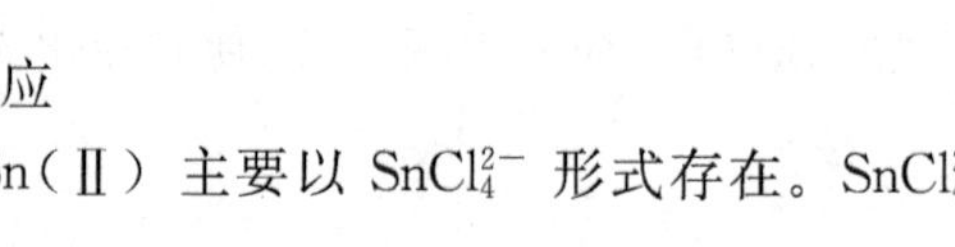

甲基橙

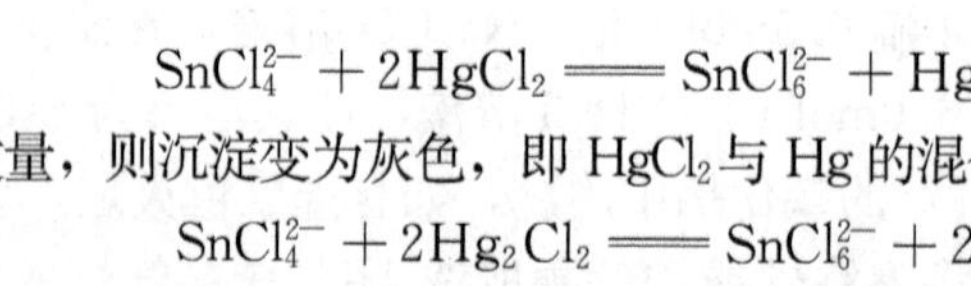

氢化甲基橙

鉴定步骤如下：

取 2 滴试液于试管中,加 2 滴浓 HCl 及 1 滴 0.01% 甲基橙,如甲基橙褪色,表示有

Sn^{2+}存在。

10. Pb^{2+}

Pb^{2+}与K_2CrO_4在稀HAc溶液中反应生成难溶的$PbCrO_4$黄色沉淀：
$$Pb^{2+} + CrO_4^{2-} =\!=\!= PbCrO_4(s)$$
沉淀溶于NaOH溶液及浓HNO_3：
$$PbCrO_4(s) + 3OH^- =\!=\!= [Pb(OH)_3]^- + CrO_4^{2-}$$
$$2PbCrO_4(s) + 2H^+ =\!=\!= 2Pb^{2+} + Cr_2O_7^{2-} + H_2O$$
沉淀难溶于稀HAc、稀HNO_3及$NH_3 \cdot H_2O$。

Ba^{2+}、Bi^{3+}、Hg^{2+}、Ag^+等离子在HAc溶液中也能与CrO_4^{2-}作用生成有色沉淀，所以这些离子的存在对Pb^{2+}的鉴定有干扰。可先加入H_2SO_4溶液，使Pb^{2+}生成$PbSO_4$沉淀，再用NaOH溶液溶解$PbSO_4$，从而使Pb^{2+}与其他难溶硫酸盐如$BaSO_4$、$SrSO_4$等分开。

鉴定步骤如下：

取4滴试液于试管中，加2滴$6.0mol \cdot L^{-1}$ H_2SO_4溶液，加热几分钟，摇荡，使Pb^{2+}沉淀完全，离心分离。在沉淀中加入过量$6.0mol \cdot L^{-1}$ NaOH溶液，并加热1min，使$PbSO_4$转化为$[Pb(OH)_3]^-$，离心分离。在清液中加$6.0mol \cdot L^{-1}$ HAc溶液，再加2滴$0.1mol \cdot L^{-1}$ K_2CrO_4溶液，如有黄色沉淀，表示有Pb^{2+}存在。

11. Bi^{3+}

Bi(Ⅲ)在碱性溶液中能被Sn(Ⅱ)还原为黑色的金属铋：
$$2Bi(OH)_3 + 3[Sn(OH)_4]^{2-} =\!=\!= 2Bi(s) + 3[Sn(OH)_6]^{2-}$$
鉴定步骤如下：

取3滴试液于试管中，加入浓$NH_3 \cdot H_2O$，Bi(Ⅲ)变为$Bi(OH)_3$沉淀，离心分离。洗涤沉淀，以除去可能共存的Cu(Ⅱ)和Cd(Ⅱ)。在沉淀中加入少量新配制的$Na_2[Sn(OH)_4]$溶液，如沉淀变黑，表示有Bi(Ⅲ)存在。

$Na_2[Sn(OH)_4]$溶液的配制方法：取几滴$SnCl_2$溶液于试管中，加入NaOH溶液至生成的$Sn(OH)_2$白色沉淀恰好溶解，便得到澄清的$Na_2[Sn(OH)_4]$溶液。

12. Sb^{3+}

Sb(Ⅲ)在酸性溶液中能被金属锡还原为金属锑：
$$2SbCl_6^{3-} + 3Sn =\!=\!= 2Sb(s) + 3SnCl_4^{2-}$$
当有砷离子存在时，也能在金属锡上生成黑色斑点（As），但As与Sb不同，当用水洗去锡箔上的酸后加新配制的NaBrO溶液则溶解。注意一定要将HCl洗净，否则在酸性条件下，NaBrO也能使Sb的黑色斑点溶解。

Hg_2^{2+}、Bi^{3+}等离子也干扰Sb^{3+}的鉴定，可用$(NH_4)_2SO_4$预先分离。

鉴定步骤如下：

取6滴试液于试管中，加$6.0mol \cdot L^{-1}$ $NH_3 \cdot H_2O$溶液碱化，加5滴$0.5mol \cdot L^{-1}$ $(NH_4)_2S$溶液，充分摇荡，于水浴上加热5min左右，离心分离。在溶液中加$6.0mol \cdot L^{-1}$ HCl溶液酸化，使呈微酸性，并加热3~5min，离心分离。沉淀中加3滴浓HCl，再加热使Sb_2S_3溶解。取此溶液滴在锡箔上，片刻锡箔上出现黑斑。用水洗去酸，再用1滴新配制的

NaBrO 溶液处理，黑斑不消失，表示有 Sb(Ⅲ) 存在。

13. As(Ⅲ)、As(V)

砷常以 AsO_3^{3-}、AsO_4^{3-} 形式存在。

AsO_3^{3-} 在碱性溶液中能被金属锌还原为 AsH_3 气体：

$$AsO_3^{3-} + 3OH^- + 3Zn + 6H_2O = 3Zn(OH)_4^{2-} + AsH_3(g)$$

AsH_3 气体能与 $AgNO_3$ 作用，生成的产物由黄色逐渐变为黑色：

$$6AgNO_3 + AsH_3 = Ag_3As \cdot 3AgNO_3(黄) + 3HNO_3$$

$$Ag_3As \cdot 3AgNO_3 + 3H_2O = H_3AsO_3 + 3HNO_3 + 6Ag(s,黑色)$$

这是鉴定 AsO_3^{3-} 的特效反应。若是 AsO_4^{3-} 应预先用亚硫酸还原。

鉴定步骤如下：

取 3 滴试液于试管中，加 $6.0mol \cdot L^{-1}$ NaOH 溶液碱化，再加少许 Zn 粒，立刻用一小团脱脂棉塞在试管上部，再用 5% $AgNO_3$ 溶液浸过的滤纸盖在试管口上，置于水浴中加热，如滤纸上 $AgNO_3$ 斑点渐渐变黑，表示有 AsO_3^{3-} 存在。

14. Ti^{4+}

Ti^{4+} 能与 H_2O_2 反应生成橙色的过钛酸溶液：

$$Ti^{4+} + 4Cl^- + H_2O_2 = \left[\begin{array}{c}O\\|\\O\end{array}TiCl_4\right]^{2+} + 2H^+$$

Fe^{3+}、CrO_4^{2-}，MnO_4^- 等有色离子都干扰 Ti^{4+} 鉴定，但可用 $NH_3 \cdot H_2O$ 和 NH_4Cl 沉淀 Ti^{4+}，从而与其他离子分离。Fe^{3+} 可加 H_3PO_4 配位掩蔽。

鉴定步骤如下：

取 4 滴试液于试管中，加入 7 滴浓氨水和 5 滴 $1.0mol \cdot L^{-1}$ NH_4Cl 溶液摇荡，离心分离。在沉淀中加 2~3 滴浓 HCl 和 4 滴浓 H_3PO_4，使沉淀溶解再加 4 滴 3% H_2O_2 溶液，摇荡。如溶液呈橙色，表示有 Ti^{4+} 存在。

15. Cr^{3+}

Cr^{3+} 在碱性介质中可被 H_2O_2 或 Na_2O_2 氧化为 CrO_4^{2-}。加 HNO_3 酸化，溶液由黄色变为橙色：

$$2CrO_4^{2-} + 2H^+ = Cr_2O_7^{2-} + H_2O$$

在含有 $Cr_2O_7^{2-}$ 的酸性溶液中，加戊醇（或乙醚），加少量 H_2O_2，摇荡后戊醇层呈蓝色。

$$Cr_2O_7^{2-} + 4H_2O_2 + 2H^+ = 2CrO(O_2)_2 + 5H_2O$$

蓝色的 $CrO(O_2)_2$ 在水溶液中不稳定，在戊醇中较稳定。溶液酸度应控制在 pH 2~3，当酸度过大时（pH<1），则

$$4CrO(O_2)_2 + H^+ = Cr^{3+} + 7O_2(g) + 6H_2O$$

溶液变蓝绿色（Cr^{3+} 颜色）。

鉴定步骤如下：

取 2 滴试液于试管中，加 $2.0mol \cdot L^{-1}$ NaOH 溶液至生成沉淀又溶解，再多加 2 滴。

加 3% H_2O_2 溶液，微热，溶液呈黄色。冷却后再加 5 滴 3% H_2O_2 溶液，加 1mL 戊醇（或乙醚），最后慢慢滴加 6.0mol·L^{-1} HNO_3 溶液，注意，每加 1 滴 HNO_3 都必须充分摇荡。如戊醇层呈蓝色，表示有 Cr^{3+} 存在。

16. Mn^{2+}

Mn^{2+} 在稀 HNO_3 或稀 H_2SO_4 介质中可被 $NaBiO_3$ 氧化为 MnO_4^-：

$$2Mn^{2+} + 5NaBiO_3(s) + 14H^+ = 2MnO_4^- + 5Bi^{3+} + 5Na^+ + 7H_2O$$

过量 Mn^{2+} 会将生成的 MnO_4^- 还原为 $MnO(OH)_2(s)$。Cl^- 及其他还原剂存在，对 Mn^{2+} 的鉴定有干扰，因此不能在 HCl 溶液中鉴定 Mn^{2+}。

鉴定步骤如下：

取 2 滴试液于试管中，加 6.0mol·L^{-1} HNO_3 溶液酸化，加少量 $NaBiO_3$ 固体，摇荡后，静置片刻，如溶液呈紫红色，表示有 Mn^{2+} 存在。

17. Fe^{2+}

Fe^{2+} 与 $K_3[Fe(CN)_6]$ 溶液在 pH<7 溶液中反应，生成深蓝色沉淀。

$$xFe^{2+} + xK^+ + x[Fe(CN)_6]^{3-} = [KFe(Ⅲ)(CN)_6Fe(Ⅱ)]_x(s)$$

$[KFe(CN)_6Fe]_x$ 沉淀能被强碱分解，生成红棕色的 $Fe(OH)_3$。

鉴定步骤如下：

取 1 滴试液于点滴板上，加 1 滴 2.0mol·L^{-1} HCl 溶液酸化，加 1 滴 0.1mol·L^{-1} $K_3[Fe(CN)_6]$ 溶液，如出现蓝色沉淀，表示有 Fe^{2+} 存在。

18. Fe^{3+}

1）与 KSCN 或 NH_4SCN 反应

Fe^{3+} 与 SCN^- 在稀酸介质中反应，生成可溶于水的深红色 $[Fe(NCS)_n]^{3-n}$ 离子：

$$Fe^{3+} + nSCN^- = [Fe(NCS)_n]^{3-n}$$

$[Fe(NCS)_n]^{3-n}$ 能被碱分解，生成红棕色 $Fe(OH)_3$ 沉淀。浓 H_2SO_4 及浓 HNO_3 能使试剂分解。

$$SCN^- + H_2SO_4 + H_2O = NH_4^+ + COS(g) + SO_4^{2-}$$
$$3SCN^- + 13NO_3^- + 10H^+ = 3CO_2(g) + 3SO_4^{2-} + 16NO(g) + 5H_2O$$

鉴定步骤如下：

取 1 滴试液于点滴板上，加 1 滴 2mol·L^{-1} HCl 溶液酸化，加 1 滴 0.1mol·L^{-1} KSCN 溶液，如溶液显红色，表示有 Fe^{3+} 存在。

2）与 $K_4[Fe(CN)_6]$ 反应

Fe^{3+} 与 $K_4[Fe(CN)_6]$ 反应生成蓝色沉淀（普鲁士蓝）：

$$xFe^{3+} + xK^+ + x[Fe(CN)_6]^{4-} = [KFe(Ⅲ)(CN)_6Fe(Ⅱ)]_x(s)$$

沉淀不溶于稀酸，但能被浓 HCl 分解，也能被 NaOH 溶液转化为红棕色 $Fe(OH)_3$ 沉淀。

鉴定步骤如下：

取 1 滴试液于点滴板上，加 1 滴 2.0mol·L^{-1} HCl 溶液及 1 滴 $K_4[Fe(CN)_6]$，如立即生成蓝色沉淀，表示有 Fe^{3+} 存在。

19. Co^{2+}

Co^{2+} 在中性或微酸性溶液中与 KSCN 反应生成蓝色的 $[Co(NCS)_4]^{2-}$：

$$Co^{2+} + 4SCN^- = [Co(NCS)_4]^{2-}$$

该配离子在水溶液中不稳定，但在丙酮溶液中较稳定。Fe^{3+} 的干扰可加 NaF 来掩蔽。大量 Ni^{2+} 存在，溶液呈浅蓝色，干扰鉴定。

鉴定步骤如下：

取 5 滴试液于试管中，加入数滴丙酮，再加少量 KSCN(s) 或 NH_4SCN(s)，经充分摇荡，若溶液呈鲜艳的蓝色，表示有 Co^{2+} 存在。

20. Cu^{2+}

Cu^{2+} 与 $K_4[Fe(CN)_6]$ 在中性或弱酸性介质中反应，生成红棕色 $Cu_2[Fe(CN)_6]$ 沉淀：

$$2Cu^{2+} + [Fe(CN)_6]^{4-} = Cu_2[Fe(CN)_6](s)$$

沉淀难溶于稀 HCl、HAc 及稀 $NH_3 \cdot H_2O$，但易溶于浓 $NH_3 \cdot H_2O$：

$$Cu_2[Fe(CN)_6](s) + 8NH_3 = 2[Cu(NH_3)_4]^{2+} + [Fe(CN)_6]^{4-}$$

沉淀易被 NaOH 溶液转化为 $Cu(OH)_2$：

$$Cu_2[Fe(CN)_6](s) + 4OH^- = 2Cu(OH)_2(s) + [Fe(CN)_6]^{4-}$$

Fe^{3+} 干扰 Cu^{2+} 的鉴定，可加 NaF 掩蔽 Fe^{3+}，或加 $6.0 mol \cdot L^{-1}$ $NH_3 \cdot H_2O$ 及 $1.0 mol \cdot L^{-1}$ NH_4Cl 使 Fe^{3+} 生成 $Fe(OH)_3$ 沉淀，将 $Fe(OH)_3$ 完全分离出去，而 Cu^{2+} 生成 $[Cu(NH_3)_4]^{2+}$ 留在溶液中，用 HCl 溶液酸化后，再加 $K_4[Fe(CN)_6]$ 检查 Cu^{2+}。

鉴定步骤如下：

取 1 滴试液于点滴板上，加 2 滴 $0.1 mol \cdot L^{-1}$ $K_4[Fe(CN)_6]$ 溶液，若生成红棕色沉淀，表示有 Cu^{2+} 存在。

21. Zn^{2+}

Zn^{2+} 在强碱性溶液中与二苯硫腙反应生成粉红色螯合物：

$$\begin{array}{c} NH-NH-C_6H_5 \\ | \\ C=S \\ | \\ N=N-C_6H_5 \end{array} \quad 二苯硫腙 \qquad \begin{array}{c} NH-NH-C_6H_5 \\ | \\ C-S \rightarrow Zn/2(s) \\ | \\ N=N-C_6H_5 \end{array} \quad 螯合物$$

生成的螯合物在水溶液中难溶，显粉红色，在 CCl_4 中易溶，显棕色。

鉴定步骤如下：

取 2 滴试液于试管中，加入 5 滴 $6.0 mol \cdot L^{-1}$ NaOH 溶液，加 10 滴 CCl_4、2 滴二苯硫腙溶液，摇荡，如水层显粉红色，CCl_4 层由绿色变棕色，表示有 Zn^{2+} 存在。

22. Ag^+

Ag^+ 与稀 HCl 反应生成白色 AgCl 沉淀。AgCl 沉淀能溶于浓 HCl、浓 KI 分别形成 $[AgCl_2]^-$、$[AgI_2]^-$ 等配离子。AgCl 沉淀也能溶于稀 $NH_3 \cdot H_2O$ 形成 $[Ag(NH_3)_2]^+$ 配离子：

$$AgCl(s) + 2NH_3 = [Ag(NH_3)_2]^+ + Cl^-$$

利用此反应与其他阳离子氯化物沉淀分离。在溶液中加 HNO_3 溶液,重新得到 AgCl 沉淀:

$$[Ag(NH_3)_2]^+ + Cl^- + H^+ =\!=\!= AgCl(s) + 2NH_4^+$$

或者在溶液中加入 KI 溶液,得到黄色 AgI 沉淀。

鉴定步骤如下:

取 5 滴试液于试管中,加 5 滴 $2.0 mol \cdot L^{-1}$ HCl 溶液,置一水浴上温热,使沉淀聚集,离心分离。沉淀用热的去离子水洗一次,然后加入过量 $6.0 mol \cdot L^{-1} NH_3 \cdot H_2O$,摇荡,如有不溶沉淀物存在时,离心分离。取一部分溶液于试管中加 $2.0 mol \cdot L^{-1} HNO_3$ 溶液,如有白色沉淀,表示有 Ag^+ 存在。或取一部分溶液于一试管中,加入 $0.1 mol \cdot L^{-1}$ KI 溶液,如有黄色沉淀生成,表示有 Ag^+ 存在。

附录 4 常见阴离子的鉴定

1. CO_3^{2-}

将试液酸化后产生的 CO_2 气体导入 $Ba(OH)_2$ 溶液,能使 $Ba(OH)_2$ 溶液变浑浊。SO_3^{2-} 对 CO_3^{2-} 的检出有干扰,可在酸化前加入 H_2O_2 溶液,使 SO_3^{2-}、S^{2-} 氧化为 SO_4^{2-}。

鉴定步骤如下:

取 10 滴试液于试管中,加入 10 滴 3% H_2O_2 溶液,置于水浴上加热 3min,如果检验溶液中无 SO_3^{2-}、S^{2-} 存在时,可向溶液中一次加入半滴管 $6.0 mol \cdot L^{-1}$ HCl 溶液,并立即插入吸有饱和 $Ba(OH)_2$ 溶液的带塞滴管,使滴管口悬挂 1 滴溶液,观察溶液是否变浑浊。或者向试管中插入蘸有 $Ba(OH)_2$ 溶液的带塞的镍铬丝小圈,若镍铬小圈上的液膜变浑浊,表示有 CO_3^{2-} 存在。

2. NO_3^-

NO_3^- 与 $FeSO_4$ 溶液在浓 H_2SO_4 介质中反应生成棕色 $[Fe(NO)]SO_4$:

$$6FeSO_4 + 2NaNO_3 + 4H_2SO_4 =\!=\!= 3Fe_2(SO_4)_3 + 2NO(g) + Na_2SO_4 + 4H_2O$$

$$FeSO_4 + NO =\!=\!= [FeNO]SO_4$$

$[FeNO]SO_4$ 在浓 H_2SO_4 与试液层界面处生成,呈棕色环状,故称"棕色环"法。Br^-、I^- 及 NO_2^- 等干扰 NO_3^- 的鉴定。加稀 H_2SO_4 及 Ag_2SO_4 溶液,使 Br^-、I^- 生成沉淀后分离出去。在溶液中加入尿素,并微热,可除去 NO_2^-:

$$2NO_2^- + CO(NH_2)_2 + 2H^+ =\!=\!= 2N_2(g) + CO_2(g) + 3H_2O$$

鉴定步骤如下:

取 10 滴试液于试管中,加入 5 滴 $2.0 mol \cdot L^{-1} H_2SO_4$ 溶液,加入 1mL $0.02 mol \cdot L^{-1}$ Ag_2SO_4 溶液,离心分离。在清液中加入少量尿素固体,并微热。在溶液中加入少量 $FeSO_4$ 固体,摇荡溶解后,将试管斜持,慢慢沿试管壁滴入 1mL 浓 H_2SO_4。若 H_2SO_4 层与水溶液层的界面处有"棕色环"出现,表示有 NO_3^- 存在。

3. PO_4^{3-}

PO_4^{3-} 与 $(NH_4)_2MoO_4$ 溶液在酸性介质中反应,生成黄色的磷钼酸铵沉淀:

$$PO_4^{3-} + 3NH_4^+ + 12MoO_4^{2-} + 24H^+ =\!=\!=$$

$$(NH_4)_3PO_4 \cdot 12MoO_3 \cdot 6H_2O(s) + 6H_2O$$

S^{2-}、$S_2O_3^{2-}$、SO_3^{2-} 等还原性离子存在时，能使 Mo(Ⅵ) 还原成低氧化值化合物。因此，预先加 HNO_3，并于水浴上加热，以除去这些干扰离子。

鉴定步骤如下：

取 5 滴试液于试管中，加入 10 滴浓 HNO_3，并置于沸水浴中加热 1～2min。稍冷后，加入 20 滴 $(NH_4)_2MoO_4$ 溶液，并在水浴上加热至 40～45℃，若有黄色沉淀产生，表示有 PO_4^{3-} 存在。

4. S^{2-}

S^{2-} 与 $Na_2[Fe(CN)_5NO]$ 在碱性介质中反应生成紫色的 $[Fe(CN)_5NOS]^{4-}$：

$$S^{2-} + [Fe(CN)_5NO] = [Fe(CN)_5NOS]^{4-}$$

鉴定步骤如下：

取 1 滴试液于点滴板上，加 1 滴 1% $Na_2[Fe(CN)_5NO]$ 溶液。溶液呈紫色，表示有 S^{2-} 存在。

5. SO_3^{2-}

在中性介质中，SO_3^{2-} 与 $Na_2[Fe(CN)_5NO]$、$ZnSO_4$、$K_4[Fe(CN)_6]$ 三种溶液反应生成红色沉淀，其组成尚不清楚。在酸性溶液中，红色沉淀消失，因此，如溶液为酸性必须用氨水中和。S^{2-} 干扰 SO_3^{2-} 的鉴定，可加入 $PbCO_3(s)$ 使 S^{2-} 生成 PbS 沉淀：

$$PbCO_3(s) + S^{2-} = PbS(s) + CO_3^{2-}$$

鉴定步骤如下：

取 10 滴试液于试管中，加入少量 $PbCO_3(s)$，摇荡，若沉淀由白色变为黑色，则需要再加少量 $PbCO_3(s)$，直到沉淀呈灰色为止，离心分离，保留清液。

在点滴板上，加饱和 $ZnSO_4$ 溶液，$0.1mol \cdot L^{-1}$ $K_4[Fe(CN)_6]$ 溶液及 1% $Na_2[Fe(CN)_5NO]$ 溶液各 1 滴，加 1 滴 $2.0mol \cdot L^{-1}$ $NH_3 \cdot H_2O$ 溶液将溶液调至中性，最后加 1 滴除去 S^{2-} 的试液。若出现红色沉淀，表示有 SO_3^{2-} 存在。

6. $S_2O_3^{2-}$

$S_2O_3^{2-}$ 与 Ag^+ 反应生成白色 $Ag_2S_2O_3$ 沉淀，但 $Ag_2S_2O_3$ 能迅速分解为 $Ag_2S(s)$ 和 H_2SO_4，颜色由白色变为黄色、棕色，最后变为黑色。

$$2Ag^+ + S_2O_3^{2-} = Ag_2S_2O_3(s)$$
$$Ag_2S_2O_3(s) + H_2O = H_2SO_4 + Ag_2S(s,黑色)$$

S^{2-} 干扰 $S_2O_3^{2-}$ 的鉴定，必须预先除去。

鉴定步骤如下：

取 1 滴除去 S^{2-} 的试液于点滴板上，加 2 滴 $0.1mol \cdot L^{-1}$ $AgNO_3$ 溶液，若见到白色沉淀生成，并很快变为黄色、棕色，最后变为黑色，表示有 $S_2O_3^{2-}$ 存在。

7. SO_4^{2-}

SO_4^{2-} 与 Ba^{2+} 反应生成 $BaSO_4$ 白色沉淀。

CO_3^{2-}、SO_3^{2-} 等干扰 SO_4^{2-} 的鉴定，可先酸化，以除去这些离子。

鉴定步骤如下：

取 5 滴试液于试管中，加 6.0mol·L^{-1} HCl 溶液至无气泡产生，再多加 1~2 滴。加入 1~2 滴 1.0mol·L^{-1} BaCl$_2$ 溶液，若生成白色沉淀，表示有 SO$_4^{2-}$ 存在。

8. Cl$^-$

Cl$^-$ 与 Ag$^+$ 反应生成白色 AgCl 沉淀。

SCN$^-$ 也能与 Ag$^+$ 生成白色的 AgSCN 沉淀，因此，NCS$^-$ 存在时干扰 Cl$^-$ 的鉴定。在 2.0mol·L^{-1} NH$_3$·H$_2$O 溶液中，AgSCN 难溶，AgCl 易溶，并生成 [Ag(NH$_3$)$_2$]$^+$，由此，可将 NCS$^-$ 分离出去。在清液中加 HNO$_3$，可降低 NH$_3$ 的浓度，使 AgCl 再次析出。

鉴定步骤如下：

取 10 滴试液于试管中，加 5 滴 6.0mol·L^{-1} HNO$_3$ 溶液和 15 滴 0.1mol·L^{-1} AgNO$_3$ 溶液，在水浴上加热 2min。离心分离。将沉淀用 2mL 去离子水洗涤 2 次，使溶液 pH 接近中性，加入 10 滴 12% (NH$_4$)$_2$CO$_3$ 溶液，并在水浴上加热 1min，离心分离。在清液中加 1~2 滴 2.0mol·L^{-1} HNO$_3$ 溶液，若有白色沉淀生成，表示有 Cl$^-$ 存在。

9. Br$^-$、I$^-$

Br$^-$ 与适量氯水反应游离出 Br$_2$，溶液显橙红色，再加入 CCl$_4$ 或 CHCl$_3$，有机相显红棕色，水层无色。再加过量氯水，由于生成 BrCl 变为淡黄色：

$$Br^- + Cl_2 = Br_2 + 2Cl^-$$
$$Br_2 + Cl_2 = 2BrCl$$

I$^-$ 在酸性介质中能被氯水氧化为 I$_2$，I$_2$ 在 CCl$_4$ 或 CHCl$_3$ 中显紫红色。加过量氯水，则由于 I$_2$ 被氧化为 IO$_3^-$ 而使颜色消失。

$$2I^- + Cl_2 = I_2 + 2Cl^-$$
$$I_2 + 5Cl_2 + 6H_2O = 2HIO_3 + 10HCl$$

若向含有 Br$^-$、I$^-$ 混合溶液中逐渐加入氯水，由于 I$^-$ 的还原性比 Br$^-$ 强，所以 I$^-$ 首先被氧化，I$_2$ 在 CCl$_4$ 层中显紫红色。如果继续加氯水，Br$^-$ 被氧化为 Br$_2$，I$_2$ 被进一步氧化为 IO$_3^-$。这时 CCl$_4$ 层紫红色消失，而呈红棕色。如氯水过量，则 Br$_2$ 被进一步氧化为淡黄色的 BrCl。

鉴定步骤如下：

取 5 滴试液于试管中，加 1 滴 2.0mol·L^{-1} H$_2$SO$_4$ 将溶液酸化，再加 1mL CCl$_4$、1 滴氯水，充分摇荡，若 CCl$_4$ 层呈紫红色，表示有 I$^-$ 存在。继续加入氯水，并摇荡，若 CCl$_4$ 层紫红色褪去，又呈现出棕黄色或黄色，则表示有 Br$^-$。

附录 5　常用化学信息网址资料

1) http://pub.acs.org/

ACS (American Chemical Society)，美国化学会。

2) http://www.sciencedirect.com/

Elsevier Science 公司出版的期刊，大多数都被 SCI、EI 所收录。

3) http://wok3.isiknowledge.com/

ISI Web of Knowledge 是美国科学情报研究所（ISI）提供的数据库平台。

4) http：//kluwer.calis.edu.cn/

Kulwer Academic Publisher 是荷兰具有国际声誉的学术出版商。

5) http：//www.nature.com/

英国著名杂志 *Nature* 是世界上最早的国际性科技期刊，创办于 1869 年。

6) http：//www.rsc.com/

Royal Society of Chemistry，RSC，英国皇家化学学会。

7) http：//china.sciencemag.org/

《科学》杂志电子版是《科学在线》最主要的部分。

8) http：//springerlink.lib.tsinghua.edu.cn/

Springer 是世界上著名的德国施普林格科技出版集团出版的全文电子期刊。

9) http：//worldscient.lib.tsinghua.edu.cn/

世界科学出版社（World Scientific Publishing）在清华大学图书馆建立的全文电子期刊镜像站。

10) http：//www.interscience.wiley.com/

John Wiley Publisher 是世界上著名的学术出版商。

11) http：//www.sdb.ac.cn/

中国科学院的科学数据库。

12) http：//ipdl.wipo.int/

欧洲各国知识产权数字图书馆（IPDL）。

13) http：//patents1.ic.gc.ca/

加拿大专利数据库。

14) http：//www.uspto.gov/

美国专利数据库。

15) http：//ep.espacenet.com/

欧洲专利网。

16) http：//www.ipdl.jpo-miti.go.jp/

日本专利数据库。

17) http：//www.sipo.gov.cn/sipo/zljs/

中国国家知识产权局。

18) http：//lcc.icm.ac.cn/

中国科学院科技文献网。

19) http：//chem.itgo.com/

化学信息网。

20) http：//www.cnc.ac.cn/

中国科技网。

21) http：//chin.icm.ac.cn/

化学化工信息导航网。

22) http：//www.ccs.ac.cn/

中国化学会。

参 考 文 献

北京师范大学无机化学教研室等. 1997. 无机化学实验. 北京：高等教育出版社
柴田村治，寺田喜久雄. 1978. 纸色谱法及其应用. 北京：科学出版社
陈虹锦. 2003. 实验化学（上）. 北京：科学出版社
陈明旦. 2005. 化学信息学. 北京：化学工业出版社
褚德威，韩毓华，陈平，等. 1995. 关于高效制备去离子水方法的研究. 黑龙江商学院学报（自然科学版），11（2）：52-55
大连理工大学无机化学教研室. 2004. 无机化学实验. 2版. 北京：高等教育出版社
方能虎. 2005. 实验化学（下）. 北京：科学出版社
国家质检总局. 2002. 化学试剂标准滴定溶液的制备 GB/T601—2002
国家质检总局. 2007. 白酒分析方法 GB/T10345—2007
华东理工大学化学系，四川大学化工学院. 2003. 分析化学. 5版. 北京：高等教育出版社
回瑞华，侯冬岩，刘晓媛，等. 2005. 绿茶及其饮料中茶多酚的光谱分析及抗氧化性能测定. 卫生研究，34（6）：752-754
李雪华，廖力夫. 2002. 基础化学实验. 北京：人民卫生出版社
李彦生，赵民. 1996. 离子交换法在净水制备中的应用研究. 离子交换与吸附，12（3）：267-270
李英俊，孙淑琴. 2005. 半微量有机化学实验. 北京：化学工业出版社
林宝凤. 2003. 基础化学实验技术绿色化教程. 北京：科学出版社
林英武，王平. 2007. 计算机模拟冠醚和穴醚对钠钾离子的选择. 大学化学，22（1）：41-44
刘赐敏，周金森，刘钰钗，等. 2006. HPLC测定乳制品中苯甲酸、山梨酸、糖精钠的前处理方法研究. 中国卫生检疫杂志，16（11）：1315-1319
刘建都. 1997. 去离子水电导参数的"在线"测定. 环境监测管理与技术，9（6）：46
鲁道荣. 2002. 化学实验. 合肥：合肥工业大学出版社
罗澄源. 1991. 物理化学实验. 3版. 北京：高等教育出版社
牟冠文，李光浩. 2006. 食品防腐剂及其检测方法. 食品与发酵工业，32（10）：103-106
石磊. 1998. 去离子水制备工艺的改进. 山东医药工业，17（6）：20-21
四川大学，浙江大学分析化学教研组. 2003. 分析化学实验. 北京：高等教育出版社
四川大学化工学院，浙江大学化学系. 2002. 分析化学实验. 北京：高等教育出版社
谭振元. 1997. 反渗透法生产去离子水的应用. 广东药学，12（2）：31-33
唐传核. 2005. 植物生物活性物质. 北京：化学工业出版社
万其进. 1994. 从废定影液中回收银并使其再生的研究. 化学工程师，42（4）：200
王春华. 1997. 离子交换法处理纯水. 氯碱工业，(7)：46，103
王克强等. 2001. 新编无机化学实验. 上海：华东理工大学出版社
王莉丽，朱宇，刘连利. 2007. HPLC法快速测定软饮料中苯甲酸、糖精钠、山梨酸的含量. 渤海大学学报（自然科学版），28（2）：129-131
王秋长，赵鸿喜，张守民，等. 2003. 基础化学实验. 北京：科学出版社
王诗哲. 2004. 从废定影液中回收银的一种实验方法. 北方环境，29（1）：53-54
谢贞建，赵超群，邹联柱，等. 2009. 普洱茶多酚的提取及抗氧化作用研究. 食品与机械，25（1）：64-67
辛剑，孟长功. 2004. 基础化学实验. 北京：高等教育出版社
徐莉英. 2004. 无机及分析化学实验. 上海：上海交通大学出版社
徐伟亮. 2005. 基础化学实验. 北京：科学出版社
张万宇. 1997. 从废定影液中回收银的工艺研究. 稀有金属，21（3）：164-167
张立华，孙晓飞，张艳侠，等. 2008. 石榴叶茶与绿茶在抗氧化活性方面的比较研究. 现代农业科学，15（3）：40-42
张希麟. 1995. 从废定影液中回收银的简易方法. 云南大学学报（自然科学版），17：86-88

张宗贵. 1994. 从废定影液中回收银方法简介. 云南化工, 12 (2): 55-56

赵文宽, 张悟铭, 王长发, 等. 1997. 仪器分析实验. 北京: 高等教育出版社

周科衍, 高占先. 2004. 有机化学实验. 3版. 北京: 高等教育出版社

周志高, 蒋鹏举. 2005. 有机化学实验. 北京: 化学工业出版社

Frierson W J, Ammons M J. 1950. J Chem Educ, (27): 37

Hsu S, Lewis J B, Borke J L. 2001. Chemopreventive effects of green tea polyphenols correlate with reversible induction of p57 expression. Anticancer Research, 21 (6A): 3743-3748

Kenneth M D, James E H. 2005. 绿色有机化学——理念和实验. 任玉杰译. 上海: 华东理工大学出版社

Pecsok T L. 1985. 现代化学分析法 (上册). 林索梅译. 北京: 高等教育出版社. 54-69, 104-111

Slowinski E J, Wolsey W, Masterton W L. 1983. Chemical Principles in the Laboratory with Qualitative Analysis. New York: Saunclers College Publishing. 15-21

Surak J G, Schlueter D P. 1952. J Chem Educ, (27): 144